中国湿地高等植物图志

（上册）

田自强 张树仁 主编

中国环境科学出版社·北京

图书在版编目（CIP）数据

中国湿地高等植物图志. 上册 / 田自强，张树仁主编. —北京：中国环境科学出版社，2012.6
ISBN 978-7-5111-0735-0

Ⅰ. ①中… Ⅱ. ①田…②张… Ⅲ. ①沼泽化地—植物—中国—图谱 Ⅳ. ①Q949.4-64

中国版本图书馆 CIP 数据核字（2011）第 208300 号

责任编辑	张维平　周　煜
文字编辑	宋慧敏
责任校对	扣志红
封面设计	金　喆

出版发行	中国环境科学出版社
	（100062　北京市东城区广渠门内大街 16 号）
	网　　址：http://www.cesp.com.cn
	电子邮箱：bjgl@cesp.com.cn
	联系电话：010-67112765（编辑管理部）
	发行热线：010-67125803，010-67113405（传真）
	印装质量热线：010-67113404
印　刷	北京中科印刷有限公司
经　销	各地新华书店
版　次	2012 年 10 月第 1 版
印　次	2012 年 10 月第 1 次印刷
开　本	787×1092　1/16
印　张	34.5
字　数	820 千字
定　价	148.00 元

【版权所有。未经许可，请勿翻印、转载，违者必究。】

《中国湿地高等植物图志》编辑委员会

主　　编：田自强　张树仁

编　　委：梁松筠　王蜀秀　贾　渝　陈　岩　何　强
　　　　　贾晓波　姚懿函　孙丽慧　万　利

插图编辑：李爱莉

前　言

湿地是介于陆地和水域之间的重要生态系统类型，拉姆萨尔（Ramsar）公约联络处公布的湿地分类与目录，将湿地的分类确认为海洋与海岸、内陆及人工湿地三大系列。在人类的发展史中，自然科学的发展与人类利用自然是同时存在的，两者互相促进，共同发展。了解和保护湿地这一重要的生态系统，是人类社会可持续发展所必需的。湿地兼有水、陆两者的生态功能，不仅具有丰富的生物多样性、水及其他资源，还可以维持河川径流平衡、调节区域气候、降解污染物；不仅具有优美的自然景观，还与人类的生存环境息息相关。随着我们认识的逐步加深，湿地在地球生态系统中的重要性得到了比较广泛的关注和认知。对湿地更全面、更深入的研究，将进一步加深人类对湿地的了解，促进对现存湿地的保护以及被人为活动破坏湿地的恢复。

与自然界中的其他生态系统相似，湿地生态系统中的生物多样性既丰富又复杂，其中的湿地植物是湿地生物中的基本组分。湿地植物是湿地生态系统中的初级生产者，它固定能量，启动着湿地生态系统的物质与能量的交换，组建和改善湿地生态系统的功能，维持着湿地生态系统的正常运转。要研究和保护湿地，首先要了解湿地及其生长于此的植物。目前，对于湿地植物并没有明确的定义。按照湿地植物的生活型、分布范围和功能来考虑，湿地植物可包括三种类型，即水生植物、沼生植物和湿生植物。在《中国湿地及其植物与植被》（田自强著，2011）一书中，作者在国家林业局1995—2003年全国湿地资源普查数据的基础上，对湿地植物的类型和数量进行了认真分析、整理和审校，提出了较为详尽的中国湿地植物名录清单，囊括了从苔藓植物到被子植物的主要科属，种类丰富多样。

湿地植物不仅具有丰富的多样性，而且具有地域分布的广泛性和历史地理的悠久性。我国的湿地类型多、面积大、分布广，从寒温带到热带，从海滨到内陆，从平原到山地乃至高原，具有广泛的分布区域。在这样多样化的湿地中，植物的区系性质也非常丰富，有热带植物、温带植物、寒带植物，直至极地植物；有平原低地植物，也有高原山地植物；有海水植物和耐盐碱植物，也有淡水植物。生命起源于水中，最古老的植物也生存于水中。湿地植物与水密不可分，其历史地理悠远绵长，因此，研究湿地植物不仅可以追溯到生命起源的初期，还与地球沧海桑田的变迁相关联。

研究湿地植物，了解湿地植物，对湿地植物进行编目、分类、记述，是湿地研究，也是湿地保护和恢复的基础。从新中国成立以来，我国的专家学者对全国各地的沼泽湿地进行了多次考察，并成立专门的研究机构，积累了许多有关湿地植物的宝贵资料。近年来，对湿地研究和保护愈来愈被重视，时常可见各种有关的论文、专著发表，有关湿地植物的论著也并不鲜见，但是目前尚缺乏一本图文并茂、系统全面、便于使用的关于湿地植物的著作。因此，尽快编写出版一本既面向科研人员又面向普通湿地保护工作者的准确而权威的著作，对深入开展湿地研究和保护、正确鉴定湿地植物以及让公众了解湿地植物，都是很急迫和必要的。

本书以植物分类学为基础，注重科学性和实用性，对我国湿地高等植物进行了比较全面的分类记述，并配有大量插图以利于识别湿地植物。全书记载我国湿地高等植物共 160 科 470 属 1 217 种 16 亚种 63 变种 1 变型，并配有 968 幅插图。内容包括各科、属、种以及种下类群的名称、形态特征和地理分布，种及种下类群的生境和用途，以及用于植物鉴定的分属和分种检索表等。这些湿地高等植物的选择基于全国湿地植物调查统计的结果，并参考了《中国植物志》、《Flora of China》、各种地区性植物志以及相关的湿地植物论著。在编写的过程中，根据最新的植物分类学研究成果，对我国湿地高等植物进行了分类学修订，订正了许多植物的名称。

书中包括苔藓植物 23 科 43 属 114 种 1 亚种 6 变种、蕨类植物 21 科 29 属 54 种 1 亚种 2 变种、裸子植物 3 科 7 属 9 种 2 变种和被子植物 113 科 391 属 1040 种 14 亚种 53 变种 1 变型。苔藓植物各科、属、种的顺序按照《中国苔藓植物志》的分类系统排列，蕨类植物各科按照《中国植物志》的分类系统排列，裸子植物各科按照《中国植物志》的分类系统排列，被子植物各科总体上按照恩格勒系统排列，但个别科根据《Flora of China》做了调整；蕨类植物、裸子植物和被子植物属和种一律按照拉丁文名称的字母顺序排列。

本书中记载的各种及种下类群植物的中文名称根据《中国植物志》和《Flora of China》进行了统一和规范，有些植物在中文名称之后收录有常见的中文别名；拉丁文名称主要依据《Flora of China》进行了修订，其后列有发表该名称的原始文献，并收录有重要的拉丁文异名；各植物的形态描述之后有花果期、在国内的分布和生境以及在全世界的分布，国内的分布基本上以省或地区为单位，各省或地区按照拼音字母顺序排列；有些植物在最后给出了经济价值和用途。

书中插图主要引自《中国植物志》、《中国高等植物图鉴》和《中国苔藓植物志》，个别引自《中国主要植物图说——禾本科》、《中国主要植物图说——蕨类植物》、《东北草本植物志》等书。

本书的编写和出版得到了国家水体污染控制与治理科技重大专项（2008ZX07526-002-009）的资助。

希望本书的出版对深入开展湿地研究和保护，正确鉴定湿地高等植物，以及让公众更多地了解湿地植物有所裨益。由于编者水平有限，本书难免存在疏漏和错误，敬请读者批评指正。

编者
2012 年 8 月

目 录

（上册）

苔藓植物　BRYOPHYTA 1
　　泥炭藓科　Sphagnaceae 1
　　曲尾藓科　Dicranaceae 37
　　凤尾藓科　Fissidentaceae 42
　　真藓科　Bryaceae 43
　　提灯藓科　Mniaceae 45
　　皱蒴藓科　Aulacomniaceae 47
　　寒藓科　Meeseaceae 50
　　珠藓科　Bartramiaceae 55
　　美姿藓科　Timmiaceae 61
　　鳞藓科　Theliaceae 63
　　羽藓科　Thuidiaceae 65
　　柳叶藓科　Amblystegiaceae 66
　　青藓科　Brachytheciaceae 100
　　金发藓科　Polytrichaceae 102
　　指叶苔科　Lepidoziaceae 103
　　护蒴苔科　Calypogeiaceae 106
　　大萼苔科　Cephaloziaceae 108
　　合叶苔科　Scapaniaceae 114
　　齿萼苔科　Geocalycaceae 118
　　毛叶苔科　Ptilidiaceae 119
　　小叶苔科　Fossombroniaceae 121
　　地钱科　Marchanteaceae 122
　　钱苔科　Ricciaceae 123

蕨类植物　PTERIDOPHYTA 126
　　水韭科　Isoetaceae 126
　　木贼科　Equisetaceae 129
　　紫萁科　Osmundaceae 136
　　海金沙科　Lygodiaceae 138

肾蕨科　Nephrolepidaceae 139
卤蕨科　Acrostichaceae 141
铁线蕨科　Adiantaceae 142
里白科　Gleicheniaceae 145
鳞始蕨科　Lindsaeaceae 148
姬蕨科　Dennstaedtiaceae 150
观音座莲科　Angiopteridaceae 151
水蕨科　Parkeriaceae（Ceratopteridaceae）..152
蹄盖蕨科　Athyriaceae 154
金星蕨科　Thelypteridaceae 160
球子蕨科　Onocleaceae 167
乌毛蕨科　Blechnaceae 169
蚌壳蕨科（金毛狗科）Dicksoniaceae 171
鳞毛蕨科　Dryopteridaceae 172
蘋科　Marsileaceae 174
槐叶蘋科　Salviniacae 176
满江红科　Azollaceae 177

裸子植物　GYMNOSPERMAE 179
松科　Pinaceae 179
杉科　Taxodiaceae 184
柏科　Cupressaceae 188

被子植物　ANGIOSPERMAE 190
I. 双子叶植物　DICOTYLEDONAE 190
木麻黄科　Casuarinaceae 190
三白草科　Saururaceae 192
金粟兰科　Chloranthaceae 196
杨柳科　Salicaceae 199
桦木科　Betulaceae 224
胡桃科　Juglandaceae 233
桑科　Moraceae 235
大麻科　Cannabinaceae 238
荨麻科　Urticaceae 239
檀香科　Santalaceae 246
川苔草科　Podostemonaceae 247
马兜铃科　Aristolochiaceae 250
蓼科　Polygonaceae 251
藜科　Chenopodiaceae 283

苋科　Amaranthaceae	301
使君子科　Combretaceae	303
红树科　Rhizophoraceae	305
番杏科　Aizoaceae	311
粟米草科　Molluginaceae	313
石竹科　Caryophyllaceae	316
睡莲科　Nymphaeaceae	326
莼菜科　Cabombaceae	330
莲科　Nelumbonaceae	332
金鱼藻科　Ceratophyllaceae	333
藤黄科　Clusiaceae（Guttiferae）	336
毛茛科　Ranunculaceae	338
十字花科　Cruciferae	370
茅膏菜科　Droseraceae	386
景天科　Crassulaceae	391
虎耳草科　Saxifragaceae	395
蔷薇科　Rosaceae	406
豆科　Fabaceae（Leguminosae）	419
酢浆草科　Oxalidaceae	424
牻牛儿苗科　Geraniaceae	426
大戟科　Euphorbiaceae	428
水马齿科　Callitrichaceae	429
凤仙花科　Balsaminaceae	431
葡萄科　Vitaceae	434
锦葵科　Malvaceae	437
山茶科　Theaceae	438
沟繁缕科　Elatinaceae	439
柽柳科　Tamaricaceae	442
堇菜科　Violaceae	446
海桑科　Sonneratiaceae	450
玉蕊科　Lecythidaceae	452
秋海棠科　Begoniaceae	453
千屈菜科　Lythraceae	455
菱科　Trapaceae	462
柳叶菜科　Onagraceae	464
小二仙草科　Haloragaceae	477
杉叶藻科　Hippuridaceae	481
伞形科　Apiaceae（Umbelliferae）	483
杜鹃花科　Ericaceae	503

报春花科　Primulaceae ... 509
白花丹科　Plumbaginaceae ... 521
马钱科　Loganiaceae ... 523
龙胆科　Gentianaceae ... 524
睡菜科　Menyanthaceae ... 537

（下册）

夹竹桃科　Apocynaceae ... 541
萝藦科　Asclepiadaceae ... 543
旋花科　Convolvulaceae ... 546
花荵科　Polemoniaceae ... 549
紫草科　Boraginaceae ... 549
马鞭草科　Verbenaceae ... 556
唇形科　Lamiaceae（Labiatae） ... 558
玄参科　Scrophulariaceae ... 582
胡麻科　Pedaliaceae ... 610
狸藻科　Lentibulariaceae ... 611
爵床科　Acanthaceae ... 616
车前科　Plantaginaceae ... 617
茜草科　Rubiaceae ... 621
葫芦科　Cucubitaceae ... 625
桔梗科　Campanulaceae ... 626
草海桐科　Goodeniaceae ... 630
菊科　Compositae ... 631

II. 单子叶植物　MONOCOTYLEDONAE ... 681
　　香蒲科　Typhyaceae ... 681
　　黑三棱科　Sparganiaceae ... 686
　　水麦冬科　Juncaginaceae ... 692
　　眼子菜科　Potamogetonaceae ... 694
　　丝粉藻科　Cymodoceaceae ... 710
　　川蔓藻科　Ruppiaceae ... 714
　　角果藻科　Zannichelliaceae ... 716
　　大叶藻科　Zosteraceae ... 717
　　露兜树科　Pandanaceae ... 721
　　茨藻科　Najadaceae ... 726
　　波喜荡科　Posidoniaceae ... 733
　　水蕹科　Aponogetonaceae ... 733
　　泽泻科　Alismataceae ... 734

花蔺科	Butomaceae	746
水鳖科	Hydrocharitaceae	749
冰沼草科	Scheuchzeriaceae	767
须叶藤科	Flagellariaceae	768
帚灯草科	Restionaceae	769
黄眼草科	Xytidaceae	771
禾本科	Poaceae（Graminae）	773
莎草科	Cyperaceae	863
棕榈科	Arecaceae（Palmae）	967
菖蒲科	Acoraceae	969
天南星科	Araceae	971
浮萍科	Lemnaceae	979
谷精草科	Eriocaulaceae	982
鸭跖草科	Commelinaceae	994
雨久花科	Pontederiaceae	1001
田葱科	Philydraceae	1005
灯心草科	Juncaeceae	1006
百合科	Liliaceae	1022
石蒜科	Amaryllidaceae	1041
薯蓣科	Dioscoreaceae	1042
蒟蒻薯科	Taccaceae	1044
鸢尾科	Iridaceae	1047
姜科	Zingiberaceae	1051
水玉簪科	Burmanniaceae	1053
兰科	Orchidaceae	1054

参考文献 ... 1062

拉丁名索引 ... 1064

中文名索引 ... 1095

苔藓植物 BRYOPHYTA

泥炭藓科 Sphagnaceae

生沼泽或水湿处，直立，大片状丛生，淡绿色，干燥时呈灰白色或黄白色；有时带紫红色。茎细长，单生或叉状分枝，具中轴，中轴细胞小形，黄色或红棕色；表皮细胞大形无色，有时具水孔及螺纹；茎顶短枝丛生，侧枝分短茎、倾立的强枝及附茎下垂纤长弱枝，枝表皮细胞有时具水孔及螺纹。茎叶与枝叶常异形；茎叶常较枝叶大，舌形或三角形，叶细胞上的螺纹及水孔较少；枝叶长卵形、阔卵形、披针形或狭长形，单细胞层，由大形无色具螺纹加厚的细胞及小形绿色的细胞相间交织构成。精子器球形，具柄，集生于头状枝或分枝顶端，每一苞叶叶腋间生一精子器，配丝纤细，有分枝；精子螺旋形，具2鞭毛。雌器苞由头状枝丛的分枝产生；孢蒴球形或卵形，成熟时棕栗色，具小蒴盖，干缩时蒴盖脱落，基鞘部延伸成假蒴柄。孢子四分型，外壁具瘤及螺纹。原丝体片状。

本科仅1属，广布于世界各地。

1. 泥炭藓属 Sphagnum L.

属的特征同科所列。

本属有300余种，广布世界各地，在北半球寒温带地区分布广泛。生于酸性沼泽地及湿原中。中国湿地主要分布有36种。

分种检索表

1. 茎及枝条表皮细胞均具螺纹及水孔；枝叶呈阔卵状圆瓢形、先端圆钝。
  2. 枝叶绿色小细胞在叶横切面观呈狭长椭圆形，位于叶片中央，背、腹两面均为无色大细胞所包被。
    3. 茎叶与枝叶大小相近；枝叶呈圆瓢形；茎叶上部无色细胞密被明显的纹孔··16. 中位泥炭藓 S. magellanicum
    3. 枝叶比茎叶大1倍以上；枝叶呈阔卵状瓢形；茎叶无色细胞不具纹孔，或仅上部具不明显螺纹··22. 瓢叶泥炭藓 S. perichaetiale
  2. 枝叶绿色小细胞在叶横切面观呈三角形，偏于叶片腹面，仅背面为无色大细胞所包被。
    4. 枝叶无色细胞的侧壁上密生多数毛状纤维突起··················11. 毛壁泥炭藓 S. imbricatum
    4. 枝叶无色细胞的侧壁平滑，无毛状突起。
      5. 枝叶比茎叶大4-6倍；茎叶具透明的分化边，且有纤毛··············24. 异叶泥炭藓 S. portaticene

5. 枝叶与茎叶大小相近；茎叶无分化边，无纤毛。
　　6. 茎叶长舌形（长为宽的 2 倍以上），平展；茎叶无色细胞密被螺纹及水孔··············
　　　　·· 17. 多纹泥炭藓 *S. multifibrosum*
　　6. 茎叶短舌形（长为宽的 1.5 倍左右），内凹；茎叶无色细胞通常无螺纹，或仅呈不明显的痕迹·· 21. 泥炭藓 *S. palustre*
1. 茎及枝条表皮细胞均无螺纹，稀具水孔；枝叶多呈长卵状披针形，先端多渐尖。
　　7. 枝叶绿色细胞在叶的横切面观呈狭长椭圆形，位于叶片的中央。
　　　　8. 枝叶与茎叶的大小几乎相等。
　　　　　　9. 茎叶呈三角状舌形，茎叶无色细胞具分隔；枝丛疏生······ 23. 拟宽叶泥炭藓 *S. platyphylloides*
　　　　　　9. 茎叶呈卵圆状舌形，茎叶无色细胞不具分隔，腹面密生对孔········ 20. 卵叶泥炭藓 *S. ovatam*
　　　　8. 枝叶比茎叶大 1-2 倍或 2 倍以上。
　　　　　　10. 植株粗壮，呈黄绿带紫红色，枝丛密集着生于茎上；枝叶比茎叶大 4 倍以上··············
　　　　　　　　··· 4. 密叶泥炭藓 *S. compactum*
　　　　　　10. 植株纤细，呈淡绿或灰白绿色；枝丛疏生；枝叶比茎叶仅大 1-2 倍。
　　　　　　　　11. 枝叶呈卵状披针形，不内凹呈瓢状；茎叶之分化边缘上下均狭窄··············
　　　　　　　　　　··· 19. 稀孔泥炭藓 *S. oligoporu*
　　　　　　　　11. 枝叶内凹，呈卵状瓢形，茎叶之分化边缘上狭，至下部明显扩延。
　　　　　　　　　　12. 茎叶分化边至下部突然变阔（边宽为叶基宽之 1/4）；枝叶呈阔卵状瓢形，左右对称····································· 2. 截叶泥炭藓 *S. angstroemii*
　　　　　　　　　　12. 茎叶分化边向下渐阔；枝叶呈长卵状瓢形或阔卵状披针形，先端向一侧呈镰刀状弯曲。
　　　　　　　　　　　　13. 茎叶小于枝叶的一半，螺纹及水孔只位于叶尖部··············
　　　　　　　　　　　　　　·· 33. 偏叶泥炭藓 *S. subsecundum*
　　　　　　　　　　　　13. 茎叶大于枝叶的一半，螺纹及水孔分布到叶尖部以下。
　　　　　　　　　　　　　　14. 茎叶上部螺纹占叶表面近 1/2，腹面散生角孔，背面几无水孔··············
　　　　　　　　　　　　　　　　·· 12. 泽地泥炭藓 *S. inundatum*
　　　　　　　　　　　　　　14. 茎叶上部螺纹占叶表面近 1/2-2/3，腹面具角隅小孔，背面有成列对孔··············
　　　　　　　　　　　　　　　　·· 8. 细齿泥炭藓 *S. denticulatum*
　　7. 枝叶绿色细胞在叶的横切面观呈三角形，位于叶片的背面或腹面。
　　　　15. 枝叶绿色细胞位于叶片腹面。
　　　　　　16. 枝叶无色细胞不具螺纹··· 31. 丝光泥炭藓 *S. sericeum*
　　　　　　16. 枝叶无色细胞具螺纹。
　　　　　　　　17. 茎叶呈舌形或铲形，茎叶分化边缘上狭，至中下部突然变阔。
　　　　　　　　　　18. 茎叶呈短阔舌形，先端与叶基等宽，分化边宽达叶基宽度的 1/3 以上··············
　　　　　　　　　　　　··· 10. 白齿泥炭藓 *S. girgensohnii*
　　　　　　　　　　18. 茎叶呈狭长舌形，先端渐尖，分化边宽为叶基宽度的 1/4 左右。
　　　　　　　　　　　　19. 枝叶呈阔卵状披针形，先端急尖，背仰············ 29. 广舌泥炭藓 *S. robustum*
　　　　　　　　　　　　19. 枝叶呈狭卵状披针形，先端渐尖，不背仰。
　　　　　　　　　　　　　　20. 植株较粗大，多呈褐色或锈色；枝叶无色细胞背面具少数圆形大水孔··············
　　　　　　　　　　　　　　　　·· 9. 锈色泥炭藓 *S. fuscum*

　　　　　20. 植株细小，柔软，多呈肉红或紫红色；枝叶无色细胞背面具多数半圆形的大水孔……………………………………………………………30. 红叶泥炭藓 S. rubellum
  17. 茎叶呈三角形。
　　21. 茎叶无色细胞呈狭长菱形，具明显的螺纹及水孔。
　　　　22. 茎叶边从先端至基部均具分化狭边；枝叶呈阔卵状披针形，先端背仰…………………………………………………………14. 暖地泥炭藓 S. junghuhntanum
　　　　22. 茎叶的分化边上狭，至下部明显广延；枝叶呈狭卵状披针形，先端直伸……………………………………………………………26. 五列泥炭藓 S. quinquefarium
　　21. 茎叶无色细胞呈短宽菱形，具分隔，无螺纹或仅先端细胞有稀疏螺纹痕迹。
　　　　23. 茎叶从先端至基部均具狭分化边；枝叶呈阔卵状披针形，先端急尖，背仰………………………………………………………1. 拟尖叶泥炭藓 S. acutifolioides
　　　　23. 茎叶的分化边上狭，至基部明显广延，先端圆钝，内卷成兜形，叶边全缘；枝叶呈狭卵状披针形，先端渐尖，内卷而直伸…………3. 尖叶泥炭藓 S. capillifolium
 15. 枝叶绿色细胞位于叶片背面。
　　24. 茎叶的分化边上狭，至中下部则广延。
　　　　25. 茎叶呈三角形，先端急尖。
　　　　　　26. 茎叶呈短小的等边三角形；茎叶无色细胞一般无螺纹及水孔…………………………………………………………………27. 喙叶泥炭藓 S. recurvum
　　　　　　26. 茎叶呈狭长等腰三角形；茎叶上部无色细胞具螺纹及水孔…………………………………………………………………6. 狭叶泥炭藓 S. cusptdatum
　　　　25. 茎叶呈舌形或三角状舌形，先端圆钝。
　　　　　　27. 枝叶先端急尖，具仅为单细胞构成的芒刺状尖头……25. 刺叶泥炭藓 S. pungifolium
　　　　　　27. 枝叶先端渐尖，顶部多呈截形，具多数锯齿。
　　　　　　　　28. 茎叶无色细胞呈狭长菱形，密被螺纹及水孔…………7. 长叶泥炭藓 S. falcatulum
　　　　　　　　28. 茎叶无色细胞呈阔菱形，具分隔，无螺纹及水孔，或仅上部具不明显的细纹。
　　　　　　　　　　29. 茎叶较宽大，呈等边三角状阔舌形………………28. 岸生泥炭藓 S. riparium
　　　　　　　　　　29. 茎叶较细小，呈狭长等腰三角状舌形。
　　　　　　　　　　　　30. 茎叶分化边从上至下逐渐增宽；枝叶无色细胞多具1-2列薄边小水孔……………………………………………………18. 舌叶泥炭藓 S. obtusum
　　　　　　　　　　　　30. 茎叶分化边上狭，至中部突然加宽达叶片宽的1/3以上；枝叶无色细胞多具疏生大圆孔或上下角部厚边单孔………36. 阔边泥炭藓 S. warnitorfianum
　　24. 茎叶的分化边从顶至基部均狭窄。
　　　　31. 茎叶呈卵状舌形；茎叶无色细胞被螺纹及水孔。
　　　　　　32. 茎皮部仅具1层无色细胞；枝叶无色细胞背腹面均密被成列对孔…………………………………………………………………15. 吕宋泥炭藓 S. luzonense
　　　　　　32. 茎皮部具2-3层无色细胞；枝叶无色细胞背腹面均多具角孔……………………………………………………………………34. 柔叶泥炭藓 S. tenellum
　　　　31. 茎叶呈三角形至舌形；茎叶无色细胞无纹孔，仅稀具分隔。
　　　　　　33. 枝叶阔卵形，内凹，先端急尖，背仰。

34. 植株较粗大，枝叶中部无色细胞腹面具大形角孔；雌雄同株，雌苞叶小……………………………………………………………………………………32. 粗叶泥炭藓 S. squarrosum

34. 植株较纤细，枝叶中部无色细胞腹面具整齐的两列厚边对孔；雌雄异株，雌苞叶与枝叶同形………………………………………………………35. 细叶泥炭藓 S. teres

33. 枝叶狭卵形，先端渐尖，内卷，直伸。

35. 茎叶宽大，枝叶与茎叶几等长；枝叶无色细胞背面具角孔，腹面有时具中央圆孔………………………………………………………5. 拟狭叶泥炭藓 S. cuspidatulum

35. 茎叶小，枝叶比茎叶约长2倍；枝叶无色细胞背面具整齐的2列对孔，腹面为2列内孔………………………………………………………13. 垂枝泥炭藓 S.jensenii

1. 拟尖叶泥炭藓

Sphagnum acutifoliodes Warnst., Hedwigia 29: 192, t. 4, f. 4a, 4b; t. 7, f. 16. 1890.

植物体高达15cm，干燥时有光泽。茎皮部具2-3层细胞，薄壁，无纹孔，中轴橙色。茎叶呈等腰三角形，基部宽0.7-0.8mm，长1.3-1.4mm，先端狭钝，有锯齿，叶缘分化边狭，或基部稍宽延，无色细胞在叶基部呈狭长菱形，在叶上部呈短宽菱形，多数具分隔，无螺纹或背面先端细胞有螺纹痕迹，腹面细胞有不规则的膜孔；枝叶呈阔卵状披针形，急尖，上部叶边内卷，先端钝，具齿，长1.4-1.7mm，宽0.6-0.8mm，具分化狭边，无色细胞密被螺纹，腹面边缘部细胞具多数大而圆形的水孔，向中部渐少，背面上部细胞具小形、向下部渐大的半椭圆形对孔，基部近边缘细胞上角具大形圆孔，绿色细胞在叶片横切面中呈等腰三角形，偏于叶片腹面，背面完全为无色细胞所包被。

产于安徽、福建、海南、黑龙江、江西、四川、云南、浙江，多生于针叶林下沼泽地、岩面潮湿的薄土上，或生于岩洞及沟边滴水石上。印度（阿萨姆）也有分布。

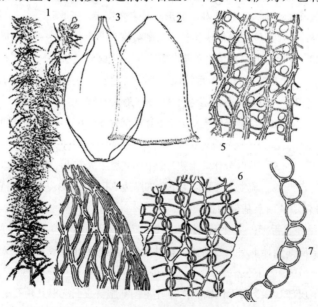

图1 拟尖叶泥炭藓

1. 植株；2. 茎叶；3. 枝叶；4. 茎叶先端细胞；5. 枝叶中部近边缘细胞（腹面观）；
6.枝叶中部细胞（背面观）；7. 枝叶横切面

2. 截叶泥炭藓

Sphagnum angstroemii C. Hartm., Handb. Skand. Fl., ed. 7, 399. 1858.——*S. insulosum* Ångstr.

植物体密集丛生，呈褐绿色或黄褐带蓝色，无光泽。茎皮部具 3-5 层无色细胞，中轴呈黄褐色。茎叶呈舌状，基部宽，平展，中部稍狭缩，先端圆钝，顶部略消蚀成毛边状，长 1-1.4 mm，基部宽 0.6-0.8 mm，分化边缘上半段狭，中部以下宽延，边宽为叶宽的 1/3，中上部无色细胞具分隔，无螺纹及水孔。每枝丛具 3-5 条枝；枝叶呈覆瓦状疏松着生，卵圆形，长约 1.5 mm，宽约 1 mm，叶缘稍内卷，具 1-3 列狭长细胞构成的分化边，叶先端呈截齐形，有锯齿，无色细胞呈狭长虫形，背面具小形厚缘角隅对孔，近叶基孔变大，腹面上部为厚缘前角孔，向下渐减少，且有假角隅对孔，绿色细胞在枝叶横切面中呈椭圆形，位于中央，背腹两面均为无色大细胞所包被。雌雄异株，孢子深褐色，具细疣。

产于内蒙古大兴安岭五峰山，多生于高山针叶林地或生于高山草甸水中。俄罗斯（远东地区、西伯利亚）、欧洲、北美洲（阿拉斯加）也有分布。

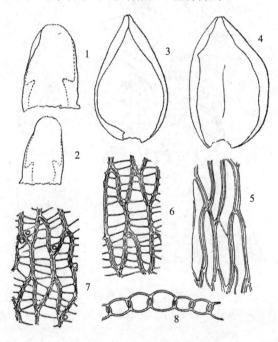

图 2 截叶泥炭藓

1-2. 茎叶；3-4. 枝叶；5. 茎叶中部细胞；6. 枝叶中部细胞（背面观）；
7. 枝叶中部细胞（腹面观）；8.枝叶横切面

3. 尖叶泥炭藓

Sphagnum capillifolium (Ehrh.) Hedw., Fund. Hist. Nat. Musc. Frond. 2: 86. 1782.——*S. palustre* L. var. *capillifolium* Ehrh.

植物体疏丛生，通常呈淡绿色、黄褐色、带紫红色，干时无光泽。茎皮部 2-4 细胞层，中轴淡黄或浅红色。茎叶往往异形，一般下大上小，叶片呈长卵状等腰三角形，渐狭，上部边缘内卷，几呈兜形，叶长 1-1.5 mm，基部宽 0.4-0.7 mm，分化边缘上狭，下部明显广延，上部无色细胞阔菱形，多具分隔，下部细胞长菱形，分隔渐少，背腹面均具不明显的大形膜孔。枝丛 3-5 枝，2-3 强枝。枝叶长卵状披针形，上部叶边内卷，先端平钝具齿，长 0.9-1.4 mm，宽 0.4-0.5 mm，无色细胞密被螺纹，腹面上部细胞上下角隅均具小孔，下部及边缘细胞具多数大圆孔，背面则密被半圆形厚边成列对孔，渐向下则孔渐大而壁渐薄，绿色细胞在叶横切面观呈三角形，偏于叶片腹面。雌雄杂株；雄枝着生精子器部分带红色；雄苞叶短宽，急尖；雌苞叶较大，阔卵形，内凹呈瓢状。孢子淡黄色，壁平滑或具细疣，直径 20-25 μm。

产于黑龙江、吉林、内蒙古、西藏、云南，多生于沼泽地、针叶林或杜鹃灌丛下、潮湿腐殖土上或塔头甸子上。印度、日本、俄罗斯（萨哈林岛、堪察加半岛）及欧洲、非洲、南北美洲也有分布。

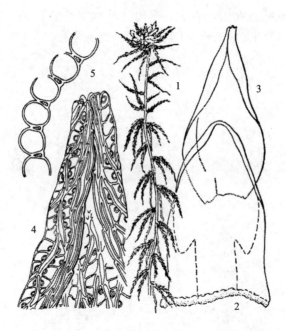

图 3　尖叶泥炭藓
1. 植株；2. 茎叶；3. 枝叶；4. 枝叶先端细胞；5. 枝叶横切面

4. 密叶泥炭藓
Sphagnum compactum Lam. & DC., Fl. Franc., ed. 2, 2: 443. 1805.

植物体密集丛生，呈灰绿、黄绿或稍带紫红色。茎皮部具 2-3 层大形无色细胞，表皮层细胞薄壁，具单孔，中轴黄棕色。茎叶细小，呈三角状舌形，长 0.5-0.55 mm，基部宽 0.6 mm，先端圆钝，内卷，常裂成无色的毵状，分化边缘下部广延达叶宽的 1/6，无色细胞菱形，多数无螺纹，腹面具膜孔。枝丛密集茎上，每丛具 4-6 枝，其中有 2-3 强枝，枝挺硬，短粗而钝端。枝叶阔卵形，长 1.6-2.6 mm，宽 0.8-1.6 mm，一般比茎叶大数倍，内凹成瓢形，先端呈兜形，叶边分化不明显，有时具微齿，无色细胞密被螺纹，并具侧边纵列螺纹形成的假水纹，腹面有 2-3 角隅对孔，背面具大形角孔，绿色细胞细小，在枝叶横切面观呈卵形至椭圆形，偏于叶片背面，但背腹两面均为无色细胞所包被。雌雄同株；雌枝叶无分化，雌苞叶呈阔卵形或长卵形，内凹成瓢状，先端往往一向偏斜。孢子呈黄棕色，直径 32-35 μm。

产于黑龙江、西藏、云南，多生于潮湿林下或高山水湿的岩石上。东亚、俄罗斯（远东地区）、欧洲、北非、北美及澳大利亚均有分布。

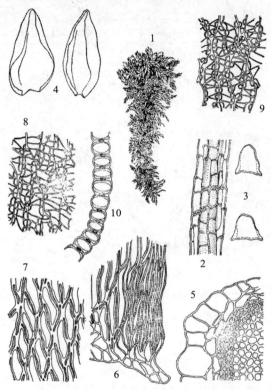

图 4　密叶泥炭藓

1. 植株；2. 枝条一段；3. 茎叶；4. 枝叶；5. 茎横切面；6. 茎叶基部边缘细胞；7. 茎叶中部细胞；8. 枝叶中上部细胞（腹面观）；9. 枝叶中部细胞（背面观）；10. 枝叶横切面

5. 拟狭叶泥炭藓

Sphagnum cuspidatulum Müll. Hal., Linnaea 38: 549. 1874.

植物体密集丛生，呈淡绿白色或带褐色。茎粗壮，皮部具 2-3 层无色细胞，细胞狭长与中轴细胞分界不明显。茎叶呈广舌形，或三角状舌形，长 0.7-1.6 mm，宽 0.5-0.9 mm，有的叶基宽大于长，先端圆钝，顶部边缘有时消蚀呈缝状，两侧具狭分化边，无色细胞较短宽，通常无螺纹，具分隔，腹面常具大形中央孔。每枝丛具 4-6 枝，有 2-3 强枝，枝端渐细，往往弓形下垂。枝叶整齐 5 列，呈卵状披针形，长 0.8-1.3 mm，宽 0.3-0.6 mm，先端渐尖，边内卷，具狭分化边，无色细胞密被螺纹，腹面具多数大形角孔，背面具小形厚边角孔，基部有时亦具大形角孔，绿色细胞在叶片横切面观呈三角形，偏于叶片背面，腹面几乎全为大形无色细胞所包被。

产于四川、云南、西藏，生于高山阴坡针叶林地或潮湿的杜鹃林下，海拔2 500-3 800 m。克什米尔地区、尼泊尔、印度、缅甸、泰国、马来西亚、菲律宾、印度尼西亚也有分布。

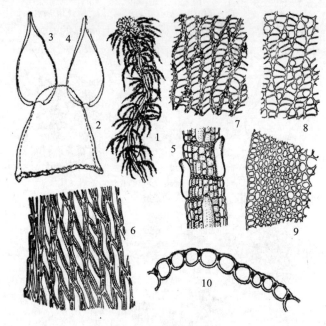

图 5　拟狭叶泥炭藓

1. 植株；2.茎叶；3-4. 枝叶；5. 枝条一段；6. 茎叶中上部边缘细胞；7. 枝叶中部细胞（背面观）；8. 枝叶中部细胞（腹面观）；9. 茎横切面；10.枝叶横切面

6. 狭叶泥炭藓

Sphagnum cuspidatum Ehrh. ex Hoffm., Deutschl. Fl. 2: 22. 1796.

植物体淡黄绿或黄褐色，具光泽。茎纤长，皮部具 2-3 层大形无色细胞，中轴细胞深黄绿色，与皮部细胞有明显界线。茎叶呈等腰三角形，长 1.2-2.0 mm，宽 0.5-0.8 mm，先端渐尖，有的顶端略呈截形，且具少数细齿，叶缘分化边上部狭，至中下部均明显宽延（达叶宽的 1/3），无色细胞狭长，叶上部者具纹孔。每枝丛 4 条，2 强枝。枝叶稍带光泽，长披针形，长 2-4 mm，宽 0.5-0.6 mm，干燥时往往向一侧弯曲，先端渐尖，在截齐的尖部具粗齿，叶缘分化边的细胞呈狭长线形，中部无色细胞呈狭长虫形，背面具上角小孔，稀下角及侧壁具水孔，腹面上部具小孔，角部多具较大水孔；绿色细胞在枝叶横切面呈梯形，偏于背面，腹面为无色细胞所包被或稍裸露。雌雄异株；雄枝呈红褐色，雄苞叶比一般枝叶短且宽；雌苞叶呈阔卵形，先端圆钝，全缘。孢子黄褐色。

产于福建、黑龙江、内蒙古、云南，生于林下潮湿的腐殖质上，或生于树干基部及塔头甸子里，常常形成小片藓丛。日本、马来西亚、印度尼西亚、欧洲、东非、北美、南美、澳大利亚有分布。

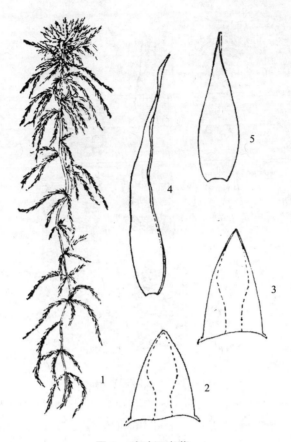

图6 狭叶泥炭藓
1. 植株；2-3. 茎叶；4-5. 枝叶

7. 长叶泥炭藓　铲叶泥炭藓

Sphagnum falcatulum Besch., Bull. Soc. Bot. France 32: LXVII. 1885.

植物体疏丛生，茎及枝纤细，疏生，呈淡绿白色，略带棕褐色。茎皮部具3细胞层，细胞厚壁，中轴黄色。茎叶呈长卵状等腰三角形，长约1.6mm，宽约0.6mm，先端渐狭，顶部圆钝，分化边缘上狭，向下渐广延，至基部每边宽为叶基宽的1/4，无色细胞狭长菱形至虫形，密被纹孔，基部细胞则无螺纹。枝丛4、2强枝。枝叶呈狭长卵状披针形，长1.3-1.7mm，宽0.6mm，先端渐尖，内卷几成筒状，顶部截形，具细齿，分化边从上至下均狭窄，无色细胞呈长菱形至虫形，密被整齐螺纹，腹面具角隅水孔，背面具角孔，向下渐多角隅对孔，绿色细胞在枝叶横切面观呈卵状三角形，偏于叶背面，腹面全为无色大细胞所包被。雌雄异株，雌苞叶较大，基部阔卵状，向上呈长披针形，先端兜形，无色细胞无明显螺纹。

产于广西、内蒙古、西藏、云南，多生于高山沼泽地及水湿林地，稀见于林下腐殖土及沟边石上。澳大利亚、新西兰、南美洲有分布。

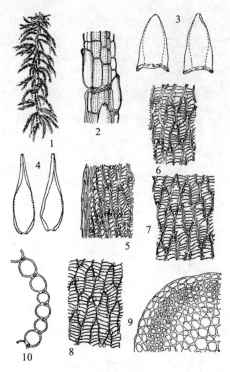

图7 长叶泥炭藓

1. 植株；2. 枝条一段；3. 茎叶；4. 枝叶；5. 茎叶中上部边缘细胞（背面观）；6. 茎叶中部细胞（腹面观）；7. 枝叶上部细胞（背面观）；8. 枝叶中部细胞（腹面观）；9. 茎横切面；10. 枝叶横切面

8. 细齿泥炭藓

Sphagnum denticulatum Brid., Bryol. Univ. 1: 10. 1826.

植物体较粗壮，密集丛生，淡灰绿色至褐色。茎皮层单层细胞，无色细胞无螺纹，中轴较粗，黄褐色。茎叶呈三角状舌形或舌形，长0.8-1.2 mm，基部宽0.5-0.8 mm，先端圆钝，分化边缘上狭，下部稍广延；无色细胞具多数螺纹，有时基部细胞平滑，腹面具角隅小孔，背面有成列对孔。枝丛3-5枝，2强枝，枝端硬挺。枝叶呈长卵形或卵状披针形，长1-1.6 mm，宽0.5-0.9 mm，强烈内凹呈瓢形，先端略向一侧弯曲，具分化狭边，顶端具微齿，无色细胞具密集螺纹，腹面上部具多数成列对孔，背面具厚边成列对孔，绿色细胞在枝叶横切面呈长椭圆形，位于中部，背腹面均裸露。孢子体未见。

产于四川（大凉山）、云南（维西），多生于沼泽地，海拔3 275 m。中欧、北非及北美洲有分布。

9. 锈色泥炭藓

Sphagnum fuscum (Schimp.) H. Klinggr., Schriften Königl. Phys.-Ökon Ges. Köningsberg 13 (1): 4. 1872.——*S. acutifolium* Schrad. var. *fuscum* Schimp.

植物体密集丛生，锈绿色或带褐色。茎细长，约12 cm，皮部具3-4层细胞，表皮无色细胞不具纹孔，中轴呈褐绿色，或呈黄色。茎叶不小于枝叶，呈扁平状宽舌形，长0.8-1.2 mm，宽 0.5-0.8 mm，先端圆钝，全缘或消蚀成毛状边，叶边分化，中上部狭，至基部突宽延（为叶片的 1/4）。枝丛 3-4 条，2 强枝。枝叶卵状披针形，长 0.8-1.3 mm，宽 0.4-0.5 mm，先端渐尖，叶尖截齐状具齿，叶边全缘，具分化狭边，上部边内卷，腹面中下部无色细胞具大形薄壁水孔，先端具角隅孔，背面中上部具少数大形水孔，向上孔略大，绿色细胞在叶的横切面观呈三角形或梯形，偏于腹面，背面常为无色细胞所包被。雌雄异株，雄枝与一般枝相似，黄褐色；雄苞叶小，宽卵圆形；雌苞叶大，阔椭圆形。孢子黄绿色，平滑，直径 25-30 μm。

产于黑龙江（小兴安岭）、内蒙古，多生于沼泽地或阴湿林地上，往往形成小片藓丛。日本、俄罗斯（远东地区）、欧洲、北美洲也有分布。

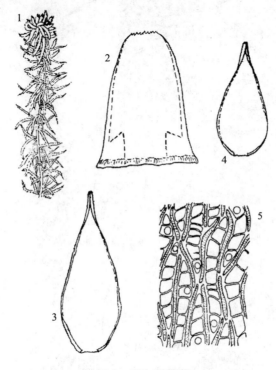

图 8 锈色泥炭藓
1. 植株；2. 茎叶；3-4. 枝叶；5. 枝叶中上部细胞（腹面观）

10. 白齿泥炭藓
Sphagnum girgensohnii Russow, Beitr. Torfm. 46. 1865.

枝及茎纤细硬挺，呈黄绿或灰绿色或带淡棕色，无光泽。茎皮部具 3-4 层大形无色细胞，有时 2-3 层，每个表皮细胞具 2-3 大圆孔，中轴黄色。茎叶短阔舌形或剑头形，长 0.9-1.4 mm，宽 0.7-0.9 mm，先端钝圆而阔，顶部细胞消蚀而裂成不规则粗齿，分化边缘上狭，至中部突广延，中下部边达叶宽度的 1/3 以上，无色细胞在中下部较狭，上部呈阔菱形，多少有分隔，一般无纹孔。枝丛 3-5，强枝 2-3，倾立。枝叶呈覆瓦状紧密排列，卵状披针形，长 1-1.3 mm，宽 0.5-0.8 mm，干时多挺立，无色细胞腹面上部具大而圆形无边的中央孔，常具假纤维分隔，背面具小前角孔，或具角隅厚边小孔，稀在下部具半椭圆形成列对孔,绿色细胞在枝叶横切面观呈梯形,偏于叶片腹面,通常两面均裸露。雌雄异株,雄枝着生精子器部分呈球状,淡棕色,雄苞叶小而短宽;雌苞叶较大,长卵状舌形。孢子黄棕色,平滑,直径约 30-33 μm。

产于贵州、黑龙江、吉林、内蒙古、四川、西藏、云南,常见于沼泽地与潮湿针叶林,在杜鹃灌丛下、竹林下、腐殖土上、塔头甸子上、潮湿岩石上、沟边岩面薄土上成大片藓丛,本种在林地往往形成大面积高位沼泽。朝鲜、日本、印度尼西亚(爪哇)、尼泊尔、印度、乌克兰(高加索)、俄罗斯(西伯利亚、堪察加半岛及萨哈林岛)、欧洲、北美洲以及格陵兰岛均有分布。

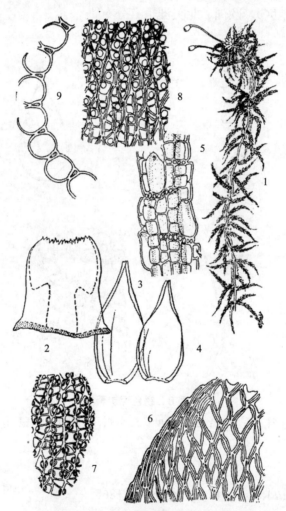

图 9 白齿泥炭藓
1. 植株;2. 茎叶;3-4. 枝叶;5. 枝条一段;6. 茎叶先端细胞;7. 枝叶中部近边缘细胞(背面观);8. 枝叶中部细胞(腹面观);9. 枝叶横切面

11. 毛壁泥炭藓

Sphagnum imbricatum Hornsch. ex Russow, Beitr. Torfm. 99. 1865.

植物体常呈小片状疏丛生，高 7-15 cm，深绿色、黄绿色或黄褐色。茎松软，皮部 3-5 层大形无色细胞，表层细胞具螺纹及水孔，中轴黄褐色。茎叶呈短阔舌形，基部稍狭，长 1-1.8 mm，宽 0.8-1 mm，先端平展，顶部边缘细胞消蚀裂成不整齐的毛状，大形无色细胞无螺纹或疏具不明显螺纹。轮生枝丛 4 条，2 强枝。枝叶呈覆瓦状密生，呈阔卵形或圆卵形，比茎叶大，长 1.5-2.5 mm，内凹成瓢形，先端内卷成兜状，尖部叶缘无色，具细齿，但不形成分化边缘，无色细胞密被螺纹，背面中上部具多数角隅对孔，腹面仅具单一上角孔，中下部腹面水孔大而少，细胞间内壁特具密生的毛状纤维突起，绿色细胞横切面观呈阔等腰三角形，偏于腹面，背腹面均裸露。雌雄异株；雄枝红褐色，雄苞叶长大，卵形。雌器苞生于头状枝基部。孢子黄褐色，平滑。

产于黑龙江、吉林、内蒙古，多生于塔头沼泽或针叶林下潮湿的腐殖土上。朝鲜、日本、印度、乌克兰（高加索）、俄罗斯（西伯利亚）、欧洲、北美及中南美洲也有分布。

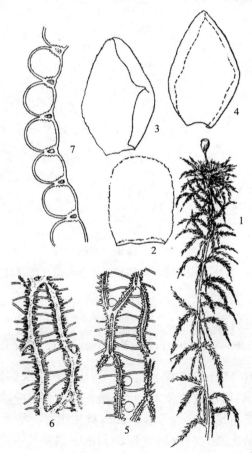

图 10 毛壁泥炭藓

1. 植株；2. 茎叶；3-4. 枝叶；5. 枝条一段；6. 枝叶中部细胞（背面观）；
7. 枝叶中部细胞（腹面观）

12. 泽地泥炭藓

Sphagnum inundatum Russow, Arch. Naturk. Liv-Ehst- Kurlands, Ser. 2, Biol. Naturk. 10: 390. 1894.

植物体较粗大，灰绿色或淡棕色，密集垫状丛生。茎皮部仅单细胞层，无色细胞无螺纹，中轴较粗，呈黄褐色。茎叶较小，呈舌形，长 0.4-0.7mm，基部宽 0.3-0.6mm，先端圆钝，分化边缘上狭，下部稍广延，无色细胞稀具分隔，无螺纹和水孔，或先端细胞具螺纹痕迹，腹面散生角孔。枝丛 3-5 枝，2-3 强枝，枝端细柔。枝叶呈阔卵状披针形，长 1-1.4mm，宽 0.5-0.6mm，强烈内凹呈瓢形，左右不对称，先端呈镰刀形弯曲，分化狭边向上逐渐变窄，无色细胞密集螺纹，腹面水孔较少，背面具明显的成列厚缘对孔，绿色细胞在枝叶横切面呈狭长方形或长椭圆形，位于中部，背腹面均裸露。雌雄异株，孢子体未见。

产于黑龙江、吉林、内蒙古，生于沼泽地、水草地腐殖质上、林下水湿腐殖土上或生于塔头甸子水中。日本、欧洲北部和北美洲有分布。

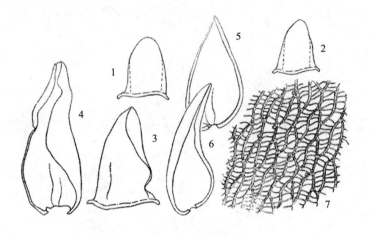

图 11 泽地泥炭藓
1-3. 茎叶；4-6. 枝叶；7. 枝叶中部细胞（背面观）

13. 垂枝泥炭藓 詹氏泥炭藓

Sphagnum jensenii H. Lindb., Acta Soc. Fauna Fl. Fenn. 18 (3): 13. 1899.

植物体较粗大，高 10-15cm，淡绿带白色，顶枝丛常呈深棕色。茎外层皮部具 3-5 层细胞，细胞大而排列疏松，内层皮部具 4-5 层细胞，其细胞与中轴的大小相似，分界不明，中轴黄色。茎叶小，呈三角形或三角舌形，长与宽几相等，均为 0.8-1.0mm，先端圆钝，具齿或成毛状，分化叶边上狭，向下稍宽延，无色细胞狭长虫形，稀具分隔，无螺纹及水孔，或仅上部有螺纹，先端有少许细胞，腹背面均具膜孔。枝丛 4 条，强枝 2 条，长 1.5-2cm，倾立。枝叶覆瓦状排列，狭卵状披针形，比茎叶长 1 倍以上，长约 2.3mm，宽 0.5-0.9mm，先端渐尖，顶端狭而钝，具齿，具由 2-3 列狭长线形细胞构成明显分化边，边全缘，内卷，无色细胞狭长虫形，密被螺纹，腹面具小而圆形的厚边水孔，背面具小圆孔或成列对孔，绿色细胞在叶片横切面呈三角形，偏于叶背面，腹面全为凸出的无色细胞所包被。雌雄异株；雄株呈锈棕色；雌苞叶卵圆形，具阔分化边。孢子淡黄色，光滑，直径约 30 μm。

产于黑龙江、吉林、辽宁、内蒙古、四川、云南，多生于沼泽地及针叶林下或潮湿的沟边石壁上。也分布于日本、中亚、俄罗斯（远东地区）、欧洲及北美洲。

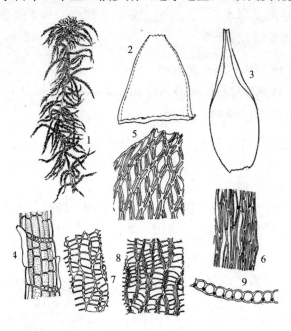

图 12　垂枝泥炭藓
1. 植株；2. 茎叶；3-4. 枝叶；5. 枝条一段；6. 茎叶先端细胞；7. 枝叶中部近边缘细胞（背面观）；
8. 枝叶中部细胞（腹面观）；9. 枝叶横切面

14. 暖地泥炭藓
Sphagnum junghuhnianum Doz. & Molk., Natuurk. Verh. Kon. Akad. Wetensch. Amsterdam 2: 8, 1 f. 3, 1854.

14a. 暖地泥炭藓原变种
Sphagnum junghuhnianum Dozy. & Molk. var. *junghuhnianum*

植物体较粗大，约达 10 cm，淡褐白色，或带淡紫色，干燥时具光泽。茎直立，细长，表皮无色细胞特大，薄壁，具大形水孔，侧壁具纵列小水孔；中轴黄棕带红色。茎叶大，呈长等腰三角形，长约 1.8 mm，基部宽 0.7-0.85 mm，上部渐狭，先端狭而钝，具齿，上部边内卷，狭分化边向下不广延；无色细胞狭长菱形，位于叶上段密被螺纹及水孔，基部疏被螺纹，背面多具成列的半圆形对孔，腹面具多数大形圆孔。枝丛 4-5 条，2-3 强枝，倾立。枝叶大形，下部贴生，先端背仰，呈长卵状披针形，渐尖，长 1.5-2 mm，宽 0.8-0.9 mm，顶端钝，具细齿，具狭分化边，上段内卷；无色细胞长菱形，具多数膜褶及稍突出的螺纹，腹面基部及边缘有多数大而圆形的无边水孔，背面具半椭圆形厚边成列的对孔及大而圆形的水孔；绿色细胞在叶片横切面观呈三角形，位于叶片腹面，背面完全为无色细胞所包被。雌雄异株。雌苞叶较大，卵状披针形；无色细胞阔菱形，往往有多次分隔，无纹孔。孢蒴近球形；孢子散发后具狭口；孢子呈四分孢子形，赭黄色，具粗疣，直径约 19-21 μm。

产于福建、广东、贵州、海南、江西、四川、台湾、云南、西藏、浙江，多生于沼泽地、潮湿林地、树干基部及腐木上。印度尼西亚、菲律宾、马来西亚、泰国、印度、喜马拉雅地区及日本有分布记录。

14b. 暖地泥炭藓拟柔叶变种　东亚泥炭藓

Sphagnum junghuhnianum Dozy. & Molk. var. ***pseudomolle*** (Warnst.) Warnst., Sphagn. Univ. 117. 1911.——*S. pseudomolle* Warnst.

本变种与原变种之区别在于植株、茎叶和枝叶均较小，茎叶长仅 1 mm 左右，枝叶长约 1.3 mm，且茎叶无色细胞腹面上部具小角隅孔，下部仅具少数大形水孔，绝无膜褶分隔，以上特征与原变种明显可区别。

产于广西、贵州、海南、江西、四川、台湾、云南、浙江，多见于林地、沼泽、沟边及滴水石上。也记录于尼泊尔、印度、泰国、菲律宾、印度尼西亚（苏门答腊）及日本。

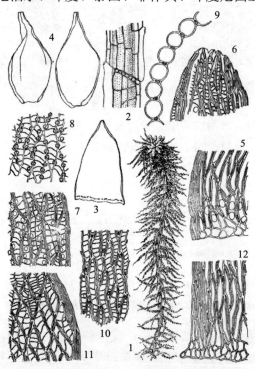

图 13　暖地泥炭藓

1-9. 暖地泥炭藓原变种：1. 植株；2. 枝条一段；3. 茎叶；4. 枝叶；5. 茎叶基部边缘细胞（腹面观）；
6. 茎叶尖端细胞；7. 枝叶近基部边缘细胞（腹面观）；8. 枝叶中部细胞（背面观）；
9. 枝叶横切面一部分；10-12. 暖地泥炭藓拟柔叶变种：10. 枝叶中部细胞（腹面观）；
11. 茎叶尖端细胞；12. 茎叶基部边缘细胞

15. 吕宋泥炭藓

Sphagnum luzonense Warnst., Bot. Centralbl. 76: 388. 1898.

植物体较短小，高 3-5 cm，疏丛生，呈黄色或棕色。茎皮部具单层无色大细胞，中轴橙色。茎叶基部较狭，呈卵状三角形，先端舌状，边缘内卷，略呈兜形；无色细胞全部密被螺纹，且背腹面均多水孔，背面具成列小形厚边对孔。每枝丛具 3 枝，2 强枝，枝叶卵状披针形，长 1.4-2 mm，宽 0.7-1.0 mm，边缘略内卷，先端呈兜形，往往不对称而一向偏斜；无色细胞密被螺纹，背、腹面均密被成列对孔，与茎叶无色细胞相似，有时叶先端细胞背面的螺纹不显著；绿色细胞在横切面观呈狭长梯形，壁特厚，偏于叶片背面，但背腹面均裸露。孢子体未见。

产于云南（维西）金沙江与澜沧江沼泽地上。菲律宾有记录。

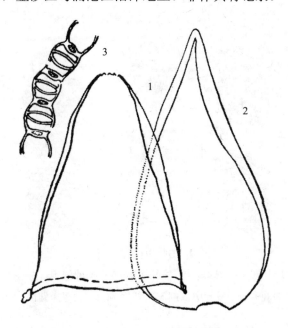

图 14　吕宋泥炭藓
1. 茎叶；2.枝叶；3. 枝叶横切面一部分

16. 中位泥炭藓

Sphagnum magellanicum Brid., Muscol. Recent. 2 (1): 24. 1798.

植物体较粗壮，疏松丛生，呈淡黄绿色或棕黄色，嫩枝尖端常带紫色。茎皮部具 3-5 层大细胞，表层细胞疏被螺纹，每个细胞具 1-4 个水孔；中轴呈粉红或棕红色。茎叶呈舌形，长 1-2 mm，宽 0.7-0.8 mm，先端往往较宽，具分化白边，常内卷；叶中上部的大形无色细胞密被螺纹，背面密被对孔，下部则具中央孔，螺纹不明显。每枝丛具 4 枝，2 强枝，枝条表皮细胞具纹孔。枝叶呈卵圆形，长 1.4-2 mm，宽 1.1-1.3 mm，内凹，先端内曲呈兜形；无色细胞腹面具大形圆孔，背面则多为角隅厚边对孔；绿色细胞在枝叶横切面观呈椭圆形，位于叶片中部，背腹两面完全为无色细胞所包被。雌雄异株。雄枝往往带红紫色，雄苞叶大，呈阔卵形。孢子粉红色，外壁密被疣，直径为 24-28 μm。

产于安徽、贵州、黑龙江、湖南、吉林、内蒙古、四川、云南，生于沼泽地或针叶林下，也见于杜鹃灌丛下及塔头水湿地。还分布于日本、俄罗斯（西伯利亚）、印度尼西亚、喜马拉雅地区、欧洲、非洲南部、马达加斯加岛、南美洲。

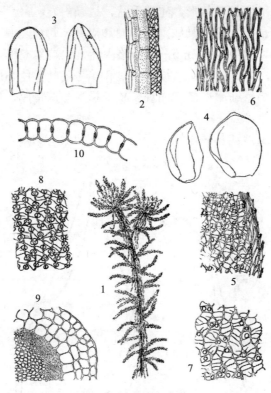

图 15　中位泥炭藓

1. 植株；2. 枝条一段；3. 茎叶；4. 枝叶；5. 茎叶上部细胞；6. 茎叶近基部细胞；
7. 枝叶中部细胞（腹面观）；8. 枝叶中部细胞（背面观）；9. 茎横切面；10. 枝叶横切面一部分

17. 多纹泥炭藓

Sphagnum multifibrosum X. J. Li & M. Zang, Acta Bot. Yunnan. 6 (1): 77. 1984.

植物体粗壮，高达 10 cm 以上，往往成大面积丛生，淡绿带黄色。茎及枝表皮细胞密被螺纹及水孔。茎叶扁平，长舌形（长为宽的 2 倍以上）；先端圆钝，顶端细胞往往消蚀成不规则锯齿状，叶缘具白边；茎叶无色细胞呈长菱形至虫形，密被螺纹及水孔，同枝叶无色细胞。枝叶呈阔卵状圆形，强烈内凹呈瓢状，先端圆钝，边内卷呈兜形；无色细胞呈不规则长菱形，密被螺纹，背面角隅处往往具半圆形对孔，腹面稀具孔；绿色细胞在枝叶横切面观呈等腰三角形，偏于叶片腹面，背面全为无色细胞所包被。未见孢子体。

产于福建、贵州、黑龙江、云南、西藏，生于沼泽地、高山杜鹃云杉林地以及水湿的岩壁上，往往成大片丛生，海拔 1 800-3 200 m 一带。该种为中国特有。

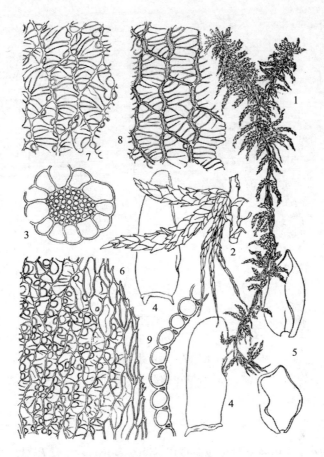

图 16 多纹泥炭藓

1. 植株；2. 枝丛；3. 枝横切面；4. 茎叶；5. 枝叶；6. 茎叶中上部边缘细胞（背面观）；
7. 枝叶中部细胞（背面观）；8. 枝叶中部细胞（腹面观）；9. 枝叶横切面一部分

18. 舌叶泥炭藓　秃叶泥炭藓

Sphagnum obtusum Warnst., Bot. Zeitung (Berlin) 35: 478. 1877.

植株较高大，高 8-12 cm，疏丛生，呈鲜绿带黄褐色。茎直立，皮部具 2-4 层大形无色细胞；中轴呈淡黄褐色，与皮部分界不太明显。茎叶疏生，呈三角状舌形，先端圆钝，具粗齿，有时呈毛齿状，分化边缘上狭下宽，至基部边宽为叶宽的 1/3 强；茎叶无色细胞阔菱形，上部者疏具分隔或螺纹；枝丛 4-5 条，2-3 强枝。枝叶呈卵状舌形或披针形，干燥时略呈波曲，长 2-3 mm，先端稍内卷；枝叶无色细胞呈狭长蠕虫形，密被螺纹，背、腹两面均具多数成 1-2 列的薄边小孔；绿色细胞在枝叶横切面观呈狭长三角形，偏于叶片背面，腹面被无色细胞所包被。雌雄异株。

产于黑龙江，生于沼泽地、潮湿草原及林缘地上，也见于沼泽及湖泊边湿地，是一种较喜阳光的泥炭藓。还分布于俄罗斯远东地区及西伯利亚、北欧、北美洲（阿拉斯加）。

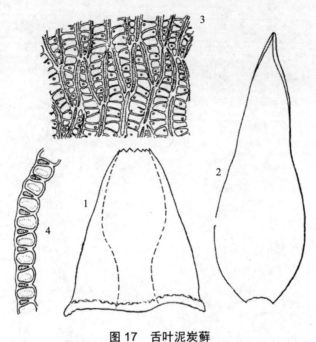

图 17　舌叶泥炭藓
1. 茎叶；2. 枝叶；3. 枝叶中部细胞（背面观）；4. 枝叶横切面

19. 稀孔泥炭藓

Sphagnum oligoporum Warnst. & Cardot, Bull. Herb. Boiss. ser, 2, 7: 711. 1907.

植物体较纤细，上部淡绿色，下部灰白带绿色。茎皮部细胞单层，中轴暗黄褐色。茎叶小，呈三角状舌形，长约 1 mm，基部宽约 0.6 mm，先端圆钝，顶边往往消蚀成粗齿状，两侧分化边狭，或向下稍宽延；茎叶无色细胞呈狭长蠕虫形，上部者具螺纹，腹面具小形厚边边孔或角隅对孔，下部者渐变为角孔。枝丛 4 枝，2 强枝，枝端渐尖。枝叶疏松排列，往往一向偏斜，呈卵状阔披针形，长 1.3-1.6 mm，宽 0.5-0.6 mm，先端钝，具粗齿，边缘略内卷，具狭分化边；无色细胞狭长蠕虫形，密被螺纹，背面仅在叶先端者有前角孔及角隅对孔，渐向基部水孔愈少，腹面几全无水孔；从枝叶横切面观绿色细胞位于中部，呈狭长方形或楔形，背腹面均裸露。

产于福建、江苏、黑龙江、内蒙古、云南，生于沼泽、潮湿林地及塔头甸子中，也见于溪边水中。朝鲜有记录。

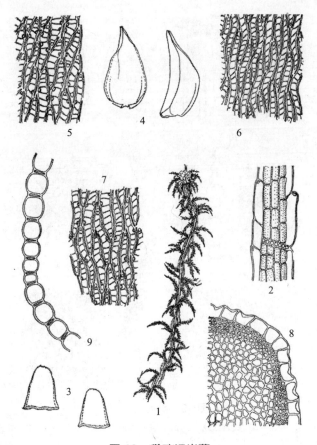

图 18 稀孔泥炭藓
1. 植株；2. 枝条一段；3. 茎叶；4. 枝叶；5. 茎叶上部细胞（腹面观）；6. 枝叶中上部细胞（腹面观）；
7. 枝叶中部细胞（背面观）；8. 茎横切面；9. 枝叶横切面一部分

20. 卵叶泥炭藓

Sphagnum ovatum Hampe, Linnaea 38: 546. 1874.

植物体较纤细且柔软，淡绿带红色或呈铁锈色。茎表皮具单层大细胞，中轴橙色。茎叶基部较狭窄，呈卵形或卵状舌形，长 1-1.4 mm，基部宽 0.6 mm，先端钝，边内卷；无色细胞全部密被螺纹，无分隔，背面具成列小形厚边对孔，腹面仅上部者具角隅单孔。枝叶呈阔卵状瓢形，边缘强烈内凹，具狭分化边，先端稍钝；无色细胞与茎叶相似，密被纹孔，背面具多数成列厚边对孔，腹面具角隅对孔；绿色细胞在枝叶横切面观呈狭菱形或狭长三角形，位于中部，背腹面均为无色细胞所包被，或背面裸露。未见孢子体。

产于安徽、广西、贵州、海南、西藏、新疆、云南、浙江，生于沼泽地、溪边、针叶林或常绿阔叶林下，以及林缘或沟边滴水石上。尼泊尔、印度及泰国有分布。

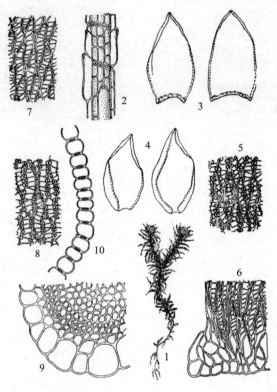

图 19 卵叶泥炭藓

1. 植株；2. 枝条一段；3. 茎叶；4. 枝叶；5. 茎叶上部细胞；6. 茎叶基部边缘细胞；
7. 枝叶中部细胞（背面观）；8. 枝叶中部细胞（腹面观）；9. 茎横切面；10. 枝叶横切面

21. 泥炭藓　大泥炭藓

Sphagnum palustre L., Sp. Pl. 2: 1106. 1753.

21a. 泥炭藓原亚种

Sphagnum palustre L. subsp. ***palustre***

植物体黄绿或灰绿色，有时略带红色或淡红色。茎直立，皮部具3细胞层，表皮细胞具螺纹，每个细胞上具3-9水孔，中轴黄棕色。茎叶阔舌形，长1-2mm，基部宽0.8-0.9mm，上部边缘细胞有时全部无色，形成阔分化边缘；无色细胞往往具分隔，稀具螺纹和水孔。枝丛3-5枝，其中2-3强枝，多向倾立。枝叶卵圆形，长约2mm，宽1.5-1.8mm，内凹，先端边内卷；无色细胞具中央大形圆孔，背面具半圆形边孔及角隅对孔；绿色细胞在枝叶横切面中呈狭等腰三角形或狭梯形，偏于叶片腹面，背面完全为无色细胞所包被或稍裸露。雌雄异株，雄枝黄色或淡红色。雌苞叶阔卵形，长约5mm，宽2.5-3mm，叶缘具分化边，下部中间为狭形无色细胞，无螺纹及水孔；上部具2种细胞，无色细胞密被螺纹及水孔与枝叶相同。孢子呈赭黄色；直径28-33 μm。

产于安徽、福建、广东、贵州、黑龙江、湖南、吉林、江西、四川、台湾、西藏、云南、浙江，多生于沼泽地、潮湿林地及草甸地上，有时也见于沟边湿地上及土坡或岩壁上。

常见于日本、俄罗斯（萨哈林岛、西伯利亚）、菲律宾、印度尼亚、泰国、印度、不丹、尼泊尔、欧洲、北美洲、南美洲、大洋洲。

21b. 泥炭藓密枝亚种　拟大泥炭藓

Sphagnum palustre L. subsp. ***pseudocymbifolium*** (Müll. Hal.) A. Eddy, Bull. Brit. Mus. Bot. 5 (7): 376. 1977.——*Sphagnum pseudocymbifolium* Müll. Hal.

本亚种与原亚种的主要区别在于：茎枝较短而粗壮，枝丛在茎上密集丛生；枝叶绿色细胞在叶横切面观呈等边三角形，背面全为无色细胞所包被，腹面观绿色细胞则较宽大；就其分布区观之，泥炭藓原亚种几为世界泛生种，而密枝亚种则仅分布于我国长江以南地区，且主要分布在我国西南高原地区及喜马拉雅东南部，是适应中国喜马拉雅地区的环境而形成的亚种。

产于安徽、福建、贵州、江西、四川、台湾、西藏、云南、浙江，多生于沟边水草地上、沼泽地以及潮湿林地，或高山草甸土及杜鹃落丛下。也分布于不丹、尼泊尔、印度东北部（阿萨姆）及泰国。

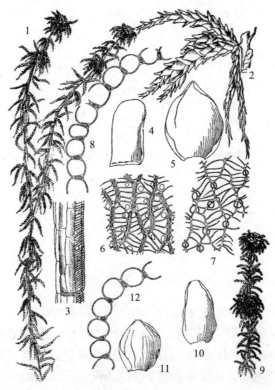

图 20　泥炭藓

1-8. 泥炭藓原亚种：1. 植株；2. 枝丛；3. 枝条一段；4. 茎叶；5. 枝叶；6. 枝叶细胞（腹面观）；7. 枝叶细胞（背面观）；8. 枝叶横切面观；9-12. 泥炭藓密枝亚种：9. 植株；10. 茎叶；11. 枝叶；12. 枝叶横切面

22. 瓢叶泥炭藓 贝氏泥炭藓、南亚泥炭藓
Sphagnum perichaetiale Hampe, Linnaea 20: 66. 1847.

植物体密集丛生，呈淡绿色或黄褐色，略带紫褐色。茎直立，中轴橙色，茎表皮细胞疏被纹孔，或仅具不明显纹孔。茎叶短小，呈扁平短舌形，长 0.7-1 mm，宽 0.5-0.6 mm；茎叶无色细胞呈宽菱形，细胞壁无纹孔或上部具不明显的纹孔。枝叶呈圆形或阔卵形，比茎叶大 1 倍以上，长 1.6-2 mm，宽 1.2-1.4 mm，叶片内凹，呈瓢状，边内卷，先端卷成兜形；绿色细胞在叶片横切面观呈狭长椭圆形，位于两侧无色大细胞的中部，背、腹面均为无色细胞所包被；无色细胞腹面具大形圆孔，上部较多，背面多具厚边对孔。

产于吉林（靖宇水甸子）、内蒙古（大兴安岭，五峰山），多生于沼泽、水湿林地及草甸水中。印度、菲律宾、印度尼西亚、非洲南部及马达加斯加也有分布。

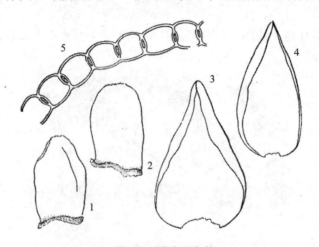

图 21 瓢叶泥炭藓

1-2. 茎叶；3-4. 枝叶；5. 枝叶横切面

23. 拟宽叶泥炭藓
Sphagnum platyphylloide Warnst., Hedwigia 30: 21. 1891.

植物体密丛生，淡绿色。茎高约 6 cm，表皮具 1-2 层透明的大细胞，中央呈黄色圆柱状。茎叶呈三角状舌形或阔舌形，长约 1 mm，宽 0.7-0.9 mm，先端圆钝，截形，具细齿或消蚀成不规则粗齿，两侧具狭分化边；无色细胞往往具隔膜，在叶的背腹两面至基部均密被螺纹，背面有时具成列壁间对孔，腹面角隅处具单一小孔。枝叶呈卵圆形，长 1.3-1.4 mm，宽为 0.9 mm，具狭分化边，先端圆钝，截形，具 6-8 粗齿；无色细胞密被螺纹及水孔，其排列情况与茎叶相似；绿色细胞在叶横切面观呈长椭圆形，着生于中央，从叶之背腹两面均可见。孢子体未见。

产于内蒙古（根河，五峰山），多生于溪边水湿地，或沼泽地上。主要分布于中南美洲、巴西南部。

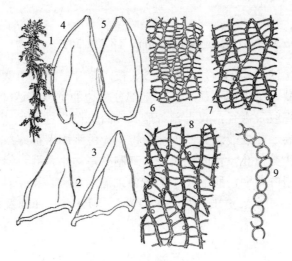

图 22 拟宽叶泥炭藓

1. 植株；2-3. 茎叶；4-5. 枝叶；6. 茎叶中部细胞（背面观）；7. 枝叶中部细胞（腹面观）；8. 枝叶中部细胞（背面观）；9. 枝叶横切面

24．异叶泥炭藓

Sphagnum portoricense Hamp., Linnaea 25: 359. 1852.

植物体呈灰绿色，或上部淡黄色，下部呈铁锈褐色，具光泽，外貌甚美观。茎表皮细胞多为 3-4 层，最外层细胞密被纤细的螺纹，每细胞具 1-3 大形水孔。茎叶呈阔舌形或正方状铲形，其长度仅稍大于宽度，长约 1.2 mm，宽约 1.1 mm，侧边具宽而透明的分化边，边缘有时具纤毛；无色细胞具多数分隔，一般无纹孔，或上部细胞略具纹孔。枝丛具 4-5 枝，其中 2-3 强枝。枝叶呈宽圆卵形，内凹呈瓢状，基部缢缩，边内卷，先端呈兜形，边缘一圈透明，有时具睫毛状齿；无色细胞腹面具大圆孔，背面具多数成排的半圆形侧壁对孔，先端往往有膜孔；绿色细胞较宽大，偏于叶片腹面。孢子体未见。

产于内蒙古（大兴安岭，根河），生于水湿沼泽地及潮湿林地上。亚洲北部、北美、中美及南美阿根廷有记录。

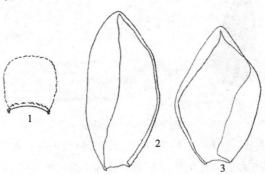

图 23 异叶泥炭藓

1. 茎叶；2-3. 枝叶

25. 刺叶泥炭藓

Sphagnum pungifolium X. J. Li, Acta Bot. Yunnan. 15 (2): 257. 1993.

植物体较柔软，呈淡黄绿色，每枝丛具 3-5 枝。茎叶呈阔三角状舌形，先端圆钝，具粗齿，叶缘分化边上狭，中下部明显广延，基部分化边的宽度几达叶宽的 1/3；无色细胞呈狭长菱形，无明显螺纹及水孔，仅上部细胞具少许分隔。枝叶呈阔卵圆形或长卵圆形，内凹，叶边上下均内卷，叶先端急尖，顶端尖锐；无色细胞密被螺纹，但水孔稀疏，仅在叶上部细胞的腹面具少数角孔，背面也仅少数细胞具厚边小角孔；绿色细胞在枝叶横切面观呈等边三角形，偏于叶背面，腹面几乎为无色细胞所包被。孢子体未见。

产于云南（碧江县，高黎贡山，片马丫口），生于林缘沼泽地及林下潮湿地上。为中国特有种。

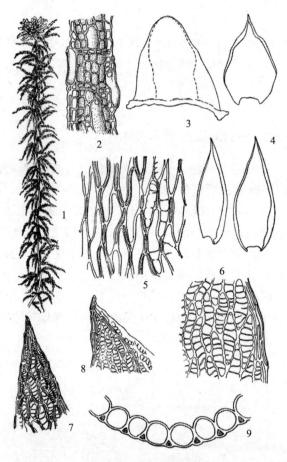

图 24 刺叶泥炭藓

1. 植株；2. 枝条一段；3. 茎叶；4. 枝叶；5. 茎叶中上部细胞（背面观）；6. 枝叶中上部细胞（腹面观）；7. 枝叶尖部细胞（背面观）；8. 枝叶先端（侧面观）；9. 枝叶横切面

26. 五列泥炭藓

Sphagnum quinquefarium (Lindb.) Warnst., Hedwigia 25: 222. 1886.——*S. acutifolium* Schrad. var. *quinquefarium* Lindb.

植物体变异甚大，高达 20 cm，一般为灰绿或草绿色，有的带玫瑰或紫红色。茎皮部具 3-4 层大形薄壁细胞，具大膜孔；中轴黄绿色。茎叶变异较大，一般基部宽，呈等腰三角形或等边三角形，长 1-1.5 mm，基部宽 0.7-0.9 mm，先端急尖或急狭，顶端钝；具齿，分化边上狭，至基部明显广延，上部边缘内卷；无色细胞呈菱形，常具分隔，一般具纹孔。枝丛一般 5 枝，3 强枝，枝上明显具 5 列整齐排列的叶片，枝叶倾立，呈卵状披针形，长 1-1.3 mm，宽 0.3-0.5 mm，上部边内卷几呈筒状，顶端截形，具齿，分化边 2-3 层细胞，干燥时有绢丝光；无色细胞腹面具小形角孔，近叶缘者具大形圆孔，背面具成列的半椭圆形对孔。绿色细胞在叶片横切面观呈三角形或梯形，偏于叶片腹面，为无色细胞所包被或内面裸露。雌雄同株。雄枝短，红色，顶端呈球形，雄苞叶与枝叶同型；雌苞叶大，呈阔卵形，先端钝，分化边阔，无色细胞具分隔，无纹孔。孢子褐黄色，光滑，直径 21-25 μm。

产于四川、云南，多生于山区沼泽地或水湿林地上，喜阴湿，一般泥炭藓不生于石灰岩上，本种独具此特性。日本、中欧山地、北欧、北美洲有分布。

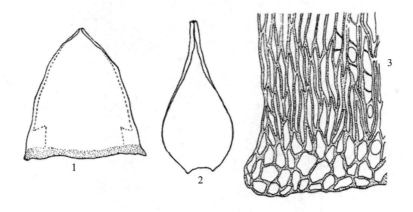

图 25　五列泥炭藓
1. 茎叶；2. 枝叶；3. 茎叶基部边缘细胞

27. 喙叶泥炭藓

Sphagnum recurvum P. Beauv., Prodr. Aethéog. 88. 1805.

植物体纤长，高达 20 cm，苍白或黄绿色，稀呈褐色。茎皮部具 2-4 层厚壁细胞，表皮细胞无水孔，往往与中轴无明显界线；中轴为绿色或黄绿色，茎叶较小，往往呈等边三角形，长 0.5-1.0 mm，基部宽与长几相等，先端急尖，叶缘分化边上狭，中下部极宽延；无色细胞无分隔，多数无纹孔，上部细胞往往具纤维状消蚀残痕，枝丛 3-5 条，1-2 强枝，枝叶呈狭卵状披针形或线状披针形，强烈内凹成半圆筒状，长 0.8-3 mm，宽 0.3-1 mm，干燥时往往呈喙状弯曲，分化叶缘狭窄；无色细胞腹面具厚缘角孔，背面稀具角孔或边孔，近基部具大圆孔；绿色细胞在枝叶横切面观呈卵状三角形，偏于背面，腹面为无色细胞所包被。雌雄异株。雄枝锈褐色：雄苞叶长，呈椭圆形，基部宽，先端具小尖头。雌苞叶大，呈阔卵圆形，先端急尖，分化边宽，基部几全为绿色细胞。孢子黄色，平滑或具细疣，直径约 25 μm。

产于黑龙江、吉林、内蒙古、西藏、云南，多生于沼泽地，针叶林下湿地或塔头甸子中，往往形成垫状藓丛。日本、俄罗斯（西伯利亚）、印度北部、尼泊尔、欧洲、南美洲、北美洲、新西兰有分布。

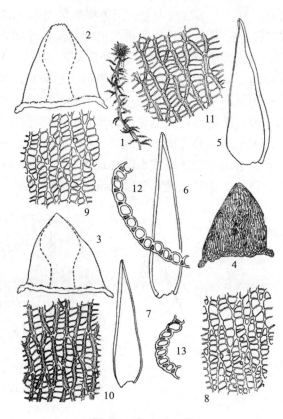

图 26　喙叶泥炭藓

1. 植株；2-3. 茎叶；4. 示茎叶的细胞排列；5-7. 枝叶；8-9. 枝叶中部细胞（腹面观）；
10-11. 枝叶中部细胞（背面观）；12-13. 枝叶横切面

28. 岸生泥炭藓

Sphagnum riparium Ångstr., Öfvers. Förh. Kongl. Svenska Vetensk.-Akad. 21: 198. 1864.

植物体疏松丛生，呈绿色或灰黄绿色。茎皮部由 2-3 层大形无色细胞构成，表皮细胞无水孔；中轴呈淡黄绿色，与表皮无明显界线。茎叶较大，呈舌状三角形或阔舌形，先端内凹呈兜形或破裂具粗齿；两侧具宽分化边，向下部更宽延，几达叶基宽的 1/3；中下部的大形无色细胞常具纤维分隔。枝丛具 4-5 条枝，2-3 为强枝。枝叶呈卵状披针形，上部边缘强内卷，顶部截形，具细齿；大形无色细胞具螺纹，腹面上部常具角隅对孔，背面往往具大形中央孔；绿色细胞在枝叶横切面观呈三角形，偏于背面，腹面为无色细胞所包被。

雌雄异株。雄枝褐色；雄苞叶基部收缩，向上变宽，急尖，具宽分化边；雌苞叶椭圆形；有时仅绿色细胞显著，无色细胞无纹孔。

产于黑龙江（大兴安岭），生于落叶松林下塔头甸子中或生于针阔混交林下，多见于沼泽地。俄罗斯（远东地区及西伯利亚）、欧洲北部及北美洲有记载。

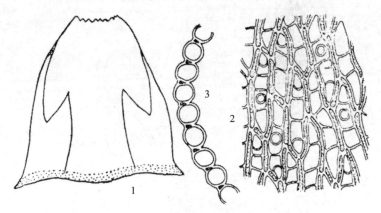

图27　岸生泥炭藓

1. 茎叶；2. 枝叶中部细胞（背面观）；3. 枝叶横切面

29．广舌泥炭藓

Sphagnum russowii Warnst., Hedwigia 25: 225. 1886.

植物体呈淡绿或黄色，植株粗硬或细柔，外形的大小及色泽变异甚大。茎皮部具2-4细胞层，表皮具水孔，中轴呈淡黄色或红色。茎叶大小变化亦大，但均呈阔舌形，长0.8-1.3 mm，基部宽0.6-0.9 mm，顶端圆钝，具微齿或略呈毛状，两侧分化边上狭，至基部突广延；无色细胞菱形，无纹孔或上部细胞略具螺纹及单一小孔。枝丛具4-5枝，2-3强枝。枝叶呈卵状披针形，干燥时叶尖向上稍背仰，长0.8-1.6 mm，宽0.5-0.9 mm，先端渐尖或急尖，钝端具微齿，叶缘具分化边，叶边内卷；无色细胞腹面具多数圆孔，先端细胞于上下角隅各另具一小孔，背面往往具成列半椭圆形对孔；绿色细胞在叶横切面观呈等腰三角形或梯形，偏于叶片腹面，两面均外露或背面为无色细胞所包被。雌雄杂株。雄枝着生精子器部分呈球形，紫红色，雄苞叶与枝叶同型；雌枝上部苞叶阔卵圆形，钝端，下部几全为厚壁具小孔的绿色细胞，上部无色细胞无纹孔，叶边分化不明显。孢子黄色，平滑，直径21-32 μm。

产于黑龙江、内蒙古、四川、西藏、云南，多生于针叶林下潮湿的腐殖土上，或生于沼泽地及沟边或林缘水湿地上。日本、俄罗斯（远东地区及西伯利亚）、中欧山地、欧洲北部、亚洲北部、美洲北部以及格陵兰岛也可见。

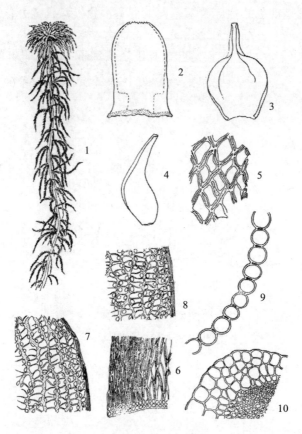

图 28　广舌泥炭藓
1. 植株；2. 茎叶；3-4. 枝叶；5. 茎叶先端细胞；6. 茎叶基部边缘细胞；
7. 枝叶中上部边缘细胞（背面观）；8. 枝叶中部边缘细胞（腹面观）；9. 枝叶横切面；10. 茎横切面

30．红叶泥炭藓
Sphagnum rubellum Wilson, Bryol. Brit. 19. 1855.

　　植物体疏松或紧密丛生，植株纤细且柔软，稀有粗壮者，颜色多变，一般呈淡黄绿带浅肉红色，有时呈红色或紫色，稀铁锈色。茎表皮 3-4 层细胞，外层往往出现大孔；中轴浅黄色或带红色。茎叶呈三角状舌形，或舌状铲形，长 0.9-1.4 mm，基部宽 0.6-0.7 mm，先端圆钝，有时呈兜状，具细齿或齿状流苏，两侧狭分化边至下部强烈增宽；无色细胞具一至数次分隔，无纹孔或上部细胞略具纹孔。每枝丛具 3-4 强枝及 2 弱枝。枝叶呈长卵圆形或卵状披针形，往往向一侧偏卷，长 0.9-1.3 mm，宽 0.4-0.5 mm，先端多圆钝，具齿，边缘内卷；无色细胞在叶腹面上部或下角具单一小孔，下部侧边细胞具大而圆之厚边孔，背面上部者具小圆孔，下部细胞往往具半圆形侧边对孔；绿色细胞在叶横切面观呈狭三角形或梯形，偏于叶片腹面，在背面为无色细胞所包被，或两面均裸露。雌雄异株或异苞同株；雄枝具有精子器部分呈紫红色，上部苞叶大，阔卵形，先端微凹，具小尖头。

　　产于内蒙古（大兴安岭，根河林区）、新疆，多生于高位沼泽及高山林下潮湿地上。

北欧及中欧山地、北美亚北极区及大西洋沿岸有分布。

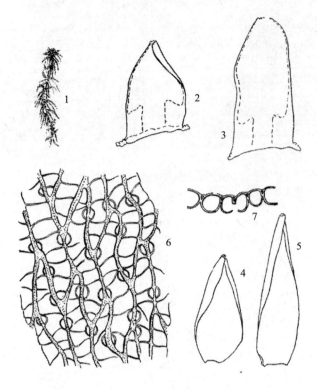

图 29 红叶泥炭藓
1. 植株；2-3. 茎叶；4-5. 枝叶；6. 枝叶中边缘细胞（背面观）；7. 枝叶横切面

31. 丝光泥炭藓
Sphagnum sericeum Müll. Hal., Bot. Zeit. 5: 481. 1847.

　　植物体呈鲜绿带淡黄色，有绢丝光泽。茎皮部具 2-3 层细胞，壁厚，黄色，外壁无孔，内壁具小孔；中轴深黄色，坚挺。茎叶呈等腰三角形，先端渐尖，具锐尖头，长 1-1.4 mm，基部宽约 0.7 mm，两侧由狭长细胞构成上下等阔的分化边；无色细胞狭长菱形，具 1-2 次分隔，一般无螺纹，背面前端具小形角孔。枝丛往往 5-6 枝，2-3 强枝，枝纤细，呈弓状下垂，长达 3 cm，枝叶倾立，呈覆瓦状疏松排列，叶片呈卵圆形，瓢状内凹，长 1-1.4 mm，宽 0.4-0.45 mm，先端急尖，顶尖锐，侧边内卷，上下均具狭分化边及细锯齿；无色细胞在叶基部者较长大，渐向上部者渐狭小，少数具分隔，通常无螺纹，背面往往每个细胞具一前角小孔，叶先端往往全由厚壁绿色细胞构成；绿色细胞在横切面观呈梯形，黄色，厚壁，偏于叶片腹面，但背腹两面均不为无色细胞所包被。

　　产于台湾、云南，生于林下潮湿地及水草地上。马来西亚南部、印度尼西亚（苏门答腊岛、爪哇岛）、菲律宾和新几内亚有分布记录。

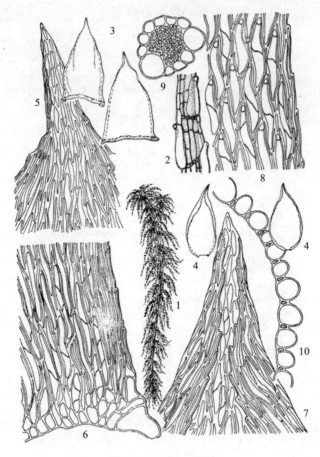

图 30　丝光泥炭藓

1. 植株；2. 枝条一段；3. 茎叶；4. 枝叶；5. 茎叶先端细胞（腹面观）；6. 茎叶基部细胞（背面观）；
7. 枝叶先端细胞（腹面观）；8. 枝叶中部边缘细胞（背面观）；9. 枝横切面；10. 叶片横切面

32. 粗叶泥炭藓

Sphagnum squarrosum Crome, Bot. Zeitung (Regensburg) 2: 323. 1803.

植物体较粗壮，呈黄绿或黄棕色。茎皮部 2-4 层细胞，表皮细胞薄壁，常具水孔；中轴黄橙色或淡绿色。茎叶大，呈舌形，长 1.6-1.7mm，宽 1-1.4mm，先端圆钝，往往消蚀而破裂成齿状，叶缘具白色分化狭边；上部无色细胞阔菱形，无纹孔，有时具分隔；下部无色细胞狭长菱形，有时具螺纹痕迹，具大形水孔。每枝丛 4-5 枝，2-3 强枝，粗壮倾立。枝叶呈阔卵状披针形，内凹成瓢状，长 2-2.3mm，宽 1-1.2mm，先端渐狭，强烈背仰，边内卷，顶部钝头，具齿；无色细胞密被螺纹，腹面上部者具厚边小圆孔，中下部者具多数半椭圆形对孔；背面上部细胞具前角孔，中下部者具多数对孔，愈近基部孔愈多。绿色细胞在枝叶横切面观呈梯形，偏于叶片背面，但背腹面均裸露。雌雄同株，雄枝绿色，雄苞叶比枝叶小；雌枝延伸甚长，雌苞叶较大，呈阔舌形，纵长内卷。孢子黄色，具细疣，直径 22-25 μm。

产于黑龙江、吉林、内蒙古、四川、云南，多生于林下积水处、塔头水湿地及沼泽中，偶见于阴湿林下腐木上。也分布于朝鲜、日本、俄罗斯（亚洲部分）、印度、北非、欧洲、格陵兰岛。

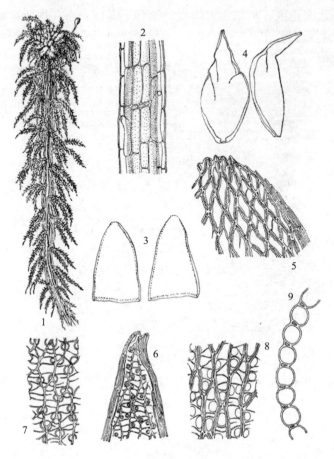

图 31　粗叶泥炭藓
1. 植株；2. 枝条一段；3. 茎叶；4. 枝叶；5. 茎叶先端细胞（背面观）；6. 枝叶先端细胞（腹面观）；7. 枝叶中部细胞（腹面观）；8. 枝叶基部细胞（背面观）；9. 枝叶横切面

33. 偏叶泥炭藓

Sphagnum subsecundum Nees ex Sturm, Deutschl. Fl., Abt. II, Cryptog. 2 (17): 3. 1819.

　　植物体较粗大，高可达 20 cm，呈灰绿色，或棕色，无光泽。茎皮部仅单细胞层，中轴较粗，呈黄色带深棕色。茎叶较小，呈三角状舌形或舌形，长 0.5-1 mm，基部宽 0.4-0.8 mm，先端圆钝，常呈无色缝状，分化边缘上狭，至下部稍广延；无色细胞稀具横向或纵向分隔，无螺纹或先端细胞具螺纹痕迹，腹面上部具圆形边孔，背面具少数角隅小孔，或具多数对孔。枝丛 3-5 枝，2-3 强枝，枝端细柔。枝叶呈阔卵状披针形，长 1.5 mm，宽 0.5-0.6 mm，强烈内凹呈瓢形，左右不对称，先端呈镰刀形弯曲；具分化狭边，边内卷，顶端平钝具微齿；无色细胞腹面有角隅单一小孔，近叶缘常具较多边孔，背面常具多数小形厚边边孔；绿色细胞在枝叶横切面观呈狭长方形或长椭圆形，位于中部，背腹面均裸露。雌雄异株。雄枝棕色，雄苞叶卵形；雌苞叶呈卵状瓢形，先端平钝，具阔分化边。孢子黄色，具细疣，直径 25-28 μm。

产于安徽、黑龙江、吉林、内蒙古、云南，生于沼泽地、阴湿林地或塔头甸子中。朝鲜、日本、俄罗斯远东地区、尼泊尔、印度、缅甸、泰国、新几内亚、欧洲、北非、南美洲、北美洲、澳大利亚有分布。

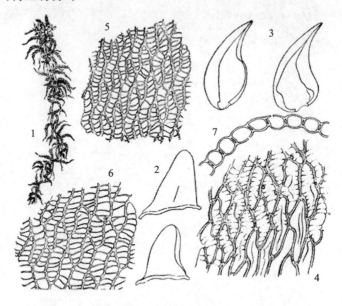

图 32　偏叶泥炭藓
1. 植株；2. 茎叶；3. 枝叶；4. 茎叶先端细胞（背面观）；5. 枝叶中部近边缘细胞（背面观）；
6. 枝叶中部细胞（腹面观）；7. 枝叶横切面

34. 柔叶泥炭藓

Sphagnum tenellum Ehrh. ex Hoffm., Deutsche Fl. (ed. 2) , 22. 1796.

植物体较细柔，呈灰绿色或黄棕色。茎皮部具 2-3 层大形无色细胞，茎叶呈等腰三角状舌形，长 1-1.4 mm，基部宽 0.5-0.6 mm，先端圆钝，具粗齿，两侧具狭分化边缘，至基部稍广延；无色细胞上部或全部具螺纹，角隅水孔往往与枝叶相似。枝丛 2-4 枝，1-2 强枝，枝叶阔卵形或长卵形，长 1-1.5 mm，宽 0.5-0.6 mm，内凹呈瓢形，先端截形，具齿，干时稍向一侧偏斜；无色细胞狭长菱形，密被螺纹，背面具上下角孔及厚边角隅对孔，腹面多角隅对孔；绿色细胞在枝叶横切面观呈三角形或梯形，偏于叶片背面，腹面全为无色细胞所包被或部分裸露。雌雄杂株。雄苞叶与枝叶同形，雌苞叶较大，内卷，先端具齿；无色细胞螺纹稀少，水孔与茎叶同。孢蒴小，孢子硫黄色，平滑，直径约 38 μm。

产于黑龙江、云南，生于林下、溪边低湿地上，或沼泽及水草地上。日本、中欧山地、西欧大西洋沿岸、非洲北部及北美洲也有分布。

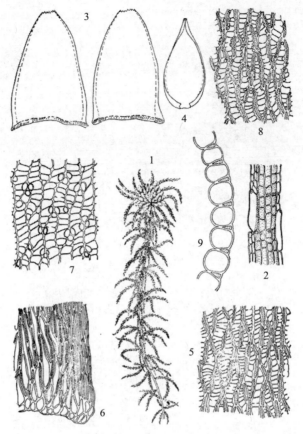

图 33 柔叶泥炭藓

1. 植株；2. 枝条一段；3. 茎叶；4. 枝叶；5. 茎叶先端细胞；6. 茎叶基部边缘细胞；
7. 枝叶中部细胞（腹面观）；8. 枝叶中部细胞（背面观）；9. 枝叶横切面

35. 细叶泥炭藓

Sphagnum teres (Schimp.) Ångstr. in C. Hartm., Handb. Skand. Fl. (ed. 8), 417. 1861.

植物体较纤细，黄绿色或淡棕色。茎皮部具 3-4 层细胞，表皮细胞薄壁，有单孔；中轴黄色或红棕色。茎叶较大，舌形，长 1.3-1.4 mm，基部宽约 1 mm，先端圆钝，具白色分化边，呈消蚀或锯齿状，两侧具狭分化边；无色细胞无螺纹或稍有螺纹，稀具水孔。枝丛多 5 枝，2-3 强枝。枝叶呈卵圆状披针形，先端急尖，边内卷，上部稍背仰，长 1.2-1.6 mm，宽 0.6-1 mm；无色细胞腹面上部具大形厚边角孔，向下渐成厚边对孔，背面上部具大形前角孔，基部大形厚边圆孔渐增多；绿色细胞在枝叶横切面观呈梯形，偏于叶片背面，腹面常裸露或部分为无色细胞所包被。雌雄异株。雄苞叶与枝叶同形；雌苞叶呈长阔舌形，长 4-5 mm，宽约 2 mm。孢子灰棕色，壁上具细疣，直径约 25 μm。

产于黑龙江、吉林、内蒙古、陕西、四川、西藏、云南，生于林下低湿之腐殖土上，或生于林边、溪边水草地及沼泽地上，也见于塔头甸子水中。东喜马拉雅山区、日本、乌克兰（高加索）、俄罗斯（西伯利亚）、欧洲、北美洲、格陵兰岛有分布。

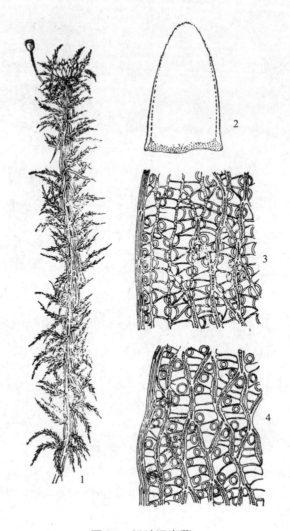

图 34 细叶泥炭藓
1. 植株；2. 茎叶；3. 枝叶中部边缘细胞（腹面观）；4. 枝叶中部边缘细胞（背面观）

36. 阔边泥炭藓

Sphagnum warnstorfii Russow, Sitzungsber. Naturf.-Ges. Univ. Dorpat 8: 315. 1888.

植物体纤细，多挺立，稀柔软，往往成片丛生，呈亮绿、暗绿或黄绿色，有时带肉红色、紫堇色或具红褐色斑点。茎表皮具 2-4 层五色细胞，稀为 5 层，外层细胞具单一小孔或无孔；中轴多呈红色或紫色，稀无色或绿色。与表皮可明显分开。茎叶小，呈舌形或三角状舌形，长 0.8-1.3 mm，宽 0.3-0.5 mm，先端渐狭，顶部圆钝，有锯齿，两侧分化边至中下部突然增阔，达叶片宽的 1/3-2/5；无色细胞呈斜长菱形，具分隔，无纹孔，或上部有细螺纹。枝丛具 3-5 枝，2-3 强枝，具明显 5 列叶；叶呈卵状披针形，先端渐尖，边内卷；无色细胞腹面侧边具大圆孔，背面中上部具厚缘小形圆孔；绿色细胞在枝叶横切面观呈梯形或三角形，偏于叶背面，背腹面均裸露，或腹面为无色细胞所包被。雌雄异株。雄枝红色，先端成棒锤状增粗，雄苞叶比枝叶宽短。孢子暗黄色，具细疣，直径 22-25 μm。

产于黑龙江（大兴安岭）、吉林（长白山），生于深沼泽地、水草地、白桦或柳树林下沼泽地以及塔头甸子水中。俄罗斯（中部、北部、乌拉尔及西伯利亚），欧洲亚北极地区及北美大西洋沿岸广泛分布。

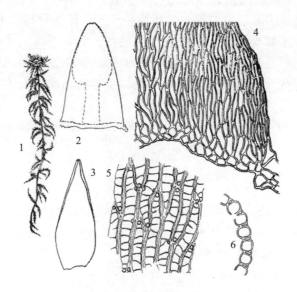

图 35　阔边泥炭藓
1. 植株；2. 茎叶；3. 枝叶；4. 茎叶基部边缘细胞；5. 枝叶中部细胞（背面观）；6. 枝叶横切面

曲尾藓科　Dicranaceae

土生、石生、沼生或腐木生藓类。植物体成大片丛生、小垫状或稀散生。茎直立，单一或两歧分枝，基部或全株生假根。叶片多列，密生，基部宽或半鞘状，上部披针形，常有毛状或细长有刺的长叶尖；叶边平直或内卷；中肋长达叶尖、突出或在叶尖前部终止；叶基部细胞短或狭长矩形，上部细胞较短，呈方形或长圆形或狭长形，平滑或有疣或乳头，角细胞常特殊分化成一群大形无色或红褐色厚壁或薄壁细胞。雌雄异株或同株。生殖苞内有配丝。雄器苞多呈芽胞状。蒴柄长，直立，鹅颈弯曲或不规则弯曲，平滑。孢蒴柱形或卵形对称，多倾立。蒴齿16 枚，基部常有稍高的基膜，齿片上中部2-3 裂，具加厚的纵条纹，上部有疣，少数平滑或全部具疣，少数种齿片2 裂到底，齿片内面常具加厚的梯形横隔。蒴盖高锥体形或斜喙状。蒴帽大，兜形，平滑。

本科全世界有48 属。中国已知有32 属，湿地植物主要属于以下1 属。

1. 曲尾藓属　*Dicranum* Hedw.

植物体丛生或密集丛生，呈绿色、褐绿色、黄绿色，有时呈鲜绿色，多具光泽。茎直立或倾立，不分枝或叉状分枝，基部具假根，有时全株被覆假根。叶片多列，直立或呈镰刀形一向偏曲，狭披针形，渐呈细披针形叶尖，干燥时内卷呈筒形；叶边多有齿，稀平滑，单层或双层细胞构成；中肋细或略粗，与叶片细胞界线明显，达叶片先端终止或突出呈毛尖，中上部背面平滑或具疣或栉片；角细胞明显分化，方形，厚壁或薄壁，无色或棕褐色，单层或多层，与中肋之间常有一群无色大细胞；叶片中下部细胞多为长方形或线形，边缘多狭长，有部分种中上部为方形，多数为狭长形。雌雄异株。雄株矮小，雄苞头状，单一或分枝，常着生于雌株基部。内雌苞叶高鞘状，有短毛状尖。蒴柄直立，单生或多生。孢蒴柱形、直立或弓形弯曲，平滑。蒴齿单层，齿片 2-3 裂达中部，中下部深黄棕色具纵斜纹，稀具粗疣，上部淡黄色，具细疣，少数缺蒴齿。蒴盖基部高圆锥形，直喙状或斜喙状。

本属全世界共有 92 种，中国有 43 种（高谦，1994），其中湿地中常见的有 5 种。

分种检索表

1. 叶片细长，直立，挺硬，叶边全缘或近于全缘，叶基部细胞与角细胞界限不明显。
  2. 中肋达于叶先端，突出呈毛尖状，干燥时叶片挺硬，脆而易折断⋯⋯⋯⋯2. 折叶曲尾藓 *D. fragilifolium*
  2. 中肋达于叶先端终止，常不突出为毛尖状。
    3. 叶片先端锐尖，中肋粗壮，有时突出⋯⋯⋯⋯⋯⋯⋯⋯⋯⋯⋯⋯⋯⋯⋯1. 长叶曲尾藓 *D. elongatum*
    3. 叶片先端钝头，中肋细弱，无毛尖⋯⋯⋯⋯⋯⋯⋯⋯⋯⋯⋯⋯⋯⋯3. 格陵兰曲尾藓 *D. groenlandicum*
1. 叶片狭披针形或带状披针形，弯曲，不挺硬，叶边有齿，叶基部细胞与角细胞界线明显。
  4. 叶片上部边缘双层细胞，双列齿，中肋粗壮，角细胞 1-2 层厚⋯⋯⋯4. 细叶曲尾藓 *D. muehlenheckii*
  4. 叶片上部边缘单层细胞，单列齿，叶面有横波纹，角细胞 2-3 层厚⋯⋯⋯5. 波叶曲尾藓 *D. polysetum*

1. 长叶曲尾藓

Dicranum elongatum Schleich. ex Schwaegr., Sp. Musc. Frond., Suppl. 1, 1: 171. 1811.

植物体细长，密集丛生，常形成垫状藓丛，下部深褐色，上部黄褐绿色，具光泽。茎直立，散生或倾立，单一或分枝，高达 17 cm，密被褐色假根，常有多数细分枝，叶片直立，挺拔易折断，从宽阔的基部向上渐呈披针形，长约 3 mm，宽 0.4-0.5 mm，上部呈管状，稍向一侧弯曲；叶边全缘，或仅先端具不规则细齿；中肋粗，占基部的 1/5-1/4 宽，达于叶先端终止或有时突出，背部平滑；角细胞大，方形或多边形，黄褐色；叶片中下部细胞狭长形，两端圆角，有壁孔；中上部叶细胞不规则，圆形、三角形或长椭圆形，厚壁，无壁孔。雌雄异株。蒴柄长约 1.5 cm，细弱，黄色或黄褐色。孢蒴直立，短柱形或长椭圆形，干时稍弯曲，黄褐色；蒴盖高圆锥形，长喙状；蒴齿红褐色，齿片 2-3 裂达中部。孢子颗粒状，具细疣。

产于河北、吉林、内蒙古、四川、云南，生于高山湿岩面，或生于泥炭藓、皱蒴藓等藓丛中间，稀见平原土生或腐木生。日本、俄罗斯远东、欧洲、北美洲有分布。

2. 折叶曲尾藓　折叶直毛藓

Dicranum fragilifolium Lindb., Bot. Not. 1857: 147. 1857.

植物体密集丛生成垫状，绿色或草黄绿色，具弱光泽。茎细弱，直立，不分枝或稀分枝，高 1-5 cm，中下部被密褐色假根。叶片密生，干燥时紧贴，湿时散开直立或稍弯曲，从宽的基部渐向上呈狭披针形细长毛尖，毛尖部平滑；叶边平滑无齿；中肋宽，约占叶片基部的 1/4，达于先端并突出呈细长毛尖；角细胞大形，金黄色，方形或长方形，薄壁，与中肋之间有几列狭长方形细胞相隔；中下部叶细胞狭长方形，厚壁，有壁孔；中上部叶细胞短长方形，厚壁，壁孔不明显。雌雄异株。孢子体单生。蒴柄黄褐色，长 1-2 cm。孢蒴背曲或弓形背曲，干燥时有纵纹；环带分化明显；蒴齿披针形，中下部有明显纵条纹；蒴盖高圆锥形，直喙状，几乎与壶部等长。孢子直径约 24 μm，有细疣。

产于黑龙江、内蒙古，生于高寒地区沼泽湿地、树基或湿岩面上。日本、俄罗斯、欧洲、北美洲有分布。

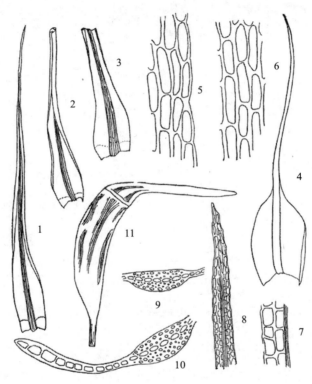

图 36　折叶曲尾藓

1-3. 叶片；4. 苞叶；5. 叶片下部边缘细胞；6. 叶片下部细胞；7. 叶片尖部边缘细胞；8. 叶尖细胞；9. 叶片中肋中部横切面；10. 叶片基部横切面；11. 孢蒴

3. 格陵兰曲尾藓

Dicranum groenlandicum Brid., Muscol. Recent. Suppl. 4: 68. 1819.

植物体细长，密集丛生，黄绿色或褐绿色，具光泽。茎直立，单一或分枝，3-12 cm 高，下部被覆假根。叶直立，挺硬，干时紧贴于茎，湿时展开，长约 3 mm，宽 0.6-0.8 mm，从基部向上呈长披针形，上部常呈管状；叶边平滑，单层细胞；中肋细，占叶片基部的 1/10-1/9 宽，背面平滑，达于叶尖端终止；角细胞发达，为一群圆方形褐色单层细胞；中下部细胞狭长圆角形，上部细胞短长圆或方圆形，均厚壁，有壁孔。雌雄异株。蒴柄长达

1.5 cm，细弱；黄色，后期变为黄棕色。孢蒴直立，短柱形，干时略弯形背曲；环带由1-2层细胞构成；蒴盖高圆锥形，长喙状。孢子直径 20-28 μm，具细疣。

产于黑龙江、吉林、内蒙古、云南，生于林下湿地、泥炭沼泽的湿岩面或岩面薄土上，稀生于腐木上。日本、俄罗斯、欧洲、北美洲有记录。

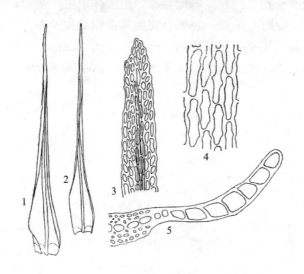

图 37 格陵兰曲尾藓

1-2. 叶片；3. 叶尖细胞；4. 叶片中部细胞；5. 叶角细胞横切面（示单层细胞）

4．细叶曲尾藓

Dicranum muehlenbeckii Bruch & Schimp., Bryol. Eur. 1: 142. 1847.

植物体密集丛生，呈小垫状，黄绿色或褐绿色，不具光泽或具弱光泽，中下部由褐色假根交织。茎直立或倾立，高 2-4 cm，单一或叉状分枝。叶片直立或倾立；顶端叶常一向弯曲，干燥时卷缩，湿时舒展，基部卵形，向上呈披针形，无波纹；叶边上部有齿，内卷，下部平滑，上部厚边；中肋粗壮，约为基部的 1/5-1/4，达于叶尖突出，背面上部具钝齿；角细胞双层，直达中肋，长方形或六边形，深褐色；叶基部细胞长矩形，厚壁有壁孔，无疣；叶中上部细胞短矩形或不规则圆形，背面有低疣或前角突，厚壁无壁孔。雌雄异株。蒴柄长 2-2.5 cm，黄褐色或红棕色。孢蒴单生，圆柱形，背曲，有时具不明显骸突。齿片 2 裂达中下部，红褐色，背面中下部有条纹；环带狭窄，自行脱落。孢子具疣，成熟于秋季。

产于吉林、四川、西藏、浙江。习见于落叶松林下或沼泽地的腐殖质或岩面薄土上。也分布于俄罗斯、朝鲜、欧洲、北美洲。

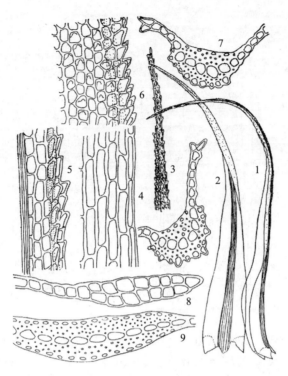

图 38　细叶曲尾藓

1-2. 叶片；3. 叶尖细胞；4. 叶片下部细胞；5. 叶片近尖部细胞；6. 叶片中上部细胞；
7. 近叶尖横切面；8. 叶角细胞横切面；9. 叶基部中肋横切面

5. 波叶曲尾藓

Dicranum polysetum Sw., Monthly Rev. 34: 538. 1801.

植物体中等大，密丛生，上部黄绿褐色，下部黑褐绿色，有光泽。茎直立或倾立，高达10 cm，基部叉状分枝，全株密被假根。叶直立或四散倾立，不规则镰刀形弯曲或干燥皱缩，披针形，渐呈长叶尖，长达10 mm，背凸，龙骨状，有强波纹，下部波纹弱；上部叶边有粗齿，一侧内曲，下部较明显；中肋细弱，达于叶尖并突出，上半部背面有2列粗齿，栉片状；角细胞区大，角细胞六边形或方形、薄壁，2层细胞厚，约60 μm长，4 μm宽；下部近中肋细胞薄壁；叶中部细胞长六边形，长约70 μm，宽约8 μm，薄壁，有壁孔；叶上部细胞短长方形，长约50 μm，宽约9 μm，薄壁，有明显壁孔。雌雄异株。蒴柄直立，2-5个丛生，长3-4 cm，红褐色，常扭转。孢蒴弓形背曲平列，圆柱形，辐射对称，长2.5-3 mm，粗1-1.2 mm；蒴盖与孢蒴几乎同长。蒴齿披针形，长约0.6 mm，深红褐色，背面有纵条纹，腹面平滑。有气孔。孢子直径20-28 μm。蒴帽兜形，长约7 mm。

产于黑龙江、吉林、内蒙古、西藏。常生于林下或沼泽的腐殖质、腐木或岩面薄土上。朝鲜、俄罗斯、欧洲、北美洲有分布。

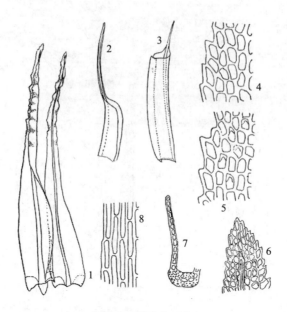

图 39 波叶曲尾藓
1. 叶片；2. 外雌苞叶；3. 内雌苞叶；4. 叶片中部边缘细胞；5. 叶片中上部边缘细胞；
6. 叶尖部细胞；7. 叶片中上部横切面部分；8. 叶片下部细胞

凤尾藓科 Fissidentaceae

　　植物体通常细小、丛集，多为土生或石生，稀为树生，绿色或黄绿色。茎直立，单一不规则分枝，中轴分化或不分化，基部具假根。叶腋内常有由无色透明细胞组成的突起结节。叶互生，排成扁平的 2 列，通常可分成：鞘部——位于叶的基部，呈鞘状而抱茎；前翅——在鞘部前方，中肋的近轴扁平部分；背翅——在鞘部和前翅的对侧，即中肋的远轴扁平部分。叶边全缘或具齿，有时具由狭长细胞构成的分化边缘；中肋单一，常长达叶尖或于叶尖稍下处消失，罕为不明显或退失；叶细胞多为圆六边形或不规则多边形，平滑或具疣，或具乳头状突起，角细胞不分化。雌雄异株或同株。孢蒴顶生或腋生，辐射对称或略弯曲，基部常具气孔。蒴齿单层，齿片 16 条，上部常呈丝状，2 深裂达中部或基部，外面常具粗长条纹及密横脊，内面具粗横隔。蒴盖圆锥状，具长或短喙。蒴帽兜形，通常平滑。孢子细小，平滑或具疣。

　　本科为温热地区的藓类，喜生于阴湿处。全世界有 4 属，我国仅有 1 属。

1. 凤尾藓属 *Fissidens* Hedw.

　　属的特征大致与科的特征相同。本属全世界大约有 440 种，我国有本属植物 49 种 9 变种，湿地中常见以下 1 种。

1. 欧洲凤尾藓

Fissidens osmundoides Hedw., Sp. Musc. Frond. 153. Pl. 40, f. 7–11. 1801.

植物体呈黄绿色。茎单一，罕有分枝，连叶高 3.8-6mm，宽 1.5-1.8mm；无腋生透明结节；茎中轴分化。叶 7-10 对；下部叶稀疏，上部叶密生；中部以上各叶卵圆状长圆形至卵圆状披针形，长 1.1-1.3mm，宽 0.4-0.5mm，先端通常短尖；背翅基部呈圆楔形；鞘部为叶全长的 1/3-1/2，不对称；叶边具细圆齿；中肋粗壮，终止于叶尖下 5-6 个（罕为 8-9 个）细胞。叶最前端的细胞呈四方形至圆六边形，平滑，厚壁，前翅和背翅细胞呈四方形至圆六边形，直径 7-17.5 μm，稍具乳头状突起，薄壁，轮廓清晰，鞘部细胞六边形，平滑，厚壁，轮廓更清晰。雌雄异株。颈卵器顶生，长 350-430 μm。

产于黑龙江（小兴安岭），生于沼泽中。俄罗斯（西伯利亚）、日本、欧洲、北美洲有记录。

真藓科　Bryaceae

植物体多年生，较细小，多丛生。多土生或生于岩面薄土、树干及腐木上。茎直立，短或较长，单一或分枝，基部多具密集假根。叶多柔薄，多列（稀三列），下部叶多稀疏而小，顶部叶多大而密集，呈卵圆形、倒卵圆形、长圆形至长披针形、稀线形；边缘平滑或上部具齿，常形成由狭长细胞构成的分化边缘；中肋多强劲，长达叶中部以上或至顶，具突出的芒状小尖头；叶细胞单层，稀见边缘分化为双层或三层，叶基部细胞多长方形，比上部细胞明显较长大，中上部细胞呈菱形、长六角形、狭长菱形至线形或蠕虫形。部分种常具叶腋生或根生无性芽孢，叶腋生芽孢单一或丛集，呈椭圆形至线形。雌雄同株或雌雄异株，生殖苞多顶生。蒴柄细长。孢蒴多垂倾、倾立或直立，多数对称呈棒槌形至梨形，稀近圆球形；蒴台部明显分化，具气孔；环带多常存；蒴齿多 2 层，外齿层齿 16 枚，多发育完好，内齿层具齿条及齿毛，但有时齿毛不发育或仅具基膜，少数种外齿层发育不全或退失。蒴盖圆锥体形，顶部常具短尖喙。蒴帽兜形。孢子小，绿色或黄绿色，平滑或具疣。

本科全世界约有 16 属，我国先后记录有 11 属，多分布于林地、高山、平原及丘陵或房前屋后湿润的荫蔽环境，常见于环境较好的城市旧屋房顶及路边土壁。我国湿地常见有下列属种。

分属检索表

1. 叶较狭，线形或披针形，叶细胞呈线形至狭菱形 ··· 2. 丝瓜藓属 *Pohlia*
1. 叶较宽，长圆形、卵状长圆形、卵圆形或椭圆形；叶细胞呈六角形、长椭圆形或长菱形 ··· 1. 真藓属 *Bryum*

1. 真藓属　*Bryum* Dill.

植物体单一或简单分枝，下部叶小而稀疏，上部叶大而密集。叶卵形、椭圆形或披针形，急尖、渐尖或具锐尖头，稀钝尖；边缘具细齿至全缘，下部或全部背卷或背弯，常具明显的分化边缘，中肋通常强壮，贯顶、及顶或在叶尖下部消失，叶细胞多数呈菱状六边形，薄壁，近边缘较狭，下部细胞较大，长六棱形至长方形。雌雄异株，雌雄同株异序或雌雄同株混生。雌器胞顶生，常因新生枝顶生而显侧生。雌苞叶小，侧丝常众多。蒴柄长，孢蒴倾斜，下垂或俯垂，形状不定，大多数具蒴台，至蒴柄渐细或钝，气孔常存；环带大，外卷。蒴盖凸形，圆锥状或圆顶状，具细尖或脐状突起至圆钝。蒴齿双层；外齿层齿片线状披针形，渐尖，下部具细密疣，上部较大，背部具横隔；内齿层基膜较高，齿条通常与外齿层相等，龙骨状突起，常具穿孔，齿毛具节或横节，偶见缺失，孢子小，多粗糙。蒴帽兜形，雄器苞顶生。

本属是藓类中最大的属，广布于世界各地，其形态变异较复杂，世界各地有800种以上。我国有40余种，湿地中常见1种。

1. 韩氏真藓

Bryum handelii Broth., Symb. Sin. 4: 58. 1929.

植物体粗壮，丛生。通常长10-30 mm，黄绿色、黄褐色或红褐色，明显具绢丝光泽，下部褐色。枝条多呈不明显的扁平状。叶松散贴于茎，舌形至长卵圆形，顶部钝尖，明显呈龙骨状，受压后尖部易开裂，边缘平直，全缘，上部具细齿；中肋细长，在叶尖下部消失。叶中部细胞线状菱形，长85-106 μm，宽8-13 μm，薄壁，渐向边缘变狭，形成2-5列狭长线形细胞，略厚壁，但几无明显的分化边缘；上部细胞较宽而短。蒴柄长30-40 mm；孢蒴平列或倾垂，长约4.5 mm。蒴齿发育完全，内齿层齿条中上部具狭的穿孔，齿毛2-3条。孢子球形，直径约18 μm。

产于湖北、陕西、四川、台湾、西藏、云南，生于高山溪水边、沼泽突起的石面上、常年流水的岩壁石隙等处。喜马拉雅地区及日本有记载。

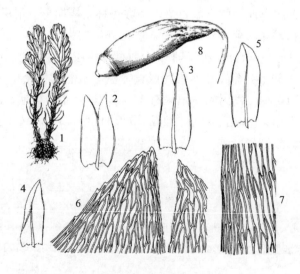

图40 韩氏真藓

1. 植株；2-5. 叶片；6. 叶尖部细胞；7. 叶中部边缘细胞；8. 孢蒴

2. 丝瓜藓属 *Pohlia* Hedw.

植物体中等大小或形小，直立，茎通常较短。下部叶小而稀，上部叶多较大，在顶部密集，干时较硬挺，狭长圆形至近线形，急尖至渐尖，边缘平展至背卷，上部具细齿；中肋粗壮，伸长至叶尖稍下部或达顶部，背部明显突出。叶中部细胞狭，线状菱形至线形，薄壁，近叶基部或多或少短而宽，近叶缘细胞变狭，但不形成分化边缘。雌雄有序同苞或雌雄异株。蒴柄长，干时弯曲。孢蒴倾斜、平列或下垂，梨形、长圆形或长棒状，具明显的蒴台，气孔常存。环带有或缺。蒴齿双层，等长，齿毛发育好或缺。孢子粗糙。

本属全世界约 120 种，中国有 25 种，湿地常见 1 种。

1. 大丝瓜藓

Pohlia sphagnicola (Bruch & Schimp.) Broth., Nat. Pflanzenfam. I (3): 549. 1903.——*Bryum sphagnicola* Bruch & Schimp.

植物体密集或稀疏丛生，黄绿色，无光泽。茎直立，红色，常在基部分枝，高 1-2 cm。叶干燥时直立，卵状披针形或狭披针形，长 1.5-3 mm，先端急尖或渐尖，叶缘平展或稍背卷，近于平滑；中肋强劲，达叶尖或稍突出。叶细胞狭菱形，厚壁。雌雄异株。蒴柄细长并弯曲，黄褐色或在基部呈红褐色，长 1.5-3.5 cm；孢蒴倾垂，梨形，长 2-3 mm，台部短，蒴盖圆锥形，具钝尖。蒴齿 2 层，外齿层片黄色，被细疣，具明显的边。内齿层基膜高，齿条龙骨状，具穿孔。齿毛 2-3 条，具节；孢子黄色，直径 18-21 μm，具细疣。

产于黑龙江、吉林、辽宁、内蒙古、山东，生于落叶松林下沼泽、泥炭沼泽、腐木。也见于俄罗斯（远东、西伯利亚）、欧洲、北美洲。

提灯藓科 Mniaceae

植物体疏松丛生，多生于林地、林缘或沟边土坡上，呈鲜绿或暗绿色，高 2-10 cm，茎直立或匍匐，基部被假根；不孕枝多呈弓形弯曲或匍匐；生殖枝直立；少数种类茎顶具丛生、纤细的鞭状枝。叶多疏生，稀簇生于枝顶，湿时伸展，干时皱缩或螺旋状扭卷；叶片多呈卵圆形、椭圆形或倒卵圆形，稀长舌形或披针形，先端渐尖、急尖或圆钝，叶缘具分化狭边或无分化狭边，叶边具单列或双列锯齿，稀全缘，叶基狭缩或下延；中肋单一，粗壮，长达叶尖或在叶尖稍下处消失，背面先端具刺状齿或平滑。叶细胞多呈五至六边形、矩形或近圆形，稀呈菱形；细胞壁多平滑，稀具疣或乳头状突起。雌雄异株或同株，生殖苞顶生。孢子体多单生，稀多数丛生。蒴柄多细长，直立；孢蒴多垂倾，平展或倾立，稀直立，呈卵状圆柱形、稀球形。蒴齿双层；外齿层齿片厚，披针形，背面具纵长回折中缝，腹面具横隔；内齿层膜质，基膜具穿孔；齿条披针形，分离；齿毛 2-3 条，具节瘤，有时齿条及齿毛缺失。蒴盖拱圆盘形或圆锥形，多具直立或倾斜喙状小尖头。蒴帽呈兜形或勺形，平滑，稀被毛。孢子具粗或细的乳头状突起。

本科全世界有 12 属，约 370 种；我国有 8 属，约 50 种。

1. 拟真藓属 *Pseudobryum* (Kindb.) T. Kop.

植物体丛生，深绿色，不育茎及生殖茎往往均直立，高可达 5-8（10）cm，多不分枝，基部密被红棕色假根，上部疏生叶。叶片呈阔椭圆形、卵状矩圆形或近于圆形，干燥时皱缩，潮湿时伸展，先端圆钝，基部急缩，稍下延；叶缘无明显分化的叶边，上部具单列锯齿；中肋长达叶尖稍下处消失。叶细胞呈斜长菱形或六边形，薄壁，角部亦不增厚；边缘细胞单层，呈斜长方形，无明显分化。雌雄异株；蒴柄直立，红棕色；孢蒴平展或垂倾，呈卵状圆柱形；蒴盖圆锥形，无喙状尖凸。

本属世界报道有 2 种，我国仅有 1 种。

1. 拟真藓　北地提灯藓
Pseudobryum cinclidioides (Hüb.) T. J. Kop., Ann. Bot. Fenn. 5: 147. 1968.

植物体较粗壮，疏松丛生，呈暗绿带褐色。茎直立，高 6-8 cm，无分枝，下段密被假根。叶疏生，干时稍卷缩，呈椭圆形或卵状矩圆形，长 4-8 mm，宽 3-5 mm，叶基狭缩，顶部圆钝；叶边具细钝齿，齿由叶缘细胞的上角部突出而形成，无分化叶边，或叶缘 1-3 列细胞分化成斜长方形，形成不明显的分化边；中肋粗壮，长达叶尖稍下部即消失。叶细胞呈整齐的狭长菱形，薄壁，约有长 60-82 μm，宽 20-25 μm。雌雄异株。孢子体单生，蒴柄细长，5-6 cm，呈红黄色；孢蒴悬垂，呈卵圆形。蒴盖圆锥形，顶具短喙状尖。

产于黑龙江、辽宁、内蒙古，多生于冷湿的沼泽地、水沟边，及针叶林下、桦木林下阴湿的林地上。亦见于蒙古、印度东北部、日本、俄罗斯（伯力地区、堪察加半岛）、欧洲和北美洲。

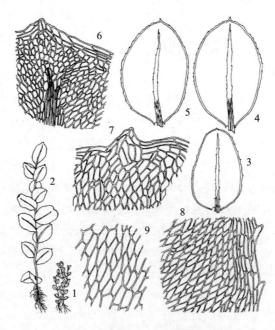

图 41　拟真藓

1. 植物体；2. 植株；3-5. 叶片；6. 叶先端细胞；7. 叶尖部细胞；8. 叶中部边缘细胞；9. 叶中部细胞

皱蒴藓科 Aulacomniaceae

植物体丛生，呈深绿色，带褐色，密被假根。茎直立，具小形细胞构成的分化中轴，外有疏松基本组织及明显的皮部；通常在顶端生殖苞下有 1-3 苗生枝，有时也由老茎产生新枝。叶多列，顶叶较大，叶片内凹，卵状长披针形或狭长披针形；无分化边缘，上部具齿；中肋通常不及叶尖即消失，横切面有多数中央主细胞及小群副细胞、背腹厚壁层和背腹细胞。叶细胞小，呈多角状圆形，厚壁，多数具疣。雌雄异株或同株。生殖苞顶生。雄器苞芽孢形或盘形。雌苞叶异形。孢子体单生。蒴柄高出。孢蒴倾立，稀直立；长卵形或圆柱形，有短台部及明显纵褶。环带常存。蒴壁细胞方形或长方形，有纵长加厚纵壁，气孔显型，多在台部。蒴齿通常两层，构造为真藓形。蒴帽狭长，兜形，具长喙，偏裂，易脱落。蒴盖圆锥体形，有时具长喙。孢子小形。

本科全世界有 2 属，分布于高寒冻原及水湿地区。我国仅有皱蒴藓属。

1. 皱蒴藓属 *Aulacomnium* Schwaegr.

植物体多丛生，茎枝密被假根，通常黄绿色，为高寒沼泽地湿生藓类。茎因逐年苗生新枝而呈丛生枝形。叶密生，干时紧贴或一向偏曲，湿时倾立；长卵圆形、披针形或狭长披针形，先端渐尖或圆钝；边缘大多背卷；中肋强，不及叶尖即消失；叶细胞腔小壁厚，角隅加厚；圆形或圆的四至六边形，胞壁上具中央单粗疣。雌雄异株，稀同株。雄器苞芽胞形，有线形配丝，或盘形而有棒槌状配丝。雌苞叶异形。蒴柄高出。孢蒴下垂，长卵形或长圆柱形，有短台部且凸背，具 8 列深色厚壁细胞构成的纵纹，干时成纵褶。环带 2-4 列细胞，成熟后自行脱落。蒴齿两层。外齿层齿片狭长披针形，有细长尖，黄色或棕红色；外面具回折中缝和密疣，内面有多数横隔。内齿层薄，无色透明，基膜高出；齿条细长，披针形，纵裂；齿毛发育，纤细，有细小节瘤。蒴盖圆锥形，具直或斜喙。常有无性芽胞群生于茎顶端芽胞柱上。

本属全世界有 10 种，分布于高寒地区，为沼泽地及湿原主要藓类。我国有 4 种，湿地常见以下 3 种。

分种检索表

1. 雌雄同株；叶片基部细胞单层，呈多角状圆形，具疣，与上部细胞几同形，胞壁特殊增厚，呈星状；支茎多扁平·· 1. 沼泽皱蒴藓 *A. androgynum*
1. 雌雄异株；叶片基部细胞有 2-3 层，呈长方形，与上部细胞异形；支茎呈圆柱状。
   2. 叶片呈狭舌状或长椭圆状披针形，先端渐尖；叶片每 1 细胞壁中央均具 1 枚突出的高疣··· 2. 皱蒴藓 *A. palustre*
   2. 叶片呈阔矩圆形或椭圆形，先端圆钝；叶片细胞壁中央具 1 枚细小的疣或无疣·· 3. 大皱蒴藓 *A. turgidum*

1. 沼泽皱蒴藓

Aulacomnium androgynum (Hedw.) Schwägr., Sp. Musc. Frond., Suppl. 3, 1: 215. 1827.——*Bryum androgynum* Hedw.

植物体密集丛生，绿色或黄绿色，中下部有假根交织，高 1-5 cm。茎直立，具分枝。叶片不下延，下部叶卵状披针形或披针形，上部叶线状披针形，渐尖，叶缘上部具不规则锯齿，中部以下为细锯齿，叶缘内卷；中肋粗，长达叶尖或不及顶。叶片上部细胞与基部细胞同形，圆角多边形，细胞小，厚壁，角部特别加厚，致使胞腔呈星状，具单一长疣；顶端丛状叶和苞叶的基部细胞长方形，平滑，单层。雌雄异株。孢蒴初期直立，后期倾立，长柱形，略弓形背曲，红褐色；蒴盖圆锥状，具短尖。芽孢具小柄，着生于长棒状芽孢柱先端。

产于吉林、内蒙古、新疆、云南，多生长于潮湿泥炭土上和各种腐殖质上。朝鲜、俄罗斯远东地区及西伯利亚、欧洲、北美洲有分布。

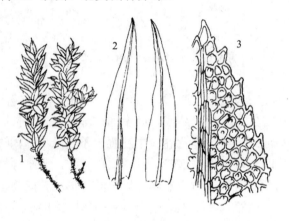

图 42　沼泽皱蒴藓
1. 植物体；2. 叶片；3. 叶尖部细胞

2. 皱蒴藓

Aulacomnium palustre (Hedw.) Schwägr., Sp. Musc. Frond., Suppl. 3 (1): 216. 1827. ——*Mnium palustre* Hedw.

植物体较粗大，绿色或黄绿色，基部假根交织密集丛生。茎直立或倾立，高达 10-15 cm，具分枝，多有无性芽。叶片密集覆瓦状着生，基部半抱茎，略下延，披针形或阔披针形，先端渐尖，顶端钝；叶边全缘平滑或上部有钝齿，中部内卷；中肋细，达于叶尖下部终止。叶细胞呈圆六边形或不规则圆形，角部略加厚，具单一高疣；基部 2-3 层细胞，长方形，薄壁，平滑，有时呈褐色。雌雄异株。孢蒴倾立，长卵形，后期具纵长条纹，台部短，黄色或黄褐色，干燥时收缩；蒴盖圆凸形，先端具短喙。植株先端常具芽苞柱。

产于黑龙江、吉林、辽宁、内蒙古、陕西、四川、西藏、新疆、云南，生于林下沼泽地或开旷沼泽地，也生于草地、水边或潮湿石缝中。蒙古、日本、朝鲜、俄罗斯（远东地区、西伯利亚）、不丹、尼泊尔、印度、非洲、欧洲、美洲、大洋洲等地均有分布。

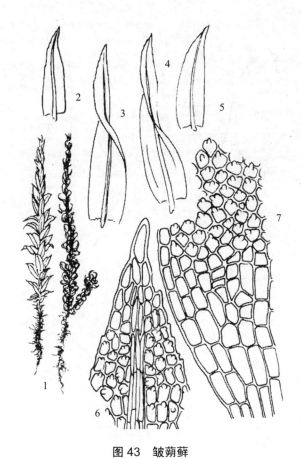

图 43 皱蒴藓
1. 植物体；2-5. 叶片；6. 叶尖部细胞；7. 叶片中部和基部细胞

3. 大皱蒴藓

Aulacomnium turgidum (Wahlenb.) Schwägr., Sp. Musc. Frond., Suppl. 3 (1): 7. 1827.—— *Mnium turgidum* Wahlenb.

植物体密集丛生，黄绿色。茎直立，具分枝，高 5-8 cm，基部疏生假根。叶覆瓦状排列，卵圆形或长椭圆形，强烈内凹，先端钝，呈兜形，长 1.5-2.4 mm，宽 0.8-1.2 mm，叶缘平滑；中肋直或上部弯曲，长达叶尖稍下部消失。雌雄异株。蒴柄直立，长 2-2.8 cm；孢蒴倾立或平列，长卵形，稍弯曲，长 2-2.5 mm，干燥时具纵褶。蒴齿 2 层；外齿层齿片披针形，黄色，具密疣；内齿层基膜高，透明，齿条龙骨状，有穿孔或裂缝，齿毛纤细，2-3 条，具横节。蒴盖圆锥形，具短喙状尖。孢子球形，黄色，直径 10-15 μm，平滑。

产于黑龙江、吉林、内蒙古、新疆、云南，生于高寒地带的冻原、落叶松泥炭藓林下，有时生于高寒地带的沼泽地。亦见于日本、朝鲜、俄罗斯（远东地区及西伯利亚）、非洲、欧洲及北美洲。

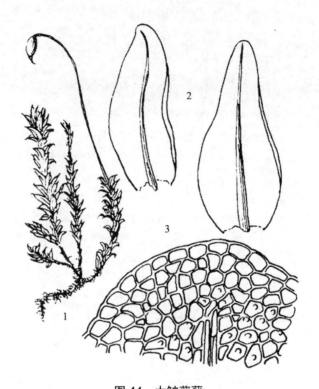

图44 大皱蒴藓
1. 植物体；2. 叶片；3. 叶尖部细胞

寒藓科　Meeseaceae

　　植物体多密集丛生，绿色或黄绿色。茎直立，具分化中轴，在生殖苞下常丛生新枝；茎枝多密生假根，上部叶腋常有棒槌形毛。叶3-8列，倾立或背仰；叶片长卵圆形或披针形；无分化边缘，叶尖有微齿，稀全部具齿；中肋强劲，不及叶尖即消失，横切面中无主细胞及副细胞，有时具腹厚壁层；叶细胞壁较厚，圆形、方形或六边形，平滑或具乳头。叶基部细胞薄壁，狭长方形，常无色。雌雄同株或异株。雄器苞盘形，有棒槌形配丝。雌器苞有线形配丝。蒴柄细长，直立。孢蒴直立，有长的台部，长曲梨形，凸背，斜列小口。环带细胞小形，1-2列，自行脱落。蒴齿两层；内外齿层等长或外齿层较短。外齿层齿片基部有时相连，钝端或平截，外具中缝及横脊，内具低横隔；内齿层具低的基膜；齿条长，狭线形，有孔隙，边缘具瓣膜；齿毛退失。蒴盖短圆锥体形，钝端。蒴帽小，兜形，平滑，易脱落。孢子具疣。

　　本科多属寒地沼泽藓类，多分布于北半球寒带及温带高寒山区。全世界共有3属，我国已知有2属。

分属检索表

1. 叶片直立或稍背仰；叶细胞两面均平滑无乳头突；内齿层齿条比外齿层齿片长 2 倍或更长 ··· 1. 寒藓属 Meesia
1. 叶片上部强烈背仰；叶细胞两面均具明显乳头突；内齿层齿条与外齿层齿片等长 ··· 2. 沼寒藓属 Paludella

1. 寒藓属 *Meesia* Hedw.

植物体密集或疏散丛生，绿色或黄绿色，下部棕色。茎直立，常分枝，基部生假根。叶两列或多列，干燥时卷缩，潮湿时直立或稍背仰，卵圆状披针形或狭披针形，先端钝或急尖，基部不下延或稍下延，叶缘平直或背卷，平滑或具齿；中肋基部宽，达于叶尖或在叶尖稍下处终止。叶上部细胞方形或长方形，薄壁，平滑，基部细胞长方形。雌雄异株或同株。蒴柄细长，红棕色；孢蒴倾立或平列，长梨形，略弯曲；蒴齿 2 层，外齿层短于内齿层，外齿片极短，先端钝，内齿层基膜低，齿条长为齿片的 2 倍以上，狭披针形，龙骨状，具狭穿孔，边缘有不规则圆齿状突起，齿毛短或发育不全；蒴盖半球形或钝圆锥形；环带狭或发育不全。孢子大，具细疣。

本属全世界约有 10 种，分布于北温带北部及南部高山地带，生于沼泽。我国有 3 种。

分种检索表

1. 植物体较小（高 1-2 cm）；叶直立，不呈三列，叶片呈狭披针状舌形或长带状舌形，叶边强烈背卷 ··· 3. 钝叶寒藓 *M. uliginosa*
1. 植物体较大（高可达 10 cm 以上）；叶三列，伸展或基部以上背卷，叶片呈卵圆状披针形，叶边平展或稍背卷。
   2. 叶片多全缘；雌苞叶伸长；雌雄同株 ································· 1. 寒藓 *M. longiseta*
   2. 叶片上部边缘有细锯齿；雌苞叶不伸长；雌雄异株 ············· 2. 三叶寒藓 *M. triquetra*

1. 寒藓

Meesia longiseta Hedw., Sp. Musc. Frond. 173. 1801.

植物体疏丛生，藓丛高 8-10 cm，上部呈褐色或黄绿色，下部常呈黑褐色。茎直立，常不分枝，叶片 6-8 列，均匀疏生。叶片基部下延，干燥时卷缩，直立或背仰，卵状披针形，渐尖，或先端圆钝；叶缘平直，全缘，或有时具不明显齿突或边缘略内卷；中肋细，达于叶尖终止；叶细胞壁薄，平滑，上部短长方形，基部长方形，叶缘细胞狭长。雌雄同株。蒴柄长 8-10 cm，直立，红褐色。孢蒴长约 5 mm，弯梨形，具长台部，黄褐色。蒴盖小，短圆锥形。环带 2 列细胞，蒴盖开裂时脱落。齿片短钝；齿条披针形。孢子直径 30-40 μm，黄褐色，具密疣。

产于黑龙江、内蒙古、山西，多生于沼泽地、潮湿林地或草地上。俄罗斯（远东地区及西伯利亚）、欧洲及北美洲有分布。

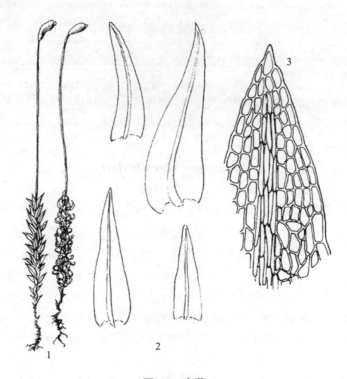

图 45 寒藓
1. 植物体；2. 叶片；3. 叶尖部细胞

2. 三叶寒藓

Meesia triquetra (L. ex Jolycl.) Ångstr., Nova Acta Regiae Soc. Sci. Upsal. 12: 357. 1844.——*Mnium triquetrum* L. ex Jolycl.

植物体稀疏丛生，或交织成垫状丛生，黄色或黄绿色，有时深绿色或褐绿色，基部常呈黑褐色。茎直立，不分枝或具 1-3 条分枝，叶呈 3 列着生，密被褐色假根，横切面呈三角形。叶片长 2.5-3.5mm，宽 1-1.5mm，基部下延，阔卵圆披针形，龙骨状背凸，中上部背仰；叶缘平直，具明显锯齿；中肋粗壮，达于叶尖终止或于叶尖部略突出；叶片先端细胞小，方形或短长方形，或不规则形，绿色；基部细胞长方形，薄壁无色透明。雌雄异株。蒴柄长 8-10cm，直立，红褐色。孢蒴 4-6mm 长，台部与壶部等长，干燥时弯曲，长弯梨状，黄褐色。蒴盖短圆锥形。环带细胞 2 列。齿片仅为内齿层的 1/4 高，黄色，先端钝，彼此相连；基膜低矮；齿条长线形，顶端尖部相联。孢子直径 30-45 μm，黄褐色，具密疣。

产于黑龙江、吉林、内蒙古，多生于沼泽地、草甸及水湿的草地上。亦分布于蒙古、俄罗斯（远东地区和西伯利亚）、欧洲、北美洲及澳大利亚。

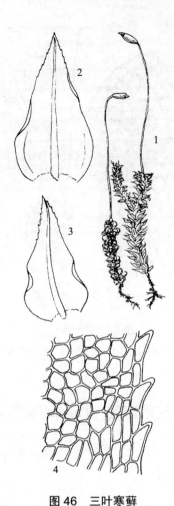

图 46 三叶寒藓
1. 植物体；2-3. 叶片；4. 叶尖部边缘细胞

3. 钝叶寒藓

Meesia uliginosa Hedw., Sp. Musc. Frond. 173. 1801.

植物体密集丛生，绿色或黄绿色，高 1-2 cm。茎直立，多具束状分枝。叶片直立，呈狭披针状舌形或长带状舌形，长 1-3 mm，宽 0.4-0.5 mm，先端圆钝，基部略下延，叶边全缘，强烈背卷；中肋扁宽，长达叶先端终止。叶片中上部细胞呈长方形或多角方形，胞壁厚；叶基部细胞狭长方形，薄壁。孢子体单生，蒴柄长 2-3 cm，孢蒴呈弯梨形，台部直立，蒴口较小，黄褐色。蒴盖短圆锥形。环带仅 1 列细胞。外齿层较短，其长度仅有内齿层高的 1/3-1/2，齿片短宽，先端圆钝，背脊明显，黄色；内齿层基膜低，齿条呈狭带形。孢子黄褐色，直径 38-50 μm，壁上具细疣。

产于内蒙古、四川，多生于沼泽地、湿草原、河岸边或塔头湿地。蒙古、俄罗斯（远东地区和西伯利亚）、欧洲、美洲也有分布。

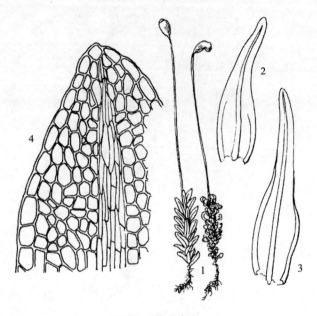

图 47 钝叶寒藓
1. 植物体；2-3. 叶片；4. 叶尖部细胞

2. 沼寒藓属 *Paludella* Brid.

本属全世界仅1种，属的形态特征同种所列。多分布于北寒温带的高山或平原。

1. 沼寒藓

Paludella squarrosa (Hedw.) Brid., Muscol. Recent. Suppl. 3: 72. 1817.——*Bryum squarrosum* Hedw.

植物体密集丛生，假根交织呈垫状，高 8-15 cm，鲜绿色或黄绿色，下部常呈褐色。茎直立，单一，或上部分枝，密被褐色假根，叶5列着生，中轴稍有分化，无透明层。叶片基部下延，长卵圆状披针形，先端渐尖，上部背仰，尖部喙状弯曲扭转，长 1-2 mm，中部宽 0.5-1 mm；叶缘中下部略背卷，中部以上平直，具不规则的细锯齿；中肋细弱，达于叶尖消失；叶片上部细胞圆六边形，两面均具乳头，中部细胞椭圆形，基部细胞长方形，薄壁透明，角部细胞变短。雌雄异株，雄苞叶阔卵形，尖部短，背仰；雌苞叶长于茎叶，直立或尖部背仰，叶缘背卷。蒴柄长 3-6 cm，细弱，红色。孢蒴长 4-5 mm，长卵形，略背曲，台部短，黄褐色，成熟后变红褐色。环带由2列细胞构成，蒴盖开裂时脱落。蒴齿双层；齿片16，长披针形，浅黄色，具细疣，上部具条纹；基膜为齿片高的1/5，色淡；齿条线状披针形，与齿片等长或略短于齿片，具穿孔；齿毛短，或缺如。孢子小，直径 13-20 μm，黄色，具细疣；成熟于夏季。蒴盖高凸形，具小尖。

产于黑龙江、吉林、内蒙古、云南，多生于寒地沼泽或塔头沼泽地。蒙古、俄罗斯（远东地区、西伯利亚）、欧洲、非洲及北美洲有分布。

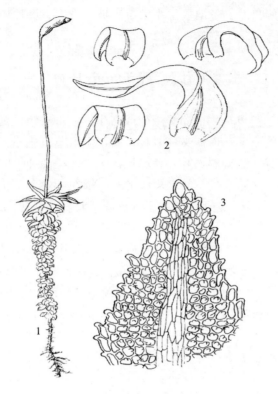

图 48 沼寒藓
1. 植物体；2. 叶片；3. 叶尖部细胞

珠藓科 Bartramiaceae

植物体密集丛生，密被假根，呈垫状。茎具分化中轴及皮部，生殖苞下常有 1-2 分枝。叶 5-8 列，紧密排列，叶片呈卵状披针形，基部通常不下延；先端狭长，基部呈鞘状，稀有纵褶；边缘不分化，上部边缘及中肋背部均具齿；中肋强劲，不及叶尖，或稍突出如芒，横切面中有多数中央主细胞及副细胞，仅有背厚壁层及背细胞。叶细胞圆方形、长方形、稀狭长方形，通常壁较厚，无壁孔，背腹均有乳头，稀平滑，基部细胞同形或阔大，透明，通常平滑，稀有分化的角细胞。雌雄同株或异株。生殖苞顶生，稀因苞生新芽而成为假侧生。雄器苞芽孢形或盘形；配丝多数线形或棒槌形。雌苞叶较大而同形。孢子体单生，稀 2-5 丛生。蒴柄多高出。孢蒴直立或倾立，稀下垂；通常球形，稀有明显的台部，多数凸背，斜口，有深色的长纵褶，稀对称而平滑。气孔多数，显型，位于孢蒴台部。环带多不发育。蒴齿两层，稀单层，或部分退失。外齿层齿片短披针形，棕黄色或红棕色，平滑或具疣，多数无分化边缘，内面横隔高出。内齿层较短，折叠形，基膜占齿长的 1/4-1/2；齿条上部有穿孔，成熟后全部裂开；齿毛 1-3，有时不发育或全退失，无节条。蒴盖小，短圆锥体形，稀具喙，干时平展，中部隆起。蒴帽小，兜形，平滑，易脱落。孢子大，圆形，椭圆形或肾形，具疣。

本科计有 10 属，分布世界各地，生于山野土坡、石上、湿原中，稀附生树干上。我国已知有 6 属，约 40 种。

1. 泽藓属 *Philonotis* Brid.

植物体小形或大形，密集丛生，润湿土生或石生。茎多红色，假根密集，有明显分化的中轴及疏松单细胞层的皮部；通常叉形分枝，常在生殖苞下生出多数苗生芽条。叶片干时紧贴茎上，湿时倾立或一侧偏斜。叶片长卵形，渐尖，稀圆钝，叶缘具粗或细锯齿，单细胞层，稀基部有纵褶；中肋强劲，常突出叶尖外，稀在叶尖下消失。叶尖细胞短或长方形，或呈菱形，稀薄壁，五至六边形，多数于细胞前角有乳头状疣凸，稀在细胞后角有疣，少数种类叶尖细胞平滑，或完全呈乳头突出，叶基部细胞较大型，且疏松。雌雄异株，稀同株。雄器苞芽孢形或盘形，有棒状配丝。雌器苞有线形配丝。孢子体单生。蒴柄长，直立。孢蒴倾立或平列，近于球形，不对称；台部短，有纵褶纹，干时成深纵沟，中部皱缩，而口部扩张开。蒴齿两层。外齿层齿片具明显中缝及粗大横纹；内齿层的齿条常呈两裂片，有斜纵纹或具疣；齿毛不甚发达。蒴盖多数平凸，或短圆锥形，具短喙。蒴帽短，兜形，易脱落。

本属有 170 余种，常生于水湿地，抗强光，耐水湿，无性繁殖力强，温热带普遍生长。我国有 20 种，湿地常见以下 6 种。

分种检索表

1. 叶中肋突出叶尖呈长芒状··6. 柔叶泽藓 *P. mollis*
1. 叶中肋在叶尖下消失，或仅达叶尖。
　2. 茎不甚粗壮，叶不甚密集，柔软，有丝质光泽·································2. 泽藓 *P. fontana*
　2. 茎粗壮，叶密集，坚挺，无光泽。
　　3. 叶片边缘内卷，稀平展，上部呈龙骨状，边缘具单列齿···············5. 直叶泽藓 *P. marchica*
　　3. 叶片边缘平展或向背部反卷。
　　　4. 叶片呈镰刀弯曲，叶缘背卷，中肋粗壮，背部有疣突或刺突··········1. 偏叶泽藓 *P. falcate*
　　　4. 叶片卵状椭圆形或三角状披针形。
　　　　5. 叶片卵状椭圆形，基部平截，叶上部细胞近方形或菱形·············3. 密叶泽藓 *P. hastata*
　　　　5. 叶片狭披针形，基部半圆形，叶尖细胞长方形或狭菱形·············4. 毛叶泽藓 *P. lancifalia*

1. 偏叶泽藓
Philonotis falcata (Hook.) Mitt., J. Proc. Linn. Soc., Bot., Suppl. 1: 62. 1859.——*Bartramia falcata* Hook.

植物体较纤细，高 2-5 cm，黄绿色、绿色，密集丛生，基部被红褐色假根。叶片呈卵状三角形，长达 2.5 mm，呈镰刀状，或钩状弯曲，基部宽，龙骨状内凹，叶边向背部反卷，先端渐尖，边缘具微齿；中肋粗壮，到顶，背部凸出。叶细胞长方形，疣突位于细胞上端。

叶片上部细胞较长，中部近方形、多角状圆形，基部细胞短而宽阔，透明。

产于福建、甘肃、广东、贵州、河南、江苏、内蒙古、宁夏、山东、四川、台湾、西藏、云南，多生于 3 000 m 上下的高山沼泽地。也分布于朝鲜、日本、菲律宾、尼泊尔、印度、非洲、夏威夷群岛等。

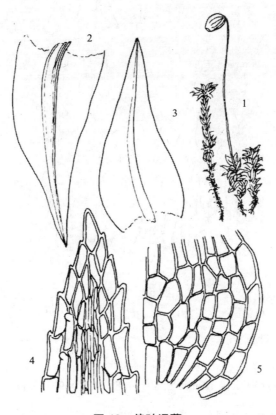

图 49　偏叶泽藓
1. 植物体；2-3. 叶片；4. 叶尖部细胞；5. 叶基部细胞

2. 泽藓　溪泽藓
Philonotis fontana (Hedw.) Brid., Bryol. Univ. 2: 18. 1827.——*Mnium fontanum* Hedw.

植物体密集片状丛生，基部密被褐色假根，茎高 2-10 cm。顶端有轮生短枝。顶叶密集，多一侧弯曲，叶片长达 2-2.5 cm，基部宽卵形或心形，叶边背卷，上部渐尖，边缘具微齿；中肋粗壮，直达叶尖或突出成毛尖状。叶细胞多角形或长方形，腹面观疣突位于细胞的上端，背面观疣突位于细胞的下端。孢蒴卵圆形、圆形，（2.5-3）mm×（1.7-2）mm。初直立，后弯曲，有纵褶。雌雄异株，雄株体形较纤细，而雌株较粗硬。

产于安徽、福建、河南、黑龙江、湖北、湖南、甘肃、广东、广西、贵州、吉林、辽宁、内蒙古、山东、山西、陕西、四川、台湾、西藏、新疆、云南、浙江，多生于高山带的沼泽或流水处、岩石或湿土上。也分布于日本、俄罗斯、欧洲、北美洲。

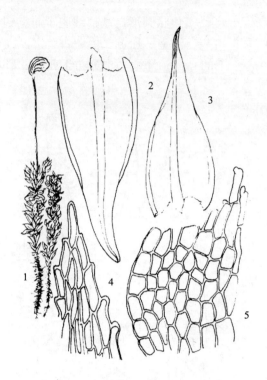

图 50 泽藓

1. 植物体；2-3. 叶片；4. 叶尖部细胞；5. 叶基部细胞

3. 密叶泽藓

Philonotis hastata (Duby) Wijk & Margad., Taxon 8: 74. 1959.——*Hypnum hastatum* Duby.

植物体较纤细，柔软，黄绿色，有光泽。茎高 2-4 cm。叶覆瓦状着生，倾直，茎下部密被棕褐色假根。叶片椭圆形或卵状披针形、长卵圆形、近三角形，先端渐尖，基部平截，宽 0.3-1 mm，叶边平展，或微内卷，上部有齿，中下部近平滑，中部叶边有时呈双层细胞。中肋粗壮，到顶或不到顶。叶片上部细胞近方形或菱形，中部、下部近长方形，多角形。叶基部细胞 20-40 μm，较透明，未见疣状突起。孢蒴圆球形、卵圆形，倾斜。

产于福建、广东、海南、江苏、上海、台湾、香港、浙江，多生于潮湿的土壤上或高山沼泽地。也分布于日本、菲律宾、印度尼西亚、马达加斯加、夏威夷。

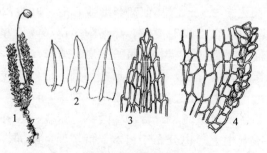

图 51 密叶泽藓

1. 植物体；2. 叶片；3. 叶尖部细胞；4. 叶基部细胞

4. 毛叶泽藓

Philonotis lancifolia Mitt., J. Proc. Linn. Soc., Bot. 8: 151. 1865.

植物体密集丛生，高 2-4 cm，绿色、黄绿色。叶直立向上倾斜，排列紧密。叶片卵状披针形，先端渐尖，基部半圆形，叶边微内卷，上部有齿，中、基部近平滑。叶尖细胞长方形或狭菱形，中下部细胞呈长方形、方形，长 35-45 μm，宽 4-6 μm，腹面观疣突位于细胞上端，背面观疣突位于细胞下端。孢蒴卵圆形，2-2.5 mm，红褐色，平列。

产于安徽、福建、广东、广西、贵州、海南、河南、黑龙江、湖南、吉林、江苏、内蒙古、辽宁、山东、四川、台湾、云南、浙江，多生于潮湿的土壤上或高山沼泽地。也分布于日本、朝鲜、印度、印度尼西亚。

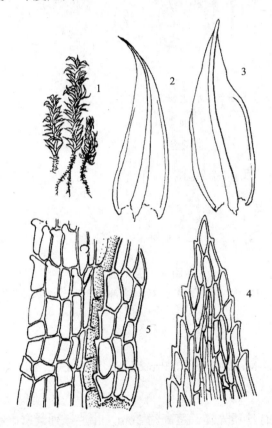

图 52 毛叶泽藓
1. 植物体；2-3. 叶片；4. 叶尖部细胞；5. 叶基部细胞

5. 直叶泽藓

Philonotis marchica (Hedw.) Brid., Bryol. Univ. 2: 23. 1827.——*Mnium marchicum* Hedw.

植物体疏松丛生，高 2-8 cm，或更高。直立，少分枝，顶端有明显的苞生枝，基部密被假根，交织成垫状。叶片呈阔卵圆形或三角形、披针形，先端渐尖，叶上部呈龙骨状；叶缘内卷，中部以上具单列齿；中部以下近全缘；中肋较细，达于叶尖，或突出成具齿的刺状叶尖。叶片细胞长方形或线状长方形，疣状凸位于细胞的上端。雌雄异株。雄器苞呈盘状。苞叶长披针形，渐尖。

产于吉林、山东、云南、浙江，多生于潮湿的草原、沼泽、高山流水处。也分布于俄罗斯（西伯利亚）、欧洲。

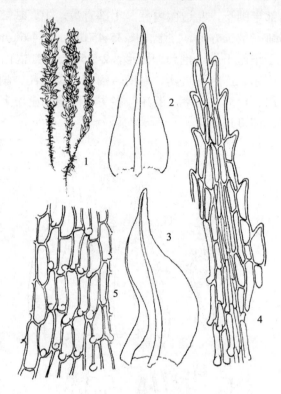

图53　直叶泽藓

1. 植物体；2-3. 叶片；4. 叶尖部细胞；5. 叶基部细胞

6．柔叶泽藓

Philonotis mollis (Dozy & Molk.) Mitt., J. Proc. Linn. Soc., Bot., Suppl. 1: 60. 1859.——*Bartramia mollis* Dozy & Molk.

植物体疏松纤细，有丝质光泽。茎高约2 cm，叶片排列紧密。叶片强烈压紧，呈狭卵圆形或线状披针形，长3 mm，宽0.35 mm，或长钻形，顶端具芒状长尖，有齿；叶边平展或微内卷；中肋伸出叶尖。中上部细胞长菱形或长方形，长55-65 μm，宽9-13 μm，叶片腹面观，疣突位于细胞的上端；叶片背面观，疣突位于细胞的下端。叶基细胞大，透明，胞径长30-55 μm，宽9-14 μm。孢蒴圆球形、梨形，4-5 mm，孢子直径25-35 μm，壁粗糙。

产于福建、广东、贵州、台湾、云南、浙江，多生于潮湿的土壤上或积水的沼泽地。也分布于日本、菲律宾、越南、印度、印度尼西亚。

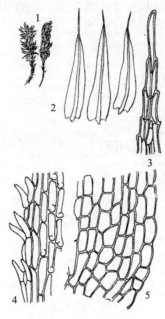

图54 柔叶泽藓
1. 植物体；2. 叶片；3. 叶尖部细胞；4. 叶中部细胞；5. 叶基部细胞

美姿藓科 Timmiaceae

植物体深绿色，稀疏群生。茎直立或倾斜，基部密生假根；单一或叉形分枝。叶8列，叶片基部半鞘状，上部卵状长披针形或线状披针形；四面散列或背仰，干时直立或卷曲，紧贴茎上；叶片单细胞层；边缘内卷成管形，不具分化边缘，上部有深锯齿；中肋强劲，在叶尖处消失，尖端背面有齿，具中央主细胞及背腹厚壁层。叶细胞小，呈四至六边状圆形，腹面具尖乳头状突起；鞘部细胞狭长方形，愈向边缘愈狭，无色透明，平滑或于背面有疣。雌雄异株或同株。雄器苞在雌雄同株时与雌器苞同生在一枝的顶端，1-3 苞相连，配丝线形。孢子体单生，蒴柄长。孢蒴倾立、平列或近于垂悬；台部短，长卵形，棕色，厚壁，平滑或有不明显的皱纹，干时有纵长皱褶。环带有分化，成熟后自行卷落。蒴齿 2 层，等长，干燥时向外弯曲，平展。外齿层齿片基部彼此相连合，阔披针形，渐尖，扁平而薄，外面基部黄色，具点状横纹，上部无色，有粗疣状纵纹，中缝和横隔均明显；内齿层黄色，基膜高，平滑，略呈折叠形，有横纹，分 64 条，线形，外面有粗疣的齿毛，其中常有 3-5 条彼此网状交错或各条尖端通过粗大节瘤彼此连合。蒴盖半圆锥体形，具短尖。蒴帽细长兜形，有时留存蒴柄上。孢子黄色，平滑。

本科全世界仅有 1 属。

1. 美姿藓属 *Timmia* Hedw.

属的形态特征同科所列。

本属约有 8 种，分布于高寒地区钙质土或石上，间有生于沼泽地区及黏土被覆的木桩上。我国有 4 种及 1 变种，湿地常见以下 1 种。

1. 美姿藓

Timmia megapolitana Hedw., Sp. Muse. 175. 1801.

1a. 美姿藓原变种

Timmia megapolitana Hedw. var. *megapolitana*.

植物体稀疏丛生，深绿色。茎直立，高 2-4 cm。叶干燥时内卷成管状，潮湿时伸展，卵状披针形，基部呈鞘状，先端急尖，长 5-8 mm，叶缘平展，上部具多细胞构成的粗齿；中肋粗壮，长达叶尖，背面上部具刺状疣。叶上部细胞圆方形或六边形，直径 8-13 μm，壁角部稍加厚，腹面呈乳头状突起；基部细胞狭长方形，背面具 2-5 个乳头状疣，近边缘细胞狭长线形。雌雄同株。蒴柄长，紫红色。孢蒴椭圆形，红褐色，蒴台部弓形背曲，倾立或平列，有时垂倾。蒴盖矮圆锥状。蒴齿双层；齿毛发达，带长钩状突起。孢子淡黄色具疣。

产于甘肃、吉林、辽宁、内蒙古、山西、陕西、四川、新疆、云南，多生在高山林下、潮湿的沟边或草地上，或沼泽边的润湿岩石上。蒙古、俄罗斯（远东地区、西伯利亚）、日本、欧洲及北美洲有分布。

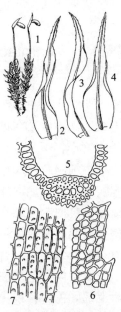

图 55　美姿藓原变种

1. 植物体；2-4. 叶片；5. 叶片近上部横切面；6. 叶片边缘细胞；7. 叶片基部细胞

1b. 美姿藓北方变种

Timmia megapolitana Hedw. var. *bavarica* (Hessl.) Brid., Bryol. Univ. 2: 71. 1827.——*T. bavarica* Hessl.

本变种与原变种外观、大小、形状均相似，其不同点在于叶鞘部细胞背面平滑无疣；

中肋背面也平滑无刺状疣;叶片上部细胞呈四至六边形,不呈圆形,即细胞壁角部不加厚。

产于甘肃、河北、黑龙江、湖北、吉林、辽宁、内蒙古、青海、山东、山西、陕西、四川、西藏、新疆、云南,多生于高寒地针叶林地上、溪边或沼泽旁潮湿的碱性土上,或岩面薄土上、砂质湿地上。亦分布于蒙古、日本、俄罗斯(远东地区、西伯利亚)、欧洲、非洲、北美洲。

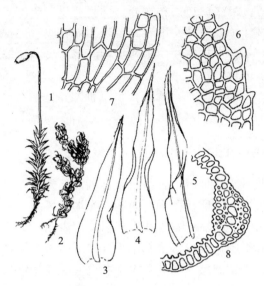

图 56　美姿藓北方变种
1-2. 植物体；3-5. 叶片；6. 叶片中部边缘细胞；7. 叶片基部细胞；8. 叶片横切面

鳞藓科 Theliaceae

本科植物体均较细弱,密丛集,无光泽或具弱光泽,黄绿色。茎匍匐,先端常倾立,不规则一回羽状分枝,或不规则丛集分枝,枝条被叶常呈圆条状。叶同形,匙形或卵圆状兜形,先端圆钝或具小尖;叶边单层,内曲,平滑或具毛或齿;中肋短弱,单一或分枝,或不明显至缺失;叶细胞卵形或长椭圆形,多数背面具单一粗疣。雌雄异株。雌苞着生茎上;雄苞生于短枝顶端;雌苞叶分化,多较狭长。蒴柄短或中等长,细弱,平滑,红色或红褐色。孢蒴直立,长卵形,稀背曲而呈倾立或平列;蒴壁气孔稀少,显型。蒴齿两层,内外齿层多等长,或内齿层退化;外齿层基部连合,齿片狭长披针形,上部色淡,中脊呈回折形,横脊明显,有时具分化边,内面有高出横隔;内齿层黄色,透明,基膜高出,齿条细长条形,中缝有穿孔。蒴盖扁圆锥形,具短喙。蒴帽兜形,平滑。孢子细小。

本科全世界仅有 3 属,我国有 2 属。

1. 小鼠尾藓属 *Myurella* Bruch & Schimp.

植物体纤细,垫状或疏松丛集生长,鲜绿色或暗绿色。茎匍匐,紧密丛集,生长时倾立或直立，不规则分枝、叉状分枝或束状分枝；多具束状假根；枝钝端，并常具鞭状细枝；无鳞毛。叶卵圆形，覆瓦状排列，先端急尖、渐尖或圆钝；叶边内曲，全缘，平滑或具不规则齿；中肋单一、分叉或完全缺失；叶细胞细小，胞壁略厚，具不明显壁孔，椭圆形或菱形，基部细胞长方形或方形，平滑或有前角突或具单粗疣。雌雄异株。内雌苞叶红棕色，长披针形，渐尖，叶边平展，具齿；中肋缺失；叶细胞菱形。蒴柄长 1-2 cm。孢蒴卵形或短圆柱形，黄棕色，直立，孢子释放后稍弯曲。环带分化。蒴齿两层，等长；外齿层齿片长披针形，黄色或淡黄色，尖端色淡，中脊回折状，横脊明显，有横纹，内面有横隔；内齿层基膜高，淡黄色，有细疣，折叠状；齿条长披针形，齿毛线形，短于齿条。蒴盖圆锥形，具短钝喙。蒴帽小，兜形。

本属全世界有 4 种，中国有 3 种，湿地常见 1 种。

1. 刺叶小鼠尾藓

Myurella sibirica (Müll. Hal.) Reim., Hedwigia 76: 292. 1937.

植物体疏松丛集生长，平横伸展，黄绿色。茎匍匐，先端上倾，呈细长鞭状，不规则疏分枝，具不规则束状假根。叶卵状瓢形，内凹，先端渐呈细长毛尖，尖部常不扭曲，长达 0.5 mm，宽 0.3-0.45 mm，基部收缩；叶边有粗齿，内曲，但不卷曲；中肋缺失，或具单一或分叉的短中肋；叶细胞短轴形，上部常为菱形或六边圆菱形，基部短长椭圆形，角部细胞长方圆形或方形，上部细胞背面具单个疣状突起。蒴柄细弱，红褐色。孢蒴长椭圆形或倒卵形，直立；蒴盖圆拱形。

产于河北、辽宁、陕西、四川、西藏，生于高寒地区的沼泽地或湿砂质土上。俄罗斯、欧洲、日本和北美洲有分布。

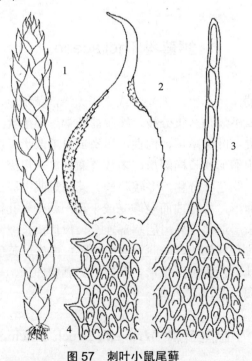

图 57 刺叶小鼠尾藓

1. 植物体一部分；2. 叶片；3. 叶尖部细胞；4. 叶中部边缘细胞

羽藓科 Thuidiaceae

植物体形小至粗壮，色泽多暗绿色、黄绿色或褐绿色，无光泽，干时较硬挺，常交织成片或经多年生长后成厚地被层。茎匍匐或尖部略倾立，不规则分枝或 1-3 回羽状分枝；中轴分化或缺失；鳞毛通常存在，单一或分枝，有时密被。茎叶与枝叶多异形。叶多列，干时通常贴生或覆瓦状排列，湿润时倾立，卵形、圆卵形或卵状三角形，上部渐尖、圆钝或呈毛尖；叶边全缘、具细齿或细胞壁具疣状突起；中肋多单一，达叶片上部或突出于叶尖，稀短弱而分叉，少数不明显；叶上部细胞多六角形或圆多角形，壁厚，多具疣，基部细胞较长而常有壁孔，叶边细胞近方形。雌雄同株异苞或同苞。雌苞侧生，雌苞叶通常呈卵状披针形。蒴柄细长，老时呈淡红色，平滑或具密疣状突起。孢蒴垂倾，不对称，平滑；气孔稀少，着生于孢蒴基部，或缺失；环带常分化。蒴齿 2 层；外齿层 16 枚，披针形，基部连合，淡黄色至黄棕色，上部呈灰色，具疣状突起，边缘分化；内齿层灰色，具疣，基膜发育良好，齿条具脊，齿毛多发育。蒴盖圆锥形，有时具喙。蒴帽兜形，平滑，稀被纤毛或疣。孢子球形。

本科全世界有 19 属，生境多变异，与其他藓类植物交织或成单纯大片群落。其垂直分布最高可达 4 000 m 的针叶林，而最低及海平面。

1. 沼羽藓属 *Helodium* Warnst.

体较粗壮，绿色或黄绿色，稀呈褐色，无光泽或略具光泽，成丛或片状生长。茎直立或倾立，单一或呈叉状，通常具规则羽状分枝；鳞毛密集，单列细胞或常分叉，灰白色，老时呈褐色。茎叶与枝叶近于同形，卵状披针形或心形，基部渐上突成披针形尖，具弱纵褶，基部收缩；叶边全缘，或具齿突，尖部具齿，向内卷曲，基部具长纤毛或平滑；中肋较粗壮，长达叶片上部或尖部；叶细胞透明，椭圆状六角形，或长卵状六角形，基部细胞呈长方形。多为雌雄异苞同株。内雌苞叶直立，披针形，具纵褶，灰白色；中肋中止于叶尖下部。蒴柄纤细，平滑。孢蒴卵状圆柱形，强烈呈弓形或平展，棕色。环带分化。气孔位于孢蒴颈部。蒴盖圆锥形。蒴齿的外齿层齿片黄褐色，内齿层齿毛纤细，通常为 3 条。蒴帽平滑。

本属全世界共有 2 种，为泛北区高寒地区沼泽湿生藓类。我国常见 1 种。

1. 狭叶沼羽藓

Helodium paludosum (Austin) Broth., Nat. Pflanzenfam. I (3): 1009. 1908.——*Elodium paludosum* Austin.

外形略粗壮，黄色至黄褐色，疏松成片生长。茎匍匐伸展，长可达 6 cm，规则羽状分枝，枝长约 5 mm；中轴不分化；鳞毛密生于茎和枝上，常单列细胞，不规则分枝。茎叶干时贴生，湿润时舒展，基部内凹，椭圆形至卵形，向上渐尖，长 1-1.5 mm，略具纵褶，基部宽阔，略下延，着生少数鳞毛。叶中部细胞狭长六角形或宽线形，长 15-30 μm，宽 5 μm，厚壁,近上方具一细疣,叶尖部细胞长菱形。雌雄同株异苞。雌苞叶卵状披针形至披针形,渐上呈细尖。孢蒴未见。

产于黑龙江、吉林、内蒙古,生于高山林地或沼泽地。也分布于日本、俄罗斯远东地区和北美洲。

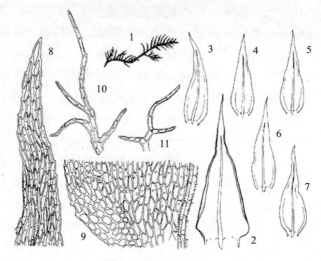

图58 狭叶沼羽藓
1. 植物体一部分;2. 茎叶;3-7. 枝叶;8. 叶尖部细胞;9. 叶基部细胞;10-11. 假鳞毛

柳叶藓科 Amblystegiaceae

喜水生。植物体纤细或较粗壮,疏松或密集丛生,略具光泽。茎倾立或直立,稀匍匐横生,不规则分枝或不规则羽状分枝。茎横切面圆形或椭圆形,中轴无或有,皮层细胞常为小形厚壁细胞,有时皮层细胞膨大透明,鳞毛多缺失,常具丝状或片状假鳞毛。假根常平滑,少数具疣。叶片在茎上多行排列,平直或粗糙。茎叶平直或镰刀形弯曲,基部宽椭圆形或卵形,少数种类略下延,上部披针形、圆钝、急尖或渐尖;叶缘全缘或略具齿,中肋通常单一或分叉,稀为两短肋或完全缺失;叶中部细胞阔长方形、六边形、菱形或狭长虫形,多平滑,少数具疣或前角突;叶片基部细胞较短而宽,细胞壁常加厚或具孔;多数种类有明显分化的角部细胞,数多或少,小或膨大,薄壁或厚壁,无色或带颜色。枝叶与茎叶同形,常较小,中肋较弱。雌雄同株或异株,雄株与雌株相似。雌雄苞多生于茎顶,内雌苞叶与营养叶异形,直立,长披针形,有时具褶皱,中肋单一或缺失,少数分叉。蒴柄较长,红色或红棕色,平滑。孢蒴圆筒形或椭圆形,倾立或平列,有时背部弓形弯曲,干燥时或孢子释放后蒴口下部内缢。蒴壶外部细胞长方形或六边形,有时圆形或正方形,薄壁或厚壁。蒴齿两层,为灰藓型蒴齿;外齿层齿片外面有横纹,近先端有阶梯式高出的脊,上部具疣,内面具横隔;内齿层基膜高出,齿条常分裂,齿毛常分化,长1-4条,具节瘤或节条。蒴盖基部圆锥形,具喙状尖。蒴帽兜形,平滑无疣状突起。孢子细小,球形,具疣。

本科广泛分布于北温带地区，全世界共有 39 属。中国有 18 属。

分属检索表

1. 叶片边缘有 2-5 层分化细胞···2. 厚边藓属 *Sciaromiopsis*
1. 叶片边缘不具分化细胞。
　　2. 茎具多数鳞毛。
　　　　3. 叶角部细胞分化明显，薄壁无色，形成明显叶耳···3. 牛角藓属 *Cratoneuron*
　　　　3. 叶角部细胞不分化··11. 类牛角藓属 *Sasaokaea*
　　2. 茎无鳞毛或稀具假鳞毛。
　　　　4. 植物体粗壮，10-20 cm，羽状分枝或近羽状分枝。
　　　　　　5. 叶片镰刀形弯曲；中肋单一；叶尖渐尖，假鳞毛少；孢蒴长椭圆形或椭圆形。
　　　　　　　　6. 叶片尖部具齿···9. 范氏藓属 *Warnstorfia*
　　　　　　　　6. 叶片尖部不具齿···8. 镰刀藓属 *Drepanocladus*
　　　　　　5. 叶片直立或镰刀形弯曲；无或双中肋，有时中肋单一；叶尖圆钝或具小尖，稀渐尖。
　　　　　　　　7. 叶片具单中肋。
　　　　　　　　　　8. 叶片尖端圆钝，具小尖···1. 曲茎藓属 *Callialaria*
　　　　　　　　　　8. 叶片尖端圆钝，不具小尖···12. 湿原藓属 *Calliergon*
　　　　　　　　7. 叶片具 2 条短中肋或中肋不明显。
　　　　　　　　　　9. 叶片角部细胞不分化或分化不明显···10. 蝎尾藓属 *Scorpdium*
　　　　　　　　　　9. 叶片角部细胞膨大透明，形成明显叶耳···13. 大湿原藓属 *Calliergonella*
　　　　4. 植物体常细弱，长 0.5-5 cm（除水灰藓属一些种类长达 15 cm），不规则。
　　　　　　10. 假鳞毛片状，少或无；叶尖钝，叶尖部细胞短于中部细胞···14. 水灰藓属 *Hygrohypnum*
　　　　　　10. 假鳞毛丝状或片状；叶尖锐尖，叶尖部细胞长于叶中部细胞。
　　　　　　　　11. 茎叶直立或稍平展；叶中部细胞短轴形。
　　　　　　　　　　12. 植物体小；假鳞毛片状；叶中部细胞短，菱形，角部细胞多数，扁长方形或长方形···4. 湿柳藓属 *Hygroamblystegium*
　　　　　　　　　　12. 植物体大；假鳞毛丝状或片状；叶中部细胞长，长 50-120 μm，薄壁；角部细胞少，长方形···5. 薄网藓属 *Leptodictyum*
　　　　　　　　11. 茎叶向外伸展或粗糙，叶中部细胞长轴形，假根不具疣。
　　　　　　　　　　13. 假鳞毛丝状或片状；中肋短，单一，分叉或双中肋；叶缘明显具齿；齿毛具结节···6. 细湿藓属 *Campylium*
　　　　　　　　　　13. 假鳞毛片状，形态各异；中肋长，单一；叶缘齿不明显；齿毛具附属物··7. 拟细湿藓属 *Campyliadelphus*

1. 曲茎藓属　*Callialaria* Ochyra

本属为单种属，属的形态特征同种。

1. 曲茎藓

Callialaria curvicaulis (Jur.) Ochyra, J. Hattori Bot. Lab. 67: 219. 1989. ——*Hypnum curvicaule* Jur.

植物体柔弱，黄绿色或褐绿色。茎弯曲，长达15 cm，匍匐或倾立，不规则分枝或多少羽状分枝；横切面五边形，中轴小，皮层细胞2-3层，黄褐色，厚壁。无鳞毛，假鳞毛叶状，渐尖。茎叶疏松覆瓦状排列，宽卵形或卵状披针形，向上突趋窄成一长尖；叶片长0.9-1.3 mm，宽0.4-0.6 mm，平展，叶缘或仅在上部具齿；中肋单一，达于叶先端终止；叶细胞平滑或具前角突，长菱形，长35-50 μm，宽7.5 μm；角部细胞分化明显，长方形或卵形，无色或黄褐色，膨大且薄壁，达中肋。枝叶与茎叶同形，较小，长0.5-0.8 mm，宽0.2-0.3 mm，平展或稍卷曲，叶缘具齿，中肋止于叶片中部。雌雄异株。孢子体未见。

产于西藏、云南，生于湿地或水生，分布于湿草原较高出的地段。印度、尼泊尔、蒙古、俄罗斯、欧洲、北美洲和大洋洲有分布。

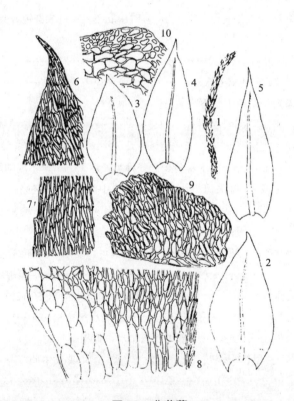

图59 曲茎藓

1. 植物体；2-3. 茎叶；4-5. 枝叶；6. 茎叶尖部细胞；7. 茎叶中部细胞；
8. 茎叶角部细胞；9. 假鳞毛；10. 茎横切面

2. 厚边藓属 *Sciaromiopsis* Broth.

本属仅有1种。属的形态特征同种。

1. 厚边藓 中华厚边藓

Sciaromiopsis sinensis (Broth.) Broth., Akad. Wiss. Wien Sitzungsber., Math.-Naturwiss. Kl., Abt. 1, 133: 580. 1924.——*Sciaromium sinense* Broth.

植物体纤细或粗壮而硬挺，绿色或棕绿色，略具光泽。茎匍匐延伸，不规则分枝。分枝略延长，上部直立或倾立，不分枝，或不规则羽状分枝。茎横切面为椭圆形，具中轴；皮层细胞2-3层，厚壁。叶倾立或向一侧偏曲，基部卵形，略下延，上部渐成长尖，长 1.7-2.2 mm，宽 2.5-3.8 mm；叶缘平展，上部有细齿；中肋粗壮，达叶尖或突出成短尖；叶细胞长菱形，长 20-70 μm，宽 4-10 μm，薄壁，叶基着生处细胞疏松，角部细胞疏松六边形，膨大；叶缘细胞狭长形，多列重叠，形成明显分化的边缘。孢子体未见。

产于重庆、四川、云南，在溪流间水生。本种为中国特有。

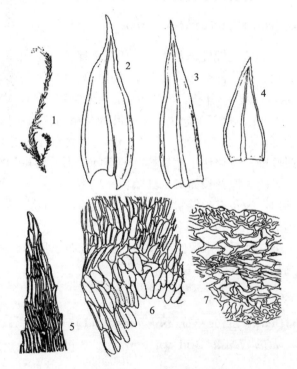

图60 厚边藓

1. 植物体；2-3. 茎叶；4. 枝叶；5. 茎叶尖部细胞；6. 茎叶角部细胞；7. 茎横切面

3. 牛角藓属 *Cratoneuron* (Sull.) Spruce

植物体中等或大形，柔软或较硬，有时粗壮挺硬，丛生，暗绿色、绿色或黄绿色，无光泽。茎倾立或直立，有时匍匐或漂浮，羽状分枝，少数不规则羽状分枝，稀不分枝，常密布褐色假根；分枝短，呈两列排列，在干燥时略呈弧形弯曲；鳞毛片状，多数或少，不分枝。茎叶疏生，直立或略弯曲，宽卵形或卵状披针形，上部常急尖；多数叶缘带粗齿；中肋粗壮，达于叶尖部终止或突出叶尖；叶细胞薄壁，长圆六边形，长为宽的 2-4 倍；叶角部细胞分化明显，强烈凸出，无色或带黄色，薄壁或厚壁，达于中肋。枝叶与茎叶同形，较短窄。雌雄同株。蒴柄长 3-4 cm，红褐色。孢蒴长筒形，红褐色。蒴盖具圆锥形短尖。孢子 15-18 μm，粗糙。

本属现仅有 1 种和 1 变种。

1. 牛角藓

Cratoneuron filicinum (Hedw.) Spruce, Cat. Musc. 21. 1867.——*Hypnum filicinum* Hedw.

1a. 牛角藓原变种

Cratoneuron filicinum (Hedw.) Spruce var. ***filicinum***

植物体中等或大形，柔软或较硬，丛生，绿色或黄绿色，无光泽。茎倾立或直立，羽状分枝，少数不规则羽状分枝，常密布褐色假根；分枝短，呈两列排列，在干燥时略呈弧形弯曲；鳞毛片状，多数或少，不分枝。茎叶疏生，直立或略弯曲，宽卵形或卵状披针形，长 0.8-1.2 mm，宽 0.4-0.8 mm，上部常急尖；多数叶缘带粗齿；中肋粗壮，达叶尖部终止；叶细胞薄壁，长圆六边形，长 20-35 mm，宽 4-7 mm；叶角部细胞分化明显，强烈凸出，无色或带黄色，薄壁或厚壁，分化达中肋。枝叶与茎叶同形，较短和窄，略弯曲。雌雄同株。蒴柄长 3-4 cm，红褐色。孢蒴长筒形，红褐色；环带分化；蒴齿双层。外齿层齿片狭披针形；内齿层基膜高出，齿条有裂缝状穿孔；齿毛发育，2-3 条，短，密被疣，具节瘤。蒴盖具圆锥形短尖。孢子 15-18 μm，具密疣。

产于全国各地，生于喜钙质和水湿的生境中。广泛分布于日本、尼泊尔、不丹、印度、巴基斯坦、俄罗斯（高加索）、欧洲、美洲、北非和新西兰。

1b. 牛角藓宽肋变种

Cratoneuron filicinum (Hedw.) Spruce var. ***atrovirens*** (Brid.) Ochyra, J. Hattori Bot. Lab. 67: 210. 1989.——*Hypnum vallis-clausae* Brid. var. *atrovirens* Brid.

植物体粗壮，密丛生，黄绿色或暗绿色，干燥时植物体挺硬。茎直立，长 3-10 cm，不规则或近于羽状分枝，茎横切面圆形或椭圆形，中轴明显，小，皮层细胞小，厚壁，3-5 层，茎上鳞毛少，叶状，卵状披针形或披针形。老的茎叶和枝叶细胞常脱落，仅存中肋；茎叶直立或一向弯曲着生，长 2-3 mm，从下延卵形的基部渐上呈长披针形，渐尖；叶缘平展，具细齿或全缘平滑；中肋黄色，粗壮，基部宽 110-140 μm，达于叶尖部突出成刺状叶尖；叶细胞短长方形或长菱形，长 20-30 μm，宽 6-8 μm；角部细胞膨大，突出成叶耳，长菱形或狭长形,壁厚。孢子体未见。

产于北京、甘肃、河南、江苏、辽宁、内蒙古、山西、四川、新疆、云南,生于水中石上。俄罗斯、欧洲、北美洲和北非亦有分布。

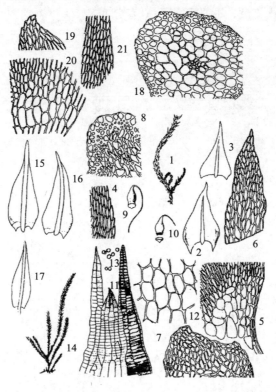

图 61 牛角藓

1-13. 牛角藓原变种:1. 植物体;2. 茎叶;3. 枝叶;4. 茎叶中部细胞;5. 茎叶角部细胞;6-7. 鳞毛;8. 茎横切面;9-10. 孢蒴;11. 蒴齿;12. 孢蒴外壁细胞;13. 孢子;14-21. 牛角藓宽肋变种:14. 植物体;15-16. 茎叶;17. 枝叶;18. 茎横切面;19. 鳞毛;20. 茎叶角部细胞;21. 茎叶中部细胞

4. 湿柳藓属 *Hygroamblystegium* Loeske

与牛角藓属的区别主要有:无鳞毛;中肋强劲,达于叶尖;叶片角部细胞不形成明显叶耳。区别于 *Amblystegium* 的重要特征有:叶片上部形成肩部;中肋强劲,达于叶尖;叶中部细胞较短。

本属中国现有 1 种。

1. 湿柳藓

Hygroamblystegium tenax (Hedw.) Jenn., Man. Mosses W. Pennsylvania 277. 39. 1913.——*Hypnum tenax* Hedw.

植物体小,深绿色或黄绿色,挺硬或细软。茎不规则分枝。茎叶直立,卵形或卵状披针形,稍弯曲,长 1-1.5 mm,渐尖;中肋基部宽 30-70 μm,黄色,止于叶片尖部,有时达于叶尖或超出叶尖；叶细胞菱形或长菱形，（2∶1）-（3∶1），叶基着生处细胞膨大，带黄色，呈 2-3 排排列。枝叶弯曲，长披针形，长 0.5-0.8 mm。孢子体未见。

产于河南、辽宁、山西、陕西，生于高山溪流中或溪流边岩石或土面上。印度、俄罗斯（高加索）、欧洲、北美洲、北非和墨西哥有分布。

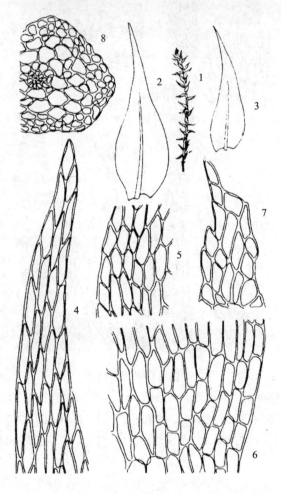

图 62　湿柳藓
1. 植物体；2. 茎叶；3. 枝叶；4. 茎叶尖部细胞；5. 茎叶中部细胞；
6. 茎叶角部细胞；7. 假鳞毛；8. 茎横切面

5. 薄网藓属　*Leptodictyum*（Schimp.）Warnst.

植物体大小多变异，稀疏丛生，黄绿色或绿色。茎匍匐，不规则分枝；茎横切面圆形，中轴小；假鳞毛丝状或片状。茎叶直立，长卵形，上部渐呈披针形；中肋单一，止于叶尖以下，有时中肋末端扭曲；叶中部细胞长菱形或菱形；角部细胞分化成不明显区域。雌雄同株或雌雄异株。内雌苞叶中肋单一粗壮，达于叶尖；蒴柄细长，干燥时扭转，带红色或紫色。孢蒴长圆筒形，倾立，背部弯曲，干燥时或孢子散发后蒴口内缢。环带分化。蒴齿两层，齿毛2-3，常具节瘤和节条。蒴盖圆锥形，具短尖。孢子直径9-19 μm，具细疣。

本属全世界有100种，中国有2种，湿地中常见1种。

1. 薄网藓

Leptodictyum riparium (Hedw.) Warnst., Krypt.-Fl. Brandenburg, Laubm. 2: 878. 1906.——*Hypnum riparium* Hedw.

植物体粗壮，稀疏丛生，黄色或绿色。茎匍匐，长 5-10 cm，不规则分枝。叶直立或倾立，形态变化大，平展或稍弯曲，长 2.5-4.0 mm，宽 0.5-0.8 mm，长披针形，稀为卵状披针形，渐尖成叶尖；叶缘全缘无齿；中肋单一，细弱，达于叶片 1/2-3/4 处终止；叶中部细胞短菱形或长菱形，薄壁，长 60-80 μm，宽 9-12 μm，基部细胞长方形，排列疏松，角部细胞分化不明显，长方形。枝叶与茎叶同形，较小。雌雄异株。内雌苞叶中肋粗壮，达于叶尖。蒴柄红色，长 10-30 cm。孢蒴长 1-2.5 mm，橘黄色，弓形弯曲。蒴盖圆锥形，具钝尖。孢子直径 9-13 μm，具细疣。

产于贵州、河北、河南、黑龙江、吉林、江苏、辽宁、内蒙古、陕西、上海、新疆、云南、浙江，生于溪流或沼泽地边缘潮湿环境，有时半沉水。日本、朝鲜、俄罗斯、欧洲、北美洲、墨西哥、非洲和大洋洲有记录。

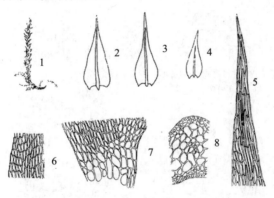

图63 薄网藓

1. 植物体；2-3. 茎叶；4. 枝叶；5. 茎叶尖部细胞；6. 茎叶中部细胞；7. 茎叶角部细胞；8. 茎横切面

6. 细湿藓属 *Campylium* (Sull.) Mitt.

植物体细小，绿色，带黄色或棕色。茎单一或不规则分枝或规则分枝。茎横切面皮层细胞1-2层，小且厚壁；中轴小；假鳞毛小，片状，披针形或三角形。假根分布于叶中肋处。茎叶密布茎上，直立或粗糙，从卵状心形或宽三角形基部向上渐尖成长叶尖；叶长 1.0-3.0 mm，内卷，平滑无褶，叶尖扭转，叶缘平直，具齿；单中肋，分叉或具两中肋，不超过叶中部；叶中部细胞线形，细胞末端具前角突；基部细胞较短，厚壁，具孔；角部细胞膨大透明，长方形，分化明显，叶基不下延。枝叶较窄小。雌雄同株。内雌苞叶披针形，平直，具褶，中肋长，止于叶中部以下。蒴帽兜形，无疣。蒴柄红色，长。孢蒴平列，椭圆状圆筒形，干燥时蒴口内缢。蒴壶外壁细胞方形或长方形。环带分离。蒴齿两层，外齿层基部具横纹，上部具疣和齿，内齿层基膜高出，上部具疣，下部平滑，齿毛 1-4，与齿片等长，具节瘤。孢子 10-20 μm，具疣。

本属全世界现有 28 种，中国有 3 种和 1 变种。湿地常见以下 1 种。

1. 细湿藓

Campylium hispidulum (Brid.) Mitt., J. Linn. Soc., Bot. 12: 631. 1869.

植物体细弱，蔓延丛生，亮绿色或黄色。茎匍匐，不规则分枝，横切面椭圆形，中轴小，皮层细胞小，厚壁，1-2 层；假鳞毛叶状。茎叶背仰，长约 0.8 mm，宽 0.3-0.5 mm，从宽卵形或心形基部向上很快变成长披针形叶尖；中肋无或两条短中肋；叶缘平展，具细齿突；叶中部细胞短，长 18-35 μm，宽 5-6 μm，基部细胞更短，角部细胞方形。雌雄同株。内雌苞叶长披针形，长 1.5-2.3 mm，宽 0.6 mm，叶尖丝状。蒴柄短，长 1.5-2.5 cm。孢蒴长柱形，长达 1.0-1.5 mm，多少弯曲。齿片龙骨状微瓣裂，具疣，内齿层齿毛 2-3 条，与齿片等长。蒴盖圆锥形，渐成短尖。孢子直径 10-13 μm，具细疣。

产于河北、黑龙江、湖北、吉林、辽宁、内蒙古、青海、山西、陕西、西藏、新疆、云南、浙江，生于含碱性的土壤上，或分布于岩石、沼泽和树基。日本、欧洲、北美洲和墨西哥有分布。

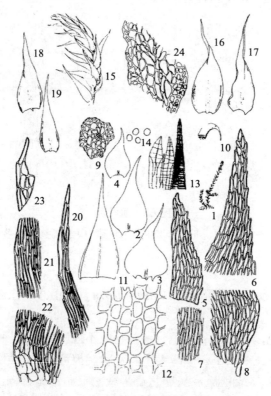

图 64　细湿藓

1-14：细湿藓原变种：1. 植物体；2-3. 茎叶；4. 枝叶；5. 假鳞毛；6. 茎叶尖部细胞；7. 茎叶中部细胞；8. 茎叶角部细胞；9. 茎横切面；10. 孢蒴；11. 雌苞叶；12. 孢蒴蒴壁细胞；13. 蒴齿；14. 孢子
15-24：细湿藓稀齿变种：15. 植物体；16-17. 茎叶；18-19. 枝叶；20. 茎叶尖部细胞；21. 茎叶中部细胞；22. 茎叶角部细胞；23. 假鳞毛；24. 茎横切面

7. 拟细湿藓属 *Campyliadelphus* (Kindb.) R. S. Chopra.

植物体小型或中型，绿色，带黄色或金黄色，干燥时有光泽。茎匍匐，有时倾立或直立，不规则或规则的羽状分枝；茎横切面皮层细胞 2-3 层，小且厚壁，中轴小，假鳞毛片状，宽卵形、三角形或披针形；假根分布于叶片基部。茎叶直立或稍弯曲，从卵状心形或三角状心形向上渐尖或急尖，叶尖长，常扭转；单中肋长，止于叶中部或达于叶尖，有时中肋分叉或具两短肋；叶缘几近平滑无齿；叶细胞狭长方形或线形，细胞末端圆钝，具孔或不具孔；基部细胞长方形或短线形，厚壁具孔；角部细胞小且多，宽长方形或长方形，厚壁，分化无明显界限。枝叶与茎叶同形，较窄小。雌雄异株。内雌苞叶直立，披针形，具褶，中肋单一，达于叶尖或突出叶尖。蒴柄长，红色。孢蒴平列弯曲，椭圆形，干燥时蒴口内缢。环带分离。蒴帽圆锥形。蒴齿两层，外齿层基部具横纹，上部具疣和齿，内齿层发育完全，基膜高出，齿毛 1-3，与齿片等长，具节条。孢子直径 8-20 μm，具疣。

本属中国有 4 种，湿地常见以下 1 种。

1. 仰叶拟细湿藓

Campyliadelphus stellatus (Hedw.) Kanda, J. Sci. Hiroshima Univ., Ser. B, Div. 2, Bot. 15: 269. 1975[1976].——*Hypnum stellatum* Hedw.

植物体粗壮，高达 5-10cm，密集或稀疏丛生，黄色或褐绿色，具光泽。茎直立或倾立，不规则分枝；横切面椭圆形，中肋小，皮层细胞小，厚壁，2-3 层；假鳞毛形态多异，叶状。茎叶背仰，卵形或卵状三角形，长 2-2.5mm，宽 0.8-1mm，渐上成细长扭曲叶尖，2 条短中肋；叶缘平滑无齿；叶中部细胞长 50-70 μm，宽 3-5 μm，厚壁具壁孔，角部细胞分化明显，近方形，无色或淡褐色。雌雄同株。内雌苞叶长披针形，长约 5 μm，宽 0.8mm，突然缩成一长尖或线形叶尖，具纵皱褶，单中肋达于叶 2/3 处。蒴柄红色，2-3cm 长。孢蒴褐色，长圆筒形，弓形弯曲，平列。内齿层齿片龙骨状瓣裂，齿毛 2-3，与齿片等长。孢子直径 14-17 μm，具微疣。

产于甘肃、河南、黑龙江、湖北、吉林、江西、内蒙古、青海、四川、新疆、云南，生于沼泽边湿土或潮湿岩面。日本、朝鲜、欧洲、北美洲、北非和大洋洲有记录。

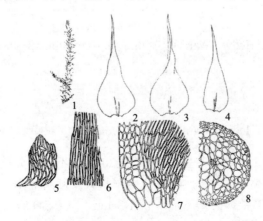

图 65 仰叶拟细湿藓

1. 植物体；2-3. 茎叶；4. 枝叶；5. 假鳞毛；6. 茎叶中部细胞；7. 茎叶基部细胞；8. 茎横切面

8. 镰刀藓属 *Drepanocladus* (Müll. Hal.) G. Roth

植物体通常较粗壮，绿色、黄绿色或棕色，略具光泽。茎匍匐或倾立或直立，不规则分枝或规则羽状分枝；假鳞毛片状。茎叶常为镰刀形弯曲或钩状弯曲，多少内凹，常具纵褶，披针形或卵状披针形，叶尖短或狭长，叶基稍下延；叶缘平直；中肋单一，达于叶片中部或叶尖，少数突出叶尖；叶中部细胞长线形，平滑；基部细胞较短而宽，多少加厚具壁孔；角部细胞常明显分化，有时达于中肋，无色透明，薄壁，有时带颜色，厚壁，多数形成明显叶耳，稀角部细胞不分化。雌雄异株，稀雌雄同株。内雌苞叶直立，长披针形，具纵长皱褶。蒴柄细长。孢蒴倾立或平列，卵形，拱形弯曲，干燥时或孢子散发后蒴口内缢。环带分化。蒴盖圆锥形，具短尖。蒴齿两层，齿毛2-4，具节瘤。孢子黄色或棕黄色，平滑。

本属世界有32种，中国记录有12种，湿地中常见7种。

分种检索表

1. 角部细胞分化明显。
    2. 中肋突出叶尖许多·····················5. 毛叶镰刀藓 *D.trichophyllus*
    2. 中肋不突出叶尖。
        3. 基部细胞稀具壁孔；角部细胞多，绿色或黄色，多少薄壁··········1. 镰刀藓 *D..aduncus*
        3. 基部细胞明显具壁孔；角部细胞少，带棕色。
            4. 中肋较细；角部细胞壁较薄，常为无色···············2. 细肋镰刀藓 *D. sordidus*
            4. 中肋粗壮；角部细胞厚壁，带黄色·················4. 粗肋镰刀藓 *D. sendtneri*
1. 角部细胞分化不明显或不分化。
    5. 茎无中轴；叶片细胞薄壁，几不具壁孔···············7. 漆光镰刀藓 *D .vernicosus*
    5. 茎具中轴；叶片细胞厚壁具壁孔。
        6. 雌雄异株；叶片细胞长 15-90 μm···················3. 大叶镰刀藓 *D. cossonii*
        6. 雌雄同株；叶片细胞长 60-140 μm··················6. 扭叶镰刀藓 *D .revolvens*

1. 镰刀藓

Drepanocladus aduncus (Hedw.) Warnst., Beih. Bot. Centralbl. 13: 400. 1903.——*Hypnum aduncum* Hedw.

1a. 镰刀藓原变种

Drepanocladus aduncus (Hedw.) Warnst. var. *aduncus*

藓丛柔软，黄绿色。植物体中型，茎长 10-20 cm，不规则分枝或羽状分枝，横切面圆形，中轴小，皮层细胞小，1-2 层，加厚或薄壁膨大；假鳞毛少，小，叶状。茎叶形态变化较大，卵状披针形，多数镰刀形弯曲，长 1-3 mm，宽 0.5-0.8 mm，叶缘内卷弯曲，全缘平滑；中肋单一，细弱或粗壮，达叶片中上部，叶细胞狭长形，长为宽的 10-20 倍，基部细胞较短而宽，长菱形，具壁孔或无，角部细胞明显分化凸起，黄色或透明，叶耳不达于中肋。枝叶较窄小，更为弯曲。雌雄异株。蒴柄长约 2.5 cm。孢蒴长 2-2.5 mm。环带分化。孢子直径为 16 μm，具疣。

产于甘肃、黑龙江、吉林、辽宁、内蒙古、青海、西藏、新疆、云南、浙江，生于沼泽地，常没于水中。记录于日本、印度、俄罗斯、格陵兰、欧洲、北美洲、墨西哥、北非和大洋洲。

1b. 镰刀藓直叶变种

Drepanocladus aduncus (Hedw.) Warnst. var. ***kneiffii*** (Schimp.) Mönk., Laubm. Eur. 755. 1927.——*Amblystegium kneiffii* Schimp.

植物体稀疏丛生，柔弱，黄绿色或深绿色。茎不规则羽状分枝；横切面椭圆形，中轴小，皮层细胞小，厚壁，1-2 层。茎叶直立，仅茎枝顶端茎叶略镰刀形弯曲，从收缩的基部向上成宽卵形，渐变成细尖或长叶尖，宽披针形；叶缘略内曲，全缘平滑；中肋达于叶中部或中部以上；叶中部细胞薄壁，狭长形，基部细胞较短宽；角部细胞无色或黄褐色，分化明显，排列整齐，多列，达中肋，与叶细胞界限明显，突出形成叶耳。孢子体未见。

产于安徽、北京、贵州、河北、黑龙江、吉林、江苏、辽宁、内蒙古、上海、西藏、新疆、云南、浙江，生于沼泽地和湿草地，常沉水或半沉水生长。日本、俄罗斯、欧洲、北美洲和北非有分布。

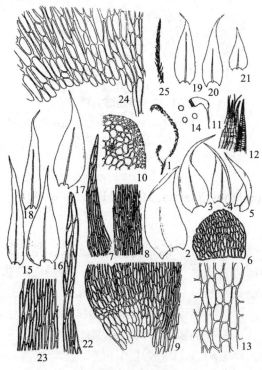

图 66 镰刀藓

1-14. 镰刀藓原变种：1. 植物体；2-3. 茎叶；4-5. 枝叶；6. 假鳞毛；7. 茎叶尖部细胞；8. 茎叶中部细胞；9. 茎叶基部细胞；10. 茎横切面；11. 孢蒴；12. 蒴齿；13. 孢蒴蒴壁细胞；14. 孢子；15-25. 镰刀藓直叶变种：15-18. 茎叶；19-21. 枝叶；22. 茎叶尖部细胞；23. 茎叶中部细胞；24. 茎叶基部细胞；25. 植物体一部分

2. 细肋镰刀藓

Drepanocladus sordidus (Müll. Hal.) Hedenäs in W. R. Buck, Mem. New York Bot. Gard. 82: 217. 1998.——*Hypnum sordidum* Müll. Hal.

植物体大型，茎长达 30 cm，棕色或带黑色。茎不规则羽状分枝，密布叶。茎叶从卵状基部向上渐尖成一长尖，常镰刀形弯曲，内卷，叶缘平滑，叶长 3-4 mm，宽 0.8-1.2 mm；中肋细弱，基部宽 30-50 μm，终于叶前部；叶中部细胞狭长虫形，长 75-150 μm，宽约 5 μm，基部细胞较短，厚壁具壁孔，角部细胞明显分化，薄壁，形成或不形成叶耳。孢子体未见。

产于黑龙江、内蒙古、西藏、云南，生于半沉水、湖泊中。亦分布在欧洲。

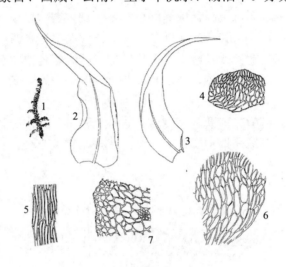

图 67　细肋镰刀藓

1. 植物体；2. 茎叶；3. 枝叶；4. 假鳞毛；5. 茎叶中部细胞；6. 茎叶基部细胞；7. 茎横切面

3. 大叶镰刀藓

Drepanocladus cossonii (Schimp.) Loeske, Moosfl. Harz. 306. 1903.——*Hypnum cossonii* Schimp.

植物体中等大小，绿色、棕色或棕红色。羽状分枝，枝条顶端弯曲；假根少，分布于中肋基部；茎横切面圆形，中轴小，具透明皮层；假鳞毛片状，较宽。茎叶内卷，从卵形或卵状披针形基部渐尖成长叶尖；基部平直，上部弯曲，微具褶；叶缘全缘，仅尖部有时具齿；中肋单一，达叶中部以上；叶中部细胞长形，长 20-90 μm，宽 4-7 μm，细胞末端圆钝，薄壁无壁孔或厚壁有壁孔；基部细胞较宽，细胞壁厚，具壁孔；角部细胞 2-10 个，无色透明膨大，界限明显，叶基几不下延。枝叶与茎叶同形，较小。雌雄异株。孢子体未见。

产于青海（玛多），生于溪流石上。俄罗斯、欧洲和美洲有记载。

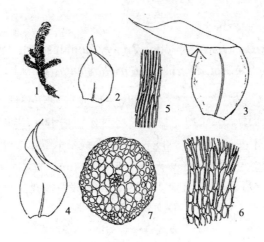

图68　大叶镰刀藓

1. 植物体；2. 枝叶；3-4. 茎叶；5. 茎叶中部细胞；6. 茎叶基部细胞；7. 茎横切面

4. 粗肋镰刀藓

Drepanocladus sendtneri (Schimp.) Warnst., Beih. Bot. Centralbl. 13: 400. 1903.——*Hypnum sendtneri* Schimp.

植物体粗壮，倾立或直立，湿水生或半沉水生，黄绿色或黄褐色。茎长达30cm，匍匐，倾立或直立，羽状分枝或不规则分枝。具中轴，无透明皮层。叶片镰刀形弯曲，卵状披针形，渐尖，内凹，有时具纵皱褶，长1.5-2.5mm，宽0.4-1.0mm；叶缘近于平滑；中肋强劲，基部宽80-100μm，常达叶先端；叶中部细胞狭长形，宽7-9μm，基部细胞棕色，厚壁具壁孔，角部细胞少，长方形，壁厚具壁孔，形成或不形成突出的叶耳。雌雄异株。雌苞叶长圆形，具褶。蒴柄3-4cm，紫色。孢蒴弯曲，长圆筒形。孢子直径12-17μm，具疣。

产于黑龙江、内蒙古、云南，生于沼泽和湖泊，喜钙质水，湿水生或半沉水。亦分布于日本、欧洲、美洲、大洋洲和北非。

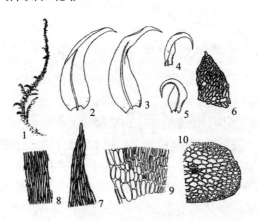

图69　粗肋镰刀藓

1. 植物体；2-3. 茎叶；4-5. 枝叶；6. 假鳞毛；7. 茎叶尖部细胞；
8. 茎叶中部细胞；9. 茎叶基部细胞；10. 茎横切面

5. 毛叶镰刀藓

Drepanocladus trichophyllus (Warnst.) Podp., Zpravy Kommis. Prir. Prozk. Moravi 5: 36. 1908.——*Drepanocladus rotae* (De Not.) Warnst. var. *trichophyllus* Warnst.

植物体粗壮，长达 20 cm，棕绿色。茎羽状分枝或近羽状分枝，横切面圆形或椭圆形，中轴小，表层细胞小，厚壁，2-3 层。假鳞毛少且小，叶状。茎叶长卵状披针形或三角披针形，平直或稍弯曲，长 4-6 mm，宽 0.5-0.8 mm，渐尖成一长尖；中肋粗壮，基部宽约 80 μm，突出叶尖很长。叶缘具齿。叶细胞长线形，长 70-140 μm，宽约 5 μm，厚壁，近基部叶细胞较宽较小，厚壁且具壁孔，角部细胞膨大透明或带棕色，排成一列，达于中肋，形成叶耳。枝叶较窄，中肋突出叶尖许多。孢子体未见。

产于黑龙江（镜泊湖），生于湖泊或漂浮于水中。亦见于日本、俄罗斯、欧洲和北美洲。

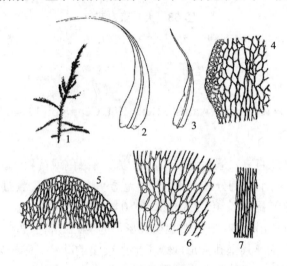

图 70　毛叶镰刀藓

1. 植物体；2. 茎叶；3. 枝叶；4. 茎横切面；5. 假鳞毛；6. 茎叶基部细胞；7. 茎叶中部细胞

6. 扭叶镰刀藓

Drepanocladus revolvens (Sw.) Warnst., Beih. Bot. Centralbl. 13: 402. 1903.——*Hypnum revolvens* Sw.

植物体中型或粗壮，绿色、棕色或红色。茎稀疏或不规则分枝；假根少，分布于中肋基部；茎横切面圆形，中轴小，具透明皮层；假鳞毛片状，较宽。茎叶内卷，从卵形或卵状披针形基部渐尖成长叶尖；基部平直，上部弯曲，微具褶；叶缘全缘，仅尖部有时具齿；中肋单一，达于叶片中部以上；叶中部细胞长形，长 60-130 μm，宽 4-8 μm，细胞末端尖锐，薄壁无壁孔或厚壁有壁孔；基部细胞较宽，细胞壁厚，具壁孔；角部细胞 2-10 个，无色透明膨大，无明显界限，叶基几不下延。枝叶较小。雌雄同株。孢子体未见。

产于吉林、内蒙古、陕西、新疆，生于高山沼泽或林下湿地，多生于酸性基质上。分布于日本、俄罗斯、欧洲和南美洲、北美洲。

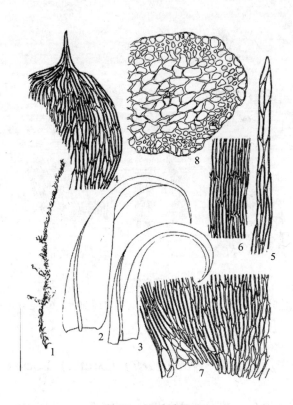

图71 扭叶镰刀藓
1. 植物体；2. 茎叶；3. 枝叶；4. 假鳞毛；5. 茎叶尖部细胞；
6. 茎叶中部细胞；7. 茎叶基部细胞；8. 茎横切面

7. 漆光镰刀藓

Drepanocladus vernicosus (Mitt.) Warnst., Beih. Bot. Centralbl. 13: 402. 1903.——*Stereodon vernicosus* Mitt.

植物体中型或粗壮，绿色或棕色，有时带红色。茎羽状分枝，茎枝顶端弯曲；假根少，分布于中肋基部；茎横切面圆形，无中轴，皮层细胞1-2层，小而厚壁；假鳞毛少，片状，较宽。茎叶内卷，基部卵形，向上渐成长或短叶尖；基部平直，上部弯曲，微具褶；叶缘全缘，仅尖部有时具齿；中肋单一，达于叶中部以上；叶中部细胞长 30-130 μm，宽 4-7 μm，扭曲，薄壁无壁孔，稀厚壁有壁孔；基部细胞较宽，细胞壁厚，具壁孔；角部细胞不分化，叶基几不下延。枝叶较小。雌雄异株。孢子体未见。

产于甘肃、黑龙江、吉林、内蒙古、四川，生于阴湿环境湿土上。日本、俄罗斯和北美洲也有记录。

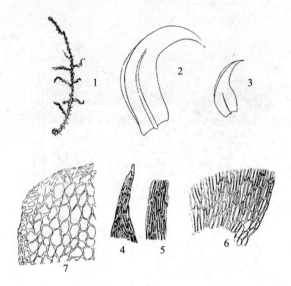

图 72 漆光镰刀藓

1. 植物体；2. 茎叶；3. 枝叶；4. 茎叶尖部细胞；5. 茎叶中部细胞；6. 茎叶基部细胞；7. 茎横切面

9. 范氏藓属 *Warnstorfia* (Broth.) Loeske

植物体中型或大型，绿色、黄绿色或红棕色，规则或近于规则羽状分枝。茎匍匐或直立，常漂浮于水中；横切面圆形，中轴小，皮层细胞1-4层，厚壁，小；假鳞毛片状。茎叶直立或镰刀形弯曲，形状和大小变化较大，卵状披针形，渐尖成长叶尖，无褶；中肋单一，达叶片中部以上或达叶尖，稀突出叶尖；叶缘具齿；叶中部细胞长线形，扭曲，叶尖处有几个较短宽的无色原始细胞；基部细胞较宽；角部细胞正方形或长方形，膨大形成明显叶耳，常排列成一列达中肋。枝叶与茎叶同形，但较窄小。雌雄同株或异株。内雌苞叶卵状披针形，无褶，中肋单一。蒴柄棕红色，扭曲。孢蒴长椭圆形，平列，蒴壶外层细胞正方形或长方形，多少加厚。无环带分化。蒴齿两层，齿毛 2-3，与齿片等长，具节瘤。孢子大，具密疣。

本属全世界有 5 种，中国有 2 种。

分种检索表

1. 中肋细弱，达叶尖中部或以上；雌雄同株 ·· 1. 浮生范氏藓 *W. fluitans*
1. 中肋粗壮，达叶尖或突出叶尖；雌雄异株 ·· 2. 范氏藓 *W. exannulata*

1. 浮生范氏藓

Warnstorfia fluitans (Hedw.) Loeske, Hedwigia 46: 310. 1907.——*Hypnum fluitans* Hedw.

植物体中等大小，藓丛柔软疏松，黄绿色或褐绿色。植物体因生境不同而变化较大。茎长达 20 cm，匍匐，倾立或水中固着浮生，近羽状分枝；茎横切面圆形，中轴小，表层细胞1-2层，加厚。假鳞毛小，叶状，三角形。枝条变化较大，长达3cm，顶端多呈勾形或镰刀形弯曲，少数伸直。茎叶直立，长2.5-3.5mm，宽0.3-0.4mm，线状披针形，渐上成细长叶尖，叶基部稍窄；叶平展，叶缘具齿，上部明显；中肋单一，黄色或黄褐色，基部宽35-40μm，达叶2/3-3/4处；叶细胞狭长线形，长为宽的15-30倍，叶顶端分化有几个较短宽的透明原始细胞，背部有时生有假根；叶基部细胞近中肋处常加厚具壁孔，角部细胞较大，长圆形或长方形，无色或黄褐色，形成或不形成明显的叶耳。枝叶与茎叶同形，较窄短。雌雄同株。雌苞叶卵状披针形，约长2.5mm，宽1mm，无褶皱；中肋达叶中部；叶缘平滑或上部具圆齿。蒴柄红棕色，长4-6cm，弯曲。孢蒴长卵状圆筒形，长2-3mm，基部长，弓形弯曲。无环带。内齿层齿片龙骨状瓣裂，上部具疣。齿毛2-3条，具疣，与齿片同长，具节瘤。孢子直径20-25μm，具疣。

产于黑龙江、吉林、内蒙古、陕西，生于高山湖泊、沼泽和塔头甸子中，常漂浮于水中。日本、朝鲜、印度、俄罗斯、欧洲、北美洲、新西兰和北非亦有分布。

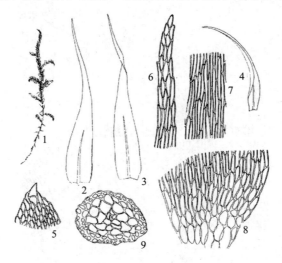

图73 浮生范氏藓
1. 植物体；2-3. 茎叶；4. 枝叶；5. 假鳞毛；6. 茎叶尖部细胞；
7. 茎叶中部细胞；8. 茎叶基部细胞；9. 茎横切面

2. 范氏藓

Warnstorfia exannulata (Schimp.) Loeske, Hedwigia 46: 310. 1907.——*Hypnum exannulatum* Schimp.

植物体密集丛生，绿色、黄褐色或紫色。茎长达25cm，规则羽状分枝或不规则羽状分枝，枝呈镰刀形弯曲，稀顶端伸直；横切面近圆形，中轴小，皮层薄壁细胞相对本属其他种较小，圆六边形，薄壁，表皮细胞小，加厚或透明膨大。茎叶形态变化较大，常镰刀形弯曲，卵状披针形，长1.5-3mm，宽0.4-1mm；叶平展，或稀尖部内卷，近全缘平滑或具齿突；中肋粗壮，基部宽60-100μm，长达叶尖或止于叶尖前部，稀突出叶尖；叶细胞狭长线形，中部细胞长25-55μm，宽3.5-8μm，叶角部具明显叶耳，达中肋，由矩圆形或长方形的大形无色薄壁细胞或褐色厚壁细胞构成，排成1-2列。枝叶较短小，长1.5-1.8mm，宽0.3-0.4mm。雌雄异株。蒴柄长3-7cm，孢蒴长2-3mm。无环带。蒴盖圆锥形，具小尖。齿片无穿孔，齿毛2-3条。孢子直径12-18μm，具疣。

产于贵州、黑龙江、吉林、内蒙古、青海、四川、新疆、云南，生于沼泽地或高山林区溪流中，常半水生或水生。日本、印度、尼泊尔、俄罗斯（高加索）、格陵兰、欧洲、北美洲、新西兰和北非常见。

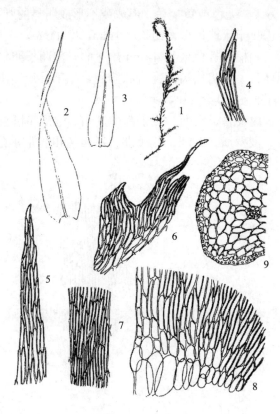

图74 范氏藓

1. 植物体；2. 茎叶；3. 枝叶；4-5. 茎叶尖部细胞；6. 茎叶中部细胞；
7. 茎叶基部细胞；8. 假鳞毛；9. 茎横切面

10. 蝎尾藓属 *Scorpidium* (Schimp.) Limpr.

植物体中等或大形，疏松丛生，黄绿色、棕红色或红黑色。茎匍匐或倾立，不规则分枝或近羽状分枝；假根少，棕红色，分布于叶中肋基部；茎横切面圆形，中轴小，皮层细胞厚壁，部分细胞膨大透明；假鳞毛宽，片状，但较少。茎叶直立或镰刀形弯曲，常内凹成兜形，宽卵形，具小尖，上部常突然弯曲；叶近于全缘，仅叶尖有时具齿；两短中肋；叶中部细胞线形，平滑，末端圆钝；基部细胞较短宽，细胞壁厚，具壁孔；角部细胞多少分化，无色透明，形成扁三角形区域，界限不明显，叶基几不下延。枝叶较小。雌雄异株。内雌苞叶稍内凹，卵状披针形，具褶，中肋单一，止于叶片上部或具两短中肋。蒴帽兜形。蒴柄长，扭转。孢蒴椭圆状圆筒形，平列，弯曲。蒴壶外壁细胞长方形或正方形，薄壁或厚壁。环带分化。蒴齿两层，齿毛 2-5，发育完全，具节瘤。孢子 12-21 μm，具细疣。本属全世界有 4 种，中国有 2 种。

分种检索表

1. 叶镰刀形弯曲，或至少茎、枝顶端的叶镰刀形弯曲；角部细胞透明·················1. 蝎尾藓 *S. scorpioides*
1. 叶覆瓦状排列或直立，平直或稍弯曲；角部细胞短矩形或近方形，不膨大透明···2. 大蝎尾藓 *S. turgenscens*

1. 蝎尾藓

Scorpidium scorpioides (Hedw.) Limpr., Laubm. Deutschl. 3: 571. 1899.——*Hypnum scorpioides* Hedw.

植物体粗壮，绿色、黄色、棕色或呈红色，长达 25 cm，直立或平展，不规则羽状分枝，具光泽。茎叶覆瓦状排列，叶向一侧偏曲，强烈内凹，宽卵形，顶端具小尖，长 2-3 mm；中肋 2，短弱或无；叶上部细胞狭长形，宽 7-10 μm，基部细胞较短而宽，厚壁具壁孔，角部细胞透明、薄壁且膨大。孢子体未见。

产于西藏（丁嘎），生于湖泊、沼泽湿地。俄罗斯、欧洲和北美洲有记载。

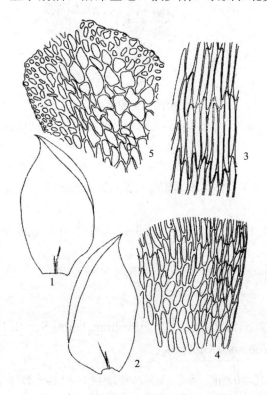

图 75　蝎尾藓
1. 茎叶；2. 枝叶；3. 茎叶中部细胞；4. 茎叶基部细胞；5. 茎横切面

2. 大蝎尾藓

Scorpidium turgescens (T. Jensen) Loeske, Verh. Bot. Vereins Prov. Brandenburg 46: 199. 1905. ——*Hypnum turgescens* T. Jensen.

植物体粗壮，黄褐色，长达 20cm，具光泽。茎直立，稀分枝；叶直立或稀疏覆瓦状排列，宽卵形，叶尖具小尖，叶内卷，长 2-3 mm；中肋 2，细弱，约为叶长的 1/3；叶上部细胞线形，长 7-10 μm，厚壁，基部细胞较短而宽，厚壁具壁孔，角部细胞小，长方形或近方形，厚壁。孢子体未见。

产于云南（中甸），生于湖泊、沼泽湿地。主要分布于俄罗斯、欧洲和北美洲。

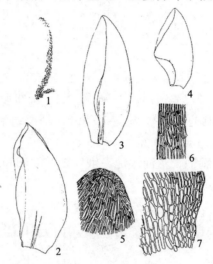

图 76 大蝎尾藓

1. 植物体一部分；2-3. 茎叶；4. 枝叶；5. 茎叶尖部细胞；6. 茎叶中部细胞；7. 茎叶基部细胞

11. 类牛角藓属 *Sasaokaea* Broth.

茎和叶基具鳞毛；分枝扁平，叶轻微弯曲；无特殊角部细胞分化；叶尖部细胞具齿；叶细胞微具乳突。

本属全世界现有 1 种，中国有 1 种。

1. 类牛角藓

Sasaokaea aomoriensis (Paris) Kanda, J. Sci. Hiroshima Univ., Ser. B, Div. 2, Bot. 16: 74. 1976[1977]. ——*Hypnum aomoriense* Paris.

植物体较粗大，长 10-20 cm，稀疏丛生，黄绿色，稍具光泽。茎匍匐，羽状分枝或近羽状分枝，横切面中轴小，皮层细胞厚壁，4-5 层。茎上密布鳞毛，叶基部边缘常具鳞毛；鳞毛丝状，有分枝，假鳞毛小，叶状。茎叶卵状披针形或心状卵形，稍呈镰刀形弯曲，长 3-4 mm，宽 1-1.5 mm，渐尖成一短尖或钝尖，叶内卷，稍不对称；中肋强劲，基部宽 30-40 μm，达叶 3/4 处；叶下部边缘全缘，上部具齿，叶中部细胞狭长形，长 30-120 μm，宽 3-8 μm，具微乳突，上部细胞较短，基部细胞有时厚壁，稍有壁孔，角部细胞极少分化。枝叶较窄，长 1-2.5mm，宽 0.3-0.7mm。孢子体未见。

产于台湾（宜兰县，玉山），生于沼泽边缘。亦见于日本。

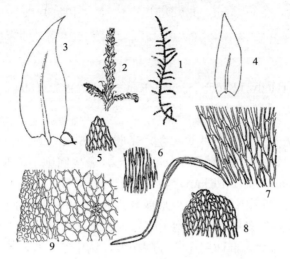

图 77　类牛角藓

1. 植物体；2. 植物体一部分；3. 茎叶；4. 枝叶；5. 茎叶尖部细胞；6. 茎叶中部细胞；
7. 茎叶基部细胞；8. 假鳞毛；9. 茎横切面

12. 湿原藓属　*Calliergon* (Sull.) Kindb.

植物体较粗壮，中等大小或大形，稀疏成片生长，绿色、黄绿色或棕红色，略具光泽。茎直立或匍匐，分枝稀疏，不规则或近规则羽状分枝，幼枝常直而钝；茎具中轴，皮层细胞小而厚壁，1-3 层；假鳞毛片状，大。茎叶倾立或覆瓦状排列，长卵形、卵形或近于圆形，略内凹，尖端圆钝；中肋单一，长达叶尖；叶中部细胞线形，在叶尖部近中肋处常出现一些短而透明、排列疏松的细胞（称为原始细胞），叶背部产生许多假根；角部细胞由大型透明细胞构成，膨大成叶耳状。枝叶较窄小。雌雄同株或异株。内雌苞叶具单中肋。蒴柄细长，干燥时扭转，红色或紫色。孢蒴倾立或平列，长卵形或长圆筒形，多数拱形弯曲，干燥时或孢子释放后蒴口内缢。环带常缺失或分化不明显。蒴齿两层，内齿层基膜高出，齿毛 2-3，具节瘤。蒴盖短圆锥形，顶部具短尖或圆钝。蒴帽兜形。孢子 12-18 μm，具细疣。

本属全世界现有 6 种，中国有 5 种。

分种检索表

1. 叶中肋不达叶尖，于 3/4 处终止·····················5. 草黄湿原藓 *C. stramineum*
1. 叶中肋达于叶尖。
  2. 茎不规则分枝；叶纵长椭圆舌状；藓丛带紫色或黑绿色···········4. 蔓枝湿原藓 *C. sarmentosum*
  2. 茎多少呈羽状分枝；叶片三角形或纵长椭圆舌状；藓丛绿色或褐绿色。

3. 叶长卵舌状；角部细胞界限不明显 ··· 1. 湿原藓 C. cordifolium
3. 叶三角状卵舌形；角部细胞界限明显。
   4. 植物体较细弱，高达 30 cm；叶角部范围较大，常达于中肋 ········ 2. 大叶湿原藓 C. giganteum
   4. 植物体较粗壮，高 30-35 cm；叶角部范围较小，约达中肋的 1/2 ·································
      ··· 3. 圆叶湿原藓 C. megalophyllum

1. 湿原藓

Calliergon cordifolium (Hedw.) Kindb., Canad. Rec. Sc. 6 (2): 72. 1894.——*Hypnum cordifolium* Hedw.

植物体柔软，稀疏丛生，绿色或黄绿色。茎长 7-15 cm，直立或倾立，稀疏不规则分枝；枝短，茎和枝端尖锐；茎横切面圆形或六边形，表皮细胞小，厚壁，2-3 层。茎叶疏生，直立，长 1.8-3.5 mm，宽 1-1.6 mm，卵状心形，先端钝，常内曲成兜形；叶缘平滑；中肋单一，达于叶尖前端终止；叶细胞虫形或狭六边形，长为宽的 10-20 倍，在先端近中肋处常有一些短而透明、排列疏松的细胞（称为原始细胞），长为宽的 4-6 倍，叶先端细胞短卵形或菱形；角细胞为一大群薄壁无色细胞构成，达中肋，与叶细胞界限不明显，凸出成叶耳状。雌雄同株。蒴柄长 4-7 mm，红色，孢蒴长 2-3 mm，倾斜下垂，弯曲，长圆筒形。无环带分化。蒴盖凸圆锥形，具短尖。蒴齿黄褐色，内齿层齿片穿孔窄，齿毛发育，2-3 条，具节瘤。孢子 13-18 μm，粗糙。

产于黑龙江、吉林、辽宁、内蒙古、新疆，生于典型泥炭和草甸湿地上，常见于沼泽和湖泊。分布于日本、尼泊尔、格陵兰、俄罗斯、欧洲、北美洲和大洋洲。

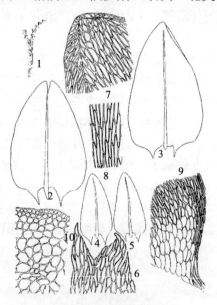

图 78 湿原藓
1. 植物体；2-3. 茎叶；4-5. 枝叶；6. 假鳞毛；7. 茎叶尖部细胞；
8. 茎叶中部细胞；9. 茎叶基部细胞；10. 茎横切面

2. 大叶湿原藓

Calliergon giganteum (Schimp.) Kindb., Canad. Rec. Sci. 6 (2): 72. 1894.——*Hypnum giganteum* Schimp.

植物体柔软，稀疏丛生，深绿色或黄绿色，具光泽。茎直立，长达 30 cm，羽状分枝，茎和枝端锐尖。茎横切面圆形或六边形，表皮细胞小，加厚，2-3 层。茎叶疏生，直立，长 1.5-3.0 mm，宽 1.5-2.5 mm，卵状心脏形，先端钝或呈兜形；叶缘平滑；中肋单一，达叶先端终止；叶细胞线状菱形，叶角部由一群方形或短方形、无色透明的大细胞构成，与叶中部细胞界限明显，凸出成叶耳状。枝叶较小，较窄。雌雄异株。蒴柄长 5-7 mm，红色，孢蒴长约 2.5 mm，倾斜下垂，弯曲，长圆筒形。无环带分化。蒴盖凸圆锥形，具短尖。蒴齿黄褐色，内齿层齿片穿孔窄，齿毛发育，2-4 条，具节瘤。孢子直径 13-17 μm，粗糙。

产于黑龙江、吉林、内蒙古、新疆，生于水生泥炭沼泽。分布于俄罗斯、欧洲和北美洲。

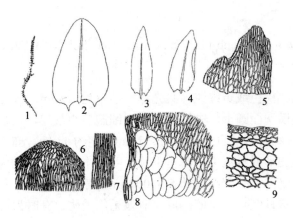

图 79　大叶湿原藓
1. 植物体；2. 茎叶；3-4. 枝叶；5. 假鳞毛；6. 茎叶尖部细胞；
7. 茎叶中部细胞；8. 茎叶基部细胞；9. 茎横切面

3. 圆叶湿原藓

Calliergon megalophyllum Mikut., Bryoth. Balt. 34. 1908.

植物体甚粗大，深绿色，具光泽。茎长 35-50 cm，稀疏规则羽状分枝。茎横切面圆形或五边形，皮层细胞小，2-3 层，厚壁。茎叶大，长 5-6 mm，宽 4-5 mm，宽卵状心形，叶尖钝，基部强烈收缩，稍下延或不足；叶中部细胞长 40-70 μm，宽约 5 μm；叶角部细胞大而透明，与叶细胞界限明显；中肋单一，细弱，中肋基部宽 30-40 μm，达叶尖或叶 4/5 处。枝叶较小，卵状心脏形，长 4-5 mm，宽约 4 mm。孢子体未见。

产于黑龙江、内蒙古，常与镰刀藓混生于富养化湖泊。亦见于欧洲、俄罗斯和北美洲。

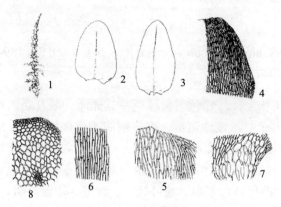

图 80　圆叶湿原藓
1. 植物体；2. 茎叶；3. 枝叶；4. 假鳞毛；5. 茎叶尖部细胞；6. 茎叶中部细胞；
7. 茎叶基部细胞；8. 茎横切面

4. 蔓枝湿原藓

Calliergon sarmentosum (Wahlenb.) Kindb., Canad. Rec. Sci. 6 (2): 72. 1894.——*Hypnum sarmentosum* Wahlenb.

藓丛松软，紫色、褐色或黄绿色，具光泽。茎长达 15 cm，直立不规则分枝，茎、枝端具尖，叶密生。茎横切面圆形，中轴小，皮层细胞多少加厚，表皮细胞非常小，厚壁，2-4 层；假鳞毛大，片状。茎叶直立，长约 2.5 mm，宽约 1 mm，椭圆形或舌状，上部内卷或半管形，先端钝，兜形或具短尖；叶基下延，叶缘平滑；中肋约为 5/6 叶长，黄色或褐色；叶细胞狭长形，壁厚，中部细胞长 50-100 μm，宽 3-5 μm；叶先端细胞较短，常具原始细胞；叶基部细胞常具壁孔，厚壁；角部细胞无色透明，有时为褐色，下延成为明显的叶耳。枝叶较小和短，长约 1.5 mm，宽 0.6 mm。雌雄异株。孢子体未见。

产于黑龙江、内蒙古，生于高山沼泽或冻原。分布于尼泊尔、格陵兰、俄罗斯、欧洲、北美洲、新西兰、中非和南极洲。

5. 草黄湿原藓

Calliergon stramineum (Dick. ex Brid.) Kindb., Canad. Rec. Sci. 6 (2): 72. 1894.——*Hypnum stramineum* Dicks. ex Brid.

植物体细长，稀疏丛生，柔软，黄绿色或草黄绿色，带光泽，有时单株生长于泥炭藓中。茎细长，10-20 cm，直立或倾立，不分枝或分枝极少。茎叶呈覆瓦状贴于茎上，长 2-2.5 mm，宽 0.7-0.9 mm，长舌形，叶边缘带弱纵皱褶，叶先端钝，兜形，背面常生红褐色假根；叶缘平滑，叶基下延；中肋单一，长达叶 3/4-5/6 处；叶细胞狭长形，中部细胞长为宽的 8-15 倍，上部细胞菱形或短方形，叶基部细胞较中部细胞短，角部细胞无色，薄壁，沿叶基部边缘分布，与叶细胞界限明显。孢子体未见。

产于黑龙江、吉林、内蒙古，常生于泥炭沼泽，有时生于泥炭藓丛中间。分布于日本、欧洲、俄罗斯和北美洲。

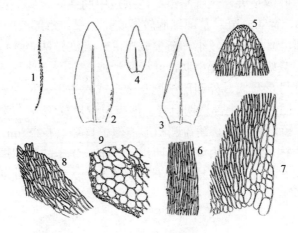

图 81 草黄湿原藓
1. 植物体；2-3. 茎叶；4. 枝叶；5. 茎叶尖部细胞；6. 茎叶中部细胞；
7. 茎叶基部细胞；8. 假鳞毛；9. 茎横切面

13. 大湿原藓属 *Calliergonella* Loeske

植物体粗壮，稀疏成片生长，具光泽，绿色或黄绿色。茎近羽状分枝，横切面椭圆形，中轴小，皮层细胞膨大透明；假鳞毛片状，大。茎叶倾立，基部略狭而下延，向上成阔长卵形或镰刀状披针形，顶端渐尖或圆钝具小尖，叶缘全缘或具齿；两短中肋或缺失；叶中部细胞狭长形，近基部细胞短宽，具壁孔；角部细胞分化明显，疏松透明薄壁，由一群明显膨起的细胞组成叶耳，与叶细胞界限明显。枝叶较茎叶窄小。雌雄异株。内雌苞叶直立，阔披针形，具纵皱褶，无中肋。蒴柄细长，紫红色。孢蒴平列，长圆筒形，干燥时或孢子释放后弓形弯曲。环带分化。蒴齿两层，齿毛 2-4。蒴盖短圆锥形。蒴帽兜形。孢子大，具密疣。

本属全世界有 2 种，中国有 2 种。

分种检索表

1. 叶宽椭圆形，顶端圆钝，具小尖；叶缘平滑无齿··1. 大湿原藓 *C. cuspidate*
1. 叶披针形，具锐尖；叶缘具齿··2. 弯叶大湿原藓 *C. lindbergii*

1. 大湿原藓

Calliergonella cuspidata (Hedw.) Loeske, Hedwigia 50: 248. 1911.——*Hypnum cuspidatum* Hedw.

植物体中等或大形，长达 10cm，稀疏丛生，绿色或黄绿色，带光泽。茎近羽状分枝，枝和茎顶端渐尖；茎横切面椭圆形，中轴小，表皮细胞较大，具明显的透明皮层细胞。假鳞毛大，但少。茎叶直立，宽椭圆形或心状长圆形，长 2-3mm，宽 1-1.5mm，上部兜形，顶端钝，但具小尖；叶缘平展，全缘平滑；两条短中肋或完全缺失；叶中部细胞非常狭，长线形，长约 90 μm，宽 4.5 μm；基部细胞较短宽，加厚；角部细胞非常发达，界限明显，薄壁透明，形成明显叶耳。枝叶较小，渐尖成短尖。雌雄异株。雌苞叶宽长披针形，长约 1.7 mm，宽 0.8 mm，具纵皱褶，无中肋，叶缘平滑或仅在叶上部具微齿。孢蒴红褐色，平列，短圆筒形，强烈弓形弯曲。外蒴层细胞长圆形或六边形，长约 50 μm，宽 30 μm。蒴齿双层，外齿层齿片橘红色，上部透明具疣；内齿层齿片黄色，下部疣较少，上部密布疣；齿毛 3-4 条，较齿片短，具节条。蒴盖圆凸形。孢子直径 17-22 μm，具疣。

产于黑龙江、吉林、辽宁、内蒙古、四川、云南，生于酸性沼泽、潮湿草原。分布于日本、印度、尼泊尔、不丹、俄罗斯、欧洲、北美洲、大洋洲和北非。

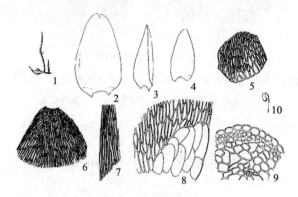

图 82 大湿原藓

1. 植物体；2. 茎叶；3-4. 枝叶；5. 假鳞毛；6. 茎叶尖部细胞；
7. 茎叶中部细胞；8. 茎叶基部细胞；9. 茎横切面；10. 孢蒴

2. 弯叶大湿原藓

Calliergonella lindbergii (Mitt.) Hedenäs, Lindbergia 16: 167. 1990[1992].——*Hypnum lindbergii* Mitt.

藓丛柔软疏松，淡绿色、黄色或褐色，有光泽。茎直立，不规则分枝；茎横切面圆形或椭圆形，中轴小，表皮被覆无色薄壁透明层。假鳞毛叶状。叶片向一侧钩形或镰刀形弯曲，阔卵状披针形，渐尖，长 1-2.5 mm；叶缘平展或略内曲，全缘平滑或上部具细齿，叶基下延；中肋短，2 条；叶片细胞狭长形，细胞壁薄，中部细胞长为宽的 10-15 倍，上部细胞较短，角部细胞由一群大而圆形的薄壁透明细胞构成，突出成叶耳状，无色或黄色，界限明显。雌雄异株。雌苞叶长，直立，有纵皱褶。蒴柄长 2.5-4 cm，红褐色；孢蒴倾立或平列，弓形弯曲，不对称，长 2-3 mm；蒴盖基部圆锥形，具短尖；齿毛 2-4。孢子 13-22 μm，具疣。

产于安徽、黑龙江、湖北、吉林、江西、辽宁、内蒙古、陕西、四川、云南，生于湿土、腐殖质、沼泽、草甸子或林下溪旁。分布于日本、俄罗斯、欧洲和北美洲。

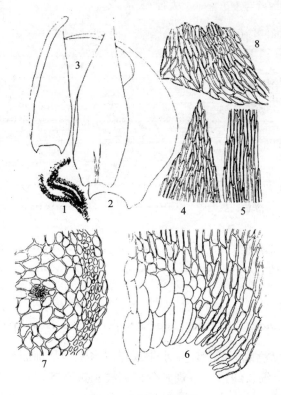

图 83　弯叶大湿原藓
1. 植物体；2. 茎叶；3. 枝叶；4. 茎叶尖部细胞；5. 茎叶中部细胞；
6. 茎叶基部细胞；7. 茎横切面；8. 假鳞毛

14. 水灰藓属　*Hygrohypnum* Lindb.

　　植物体中型，匍匐成片生长，多绿色或黄绿色，有时带红色或黄绿色，多具光泽。茎细长，匍匐，假根稀疏或无，老茎基部常无叶，分枝稀疏或不规则分枝；茎常具中轴，皮层细胞小形厚壁或透明膨大；假鳞毛大，片状，较少或无假鳞毛。叶多列，四散倾立或呈覆瓦状排列，有时向一侧弯曲，稍内凹，卵状披针形或阔卵形，尖端圆钝或具小尖；叶缘平展，全缘或具齿；中肋短而细，常不等分叉，稀单一而不分叉或长达叶尖；叶中部细胞为狭长方形或虫形，末端圆钝，近叶尖部细胞较短而呈菱形；角部细胞呈方形或长方形，透明或呈黄色。雌雄同株，稀雌雄异株。内雌苞叶长披针形，具褶，中肋单一或分叉。蒴柄红色，干燥时扭转。孢蒴倾立或平列，椭圆形，拱形弯曲，干燥时或孢子散发后内缢。环带分化。蒴齿两层，齿毛 1-2 或 2-3。蒴盖扁圆锥形，有短尖。蒴帽兜形。孢子大，具疣。

　　本属全世界现有 11 种，中国有 7 种 1 变种。

分种检索表

1. 中肋单一或分叉，达于叶中部以上。
   2. 茎横切面不具透明皮层；中肋不分叉···2. 水灰藓 H. luridum
   2. 茎横切面具透明皮层；中肋分叉···4. 褐黄水灰藓 H. ochraceum
1. 中肋 2，短，不达于叶中部。
   3. 叶圆形···5. 圆叶水灰藓 H. molle
   3. 叶阔长椭圆形或披针形。
      4. 叶阔长椭圆形。
         5. 植物体绿色或黄绿色；茎具中轴···3. 扭叶水灰藓 H. eugyrium
         5. 植物体紫色，带绿色；茎无中轴···6. 紫色水灰藓 H. purpurascens
      4. 叶披针形。
         6. 植物体细长，漂浮生长···1. 长枝水灰藓 H. fontinaloides
         6. 植物体短，密集丛生···7. 高山水灰藓 H. alpestre

1. 长枝水灰藓

Hygrohypnum fontinaloides P. C. Chen, Feddes Repert. Spec. Nov. Regni Veg. 58: 32. 1955.

植物体细长，鲜绿色或深绿色，半水生或漂浮水生，基部固着于基质，少水时则铺于地上。茎长达 25 cm，细长线形，不规则分枝，枝长短不齐，茎和老枝下部常裸露，叶早脱落，无假根，顶端钝。叶密生，茎枝叶同形，呈覆瓦状生于茎枝上，下部叶由于水的冲击常撕裂，长椭圆形卵状，先端圆钝，内凹莲瓣状；叶缘内卷，平滑；中肋短，细弱，分叉，达中部左右终止；叶中部细胞长形，长 24-30 μm，宽 3.6-4.8 μm，基部细胞较长，长 48-65 μm，宽 4.8-7.2 μm，角部细胞短方形。孢子体未见。

产于黑龙江、辽宁、内蒙古，生于溪边或流动的沼泽岸边，石生、腐木生或树基生。为中国特有。

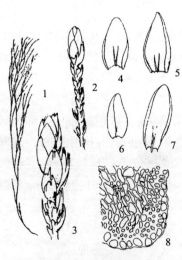

图 84　长枝水灰藓

1. 植物体；2-3. 植物体一部分；4-7. 枝叶；8. 茎横切面

2. 水灰藓

Hygrohypnum luridum (Hedw.) Jenn., Man. Mosses W. Pennsylvania 287. 1913.——*Hypnum luridum* Hedw.

2a. 水灰藓原变种
Hygrohypnum luridum (Hedw.) Jenn. var. ***luridum***

植物体中小型，岩面上平铺丛生，绿色，杂有黄绿色或黑绿色。茎不规则分枝，枝直，渐尖，叶多列密生，直立向一侧镰刀形弯曲；茎横切面中轴小，皮层细胞厚壁，3-4 层；无假鳞毛。茎叶卵形，长 1-1.5 mm，宽 0.4-0.6 mm，略弯曲，叶尖钝，具小锐尖；中肋单一，达于叶片中部以上或不达中部，有时分叉；叶缘内卷，全缘平滑；叶中部细胞长菱形，长 30-35 μm，宽 5-6 μm，上部细胞较短，角部细胞小而多，正方形，无色或带黄色。枝叶与茎叶同形。雌雄同株。内雌苞叶长披针形，长 3.5-4 mm，宽 0.7 mm，具纵皱褶；中肋单一粗壮，达叶片 2/3 处。蒴柄红色，长 1.5-2 cm。孢蒴长卵状圆筒形，倾立。内齿层齿片龙骨瓣稍分裂，齿毛 2-3，具节瘤，上部具疣，短于齿片。环带小。蒴盖圆锥形，带钝小短尖。孢子直径 16-18 μm，具疣。

产于甘肃、河北、河南、湖北、吉林、辽宁、内蒙古、青海、山西、陕西、四川、西藏、新疆、云南，生于山涧钙质湿石上。分布于日本、印度、俄罗斯（高加索）、欧洲和北美洲。

2b. 水灰藓圆蒴变种
Hygrohypnum luridum (Hedw.) Jenn. var. ***subsphaericarpum*** (Schleich. ex Brid.) C. E. O. Jensen in Podp., Consp. Musc. Eur. 572. 1954.——*Hypnum subsphaericarpon* Schleich. ex Brid.

植物体中型，粗硬，长 5-6 cm，深绿色或褐绿色。茎匍匐，老枝叶较小或无叶；茎横切面中轴小，皮层细胞小，2 层，厚壁；无假鳞毛。茎叶较大，长圆形，一向弯曲着生，内卷成管形，渐尖成小尖；中肋单一，粗壮，达叶尖前部终止；叶缘全缘平滑；叶中部细胞长 30-40 μm，宽 4 μm，虫形，厚壁，上部细胞较短，角部细胞多，正方形或长方形，无色。枝叶较茎叶大，一向弯曲着生，长 1.5-1.8 mm，宽 0.8-1 mm，心形。雌雄同株。内雌苞叶长披针形，长 3-4 mm，宽 0.6 mm，叶尖部锐，具纵皱褶；中肋粗，达于叶片 2/3 以上。蒴柄红棕色，长 1.5-2 cm。孢蒴棕红色，直立，卵形或近似球形。内齿层齿片龙骨状瓣裂，平滑或具细齿，齿毛 2-3，短于或与齿片等长，具节瘤。无环带。蒴盖圆锥形，具疣。孢子大，直径 25-30 μm，具疣。

产于湖北、青海、四川、西藏、新疆、云南，生于山涧湿石上。分布于日本、印度、俄罗斯、欧洲和北美洲。

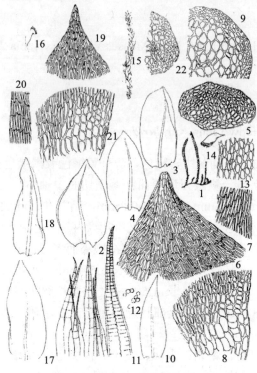

图 85 水灰藓

1-14. 水灰藓圆蒴变种：1. 植物体；2. 茎叶；3-4. 枝叶；5. 假鳞毛；6. 茎叶尖部细胞；7. 茎叶中部细胞；8. 茎叶基部细胞；9. 茎横切面；10. 雌苞叶；11. 蒴齿；12. 孢子；13. 孢蒴外壁细胞；14. 孢蒴；15-22. 水灰藓原变种：15. 植物体；16. 孢蒴；17-18. 枝叶；19. 茎叶尖部细胞；20. 茎叶中部细胞；21. 茎叶基部细胞；22. 茎横切面

3. 扭叶水灰藓

Hygrohypnum eugyrium (Schimp.) Loeske, Verh. Bot. Vereins Prov. Brandenburg 46: 198. 1905. —— *Limnobium eugyrium* Schimp.

植物体平铺丛生，绿色、黄绿色或棕绿色，中型，具光泽。茎匍匐，长达 5 cm，不规则分枝，基部常裸露无叶；茎中轴小，皮层细胞小，2-3 层，厚壁，有时部分细胞较大，壁较薄；无假鳞毛。茎叶密生，直立或向一侧镰刀形弯曲，宽披针形，渐尖，先端钝，常呈半管状，长 1.5-1.7 mm，宽约 0.5 mm；两条短中肋，不达叶中部终止；叶缘平滑，先端具齿。叶中部细胞蠕虫形，长约 50 μm，宽 4 μm，先部细胞较短，叶基着生处细胞黄色，厚壁具壁孔，角部细胞突然膨大呈圆方形，薄壁，无色或黄色，形成明显叶耳。枝叶细长，一向弯曲。雌雄同株。内雌苞叶直立，渐尖，长 3-4 mm，宽 0.5 mm，具纵皱褶，叶上部具齿，2 条短中肋或无。蒴柄长 2-3 cm，红色。孢蒴黄褐色。内齿层齿片龙骨状瓣裂，齿毛 2-3，与齿片等长，具节瘤。环带由 3 列细胞构成。蒴盖圆锥形，具短尖。孢子直径 20-22 μm，具疣。

产于安徽、贵州、湖北、湖南、黑龙江、吉林、辽宁、内蒙古、陕西、浙江，生于林间溪旁石上。日本、欧洲和北美洲有记录。

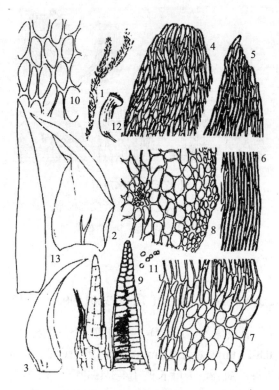

图 86　扭叶水灰藓

1. 植物体；2. 茎叶；3. 枝叶；4. 假鳞毛；5. 茎叶尖部细胞；6. 茎叶中部细胞；7. 茎叶基部细胞；
8. 茎横切面；9. 蒴齿；10. 孢蒴外壁细胞；11. 孢子；12. 孢蒴；13. 雌苞叶

4. 褐黄水灰藓

Hygrohypnum ochraceum (Wilson) Loeske, Moofl. Harz. 321. 1903.——*Hypnum ochraceum* Turner ex Wilson.

植物体中型，疏松丛生，长达 10cm，黄绿色。茎匍匐，基部常裸露无叶，稀疏不规则分枝，有时顶部弯曲；中轴小，具透明皮层；假鳞毛少，叶状，较大。茎叶密生，形态变化较大，常呈镰刀形弯曲，长约 2mm，宽约 0.8mm，宽卵形、长椭圆状舌形或披针形，渐变成长或短的钝头叶尖，尖部常呈匙状内凹，或被撕破，上部常卷成半管形；中部强劲，分叉，达叶中部终止；叶缘全缘平滑，或尖部具细齿；叶中部细胞蠕虫状，长 60-70 μm，宽 6-7 μm，厚壁，近尖部细胞较短，近基部细胞较大，角部细胞分化明显，由大而透明的长方形细胞构成。枝叶与茎叶同形，有时较茎叶大。雌雄异株。内雌苞叶长，渐尖，长约 4.5mm，宽约 0.9mm，中肋单一或分叉，粗壮，达于叶尖。蒴柄红棕色，长 1.2-1.7cm，细弱弯曲。孢蒴倾立，长圆筒形。齿片龙骨状瓣裂，齿毛 2-3，具节，几近平滑。环带由 2-3 列细胞构成。蒴盖圆锥形。孢子直径 13-18 μm，具细疣。

产于黑龙江、吉林、内蒙古、山西，生于山涧溪流中水流较急的岩石上。见于日本、朝鲜、俄罗斯、欧洲和北美洲。

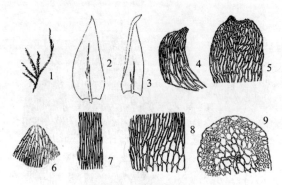

图 87 褐黄水灰藓

1. 植物体；2-3. 枝叶；4-5. 假鳞毛；6. 茎叶尖部细胞；7. 茎叶中部细胞；
8. 茎叶基部细胞；9. 茎横切面

5. 圆叶水灰藓

Hygrohypnum molle (Hedw.) Loeske, Moosfl. Harz. 320. 1903.——*Hypnum molle* Hedw.

植物体小，粗硬，绿色或黄绿色，具光泽。茎匍匐，不规则分枝，枝长，直立，长 2-3 cm。叶直立，上部背仰，长 0.8-2 mm，宽约 0.9 mm，椭圆形或近心形，叶尖宽且钝；叶缘全缘平滑或近尖部具齿；中肋 2 条，细弱，为叶长的 1/4-3/4；叶中部细胞狭长形，长 45-60 μm，宽 3-4 μm，叶缘和叶先端处细胞较短，基部近中肋处细胞较宽，厚壁，具壁孔；角部细胞变化较大，近方形或短矩形，形成带灰色或黄色的不明显区域。雌雄同株。蒴柄红棕色，长 1.2-1.5 cm。孢蒴棕红色，长圆筒形，拱形弯曲。内齿层齿片龙骨瓣几不分裂，齿毛 1-2，短于或与齿片等长，具节瘤。无环带。蒴盖圆锥形，具疣。孢子小，直径为 11-13 μm，具密疣。

产于吉林、江西、辽宁、陕西、新疆、云南，生于山涧溪流中岩石上。分布于印度、俄罗斯（高加索、西伯利亚）、格陵兰、欧洲和北美洲。

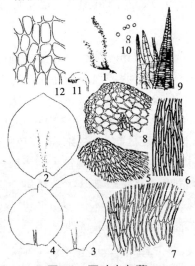

图 88 圆叶水灰藓

1. 植物体；2-3. 茎叶；4. 枝叶；5. 茎叶尖部细胞；6. 茎叶中部细胞；7. 茎叶基部细胞；
8. 茎横切面；9. 蒴齿；10. 孢子；11. 孢蒴；12. 孢蒴外壁细胞

6. 紫色水灰藓

Hygrohypnum purpurascens Broth., Öfvers. Förh. Finska Vetensk.-Soc. 62A (9): 36. 1921.

植物体中型，平铺丛生，上部紫色或黄色，下部黄绿色或深绿色，具光泽。茎匍匐，长 3-5 cm，基部叶少或裸露无叶，不规则分枝；茎横切面椭圆形，中轴小，皮层细胞 3-4 层；假鳞毛少，叶状。茎叶镰刀形一侧偏曲，卵形或长卵形，具短尖，长约 1.5 mm，宽约 0.7 mm，常呈半管状；2 条短中肋；叶全缘平滑，上部具齿；叶中部细胞蠕虫形，长 70-80 μm，宽 3-4 μm，厚壁具壁孔，先端细胞较短，基部细胞较宽，角部细胞大，厚壁，界限明显。雌雄同株。内雌苞叶长条形，长 4 mm，宽 0.6 mm，具纵皱褶，2 条短中肋或无。蒴柄红褐色，长 1.5-2 cm。孢蒴红褐色，卵形或长卵形，倾立，强烈弯曲。内齿层齿片具细疣，龙骨瓣窄，齿毛 2-3，较齿片长，具节瘤，无环带。蒴盖圆锥形。孢子直径 15-30 μm，散布粗疣。

产于辽宁、浙江，生于林间溪流湿石上。日本和朝鲜有记录。

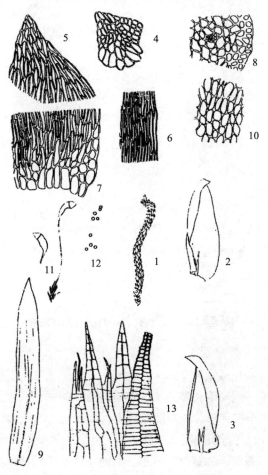

图 89 紫色水灰藓

1. 植物体；2. 茎叶；3. 枝叶；4. 假鳞毛；5. 茎叶尖部细胞；6. 茎叶中部细胞；7. 茎叶基部细胞；
8. 茎横切面；9. 雌苞叶；10. 孢蒴外壁细胞；11. 孢蒴；12. 孢子；13. 蒴齿

7. 高山水灰藓

Hygrohypnum alpestre (Hedw.) Loeske, Verh. Bot. Vereins Prov. Brandenburg 46: 198. 1905.——*Hypnum alpestre* Sw. ex Hedw.

植物体中等大小，绿色或黄褐色，具光泽。茎长达 3 cm，不规则分枝，枝直立，叶多列；茎横切面椭圆形，中轴小，无透明皮层，皮层细胞小而厚壁，1-3 层；假鳞毛片状。茎叶直立，长 1.5-2 mm，宽 0.25 mm，长圆形或阔长椭圆形，先端圆钝或具短尖，有时略呈兜形；叶缘全缘或先端具齿；中肋 2 条，较长；中部细胞线状菱形，长为宽的 4-6 倍，尖部细胞较短；角部细胞近方形，与叶细胞区别明显。枝叶与茎叶形状相似，较大。雌雄同株。孢子体未见。

产于辽宁、陕西，生于高山溪边或泉岸边石上。俄罗斯、欧洲和北美洲也有。

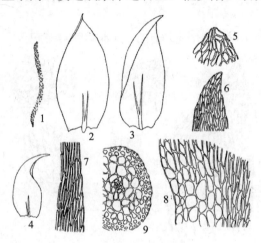

图 90　高山水灰藓
1. 植物体；2-3. 茎叶；4. 枝叶；5. 假鳞毛；6. 茎叶尖部细胞；
7. 茎叶中部细胞；8. 茎叶基部细胞；9. 茎横切面

青藓科　Brachytheciaceae

植物体纤细或粗壮，疏松或紧密交织成片，略具光泽。茎匍匐或斜生，甚少直立，不规则或规则羽状分枝；无鳞毛，假鳞毛大多缺失。叶排成数列，紧贴或直立伸展，或略呈镰刀状偏曲，常具皱褶，呈宽卵形至披针形。叶先端长渐尖（少数先端钝或圆钝）。中肋单一，甚发达，大多止于叶先端之下，有时在背面先端具刺状突起。叶细胞大多呈长形、菱形以至线状弯曲形，平滑或背部具前角突起，基角部细胞近于方形，有时形成明显的角部分化。雌器苞侧生，雌苞叶分化。蒴柄长，平滑或粗糙。孢蒴下弯至横生，甚少直立对称，呈卵球形或长椭圆状圆筒形，且不对称，干燥时或孢子释放后常弯曲。颈部短，不明显，大多具无功能的气孔。环带常分化。蒴盖圆锥形，先端钝或具小尖头，常具喙。蒴齿双层，具 16 枚线状锥形齿片，基部常愈合，呈红色，下部常具条纹和横脊。内齿层通常游离，大多与齿片等长，基膜高。齿条龙骨状，常呈线状。齿毛发达，少数消退或缺失。孢子圆球形。蒴帽兜形，平滑无毛。

本科全世界有 24 属，我国现有 11 属。

1. 毛青藓属 *Tomentypnum* Loeske

植物体较粗壮，疏松或紧密丛生，呈黄绿色至黄褐色，挺硬，常具光泽。茎匍匐，羽状分枝，枝直立，通体被金黄褐色绒毛。茎叶与枝叶相似，长披针形，挺硬，伸展或偶尔或多或少偏曲，具强烈的纵褶皱，长 1.53-2.07 mm，宽 0.36-0.57 mm，具非常细长、渐尖的先端；叶缘平直且全缘；中肋细长，止于叶长度的 3/4-4/5 处，背面生长密集分枝的假根。叶上部细胞线形，长 50-59 μm，宽 3.5-5 μm，壁略增厚，叶基部细胞较短而宽，具壁孔。角部细胞甚少分化。雌雄异株。雌苞叶直立，披针状锥形，具褶皱或条纹。蒴柄细长，红色，平滑。孢蒴橙褐色，强烈下倾至平横，长椭圆状圆筒形，下部为短小的颈部，弯曲，两侧不对称，蒴口下部干燥时收缩，环带由 3 层细胞组成；蒴盖圆锥形，具尖喙，颈部具气孔。蒴齿呈披针形，暗红褐色，下部具细横条纹，上部具疣，具边缘和横隔，内齿层呈黄褐色，具细疣，与外齿层齿片等长，基膜较高，齿条呈龙骨状，甚发达，齿毛上具 3-4 个节瘤。蒴帽平滑无毛。

本属为单种属，仅具 1 种。

1. 毛青藓

Tomentypnum nitens (Hedw.) Loeske, Deutsche. Bot. Monatschr. 22: 82. 1911.——*Hypnum nitens* Hedw.

形态特征与属相同。

产于黑龙江、辽宁、内蒙古，生于森林中林下湿地或沼泽，常与其他藓类混生。主要分布于北温带寒冷地区。

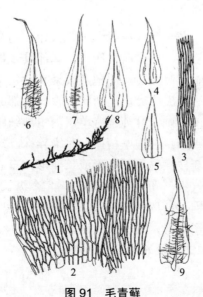

图 91 毛青藓

1. 植物体；2. 叶基部细胞；3. 叶中部细胞；4-5. 茎叶；6-9. 枝叶

金发藓科 Polytrichaceae

一年或多年生植物，通常土生，大形、粗壮至小形，直立，一般硬挺，绿色、褐绿色至红棕色，湿时叶片伸展，似松杉幼苗，干燥时叶片紧贴、伸展、略卷或强烈卷曲；密集成片、疏生或散生于其他藓类植物中；稀绿色原丝体长存。茎多数单一，稀分枝，少数属种呈树状分枝。茎上部密被叶片，下部一般无叶或具鳞片状叶，基部丛生棕红色或无色假根，常具地下横茎。通常茎外层为厚壁细胞，内部有薄壁细胞及中轴，具较强的对干燥环境的适应。叶片螺旋排列，多为长披针形或长舌形，常具宽大的鞘部；叶边全缘或具齿，由单层或多层细胞构成；一般中肋较宽阔，及顶、突出叶尖或呈芒状；叶腹面一般具多数明显的纵行栉片及两侧无栉片的翼部，不同种的栉片顶细胞形态各异，部分种类背面也有栉片或棘刺。叶细胞卵圆形、近方形或不规则，平滑或表面具疣，薄壁或厚壁，细胞内常含有多数叶绿体；鞘部细胞一般呈不规则扁方形和长方形，多数透明，有时略呈棕黄色，部分属种具分化的边缘。雌雄异株，稀雌雄同株。雄株常略小，雄苞顶生，呈花盘状，有时于中央继续萌生新枝。雌株较大。孢蒴顶生或侧生，多数为卵形、圆柱形或呈四至六棱柱形，稀为扁圆形、球形或呈梨形，平滑或具疣，有时略弯曲，基部常具气孔。蒴柄单一或多数簇生，坚挺，一般较长，多直立。蒴盖多圆锥形，具长或短喙。环带不分化；有时蒴轴顶端延伸成盖膜而与蒴齿相连，常封闭蒴口。蒴齿由细胞所构成，一般为 32 或 64 片，稀 16 片或缺失，多舌形，基部愈合。蒴帽兜形、长圆锥形或钟形，表面常密被灰白色、浅黄色、金黄色或红色纤毛，稀平滑或具细刺，罩于全蒴或仅覆于蒴盖喙部。孢子球形或卵形，表面具疣，常较小。

本科全世界有 17 属，中国分布有 7 属。

1. 小赤藓属 *Oligotrichum* Lam. & Cand.

植物体多矮小，稀粗壮，黄绿色、棕绿色或褐红色，直立，一般成丛生长，稀散生。茎具不明显中轴，多具地下横茎，并常萌生新枝，基部具多数假根。叶片卵状披针形或舌形，干时内凹或强烈卷曲，湿时倾立，基部抱茎或紧密贴生于茎上，无明显鞘部；叶边具疏齿或全缘；中肋较宽，常达叶尖或突出呈芒状，腹面上部纵生波曲状栉片，背面常具由同形细胞构成的短梳状栉片或棘刺。叶片细胞单层，中部细胞卵圆形、方形或不规则，基部细胞较长，长方形或不规则形，细胞壁稍厚。雌雄异株。雄苞花苞状，雄苞叶尖部有时亦具栉片，雄苞中央常萌生新枝。孢蒴圆柱形或长卵形，直立或倾立，一般单生，外壁无疣，具不明显气孔；有内外气室，蒴内的蒴轴上有 4 个纵长具褶皱的翅状突起。蒴齿 32 片，色淡，稍短。蒴盖短圆锥形，具短或长喙。蒴帽兜形，稀疏至密被纤毛。蒴柄橙黄色或红棕色，硬挺，直立。孢子球形，表面具细疣。

本属全世界有 27 种，中国记录 6 种，湿地常见 1 种。

1. 镰叶小赤藓

Oligotrichum falcatum Steere, Bryologist 61: 115. f. 1–9. 1958.

植物体小至中等，雌株 1-5 cm，雄株较小，棕绿色至棕红色，一般成丛生长。叶片深兜状披针形，长 1.5-2.5 mm，宽 0.6-1 mm，鞘部不明显；叶边具齿；中肋略宽，达叶尖，腹面栉片波状扭曲，一般 10-15 列，高 3-5 个细胞，叶背面仅具极少数栉片或棘刺。叶中部细胞卵状方形，7-18 μm，基部细胞较长或近长方形，长 18-35 μm，宽 7-18 μm，胞壁厚。雌雄异株。孢蒴圆柱形，单生，多倾立。蒴齿 32 片。蒴盖短圆锥形，具短喙。蒴帽兜形，具稀疏纤毛。蒴柄红棕色，直立。孢子球形，直径为 10-13 μm，表面具细疣。

产于西藏（察隅），生于潮湿的草甸上。分布于喜马拉雅地区、美国（阿拉斯加）、加拿大和格陵兰岛。

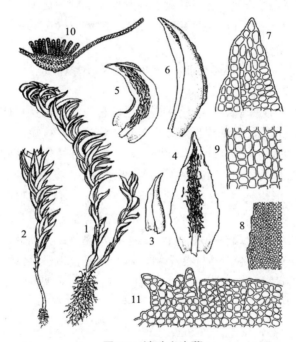

图 92　镰叶小赤藓

1. 植物体；2. 雄株；3-6. 叶片；7. 叶尖部细胞；8. 叶中部细胞；9. 叶基部细胞；
10. 叶横切面；11. 节片的一部分（侧面观）

指叶苔科　Lepidoziaceae

植物体直立或匍匐，淡绿色、褐绿色，有时红褐色，常膨松平铺丛生。茎长短差别很大，由几毫米至 80 mm 或更大，带叶宽 0.3-6 mm；不规则 1-2 或 2-3 次分枝，侧枝为耳叶苔型分生；腹分枝呈鞭状，有鳞片状叶和假根；横切面的表皮细胞大，内部细胞小。假根常生于腹叶基部或鞭状枝上。茎叶和腹叶形状相似，有的属退化为几个细胞，正常的茎叶多斜列着生，少数横生，先端 3-4 裂瓣，少数属种深裂呈睫毛状，裂瓣全缘平滑。腹叶通常较大，横生茎上，先端常有裂瓣和齿，少数退化为 2-4 个细胞（*Zoopsis*，*Mytilopsis*）。叶细胞壁薄或稍加厚，三角体小或大或呈节状加厚；角质层平滑或有细瘤；油体常存在，均质形。雌雄异株或同株。雄穗生于侧短枝上，雄苞叶基部膨大囊状，精子器 1-2 个，生于 1 个雄苞叶中。雌苞生于腹侧短枝上；雌苞叶比茎叶大，内苞叶先端常分裂成细裂瓣或裂瓣，边缘有毛。蒴萼长棒状或纺锤形，渐收缩成有毛的小口，上部有褶或者平滑。孢蒴卵圆形，成熟后裂成 4 瓣，蒴壁 2-5 层细胞。弹丝直径 1-1.5μm，2 条螺纹。孢子有瘤。

据报道本科全世界有 11 属约 800 种，我国有 5 属 52 种。湿地常见以下类群。

分属检索表

1. 植物体茎腹侧分枝呈细指苔型，稀为耳叶苔型分枝。叶片指状裂瓣几乎达基部……………1. 细指苔属 *Kurzia*
1. 植物体茎腹侧分枝为耳叶苔型。叶片指状裂瓣不达基部，手掌状………………………2. 指叶苔属 *Lepidozia*

1. 细指苔属 *Kurzia* V. Martens

植物体纤细，短小，淡绿色、油绿色或褐绿色，常与其他苔藓形成群落，附着于其他苔藓上。茎匍匐，或先端上升，规则或不规则 1-2 回羽状分枝，枝短，侧枝常在顶端分生（耳叶苔型），腹侧分枝常在茎、枝中部产生（间生型），有时分枝生小叶和假根呈鞭状枝；茎的横切面呈圆形，皮部细胞大，8-20 个，厚壁，中部细胞小，薄壁。叶片横生，直立或弯曲，分裂呈 3-4（5）瓣手掌形，裂达 2/3 或到底边，裂瓣基部 1-10 个细胞宽，叶底边 3-15 个细胞宽。腹叶较小，2-4 裂瓣，对称或不对称，有时裂瓣呈 1-2 个细胞。叶细胞小，方或长方圆形，或六边形，角质层平滑或有细瘤，无三角体，常厚壁；无油体。雌雄异株。雄穗生于侧短枝上，雄苞叶 2-6 对，每苞叶中 1-2 个精子器。雌器苞生于茎短枝上，雌苞叶 2-4 裂，裂瓣边缘有齿或长毛；蒴萼长纺锤状，口部收缩，有长毛。孢蒴卵形，黑褐色。孢子有瘤。

全世界有 34 种，中国有 5 种，湿地常见 1 种。

1. 刺毛细指苔
Kurzia pauciflora (Dicks.) Grolle, Rev. Bryo1. Lecheno1. 22: 175. 1963.——*Jungermannia pauciflora* Dicks.

植物体细小，柔弱，长达 5-12 mm，带叶宽 0.2-0.3 mm，亮绿色，或老时带褐绿色。茎匍匐，附着于其他苔藓上，横切面近似圆形，皮部细胞 11-12 个厚壁，内部细胞薄壁，直径 5-6 个细胞；叉状分枝，不规则羽状，常无腹面鞭状枝。叶片横生，中上部内曲，3-4 裂达 3/4-4/5，裂瓣基部 2-3（4）个细胞宽，有时裂瓣有 1-2 个细胞细齿，先端 1-2 个单列细胞，盘状基部 2-3 个细胞高，8-11 个细胞宽；细胞长方或长不规则形，中部宽 12-18 μm，长 16-24 μm，薄壁，角质层平滑。腹叶与茎叶相似，3-4 裂，基部宽 2-3 个细胞，有时边缘有单细胞细齿。雌雄异株。雄穗生于侧短枝上，雄苞叶 2-5 对，覆瓦状排列。雌苞生于侧短枝上，雌苞叶 2-3 裂，边缘有长毛；蒴萼纺锤形，口部有纵褶，有毛状齿。孢子直径 10-13 μm，有细瘤。

产于福建、台湾，生于山区林下或泥炭沼泽地，多附着于其他藓类体表面，特别在泥炭表面或泥炭藓上较多。欧洲、北美洲有记录。

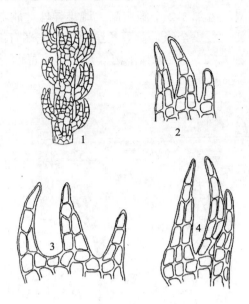

图93 刺毛细指苔
1. 植物体一段；2-3. 叶片；4. 腹叶

2. 指叶苔属 *Lepidozia* Dum.

植物体中等大，带叶宽 0.5-3mm，黄绿色或淡黄绿色，有时油绿色，疏松丛生，小片状。茎匍匐、倾立，或直立，茎的横切面圆形或椭圆形，皮部细胞 18-24 个，厚壁，中部细胞小，薄壁或与皮部细胞相同；侧枝不规则羽状分生，耳叶苔型；腹分枝生于腹叶腋，细长鞭状，叶小，假根多。假根生于腹面鞭状枝上或腹叶基部。叶片和腹叶相似，但腹叶较小；叶片斜列着生，先端常 3-4 裂，呈手状，裂瓣通常三角形，直立或内曲；腹叶横生，裂瓣短；叶细胞多无三角体，厚壁，有油体。雌雄同株或异株。雄穗生于侧短枝上，苞叶3-6 对或再多。雌苞生于腹侧短枝上，内苞叶先端分化成齿或长毛。蒴萼大，棒槌形或长纺锤形，先端收缩成小口，边缘有齿或短毛，有 3-5 条纵褶。孢蒴卵圆形，蒴壁 3-5 层细胞，外层厚壁。孢子褐色，有细瘤。

本属全世界有约 300 种，中国有 13 种。湿地常见 1 种。

1. 深裂指叶苔

Lepidozia sandvicensis Lindenb. in Gott. & al., Syn. Hep. 201. 1845.

植物体细长，长达 6cm，干时挺硬，褐绿色，蓬松稀疏丛生。茎倾立，横切面呈椭圆形，皮部细胞大，约 60 个细胞，中部细胞略小。直径 0.4-0.6mm，不规则稀疏 2-3 回羽状分枝，分枝长，渐成细尖。未见假根。叶片分离疏生，近似横生，贴茎，长约 0.4mm，宽约 0.33mm，先端 3-4 裂达 1/2-2/3，裂瓣长 2-3 个细胞，三角形，基部宽 2-3 个细胞；盘部短，2-3 个细胞高，背边高约 0.15mm，腹边高约 0.1mm，中部细胞宽 27-34 μm，长 30-50 μm；

细胞厚壁，无三角体；角质层平滑。腹叶小，与茎叶同形，3-4 裂达 1/2-2/3，裂瓣约 2 个细胞高，基部 1-2 个细胞宽，盘部 1-2 个细胞高。雌雄异株。雌器苞生于侧短枝上，内苞叶大，外苞叶小，先端 4 裂，裂瓣全缘。蒴萼长纺锤形，先端有细褶。

产于云南（贡山县，独龙江），生于林下沼泽地。印度尼西亚、美国太平洋沿岸（包括夏威夷）有记载。

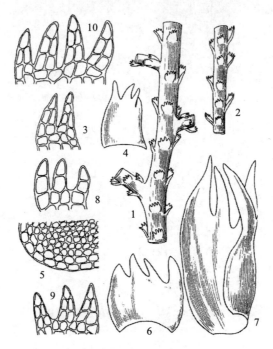

图 94　深裂指叶苔
1. 茎的一段（腹面观）；2. 枝的一段（腹面观）；3. 枝腹叶；4. 叶片；5. 茎横切面的一部分；
6. 外雌苞叶；7. 内雌苞叶；8-9. 腹叶；10. 叶片裂瓣细胞

护蒴苔科　Calypogeiaceae

植物体小至中等，稀疏分枝，绿色或褐绿色，密集丛生，常与其他苔藓形成小片群落。茎柔弱，横切面皮部细胞与中部细胞同形，无明显区别，有时皮部细胞略小，壁稍加厚。侧叶斜列于茎上，着生线平直，几乎与茎平行，蔽前式，卵形或椭圆形，稀长圆形或圆钝三角形，一般基部至中部宽阔，向上渐窄，先端圆钝或浅 2 裂成二叉状钝尖，叶全缘。腹叶大而明显，形状变异也较大，从圆形全缘至裂成 2-4 瓣；腹叶基部中间有 2-3 层细胞厚的叶枕，为假根束着生处。叶片细胞通常大，薄壁，无或有三角体。油体球形或长椭圆形，桑椹状，每个细胞 3-10 个或由多数细粒组成，每个细胞 10-30 个，无色或带褐色。雌雄同株或异株，多数雌雄同株。雄枝短，生于茎腹面；雄器苞穗状，雄苞叶小而凸起，上部 2-3 裂，每个苞叶中有 1-3 个精子器。雌器苞极短，苞叶小，卵细胞受精后雌枝先端迅速膨大，蒴囊长椭圆形或短柱形，外部有假根或鳞叶。孢蒴圆筒形或近椭圆形，黑色，成熟后 4 裂至基部。蒴壁2层，外层8-16列长方形细胞，壁增厚，有时不规则加厚呈节状，内层细胞壁呈环节加厚。孢子球形，直径 9-16 μm。弹丝2（3）条螺纹，直径7-12 μm。

本科全世界有4属，中国有2属。

1. 护蒴苔属 *Calypogeia* Raddi

植物体细弱扁平，苍白绿色或绿色，略透明。茎匍匐，单一或具少数不规则分枝。假根生于腹叶基部。侧叶斜列于茎上，覆瓦状蔽前式排列，椭圆形或椭圆三角形，先端圆钝，尖锐，或具两钝齿。腹叶较大，近圆形或长圆形，全缘或2裂至1/4-1/2处，裂瓣有的各具一齿。叶细胞四至六边形，薄壁，三角体无或不明显。油体聚合粒状，每个细胞10-20个。雌雄同株或异株。蒴囊长椭圆形，外壁有假根和鳞叶。孢蒴短柱形，成熟时纵向开裂，裂瓣线形，扭曲；孢蒴壁两层细胞，外层细胞壁连续加厚，内层细胞壁螺纹加厚。孢子圆球形。弹丝双螺纹加厚。芽胞1-2个细胞，椭圆形，多生于茎枝先端。

本属中国有7种。湿地常见1种。

1. 沼生护蒴苔

Calypogeia sphagnicola (Arnell & Perss.) Warnst & Loeske, Verh. Bot. Ver. Brandenburg 47: 320. 1905.——*Kantia sphagnicola* Arnell & Perss.

植物体淡绿色或黄绿色，平匍丛生。茎匍匐，长 1.5-2.0 cm，带叶宽约 1.8 mm，单一或具从腹侧斜生长出的分枝，有时有无性芽条。侧叶蔽前式覆瓦状排列，阔卵形，基部下延，先端渐尖，圆钝。腹叶较小，比茎略宽，先端2裂达叶长的1/2以上，裂瓣渐尖，基部明显下延。叶片细胞五至六边形，薄壁，角部略加厚。叶先端细胞23-27 μm 宽，中部细胞宽26-30 μm，长30-43 μm。油体无色，每个细胞6-10个，由粗颗粒组成。芽胞宽卵形，16-22 μm，2个细胞。

产于广西、贵州、湖南、吉林、四川、云南，多生于高位沼泽与泥炭藓混生，也见于高山土地上。日本、欧洲、北美洲亦见。

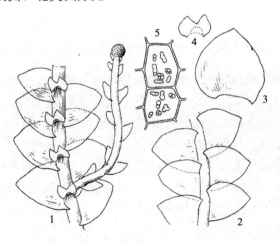

图95 沼生护蒴苔

1. 植物体一部分；2. 植物体一部分（背面观）；3. 叶片；4. 腹叶；5. 含油体叶细胞

大萼苔科 Cephaloziaceae

植物体细小，黄绿色或淡绿色，有时透明，蔓延丛生。茎匍匐或先端上升倾立，皮部有1层大细胞，内部细胞小，薄壁或厚壁；不规则分枝。叶3列，腹叶小或缺失；侧叶2列，斜列茎上，先端2裂，全缘；细胞壁薄或厚壁，无色，稀稍带黄色；油体小或缺失。雌雄同株。雌苞生于茎腹面短枝上或茎顶端，蒴萼长筒形，上部有3条纵褶。蒴柄粗，表皮8个细胞，内部4个细胞。孢蒴卵圆形，蒴壁2层细胞，外层厚壁。弹丝2条螺纹。芽胞生于茎顶端，1-2个细胞，黄绿色。

目前本科全世界有16属，中国已知8属。湿地常见以下4属。

分属检索表

1. 植物体无腹叶或仅有残余腹叶···4. 大萼苔属 Cephalozia
1. 植物体有明显腹叶。
 2. 腹叶小，宽小于茎···3. 钝叶苔属 Oadopodiella
 2. 腹叶大，与茎同宽或宽大于茎。
  3. 植物体有鞭状枝。叶细胞长方形，薄壁···1. 长胞苔属 Hygrobiella
  3. 植物体无鞭状枝。叶细胞方形，厚壁···2. 侧枝苔属 Ptoirockuto

1. 长胞苔属 *Hygrobiella* Spruce

本属植物体细小，绿色或褐绿色。叶片裂瓣不等大，叶细胞长多边形，薄壁透明，腹叶大，与侧叶同形，与茎直径同宽或宽于茎。

本属全世界有7种，中国有1种。

1. 长胞苔

Hygrobiella laxifolia (Hook.) Spruce, On Cephalozia 74. 1882.——*Jungermannia laxifolia* Hook.

植物体细小，暗绿色或油绿色，有时带黑色，光强时呈红褐色。茎长5-15 mm，带叶宽0.5-8 mm，先端上仰或倾立，分枝少，不育枝先端常呈鞭状，茎的横切面皮部为大形薄壁细胞，内部为小形薄壁细胞。假根稀少，多生于鞭状枝上，紫红色。叶片3列，常离生，覆瓦状蔽前式，近似横生，长椭圆形，边缘常内曲，先端2裂达1/4，裂瓣三角形；叶细胞狭长六边形，薄壁透明，无三角体，表面平滑。腹叶与侧叶同形，仅稍狭短。油体小，常缺。雌雄异株。雌雄生殖苞均顶生。雌苞叶与侧叶同形，仅稍长大，腹苞叶与苞叶同形。蒴萼圆筒形，口部稍收缩，有细齿。雄苞叶5-7对，小穗状，下部鼓起囊状。孢子直径约20 μm，近平滑，红褐色。

产于云南（贡山），生于山区溪边湿石上。朝鲜、日本、欧洲、北美洲有分布。

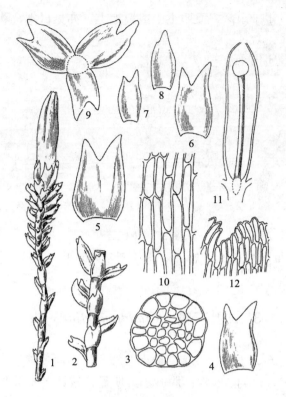

图 96 长胞苔

1. 植物体带蒴萼（腹面观）；2. 植物体的一段（腹面观）；3. 茎横切面；4-6. 叶片；7-8. 腹叶；9. 雌苞叶；10. 叶中部细胞；11. 蒴萼纵切面；12. 蒴萼口部细胞

2. 侧枝苔属 *Pleuroclada* Spruce

本属植物体短小，淡绿色透明，无鞭状枝。叶 3 列，腹叶大，与茎同宽，侧叶细胞大，透明，六边形。

本属全世界现有 2 种，中国有 1 种。

1. 侧枝苔

Pleuroclada albescens (Hook.) Spruce, On Cephalozia 78. 1882.——*Jungermannia albescens* Hook.

植物体细短，淡绿色，常与其他苔类形成群落。茎长 5-10mm，带叶宽 0.6-0.8mm，横切面直径 0.2-0.3mm，外皮部细胞大，薄壁，内部细胞小，厚壁，先端上升或倾立，不规则分枝，无鞭状枝。假根生于茎枝基部。叶片 3 列，常不相接，近似横生，圆形，明显内凹瓢形，先端 2 裂达 1/3，裂瓣三角形内曲；叶细胞方六边形，薄壁，无三角体，表面平滑。腹叶明显，剑头形，与茎同宽或小于茎宽，基部有时有 1 齿。油体缺。雌雄异株。雌苞顶生；雌苞叶比侧叶大，2-3 裂，雄苞叶狭长椭圆形。蒴萼长圆筒形，有 3 条纵褶，口部有细齿。孢子直径 3-15 μm。

产于广西、辽宁，生于山区岩面湿土上或湿地上。亦见日本、欧洲、北美洲。

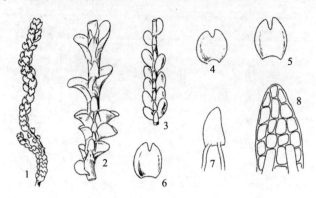

图 97　侧枝苔
1. 植物体；2-3. 茎的一段（腹面观）；4-6. 叶片；7-8. 腹叶

3. 钝叶苔属　*Cladopodiella* Buch.

植物体纤细，淡绿色，半透明。茎具腹面分枝，横切面皮部细胞与内部细胞同形。叶片斜生，圆形，2 裂浅，仅约 1/5 深；腹叶小，明显，披针形或 2 裂；叶细胞大，泡形透明，细胞壁薄。芽胞 1-2 个细胞，多角形。

本属全世界有 2 种，中国有 1 种。

1. 角胞钝叶苔

Cladopodiella francisci (Hook.) Jörg., Bergens Mus. Skr. 16: 274. 1934.——*Jungermannia francisci* Hook.

植物体短，细小，淡绿色，有时红绿色，平铺丛生。茎匍匐，上部倾立，不规则分枝，长 3-8 mm，宽约 0.3 mm，先端常呈鞭状，具小叶和假根，横切面皮部细胞较大，但与内部同形，茎中部叶密生，假根少。叶 3 列；侧叶覆瓦状蔽前式，排列紧密，斜列茎上，圆形或阔椭圆形，内凹背鼓瓢形，上部 2 裂达 1/6-1/5 深，裂瓣先端钝三角形，内曲 2 瓣相接；叶细胞等轴形，薄壁，4-6 边形，中部 20-25 μm，鼓起透明泡状；腹叶小，披针形或先端 2 裂。油体 1-4 个，长椭圆形。雌雄异株。雄穗生于茎腹面短枝上，4-6 对苞叶，比侧叶小，先端 2 裂达 1/3，每个苞叶中 1 个精子器。雌器苞生于茎腹面侧枝上，苞叶大，上部 2-3 裂，全缘或有不规则粗齿。蒴萼长筒形，具 3-4 条纵褶，口部无齿和毛，仅有长形细胞。孢子有细疣，直径 10-15 μm。芽胞生于茎枝顶端，多角形，1-2 个细胞。

产于西藏（察隅），生于山区湿地或溪边湿地上。分布于欧洲、北美洲。

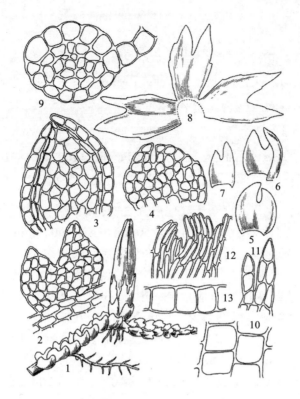

图 98　角胞钝叶苔

1. 植物体带蒴萼（腹面观）；2-4. 叶片细胞；5-6. 叶片；7. 腹叶；8. 雌苞叶；9. 茎横切面；
10. 叶细胞；11. 雌苞叶尖细胞；12. 蒴萼口部细胞；13. 叶横切面一部分

4. 大萼苔属　*Cephalozia* (Dumort.) Dumort.

植物体细小或到中等大，有的透明，浅黄绿色或鲜绿色，有的后期呈褐黄色。茎匍匐蔓延呈丛状，常具多数有性枝条或无性枝条之分，背腹面明显，横切面的皮部细胞较大，壁薄，略透明，中间有多数小形厚壁细胞。侧叶相距较疏，不呈覆瓦状排列，有时叶宽于茎，斜列互生，背基角常下延，卵形或圆形，平展或内凹背凸，一般先端 2 裂，裂瓣锐或钝；叶细胞多薄壁，比较大，三角体常小或无。有油体，形态多样。腹叶如存在时，常在雌苞或雄穗腹面着生。无性芽胞小，1-2 个细胞，卵圆形或长椭圆形，生于茎、枝顶端或叶尖。雌雄同株或异株，少数杂株。雄枝短细，穗状；雄苞叶覆瓦状排列，基部膨大呈囊状，先端 2 裂。雌苞生于侧生长枝或短枝上；雌苞叶一般大于侧叶，裂瓣边缘常具粗齿，有时分裂成 3-4 个细胞裂瓣；腹苞叶大，和苞叶同形；蒴萼大，高出苞叶，长椭圆形或短柱形，口部有毛状突起，有 1-3 条纵长褶。蒴柄长，透明或白色，周围 8 个细胞，中部 4 个细胞。孢蒴圆形或椭圆形，壁由 2 层细胞构成；外层细胞大，纵壁常呈节状加厚；内层细胞壁呈环状加厚。孢子直径一般 8-15（18）μm，有疣。

本属全世界约有 35 种，中国有 12 种，湿地常见以下种类。

分种检索表

1. 雌雄同株，叶片 2 裂达 1/3-1/2，呈钳形尖部内曲·················1. 喙叶大萼苔 *C. connivens*
1. 雌雄异株，叶片 2 裂达 2/3，直立·················2. 短瓣大萼苔 *C. macounii*

1. 喙叶大萼苔

Cephalozia connivens (Dicks) Lindb., Acta. Soc. Sci. Fennicae 10: 238. 1872.——*Jungermannia connivens* Dicks.

植物体单独形成片状丛或夹杂于其他藓类之中，淡绿色，常透明。茎匍匐或先端上升，分枝，表皮透明，上表皮细胞长方形，50 μm×（50-90）μm；茎横切面上表面平，下表面凸出，有时上下表面均凸出，直径 6-8 个细胞，表皮细胞 10-14 个，上表皮大，下表皮小，内部有 18-24 个厚壁小细胞。假根多，末端呈头状。叶片斜生于茎枝上，背缘突出，沿茎下延，呈圆形，基部 7-10 个细胞宽，2 裂达 1/3-1/2；2 裂瓣呈钳形尖部内曲，裂角约 20°，裂瓣尖端 1-2 个细胞；叶细胞大，无色透明，叶中部细胞 5-6 边形，（33-50）μm×（55-70）μm；油体小，2-3 个，多数缺。腹叶仅存于生殖枝上。雌雄同株。雌器苞生于茎腹面短枝上；雌苞叶成对，3-5 裂披针裂片，全缘，腹苞叶 2（3）裂；蒴萼长椭圆形，有 3 条纵褶，萼口分裂成毛状，毛长 3-5 个细胞。孢子粒状，12-14 μm。芽胞壁薄，椭圆形，（15-20）μm×（25-35）μm。

产于黑龙江、吉林、山西、四川、云南，多长在山区林下腐木或泥炭土上。俄罗斯、欧洲、北美洲有记载。

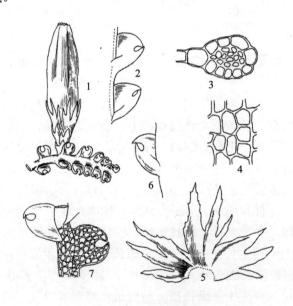

图 99 喙叶大萼苔

1. 植物体一段带蒴萼；2、6. 叶片示着生状态；3. 茎的横切面；4. 叶中部细胞；
5. 雌苞叶；7. 茎的一段

2. 短瓣大萼苔

Cephalozia macounii (Austin) Austin, Hep. Bor. Amer. no. 14 .1873.——*Jungermannia macounii* Austin.

植物体较小，淡绿色，外观类似睫毛苔。茎匍匐，不规则分枝，带叶宽 0.2-0.3 mm，茎上表皮细胞（14-19）μm×（27-38）μm；茎的横切面直径 4 个细胞，表皮细胞大，10-11 个，内部细胞小，8-10 个，内外细胞几乎相等。叶片斜生于茎上，仅 6-7 个细胞宽，2 裂达 2/3，裂角小于或等于 45°，直立，裂瓣基部仅 3-4 个细胞宽，裂瓣先端 2-3 个细胞；叶细胞壁略加厚，中部细胞[12（20）-15（22）]μm×[l0（22）-20（27）]μm。油体少，每个细胞 2-4 个。雌雄异株。雌器苞生于短或长的腹枝上；雌苞叶 2 裂，叶缘有齿突或刺状齿；蒴萼长椭圆形，有 3 条纵长褶，口部有 1-2 个细胞形成的齿突。雄枝短，雄苞叶渐尖，2 裂达 1/3。

产于福建、广西、贵州、黑龙江、湖南、吉林、辽宁、四川、西藏、云南，生于林下腐木或沼泽地塔头上。俄罗斯、欧洲、北美洲有分布。

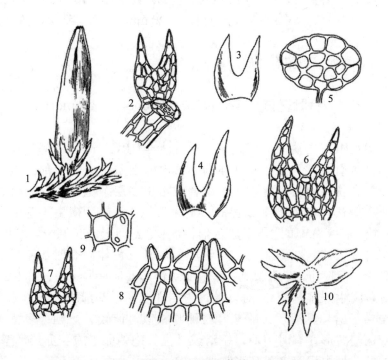

图 100 短瓣大萼苔
1. 植物体一段带蒴萼；2. 叶在茎上着生状态；3-4. 叶片；5. 茎的横切面；6. 叶片；
7. 腹叶；8. 蒴萼口部细胞；9. 叶细胞；10. 雌苞叶

合叶苔科 Scapaniaceae

植物体大小不等，长 0.5-10 cm，多呈黄绿色、褐色或红褐色，有时带紫红色。茎匍匐，分枝倾立或直立，通常发生于叶腋间，稀具从叶背面基部或茎腹面生出；茎横切面细胞有分化，皮部 1-4（5）层小形厚壁细胞，中部为大形薄壁细胞；假根多，疏生。侧叶明显两列，蔽前式斜生或横生于茎上，叶片不等深 2 裂，稀浅 2 裂，多数呈折合状，背瓣小于腹瓣，稀腹瓣膨起呈囊状，两瓣的缝合线单层，或多层细胞突出成背脊或翅，裂瓣边缘具齿或全缘平滑。叶细胞多数厚壁，有或无三角体，角质层平滑或粗糙具疣，油体明显，每个细胞 2-12 个。无腹叶。无性芽胞常见于茎上部叶先端，多数由 1-2 个细胞组成。雌雄异株，稀雌雄有序同苞或同株异苞。雄苞叶与茎叶相似，精子器生于雄苞叶叶腋，每个雄苞叶具 2-4 个精子器，常有腺毛或隔丝伴生。雌苞叶一般与茎叶同形较大，叶缘具粗齿；蒴萼生于茎顶端，与雌苞叶分离，多背腹扁平，口部宽阔，平截，或具齿，少数口部收缩有纵褶。孢蒴圆形或椭圆形，褐色，成熟后 4 瓣开裂至基部；蒴壁厚，由 3-7 层细胞构成，外层细胞壁节状加厚，内层壁多环状加厚。孢子直径 11-20 μm，表面具细疣。弹丝通常 2 条螺纹加厚。

本科全世界有 3 属，中国有 2 属。

1. 合叶苔属 *Scapania*（Dumort.）Dumort.

植物体匍匐丛生，先端倾立或直立，几毫米至 10 cm 长。茎单一或具疏松侧生分枝；茎横切面细胞有分化，皮部由 1-4 层小形厚壁细胞组成，中部细胞大，薄壁。侧叶深 2 裂，呈折合状，裂瓣不等大，中缝合线常由多层细胞组成。突出成明显背脊或翅；背瓣多小于腹瓣，圆方形至卵圆形，宽为长的 1-5 倍，横生于茎上，基部有时沿茎下延；腹瓣较大，为背瓣的 1-5 倍，舌形、卵形、宽卵形或长圆形，多数斜生于茎上，基部常下延；叶缘具齿，少数平滑。叶细胞多数具三角体，有时加厚呈节状；角质层平滑或粗糙具疣。无腹叶。芽胞常见，卵形或纺锤形，有时具棱角，由 1-2 个细胞组成。雌雄异株。雄苞间生，雄苞叶 3 对以上，与侧叶同形，基部膨大，常无齿，每个雄苞叶具两至多个精子器，具隔丝。雌苞叶与侧叶相似，但较大；蒴萼多背腹强烈扁平，无纵褶，口部宽阔截形，有时内曲，平滑或具齿。孢蒴卵形或长卵形，壁厚，3-7 层，外壁呈节状加厚，最内层壁多具环形加厚。孢子小，表面平滑或具细疣。弹丝 2 条螺纹加厚。

本属全世界有 230 种，中国有 48 种。湿地常见以下种。

分种检索表

1. 背脊较长，平直，为腹瓣长的 2/5-1/2，背腹瓣较窄，近肾形·····················2. 湿生合叶苔 *S. irrigua*
1. 背脊较短，弓形弯曲，为腹瓣长的 1/5-1/3，背腹瓣较宽，近圆形，阔卵形或心形

2. 叶背瓣基部不下延或略下延；叶细胞三角体明显；裂瓣先端渐尖，常有小尖 ··3. 沼生合叶苔 S. paludicola
2. 叶背瓣基部常下延；叶细胞三角体不明显；裂瓣先端圆钝。
   3. 腹瓣近圆形，垂直，不向后弯曲 ··1. 大合叶苔 S. paludosa
   3. 腹瓣阔卵形，强烈向后弯曲 ··4. 湿地合叶苔 S. uliginosa

1. 大合叶苔

Scapania paludosa (K. Müller) K. Müller, Mitt. Bad. Bot. Vereins 182-183: 287. 1902.——*Scapania undulata* var. *paludosa* K. Müller.

水生或湿生苔类，植物体粗壮，6-10 cm 长，绿色至黄绿色，下部渐呈褐色。茎直立或倾立；茎横切面皮部由 2-3 层小形厚壁细胞组成，中部细胞大，薄壁。侧叶疏生，不等 2 裂至叶长的 1/5-1/3；背脊短，为腹瓣长的 1/5-1/3，呈半圆形弯曲，具宽钝翅突；腹瓣近于圆形，基部沿茎长下延，先端圆钝，叶边全缘平滑或具单细胞疏齿；背瓣小，为腹瓣大小的 1/3-1/2，阔心形或肾形，远超过茎，基部沿茎下延，全缘平滑或具稀疏齿突。叶缘细胞近方形，约 15 μm，中部细胞圆多边形，20-50 μm，基部细胞长圆形，20×45 μm，细胞壁薄，三角体不明显；角质层近于平滑或具细疣。芽胞稀见。雌雄异株。蒴萼背腹扁平，口部平截，全缘或具齿突。

产于内蒙古（根河），生于沼泽地或林下水湿处。分布于日本、朝鲜、俄罗斯（远东地区）、欧洲和北美。

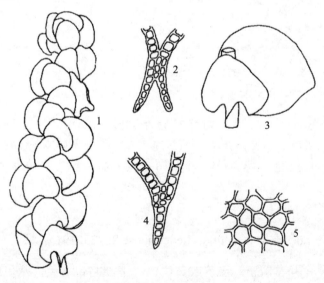

图 101 大合叶苔
1. 植物体一段（背面观）；2、4. 背脊形状；3. 叶片着生方式；5 叶片细胞

2. 湿生合叶苔

Scapania irrigua (Nees) Nees, Syn. Hepat. 67. 1844.——*Jungermannia irrigua* Nees.

植物体中等大小，1-5 cm 长，褐绿色或黄绿色，常与湿生藓类混生于沼泽地或水湿处。

茎单一或具少数分枝；茎横切面皮部和中部细胞有分化，皮部由 1-2 层褐色小形厚壁细胞组成，中部细胞大，薄壁，透明。侧叶疏生或相接排列，不等 2 裂至叶长的 1/2-3/5；背脊较长，为腹瓣长的 2/5-1/2，略呈弧形弯曲，厚 2-3 层细胞，有时形成翅突；裂瓣不等大，背瓣小，腹瓣大；背瓣贴茎，外凸，近于横生，肾形，先端圆钝或渐尖，基部不下延，多超过茎着生，全缘，不下延或略下延，先端圆钝或渐尖，全缘平滑或仅上部具少数单细胞齿突。叶细胞透明，边缘细胞近圆形，18 μm，中部细胞（17-22）μm×24μm，基部细胞长方形，（16-25）μm×（31-34）μm，细胞壁角部加厚，三角体明显；角质层具细疣；油体较小，每个细胞 3-5 个。芽胞黄绿色，由 2（1）个细胞组成。雌雄异株。蒴萼顶生，长筒形，背腹扁平，有时上部稍有褶，口部截形，具齿突。

产于黑龙江、内蒙古，生于沼泽地，常与水湿生藓类混生成群落。也见于日本、俄罗斯（远东地区）、欧洲和北美地区。

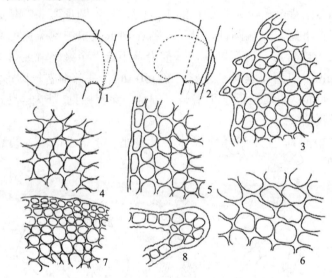

图 102　湿生合叶苔

1. 叶片着生方式（背面观）；2. 叶片着生方式（腹面观）；3. 叶先端边缘细胞；4. 叶中部细胞；
5. 叶边缘细胞；6. 叶基部细胞；7. 茎横切面一部分；8. 叶横切面

3. 沼生合叶苔

Scapania paludicola Loeske & K. Müller, Lebermoose 2: 425. 1915.

植物体粗壮，长达 5-8 cm，绿色或黄绿色，下部略带褐色，丛生或与其他藓类混生于沼泽地中。茎常单一，横切面皮部和中部细胞有分化，皮部 2 层小形厚壁细胞，中部细胞大，薄壁。叶密生，覆瓦状排列，不等 2 裂至叶长的 3/4-4/5；背脊较短，为腹瓣长的 1/5-1/4，半圆形弯曲，厚 2-3 层细胞，无翅突；裂瓣较宽，不等大，背瓣小，腹瓣大；背瓣贴茎，心形或肾形，渐尖，小尖常指向茎端，远超过茎着生，基部不下延，全缘或具单细胞齿；腹瓣为背瓣的 1.5-2 倍，阔心形或圆心形，先端常具小尖，基部略下延，边缘平滑或具稀疏单细胞齿突。叶近边缘细胞 15-17 μm，中部细胞 20-25 μm，圆方形或圆多边形，基部细胞圆长方形，（25-30）μm×（40-45）μm；细胞壁薄，角部明显加厚，具三角体；角质层具细疣；油体较小，椭圆形或球形，4-5 μm，每个细胞 5-10 个。芽胞生于叶裂瓣先端，褐绿色，椭圆形，12 μm×17 μm，单细胞。蒴萼背腹扁平，口部平截，具短纤毛状齿。

产于黑龙江、内蒙古，生于沼泽地，常与泥炭藓类（Sphagnum）混生成群落。日本、俄罗斯（西伯利亚和远东地区）、欧洲及北美洲有记录。

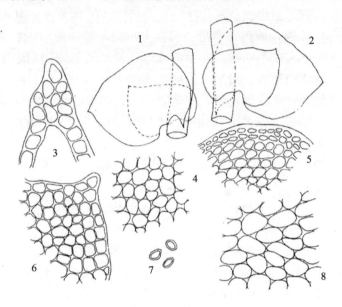

图 103　沼生合叶苔
1. 叶片着生方式（腹面观）；2. 叶片着生方式（背面观）；3. 背脊横切面；4. 叶中部细胞；
5. 茎横切面一部分；6. 叶尖端细胞；7. 芽胞；8. 叶基部细胞

4. 湿地合叶苔

Scapania uliginosa (Lindenb.) Dumort., Recueil Observ. Jungerm. 14. 1835.

植物体粗壮，5-10 cm 长，常在湿石上形成片状苔丛。茎常单一；横切面皮部 1-2 层小形厚壁细胞，中部细胞大，薄壁。侧叶疏生，不等 2 裂至叶长的 1/3；背脊短，为腹瓣长的 1/5-1/3，强烈弓形弯曲；腹瓣阔卵形，因上半部分强烈向后弯折而明显凸起，先端圆钝，向基部渐窄，沿茎常下延，全缘或具稀疏短小单细胞钝齿；背瓣肾形至圆长方形，强烈凸起，为腹瓣大小的 1/4-1/2，基部渐窄，沿茎明显下延，先端圆钝，全缘或具稀疏齿突。叶片近边缘 15-21 μm，中部（20-35）μm×（45-70）μm，基部（20-35）μm×（45-70）μm，细胞壁薄，三角体不明显；角质层平滑；油体小，无色，每个细胞 2-5 个。芽胞椭圆形，由 1 个细胞构成。雌雄异株。蒴萼背腹扁平，上部向后弯折，口部平截，平滑无齿。

产于重庆（缙云山），生于水生或水湿环境中或者河沟溪边石上。亦见于欧洲和北美洲。

齿萼苔科 Geocalycaceae

植物体多数绿色或淡绿色，有时黄绿色，匍匐丛生。茎单一或具稀疏分枝，分枝多生自茎腹面。侧叶两列，相接或覆瓦状排列，蔽后式，先端全缘或具齿突，有时2裂。腹叶小但明显，先端2裂，外侧常有齿。假根生于腹叶基部或散生于茎腹面。叶片细胞壁薄或略加厚，三角体大或不明显。雌雄同株或异株。雌雄器胞生于主茎或侧生分枝顶端。蒴萼发育良好，长筒形或广口形，有的横切面三棱形，口部具三至多个裂瓣，边缘具不规则齿突；或受精后形成假蒴萼。孢蒴卵形或长卵形，成熟时4裂至基部，蒴壁2层或4-5层细胞，外层细胞壁多节状加厚，内层细胞壁不完全环状加厚。孢子圆球形。弹丝多双螺纹状。

本科全世界有22属，中国记录5属。湿地常见下属。

1. 裂萼苔属 *Chiloscyphus* Cord.

植物体绿色或黄绿色，匍匐丛生。茎具侧生长分枝，分枝发生于叶腋。假根束状，仅生于腹叶基部。侧叶两列，蔽后式，相接或覆瓦状排列，斜生，长方形或近方形，先端钝圆或2裂具齿突。腹叶明显，为茎宽1-2倍，多数先端深2裂，裂瓣披针形，外缘具1个齿，基部不或仅一侧与侧叶相连。叶片细胞薄壁，多数三角体无或不明显，表面平滑或具疣突。雌雄同株。雌雄器苞一般生于主茎或长分枝顶端。雌苞叶大于茎叶，先端具裂瓣和不规则齿突。蒴萼大，长筒形或广口形，横切面呈三棱形，口部常有3裂瓣，裂瓣具纤毛状齿。孢蒴球形或卵圆形，蒴壁4-5层细胞；外层细胞较大，壁节状加厚；内层细胞小，壁不完全半环状增厚。孢子圆球形，粗糙具疣。弹丝双螺纹状。

本属全世界约有100种，中国有18种，湿地常见以下种类：

1. 裂萼苔
Chiloscyphus polyanthos (L.) Corda, Opiz, Beitr. Natuf. 1: 651. 1826.

1a. 裂萼苔原变种
Chiloscyphus polyanthos (L.) Corda var. *polyanthos*

植物体中等大，绿色、黄绿色或淡绿色，丛生。茎匍匐或先端上升，长2-5 cm，带叶宽1.3 mm，具稀疏侧生分枝。假根少。侧叶2裂，相接覆瓦状蔽后式排列，斜列茎上，圆方形或长方形，内凹背凸略呈瓢形，先端圆钝或微凹，长约为宽的2倍。叶中部细胞近方形或短长方形，近于等轴，（25-33）μm×（30-35）μm，基部细胞略长，细胞壁薄，无三角体；角质层平滑；每个细胞具2-3个油体。腹叶小，但明显，与茎等宽或略宽于茎，深2裂达叶长的1/2-2/3，裂片成刺毛状，两侧各具1长齿。雌雄同株。雄苞常生于雌苞邻近茎上；雄苞叶8-15对，基部膨大呈囊状，每个雄苞叶具1-2个精子器。雌苞生于叶腋侧短枝上；蒴萼高脚杯状，口呈3裂瓣，边缘平滑无齿。孢子圆球形，12-18 μm。弹丝2条螺纹加厚。

产于福建、甘肃、贵州、河南、黑龙江、湖北、吉林、江西、辽宁、山东、陕西、四川、西藏、云南，生于林下或路边泥土、岩面、树干或腐木上。本种为北半球广布种。

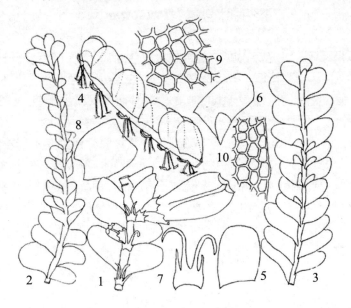

图 104　裂萼苔

1. 茎的一段带雌苞（腹面观）；2. 茎的一段带雄苞（背面观）；3. 茎的一段（背面观）；
4. 茎的一段（侧面观）；5、6、8. 叶片；7. 腹叶；9. 叶中部细胞；10. 叶边细胞

1b. 裂萼苔水生变种　多苞裂萼苔

Chiloscyphus polyanthos (L.) Corda var. ***rivularis*** (Schrad.) Nees., Naturg. Eur. Leberm. 2: 374. 1836.

植物体沉水生或生于溪边石头上。褐色，干标本黑色，直立或倾立，分枝长。叶片圆形，在茎上分离均匀生长，叶边细胞 20μm×23μm，叶中部细胞 20μm×28μm。腹叶小，在茎下部消失。常不见生殖体。

产于贵州、黑龙江、吉林、辽宁等地，生于沼泽、溪流水中石上。日本、欧洲及北美洲有分布。

毛叶苔科　Ptilidiaceae

植物体粗壮，毛绒状，褐黄绿色或褐绿色，疏松矮垫状。茎匍匐或先端上升倾立，不规则羽状分枝，分枝长短不齐；茎横切面圆形，中部细胞大。叶片覆瓦状蔽前式横生，背凸内凹，2-3（4）裂，裂达叶长的 1/3-1/2；叶边有分枝或不分枝长毛，由多细胞构成。叶细胞壁不等加厚，三角体明显加厚呈节状，角质层平滑。有油体。腹叶大，圆形或长椭圆形，2（4）裂瓣，叶边具分枝或不分枝长毛。雌苞生于主茎或分枝顶端，或生于芽状侧短枝上。精子器柄单列细胞。孢蒴长椭圆形，4 瓣开裂。孢子直径为弹丝直径的 4 倍。

本科系统位置和包括范围变动较大。中国已知仅 1 属。

1. 毛叶苔属 *Ptilidium* Nees

植物体多数褐绿色，具光泽，膨松丛生垫状。茎匍匐，1-3 回羽状分枝，分枝发生于侧叶与腹叶各一半之间；分枝长短不齐，先端不呈细尖；茎横切面圆形，皮部 2-3 层厚壁细胞，先端常呈头状。假根无或有时发生于腹叶基部。叶片蔽前式横生于茎上，2-3 裂达叶片长度的 1/2-3/4，边缘具 1-2 列多细胞长毛。叶细胞壁不等加厚，壁孔明显，三角体明显膨大呈节状；角质层平滑；油体 2-4 μm，球形、卵形或短棒状。腹叶横生茎上，较侧叶小，半圆形，2 裂，边缘有长毛。雌雄异株。雄株植物体细小，分枝多，每个雄苞叶具 1 个精子器，精子器柄长，单列细胞。雌雄植物体明显。雄苞生于茎顶端，蒴萼短筒形或长椭圆形。孢蒴成熟后裂成 4 瓣；蒴壁厚 4（5）层细胞，外层细胞大，三角体明显呈节状，内层呈环状不等加厚；蒴柄细胞大，薄壁，柔嫩，直径 10-14 个细胞，无色透明。孢子细粒状，外壁粗糙。

本属分布于北半球，全世界约有 13 种。中国有 2 种，湿地常见 1 种。

1. 毛叶苔

Ptilidium ciliare (L.) Hampe, Prodr. Fl. Hercyn. 76. 1836.——*Jungermannia ciliare* L.

植物体粗壮，黄绿色或褐绿色，有时红褐色，具光泽，膨松丛生。茎先端上升或倾立，1-2 回规则羽状分枝，长 2-8 cm，带叶宽 2-3 cm；假根透明。叶片 3 列，侧叶 3-4 裂，掌状，分裂达叶片长度的 1/3-1/2，裂片基部宽 15-20 个细胞，边缘具多数毛状突起，(1.5-2.0) mm×(2.2-2.5) mm。叶细胞圆卵形，(20-25)×(24-40) μm，叶边毛细胞 (20-24) μm×(35-47) μm，有明显的壁孔，细胞壁不同加厚，角隅加厚，呈膨大节状。腹叶比侧叶小，2-4 裂，带毛 (1-1.2) mm×(1.2-1.4) mm，叶边具多数毛，腹叶细胞同茎。雌雄异株。雄株常单独形成苔丛，植物体小，分枝较多。雌苞生于主茎或主枝先端。蒴萼短柱形或长椭圆形，口部有 3 条深褶，有短毛。孢蒴卵圆形，红棕色，成熟时开裂成 4 瓣，弹丝 2 条螺纹加厚。孢子有细密疣。

产于黑龙江、吉林、内蒙古，生于泥炭藓丛中。为北半球广布种。

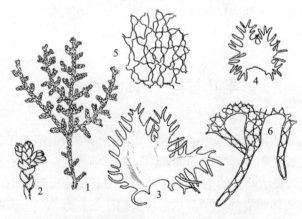

图 105　毛叶苔

1. 植物体；2. 茎先端一段；3. 侧叶；4. 腹叶；5. 叶中部细胞；6. 叶边毛细胞

小叶苔科 Fossombroniaceae

植物体弱小，灰绿色、黄绿色或绿色，匍匐，土生，多为1年生或2年生。茎侧具2列侧叶或叶状体形背部分裂成细片。茎腹面密生假根。腹鳞片1-3个细胞，黏液腺状，生于茎先端。叶细胞多六边形或卵形，每个细胞中具多数小油体。颈卵器生于背面先端。雌雄同株或异株，精子器多具柄，生于茎背面，裸露或隐没于雄苞内。雌苞生于茎先端背面，钟形或杯形，颈卵器丛生于其中或裸生茎上。卵细胞受精后，形成杯状假蒴萼。孢蒴球形，成熟后孢蒴壁成小块裂开，壁厚2-4层细胞。孢子多球形，表面有网格、栉片或疣。弹丝细，具2-4条螺纹加厚。

本科全世界有2属，中国仅有1属。

1. 小叶苔属 *Fossombronia* Raddi

植物体鲜绿色，土生，茎两侧生2列侧叶，蔽后式。茎腹面半圆形，背面平阔，叉状分枝，假根多，褐色或带红色，顶端细胞有2个分裂面。侧叶斜列着生，具多数阔三角形裂瓣，在基部多层细胞，边缘波状，叶细胞薄壁，多叶绿体。油体2-3μm，球形，每个细胞10-30个。雌雄同株或异株。精子器有长柄，生于茎的背面。颈卵器生于茎顶端背面，后期被钟形或杯形假蒴萼所包围。孢蒴球形，蒴壁含有叶绿体，成熟后孢蒴壁成小块裂开，由2列细胞构成。孢子球形，表面有网格或栉片或刺状疣。弹丝细，2-4条螺纹。

全世界有50余种，中国曾报道5种，湿地中常见1种。

1. 小叶苔

Fossombronia pusilla (L.) Dumort., Recueil Observ. Jungerm 11. 1835.——*Jungermannia pusilla* L.

植物体柔弱，灰绿色，稀疏群生。茎长2-12mm，顶端上仰，单一呈叉状分枝，腹面密生紫色假根。叶两列，蔽后式，基部叶圆方形，边缘具波曲，上部叶片阔肾形，皱曲，叶基下延；叶细胞六边形，薄壁，有多数叶绿体。雌雄同株。精子器生于叶片基部，枯黄色，裸露或隐没在苞片内。颈卵器常位于精子器附近，受精后由钟形或杯形的假蒴萼所包被，口大，有波曲状的分瓣，孢蒴圆球形，黑褐色，成熟后成小块裂开。孢子红棕色，球形，表面有褶皱形突起。

产于河北、黑龙江、吉林、辽宁、山东、四川、云南等地，生于潮湿的土壤上，多见于山地或阴蔽的林下，也见于沼泽中高地。日本、俄罗斯（远东地区）、欧洲、北美洲也有分布。

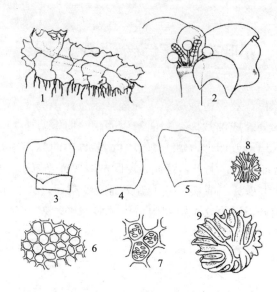

图 106　小叶苔
1. 植物体；2. 茎先端生殖苞；3. 叶片着生状态；4-5. 叶片；6. 叶片细胞；
7. 叶片细胞中油体；8-9. 孢子

地钱科　Marchanteaceae

植物体叶状，长达 10 cm，有内部相通的气腔，气孔生于叶状体背面或生殖托上，烟筒形。鳞片清楚，2-4 列，生于叶状体腹面或生殖托腹沟。油胞生于叶状体中。雌雄异株。雌托柄长，雄托柄短，各有 2 列根，雌雄托均高出叶状体；颈卵器被总苞围绕，受精后配子体分裂形成 2-3 层细胞的假蒴萼。孢蒴球形或长椭圆形，蒴壁细胞壁呈环状加厚。弹丝细长，具 2 条等宽的螺纹。孢子小，平滑或具粗糙表面，不具网格状花纹。孢子数是环带数的很多倍。如有芽胞时，是生在特殊的芽杯器中，鲜绿色，饼状。

本科全世界有 3 属，中国有 2 属。

1. 地钱属　*Marchantia* L.

叶状体暗绿色，中间有条黑色中肋或不明显，气室中有分枝的营养丝，气孔有 4 个环绕细胞。基本组织有黏液细胞和油胞。鳞片无色透明至红色，形态各式各样，1-4 列。雌器托高出叶状体，盘形浅裂或具 8-9 裂；每个总苞中有多个颈卵器，每个颈卵器苞为钟形。孢蒴长圆形，黄绿色，壁细胞有环状加厚。孢子具瘤状凸起或近于平滑，黄色。芽胞杯生于叶状体上表面，杯状，芽胞圆饼状。

本属中国记录 10 种，湿地常见 1 种。

1. 地钱

Marchantia polymorpha L., Sp. Pl. 1137. 1753.

叶状体暗绿色，宽带状，多回二歧分叉，长 5-10 cm，宽 1-2 cm，边缘呈波曲状，有裂瓣。背面具六角形，整齐排列的气室分隔；每室中央具 1 个烟囱型气孔，孔口边细胞 4 列，呈十字形排列。气室内具多数直立的营养丝。基本组织由 15-20 层细胞构成。鳞片紫色，4-6 列。假根平滑或带花纹。雌雄异株。雄托盘状，波状浅裂成 7-8 瓣；精子器生于托的背面，托柄长约 2 cm。雌托扁平，深裂成 9-11 个指状裂瓣；孢蒴着生托的腹面，托柄长 6 cm，叶状体背面前端常生有杯状的无性芽胞杯。

产于全国各地，生于阴湿土坡、墙下或沼泽地湿土或岩石上。世界广布。

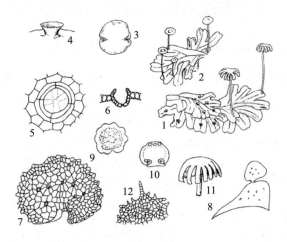

图 107　地钱

1. 雌植物体；2. 雄植物体；3. 芽胞；4. 芽杯；5. 气孔表面观；6. 气孔横切面；7. 腹鳞片附器；
8. 腹鳞片；9. 雄托背面观；10. 托柄横切面；11. 雌托侧面观；12. 芽胞杯边齿

钱苔科　Ricciaceae

植物体叶状，二歧形分枝，呈放射状匍匐延伸，圆盘状，古钱形，水生类型则细长，苔丛不规则。同化组织绿色，多数营养丝单列细胞，顶端细胞大或为乳头形，与叶状体垂直并列，在营养丝中间形成气道，叶状体表面无气孔；另外一类同化组织海绵状，由单层绿色细胞相间隔形成气室，有单型气孔。基本组织细胞同形，无色。叶状体腹面有 2 种假根。腹鳞片非常发达，或不明显。颈卵器和精子器均埋陷于叶状体中，开口于叶状体背表面。孢蒴无基足和蒴柄，受精卵在叶状体中分裂成熟，球形，或孢蒴成熟后在叶状体腹面凸出成瘤状。蒴壁腐蚀后孢子散出。孢子数少，无弹丝。偶尔有与孢子同形的不育细胞。

本科全世界有 2 属，约有 200 种，多分布于热带和亚热带。中国有 2 属。

分属检索表

1. 水生漂浮植物；腹面在水中生有长带形紫红色腹鳞片；同化组织中有大气室；油胞生于叶状体和腹鳞片 ··· 1. 浮苔属 *Ricciocarpus*
1. 陆生或沉水生植物；腹鳞片小或不明显，生于叶状体边缘；同化组织中有气道网状气室；无油胞 ··· 2. 钱苔属 *Riccia*

1. 浮苔属 *Ricciocarpus* Corda

本属全世界仅有 1 种。属的形态特征描述见种。

1. 浮苔

Ricciocarpus natans (L.) Corda, Naturalientausch 12: 651. 1829.——*Riccia natans* L.

植物体叶状，叶状体肥厚海绵状，2-3 回二歧分枝，形成圆形植物体，直径 1-2 cm，鲜绿或暗绿色。叶状体 5-10 mm 长，4-9 mm 宽，呈心脏形，背面中央有沟，腹面有长带状褐色或紫红色的腹鳞片，生于湿土上的叶状体腹面有假根；横切面的基本组织为 2-4 层细胞厚，同化组织由单列细胞连接成网状，有多数大型气室。颈卵器与精子器均埋生于叶状体背面组织中。雌雄同株。孢子体少见。孢子直径 45-55 μm，黑褐色，有凸起网状花纹。

产于福建、黑龙江、辽宁、四川、台湾、西藏等地，生于含肥料丰富的池沼、稻田中。朝鲜、日本、俄罗斯（远东地区）、欧洲、北美洲、大洋洲、非洲也有分布。

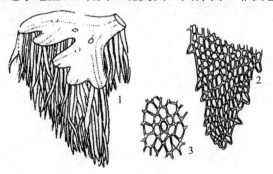

图 108 浮苔
1. 植物体一部分；2. 腹鳞片先端一部分；3. 气孔

2. 钱苔属 *Riccia* L.

植物体小，多湿土生，少数沉水生，扁平带状，1-3 回二歧分枝，辐射匍匐延伸，呈圆钱形。叶状体背面常有沟，腹面有平滑或带残隔的假根，横切面多背腹凸；基本组织细胞同形，多层，细胞中有油滴；同化组织的营养丝单列细胞，平行排列，中间有气道，或营养细胞排列呈片状，形成网格气室，有单气孔。叶状体边缘或背面有或无单细胞刺毛，腹鳞片有或无，如有则是 2 列，无色透明或紫红色或暗红色，常为先期发育。颈卵器和精子器单个或数个深埋于叶状体中。孢蒴球形，无蒴柄及基足，成熟后蒴壁腐裂，孢子散出。孢子数目少，四分孢型。无弹丝，少数有不育细胞分散于孢子中间。

本属共约有 200 种，广泛分布于世界各地。我国曾记录过 17 种，湿地常见 1 种。

1. 叉钱苔

Riccia fluitans L., Sp. Pl. 1139. 1753.

叶状体扁平狭带状，沉水密集丛生，多次二歧分枝，常由 1 个长主枝分生出许多侧短枝，1-3（6）cm 长，陆生类型腹面有假根，分枝处和枝端较宽，背面观网格状。叶状体横切面半月形，背面表皮细胞单层，宽为厚的 3-6 倍，同化组织为横切面厚的 2/3，气室多角形，为单层绿色细胞相间隔；基本组织薄，约占叶状体厚的 1/3，由 2-3 层大形细胞构成。气孔少，周围 4-6 个细胞。雌雄同株。孢子直径 75-90 μm，黄褐色半透明，具网格状凸起花纹。

产于福建、黑龙江、辽宁、台湾、云南等地，生于水泡和水沟的沉水中、河边湿土上。朝鲜、日本、俄罗斯（西伯利亚）、欧洲、北美洲也有分布。

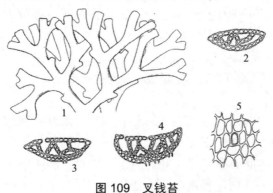

图 109 叉钱苔

1. 植物体一部分；2-4. 叶状体横切面；5. 气孔

蕨类植物 PTERIDOPHYTA

水韭科 Isoetaceae

小型或中型蕨类，多为水生或沼生。茎粗短，块状，或伸长而分枝，具原生中柱，下部生根，有根托。叶螺旋状排列呈丛生状，一型，狭长线形或钻形，基部扩大，叶脉1条，内部有分隔的气室，腹面有叶舌。孢子囊单生于叶基部腹面的穴内，椭圆形，有盖膜覆盖，二型，大孢子囊生在外部的叶基，小孢子囊生在内部的叶基。孢子二型，大孢子球状四面形，小孢子肾状二面形。配子体有雌雄之分，退化；精子有多数鞭毛。

本科共2属，约60种，中国1属。

1. 水韭属 *Isoetes* L.

小型或中型蕨类，多为水生或沼地生。根状茎短，块状，底部2-4浅裂；茎粗短，块状或伸长而分枝，具原生中柱，下部生根，有根托。叶螺旋状排列呈丛生状，一型，狭长线形或钻形，基部扩大，腹面有叶舌，叶内有1条维管束和4条纵向具横隔的通气道。孢子囊单生在叶基部腹面的穴内，椭圆形，有盖膜覆盖，二型，大孢子囊生在外部的叶基，小孢子囊生在内部的叶基。孢子二型，大孢子球状四面形，小孢子肾状二面形。配子体有雌雄之分，退化；精子有多数鞭毛。

本属约70种，世界广布，但多生长在北半球的温带沼泽湿地。中国现知4种。

分种检索表

1. 小型沼生蕨类；叶长3-4.5cm，宽约1mm；大孢子表面光滑无纹饰··················1. 高寒水韭 *I. hypsophila*
1. 中型水生或沼生蕨类；叶长（10-）15cm以上。
  2. 沼地生植物，叶宽1-2mm，孢子囊具白色膜质盖·····························2. 中华水韭 *I. sinensis*
  2. 水生或沼地生草本，叶宽5-10mm，孢子囊无膜质盖。
    3. 浅水生或沼地生草本，叶长10-25cm；大孢子表面具皱纹状至网状纹······3. 台湾水韭 *I. taiwanensis*
    3. 沉水生草本，叶长20-30cm；大孢子表面具网脊不平的不规则网状纹饰··4. 云贵水韭 *I. yunguiensis*

1. 高寒水韭
Isoetes hypsophila Hand.-Mazz., Symb. Sin. 6: 13. 1929.

多年生沼生植物，小型蕨类，植株高不及 5 cm。根状茎肉质，块状，长约 4 mm，呈 2-3 瓣裂。叶多汁，草质，线形，长 3-4.5 cm，宽约 1 mm，基部以上鲜绿色，内具 4 个纵行气道围绕中肋，并有横隔膜分隔成多数气室，先端尖，基部广鞘状，膜质，宽约 4 mm。孢子囊单生于叶基部，黄色。大孢子囊长圆形，长约 3 mm，直径约 2 mm；小孢子囊长圆形，长约 2.5 mm，直径约 1.5 mm。大孢子球状四面形，表面光滑无纹饰。

产于四川西南及云南西北，生于海拔约 4 300 m 的高山草甸水浸处。

2. 中华水韭　华水韭
Isoetes sinensis Palmer, Amer. Fern J. 17: 111. 1927.

多年生沼生植物，植株高 15-30 cm。根状茎肉质，块状，略呈 2-3 瓣裂，具多数二歧分枝的根。叶多数，覆瓦状排列，多汁，草质，鲜绿色，线形，长 15-30 cm，宽 1-2 mm，内具 4 个纵行气道围绕中肋，并有横隔膜分隔成多数气室，先端渐尖，基部广鞘状，膜质，黄白色，腹部凹入，凹入处生孢子囊，叶舌三角形渐尖。孢子囊椭圆形，长约 9 mm，直径约 3 mm，具白色膜质盖；大孢子囊常生于外围叶片基部的向轴面，内有少数白色粒状的四面形大孢子；小孢子囊生于内部叶片基部的向轴面，内有多数灰色粉末状的两面形小孢子。孢子期为 5 月下旬至 10 月末。

分布于安徽（休宁、屯溪和当涂）、江苏（南京）、浙江（杭州、诸暨、建德及丽水等地），生于浅水池塘边和山沟淤泥土上。

本种为我国特有濒危水生蕨类植物，国家一级保护植物。

图 110　中华水韭

3. 台湾水韭

Isoetes taiwanensis DeVol, Taiwania 17: 1. 1972.

水生至湿生植物。根状茎块状，2-4 裂，上部扁平，下部呈圆柱状，基部边缘有薄膜状物质，尖端有气孔散布。叶开展，多汁，草质，鲜绿色，线形，15-90 叶一束，丛生于球茎顶，呈螺旋状排列，长 7-25 cm，具空腔，仅具单脉，叶舌三角形。孢子囊生于叶基部内侧；大孢子囊阔椭圆形，表面具皱纹状至网状纹饰，湿时呈灰色，干时为白色；小孢子灰色，椭圆形，具小刺。

本种为我国特有濒危水生蕨类植物，仅见于台湾台北七星山的梦幻湖，具干湿双栖性，喜生于浅水中。

4. 云贵水韭

Isoetes yunguiensis Q. F. Wang & W. C. Taylor, Novon 12: 587, f. 1: A-C. 2002.

多年生沉水植物，植株高 15-30 cm。根状茎短而粗，肉质块状，略呈 3 瓣，基部有多条白色须根。叶多数，丛生，线形，半透明，绿色，长 20-30 cm，宽 5-10 mm，横切面三角状半圆形，有薄膜隔为 4 纵行气道，内有横向隔膜，叶基部向两侧扩大呈阔膜质鞘状，腹部凹入，凹入处生长圆形孢子囊，无膜质盖，叶舌三角形。植株外围的叶生大孢子囊，大孢子球状四面形，表面具不规则的网状纹饰；小孢子囊生于内部叶片基部的向轴面，内生多数灰色粉末状小孢子。4-5 月发叶，7-8 月在叶基部着生孢子囊，9-10 月孢子成熟。

产于贵州（平坝）、云南（昆明、寻甸），生于海拔 1 800-1 900 m 的山沟溪流中及流水的沼泽地。

本种为我国特有濒危水生蕨类植物，国家一级保护植物。

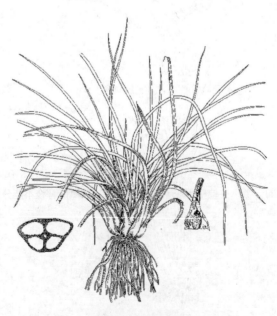

图 111　云贵水韭

木贼科　Equisetaceae

小型或中型蕨类，土生、湿生或浅水生。根状茎长而横行，黑色，分枝，有节，节上生根，被绒毛；地上枝直立，圆柱形，绿色，有节，中空有腔，表皮常有硅质小瘤，单生或在节上有轮生的分枝，节间有纵行的脊和沟。叶鳞片状，轮生，在每个节上合生成筒状的叶鞘（鞘筒）包围在节间基部，前段分裂呈齿状（鞘齿）。孢子囊穗顶生，圆柱形或椭圆形，有的具长柄；孢子叶轮生，盾状，彼此密接，每个孢子叶下面生有5-10个孢子囊。孢子近球形，有4条弹丝，无裂缝，具薄而透明周壁，有细颗粒状纹饰。

本科仅1属约25种，全世界广布。中国有1属10种3亚种，全国广布。

1. 木贼属　*Equisetum* L.

属的形态特征同科。

分种检索表

1. 地上枝宿存仅1年或更短时间；主枝常常有规则的轮生分枝；气孔位于地上枝的表面；孢子囊穗顶端钝；鞘齿革质，宿存，黑棕色或红棕色。
  2. 地上枝一型，即无能育枝与不育枝的区别。
    3. 大型植物，地上枝高40-60cm，主枝中部直径3-6mm；主枝下部1-3节节间红棕色，具光泽；主枝上部禾秆色或灰绿色；主枝无轮生分枝或具远较主枝纤细的分枝……3. 溪木贼 *E. fluviatile*
    3. 小型植物，地上枝高10-30cm，主枝中部直径1-2mm；主枝下部1-3节节间黑棕色，不具光泽；主枝具轮生分枝。
      4. 主枝及侧枝的脊两侧有隆起的棱；上部主枝及侧枝的棱顶各有1行小瘤伸达鞘齿，有1深纵沟贯穿整个鞘背…………………………………………………………2. 披散问荆 *E. diffusum*
      4. 主枝及侧枝的两侧背部呈弧形，无棱也无小瘤，仅有横纹，鞘背上部有1浅纵沟……………………………………………………………………………………5. 犬问荆 *E. palustre*
  2. 地上枝二型，能育枝上无轮生分枝或少且分枝短而细，明显不同于不育枝。
    5. 营养枝的主枝连侧枝宽常在10cm以下；营养枝的轮生分枝向上，与主枝成约30°或更小夹角；分枝直径约为主枝直径的一半；主枝中部以下有或无分枝，成熟能育枝不能分枝……1. 问荆 *E. arvense*
    5. 营养枝的主枝连侧枝宽达20cm；营养枝的轮生分枝指向两侧或略向上，与主枝常成45°-90°夹角；分枝直径远不及主枝直径的一半；主枝中部以下无分枝，能育枝最终能分枝………………………………………………………………………………………8. 林木贼 *E. sylvaticum*
1. 地上枝宿存1年以上，主枝常常不分枝；气孔下陷，呈单列；孢子囊穗顶端具小尖突；鞘齿膜质，早落，淡棕色或灰色。
  6. 地上枝呈波状弯曲状；主枝直径约0.6mm，髓腔中实，有脊6条以上，鞘齿3 (-5)个………………………………………………………………………………………………7. 蔺木贼 *E. scirpoides*

6. 地上枝不呈规则弯曲状；主枝直径大于 1 mm，髓腔中空，有脊 6 条以上，鞘齿 6 个以上。
  7. 成熟主枝有轮生的分枝；鞘筒顶部灰白色或略为红棕色·················6. 节节草 *E. ramosissimum*
  7. 成熟主枝无分枝或极少数有分枝，但不为轮生状；鞘筒顶部黑棕色。
    8. 主枝粗壮高大，中部直径 5-9 mm，高达 1 m 或更高；鞘齿上部早落，基部的背面有 2 条纵棱···4. 木贼 *E. hyemale*
    8. 主枝较细小，中部直径 1-4 mm，高仅 18-50 cm；鞘齿宿存，基部的背面有 4 条纵棱···9. 斑纹木贼 *E. variegatum*

1. 问荆

Equisetum arvense L., Sp. Pl. 2: 1061. 1753.

中小型植物，地上枝当年枯萎。根状茎斜升，直立和横走，黑棕色。枝二型，能育枝春季先萌发，高 5-35 cm，中部直径 3-5 mm，节间长 2-6 cm，黄棕色，不分枝，脊不明显，有密纵沟；鞘筒栗棕色或淡黄色，长约 8 mm，鞘齿 9-12 枚，栗棕色，长 4-7 mm，狭三角形，鞘背仅上部有一浅纵沟，孢子散后能育枝枯萎。不育枝后萌发，高达 40 cm，主枝中部直径 1.5-3 mm，节间长 2-3 cm，绿色，轮生分枝多，主枝中部以下有分枝；脊的背部弧形，无棱，有横纹，无小瘤；鞘筒狭长，绿色，鞘齿三角形，5-6 枚，中间黑棕色，边缘膜质，淡棕色，宿存；侧枝柔软纤细，扁平状，有 3-4 条狭而高的脊，脊的背部有横纹；鞘齿 3-5 个，披针形，绿色，边缘膜质，宿存。孢子囊穗圆柱形，长 1.8-4 cm，直径 9-10 mm，顶端钝，成熟时柄伸长，柄长 3-6 cm。

产于东北、华北、华东、西北、西南及河南、湖北、台湾，海拔 0-3 700 m。朝鲜半岛、日本、喜马拉雅地区、俄罗斯、欧洲、北美洲有分布。

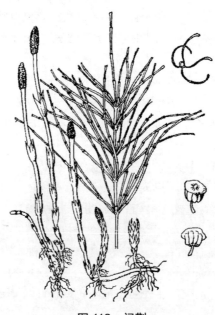

图 112　问荆

2. 披散问荆　散生木贼
Equistum diffusum D. Don, Prodr. Fl. Nepal. 19. 1825.

中小型植物,地上枝当年枯萎。根茎横走,直立或斜升,黑棕色。枝一型,高 10-30(-70) cm,中部直径 1-2mm,节间长 1.5-6cm,绿色,但下部 1-3 节节间黑棕色,无光泽,分枝多;主枝有脊 4-10 条,脊的两侧隆起成棱伸达鞘齿下部,每棱各有一行小瘤伸达鞘齿;鞘筒狭长,下部灰绿色,上部黑棕色;鞘齿 5-10 枚,披针形,先端尾状,革质,黑棕色,有一深纵沟贯穿整个鞘背,宿存;侧枝纤细,较硬,圆柱状,有脊 4-8 条,脊的两侧有棱及小瘤,鞘齿 4-6 个,三角形,革质,灰绿色,宿存。孢子囊穗圆柱状,长 1-9cm,直径 4-8mm,顶端钝,成熟时柄伸长,柄长 1-3cm。

分布于西南及甘肃、广西、湖南、江苏和陕西,海拔 0-3 400m。日本、印度、尼泊尔、不丹、缅甸、越南也有分布。

3. 溪木贼　水问荆
Equisetum fluviatile L., Sp. Pl. 2: 1062. 1753.

大型植物,地上枝多年生。根状茎横走或直立,栗棕色,空心,节上长栗棕色须根。枝一型,空心,高 40-60(-70) cm,中部直径 3-6mm,节间长 3-5mm,主枝下部 1-3 节节间红棕色,具光泽,主枝上部禾秆色或灰绿色,无轮生分枝或具远较主枝纤细而短的轮生分枝;主枝有脊 14-20 条,脊的背部弧形,平滑而有浅色小横纹;鞘筒狭长,10-12mm,淡棕色;鞘齿 14-20 枚,披针形,薄革质,黑棕色,背部扁平,无纵沟,宿存;侧枝无或纤细柔软,长 5-15cm,直径 6-10mm,禾秆色或灰绿色,有脊 5-7 条,脊的背部弧形,平滑或有小横纹;鞘齿 4-6 个,薄革质,禾秆色或略为棕色,宿存。孢子囊穗短棒状或椭圆形,长 12-25mm,直径 6-12mm,顶端钝,成熟时柄伸长,柄长 12-20mm。

产于重庆、甘肃、黑龙江、吉林、内蒙古、四川、西藏、新疆,海拔 500-3 000m。俄罗斯、蒙古、朝鲜半岛、日本、欧洲、北美洲有分布。

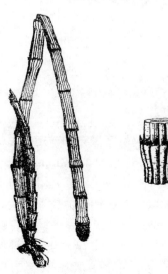

图 113　溪木贼

4. 木贼

Equisetum hyemale L., Sp. Pl. 2: 1062. 1753.

大型植物，地上枝多年生。根状茎横走或直立，黑棕色，节和根有黄棕色长毛。枝一型，高达 1 m 以上，中部直径（3-）5-9 mm，节间长 5-8 cm，绿色，不分枝或基部有少数直立的侧枝。地上枝有脊 16-22 条，脊的背部弧形或近方形，无明显小瘤或有小瘤 2 行；鞘筒 7-10 mm，黑棕色或顶部及基部各有一圈或仅顶部有一圈黑棕色；鞘齿 16-22 枚，披针形，小，长 3-4 mm，顶端淡棕色，膜质，芒状，早落，下部黑棕色，薄革质，基部的背面有 3-4 条纵棱，宿存或同鞘筒一起早落。孢子囊穗卵状，长 1-15 mm，直径 5-7 mm，顶端有小尖突，无柄。

产于东北、华北及重庆、甘肃、河南、湖北、陕西、四川、新疆，海拔 100-3 000 m。日本、朝鲜半岛、俄罗斯、欧洲、北美及中美洲有分布。

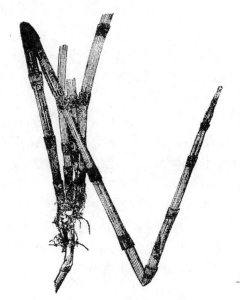

图 114　木贼

5. 犬问荆

Equisetum palustre L., Sp. Pl. 2: 1061. 1753.

中小型植物，地上枝当年枯萎。根状茎直立和横走，黑棕色，节和根光滑或具黄棕色长毛。枝一型，高 20-50（-60）cm，中部直径 1.5-2 mm，节间长 2-4 cm，绿色，但下部 1-2 节节间黑棕色；主枝有脊 4-7 条，脊的背部弧形，光滑或有小横纹；鞘筒狭长，下部灰绿色，上部淡棕色；鞘齿 4-7 枚，黑棕色，披针形，先端渐尖，边缘膜质，鞘背上部有一浅纵沟，宿存；侧枝较粗，长达 20 cm，圆柱状至扁平状，有脊 4-6 条，光滑或有浅色小横纹；鞘齿 4-6 枚，披针形，薄革质，灰绿色，宿存。孢子囊穗椭圆形或圆柱状，长 6-25 mm，直径 4-6 mm，顶端钝，成熟时柄伸长，柄长 8-12 mm。

产于东北、华北、华中、西北、西南及江西，海拔 200-4 000 m。日本、印度、尼泊尔、克什米尔地区、俄罗斯、欧洲、北美洲也有分布。

6. 节节草 节节木贼
Equisetum ramosissimum Desf., Fl. Atlant. 2: 398. 1799.

6a. 节节草（原亚种）
Equisetum ramosissimum Desf. subsp. ***ramosissimum***

中小型植物。根状茎黑棕色，节和根疏生黄棕色长毛或无毛。地上枝多年生，枝一型，高 20-60 cm，中部直径 1-3 mm，节间长 2-6 cm，绿色，主枝多在下部分枝，常形成簇生状；幼枝的轮生分枝明显或不明显；主枝有脊 5-14 条，脊的背部弧形，有一行小瘤或有浅色小横纹；鞘筒狭长达 1 cm，下部灰绿色，上部灰棕色；鞘齿 5-12 枚，三角形，灰白色、黑棕色或淡棕色，边缘膜质，基部扁平或弧形，早落或宿存，齿上气孔带明显或不明显。侧枝较硬，圆柱状，有脊 5-8 条，脊上平滑或有一行小瘤或有浅色小横纹；鞘齿 5-8 个，披针形，革质但边缘膜质，上部棕色，宿存。孢子囊穗短棒状或椭圆形，长 0.5-2.5 cm，中部直径 0.4-0.7 cm，顶端有小尖突，无柄。

产于全国各地，海拔 100-3 300 m。日本、朝鲜半岛、喜马拉雅地区、蒙古、俄罗斯、非洲、欧洲、北美洲有分布。

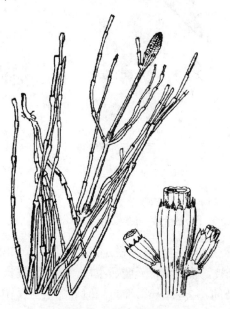

图 115 节节草

6b. 笔管草（亚种） 纤弱木贼，台湾木贼
Equisetum ramosissimum Desf. subsp. ***debile*** (Roxb. ex Vaucher) Hauke, Amer. Fern J. 52 (1): 33. 1962.——*E. debile* Roxb. ex Vaucher.

大中型植物。根茎黑棕色，节和根密生黄棕色长毛或无毛。地上枝多年生，枝一型，高可达 60 cm 以上，中部直径 3-7 mm，节间长 3-10 cm，绿色，成熟主枝有较少分枝；主枝有脊 10-20 条，脊的背部弧形，有一行小瘤或有浅色小横纹；鞘筒短，下部绿色，顶部略带黑棕色；鞘齿 10-22 枚，狭三角形，上部淡棕色，膜质，下部黑棕色革质，扁平，两侧有明显的棱角。侧枝较硬，圆柱状，有脊 8-12 条，脊上有小瘤或横纹；鞘齿 6-10 个，披针形，较短，膜质，淡棕色。孢子囊穗短棒状或椭圆形，长 1-2.5 cm，中部直径 4-7 mm，顶端有小尖突，无柄。

产于华东、华中、华南、西南及甘肃、陕西、台湾，海拔 0-3200 m。亚洲其他国家也有分布。

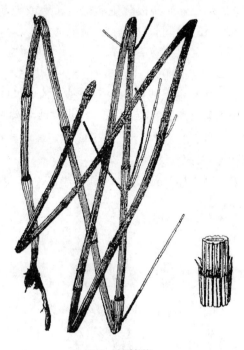

图 116　笔管草

7. 蔺木贼　小木贼

Equisetum scirpoides Michoux, Fl. Bor.-Amer. 2: 281. 1803.

小型植物，地上枝多年生。根茎直立和横走，黑棕色，节和根疏被黄棕色长毛或光滑。枝一型，地上枝仅在下部分枝，簇生状，无明显主枝，不规则波状弯曲，高 10-20 cm，中部直径约 0.6 mm，髓腔中实，节间长 2-2.8 cm，绿色，但下部 1-2 节节间栗棕色，有光泽；枝有脊 6 条，脊中部有一浅纵沟，两侧各有 1 条棱，棱上均匀分布 1 行齿状突起；鞘筒黑棕色或上部黑棕色，下部绿色；鞘齿 3-（5）枚，阔披针形，顶端具长芒，中间黑棕色，边缘淡棕色，膜质，宿存。孢子囊穗圆柱状，小，长约 5 mm，直径约 1.5 mm，顶端有小尖突，无柄。

产于内蒙古、新疆，海拔 500-2 600 m。日本、俄罗斯、欧洲、北美洲有分布。

8. 林木贼

Equisetum sylvaticum L., Sp. Pl. 1061. 1753.

中大型植物，地上枝当年枯萎。根茎黑棕色，节和根疏生黄棕色长毛或光滑。枝二型，能育枝与不育枝同期萌发。能育枝高20-30cm，中部直径2-2.5mm，节间长3-4cm，红棕色，有时为禾秆色，有脊10-14条；鞘筒上部红棕色，下部禾秆色，长1.1-1.5cm；鞘齿连成3-4个宽裂片，长0.5-1.1mm，红棕色，卵状三角形，膜质；孢子散后能育枝能存活。不育枝高30-70cm，中部直径2.5-5.5mm，节间长4.5-6cm，灰绿色，轮生分枝多，主枝中部以下无分枝，主枝有脊10-16条，脊的背部方形，两侧常具刚毛状突起，每脊常有一行小瘤；鞘筒上部红棕色，下部灰绿色，长约6mm；鞘齿连成3-4个宽裂片，长约6mm，卵状三角形，膜质，红棕色。侧枝柔软纤细，扁平，有脊3-8条，脊的背部有刺突或光滑；鞘齿呈开张状。孢子囊穗圆柱状，长1.5-2.5cm，直径5-7mm，顶端钝，成熟时柄伸长，柄长3-4.5cm。

产于黑龙江、吉林、内蒙古、山东、新疆，海拔200-1 600m。日本、欧洲、北美洲有分布。

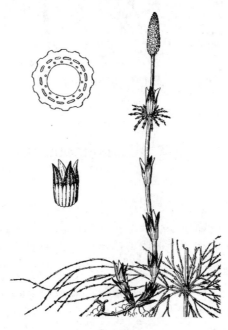

图117　林木贼

9. 斑纹木贼　兴安木贼

Equisetum variegatum Schleich. ex F. Weber & D. Mohr in Bot. Taschenbuch Jahr .60 & 447. 1807.

中小型植物，地上枝多年生。根茎直立和横走，黑棕色，节和根有黄棕色长毛。枝一型，高10-20cm，中部直径1-1.5mm，节间长1.5-4cm，绿色，不分枝；地上枝有脊6-8条，脊的背部近方形或弧形，中间有浅槽或无，两侧各有1行小瘤；鞘筒约2mm，绿色但顶部及中部有一圈黑棕色；鞘齿6-8枚，开展，三角形，长约1mm，中间黑棕色，边缘白色，顶端急尖具短芒，膜质，基部的背面有4条纵棱，宿存。孢子囊穗椭圆状，长5-8mm，直径2-4mm，顶端有小尖突，无柄。

产于吉林、内蒙古、四川、新疆，海拔1 500-3 700m。日本、蒙古、俄罗斯、欧洲、北美洲有分布。

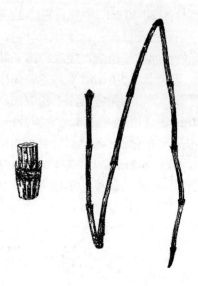

图 118 斑纹木贼

紫萁科 Osmundaceae

陆生中型、少为树形植物。根状茎粗肥,直立,树干状或匍匐状,包有叶柄的宿存基部,无鳞片。幼时叶片被棕色黏质腺状长绒毛,后脱落;叶柄长而坚实,基部膨大,两侧有狭翅;叶片大,一至二回羽状,二型,或往往同叶上的羽片为二型,叶脉分离,二叉分歧。孢子囊大,球形,裸露,常有柄,着生于强烈收缩的孢子叶(能育叶)的羽片边缘,其顶端具有几个增厚的细胞,常被看作为不发育的环带,纵裂为两瓣形。孢子为圆球状四面体形。原叶体为绿色,土表生。

本科共有 3 属,紫萁属产北半球,另外 2 属特产南半球。

1. 紫萁属 *Osmunda* L.

陆生植物。根状茎粗壮,直立或斜升,往往形成树干状的主轴,覆盖有叶柄的宿存基部。叶柄基部膨大,呈覆瓦状排列;叶大,簇生,二型或同一叶的羽片为二型,一至二回羽状,幼时被绒毛;能育叶或羽片紧缩。孢子囊球形,有柄,边缘着生,自顶端纵裂。孢子为圆球状四面体形。

本属约有 15 种,分布于北半球的温带和热带。中国有 8 种。

分种检索表

1. 不育叶二回羽状深裂,裂片披针形 ·· 1. 桂皮紫萁 *O. cinnamomea*
1. 不育叶二回羽状,羽片长圆形 ··· 2. 紫萁 *O. japonica*

1. 桂皮紫萁
Osmunda cinnamomea L., Sp. Pl. 2: 1066. 1753.——*O. cinnamomea* L. var. *asiatica* Fernald, *O. cinnamomea* L. var. *fokienense* Cop.

植株高 40-100 cm。根状茎直立或斜升，粗壮，无鳞片。叶二型，幼时密被红棕色绒毛，后近无毛；营养叶长圆形至狭长圆形，长 40-80 cm，宽 10-25 cm，基部渐狭，先端短锐尖，二回羽状深裂；羽片开展，披针形至狭披针形，无柄，长 5-15 cm，宽 1-3 cm，基部截形，先端锐尖，裂片长圆形至卵状长圆形，长 8-11 mm，宽 4-6 mm，顶端圆钝，全缘，叶脉羽状，侧脉二叉；能育叶较短，羽片紧缩，裂片线形，密被棕色带黑色绒毛。孢子囊球状，棕褐色；孢子球状四面体形，有 3 裂缝。

从我国东北至西南都有分布，生于沼泽地带。俄罗斯、日本、朝鲜半岛、印度北部、越南也有分布。

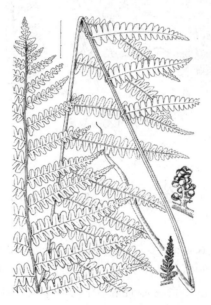

图 119　桂皮紫萁

2. 紫萁
Osmunda japonica Thunb., Nova Acta Regiae Soc. Sci. Upsal. 2: 209. 1780.

植株高 50-80 cm 或更高。根状茎短粗。叶簇生，直立，柄长 20-30 cm，禾秆色，幼时密被绒毛，不久脱落；叶片为三角状广卵形，长 30-50 cm，宽 25-40 cm，顶部一回羽状，其下为二回羽状；羽片 3-5 对，对生，长圆形，长 15-25 cm，基部宽 8-11 cm，基部一对稍大，有柄，柄长 1-1.5 cm；小羽片 5-9 对，对生或近对生，无柄，分离，长 4-7 cm，宽 1.5-1.8 cm，长圆形或长圆状披针形，先端稍钝或急尖，基部稍宽，圆形或近截形，边缘有均匀的细锯齿；叶脉两面明显，二回分歧，小脉平行，达于锯齿。孢子叶羽片和小羽片均短缩，小羽片变成线形，长 1.5-2 cm，背面沿中肋两侧密生孢子囊。

我国南方各省常见，向北至秦岭南坡和山东崂山，生于林下或溪边。也分布于日本、朝鲜、印度北部。

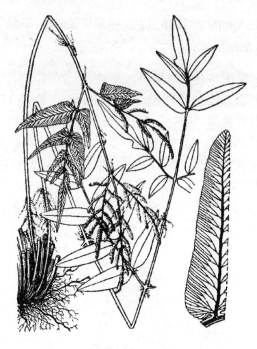

图 120　紫萁

海金沙科　Lygodiaceae

陆生攀缘植物。根状茎长，横走，有毛。叶远生或近生，叶轴无限生长，细长，缠绕，常高达数米，沿叶轴有互生的短枝（距），顶端有一个不发育的休眠小芽；羽片 1-2 回二叉掌状分裂或 1-2 回羽状复叶，不育羽片通常生于叶轴下部，能育羽片位于上部；末回小羽片或裂片披针形、长圆形或三角状卵形，基部常为心形、戟形或圆耳形；叶脉通常分离，少为疏网状，不具内藏小脉，分离小脉直达加厚的叶边；各小羽柄两侧通常有狭翅，上面隆起，常有锈毛；能育羽片通常较狭，边缘生有流苏状的孢子囊穗，由两行并生的孢子囊组成，孢子囊生于小脉顶端，由叶边一个反折小瓣包裹，形如囊群盖。孢子囊大，多少梨形，横生短柄上，环带由几个厚壁细胞组成，纵裂。孢子四面形。原叶体绿色，扁平。

本科为单属的科，分布于全世界热带和亚热带。

1. 海金沙属　*Lyodium* Sw.

属的形态特征同科。

本属约有 45 种，分布于全世界热带和亚热带，中国有 10 种，有 1 种向北分布到长江流域和日本。本书收录 1 种。

1. 小叶海金沙
Lygodium scandens (L.) Sw. in Schrad. Journ. (1801) 106.

植株蔓生攀缘，长达 5-7m。叶二回羽状，叶轴纤细如铜丝；羽片多数，相距 7-9cm，羽片对生于叶轴的距上，距长 2-4mm，顶端密生红棕色毛；不育羽片生于叶轴下部，长圆形，长 7-8cm，宽 4-7cm，柄长 1-1.2cm，奇数羽状，小羽片 4 对，互生，有 2-4mm 长的小柄，柄端有关节；叶脉清晰，三出，小脉 2-3 回二叉分歧；能育羽片长圆形，长 8-10cm，宽 4-6cm，通常奇数羽状，小羽片的柄长 2-4mm，柄端有关节，9-11 片，互生，各片相距 7-10mm，三角形或卵状三角形，钝头，长 1.5-3cm，宽 1.5-2cm。孢子囊穗排列于叶缘，5-8 对，线形，一般长 3-5mm，可达 8-10mm，黄褐色，光滑。

产于福建西部、广东、广西、海南、台湾、香港、云南东南部，生于溪边灌木丛中，海拔 110-152m。也分布于亚洲、非洲和大洋洲的热带地区。

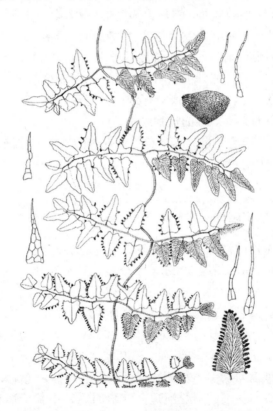

图 121　小叶海金沙

肾蕨科　Nephrolepidaceae

中型草本。根状茎长而横走，有腹背之分，或短而直立，有极细的匍匐枝，生有小块茎，二者均被鳞片，具管状或网状中柱；鳞片盾状着生，边缘色淡而较薄，常有睫毛。叶一形，叶片长而狭，披针形或椭圆披针形，一回羽状，羽片多数，基部不对称，无柄，以关节着生于叶轴，全缘或多少具缺刻；叶脉分离，侧脉羽状，几达叶边，小脉先端具明显的水囊，上面往往有1个白色的石灰质小鳞片。孢子囊群单一，圆形，偶有两侧汇合，顶生于每组叶脉的上侧一小脉，或背生于小脉中部，近叶边以1行排列或远离叶边以多行排列；囊群盖圆肾形或少为肾形；孢子囊为水龙骨型，不具隔丝；孢子两侧对称，椭圆形或肾形。

本科有3属，分布于全世界热带和亚热带。我国有2属，本书收录1属。

1. 肾蕨属　*Nephrolepis* Schott

根状茎通常短而直立，有网状中柱，有簇生的叶丛，并生出铁丝状的细长匍匐枝，匍匐枝出自每个叶柄的基部下侧，向四面横走，并生有许多须状小根和侧枝或块茎，能发育成新的植株。根状茎及叶柄被鳞片，鳞片腹部着生，边缘较薄且颜色较浅，常有纤细睫毛。叶长而狭，有柄；叶片一回羽状，羽片通常40-80对，无柄，以关节着生于叶轴上，干后易脱落，披针形或镰刀形，渐尖，基部通常不对称；主脉明显，侧脉羽状，2-3叉，小脉先端有圆形或纺锤形的水囊，在叶上面明显可见。孢子囊群圆形，生于每组叶脉上侧小脉顶端，成为1列，接近叶边；囊群盖圆肾形或少为肾形，暗棕色，宿存。孢子椭圆形或肾形，不具周壁，外壁表面具不规则的疣状纹饰。

本属约有30种，广布于全世界热带和邻近热带的地区。我国有6种，产于西南、华南及华东，本书收录1种。

1. 肾蕨

Nephrolepis auriculata (L.) Trimen, J. Linn. Soc. Bot. 24: 152. 1887.

根状茎直立，被蓬松的淡棕色长钻形鳞片，下部有粗铁丝状的匍匐茎向四方横展，匍匐茎棕褐色，粗约1mm，长达30cm，不分枝，疏被鳞片，有纤细的褐棕色须根；匍匐茎上生有近圆形的块茎，直径1-1.5cm，密被与根状茎上同样的鳞片。叶簇生，柄长6-11cm，粗2-3mm，暗褐色，略有光泽，上面有纵沟，下面圆形，密被淡棕色线形鳞片；叶片线状披针形或狭披针形，长30-70cm，宽3-5cm，叶轴两侧被纤维状鳞片，一回羽状，羽片约45-120对，互生，常密集而呈覆瓦状排列，披针形，中部的一般长约2cm，宽6-7mm，先端钝圆或有时急尖，基部心形，通常不对称，几无柄，以关节着生于叶轴，叶缘有疏浅的钝锯齿，向基部的羽片渐短；叶脉明显，小脉顶端具纺锤形水囊。孢子囊群成1行位于主脉两侧，肾形，少为圆肾形或近圆形，长1.5mm，宽不及1mm，生于每组侧脉的上侧小脉顶端，位于从叶边至主脉的1/3处；囊群盖肾形，褐棕色，边缘色较淡，无毛。

产于福建、广东、广西、贵州、海南、湖南南部、台湾、西藏（察隅、墨脱）、云南和浙江，生于溪边林下，海拔30-1 500m。广布于全世界热带及亚热带地区。

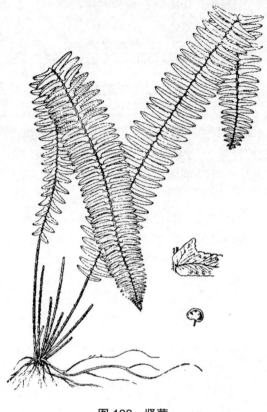

图 122 肾蕨

卤蕨科 Acrostichaceae

土生或海岸潮汐带间沼泽植物。根状茎粗壮，坚硬，短而直立，具网状中柱，被鳞片。叶二型或一型而仅上部羽片能育；叶片大，一回奇数羽状，坚草质或厚革质，光滑；叶脉网状，两面可见，网眼细密，无内藏小脉。孢子囊满布能育叶或能育羽片下面的网脉上，无盖或多少被变为干膜质的反折叶边缘所覆盖；孢子囊大，环带由 20-22 个加厚细胞组成。孢子四面体型，透明，表面具颗粒状纹饰。

本科有 2 属，分布于世界热带和亚热带海岸，中国仅 1 属。

1. 卤蕨属 *Acrostichum* L.

海岸沼泽植物。根状茎直立，顶部密被钻状披针形鳞片，先端有直径达 2cm 的球形顶芽；鳞片中部黑褐色，质厚，边缘灰棕色，膜质，常破碎而呈啮蚀状或具规则齿。叶二型或一型而仅顶部羽片能育，一回奇数羽状；羽片披针形，全缘；中脉上面微凹，下面粗而隆起，侧脉组成均匀而细密的网眼，无内藏小脉。孢子囊沿网脉着生，与头状而分裂的隔丝混生，无盖。

全属约4种，分布于热带海滨及部分亚热带海岸，偶有生于热带内陆。我国有2种。

1. 卤蕨　金蕨

Acrostichum aureum L., Sp. Pl. 2: 1069. 1753.

高可达2m。根状茎直立，顶端密被棕褐色宽披针形鳞片。叶簇生，叶柄长30-60cm，粗可达2cm，基部褐色，被钻状披针形鳞片，向上为枯禾秆色，光滑，上面有纵沟，在中部以上沟的隆脊上有2-4对互生的刺状突起；叶片长60-140cm，宽30-60cm，一回羽状，羽片多达30对，中部的披针形，长15-36cm，宽2-2.5cm，全缘，通常上部的羽片较小，能育；叶脉网状，两面可见；叶厚革质，干后黄绿色，光滑。孢子囊满布能育羽片下面，无盖。

产于广东（徐闻、防城、钦县、阳春）、海南（文昌、陵水）、香港、云南，生于海岸边泥滩或河岸边。亚洲其他热带地区、非洲及美洲热带也有分布。

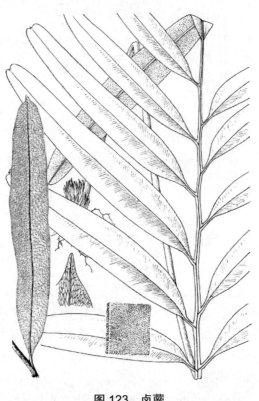

图 123　卤蕨

铁线蕨科　Adiantaceae

陆生中小型蕨类。根状茎短而直立或细长横走，具管状中柱，被棕色或黑色鳞片。叶一型，叶柄黑色或红棕色，有光泽，通常细圆，坚硬如铁丝，内有1条或基部为2条而向上合为1条的维管束；叶片多为1-3回以上的羽状复叶或1-3回二叉掌状分枝，稀单叶；

末回小羽片卵形、扇形、团扇形等，边缘有锯齿，少有分裂或全缘，有时以关节与小柄相连；叶脉分离，稀网状。孢子囊群着生在羽片顶部边缘的叶脉上，无盖，由反折的叶缘覆盖（假囊群盖）；假囊群盖圆形、肾形、半月形、长方形和长圆形等，上缘深缺刻状、浅凹陷或平截等。孢子囊球状，有长柄，环带直立；孢子四面体形，淡黄色，透明，光滑，不具周壁。

本科有 2 属，广布于世界各地。我国仅有铁线蕨属。

1. 铁线蕨属　*Adiantum* L.

陆生中小形蕨类。根状茎或短而直立或细长横走，被披针形鳞片。叶一型，叶柄、叶轴、各回羽轴和小羽柄黑色或红棕色，有光泽，通常细圆，坚硬如铁丝；叶脉分离，自基部向上多回二歧分叉或自基部向四周辐射，顶端二歧分叉，伸达边缘，两面可见。

本属有 200 多种，广布于世界各地，自寒温带到热带，南美洲最多。我国有 30 余种，主要分布于温暖地区。本属许多种类可以入药，大多数种类可作钙质土壤的指示植物，很多种类外形优美雅致，可栽培观赏。

分种检索表

1. 单叶，叶片近圆形或圆肾形 ··· 3. 荷叶铁线蕨 *A. reniforme* var. *sinense*
1. 复叶，叶片羽状或掌状分枝。
　　2. 叶片 2-4 回羽状分枝；小羽片浅裂成 4-5 片阔裂片，裂片先端有啮蚀状的齿 ··· 1. 铁线蕨 *A. capillus-veneris*
　　2. 叶片 1-3 回掌状二叉分枝；小羽片先端具钝锯齿，上缘深裂 ············ 2. 扇叶铁线蕨 *A. flabellulatum*

1. 铁线蕨

Adiantum capillus-veneris L., Sp. Pl. 2: 1096. 1753.

植株高 15-40 cm。根状茎细长横走，密被棕色披针形鳞片。叶柄长 5-20 cm，粗约 1 mm，纤细，栗黑色，有光泽；叶片卵状三角形，长 10-25 cm，宽 8-16 cm，二回羽状；羽片 3-5 对，基部 1 对较大；侧生末回小羽片 2-4 对，互生，斜扇形或近斜方形，长 1.2-2 cm，宽 1-1.5 cm，上缘圆形，具 2-4 浅裂或深裂，不育裂片先端钝圆，具阔三角形的小锯齿或具啮蚀状的小齿，能育裂片先端截形或略下陷，全缘或两侧具有啮蚀状的小齿，两侧全缘，基部偏斜，阔楔形，具栗黑色纤细的短柄，顶生小羽片扇形，基部为狭楔形，常大于侧生小羽片；叶脉多回二歧分叉，直达边缘；叶轴、各回羽轴常左右曲折。孢子囊群每羽片 3-10 枚，生于能育小羽片上缘；假囊群盖长形、长肾形或圆肾形，上缘平直，淡黄绿色，老时棕色，膜质，全缘。

分布于华北及以南省区，常生于溪流旁石灰岩、石灰岩洞、滴水岩壁，海拔 100-2 800 m。广布于世界温暖地区。

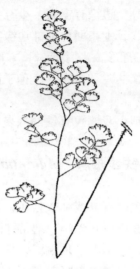

图 124 铁线蕨

2. 扇叶铁线蕨 铁线蕨、过坛龙
Adiantum flabellulatum L., Sp. Pl. 2: 1095. 1753.

植株高 20-45 cm。根状茎短而直立，密被棕色光泽的钻状披针形鳞片。叶簇生；柄长 10-30 cm，粗 2.5 mm，紫黑色，有光泽，基部被鳞片；叶片扇形，长 10-25 cm，2-3 回二叉分枝，通常中央的羽片较长，两侧的略短，中央羽片线状披针形，长 6-15 cm，宽 1.5-2 cm，一回奇数羽状；小羽片 8-15 对，互生，平展，具短柄，小羽片半圆形（能育）或斜方形（不育）；各回羽轴及小羽柄均为紫黑色，有光泽。孢子囊群每羽片 2-5 枚，生于裂片上缘和外缘，以缺刻分开；假囊群盖半圆形或长圆形，上缘平直，革质，褐黑色，全缘。

产于福建、广东、广西、贵州、海南、湖南、江西、四川、台湾、云南、浙江，生于阳光充足处，疏林下阴湿处也常见，海拔 100-1 100 m。日本、越南、缅甸、印度、斯里兰卡及马来群岛也有分布。

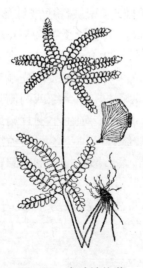

图 125 扇叶铁线蕨

3. 荷叶铁线蕨 荷叶金钱草
Adiantum reniforme L. var. ***sinense*** Y. X. Lin, Acta Phytotax. Sin. 18 (1): 102, f. 1, 1-5. 1980.

植株高 5-20cm。根状茎短而直立，先端密被棕色披针形鳞片和细长柔毛。单叶簇生；柄长 3-14cm，粗 0.5-1.5mm，深栗色，基部密被鳞片和柔毛，向上密被棕色多细胞长柔毛，干后易被擦落；叶片圆形或圆肾形，直径 2-6cm，叶柄着生处有一或深或浅的缺刻，叶片边缘有圆钝齿，能育叶由于边缘反卷成假囊群盖而齿牙不明显，叶片下面被稀疏的棕色多细胞长柔毛；叶脉由基部向四周辐射。假囊群盖圆形或近长方形，上缘平直，沿叶边分布，彼此接近或有间隔，褐色，膜质。

特产于重庆，是三峡库区的特产植物，成片生于覆有薄土的阴湿岩石上及石缝中，海拔 350m。国家二级保护植物。

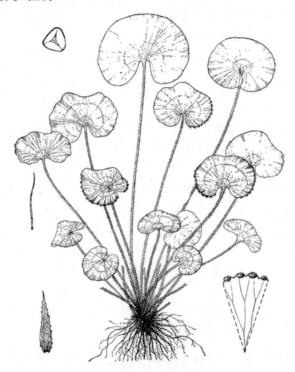

图 126 荷叶铁线蕨

里白科 Gleicheniaceae

陆生植物，根状茎长而横走，具原始中柱，被鳞片或被节状毛。叶一型，有柄；叶片一回羽状，顶生羽片一至二回羽状；末回裂片（或小羽片）为线形，纸质或近革质，下面常灰白或灰绿色；叶轴及叶下面幼时被星状毛或有睫毛的鳞片或二者混生，后脱落。孢子囊群小而圆，无盖，由 2-6 个无柄孢子囊组成，生于叶下面小脉上。孢子囊为陀螺形，有 1 条横绕中部的环带，从一侧以纵缝开裂。孢子四面体形或两面体形，透明，无周壁。原叶体扁，绿色，有脉。

本科有 6 属，150 多种，多分布于世界热带。中国有 3 属，产于热带及亚热带。

1. 里白属 *Hicriopteris* Presl

根状茎粗壮，长而横走，分枝，具原始中柱，密被披针形红棕色鳞片，全缘或有睫毛。叶有长柄，主轴粗壮，单一，由其顶芽一次或多次生出一对二叉的、二回羽状的羽片；顶生一对羽片长过 1m 以上，宽 20-40cm，二回羽状；小羽片多数，披针形，渐尖；叶柄和叶轴幼时密被有睫毛的披针形厚鳞片，并有星状或分枝的毛混生，后脱落或有时宿存。孢子囊群小，圆形，无盖，由（2-）3（-4）个无柄的孢子囊组成，以 1 行位于中脉和叶边中间，生于每组脉的上侧小脉背上。孢子为四面体形，透明，无周壁。

本属约有 25 种，广布于世界热带及亚热带，而以热带亚洲为其分布中心。我国有 17 种，本书收录 3 种。

分种检索表

1. 叶厚纸质；叶柄、羽轴、小羽轴或裂片背面密被淡棕色或锈色的鳞片和星状毛；孢子囊群和裂片背面的细脉裸出，明显；小羽片基部宽度通常超过 2mm，裂片长 6mm 以上，小脉通常超过 11 对；裂片先端圆或凹陷···1. 中华里白 *H. chinensis*
1. 叶草质；叶柄、羽轴，小羽轴和裂片背面密被红棕色的鳞片和星状毛；孢子囊群和背面的细脉隐藏在星状毛中或稍显露；小羽片宽度通常达 1.5mm，裂片长 5-6mm，小脉较少；裂片先端钝，不凹陷。
   2. 裂片和小羽轴成垂直相交或略向上斜出···2. 里白 *H. glauca*
   2. 裂片和小羽轴成 45°-60°角，向上斜出···3. 光里白 *H. laevissima*

1. 中华里白

Hicriopteris chinensis (Ros.) Ching, Sunyatsenra 5: 279. 1940.

植株高约 3m。根状茎横走，粗约 5mm，深棕色，密被棕色鳞片。叶片巨大，二回羽状；叶柄深棕色，粗 5-6mm 或更粗，密被红棕色鳞片，后变光滑；羽片长圆形，长约 1m，宽约 20cm；小羽片互生，多数，长 14-18cm，宽 2.4cm，披针形，顶端渐尖，羽状深裂；裂片 50-60 对，长 1-1.4cm，宽 2mm，披针形或狭披针形，全缘；叶轴棕褐色，粗约 4.5mm，初密被红棕色鳞片，边缘有长睫毛。孢子囊群圆形，1 列，位于中脉和叶缘之间，稍近中脉，着生于基部上侧小脉上，由 3-4 个孢子囊组成。

产于福建、广东、广西、贵州、四川，生于山谷溪边或林中，海拔 400-1 200m。越南北部也有分布。

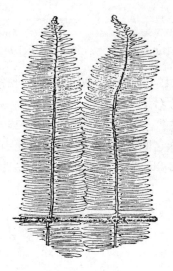

图 127　中华里白

2. 里白

Hicriopteris glauca (Thunb.) Ching, Sunyatsenia 5: 279. 1940.

植株高约 1.5 m。根状茎横走，粗约 3 mm，被鳞片。叶柄长约 60 cm，粗约 4 mm，光滑，暗棕色；一回羽片对生，具短柄，长 55-70 cm，长圆形，中部宽 18-24 cm，顶端和基部变狭；小羽片 22-35 对，长 11-14 cm，宽 1.2-1.5 cm，线状披针形，顶端渐尖，羽状深裂；裂片 20-35 对，长 7-10 mm，宽 2.2-3 mm，宽披针形，钝，全缘；中脉上面平，下面凸起，侧脉两面可见，约 10-11 对，叉状分枝，直达叶缘。孢子囊群圆形，中生，生于上侧小脉上，由 3-4 个孢子囊组成。

产于福建、广东、广西、贵州、湖北、江西、四川、台湾、云南、浙江，生于林下、沟边、林缘湿地，海拔 200-1 500 m。日本及印度也有分布。

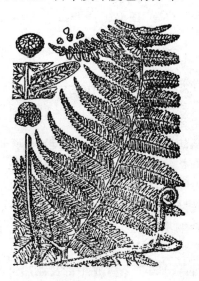

图 128　里白

3. 光里白

Hicriopteris laevissima (Christ) Ching, Sunyatsenia 5: 280. 1940.

植株高 1-1.5m。根状茎横走，被鳞片，暗棕色。叶柄绿色或暗棕色，粗 4-5mm，基部被鳞片或疣状突起；一回羽片对生，具短柄，卵状长圆形，长 38-60cm，中部宽 26cm；小羽片 20-30 对，长达 20cm，狭披针形，羽状全裂；裂片 25-40 对，长 7-13mm，宽约 2mm。孢子囊群圆形，位于中脉及叶缘之间，着生于上方小脉上，由 4-5 个孢子囊组成。

产于安徽、福建、广西、贵州、湖北、湖南、江西、四川、云南西部、浙江，生于山谷中阴湿处，海拔 500-2 500m。日本、越南北部、菲律宾也有分布。

图 129　光里白

鳞始蕨科　Lindsaeaceae

根状茎短而横走或长而蔓生，具原始中柱，鳞片由 2-4 行大而有厚壁的细胞组成，或基部为鳞片状上面变为长针毛状。叶同型，有柄，羽状分裂，草质，光滑；叶脉分离或少有为稀疏的网状。孢子囊群为叶缘生的汇生囊群，着生在两至多条细脉的结合线上或单独生于脉顶，有盖，稀无盖；囊群盖为两层，里层为膜质，外层即为绿色叶边，里层的以基部着生，或有时两侧也部分着生叶肉，向外开口；孢子囊为水龙骨型，柄长而细，有 3 行细胞；孢子四面体形或两面体形，不具周壁。

本科有 8 属，约有 230 种，分布于全世界热带及亚热带。中国有 5 属，31 种。

1. 鳞始蕨属 *Lindsaea* Dryand. ex Sm.

中型陆生或附生植物。根状茎长或短，横走，被钻状狭鳞片，向上部变为钻状毛，有原始中柱。叶柄基部不具关节；叶为一回或二回羽状，羽片或小羽片为对开式，或扇形，不具主脉（实际主脉靠近下缘）；叶脉分离或少有稀疏联结。孢子囊群沿上缘及外缘着生，联结两至多条细脉顶端而为线形，或少有顶生一条细脉上而为圆形，囊群盖为线形、横长圆形或圆形，向叶边开口；孢子囊有细柄，环带直立，有 12-15 个增厚细胞；孢子为长圆形或四面体形。

本属约有 200 种，产泛热带。中国有 23 种。

1. 异叶鳞始蕨　异叶双唇蕨
Lindsaea heterophyllum Dryand., Trans. Linn. Soc. London 3: 41. 1797.

植株高 36 cm。根状茎短而横走，直径约 2 mm，密被红褐色钻形鳞片。叶柄长 12-22 cm，有 4 棱，暗栗色，光滑；叶片阔披针形或长圆三角形，向先端渐尖，长 15-30 cm，宽 5-15 cm，一回羽状或下部常为二回羽状；羽片约 11 对，基部近对生，上部互生，远离，披针形，长 3-5 cm，宽约 1 cm，渐尖，基部近对称，边缘有啮蚀状锯齿，羽片向上逐渐缩短；基部 1-2 对羽片常多少为一回羽状，较长，达 7 cm，宽 2.3 cm；中脉显著，侧脉羽状二叉分枝，沿中脉两边各有 1 行不整齐多边形的斜长网眼；叶轴有 4 棱，栗色，光滑。孢子囊群线形，从顶端至基部连续不断，囊群盖线形，棕灰色，连续不断，全缘。

产于福建、广东、广西、海南、台湾及云南（河口），生于林下溪边湿地，海拔 120-600 m。亚洲热带地区也有分布。

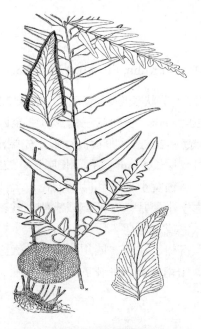

图 130　异叶鳞始蕨

姬蕨科　Dennstaedtiaceae

根状茎横走，有管状中柱，被灰白色多细胞刚毛。叶同型，叶片一至四回羽状细裂，叶轴和叶多少被与根状茎上同样或较短的毛，小羽片或末回裂片偏斜，下侧楔形，上侧截形，多少为耳形；叶脉分离，羽状。孢子囊群圆形，小，在叶缘或近叶缘处顶生于 1 条小脉上；囊群盖或为叶缘生的碗状，或为多少变质的向下反折的叶边的锯齿（或小裂片），或为不整齐叶边生的半杯形或小口袋形，其基部和两侧着生于叶肉，上端向叶边开口，或仅以基部着生；孢子囊为梨形，有细长的由 3 行细胞组成的柄；环带直立，侧面开裂，常有线状多细胞的夹丝混生；孢子四面体形，稀两面体形，不具周壁，平滑或有小疣状突起。

本科约有 9 属，分布于世界热带及亚热带。中国有 3 属。

1. 姬蕨属　*Hypolepis* Bernh.

植株大型。根状茎长而横走，有管状中柱，被多细胞的刚毛，无鳞片。叶大型，叶柄粗大，有毛，直立，少为蔓生；叶片多回羽状分裂，各回羽片偏斜，有毛，稀光滑无毛；叶脉分离，羽状。孢子囊群圆形，近叶边着生于一条小脉顶端，一般位于裂片缺刻处，为反折的锯齿或小裂片所覆盖。孢子为两面形，长圆形，有小刺头及疣状突起，稀平滑。

本属约有 50 种，为泛热带分布，以新大陆热带较多。中国有 6 种，主要产于热带和亚热带地区。

1. 姬蕨　岩姬蕨
Hypolepis punctata (Thunb.) Mett. in Kuhn, Fil. Afr. 120. 1868.

根状茎粗约 3 mm，密被棕色节状长毛。叶疏生，柄长 22-25 cm，基部直径 3 mm，暗褐色；叶片长 35-70 cm，宽 20-28 cm，长卵状三角形，三至四回羽状深裂；羽片 8-16 对，下部 1-2 对一般长 20-30 cm，宽 8-20 cm，卵状披针形，先端渐尖，柄长 7-25 mm，密生灰色腺毛，尤以腋间为多；末回裂片长 5 mm 左右，长圆形，边缘有钝锯齿，下面中脉隆起，侧脉羽状，直达锯齿；叶轴、羽轴及小羽轴和叶柄同色，上面有狭沟，粗糙，有透明的灰色节状毛。孢子囊群圆形，生于小裂片基部两侧或上侧近缺刻处，中脉两侧 1-4 对；囊群盖由锯齿多少反卷而成，棕绿色或灰绿色，无毛。

产于安徽、福建、广东、贵州、江西、四川、台湾、云南、浙江，生于溪边阴处，海拔 500-2 300 m。日本、印度、中南半岛、菲律宾、马来西亚、夏威夷群岛、大洋洲及热带美洲均有分布。

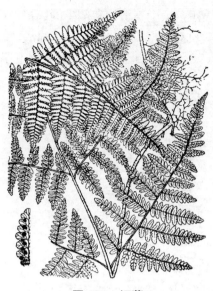

图 131 姬蕨

观音座莲科 Angiopteridaceae

根状茎短而直立，肥大肉质，头状。叶柄粗大，基部有肉质托叶状附属物，或长而近于直立，叶柄基部有薄肉质长圆形的托叶；叶片为一至二回羽状，末回小羽片披针形；叶脉分离，二叉分枝或单一；孢子囊船形，质厚，顶端有不发育的环带，分离，沿叶脉两行排列，形成线形或长形（有时圆形）的孢囊群，腹面有纵缝开裂；孢子圆球形，透明，表面光滑或粗糙。

本科有 3 属，产于亚洲热带和亚热带以及南太平洋群岛，中国有 2 属。

1. 观音座莲属 *Angiopteris* Hoffm.

大型陆生植物，高 1-2 m 或更高。根状茎肥大，肉质圆球形，辐射对称。叶大型，二回羽状（偶为一回羽状），有粗长柄，基部有肉质托叶状的附属物；末回小羽片披针形，有短小柄或几无柄；叶脉分离，二叉分枝或单一，自叶边往往生出倒行假脉，长短不一；孢子囊群靠近叶边，以两列生于叶脉上，通常由 7-30 个孢子囊组成，无夹丝（产中国的种类）。

本属约有 200 种，分布于亚洲和非洲热带地区，向北达日本；中国有 60 余种。

1. 福建观音座莲
Angiopteris fokiensis Hieron., Hedwigia 61: 275. 1919.

植株高大，高 1.5 m 以上。根状茎块状，直立。叶草质，光滑；叶柄粗壮，多汁肉质，长约 50 cm；叶片阔卵形，长宽各约 60 cm，二回羽状；羽片互生，狭长圆形，基部略变狭，宽 14-18 cm；小羽片平展，中部的长 7-9 cm，宽 1-1.7 cm，披针形，渐尖，基部近截形或近圆形，具短柄，下部的逐渐缩短，顶生小羽片和侧生的同形，有柄，叶缘有浅三角形锯齿；侧脉间无倒行假脉。孢子囊群长约 1mm，距叶缘 0.5-1mm，通常由 8-10 个孢子囊组成。

产于福建、广东、广西、贵州、湖北、湖南，生于林下溪边。日本南部也有分布。

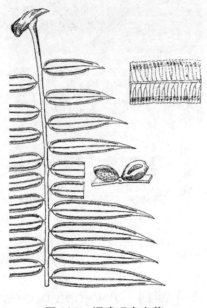

图 132　福建观音坐莲

水蕨科　Parkeriaceae（Ceratopteridaceae）

一年生多汁水生或沼生植物。根状茎短而直立，下端有一簇粗根，网状中柱，顶端疏被鳞片；鳞片为阔卵形，基部多少呈心形，质薄透明。叶簇生；叶柄绿色，肉质，内含许多气孔道；叶二型，不育叶片为长圆状三角形至卵状三角形，单叶或羽状复叶，末回裂片为宽披针形或带状，全缘，主脉两侧的小脉为网状；能育叶与不育叶同形，常较高，分裂较深而细，末回裂片边缘向下反卷达主脉，线形至角果形；在羽片基部上侧的叶腋常有一个圆卵形棕色的小芽胞，成熟后脱落，行无性繁殖。孢子囊群沿主脉两侧生，几无柄，幼时完全为反卷的叶边所覆盖，环带宽而直立，由排列不整齐的 30-70 个加厚的细胞组成；每个孢子囊产生 16 或 32 个孢子；孢子大，四面体型，各面有明显的肋状纹饰。

本科仅有 1 属，产热带和亚热带。

1. 水蕨属　*Ceratopteris* Brongn.

属的特征与科相同。

本属有 6-7 种，广布于世界热带和亚热带，生于池沼、水田或水沟中，有时漂浮水面。我国有 2 种。

分种检索表

1. 根着生淤泥中；叶柄连同叶轴不显著膨胀，直径 1cm 以下，高 5-50 cm（若直径大于 1cm，则高达 50 cm 以上）；能育叶长圆形或卵形 ··· 1. 水蕨 *C. thalictroides*
1. 通常为漂浮植物；叶柄连同叶轴显著膨胀，直径 1.3 cm，高 20-25 cm；能育叶阔三角形 ··· 2. 粗梗水蕨 *C. pteridoides*

1. 水蕨

Ceratopteris thalictroides (L.) Brongn., Bull. Sci. Soc. Philom. Paris 8: 186. 1821. —— *Acrostichum thalictroides* L.

植株幼嫩时绿色，柔软多汁，高可达 80 cm。根状茎短而直立，以须根着生于淤泥。叶簇生，二型；不育叶直立或幼时漂浮，狭长圆形，长 6-30 cm，宽 3-15 cm，二至四回羽状深裂，裂片 5-8 对，下部 1-2 对羽片较大，长达 10 cm，宽达 6.5 cm；末回裂片线形或线状披针形，长达 2 cm，宽达 6 mm；能育叶长圆形或卵状三角形，长 15-40 cm，宽 10-22 cm，2-3 回羽状深裂，羽片 3-8 对，下部 1-2 对羽片最大，长达 14 cm，宽达 6 cm，末回裂片狭线形，角果状，长达 1.5-4（-6）cm，宽不超过 2 mm，边缘薄而透明，反卷达于主脉。孢子囊沿裂片主脉两侧网眼疏生，幼时为反卷叶缘所覆盖。

产于安徽、福建、广东、广西、湖北、江苏、江西、山东、四川、台湾、云南、浙江等省区，生于池沼、水田或水沟的淤泥中，有时漂浮于深水面上。广布于世界热带及亚热带各地。

国家二级保护植物。茎叶入药，嫩叶可做蔬菜。

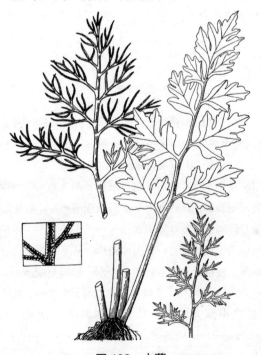

图 133 水蕨

2. 粗梗水蕨

Ceratopteris pteridoides (Hook.) Hieron., Bot. Jahrb. Syst. 34: 561. 1905.—— *Parkeria pteridoides* Hook.

通常漂浮，植株高 20-30 cm。叶柄与叶轴显著膨胀，叶柄基部尖削，布满细长的根。叶二型；不育叶为深裂的单叶，卵状三角形，裂片宽条形；能育叶幼嫩时绿色，成熟时棕色，叶片阔三角形，二至四回羽状，末回裂片边缘薄而透明，强裂反卷达于主脉，覆盖孢子囊，呈线形或角果形，长 2-7 cm，宽约 2 mm。孢子囊沿主脉两侧的小脉着生，幼时为反卷的叶缘所覆盖。染色体 $2n=78$。

产于安徽（黄山、东流）、湖北（武汉）、江苏（南京），常浮生于沼泽、河沟和水塘。也分布于东南亚和美洲。

茎叶入药，嫩叶可食。

蹄盖蕨科　Athyriaceae

根状茎具网状中柱，被鳞片。叶簇生；叶片一至三回羽状，罕为三出复叶或披针形单叶，叶片或羽片全缘或有锯齿，或羽片羽裂；裂片通常有锯齿或缺刻，少有全缘。孢子囊群圆形、椭圆形、线形、新月形、弯钩形乃至马蹄形或圆肾形，通常生于叶脉背部或上侧，有或无囊群盖；囊群盖圆肾形、线形、新月形、弯钩形或马蹄形。孢子大多有较明显的周壁；周壁及外孢壁有多种多样的纹饰，并常见周壁形成褶皱。

本科约有 20 属，500 种，广布全世界热带至寒温带各地，尤以热带、亚热带山地为多。中国各属均产，约有 400 种。

分属检索表

1. 囊群盖成熟时后倾，全部或下部被压于囊群下呈下位鳞片状。叶片一回羽状（羽片羽状深裂至全裂）至二回羽状（小羽片羽状浅裂至深裂） ·· 4. 冷蕨属 *Cystopteris*
1. 孢子囊群成熟时囊群盖不呈下位鳞片状，或无囊群盖。
    2. 孢子囊群及囊群盖通常新月形、弯钩形、马蹄形或圆肾形，单生于叶脉上侧或背部；有时新月形、弯钩形及马蹄形孢子囊群无囊群盖，成熟时呈椭圆形或圆形；叶柄基部常加厚变尖削呈纺锤形；羽轴及小羽片中肋上面常有硬刺状或软针状突起 ·················· 1. 蹄盖蕨属 *Athyrium*
    2. 孢子囊群及囊群盖通常线形，直或微弯，罕为卵圆形，从不弯曲呈钩形、马蹄形，或多或少成对双生于叶脉上下两侧，或孢子囊群无囊群盖，粗短线形、椭圆形或圆形，生于叶脉背部。
        3. 孢子囊群生于叶脉上侧或上下两侧，通常短线形，均有囊群盖；叶片无肉质扁平角状突起，相邻裂片下部的一至多对小脉先端靠合或联结成斜方形网孔，并有一条短脉从联结点外行 ·· 2. 菜蕨属 *Callipteris*
        3. 孢子囊群生于叶脉背部，粗短线形、椭圆形或圆形，无囊群盖；叶片上面在裂片主脉基部或有时在羽片、各回小羽片中肋基部有一肉质扁平角状突起 ·················· 3. 角蕨属 *Cornopteris*

1. 蹄盖蕨属 *Athyrium* Roth

根状茎短，多直立，少横走或斜升，稀细长而横走。叶簇生；叶柄长，基部往往加粗，向下变为尖削，横切面有 2 条维管束，呈八字形排列，向叶轴连合呈 U 字形；叶柄基部被鳞片，鳞片红褐色、深褐色或黑褐色，卵状披针形、长钻形或线状披针形，全缘，由厚壁的狭长细胞构成，膜质；叶片卵形、长圆形或阔披针形，一至三回羽状。孢子囊群圆形、圆肾形、马蹄形、弯钩形、长圆形或短线形，囊群盖圆肾形、马蹄形、弯钩形、新月形、长圆形或短线形，稀无囊群盖或囊群盖不发育。

全世界有 160 多种，主产于温带和亚热带高山林下。中国有 100 余种，以西南高山地区为分布中心，各省区均有。

分种检索表

1. 叶片中部以上羽片之小羽片或羽裂片下先出或近对生，叶轴及羽轴带淡紫红色；孢子囊群长圆形或短线形 ·· 3. 尖头蹄盖蕨 *A. vidalii*
1. 叶片中部以上羽片之小羽片或羽裂片上先出，互生或仅基部 1 对近对生，叶轴及羽轴禾秆色，偶带淡紫红色。
  2. 叶片 2 回羽状，羽片或小羽片向上伸展或平展，基部 1 对近对生；孢子囊群马蹄形、长圆形或弯钩形 ·· 1. 溪边蹄盖蕨 *A. deltoidofrons*
  2. 叶片 1-2 回羽状，羽片或小羽片斜向下反折，互生；孢子囊群近圆形或马蹄形 ·· 2. 湿生蹄盖蕨 *A. devolii*

1. 溪边蹄盖蕨　修株蹄盖蕨

Athyrium deltoidofrons Makino, Bot. Mag. Tokyo 28: 178. 1914.

根状茎短，直立，先端密被浅褐色钻状披针形鳞片。叶簇生；叶柄长 25-55 cm，直径 1.5-2.5 mm，基部褐色；叶片宽卵形或卵状长圆形，长 45-70 cm，基部宽 30-55 cm，二回羽状，小羽片深羽裂；羽片 15-20 对，小羽片约 14 对，裂片约 10 对，两侧边缘有短尖齿；叶脉下面明显，在裂片上为羽状，小脉单一或分叉。孢子囊群马蹄形、长圆形或弯钩形，每裂片 1-5 枚（基部上侧裂片通常有 7 枚）；囊群盖同形，灰褐色，膜质，边缘啮蚀状，宿存。

产于福建、贵州、湖南、江西、四川和浙江，生于山谷溪边湿地或草丛中，海拔 880-2 000 m。朝鲜半岛和日本也有分布。

2. 湿生蹄盖蕨

Athyrium devolii Ching, Sunyatsenia 3: 1, t. 1. 1935.

根状茎短，近直立，先端被浅褐色卵状披针形鳞片。叶簇生；叶柄长 20-40 cm，直径 1-1.5 mm，基部黑褐色；叶片狭长圆形，长 25-45 cm，下部宽 16-25 cm，二回羽状，小羽片深羽裂；羽片 12-15 对，小羽片约 12 对，裂片 6-9 对，边缘有不整齐的尖锯齿；叶脉下面明显，在裂片上为羽状，侧脉 2-3 对，伸达于锯齿顶。孢子囊群近圆形或马蹄形，每裂片 1-3 枚（基部裂片上常有 2-3 对）；囊群盖马蹄形，褐灰色，厚膜质，边缘有睫毛，宿存。

产于重庆、福建北部、广西、贵州、江西、四川、西藏（察隅）、云南和浙江，生于疏林下溪边草丛湿地，海拔 500-2 050 m。

图 134　湿生蹄盖蕨

3. 尖头蹄盖蕨

Athyrium vidalii (Franch. & Sav.) Nakai, Bot. Mag. Tokyo 39: 110. 1925.—— *Asplenium vidalii* Franch. & Sav.

根状茎短，直立，先端密被深褐色线状披针形鳞片，鳞片先端纤维状。叶簇生；叶柄长 20-30 cm，直径 2.5-3 mm，基部黑褐色；叶片长卵形或三角状卵形，二回羽状；羽片约 12 对，小羽片约 16 对，两侧边缘常有波状浅裂，或有尖锯齿；叶脉上面不明显，下面可见，在小羽片上为羽状。孢子囊群长圆形或短线形，每小羽片 6-7 对，在主脉两侧各排成 1 行，稍近主脉，叶耳上有 1-2 枚；囊群盖长圆形，有时小羽片基部的为弯钩形，浅褐色，膜质，全缘或有不整齐的小齿，宿存。

分布于安徽、重庆、福建、甘肃、广西、贵州、河南南部、湖北、湖南、江西西部、陕西、四川、台湾、云南（维西）和浙江，生于山谷林下沟边阴湿处，海拔 600-2 700 m。日本和朝鲜半岛也有分布。

2. 菜蕨属　*Callipteris* Bory

陆生大型常绿喜湿植物。根状茎粗壮，直立或斜升，被鳞片；鳞片褐色，边缘有睫毛状小齿。叶簇生；叶柄粗壮，光滑或有刺；叶片椭圆形，一至二回羽状；一回羽状叶的羽片大，阔披针形，渐尖，基部平截，对称，边缘全缘或有锯齿或羽裂；小羽片披针形，渐尖，浅羽裂；主脉及侧脉明显。孢子囊群椭圆形至线形，几乎着生于全部小脉上；囊群盖厚膜质，线形，黄褐色，全缘。孢子周壁表面具大颗粒状或小瘤状纹饰。

本属约有 5 种，分布于太平洋岛屿及亚洲东南部。我国有 2 种及 1 变种，分布于长江以南各省区，生于山谷溪边或河岸潮湿地、沙地。

1. 菜蕨

Callipteris esculenta (Retz.) J. Sm. ex Moore & Houlst., Gard. Mag. Bot. 3: 265. 1851.——*Hemionitis esculenta* Retz.

根状茎直立，高达 15 cm，密被鳞片；鳞片狭披针形，长约 1 cm，宽约 1 mm，褐色，边缘有细齿。叶簇生；叶柄长 50-60 cm，基部直径 3-5 mm；叶片三角形或宽披针形，长 60-80 cm 或更长，宽 30-60 cm；羽片 12-16 对，小羽片 8-10 对；叶脉在裂片上羽状，小脉 8-10 对，斜向上，下部 2-3 对通常联结。孢子囊群多数，线形，稍弯曲，几乎生于全部小脉上，达叶缘；囊群盖线形，膜质，黄褐色，全缘。孢子表面具大颗粒状或小瘤状纹饰。

分布于安徽、福建、广东、广西、贵州、海南、湖南、江西、四川、台湾、云南、浙江，生于山谷林下湿地及河沟边，海拔 100-1 200 m。亚洲热带和亚热带及波利尼西亚也有分布。

嫩叶可作野菜。

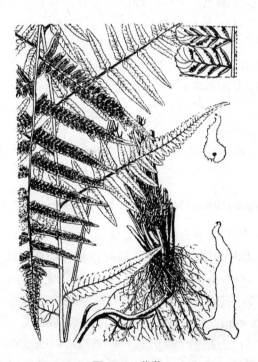

图 135　菜蕨

3. 角蕨属　*Cornopteris* Nakai

林下湿生常绿或夏绿植物。根状茎大多粗而横卧、斜升或直立，较少细长横走，顶部及叶柄基部有披针形、卵状披针形或卵形、褐色或红褐色、全缘的鳞片。叶片椭圆形至卵状三角形，一至三回羽状，羽片或末回小羽片常羽裂；叶脉在裂片上羽状，小脉单一或二叉至羽状，不达叶边。孢子囊群短线形、椭圆形或圆形，背生于小脉上，无囊群盖。

本属约有 15 种，主要分布于亚洲热带和亚热带，向北达亚洲东北部温带，向南达非洲东部（马达加斯加）。中国有 11 种，通常生于山谷林下阴湿溪沟边。

分种检索表

1. 下部羽片的小羽片均为尖头，羽片半裂至深裂；叶下面有较多单细胞短毛，稀混生 2-3 个细胞的短节毛···1. 尖羽角蕨 *C. christenseniana*
1. 下部羽片的小羽片通常圆钝头，罕急尖头，两侧羽片浅裂至半裂或粗锯齿状；叶无毛或几无毛·········
··2. 角蕨 *C. decurrenti-alata*

1. 尖羽角蕨

Cornopteris christenseniana (Koidz.) Tagawa, Acta Phytotax. Geobot. 2: 195. 1933.
——*Diplazium christenseniaunnz* Koidz.

根状茎横卧，先端被污褐色、全缘的椭圆状披针形鳞片。叶柄长达 45 cm，浅绿色略带紫红色，通体被褐色全缘的披针形鳞片；叶片三角状卵形，长达 45（-60）cm，宽达 30（-45）cm，二回羽状；侧生羽片约 10 对，中部的最大，长达 20 cm，宽达 7 cm；侧生小羽片可达 12 对，披针形或卵状披针形，中部的长达 4 cm，宽达 1.5 cm，先端渐尖、短渐尖或近圆钝，基部宽楔形；小羽片两侧的裂片可达 10 对，近长方形，斜展，略向上弯，先端截形，有钝锯齿或近全缘；叶脉在裂片上羽状，小脉 3-5 对，单一，不达叶边。孢子囊群长椭圆形，生于小脉中部。

产于浙江北部，生于林缘崖边湿地，海拔 800 m。也分布于日本及韩国（济州岛）。

2. 角蕨

Cornopteris decurrenti-alata (Hook.) Nakai, Bot. Mag. Tokyo 44: 8. 1930.—— *Gymnogramma decurrenti-alata* Hook.

根状茎细长横走或横卧，黑褐色，粗约 5 mm，顶部被褐色披针形鳞片。叶柄长达 40 cm，暗禾秆色，基部被鳞片；叶片卵状椭圆形，长达 40 cm，宽达 28 cm，一至二回羽状；侧生羽片达 10 对，彼此远离，披针形，渐尖，基部近平截，近对称，下部的较大，椭圆状披针形，长达 15 cm，宽达 4 cm；裂片或小羽片卵形或长椭圆形，长达 3 cm，宽达 1 cm，边缘浅裂或有疏齿或呈波状；小脉单一或分叉，伸达叶边。孢子囊群短线形或长椭圆形，背生于小脉中部或较接近中脉，或生于小脉分叉处。孢子赤道面观半圆形，周壁透明，具褶皱，表面具颗粒状纹饰。

产于安徽、重庆、福建、广东、广西、贵州、河南、湖南、江苏、江西、四川、台湾、云南、浙江，生于山谷林下阴湿溪沟边，海拔 250-2800 m。也分布于韩国（济州岛）、日本。

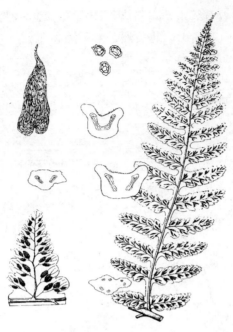

图 136 角蕨

4. 冷蕨属 *Cystopteris* Bernh.

小型夏绿植物。根状茎细长横走或短而横卧，黑褐色，被褐色或浅褐色、卵形至宽披针形鳞片。叶较细弱；叶片卵状披针形、卵状三角形或近五角形，二至三回羽状，稀4回羽状以上；羽片有短柄，基部多少偏斜或近对称；裂片边缘有小锯齿；叶脉分离，二叉或羽状，小脉直，达锯齿顶端或达锯齿间的小缺刻。孢子囊群圆形，生于小脉背上；囊群盖卵形、披针形、近圆形或半杯形，着生于孢子囊群下面囊托基部的一侧，膜质，宿存，起初覆盖孢子囊群，后被成熟的孢子囊群推开，并将基部压于下面，宛如下位的囊群盖。

本属有20多种，分布于温带、寒温带及热带高山。中国有11种，分布于东北、华北、西北、西南高寒山地和台湾高山。

1. 冷蕨

Cystopteris fragilis (L.) Bernh., Neues J. Bot. 1 (2): 27. 1806.——*Polypodium fragile* L.

根状茎短而横走或稍伸长，带有残留的叶柄基部，先端和叶柄基部被有鳞片，鳞片浅褐色宽披针形。能育叶长（3.5-）20-35（-49）cm；叶柄约为叶片长的1/3-2/3，略有光泽；叶片披针形至阔披针形，长17-28 cm，宽（0.8-）4-5（-8）cm，短渐尖，通常二回羽裂至二回羽状，小羽片羽裂，偶有一或三回羽状；羽片约12-15对，卵形至卵状披针形，长（0.4-）2-4（-7）cm，宽（0.2-）1-2.5 cm。孢子囊群小，圆形，背生于每小脉中部，每一小羽片2-4对；囊群盖卵形至披针形，膜质，灰绿色或稍带浅褐色。孢子深褐色，表面具较密的刺状突起。

产于东北、华北、西北及安徽、河南、山东、四川西部、台湾、西藏东部及云南等省区，生于高山灌丛下、阴坡石缝中、岩石脚下或沟边湿地，海拔（210-）1 500-4 800 m。广布于欧洲、亚洲北部和中部高山、北美洲、南美洲和非洲。

图 137　冷蕨

金星蕨科　Thelypteridaceae

　　根状茎粗壮，直立或斜升，或细长而横走，顶端被鳞片；鳞片披针形，棕色，质厚，筛孔狭长，背面常有灰白色短刚毛或边缘有睫毛。叶柄细，基部横断面有2条海马状的维管束，向上逐渐靠合呈U形；叶一型，稀近二型，多为披针形或倒披针形，少为卵形或卵状三角形，通常二回羽裂，有时三至四回羽裂，稀一回羽状，羽轴密生灰白色针状毛，羽片基部下面常有一膨大的疣状气囊体；羽片下面常饰有橙色或橙红色、有柄或无柄的球形或棒形腺体。孢子囊群圆形、长圆形或粗短线形，背生于叶脉，有盖或无盖；盖圆肾形，多少有毛，宿存或隐没于囊群中，早落；或不集生成群而沿网脉散生，无盖；孢子囊有长柄，在囊体的顶部薄壁细胞处或囊柄顶部常有多种类型的毛或腺毛。

　　广布世界热带和亚热带，少数产于温带，亚洲最多。本科有20余属，近1 000种，多生于低海拔地区。中国有18属，约365种，主产于长江以南各省低山区。

分属检索表

1. 叶脉除基部1对外，第2-5对侧脉和外行小脉联结或和透明膜质线相连，形成斜方形网眼，其余侧脉伸达缺刻以上的叶边；叶片下面往往有橙色或橙红色球形或棒形腺体；孢子囊群有盖 ·· 1. 毛蕨属 *Cyclosorus*

1. 叶脉分离；孢子囊群有盖或无盖。

  2. 孢子囊群无盖；侧脉多少分叉，小脉不达叶边；叶柄为红棕色或棕禾秆色，有光泽·················
···3. 紫柄蕨属 *Pseudophegopteris*

  2. 孢子囊群有盖；侧脉二叉或单一。

    3. 陆地生植物；侧脉通常单一，偶有二叉，叶脉伸达叶边；囊群盖大，棕色··············
···2. 假毛蕨属 *Pseudocyclosorus*

    3. 沼泽生植物；侧脉二叉···4. 沼泽蕨属 *Thelypteris*

1. 毛蕨属 *Cyclosorus* Link

    根状茎横走，少直立，疏被鳞片；鳞片披针形或卵状披针形，质厚，通常多少被短刚毛。叶柄有灰白色单细胞针状毛或柔毛；叶长圆形、披针形或倒披针形，叶轴下面无疣状气囊体；二回羽裂，稀一回羽状，侧生羽片通常 10-30 对或较少；裂片多数，呈篦齿状排列，全缘，罕有少数锯齿，基部 1 对特别是上侧 1 片往往较长；叶脉明显，侧脉在裂片上单一，偶有二叉；以羽轴为底边，相邻裂片基部一对侧脉的顶端彼此交结成三角形网眼，并自交结点伸出 1 条或长或短的外行小脉，直达有软骨质的缺刻，或和缺刻下的 1 条透明膜质联线相接，第 2 对或多对侧脉的顶端或和外行小脉相连，或伸达膜质联线形成斜方形网眼。孢子囊群圆形；囊群盖棕色或褐棕色，圆肾形，厚。

    本属全世界约有 250 种，广泛分布于热带和亚热带，亚洲最多。中国有 127 种，为世界分布中心之一。

分种检索表

1. 植株高 35 cm；羽片下面无腺体，上面密生刚毛·······································1. 齿牙毛蕨 *C. dentatus*

1. 植株高过 50 cm；羽片下面有腺体，上面沿叶脉有少许伏生针状毛，脉间疏生短糙毛··············
···2. 华南毛蕨 *C. parasiticus*

1. 齿牙毛蕨

Cyclosorus dentatus (Forssk.) Ching, Bull. Fan Mem. Inst. Biol. Bot. ser. 8: 206. 1938.——*Polypodium dentatum* Forssk.

    植株高 40-60 cm。根状茎短而直立，先端及叶柄基部密被披针形鳞片及锈棕色短毛。叶柄长 10-35 cm，基部粗 1.5-2 mm，褐色，密生短毛；叶片长 25-30 cm，中部宽 12-14 cm，披针形，先端长尾状，二回羽裂；羽片 11-13 对，近开展，下部 2-3 对略缩短，相距 2-4 cm，基部一对长约 5 cm，中部羽片长 6-8 cm，基部宽 1.2-1.5 cm，披针形，渐尖，羽裂达 1/2；裂片 13-15 对，斜展，长约 4 mm，基部上侧一片略长，基部宽 3-4 mm，长方形，全缘；叶脉两面可见，侧脉斜上，每裂片 5-6 对（基部上侧一片有 7 对），基部 1 对先端交结成钝三角形网眼，并自交结点向缺刻伸出 1 条外行小脉和第 2 对的上侧一脉连接成斜长方形网眼。孢子囊群小，生于侧脉中部以上，每裂片 2-5 对；囊群盖中等大，厚膜质，深棕色，有短毛，宿存。

    产于福建、广东、广西、海南、江西、台湾、云南东部，生于山谷疏林、水池边，海拔 1 250-2 850 m。广泛分布于热带和亚热带地区。

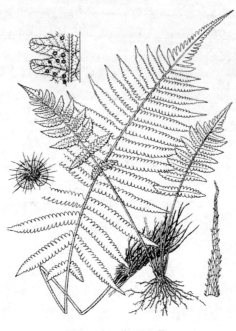

图 138　齿牙毛蕨

2. 华南毛蕨

Cyclosorus parasiticus (L.) Farwell., Amer. Midl. Naturalist 12: 259. 1931.—— *Polypodium parasiticum* L.

　　植株高达 70 cm。根状茎横走，粗约 4 mm，连同叶柄基部有深棕色披针形鳞片。叶柄长达 40 cm，粗约 2 mm；叶片长 35 cm，长圆状披针形，先端尾状渐尖，基部不变狭，二回羽裂；羽片 12-16 对，相距 1.5-3 cm，中部羽片长 10-11 cm，中部宽 1.2-1.4 cm，披针形，先端长渐尖，基部平截，略不对称，羽裂达 1/2 或稍深；裂片 20-25 对，斜展，基部上侧一片特长，约 6-7 mm，其余的长 4-5 mm，长圆形，全缘；叶脉两面可见，侧脉每裂片 6-8 对，基部 1 对先端交接成钝三角形网眼，并自交接点伸出 1 条外行小脉直达缺刻，第 2 对侧脉均伸达缺刻以上的叶边；叶脉上饰有橙红色腺体。孢子囊群圆形，生侧脉中部以上，每裂片（1-）4-6 对；囊群盖小，膜质，棕色，上面密生柔毛，宿存。

　　产于重庆、福建、广东、广西、海南、湖南、江西、台湾、云南东南部、浙江，生于山谷密林下或溪边湿地，海拔 90-1 900 m。亚洲其他国家也有分布。

2. 假毛蕨属　***Pseudocyclosorus*** Ching

　　根状茎横走或直立，疏生棕色披针形鳞片。叶柄通常疏被短毛；叶片二回深羽裂，下部羽片通常逐渐缩成耳状、蝶形或突然收缩成瘤状，叶轴在羽片着生处的下面通常有一个褐色的瘤状气囊体，有时不明显；叶脉分离，主脉两面隆起，小脉下面稍隆起，相邻裂片基部一对小脉有时伸达软骨质的缺刻，但通常是上侧一脉伸达缺刻，而下侧一脉伸达缺刻以上的叶边；叶片背面沿羽轴纵沟密生伏贴的刚毛，叶脉上也有疏刚毛，下面脉间多有针状毛，少无毛。孢子囊群圆形，通常生于侧脉中部；囊群盖圆肾形，质厚，多为棕色，宿存，背面被细毛或无毛，少有腺体。

本属全世界约有 50 种，主产于热带和亚热带地区。我国有 40 种，多分布于长江以南各省区。

分种检索表

1. 叶轴下面或多或少被有长针状毛，羽轴和叶脉下面通常也有针状毛，少无毛…1. 镰片假毛蕨 P. falcilobus
1. 叶轴、羽轴和叶脉下面仅被细毛，至多在末端有一二根针状长毛………2. 普通假毛蕨 P. subochthodes

1. 镰片假毛蕨

Pseudocyclosorus falcilobus (Hook.) Ching, Acta Phytotax. Sin. 8: 324. 1963.——*Lastrea falciloba* Hook.

植株高 65-80 cm。根状茎直立，粗约 1 cm，木质，先端及叶柄基部被棕色披针形鳞片。叶柄长 6-10 cm，基部褐色，上部禾秆色，无毛；叶片披针形，长 60-70 cm，中部宽 14-18 cm，顶端渐尖，下部突然变狭，二回深羽裂；下部 3-6 对羽片退化成小耳片，中部正常羽片 36-38 对，线状披针形，长 12-13 cm，中部宽 1-1.2 cm，羽裂几达羽轴；裂片 22-25 对，镰状披针形，长 5-7 mm，宽 2-2.5 mm，基部上侧一片伸长达 1 cm；主脉两面隆起，侧脉每裂片有 9-10 对，基部一对出自主脉基部，上侧一脉伸达缺刻底部，下侧一脉伸至缺刻以上的叶边；叶下面沿叶轴、羽轴及叶脉有针状刚毛，上面沿羽轴纵沟有伏贴的刚毛。孢子囊群圆形，着生于小脉中部；囊群盖圆肾形，质厚，棕色，上面有腺体，宿存。

产于福建、广东、广西、海南、香港、云南西南部及南部、浙江，生于山谷水边，海拔 300-1 100 m。印度、缅甸、老挝、越南、泰国和日本也有分布。

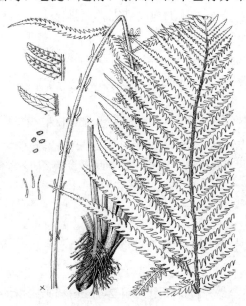

图 139　镰片假毛蕨

2. 普通假毛蕨

Pseudocyclosorus subochthodes (Ching) Ching, Acta Phytotax. Sin. 8: 325. 1963. —— *Thelypteris subochthodes* Ching.

植株高 90-110 cm。根状茎短而横卧，黑褐色，粗约 5 mm，疏被鳞片。叶柄长 20-25 cm，基部深棕色，疏被棕色鳞片，上部禾秆色，无毛；叶片长圆状披针形，长 70-85 cm，中部宽约 20 cm，顶端渐尖，基部突然变狭，二回深羽裂；下部 3-4 对羽片骤缩成三角形耳片，中部正常羽片 26-28 对，披针形，长 10-15 cm，宽 1.2-2 cm，深羽裂几达羽轴；裂片 28-30 对，披针形，基部一对裂片的上侧一片略伸长，其余的长 7-9 mm，宽 2-3.5 mm，全缘；叶脉两面明显，主脉隆起，每裂片有侧脉 9-10 对，基部一对出自主脉基部以上处，上侧一脉伸达缺刻底部，下侧一脉伸至缺刻以上的叶边；叶轴、羽轴及叶脉下面近光滑或仅疏被短毛，沿羽轴上面纵沟密被伏贴的刚毛，叶脉上仅有一二刚毛。孢子囊群圆形，着生于侧脉中上部，稍近叶边；囊群盖圆肾形，厚膜质，淡棕色，无毛，宿存。

产于安徽南部、重庆、福建、广东、广西东南部、贵州、湖北、湖南、江西、四川、香港、云南、浙江，生于林下湿地或山谷石上，海拔 200-1 970 m。日本和韩国也有分布。

3. 紫柄蕨属 *Pseudophegopteris* Ching

根状茎短而直立或斜升，或长而横走，连同叶柄基部被灰白色针状毛和棕色的披针形鳞片。叶柄黄褐色至棕色，有光泽；叶片披针形、长圆形或卵形，先端渐尖，基部变狭或不变狭，2-3 回羽状分裂；羽片披针形或三角状披针形，上面被毛，下面光滑或被灰白色针状毛，偶混生有星状毛；叶脉分离，侧脉单一或分叉，先端多少变粗成纺锤形水囊，不伸达叶边。孢子囊群长圆形、卵圆形或近圆形，背生于侧脉中部或中部以上，无盖。孢子囊光滑或具短刚毛。

本属约有 20 种，主要分布于亚洲热带和亚热带地区。我国有 12 种，分布于西南和长江中下游地区，向东到台湾。

分种检索表

1. 下部羽片的基部一对小羽片或裂片，尤其是下侧一片，明显比相邻的长，且边缘分裂，羽片基部为不对称的戟形；叶片两面无毛··1. 耳状紫柄蕨 *P. aurita*
1. 下部羽片的基部一对小羽片或裂片和其上各对同形同大或至多略增大，羽片基部不为戟形；叶片下面疏被针状短毛或有时无毛··2. 紫柄蕨 *P. pyrrhorachis*

1. 耳状紫柄蕨

Pseudophegopteris aurita (Hook.) Ching, Acta Phytotax. Sin. 8: 314. 1963.—— *Gymnogramme aurita* Hook.

植株高 40-100 cm。根状茎长而横走，粗 2-4 mm，顶部密被长柔毛和棕色鳞片；鳞片长 3-4 mm，狭披针形，具缘毛。叶柄长 30-60 cm，粗约 3 mm，红褐色，有光泽；叶片长

20-70 cm，宽 15-30 cm，卵状披针形，先端渐尖，基部略变狭，二回羽状深裂；羽片 10-18 对，披针形，长 7-15 cm，宽 2-4 cm，羽状深裂几达羽轴两侧的狭翅；裂片（10-）15-20 对，羽轴下侧的裂片较上侧的长；侧脉每裂片 5-7 对，基部 1 对顶端有较明显的细纺锤状水囊，不达叶边；叶轴上面密被短毛。孢子囊群长圆形或有时为卵圆形，背生于侧脉中部以上，远离主脉，每裂片 2-5 对，无盖。

产于重庆、福建中部、贵州中部、江西南部和西部、西藏东南部、云南西部，生于溪边林下，海拔 1 200-2 000 m。也分布于亚洲其他国家及巴布亚新几内亚。

2. 紫柄蕨

Pseudophegopteris pyrrhorachis (Kunze) Ching, Acta Phytotax. 8: 315. 1963.—— *Polypodium pyrrhoracis* Kunze.

植株高 80-100 cm。根状茎长而横走，粗 5-6 mm，顶部密被短毛。叶柄长 20-40 cm，粗 2-4 mm，红褐色，有光泽，基部被短刚毛及少数披针形鳞片，向上无毛；叶片长 60-70 cm，宽 20-35 cm，长圆状披针形，先端渐尖，基部几不变狭，二回羽状深裂；羽片 15-20 对，狭披针形，中部羽片较大，长 13-20 cm，宽 2.5-5 cm；裂片三角状长圆形，先端渐尖，全缘；叶脉不明显，在裂片上羽状，每裂片 2-4 对；叶上面仅沿小羽轴及主脉被短刚毛，下面疏被短针毛，沿羽轴、小羽轴及叶脉较密。孢子囊群近圆形或卵圆形，每裂片 1-2 枚，背生于小脉中部以上，较近叶边，在小羽轴两侧各排成不整齐的一行，无囊群盖。

广布于长江以南各省区，东至台湾，西南达云南，西北到甘肃南部，向北到河南南部，生于溪边林下，海拔 800-2 400 m。不丹、尼泊尔、印度北部、缅甸、越南和斯里兰卡等国也有分布。

4. 沼泽蕨属 *Thelypteris* Schmidel

根状茎长而横走，黑色，光滑，顶端略被鳞片；鳞片卵状披针形，表面及边缘具针状毛和单细胞腺毛。叶柄基部近黑色，略有针状毛，向上为禾秆色，光滑；叶片长圆状披针形，二回深羽裂；羽片多数，披针形，深羽裂；裂片卵状三角形或长圆形，全缘或有时浅波状；叶脉在裂片上羽状；叶幼时两面略被针状毛，老时光滑。孢子囊群圆形，背生于侧脉上，位于主脉和叶缘之间，在主脉两侧各成 1 列，往往被或多或少反卷的叶边覆盖；囊群盖膜质，圆肾形，淡绿色，易脱落。

本属有 4 种，广布于北半球温带，向南经印度达热带非洲和新西兰南部，生于沼泽或草甸中。中国有 2 种 1 变种。

1. 沼泽蕨

Thelypteris palustris (L.) Schott, Gen. Fil. Adnot. t. 10. 1834.——*Acrostichum thelypteris* L.

1a. 沼泽蕨（原变种）

Thelypteris palustris (L.) Schott var. ***palustris***

植株高 35-65 cm。根状茎细长横走，黑色，光滑或顶端疏生红棕色的卵状披针形鳞片。叶柄长 20-40 cm，粗 2-2.5 mm，基部黑褐色，向上为深禾秆色，有光泽，通常光滑无毛；叶片长 22-28 cm，宽 6-9 cm 或有时稍宽，披针形，二回深羽裂；羽片约 20 对，基部一对略缩短，中部羽片长 4-5 cm，宽 1-1.2 cm，披针形，羽裂几达羽轴；裂片长 5-7 mm（基部的略长），宽 3-5 mm；叶脉在裂片上羽状，侧脉 4-6 对，伸达叶边；叶两面光滑。孢子囊群圆形，背生于叶脉中部，位于主脉和叶缘之间；囊群盖小，圆肾形，膜质，成熟时脱落。

产于河北、河南、黑龙江、吉林、内蒙古、山东、四川、新疆，生于沼泽草甸、芦苇沼泽或林下阴湿处，海拔 200-800 m。广泛分布于北半球温带地区。

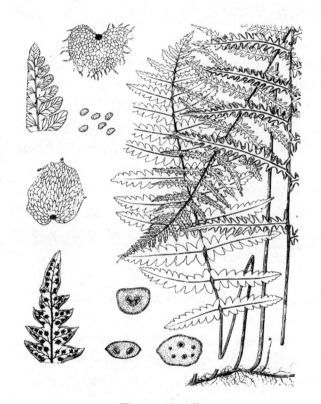

图 140　沼泽蕨

1b. 毛叶沼泽蕨（变种）

Thelypteris palustris (L.) Schott var. ***pubescens*** (G. Lawson) Fernald

与沼泽蕨的区别在于沿叶轴、羽轴和叶脉下面被多细胞针状毛。

分布于东北、江苏和山东等地，生于湿草甸和沼泽地，海拔达 800 m。也分布于东亚其他温带地区及北美。

球子蕨科　Onocleaceae

　　根状茎粗短，直立或横走，有网状中柱，被膜质的卵状披针形至披针形鳞片。不育叶绿色，草质或纸质，椭圆状披针形或卵状三角形，一回羽状至二回深羽裂，羽片线状披针形至阔披针形，羽裂深达 1/2，裂片镰状披针形至椭圆形，全缘或有微齿，叶脉羽状，分离或联结呈网状，无内藏小脉；能育叶椭圆形至线形，一回羽状，羽片强烈反卷成荚果状，深紫色至黑褐色，呈圆柱状或球圆形，叶脉在裂片上为羽状或叉状分枝，能育的末回小脉先端常突起成囊托。孢子囊群圆形，着生于囊托上；囊群盖下位或为无盖，外为反卷的变质叶片包被；孢子囊球形，有长柄，环带由 36-40 个增厚细胞组成。

　　本科有 2 属，分布于北半球温带。我国 2 属均产。

分属检索表

1. 根状茎短而直立，叶簇生；不育叶的叶脉羽状，分离；能育叶的羽片强烈反卷成荚果状··1. 荚果蕨属 *Matteuccia*
1. 根状茎长而横走，叶疏生；不育叶的叶脉联结成网状；能育叶的羽片反卷紧缩成串珠状··2. 球子蕨属 *Onoclea*

1. 荚果蕨属　*Matteuccia* Todaro

　　根状茎粗壮，直立，被棕色披针形鳞片。不育叶椭圆状披针形或倒披针形，二回深羽裂，羽片狭披针形，深羽裂达 1/2，裂片镰状披针形至椭圆形，近全缘或有微齿，叶脉分离，羽状，小脉伸达叶边；能育叶椭圆形至阔披针形，一回羽状，羽片线形，两侧强烈反卷成褐色荚果状，包裹着孢子囊群。孢子囊群球形，着生于由小脉顶端形成的囊托上，无隔丝；囊群盖有或无；孢子囊大，近球形，左右两侧稍压扁，柄纤细。

　　本属约有 5 种，分布于北半球温带。我国有 3 种，广布于南岭山脉以北各省区。

1. 东方荚果蕨

Matteuccia orientalis (Hook.) Trev. in Atti 1 st Veneto 3 (14): 586. 1869.—— *Struthiopteris orientalis* Hook.

　　植株高达 1m。根状茎短而直立，木质，先端及叶柄基部密被鳞片；鳞片披针形，长达 2cm，先端纤维状，全缘，膜质，棕色，有光泽。不育叶叶柄长 30-70cm，粗 3-9mm，基部褐色，叶柄上的鳞片脱落后往往留下褐色的新月形痕迹；叶片椭圆形，长 40-80cm，宽 20-40cm，二回深羽裂，羽片 15-20 对，下部的最长，线状倒披针形，长 13-20cm，宽 2-3.5cm，深羽裂，裂片长椭圆形，全缘或有微齿，通常下部裂片较短，中部以上的最长；能育叶有长柄，叶片椭圆形或椭圆状倒披针形，长 12-38cm，宽 5-11cm，一回羽状，羽片多数，线形，长达 10cm，宽达 5mm，两侧强烈反卷成荚果状，深紫色，有光泽，幼时完包被孢子囊群，孢子囊群圆形，着生于囊托上，成熟时汇合成线形，囊群盖膜质。

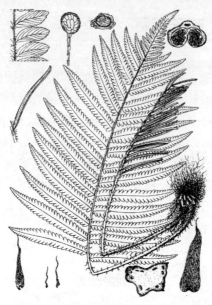

图 141　东方荚果蕨

产于安徽、重庆、福建、甘肃、广东、广西、贵州、河南、湖北、湖南、江西、陕西、四川、台湾、西藏、浙江，生于林下溪边，海拔 1 000-2 700 m。也分布于日本、朝鲜、俄罗斯（远东地区）、印度北部。

2. 球子蕨属　*Onoclea* L.

根状茎长而横走，黑褐色，被棕色鳞片。不育叶绿色，叶片阔卵状三角形，长宽几相等，一回羽状，羽片披针形，边缘浅裂，叶脉联结为长六角形网眼，无内藏小脉，近叶边的小脉向外分离，叶两面光滑，仅沿叶轴及羽轴有白色丝状长毛疏生；能育叶强烈狭缩，二回羽状，羽片线形，小羽片强烈反卷成小球形。孢子囊群生于囊托上；囊群盖下位，包被孢子囊群，外面被反卷的小羽片包裹成小球形，每球内有孢子囊群 1 枚；孢子囊球形，柄细弱，环带纵行。

本属仅有 1 种，分布于北美及东亚，在我国分布于东北及华北等省区。

1. 球子蕨
Onoclea sensibilis L., Sp. Pl. 2: 1062. 1753.

植株高 30-70 cm。根状茎长而横走，黑褐色，疏被鳞片；鳞片阔卵形，长约 5 mm，渐尖，边缘全缘或为微波状，棕色，薄膜质。不育叶柄长 20-50 cm，基部棕褐色，叶片阔卵状三角形或阔卵形，长 13-30 cm，宽 12-22 cm，一回羽状，羽片 5-8 对，披针形，基部 1 对或下部 1-2 对较大，长 8-12 cm，宽 1.5-3 cm，边缘波状浅裂，叶脉明显，网状，网眼无内藏小脉，近叶边的小脉分离；能育叶低于不育叶，叶柄长 18-45 cm，较不育叶柄粗壮，叶片强烈狭缩，长 15-25 cm，宽 2-4 cm，二回羽状，羽片狭线形，小羽片紧缩成小球形，包被孢子囊群，孢子囊群圆形，着生于由小脉先端形成的囊托上，囊群盖膜质，紧包着孢子囊群。

产于东北、河北、河南、内蒙古，生于潮湿草甸或林区河谷湿地上，海拔 250-901 m。也分布于俄罗斯（远东地区）、朝鲜、日本及北美。

乌毛蕨科　Blechnaceae

根状茎横走或直立，偶有横卧或斜升，有时形成树干状的直立主轴，有网状中柱，被具细密筛孔的红棕色鳞片。叶柄内有多条维管束；叶片 1-2 回羽裂，稀单叶，无毛或常被小鳞片，叶脉分离或网状。孢子囊群为长的汇生囊群，或为椭圆形，着生于与主脉平行的小脉上或网眼外侧的小脉上，均靠近主脉；囊群盖同形，开向主脉，稀无盖；孢子囊大，环带纵行而于基部中断。

本科有 13 属，约 240 种，主产南半球热带地区。我国有 7 属 13 种，分布于西南、华南、华中及华东。

分属检索表

1. 孢子囊群线形，连续不中断，紧靠主脉两侧……………………………………1. 乌毛蕨属 *Blechnum*
1. 孢子囊群椭圆形或粗线形，不连续，呈单行并行于主脉两侧……………………2. 狗脊属 *Woodwardia*

1. 乌毛蕨属　*Blechnum* L.

根状茎通常粗短，直立，有复杂的网状中柱，被鳞片；鳞片狭披针形，全缘，质厚，深棕色。叶柄粗硬，叶片通常革质，无毛，一回羽状，羽片线状披针形，全缘或具锯齿；主脉粗壮，上面有纵沟，下面隆起，小脉分离，平行，单一或二叉。孢子囊群线形，连续，少有中断，紧靠主脉并与之平行，着生于主脉两侧不甚明显的 1 条纵脉上；囊群盖与孢子囊群同形，纸质，开向主脉；孢子囊有柄，环带由 14-28（通常为 20）个增厚细胞组成。

本属约有 35 种，产于泛热带，主产于南半球。我国仅有 1 种，产于西南、华南及华东，生于阴湿林下或溪边，为酸性土指示植物。

1. 乌毛蕨

Blechnum orientale L., Sp. Pl. 2: 1077. 1753.

植株高 0.5-2 m。根状茎粗短直立，木质，黑褐色，先端及叶柄下部密被鳞片；鳞片狭披针形，长约 1 cm，先端纤维状，全缘，中部深棕色或棕褐色，边缘棕色，有光泽。叶柄长 3-80 cm，粗 3-10 mm，坚硬，基部常黑褐色，无毛；叶片卵状披针形，长达 1 m，宽 20-60 cm，一回羽状；羽片多数，下部羽片不育，极度缩小为圆耳形，向上羽片突然伸长，能育，至中上部羽片最长，线形或线状披针形，长 10-30 cm，宽 5-18 mm，上部羽片逐渐缩短。孢子囊群线形，连续，紧靠主脉两侧，与主脉平行；囊群盖线形，开向主脉。

产于重庆、福建、广东、广西、海南、湖南、江西、四川、贵州、台湾、云南、西藏、浙江，生于较阴湿的水沟旁及坑边，也生长于山坡灌丛中或疏林下，海拔 300-800 m。也分布于日本、印度、斯里兰卡、东南亚至波利尼西亚。

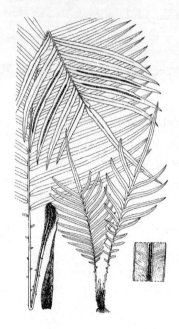

图 142　乌毛蕨

本种还有一变种，冠羽乌毛蕨 *Blechnum orientale* L. var. *cristata* J. Sm.，其侧生羽片的先端呈鸡冠状。特产于广东的广州及珠江口沿海岛屿。

2. 狗脊属　*Woodwardia* Sm.

根状茎短而粗壮，直立、斜生或横卧，有网状中柱，密被棕色厚膜质的披针形大鳞片。叶片椭圆形，二回深羽裂，侧生羽片多对，披针形，深羽裂，裂片边缘有细锯齿；沿羽轴及主脉两侧各有 1 列平行于羽轴或主脉的能育网眼，其外侧有 1-2 列多角形网眼，其余小脉分离，直达叶边。孢子囊群粗线形或椭圆形，不连续，呈单行并行于主脉两侧，着生于靠近主脉的网眼的外侧小脉上，并多少陷入叶肉中；囊群盖与孢子囊群同形，厚纸质，深棕色，略隆起；孢子囊梨形，有长柄，环带纵行而中断，由 17-24 个增厚细胞组成。

本属约有 12 种，分布于亚洲、欧洲和美洲的温带至亚热带地区。我国有 5 种，产于长江以南各地，向西达喜马拉雅。

1. 珠芽狗脊

Woodwardia prolifera Hook. & Arn., Bot. Beech. Voy. 275, t. 56. 1836-40.

植株高 70-230 cm。根状茎横卧，黑褐色，与叶柄下部密被蓬松的大鳞片；鳞片狭披针形或线状披针形，长 2-4 cm，红棕色，膜质，先端纤维状。叶柄粗壮，长 30-110 cm，下部粗 5-15 mm，褐色，叶柄基部宿存；叶片长卵形或椭圆形，长 35-120 cm，宽 30-40 cm，渐尖，二回深羽裂；羽片 5-9（-13）对，第 2 对较长，披针形，长 16-20（-36）cm，宽 4.5-6（-17）cm，基部极不对称，一回深羽裂；裂片 10-14（-24）对，披针形或线状披针形；叶脉明显；叶革质。孢子囊群粗短，近新月形，着生于主脉两侧的狭长网眼上，深陷叶肉内；囊群盖同形，薄纸质，隆起，开向主脉，宿存。

产于安徽、福建、广东、广西、湖南、江西、台湾、浙江，生于低海拔丘陵或坡地的疏林下阴湿地方或溪边，海拔 100-1 100 m。也分布于日本南部。

蚌壳蕨科（金毛狗科）Dicksoniaceae

树形蕨类，常有高大的主干或主干短而平卧，有复杂的网状中柱，密被垫状长柔毛，不具鳞片，顶端生出冠状叶丛。叶柄粗壮而长；叶片大形，长宽达数米，三至四回羽状复叶，革质；叶脉分离，孢子囊群边缘生，生于叶脉顶端，囊群盖有内外两瓣，形如蚌壳，内凹，革质，外瓣为叶边锯齿形成，较大，内瓣同形而较小。孢子囊梨形，有柄，环带稍斜生，侧裂；孢子四面体形，不具周壁。

本科有 5 属，分布于世界热带，中国仅有 1 属。

1. 金毛狗属 *Cibotium* Kaulf.

根状茎粗壮，木质，平卧或有时斜升，密被柔软锈色长毛，形如金毛狗头。叶柄粗长，叶片大，宽卵形，多回羽状分裂；末回裂片线形，有锯齿，叶脉分离。孢子囊群着生叶边，顶生于小脉上，囊群盖两瓣状，革质，分内外两瓣，内瓣较小，形如蚌壳。孢子囊梨形，有长柄，侧裂；孢子为三角状的四面体形，透明，无周壁。

本属约有 20 种，分布于亚洲东南部、夏威夷及美洲中部。我国仅有 1 种。

1. 金毛狗
Cibotium barometz (L.) J. Sm. in London J. Bot. 437. 1842.——*Polypodium barometz* L.

根状茎平卧，粗状。叶柄长达 120 cm，粗 2-3 cm，棕褐色，基部被有垫状的金黄色茸毛，长约 10 cm，有光泽；叶片长达 180 cm，宽约相等，卵状三角形，三回羽状分裂；下部羽片长圆形，长达 80 cm，宽 20-30 cm；小羽片长约 15 cm，宽 2.5 cm，线状披针形，羽状深裂几达小羽轴；末回裂片线形略呈镰刀状，长 1-1.4 cm，宽 3 mm，边缘有浅锯齿。孢子囊群在能育裂片上 1-5 对，生于下部小脉顶端；囊群盖坚硬，棕褐色，横长圆形，两瓣状，内瓣较外瓣小，成熟时张开如蚌壳，露出孢子囊群。

产于福建、广东、广西、贵州、海南、湖南、江西、四川、台湾、云南、浙江，生于山麓沟边及林下阴处。亚洲南部和东南部也有分布。

图 143　金毛狗

鳞毛蕨科　Dryopteridaceae

根状茎短，与叶柄密被鳞片，有网状中柱；鳞片狭披针形至卵形，棕色或黑色，厚，边缘多少具锯齿或睫毛。叶簇生或散生；叶柄横切面具 4-7 个或更多的维管束；叶片一至五回羽状，极少单叶，纸质或革质；羽片和各回小羽片基部对称或不对称，叶缘通常有锯齿或芒刺；叶脉通常分离，不达叶边，顶端往往膨大成小囊。孢子囊群小，圆，有盖；盖厚膜质，圆肾形，以深缺刻着生，或圆形，盾状着生，少为椭圆形，草质，近黑色，成熟时开向主脉，内侧边缘 1-2 浅裂。

本科约有 14 属，1 200 余种，分布于世界各地，主要集中于北半球温带和亚热带高山。中国有 13 属，472 种，分布于全国各地，长江以南最为丰富。

1. 鳞毛蕨属　*Dryopteris* Adanson

根状茎粗短，直立或斜升，顶端密被鳞片，鳞片卵形至披针形，红棕色至黑色，有光泽，全缘、略有疏齿牙或呈流苏状，质厚。叶簇生，螺旋状排列，向四面放射呈中空的倒圆锥形；叶片宽披针形、长圆形或三角状卵形，一至四回羽状，通常被鳞片；末回羽片基部圆形对称，边缘常有齿；叶纸质至近革质，少为草质；叶脉分离，羽状，单一或二至三叉，不达叶边，先端往往有明显的膨大水囊。孢子囊群圆形，通常生于叶脉背部，有囊群盖；盖为圆肾形，通常大而全缘，棕色，质厚，宿存，以深缺刻着生于叶脉。

本属有230余种，广布于世界各地，以亚洲最为丰富。中国有100余种。

分种检索表

1. 叶片三回羽状或至少基部为三回羽状，小羽片向顶部略变狭，边缘有疏缺刻，不具长刺状齿；孢子囊群盖骨质全缘···2. 半岛鳞毛蕨 *D. peninsulae*
1. 叶片一回羽状，羽片全缘、羽状浅裂至深裂，基部数对近二回羽状，裂片上的叶脉通常分叉。
   2. 叶轴上的鳞片棕色、红棕色或暗红棕色；孢子囊群靠近羽轴，生于中肋两侧，孢子囊群盖小，成熟时不笼罩孢子囊群或脱落···1. 欧洲鳞毛蕨 *D. filix-max*
   2. 叶柄和叶轴密被淡棕色或褐棕色鳞片；孢子囊群在羽轴两侧排成整齐的一行，紧靠中肋，孢子囊群盖大，成熟时仍笼罩孢子囊群···3. 东京鳞毛蕨 *D. tokyoensis*

1. 欧洲鳞毛蕨

Dryopteris filix-mas (L.) Schott, Gen. Fil. t. 9. 1834.——*Polypodium filix-mas* L.

高 50-120 cm。根状茎横卧，先端密被鳞片，鳞片膜质，淡棕色，披针形，先端毛发状，边缘全缘。叶柄长 20-30 cm，粗 3-8 mm，连同叶轴疏被淡棕色狭披针形鳞片和纤维状鳞毛；叶片长圆状披针形，长 50-60 cm，中部宽 15-25 cm，二回羽状；羽片约 28 对，披针形，长 12-(-15) cm，宽 1.5-(-2.5) cm；小羽片 18-19 对，长 1-1.5 cm，宽 0.5 cm，长圆形，边缘具缺刻状锯齿；叶脉羽状，二叉，每小羽片 6-7 对。孢子囊群生于中肋两侧，靠近羽轴，每小羽片 3-4 对；囊群盖圆肾形，纸质，淡褐色，边缘具缺刻，宿存。

产于新疆西北部和北部，生于山地针叶林下或小河边，成群落分布，海拔 1 500-1 900 m。广布于北温带。

2. 半岛鳞毛蕨　辽东鳞毛蕨

Dryopteris peninsulae Kitag, Rep. First Sci. Exped. Manch. 4 (2): 54. fig. 10. 1935.

高达 50 cm 以上。根状茎粗短，近直立。叶柄长达 24 cm，淡棕褐色，基部密被棕褐色膜质线状披针形至卵状长圆形且具长尖头的鳞片；叶片厚纸质，长圆形，长 13-38 cm，宽 8-20 cm，二回羽状；羽片 12-20 对，披针形，基部不对称，先端长渐尖且微上弯，下部羽片较大，长达 11 cm，宽达 4.5 cm；小羽片或裂片达 15 对，长圆形；叶脉羽状，明显。孢子囊群圆形，较大，通常生于叶片上半部，沿裂片中肋排成 2 行；囊群盖圆肾形至马蹄形，近全缘。

产于甘肃、贵州、河南、湖北、山东、陕西、江西、辽宁、四川、云南东北部，生于阴湿地草丛中。

3. 东京鳞毛蕨

Dryopteris tokyoensis (Matsum. ex Makino) C. Chr., Ind. Fil. 298. 1905.—— *Nephrodium tokynense* Matsum. ex Makino.

高 90-110 cm。根状茎短而直立，顶部密被棕色宽披针形大鳞片。叶柄长 20-25 cm，禾秆色，密被宽披针形鳞片；叶片长圆状披针形，长 60-85 cm，中部宽 12-15 cm，二回羽状深裂；羽片 30-40 对，狭披针形，中部的长 8-9.5 cm，宽 1.2-1.6 cm；裂片长圆形，全缘或有细齿；叶脉羽状，侧脉二叉，伸达叶边。孢子囊群大，圆形，着生于小脉中部，通常沿羽轴两侧各排成 1 行，较靠近羽轴；囊群盖圆肾形，全缘。宿存。

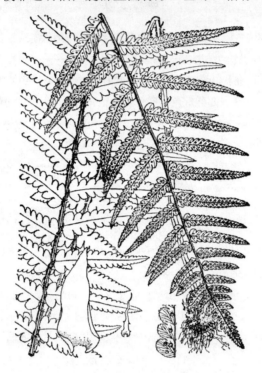

图 144　东京鳞毛蕨

产于福建、湖北、湖南、江西、浙江，生于林下湿地或沼泽中，海拔 1 000-1 200 m。日本也有分布。

蘋科　Marsileaceae

小型蕨类，生于浅水淤泥或湿地泥沼中。根状茎细长横走，被短毛，有管状中柱。不育叶为线形单叶，或由 2-4 片倒三角形的小叶组成，着生于叶柄顶端，漂浮或伸出水面；叶脉分叉，但顶端联结成狭长网眼。能育叶变为球形或椭圆状球形孢子果，有柄或无柄，着生于不育叶的叶柄基部或近叶柄基部的根状茎上，一个孢子果内含两至多数孢子囊。孢子囊二型，大孢子囊只含一个大孢子，小孢子囊含多数小孢子。

本科有 3 属，约 75 种，大部分产于大洋洲、非洲南部及南美洲，生于浅水或湿地。中国仅有 1 属。

1. 蘋属 *Marsilea* L.

浅水生蕨类。根状茎细长横走，节上生根。不育叶叶片十字形，由 4 片倒三角形的小叶组成，着生于叶柄顶端，漂浮水面或挺立；叶脉明显，从小叶基部呈放射状二叉分枝，向叶边组成狭长网眼。孢子果圆形或椭圆状肾形，外壁坚硬，2 瓣开裂，果丬有平行脉；孢子囊线形或椭圆状圆柱形，紧密排列成 2 行，着生于孢子果内壁胶质的囊群托上，每个孢子囊群内有少数大孢子囊和多数小孢子囊，每个大孢子囊内只含一个大孢子，每个小孢子囊内含有多数小孢子。孢子囊均无环带。

本属约有 70 种，遍布世界各地，尤以大洋洲及南部非洲为最多。中国有 3 种。

1. 蘋

Marsilea quadrifolia L., Sp. pl. 2: 1099. 1753.

株高 5-20 cm。根状茎细长横走，分枝，顶端被有淡棕色毛，茎节远离，向上发出一至数枚叶。叶柄长 5-20 cm；叶片由 4 片倒三角形的小叶组成，呈十字形，长宽各 1-2.5 cm，外缘半圆形，基部楔形，全缘，幼时被毛，草质；叶脉从小叶基部向上呈放射状分叉，组成狭长网眼，伸向叶边，无内藏小脉。孢子果双生或单生于短柄上，柄着生于叶柄基部，长椭圆形，幼时被毛，褐色，木质，坚硬；每个孢子果内含多数孢子囊，大小孢子囊同生于孢子囊托上。

产于全国大部分省区，以长江以南各省区常见，生于水田或沟塘中。广布于世界温带和热带地区。

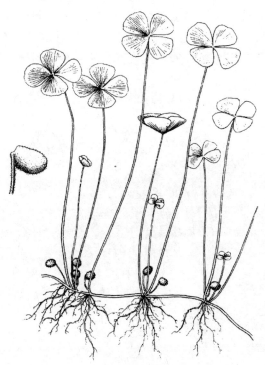

图 145 蘋

槐叶蘋科 Salviniacae

小型漂浮蕨类。根状茎细长横走，被毛，无根，有原生中柱。叶三片轮生，排成三列，其中二列漂浮水面，为正常的叶片，长圆形，绿色，全缘，被毛，上面密布乳头状突起；另一列叶特化为细裂的须根状，悬垂水中，称沉水叶，起根的作用，称为假根。孢子果簇生于沉水叶的基部，或沿沉水叶成对着生，有大小两种，大孢子果体形较小，内生 8-10 个有短柄的大孢子囊，每个大孢子囊内只有一个大孢子；小孢子果体形大，内生多数有长柄的小孢子囊，每个小孢子囊内有 64 个小孢子。

本科仅有 1 属，分布于世界各地，但以美洲和非洲热带地区为主。

1. 槐叶蘋属 *Salvinia* Adans.

属的特征同科。

本属约有 10 种，广布于世界各地。中国只有 1 种。

1. 槐叶蘋

Salvinia natans (L.) All., Fl. Pedem. 2: 289. 1785.——*Marsilea natans* L.

小型漂浮植物。茎细长而横走，被褐色节状毛。三叶轮生，上面二叶漂浮水面，形如槐叶，长圆形或椭圆形，长 0.8-1.4cm，宽 5-8mm，顶端钝圆，基部圆形或稍呈心形，全缘；叶柄长 1mm 或近无柄；主脉两侧有小脉 15-20 对，每条小脉上面有 5-8 束白色刚毛；叶草质，上面深绿色，下面密被棕色茸毛；下面一叶悬垂水中，细裂成线状，被细毛，形如须根。孢子果 4-8 个簇生于沉水叶的基部，表面疏生成束的短毛，小孢子果表面淡黄色，大孢子果表面淡棕色。

产于全国各地，生于水田、沟塘和静水溪流。日本、越南、印度及欧洲也有分布。

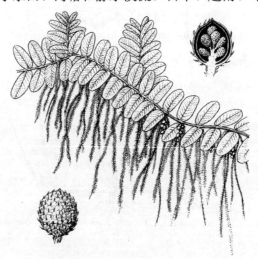

图 146　槐叶蘋

满江红科　Azollaceae

小型漂浮水生植物。根状茎纤细。有两行并列的互生叶，下有须根。叶微小，鳞片状，2列，互生，下有许多悬浮水中的须根。每叶有上下2裂片，上裂片浮水而覆盖根状茎，下裂片沉水中。孢子果有大小2种，成对着生于沉水中的裂片上；小孢子果球形，膜质，果内基部有多数小孢子囊，每囊内有小孢子60多个；大孢子果卵球形，果内只有1个大孢子囊，囊内只有1个大孢子。

本科仅有1属。

1. 满江红属　*Azolla* Lam.

属的特征同科。

分种检索表

1. 大孢子囊外面有3个浮胶，泡胶块上有锚状毛，侧枝腋外生，其数目比茎叶少··1. 细叶满江红　*A. filiculoides*
1. 大孢子囊外面有9个浮胶，泡胶块上仅有少数单一或不规则分枝的丝状毛，侧枝明显腋生，其数目与茎叶相等··2. 满江红　*A. imbricata*

1. 细叶满江红　细绿苹、蕨状满江红

Azolla filiculoides Lam., Encycl. 1: 343. 1783.

植株粗壮，侧枝腋外生出，侧枝数目比茎叶少，当生境的水减少变干或植株过于密集拥挤时，植物体会由平卧变为直立状态生长，腹裂片功能也向背裂片功能转化。大孢子囊外壁只有3个浮胶，小孢子囊内的泡胶块上有无分隔的锚状毛。

原产于美洲，现已扩散到全世界。我国20世纪70年代引进，现几乎遍布全国各地的水田，在有些地方已归化为野生。

2. 满江红　红苹

Azolla imbricata (Roxb.) Nakai, Bot. Mag. (Tokyo) 39: 185. 1925.——*Salvinia imbricata* Roxb. ex Griff.

小型漂浮植物。植物体呈卵形或三角状，根状茎细长横走，侧枝腋生，向下生须根。叶小，互生，无柄，覆瓦状排列成两行，叶片深裂，背裂片长圆形或卵形，肉质，绿色，但在秋后常变为紫红色，边缘无色透明，上表面密被乳突，下表面中部略凹陷，基部肥厚形成共生腔；腹裂片贝壳状，无色透明，多少饰有淡紫红色，斜沉水中。孢子果双生于分枝处，大孢子果体积小，长卵形，顶部喙状，内藏一个大孢子囊，大孢子囊只产一个大孢子，大孢子囊有9个浮胶，分上下两排附生在孢子囊体上，上部3个较大，下部6个较小；

小孢子果体积较大，球圆形或桃形，顶端有短喙，果壁薄而透明，内含多数具长柄的小孢子囊，每个小孢子囊内有64个小孢子，分别埋藏在5-8块无色海绵状的泡胶块上，泡胶块上有丝状毛。

产于全国南北各省区，生于水田和静水沟塘中。朝鲜、日本也有分布。

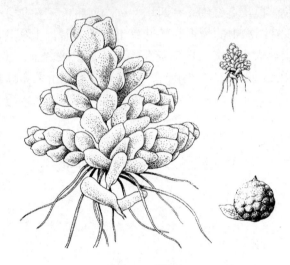

图 147　满江红

裸子植物 GYMNOSPERMAE

松科 Pinaceae

常绿或落叶乔木，稀灌木状。叶条形或针形，条形叶扁平，在长枝上螺旋状散生，在短枝上呈簇生状，针形叶通常 2-5 针成 1 束，着生于极度退化的短枝顶端，基部包有叶鞘。花单性，雌雄同株；雄球花腋生或单生枝顶，或多数集生于短枝顶端，具多数螺旋状着生的雄蕊，每雄蕊具 2 花药；雌球花具多数螺旋状着生的珠鳞与苞鳞，每珠鳞的腹面具 2 枚倒生胚珠，花后珠鳞增大发育成种鳞，种鳞背腹面扁平，木质或革质，宿存或熟后脱落；苞鳞与种鳞离生。种子通常上端具膜质翅，胚具 2-16 枚子叶。

本科约有 10 属 230 余种，多产于北半球。我国有 10 属 100 余种，分布遍于全国。

分属检索表

1. 叶针形，通常 2、3、5 针 1 束，稀 7-8 针 1 束，生于苞片状鳞叶的腋部 ·················· 3. 松属 *Pinus*
1. 叶条形或针形，条形叶扁平或具四棱，均不成束，螺旋状着生或在短枝上端成簇生状。
  2. 叶倒披针状条形或条形，扁平、柔软，落叶；枝分长枝与短枝，叶在长枝上螺旋状散生，在短枝上端呈簇生状；雄球花单生于短枝顶端 ·················· 1. 落叶松属 *Larix*
  2. 叶四棱状或扁棱状条形，或条形扁平，质硬，常绿；枝仅一种类型，叶在枝节间均匀着生，小枝有显著隆起的叶枕；雄球花单生叶腋 ·················· 2. 云杉属 *Picea*

1. 落叶松属 *Larix* Mill.

落叶乔木。叶在长枝上螺旋状散生，在短枝上簇生，倒披针状窄条形，柔软，上面平或中脉隆起，有气孔线或无，下面中脉隆起，两侧各有数条气孔线，横切面有 2 个树脂道，常边生。球花单性，雌雄同株，雄球花和雌球花均单生于短枝顶端，春季与叶同时开放，基部具膜质苞片，着生球花的短枝顶端有叶或无叶；雄球花具多数雄蕊，花粉无气囊；雌球花直立，珠鳞小，螺旋状着生，腹面基部着生 2 个倒生胚珠，向后弯曲，背面托以大而显著的苞鳞，苞鳞膜质、直伸、反曲或向后反折，受精后珠鳞迅速长大而苞鳞不长大或略为增大。球果当年成熟，直立，具短梗，幼嫩球果通常紫红色或淡红紫色，稀为绿色，成熟前绿色或红褐色；种鳞革质，宿存；苞鳞短小，不露出或微露出，或苞鳞比种鳞长，显著露出，露出部分直伸或向后弯曲或反折。种子上部有膜质长翅；子叶通常 6-8 枚。

本属约有 18 种，分布于北半球的亚洲、欧洲及北美洲的温带高山与寒温带、寒带地区。我国产10种。

分种检索表

1. 球果中部的种鳞长大于宽，五角状卵形 ··· 1. 落叶松 *L. gmelinii*
1. 球果中部的种鳞长宽近于相等，四方状广卵形或方圆形 ···················· 2. 黄花落叶松 *L. olgensis*

1. 落叶松　兴安落叶松

Larix gmelinii (Rupr.) Kuzen., Trudy Bot. Muz. Rossiisk. Akad. Nauk 18: 41. 1920. ——*Abies gmelinii* Rupr.

高达35m，胸径60-90cm；幼树树皮深褐色，裂成鳞片状，老树树皮灰色、暗灰色或灰褐色，纵裂呈鳞片状剥离，剥落后内皮呈紫红色；枝斜展或近平展，树冠卵状圆锥形。叶倒披针状条形，长1.5-3cm，宽0.7-1mm，下面沿中脉两侧各有2-3条气孔线。球果幼时紫红色，成熟前卵圆形或椭圆形，成熟时上部的种鳞张开，黄褐色至紫褐色，长1.2-3cm，直径1-2cm，种鳞约14-30枚，长1-1.5cm，宽0.8-1.2cm；苞鳞较短。种子斜卵圆形，灰白色，具淡褐色斑纹，长3-4mm，连翅长约1cm；子叶4-7枚。花期5-6月，球果9月成熟。

分布于大、小兴安岭海拔300-1 200m的山麓、沼泽、泥炭沼泽、草甸、湿润山坡、湿润的河谷及山顶等。俄罗斯远东地区也有分布。

图148　落叶松

2. 黄花落叶松　长白落叶松、朝鲜落叶松

Larix olgensis Henry, Gard. Chron. ser. 3. 57: 109. f. 31-32. 1915.

高达30m，胸径达1m；树皮灰色、暗灰色、灰褐色，纵裂成长鳞片状，易剥落，剥落后呈酱紫红；枝平展或斜展，树冠塔形。叶倒披针状条形，长1.5-2.5cm，宽约1mm，下面中脉隆起，两边各有 2-5 条气孔线。球果成熟前淡红紫色或紫红色，熟时淡褐色或稍带紫色，长卵圆形，种鳞微张开，通常长 1.5-2.6 cm，直径 1-2 cm，种鳞 16-40 枚，背面及上部边缘有或密或疏的细小瘤状突起，长 0.9-1.2 cm，宽约 1 cm；苞鳞暗紫褐色，长 4-7 mm，宽 2.5-4 mm。种子近倒卵形，淡黄白色或白色，具不规则的紫色斑纹，长 3-4 mm，直径约 2 mm，种子连翅长约 9 mm；子叶 5-7 枚，针形。花期 5 月，球果 9-10 月成熟。

产于东北长白山区及老爷岭山区，生于海拔 500-1 800 m 的湿润山坡及沼泽地区。

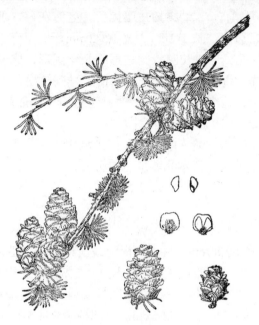

图 149　黄花落叶松

2. 云杉属　*Picea* Dietr.

常绿乔木。枝条轮生；小枝上有显著的叶枕，叶枕下延，彼此间有凹槽，顶端凸起呈木钉状。叶生于叶枕之上，螺旋状着生，四棱状条形或条形，无柄，树脂道通常 2 个，边生。球花单性，雌雄同株；雄球花椭圆形或圆柱形，单生叶腋，稀单生枝顶，黄色或深红色，雄蕊多数，螺旋状着生，花粉粒有气囊；雌球花单生枝顶，红紫色或绿色，珠鳞多数，螺旋状着生。球果下垂，卵状圆柱形或圆柱形，稀卵圆形；种鳞木质较薄或近革质，苞鳞短小。种子倒卵圆形或卵圆形，上部有膜质长翅，种翅常呈倒卵形，有光泽；子叶 4-9（-15）枚。

本属约有 40 种，分布于北半球。我国有 16 种。

分种检索表

1. 叶横切面扁平，下面无气孔线，上面有 2 条气孔带·········1. 兴安鱼鳞云杉 *P. jezoensis* var. *microsperma*
1. 叶横切面四方形、菱形或近扁平，四面有气孔线，稀下面无气孔线。
　　2. 小枝不下垂，小枝基部宿存芽鳞通常或多或少向外反曲·······················2. 红皮云杉 *P. koraiensis*

2. 小枝下垂，小枝基部的宿存芽鳞不反曲，或仅顶端的芽鳞向外伸或微反曲··3. 雪岭云杉 P. schrenkiana

1. 兴安鱼鳞云杉（变种）

Picea jezoensis (Siebold & Zucc.) Carr. var. ***microsperma*** (Lindl.) W. C. Cheng & L. K. Fu, Fl. Reipubl. Popularis Sin. 7: 159, pl. 38, f. 1–9. 1978.——*Abies microsperma* Lindl.

高达 50m，胸径可达 1.5m。幼树树皮暗褐色，老时灰色，裂成鳞状块片，树冠尖塔形或圆柱形。叶条形，常微弯，长 1-2cm，宽 1.5-2mm，上面有 2 条白粉气孔带，每带有 5-8 条气孔线，下面无气孔。球果长圆状圆柱形或长卵圆形，成熟前绿色，熟时褐色或淡黄褐色，长 4-6（-9）cm，直径 2-2.6cm；种鳞薄，排列疏松，中部种鳞长约 1.2cm，宽 7-8mm，边缘有不规则齿；苞鳞长约 3mm。种子连翅长约 9mm，种翅宽约 3.5mm。子叶 5-8 枚。花期 5-6 月，球果 9-10 月成熟。

产于我国大兴安岭至小兴安岭南端及松花江流域中下游，生于海拔 300-800m 的丘陵或缓坡地带。俄罗斯远东地区和日本北海道也有分布。

2. 红皮云杉

Picea koraiensis Nakai, Bot. Mag Tokyo 33: 195. 1919.

高达 30m 以上，胸径 60-80cm。树皮灰褐色或淡红褐色，裂成不规则薄条片脱落，裂缝常为红褐色。树冠尖塔形。叶四棱状条形，长 1.2-2.2cm，宽约 1.5mm，四面有气孔线，上面每边 5-8 条，下面每边 3-5 条。球果卵状圆柱形或长卵状圆柱形，成熟前绿色，熟时绿黄褐色至褐色，长 5-8cm，直径 2.5-3.5cm；中部种鳞长 1.5-1.9cm，宽 1.2-1.5cm；苞鳞条状，长约 5mm。种子灰黑褐色，倒卵形，长约 4mm，种翅淡褐色，倒卵状长圆形，宽约 2mm，连种子长 1.3-1.6cm；子叶多为 7-8 枚。花期 5-6 月，球果 9-10 月成熟。

产于黑龙江、吉林、内蒙古，生于海拔 400-1800m 的河流两旁、溪旁及山坡下部平缓地带、谷地。朝鲜及俄罗斯远东地区也有分布。

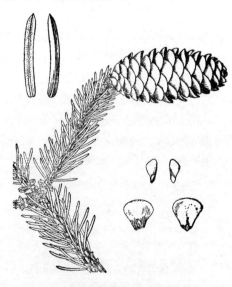

图 150　红皮云杉

3. 雪岭云杉 雪岭杉
Picea schrenkiana Fisch. & C. A. Mey., Bull. Acad. Sci St. Petersb. 10: 253. 1842.

高达 35-40 m，胸径 70-100 cm。树皮暗褐色，成块片状开裂。树冠圆柱形或窄尖塔形。叶四棱状条形，直伸或多少弯曲，长 2-3.5 cm，宽约 1.5 mm，四面均有气孔线，上面每边 5-8 条，下面每边 4-6 条。球果成熟前绿色，椭圆状圆柱形或圆柱形，长 8-10 cm，直径 2.5-3.5 cm；中部种鳞长约 2 cm，宽约 1.7 cm；苞鳞长约 3 mm。种子斜卵圆形，长 3-4 mm，连翅长约 1.6 cm，种翅倒卵形，宽约 6.5 mm。花期 5-6 月，球果 9-10 月成熟。

产于新疆，生于海拔 1 200-3 500 m 的湿润阴坡及峡谷中。俄罗斯也有分布。

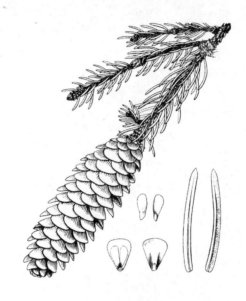

图 151 雪岭云杉

3. 松属 *Pinus* L.

常绿乔木，稀为灌木。枝轮生。叶二型，鳞叶单生，螺旋状着生，在幼苗时期为扁平条形，绿色，后则逐渐退化成膜质苞片状，基部下延生长或不下延生长；针叶螺旋状着生，常 2 针、3 针或 5 针 1 束，生于苞片状鳞叶的腋部，着生于不发育的短枝顶端，每束针叶基部由 8-12 枚芽鳞组成的叶鞘所包，叶鞘脱落或宿存，腹面两侧具气孔线，横切面具 1-2 个维管束及 2-10 多个树脂道。球花单性，雌雄同株；雄球花生于新枝下部的苞片腋部，多数聚集呈穗状花序状；雌球花单生或 2-4 个生于新枝近顶端，珠鳞腹面基部有 2 枚倒生胚珠，背面基部有一短小的苞鳞。小球果于第二年春受精后迅速长大，种鳞木质，宿存，排列紧密，上部露出部分为鳞盾，鳞盾的先端或中央有呈瘤状凸起的鳞脐；球果第二年秋季成熟，种鳞张开。种子上部具长翅，子叶 3-18 枚。

本属有 80 余种，分布于北半球。我国产 20 多种，分布几遍全国。

1. 偃松 爬松、矮松、干叠松

Pinus pumila (Pall.) Regel, Ind. Sem. Hort. Petrop. 23. 1858.——*Pinus cembra* L. var. *pumila* Pall.

灌木，高达 3-6 m，树干通常伏卧状，基部多分枝，枝可长达 10 m 或更长；树皮灰褐色，裂成片状脱落。针叶 5 针 1 束，较细短，硬直而微弯，长 4-6 cm，直径约 1 mm，腹面每侧具 3-6 条灰白色气孔线。雄球花椭圆形，黄色，长约 1 cm；雌球花及小球果单生或 2-3 个集生，卵圆形，紫色或红紫色。球果直立，圆锥状卵圆形或卵圆形，成熟时淡紫褐色或红褐色，长 3-4.5 cm，直径 2.5-3 cm；成熟后种鳞不张开或微张开；种鳞近宽菱形，鳞盾宽三角形，鳞脐明显，紫黑色。种子生于种鳞腹面下部的凹槽中，不脱落，暗褐色，三角形倒卵圆形，微扁，长 7-10 mm，直径 5-7 mm，无翅。花期 6-7 月，球果第二年 9 月成熟。

产于长白山、大兴安岭、小兴安岭、吉林老爷岭，生于海拔 1 000-1 800 m 的高山上部阴湿地带。俄罗斯、朝鲜、日本也有分布。

偃松矮林常位于山脊或山顶，对保持水土有积极的作用。

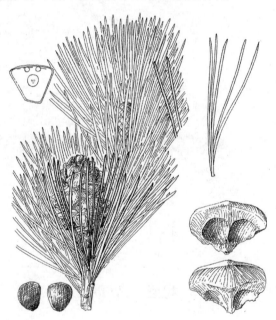

图 152　偃松

杉科　Taxodiaceae

常绿或落叶乔木，树干直，大枝轮生或近轮生。叶同型或二型，螺旋状排列，很少交叉对生，披针形、钻形、鳞状或条形。球花单性，雌雄同株，球花的雄蕊和珠鳞均螺旋状着生，很少交叉对生；雄球花小，单生或簇生枝顶，或排成圆锥花序状，或生叶腋，雄蕊有 2-9 个花药，花粉无气囊；雌球花顶生或生于去年生枝近枝顶，珠鳞与苞鳞半合生或完全合生，或珠鳞甚小，或苞鳞退化，珠鳞的腹面基部有 2-9 枚直立或倒生胚珠。球果当年成熟，熟时张开，种鳞扁平或盾形，木质或革质，螺旋状着生或交叉对生，能育种鳞的腹面有 2-9 粒种子。种子扁平或三棱形，周围或两侧有窄翅，或下部具长翅，子叶 2-9 枚。

本科共 10 属 16 种，主要分布于北温带。我国产 5 属 7 种，引入栽培 4 属 7 种。

分属检索表

1. 叶和种鳞均对生；叶条形，排成两列，侧生小枝连叶于冬季脱落；球果的种鳞盾形，木质，能育种鳞有 5-9 粒种子；种子扁平，周围有翅 ·· 2. 水杉属 *Metasequoia*
1. 叶和种鳞均为螺旋状着生。
   2. 种鳞（或苞鳞）扁平；半常绿，有条形叶的侧生小枝冬季脱落，有鳞形叶的小枝不脱落；叶鳞形、条形或条状钻形；种子下端有长翅 ·· 1. 水松属 *Glyptostrobus*
   2. 种鳞盾形；落叶或半常绿，侧生小枝冬季脱落；叶条形或钻形；种子三棱形，棱脊上有厚翅 ·· 3. 落羽杉属 *Taxodium*

1. 水松属 *Glyptostrobus* Endl.

半常绿乔木。叶螺旋状着生，基部下延，有 3 种类型：鳞形叶较厚，在主枝上辐射伸展，宿存 2-3 年；条形叶扁平，薄，着生于幼树 1 年生小枝或大树萌生枝，常成 2 列状；条状钻形叶辐射伸展呈 3 列状，生于大树 1 年生短枝；条形或条状钻形叶均于秋后连同侧生短枝一同脱落。球花单生于有鳞形叶的小枝枝顶；雄球花椭圆形，雄蕊 15-20 枚，花药 2-9；雌球花近球形或卵状椭圆形，由 20-22 枚螺旋状着生的珠鳞组成，珠鳞很小，背面生有较珠鳞大的卵形苞鳞，受精后珠鳞迅速增大成肥厚的种鳞。球果直立，苞鳞与种鳞几全部合生，三角状，向后反曲；中部种鳞的上部边缘有 6-10 个三角状尖齿，能育种鳞有 2 粒种子。种子椭圆形，微扁，具向下生长的长翅，子叶 4-5 枚。

本属仅有水松 1 种，为我国特产。

1. 水松

Glyptostrobus pensilis (Staunt.) Koch, Dendr. 2 (2): 191. 1873.——*Thuja pensilis* Staunt.

高 8-10（-25）m。湿生的树干基部膨大呈柱槽状，并且有伸出土面或水面的吸收根，柱槽高达 70 cm 以上，干基直径达 60-120 cm，树干有扭纹；树皮褐色或灰白色而带褐色，纵裂成不规则的长条片；枝条稀疏，大枝近平展，上部枝条斜伸。鳞形叶较厚或背腹隆起，螺旋状着生于多年生或当年生的主枝上，长约 2 mm，有白色气孔点，冬季不脱落；条形叶两侧扁平，薄，常成二列，长 1-3 cm，宽 1.5-4 mm，淡绿色，背面中脉两侧有气孔带；条状钻形叶两侧扁，背腹隆起，长 4-11 mm，辐射伸展或成三列状。球果倒卵圆形，长 2-2.5 cm，直径 1.3-1.5 cm；种鳞木质，扁平。种子椭圆形，稍扁，褐色，长 5-7 mm，宽 3-4 mm，下端有长翅，翅长 4-7 mm。花期 1-2 月，球果秋后成熟。

为我国特有树种，国家一级保护植物，主要分布在福建中部及闽江下游和广州珠江三角洲海拔 1 000 m 以下地区，喜温暖湿润的气候及水湿的环境，其他一些省市有栽培。

根系发达，可栽于河边、堤旁，作固堤护岸和防风之用。树形优美，可作庭园树种。

图 153 水松

2. 水杉属 *Metasequoia* Hu & W. C. Cheng

落叶乔木。叶交叉对生，基部扭转排成二列，羽状，条形，扁平，柔软，无柄或几无柄，上面中脉凹下，下面中脉隆起，每边各有 4-18 条气孔线，冬季与侧生小枝一同脱落。球花基部有交叉对生的苞片；雄球花单生叶腋或枝顶，有短梗，球花枝呈总状花序状或圆锥花序状，雄蕊交叉对生，约 20 枚，每雄蕊有 3 花药，花粉无气囊；雌球花有短梗，单生于去年生枝顶或近枝顶，梗上有交叉对生的条形叶，珠鳞 11-14 对，交叉对生，每珠鳞有 5-9 枚胚珠。球果下垂，当年成熟，近球形，微具四棱，稀呈长圆状球形，有长梗；种鳞木质，盾形，交叉对生，发育种鳞有 5-9 粒种子。种子扁平，周围有窄翅，先端有凹缺，子叶 2。

本属现仅存 1 孑遗种，特产于我国。

1. 水杉
Metasequoia glyptostroboides Hu & W. C. Cheng, Bull. Fan Mem. Inst. Biol., n.s., 1 (2): 154–157, pl. 1. 1948.

高达 35 m，胸径达 2.5 m。树干基部常膨大；树皮灰色、灰褐色或暗灰色，幼树裂成薄片脱落，大树裂成长条状脱落，内皮淡紫褐色；枝斜展，小枝下垂，幼树树冠尖塔形，老树树冠广圆形。叶长 0.8-3.5 cm，宽 1-2.5 mm，上面淡绿色，下面色较淡，沿中脉有两条淡黄色气孔带。球果下垂，近四棱状球形或长圆状球形，成熟前绿色，熟时深褐色，长 1.8-2.5 cm，直径 1.6-2.5 cm，梗长 2-4 cm；种鳞顶扁菱形，中央有一条横槽，基部楔形；种子倒卵形，间或圆形或长圆形，长约 5 mm，直径 4 mm。花期 2 月下旬，球果 11 月成熟。

我国特产的古老、稀有、珍贵树种，国家一级保护植物，仅分布于湖北利川县、湖南龙山和桑植及四川石柱县，生于海拔 750-1 500m 的河流两旁、湿润山坡及沟谷。

水杉对环境条件的适应性较强，我国各地普遍引种，树姿优美，为著名的庭园树种。

图 154 水杉

3. 落羽杉属（落羽松属） *Taxodium* Rich.

落叶或半常绿性乔木；主枝宿存，侧生小枝冬季脱落。叶螺旋状排列，基部下延；钻形叶在主枝上斜上伸展，或向上弯曲而靠近小枝，宿存；条形叶在侧生小枝上列成二列，冬季与枝一同脱落。雄球花卵圆形，排成总状或圆锥状，雄蕊多数或少数，每雄蕊有 4-9 花药；雌球花单生小枝顶端，有多数螺旋状排列的珠鳞，每珠鳞腹面基部有 2 胚珠，苞鳞与珠鳞几全部合生。球果球形或卵圆形，具短梗或几无梗；种鳞木质，盾形，顶部呈不规则的四边形；苞鳞与种鳞合生，仅先端分离；发育的种鳞有 2 种子。种子呈不规则三角形，有明显锐利的棱脊，子叶 4-9 枚。

本属共有 2 种，原产于北美及墨西哥，我国均已引种，作庭园树及造林树。

1. 落羽杉

Taxodium distichum (L.) Rich., Ann. Mus, Hist. Nat. Paris 14: 298. 1810.—— *Cupressus disticha* L.

1a. 落羽杉（原变种）
Taxodium distichum (L.) Rich. var. ***distichum***

高达 50m，胸径可达 2m。树干基通常膨大，常有屈膝状的呼吸根；树皮棕色，裂成长条片脱落；枝条水平开展，幼树树冠圆锥形，老则呈宽圆锥状。叶条形，扁平，基部扭转在小枝上列成2列，羽状，长1-1.5cm，宽约1mm，上面中脉凹下，淡绿色，下面黄绿色或灰绿色，中脉隆起，每边有4-8条气孔线。雄球花卵圆形，有短梗，在小枝顶端排列成总状或圆锥状。球果球形或卵圆形，有短梗，向下斜垂，熟时淡褐黄色，有白粉，直径约2.5cm；种鳞木质，盾形，顶部有明显或微明显的纵槽。种子不规则三角形，有锐棱，长1.2-1.8cm，褐色。球果10月成熟。

原产于北美东南部，耐水湿，能生于排水不良的沼泽地上。我国广东、河南、湖北、江苏、江西、上海、浙江等地引种栽培。

在我国江南低湿地区可用于造林或栽培作庭园树。

1b. 池杉（变种） 池柏、沼落羽松

Taxodium distichum (L.) Rich. var. *imbricatum* (Nutt.) Croom, Cat. Pl. New Bern, ed. 2, 3048. 1837.——*Cupressus disticha* L. var. *imbricata* Nutt., *Taxodium ascendens* Brongn.

与落羽杉的不同在于枝条向上伸展，树冠较窄呈尖塔形；叶在小枝上不排成2列，常为钻形，少条形而扁平。花期3-4月，球果10月成熟。

原产北美东南部，耐水湿，生于沼泽地区及水湿地上。我国安徽、河南、湖北、江苏、江西、浙江等地有引种栽培，作为低湿地的造林树种或作庭园树。

柏科 Cupressaceae

常绿乔木或灌木。叶交叉对生或3-4片轮生，稀螺旋状着生，鳞形或刺形，或兼有两型叶。球花单性，雌雄同株或异株，单生枝顶或叶腋；雄球花具3-8对交叉对生的雄蕊，每雄蕊具2-6花药，花粉无气囊；雌球花有3-16枚交叉对生或3-4片轮生的珠鳞，全部或部分珠鳞的腹面基部有上至多数直立胚珠，苞鳞与珠鳞完全合生。球果球形、卵圆形或圆柱形；种鳞扁平或盾形，木质或近革质，熟时张开，或肉质合生呈浆果状，熟时不裂或仅顶端微开裂，发育种鳞有一至多粒种子。种子周围具窄翅或无翅，或上端有一长一短的翅。

本科共有22属约150种，我国产8属约30种，分布几遍全国。

1. 扁柏属 *Chamaecyparis* Spach

常绿乔木。生鳞叶的小枝扁平。叶鳞形，通常二型，交叉对生，小枝上面中央的叶卵形或菱状卵形，先端微尖或钝，下面的叶有白粉或无，侧面的叶对折呈船形。雌雄同株，球花单生于短枝顶端；雄球花黄色、暗褐色或深红色，卵圆形或长圆形，雄蕊3-4对，交叉对生，每雄蕊有3-5花药；雌球花圆球形，有3-6对交叉对生的珠鳞，胚珠1-5枚，直立，着生于珠鳞内侧。球果球形，当年成熟，种鳞木质，盾形，顶部中央有小尖头，发育种鳞有种子1-5粒。

本属约有6种，分布于北美、日本及我国台湾。我国有1种及1变种，均产于台湾，另有引入栽培4种。

1. 美国尖叶扁柏

Chamaecyparis thyoides (L.) Britton, Sterns & Poggenburg, Preim. Cat. Pl. New York. City 71. 1888.——*Cupressus thyoides* L.

高 25 m，胸径 1 m。树皮厚，红褐色，窄长纵裂，常扭曲。小枝红褐色，生鳞叶的小枝排成平面，扁平。鳞叶排列紧密，先端钝尖，背部隆起有纵脊，有明显的腺点，小枝下面的鳞叶淡绿色，无白粉。雄球花暗褐色。球果圆球形，直径约 6 mm，有白粉，熟时红褐色；种鳞 3 对，顶部有尖头，发育种鳞具 1-2 粒种子。

原产于美国东部及东南部，生于沼泽地。我国江苏、江西、浙江等地引种栽培作庭园树。

被子植物 ANGIOSPERMAE

I. 双子叶植物 DICOTYLEDONAE

木麻黄科 Casuarinaceae

乔木或灌木。小枝轮生或假轮生，具节，纤细，绿色或灰绿色，形似木贼，常有沟槽及线纹或具棱。叶退化为鳞片状，四至多枚轮生成环状，围绕小枝每节的顶端，下部连合成鞘。花单性，雌雄同株或异株，无花梗；雄花序纤细，圆柱形；雌花序为球形或椭圆形头状花序，顶生于短侧枝上；雄花轮生在花序轴上，开放前隐藏于杯状的苞片腋间，花被片 1 或 2，早落，长圆形，顶端常呈帽状或 2 片合抱，雄蕊 1 枚；雌花生于 1 枚苞片和 2 枚小苞片腋间，无花被，雌蕊具 2 心皮，胚珠 2，花柱短，柱头 2，通常红色线形。小坚果扁平，顶端具膜质薄翅。种子单生，种皮膜质，无胚乳，胚直，1 对子叶大而扁平，胚根短，向上。

本科有 1 属 65 种，主产于大洋洲，扩展至亚洲东南部热带地区、太平洋岛屿和非洲东部。

1. 木麻黄属 *Casuarina* Adans.

属的特征同科。

我国引进栽培的本属植物约有 9 种，本书记载较常见的 2 种。

分种检索表

1. 鳞片状叶每轮通常 7 枚，较少为 6 或 8 枚，淡绿色，近透明；小枝直径 1mm 以下，柔软，易抽离断节；树皮内皮鲜红色或深红色；枝嫩梢的鳞片状叶直或稍开展，但不反卷·········1. 木麻黄 *C. equisetifolia*
1. 鳞片状叶每轮 12-16 枚，上部褐色，不透明；小枝直径 1.3-1.7mm，节韧难抽离，折曲时呈白腊色；树皮内皮淡黄色；枝嫩梢具明显环列、外卷的鳞片状叶··················2. 粗枝木麻黄 *C. glauca*

1. 木麻黄

Casuarina equisetifolia Forst., Gen. Pl. Austr. 103. f. 52. 1776.

乔木，高达 30m，胸径达 70cm，树冠狭长圆锥形。幼树树皮赭红色，较薄，皮孔密集排列为条状或块状，老树树皮粗糙，深褐色，不规则纵裂，内皮深红色；枝红褐色，有密集的节；小枝灰绿色，纤细，直径 0.8-0.9mm，长 10-27cm，常柔软下垂，具 7-8 条沟槽及棱，初时被短柔毛，节间长（2.5-）4-9mm。鳞片状叶每轮通常 7 枚，披针形或三角形，长 1-3mm。雌雄同株或异株；雄花序棒状圆柱形，长 1-4cm；雌花序通常顶生于近枝顶的侧生短枝上。球果状果序椭圆形，长 1.5-2.5cm，直径 1.2-1.5cm，小苞片变木质。小坚果连翅长 4-7mm，宽 2-3mm。花期 4-5 月，果期 7-10 月。

原产于澳大利亚和太平洋岛屿，福建、广东、广西、台湾沿海地区普遍栽植。

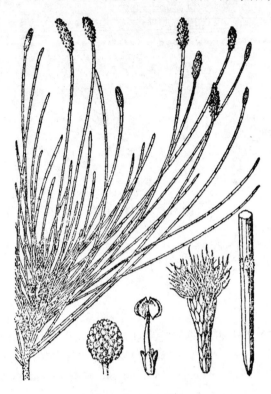

图 155　木麻黄

2. 粗枝木麻黄

Casuarina glauca Siebold ex Spreng., Syst. Veg. 3: 804. 1826.

乔木，高 10-20m，胸径达 35cm。树皮灰褐色或灰黑色，厚而粗糙，块状剥裂及浅纵裂，内皮浅黄色；侧枝多，近直立而疏散，嫩梢具环列反卷的鳞片状叶；小枝长可达 30-100cm，上举，末端弯垂，灰绿色或粉绿色，圆柱形，具浅沟槽，直径 1.3-1.7mm，节间长 10-18mm，两端近节处略膨胀。鳞片状叶每轮 12-16 枚，狭披针形，棕色。雌雄同株；雄花序生于小枝顶，密集，长 1-3cm；雌花序侧生，球形或椭圆形。球果状果序广椭圆形至近球形，长 1.2-2cm，直径约 1.5cm。小坚果淡灰褐色，有光泽，连翅长 5-6mm。花期 3-4 月，果期 6-9 月。

原产于澳大利亚，生长于海岸沼泽地至内陆地区，福建、广东、台湾有栽培。

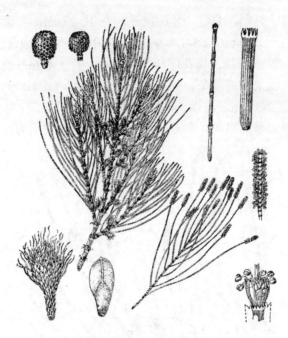

图 156　粗枝木麻黄

三白草科　Saururaceae

多年生草本。茎直立或匍匐，具明显的节。单叶互生，托叶贴生于叶柄上。花两性，聚集成稠密的穗状花序或总状花序，苞片显著，无花被；雄蕊 3、6 或 8 枚，稀较少，离生或贴生于子房基部或完全上位，花药 2 室，纵裂；雌蕊由 3-4 心皮所组成，离生或合生，如为离生心皮，则每心皮有胚珠 2-4 颗，如为合生心皮，则子房 1 室而具侧膜胎座，每胎座上有胚珠 6-8 颗或多数，花柱离生。果为分果爿或蒴果顶端开裂。种子有少量内胚乳和丰富的外胚乳及小的胚。

本科有 4 属，约 7 种，分布于亚洲东部和北美洲。我国有 3 属，4 种，主产中部以南各省区。

分属检索表

1. 子房下位；叶柄几与叶片等长··1. 裸蒴属 *Gymnotheca*
1. 子房上位；叶柄短或远短于叶片。
　2. 花聚集成稠密的穗状花序，花序基部有 4 片白色花瓣状总苞片；雄蕊 3 枚········2. 蕺菜属 *Houttuynia*
　2. 花聚集成总状花序，花序基部无总苞片；雄蕊 6 或 8 枚····························3. 三白草属 *Saururus*

1. 裸蒴属 *Gymnotheca* Decne.

多年生匍匐草本。叶全缘或有不明显的细圆齿，叶柄与叶片近等长；托叶膜质，贴生于叶柄上。花小，聚集成与叶对生的穗状花序，花序基部有或无白色的叶状大苞片；雄蕊6枚，生于子房近顶部；雌蕊由4个合生心皮组成；子房下位，1室，具4个侧膜胎座，每胎座胚珠多数；花柱4，外弯，长于雄蕊。

本属有2种，分布于我国中南部至西南部各省区。

1. 裸蒴

Gymnotheca chinensis Decne., Ann. Sci. Nat. 3, 3: 100. t. 5, 1845.

茎纤细匍匐，长30-65 cm，节上生根。叶纸质，无腺点，叶片肾状心形，长3-6.5 cm，宽4-7.5 cm，基部具2耳，全缘或有不明显的细圆齿；叶脉5-7条，均自基部发出，有时最外1对纤细或不显著；托叶膜质，与叶柄边缘合生，长1.5-2 cm，基部扩大抱茎，叶鞘长为叶柄的1/3。花序单生，长3.5-6.5 cm；总花梗与花序等长或略短；花序轴压扁，两侧具阔棱或近翅状；苞片倒披针形，长约3 mm；花药长圆形，纵裂，花丝与花药近等长或稍长，基部较宽；子房长倒卵形，花柱线形，外卷。花期4-11月。

分布于广东、广西、贵州、湖北、湖南、四川、云南等省区，生于水旁或山谷中。

全草药用，有消食积、解毒排浓等功效。

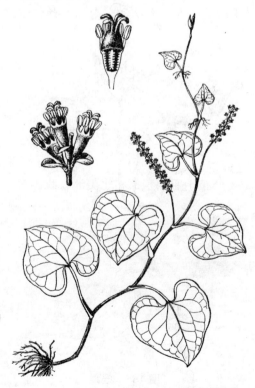

图 157　裸蒴

2. 蕺菜属 *Houttuynia* Thunb.

多年生草本。叶全缘，具柄，托叶贴生于叶柄上，膜质。花小，聚集成顶生或与叶对生的穗状花序，花序基部有 4 片白色花瓣状的总苞片；雄蕊 3 枚，花丝长，下部与子房合生，花药长圆形，纵裂；雌蕊由 3 个部分合生的心皮所组成，子房上位，1 室，侧膜胎座 3，每胎座有胚珠 6-8 颗，花柱 3 枚，柱头侧生。蒴果近球形，顶端开裂。

本属有 1 种，分布于亚洲东部和东南部。我国在长江流域及其以南各省区常见。

1. 蕺菜 鱼腥草、侧耳根
Houttuynia cordata Thunb, Fl. Jap. 234. 1784.

草本，高 30-60 cm，有腥臭味；茎下部伏地，节上轮生小根，上部直立，有时带紫红色。叶薄纸质，有腺点，背面尤甚，卵形或宽卵形，长 4-10 cm，宽 2.5-6 cm，基部心形，背面常呈紫红色；叶脉 5-7 条，全部基出或最内 1 对离基，如为 7 脉时，则最外 1 对很纤细或不明显；叶柄长 1-3.5 cm；托叶膜质，长 1-2.5 cm，下部与叶柄合生成 8-20 mm 的鞘，常有缘毛，基部扩大，略抱茎。花序长约 2 cm，宽 5-6 mm；总花梗长 1.5-3 cm；总苞片长圆形或倒卵形，长 10-15 mm，宽 5-7 mm；雄蕊长于子房，花丝长为花药的 3 倍。蒴果长 2-3 mm，顶端有宿存的花柱。花期 4-7 月。

分布于我国东南、中部至西南各省区，东起台湾，西南至云南、西藏，北达陕西、甘肃，生于沟边、溪边或林下湿地。亚洲东部和东南部也有分布。

全株入药，幼嫩根茎可食。

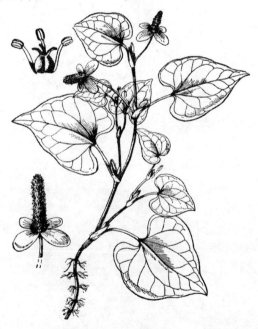

图 158 蕺菜

3. 三白草属 *Saururus* L.

多年生草本，具根状茎。叶全缘，具柄；托叶着生在叶柄边缘上。花小，聚集成与叶对生或兼有顶生的总状花序，无总苞片；苞片小，贴生于花梗基部；雄蕊通常 6 枚，有时 8 枚，稀退化为 3 枚，花丝与花药等长；雌蕊由 3-4 心皮所组成，分离或基部合生，子房上位，每心皮有胚珠 2-4 颗，花柱 4，离生。果实分裂为 3-4 个分果爿。

本属约有 3 种，分布于亚洲东部和北美洲。我国仅有 1 种，产于黄河流域及其以南各省区。

1. 三白草 塘边藕

Saururus chinensis (Lour.) Baill., Adansonia 10: 71. 1871.——*Spathium chinense* Lour.

湿生草本，高约 1 m。茎粗壮，有纵长粗棱和沟槽，下部伏地，常带白色，上部直立，绿色。叶纸质，密生腺点，宽卵形至卵状披针形，长 10-20 cm，宽 5-10 cm，基部心形或斜心形，两面无毛，上部叶较小，茎顶端的 2-3 片于花期常为白色花瓣状；叶脉 5-7 条，均自基部发出，如为 7 脉时，则最外 1 对纤细，网状脉明显；叶柄长 1-3 cm，基部与托叶合生成鞘状，略抱茎。花序白色，长 12-20 cm；总花梗长 3-4.5 cm，花序轴密被短柔毛；苞片近匙形，下部线形，被柔毛，贴生于花梗上；雄蕊 6 枚，花药长圆形，纵裂，花丝比花药略长。果近球形，直径约 3 mm，表面多疣状凸起。花期 4-6 月。

分布于黄河流域及其以南各省区，生于低湿沟边、塘边或溪旁。日本、菲律宾至越南也有分布。

全株药用。

图 159 三白草

金粟兰科 Chloranthaceae

　　草本、灌木或小乔木。单叶对生，边缘有锯齿，叶脉羽状，叶柄基部常合生，托叶小。花小，两性或单性，排成穗状、头状或圆锥花序，无花被或在雌花中有浅杯状3齿裂的花被；两性花具雄蕊1或3枚，着生于子房的一侧，花丝不明显，药隔发达，花药2室或1室，纵裂；雌蕊1枚，由1心皮组成，子房下位，1室，含1颗下垂的直生胚珠，花柱无或短；单性花雄花多数，雄蕊1枚；雌花少数，花被与子房贴生，有3齿。核果卵形或球形，外果皮多少肉质，内果皮硬。种子含丰富的胚乳和微小的胚。

　　本科有5属，约70种，分布于热带和亚热带。我国有3属，16种和5变种。

分属检索表

1. 雄蕊3枚（稀1枚），下部或基部多少结合，中央1枚花药2室，侧生的为1室；通常为多年生草本··· 1. 金粟兰属 *Chloranthus*
1. 雄蕊1枚，棒状或卵圆状，花药2室；灌木··· 2. 草珊瑚属 *Sarcandra*

1. 金粟兰属 *Chloranthus* Swartz

　　多年生草本或半灌木。叶对生或轮生状，边缘有锯齿。花序穗状或分枝排成圆锥花序状，顶生或腋生；花小，两性，无花被；雄蕊通常3枚，稀1枚，着生于子房上部一侧，药隔卵形或披针形，有时延长呈线形，花药1-2室；如3枚雄蕊时，则中央的花药2室或偶无花药，两侧的花药1室，如为单枚雄蕊时，则花药2室；子房1室，胚珠1，下垂，直生，通常无花柱，少具明显的花柱，柱头截平或分裂。核果球形、倒卵形或梨形。

　　本属约有17种，分布于亚洲的温带和热带。我国有10余种，产于东北至西南。

分种检索表

1. 花药具显著突出的线形药隔，药隔比药室长5倍以上，长1-1.9cm；叶通常4片，叶缘通常为圆锯齿·· 1. 水晶花 *C. fortunei*
1. 花药具较短的药隔，药隔为药室长的1-3倍，长2-3mm；叶4-6片，叶缘具锐而密的锯齿··· 2. 及己 *C. serratus*

1. 水晶花　垂丝金粟兰、丝穗金粟兰、四块瓦

Chloranthus fortunei (A. Gray) Solms-Laub. in DC., Prodr. 16: 476. 1868.—— *Tricercandra fortunei* A. Gray.

　　多年生草本，高15-40cm，无毛。根状茎粗短，密生多数细长须根；茎直立，单生或数个丛生，下部节上对生2片鳞状叶。叶对生，通常4片生于茎上部，纸质，宽椭圆形、

长椭圆形或倒卵形，长 5-11cm，宽 3-7cm，基部宽楔形，边缘有圆锯齿或粗锯齿，齿尖有 1 腺体，近基部全缘，嫩叶背面密生细小腺点；侧脉 4-6 对，网脉明显；叶柄长 1-1.5cm；托叶条裂成钻形。穗状花序单一顶生，连总花梗长 4-6cm；苞片倒卵形，通常 2-3 齿裂；花白色，有香气；雄蕊 3 枚，药隔基部合生，着生于子房上部外侧，中央药隔具 1 个 2 室的花药，两侧药隔各具 1 个 1 室的花药，药隔伸长呈丝状，长 1-1.9cm，药室在药隔的基部；子房倒卵形，无花柱。核果球形，淡黄绿色，有纵条纹，长约 3mm。花期 4-5 月，果期 5-6 月。

分布于安徽、广东、广西、湖北、湖南、江苏、江西、山东、四川、台湾、浙江，生于山坡或低山林下阴湿处和山沟草丛中，海拔 170-340m。

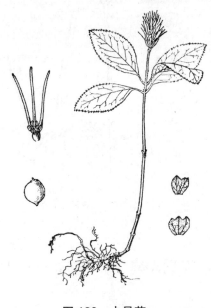

图 160　水晶花

2. 及已　四叶细辛

Chloranthus serratus (Thunb.) Roem. & Schult., Syst. Veg. 3: 461. 1818.——*Nigrina serrata* Thunb.

多年生草本，高 15-50cm；根状茎横生，粗短，直径约 3mm，生多数土黄色须根；茎直立，单生或数个丛生，具明显的节，下部节上对生 2 片鳞状叶。叶对生，4-6 片生于茎上部，纸质，椭圆形至卵状披针形，长 7-15cm，宽 3-6cm，顶端渐狭成长尖，基部楔形，边缘具锐而密的锯齿，齿尖有 1 腺体；侧脉 6-8 对；叶柄长 8-25mm。穗状花序顶生，偶腋生，单一或 2-3 分枝；总花梗长 1-3.5cm；苞片顶端常数齿裂；花白色；雄蕊 3 枚，药隔下部合生，着生于子房上部外侧，中央药隔有 1 个 2 室的花药，两侧药隔各有 1 个 1 室的花药；药隔长圆形，3 药隔相抱，中央药隔向内弯，长 2-3mm，与侧药隔等长或略长，药室在药隔中部或中部以上；子房卵形，无花柱，柱头粗短。核果近球形或梨形，绿色。花期 4-5 月，果期 6-8 月。

分布于安徽、福建、广东、广西、湖北、湖南、江苏、江西、四川、浙江，生于山地林下湿润处和山谷溪边草丛中，海拔 280-1 800m。日本也有分布。

图 161　及已

2. 草珊瑚属　*Sarcandra* Gardn.

半灌木，无毛，木质部无导管。叶对生，常多对，椭圆形、卵状椭圆形或椭圆状披针形，边缘具锯齿，齿尖有1腺体；叶柄短，基部合生；托叶小。穗状花序顶生，通常分枝，多少呈圆锥花序状；花两性，无花被，无花梗；苞片1枚，三角形，宿存；雄蕊1枚，肉质，棒状至背腹压扁，花药2室，稀3室，药室纵裂；子房卵形，含1颗下垂的直生胚珠，无花柱，柱头近头状。核果球形或卵形。种子含丰富胚乳，胚微小。

本属有3种，分布于亚洲东部至印度。我国有2种，产于东南部至西南部。

1. 草珊瑚

Sarcandra glabra (Thunb.) Nakai, Fl. Sylv. Koreana 18: 17. t. 2. 1930.——*Bladhia glabra* Thunb.

1a. 草珊瑚（原亚种）

Sarcandra glabra (Thunb.) Nakai subsp. ***glabra***

常绿半灌木，高 50-120 cm；茎与枝均有膨大的节。叶革质，椭圆形至卵状披针形，长 6-17 cm，宽 2-6 cm，顶端渐尖，基部尖或楔形，边缘具粗锐锯齿，齿尖有1腺体；叶柄长 0.5-1.5 cm，基部合生呈鞘状；托叶钻形。穗状花序顶生，通常分枝，多少呈圆锥花序状，连总花梗长 1.5-4 cm；苞片三角形；花黄绿色；雄蕊1枚，肉质，棒状至圆柱状，花药2室，生于药隔上部之两侧；子房球形或卵形，无花柱，柱头近头状。核果球形，直径3-4mm，熟时亮红色。花期6月，果期8-10月。

分布于安徽、福建、广东、广西、贵州、湖南、江西、四川、台湾、云南、浙江，生于山坡、沟谷林下阴湿处，海拔420-1 500m。朝鲜、日本、马来西亚、菲律宾、越南、柬埔寨、印度、斯里兰卡也有分布。

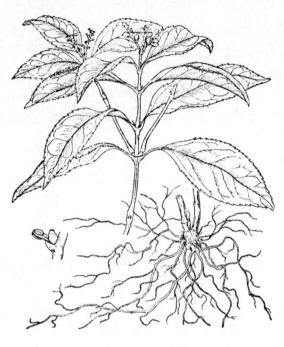

图162 草珊瑚

1b. 海南草珊瑚（亚种）

Sarcandra glabra (Thunb.) Nakai subsp. ***brachystachys*** (Blume) Verdc., Kew Bull. 40: 216. 1985.——*Chloranthus brachystachys* Blume.

雄蕊卵球形，略长于药室；柱头细棒状。成熟果橙红色，卵球形，直径约2mm。花期10月至翌年5月，果期翌年3-8月。

分布于广东、广西、海南、云南，生于海拔400-1 600m的山坡湿地、深谷、路边。老挝、泰国和越南也有分布。

杨柳科 Salicaceae

落叶乔木或直立、垫状和匍匐灌木。单叶互生，稀对生，不分裂或浅裂，全缘或有齿；托叶鳞片状或叶状。花单性，雌雄异株，稀杂性；荑荑花序，直立或下垂，先叶开放或与叶同时开放，稀叶后开放，花着生于苞片腋内，苞片脱落或宿存；基部通常有杯状花盘或腺体；雄蕊2至多数，花药2室，纵裂，花丝分离至合生；雌花子房无柄或有柄，雌蕊由

2-4（-5）心皮构成，子房1室，侧膜胎座，胚珠多数，花柱不明显至很长，柱头2-4裂。蒴果 2-4（-5）瓣裂。种子微小，种皮薄，胚直立，无胚乳或有少量胚乳，基部围有多数白色丝状长毛。

本科有3属，620多种，分布于寒温带、温带和亚热带。我国3属均有，约320种，各地均有分布，尤以山地和北方较为普遍。

分属检索表

1. 萌枝髓心五角状，有顶芽，芽鳞多数；雌、雄花序下垂，苞片先端分裂，花盘杯状；叶片通常宽大，叶柄较长 ··· 2. 杨属 *Populus*
1. 萌枝髓心圆形，无顶芽，芽鳞1枚；雌花序直立或斜展，苞片全缘，无杯状花盘；叶片通常狭长，叶柄短。
    2. 雄花序下垂，花无腺体，花丝下部与苞片合生 ····································· 1. 钻天柳属 *Chosenia*
    2. 雄花序直立，花有腺体，花丝与苞片离生 ··· 3. 柳属 *Salix*

1. 钻天柳属 *Chosenia* Nakai

乔木。小枝无毛，黄色带红色或紫红色，有白粉。芽扁卵形。叶互生，短渐尖，边缘有锯齿或近全缘，无托叶。雌雄异株，葇荑花序先叶开放，雄花序下垂；雌花序直立或斜展；雌、雄花皆无腺体，雄花苞片宿存，外面无毛，边缘有长缘毛；雄蕊5，无毛，短于苞片，着生于苞片的基部；花药球形，黄色；雌花苞片脱落，外面无毛，边缘有长缘毛；子房近卵状长圆形，有短柄，无毛，花柱明显，2裂，每一顶端又有2裂的柱头，早落。蒴果2瓣裂。种子长椭圆形，无胚乳。

本属仅有1种，分布于亚洲东部。

1. 钻天柳　顺河柳、红毛柳、红梢柳

Chosenia arbutifolia (Pall.) A. Skv., Not. Syst. Herb. Inst. Bot. Kom. Acad. Sci. URSS, 18: 43. 1957.——*Salix arbutifolia* Pall.

高可达20-30 m，胸径达0.5-1 m。树冠圆柱形，树皮褐灰色。芽扁，长2-5 mm，有光泽，有1枚鳞片。叶长圆状披针形至披针形，长5-8 cm，宽1.5-2.3 cm，先端渐尖，基部楔形，两面无毛，上面灰绿色，下面苍白色，常有白粉，边缘稍有锯齿或近全缘；叶柄长5-7 mm；无托叶。雄花序长1-3 cm，雄蕊5，短于苞片，着生于苞片基部，花药球形，黄色；苞片倒卵形，不脱落，外面无毛，边缘有长缘毛，无腺体；雌花序直立或斜展，长1-2.5 cm；子房近卵状长圆形，有短柄，无毛，花柱2，明显，每花柱具有2裂的柱头；苞片倒卵状椭圆形，外面无毛，边缘有长毛，脱落。花期5月，果期6月。

分布于黑龙江、吉林、辽宁、内蒙古（大兴安岭西坡），生于河流两岸，海拔300-950 m。也分布于朝鲜、日本、俄罗斯远东地区。

国家二级保护植物，是优美的观赏树种。

图 163 钻天柳

2. 杨属 *Populus* L.

乔木。树干通常端直；树皮光滑或纵裂，常为灰白色。有顶芽（胡杨无），芽鳞多数，常有黏脂。有长短枝之分，圆柱状或具棱线。叶互生，多为卵圆形、卵圆状披针形或三角状卵形，在不同的枝上形状常不同，边缘有齿；叶柄长，侧扁或圆柱形，先端有或无腺点。葇荑花序下垂，常先叶开放；雄花序较雌花序稍早开放；苞片先端分裂，膜质，早落，花盘斜杯状；雄花有雄蕊四至多数，着生于花盘内，花药暗红色，花丝较短，离生；子房花柱短，柱头 2-4 裂。蒴果 2-4（-5）裂。种子小，多数。

本属有 100 多种，广泛分布于欧洲、亚洲和北美。我国有 60 多种，其中数种为引入栽培。

分种检索表

1. 叶两面均为灰蓝色；花盘膜质，早落；萌枝叶线状披针形或披针形，近全缘。
   2. 小枝稀被毛，叶与果无毛；叶上部边缘具多个齿····················3. 胡杨 *P. euphratica*
   2. 小枝、叶与果均被绒毛；叶上部边缘常有 2-3 个齿··················5. 灰胡杨 *P. pruinosa*
1. 叶两面不为灰蓝色；花盘不为膜质，宿存；萌枝叶分裂或边缘锯齿状。
   3. 叶通常近圆形，叶缘具密而浅的波状齿，先端急尖或短渐尖；苞片边缘具长毛··2. 山杨 *P. davidiana*
   3. 叶片卵形、椭圆形或长圆形，稀近圆形，叶缘具锯齿，先端渐尖、短渐尖、突尖或急尖；苞片边缘无长毛。

4. 叶最宽处在中下部；小枝、叶柄与果序轴均无毛；小枝无棱，黄绿色或灰黄色；叶先端突尖或渐尖 ·· 1. 青杨 *P. cathayana*
4. 叶最宽处常在中部或中上部，长枝叶与萌枝叶更明显；叶柄与果序轴常有毛。
   5. 叶菱状椭圆形或菱状倒卵形，基部楔形；蒴果 2 瓣裂；叶柄、叶两面沿脉、果序轴及蒴果均明显被毛 ··· 6. 青甘杨 *P. przewalskii*
   5. 叶椭圆形至倒卵状椭圆形，基部圆形或浅心形；蒴果 3-4 瓣裂。
      6. 小枝无毛；短枝叶椭圆形至倒卵状椭圆形，上面具明显皱纹，下面带白色或稍粉红色，叶长大于宽；蒴果多 4 瓣裂 ·· 4. 香杨 *P. koreana*
      6. 小枝具毛，至少幼枝有毛；叶通常为椭圆形，上面无皱纹，下面微白色；果序轴有毛，近基部更密，蒴果 3-4 瓣裂；小枝有棱 ······················· 7. 大青杨 *P. ussuriensis*

1. 青杨

Populus cathayana Rehder, J. Arnold Arbor. 12 (1): 59. 1931.

高达 30 m。树冠阔卵形；树皮初光滑，灰绿色，老时暗灰色，沟状开裂。短枝上的叶卵形、椭圆形或狭卵形，长 5-10 cm，宽 3.5-7 cm，最宽处在中部以下，先端渐尖，基部圆形，稀近心形或阔楔形，边缘具腺圆锯齿，上面亮绿色，下面绿白色，脉两面隆起，下面尤为明显，具侧脉 5-7 条，叶柄圆柱形，长 2-7 cm；长枝或萌枝叶较大，卵状长圆形，长 10-20 cm，基部微心形，叶柄圆柱形，长 1-3 cm。雄花序长 5-6 cm，雄蕊 30-35，苞片条裂；雌花序长 4-5 cm，柱头 2-4 裂；果序长 10-20 cm。蒴果卵圆形，长 6-9 mm，3-4 瓣裂，稀 2 瓣裂。花期 3-5 月，果期 5-7 月。

分布于华北、西北及辽宁、四川等省区，生于海拔 800-3 000 m 的沟谷、河岸和阴坡山麓。性喜湿润或干燥寒冷的气候，为我国北方常见树种。各地有栽培。

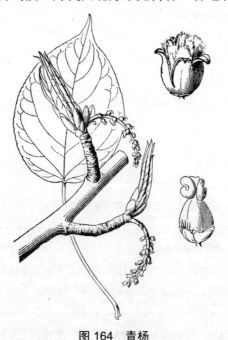

图 164 青杨

2. 山杨

Populus davidiana Dode, Bull. Soc. Hist. Nat. Autun 18: 189, t. 11: 31. 1905.

高达25m，胸径约60cm。树皮光滑，灰绿色或灰白色，树冠圆形。叶三角状卵圆形或近圆形，长宽近相等，长3-6cm，先端钝尖、急尖或短渐尖，基部圆形、截形或浅心形，边缘有密波状浅齿，发叶时显红色；萌枝叶大，三角状卵圆形，下面被柔毛；叶柄侧扁，长2-6cm。花序轴有疏毛或密毛；苞片棕褐色，掌状条裂，边缘有密长毛；雄花序长5-9cm，雄蕊5-12，花药紫红色；雌花序长4-7cm；子房圆锥形，柱头2深裂，带红色。果序长达12cm；蒴果卵状圆锥形，长约5mm，有短柄，2瓣裂。花期3-4月，果期4-5月。

分布广泛，东北、华北、华中、西北及西南高山地区均有分布，多生于山坡、山脊和沟谷地带，海拔1200-3800m。朝鲜、俄罗斯东部也有分布。

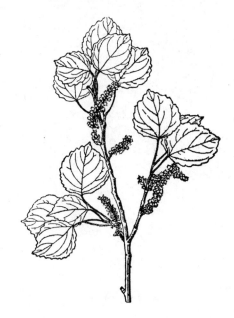

图165 山杨

3. 胡杨

Populus euphratica Olivier, Voy. Emp. Othoman 3: 449, f. 45-46. 1807.

乔木，稀灌木状，高10-15m。树皮淡灰褐色。苗期和萌枝叶披针形或线状披针形，全缘或有不规则疏波状牙齿。成年树小枝泥黄色，枝内富含盐分，有咸味。叶形多变化，卵形、卵状披针形、三角状卵形或肾形，先端有粗齿，基部楔形、阔楔形、圆形或截形，有2腺点，两面同色；叶柄微扁，约与叶片等长，萌枝叶柄极短，长仅1cm，有短绒毛或光滑。雄花序细圆柱形，长2-3cm，轴有短绒毛，雄蕊15-25，花药紫红色，花盘膜质，边缘有不规则齿；苞片略呈菱形，长约3mm，上部有疏齿；雌花序长约2.5cm，果期长达9cm，子房长卵形，被短绒毛或无毛，子房柄约与子房等长，柱头3，2浅裂，鲜红或淡黄绿色。蒴果长卵形，长10-12mm，2-3瓣裂，无毛。花期5月，果期7-8月。

分布于甘肃、内蒙古西部、青海、新疆，多生于盆地、河谷和平原，海拔250-2 400 m。中亚、蒙古、俄罗斯（高加索）、埃及、叙利亚、印度、伊朗、阿富汗、巴基斯坦等地也有分布。

胡杨是干旱大陆性气候条件下的树种，喜光、抗热、抗大气干旱、抗盐碱、抗风沙，在湿热的气候条件和黏重土壤上生长不良。它要求沙质土壤。在水分好的条件下，寿命可达百年左右。

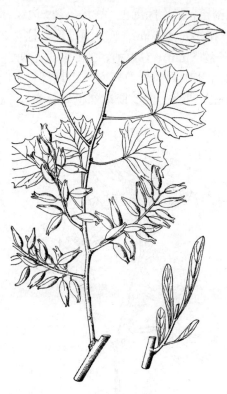

图166　胡杨

4. 香杨

Populus koreana Rehder, J. Arnold Arbor. 3 (4): 226. 1922.

高达30 m，胸径1-1.5 m。树冠广圆形；树皮幼时灰绿色，光滑，老时暗灰色，具深沟裂。小枝圆柱形，初时有黏性树脂，具香气。短枝叶椭圆形、椭圆状长圆形、椭圆状披针形及倒卵状椭圆形，长9-12 cm，基部狭圆形或宽楔形，边缘具细的腺圆锯齿，上面暗绿色，有明显皱纹，下面带白色或稍呈粉红色；叶柄长1.5-3 cm，先端有短毛；长枝叶狭卵状椭圆形、椭圆形或倒卵状披针形，长5-15 cm，宽8 cm或更宽，基部多为楔形，叶柄长0.4-1 cm。雄花序长3.5-5 cm；苞片近圆形或肾形，雄蕊10-30，花药暗紫色；雌花序长3.5 cm。蒴果绿色，卵形，（2-）4瓣裂。花期4月下旬至5月，果期6月。

分布于黑龙江（大兴安岭）、吉林（长白山林区）、辽宁东部，多生于河岸、溪边谷地，海拔400-1 600 m。朝鲜、俄罗斯东部也有分布。

喜光，喜冷湿，常与红松混生或生于阔叶树林中。

图 167　香杨

5. 灰胡杨　灰叶胡杨

Populus pruinosa Schrenk, Bull. Cl. Phys.-Math. Acad. Imp. Sci. Saint-Pétersbourg 3: 210. 1845.

小乔木，高 10（-20）m。树冠开展，树皮淡灰黄色；萌条枝密被灰色短绒毛，小枝有灰色短绒毛。萌枝叶椭圆形，两面被灰绒毛；短枝叶肾脏形，长 2-4cm，宽 3-6cm，全缘或先端具 2-3 疏齿牙，两面灰蓝色，密被短绒毛；叶柄长 2-3cm，微侧扁。果序长 5-6cm，果序轴、果柄和蒴果均密被短绒毛；蒴果长卵形，长 5-10mm，2-3 瓣裂。花期 5 月，果期 7-8 月。

分布于新疆（准噶尔盆地至塔里木盆地），生于河岸。也分布于中亚、伊朗等地。

常跟胡杨混生，或自成群落，数量较胡杨少。为绿化西北干旱盐碱地带的优良树种。

图 168　灰胡杨

6. 青甘杨

Populus przewalskii Maxim., Bull. Acad. Imp. Sci. Saint-Petersbourg 27: 540. 1882.

高达20m。树干挺直，树皮灰白色，较光滑，下部色较暗，有沟裂。叶菱状卵形，长4.5-7cm，宽2-3.5cm，先端短渐尖至渐尖，基部楔形，边缘有细锯齿，近基部全缘，上面绿色，下面发白色，两面脉上有毛；叶柄长2-2.5cm，有柔毛。雌花序细，长约4.5cm，花序轴有毛；子房卵形，被密毛，柱头2裂再分裂，花盘微具波状缺刻。果序轴及蒴果被柔毛；蒴果卵形，2瓣裂。

分布于甘肃、内蒙古、青海，多生于山麓溪流沿岸或道旁。

为防风固沙、护堤固土、绿化观赏的树种，是东北和西北防护林和用材林主要树种之一。

图169　青甘杨

7. 大青杨

Populus ussuriensis Kom., Bot. Zhurn. SSSR 19: 510. 1934.

高达30m，胸径1-2m，树冠圆形，树皮幼时灰绿色，较光滑，老时暗灰色，纵沟裂。叶椭圆形至近圆形，长5-12cm，宽3-7(-10)cm，先端突尖，扭曲，基部近心形或圆形，边缘具圆齿，密生缘毛，上面暗绿色，下面微白色，两面沿脉密生或疏生柔毛；叶柄长1-4cm，密生与叶脉相同的毛。花序长12-18cm，花序轴密生短毛，基部更为明显。蒴果无毛，近无柄，长约7mm，3-4瓣裂。花期4-5月，果期5-6月。

分布于黑龙江、吉林、辽宁，生于山地江河岸边、沟谷坡地，海拔300-1 400m。俄罗斯远东地区和朝鲜半岛也有分布。

图 170 大青杨

3. 柳属 *Salix* L.

乔木或匍匐状、垫状、直立灌木。枝圆柱形，髓心近圆形。无顶芽，侧芽通常紧贴枝上，芽鳞单一。叶互生，稀对生，通常狭而长，多为披针形，羽状脉，有锯齿或全缘；叶柄短；托叶多有锯齿，常早落。葇荑花序先叶开放或与叶同时开放，稀后叶开放；苞片全缘，宿存，稀早落；雄蕊两至多数，花丝离生或部分或全部合生；腺体 1-2（位于花序轴与花丝之间者为腹腺，近苞片者为背腺）；雌蕊由 2 心皮组成，子房无柄或有柄，花柱长短不一或缺，单一或分裂，柱头 1-2，分裂或不裂。蒴果 2 瓣裂。种子小。

本属世界有 500 多种，主产于北半球温带地区，寒带次之，亚热带和南半球极少。我国有 275 种。

本属植物多喜湿润，生于水边者常有水生根。一般扦插极易成活，为保持水土、固堤、防沙和绿化及美化环境的优良树种。

分种检索表

1. 灌木，高 1m；花叶后开放，枝上有去年果序宿存·····················23. 秋华柳 *S. variegata*
1. 灌木或乔木，高一般超过 1m；花早于叶开放或同期开放，枝上少见去年果序。
  2. 叶线形、线状披针形或长椭圆形，长一般为宽 5 倍以上。
    3. 托叶线形至线状披针形，长 1.2（-3）cm，边缘具腺齿；叶长 8-15cm，宽 0.5-1cm，两面无毛，背面被白霜，上面绿色，两端渐尖，边缘反卷，具腺齿·····················12. 筐柳 *S. linearistipularis*
    3. 托叶早落或极小。

4. 矮灌木，高 1m 以下；叶线形，长 2-6cm，宽 1cm 以内，上面暗绿色，无毛，背面苍白色，被短茸毛或绵毛 ·· 20. 细叶沼柳 *S. rosmarinifolia*
   4. 灌木或乔木，高 2m 以上。
      5. 灌木，高 2m；分枝黄色、黄棕色或灰紫棕色；芽卵球形，被丝状毛；叶长 1.5-4cm，宽 2-4mm，全缘而无明显锯齿 ·· 15. 小穗柳 *S. microstachya*
      5. 灌木或小乔木，高 5m；分枝灰黑色或红黑色；芽极小，被柔毛；叶长 2.5-3.5 (-6) cm，宽 3-5 (-10) cm，背面灰白色被绢毛，边缘具腺齿，外卷 ························· 5. 乌柳 *S. cheilophila*
         6. 树皮黑灰色，不规则剥落，分枝纤细，下垂；叶长 9-16cm，宽 0.5-1.5cm，两面几无毛，背面淡绿，表面绿色 ··· 1. 垂柳 *S. babylonica*
         6. 树皮暗灰色或暗棕色；分枝直立；叶长卵形或长卵球形，被茸毛。
            7. 乔木，高 20m，树皮有沟，树冠宽卵形；芽卵球形；叶背面被白霜，沿中脉被柔毛，上面绿色，几无毛 ··· 11. 朝鲜柳 *S. koreensis*
            7. 灌木或乔木，高 12m；芽长圆状卵形；叶背面苍白色，被绢毛，上面绿色，几无毛 ··· 6. 银叶柳 *S. chienii*
2. 叶多为椭圆状披针形至卵状长圆形，少为线形或线状披针形，长为宽的 2-4 倍，少有 4 倍以上。
   8. 苞片 2 色。
      9. 果序下垂，果爿明显反折 ·· 24. 皂柳 *S. wallichiana*
      9. 果序直立或伸展，果爿不反折。
         10. 雌花花柱长而纤细，柱头 2 裂，每柱头再次 2 浅裂 ············· 9. 细柱柳 *S. gracilistyla*
         10. 雌花花柱较子房短。
            11. 子房圆柱形，长 5-7mm，被绢毛，有长子房柄，柄长 5.5mm ········ 8. 崖柳 *S. floderusii*
            11. 子房卵状圆锥形，长 1.6-1.9mm，被茸毛，子房柄极短 ············ 21. 龙江柳 *S. sachalinensis*
   8. 苞片 1 色，或仅上部异色。
      12. 植株高 3m 以下；叶小，椭圆形或长圆状椭圆形。
         13. 花晚于叶开放；叶长 0.5-3cm，宽 0.5-1cm，背面灰色，干后不变色，上面绿色 ··· 2. 欧杞柳 *S. caesia*
         13. 花先于叶开放，或近同时开放。
            14. 小灌木，高 80cm；叶长 1-3.5cm，宽 0.7-1.5cm，背面苍白，干后变黑，上面暗绿色或淡紫色 ··· 16. 越桔柳 *S. myrtilloides*
            14. 灌木，高 3m。
               15. 叶近对生或对生，或有时 3 枚成轮生，几无柄而略抱茎，长 2-5cm，宽 1-2cm，两面无毛、淡绿色 ·· 10. 杞柳 *S. integra*
               15. 叶互生，柄长 1-3mm，被柔毛，不抱茎，叶长 1-4cm，宽 0.5-1.5cm，幼时被丝状短茸毛，成熟后沿中脉被柔毛 ·· 13. 丝毛柳 *S. luctuosa*
      12. 植株高 4m 以上；叶较大。
         16. 叶缘具细锯齿而无腺体。
            17. 托叶披针形，小，叶柄 2-3mm，被短茸毛，叶披针形至披针状长圆形，长 8-12cm，宽 2-3 cm；雄花序长 2.5cm，粗 5mm ·· 19. 白皮柳 *S. pierotii*

17. 托叶卵形或肾形，早落，叶柄 7-10 mm，被柔毛，叶椭圆形至长圆状披针形，长 4-6 cm，宽 2-3 cm；雄花序长（2.5-）6 cm，宽 6-7 mm ··· 25. 紫柳　*S. wilsonii*
16. 叶缘多少具腺齿。
  18. 叶对生；雄蕊 2 枚 ·· 22. 红皮柳　*S. sinopurpurea*
  18. 叶互生；雄蕊（2-）3-9（-12）。
    19. 雄蕊（5）6-8（9-12）。
      20. 雄花有 2 腺体，雌花腺体宽，腹腺半抱子房柄，背腺 2-3 浅裂；蒴果卵球形，长约 6 mm，柄明显 ··· 3. 滇大叶柳　*S. cavaleriei*
      20. 雄花腺体 1，圆筒状，长约 1 mm，2-3 浅裂，雌花腹腺 2，1-2 深裂，背腺常缺；蒴果长圆锥形，长约 9 mm，几无柄 ························· 18. 五蕊柳　*S. pentandra*
    19. 雄蕊（2-）3-5（-6）。
      21. 叶柄 2-3 mm，叶背灰白色，两面均密被灰白色或棕色柔毛，叶长 2.5-4 cm，宽 1.5-2 cm ·· 7. 长梗柳　*S. dunnii*
      21. 叶柄 5 mm 以上，成熟叶两面均无毛。
        22. 雄蕊（2-）3（-5）；叶柄 5-6（-10）mm，叶长 7-10 cm，宽 1.5-3 cm，背面被白霜，上面暗绿色，基部圆形或楔形，先端细突尖 ··· 17. 三蕊柳　*S. nipponica*
        22. 雄蕊 5-6；叶柄长 0.5-1.5 cm。
          23. 雄蕊 5；叶柄 0.5-1.2 cm，叶长 4-8 cm，宽 1.8-4 cm，背面灰白，上面绿色，两面均无毛，基部楔形，先端急尖 ········ 4. 腺柳　*S. chaenomeloides*
          23. 雄蕊 5-6；叶柄 1-1.5 cm，叶长 7-11 cm，宽 3-5 cm，背面光亮，上面淡绿，幼时两面被锈色毛，基部近心形，先端渐尖或尾状 ······ 14. 粤柳　*S. mesnyi*

1. 垂柳

Salix babylonica L., Sp. Pl. 2: 1017. 1753.

乔木，高达 12-18 m，树冠开展而疏散。树皮灰黑色，不规则开裂；枝细，下垂，无毛。叶狭披针形或线状披针形，长 9-16 cm，宽 0.5-1.5 cm，两面无毛或微有毛，下面色较淡，边缘有锯齿；叶柄长（3-）5-10 mm，有短柔毛；托叶仅生在萌发枝上，斜披针形或卵形，边缘有齿。花序先叶开放或与叶同时开放；雄花序长 1.5-2（-3）cm，花序轴有毛；雄蕊 2，花丝与苞片近等长或较长，基部多少有长毛，花药红黄色；苞片披针形，外面有毛；腺体 2；雌花序长 2-3（-5）cm，基部有 3-4 小叶，花序轴有毛；子房椭圆形，花柱短，柱头 2-4 深裂；苞片披针形，长 1.8-2（-2.5）mm，外面有毛；腺体 1。蒴果长 3-4 mm，绿黄褐色。花期 3-4 月，果期 4-5 月。

分布于长江流域与黄河流域，其他各地均有栽培，为道旁、水边等绿化树种。耐水湿，也能生于干旱处。亚洲、欧洲、美洲各国均有引种。

图 171 垂柳

2. 欧杞柳

Salix caesia Vill., Hist. Pl. Dauph. 3: 768. 1789.

小灌木。嫩枝红褐色或栗色，有丝状毛，老枝淡黄色，无毛。叶卵形、椭圆形或披针形，长 5-30 mm，宽 3-10 mm，全缘，上面绿色，下面灰白色；叶柄短，被短绒毛；托叶披针形，膜质，常早落。花叶后开放，花序粗短，长 5-20 mm，基部有鳞片状小叶；苞片长圆形或倒卵形，密生灰柔毛，稀无毛；雄蕊 2，花丝全部或仅中部以下合生，基部有柔毛，花药黄色；腺体 1，腹生，全缘或 2-3 浅裂，长于子房柄；子房卵状圆锥形，被绒毛，长 3-4 mm，柄短，花柱短，柱头全缘或 2 裂。蒴果淡黄色至红褐色，密被绒毛。花期 5 月，果期 6 月。

分布于新疆（阿尔泰和伊犁），生于海拔 1 500-3 000 m 的山间沼泽和低湿地。中亚地区、西伯利亚、欧洲等地也有分布。

图 172 欧杞柳

3. 滇大叶柳　云南柳

Salix cavaleriei H. Lév., Bull. Soc. Bot. France 56: 298. 1909.

乔木，高达18（-25）m，胸径达50cm。树皮灰褐色，有沟裂；小枝细，红褐色，初有短绒毛，老枝灰褐色。叶宽披针形、椭圆状披针形或狭卵状椭圆形，长4-11cm，宽2-4cm，边缘有细腺锯齿，上面绿色，下面淡绿色，幼叶常带红色；叶柄长6-10mm，密生柔毛，上部边缘有腺点；托叶三角状卵形，具细腺齿。花与叶同时开放，有长花序梗着生2-3（-4）叶；雄花序长3-4.5cm，粗8mm，花序轴具粗糙柔毛；雄蕊6-8（-12）；苞片卵形至三角形，有柔毛及缘毛；腺体2；雌花序长2-3.5cm；子房卵形，有长柄；苞片同雄花；腹腺宽，背腺常2-3裂。蒴果卵形，长约6mm。花期3-4月，果期4-5月。

分布于广西、贵州、四川、云南，生于海拔1800-2500m的路旁、河边、林缘等湿润处。

图173　滇大叶柳

4. 腺柳　河柳

Salix chaenomeloides Kimura, Sci. Rep. Tôhoku Imp. Univ., Ser. 4, Biol. 13: 77. 1938.

小乔木。枝暗褐色或红褐色，有光泽。叶椭圆形、卵形至椭圆状披针形，长4-8cm，宽1.8-4cm，两面光滑，上面绿色，下面苍白色或灰白色，边缘有腺锯齿；叶柄幼时被短绒毛，长5-12mm，先端具腺点；托叶半圆形或肾形，边缘有腺锯齿，早落，萌枝上的发达。雄花序长4-5cm，粗8mm；花序梗和轴有柔毛；苞片小，卵形，长约1mm；雄蕊5，花丝长为苞片的2倍，基部有毛，花药黄色，球形；雌花序长4-5.5cm，粗达10mm；花序梗长达2cm；子房狭卵形，具长柄，无毛，花柱缺，柱头头状或微裂；苞片椭圆状倒卵形，与子房柄等长或稍短；腺体2，基部连接呈假花盘状，背腺小。蒴果卵状椭圆形，长3-7mm。花期4月，果期5月。

分布于辽宁（丹东）及黄河中下游流域各省，多生于海拔1000m以下的山沟水旁。朝鲜、日本也有分布。

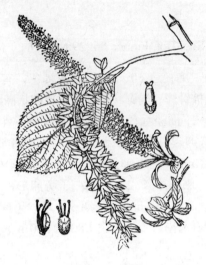

图 174 腺柳

5. 乌柳 沙柳

Salix cheilophila C. K. Schneid. in Sarg., Pl. Wilson. 3: 69. 1916.

灌木或小乔木，高达 5.4m。枝初被绒毛或柔毛，后无毛，灰黑色或黑红色。叶线形或线状倒披针形，长 2.5-3.5（-5）cm，宽 3-5（-7）mm，上面绿色疏被柔毛，下面灰白色，密被绢状柔毛，中脉显著凸起，边缘外卷，上部具腺锯齿，下部全缘；叶柄长 1-3mm，具柔毛。花序与叶同时开放，基部具 2-3 小叶；雄花序长 1.5-2.3 cm，直径 3-4mm，密花；雄蕊 2，完全合生，花丝无毛，花药黄色，4室；苞片倒卵状长圆形，基部具柔毛；腺体 1，腹生，狭长圆形；雌花序长 1.3-2cm，粗 1-2mm（果序长可达 3.5cm），密花，花序轴具柔毛；子房卵形或卵状长圆形，密被短毛，无柄，花柱短或无，柱头小；苞片近圆形，长为子房的 2/3；腺体同雄花。蒴果长 3mm。花期 4-5 月，果期 5 月。

分布于甘肃、河北、河南、宁夏、青海、陕西、山西、四川、西藏东部、云南，生于海拔 750-3 000m 的山河沟边。

图 175 乌柳

6. 银叶柳

Salix chienii W. C. Cheng, Contr. Biol. Lab. Chin. Assoc. Advancem. Sci., Sect. Bot. 9 (1): 59. f. 4. 1933.

灌木或小乔木，高达 12 m。树干常弯曲，树皮灰褐色，浅纵裂；一年生枝带绿色，有绒毛，后紫褐色，近无毛。叶长椭圆形、披针形或倒披针形，长 2-3.5（-5.5）cm，宽 5-11（-13）mm，幼叶两面有绢毛，成叶上面绿色，无毛或有疏毛，下面苍白色，有绢毛，边缘具细腺锯齿，叶柄短，有绢毛。花序与叶同时或稍先叶开放；雄花序圆柱状，长 1.5-2 cm，花序梗短，长 3-6 mm，基部有 3-7 小叶，花序轴有长毛；雄蕊 2，花丝基部合生，有毛，花药黄色；苞片倒卵形，两面有长毛；雌花序长 1.2-1.8 cm，有短梗，长 2-5 mm，基部有 3-5 小叶，花序轴有毛；子房卵形，长约 2 mm，花柱短而明显，柱头 2 裂，苞片卵形，有缘毛；腺体 1，腹生。果序长达 2-4 cm；蒴果卵状长圆形，长约 3 mm。花期 4 月，果期 5 月。

分布于安徽、湖北、湖南、江苏、江西、浙江，生于溪流两岸的灌木丛中，海拔 500-600 m。

图 176　银叶柳

7. 长梗柳

Salix dunnii C. K. Schneid. in Sarg., Pl. Wilson. 3: 97. 1916.

灌木或小乔木。当年生枝紫色，密生柔毛，后无毛。叶椭圆形或椭圆状披针形，长 2.5-4 cm，宽 1.5-2 cm，先端常有短尖头，上面有稀疏柔毛，下面灰白色，密生平伏长柔毛，幼叶两面毛很密，叶缘有稀疏腺锯齿；叶柄短，有密柔毛；萌枝叶叶柄先端具腺点；托叶半心形，有腺锯齿，两面被毛。雄花序长约 5 cm，粗约 4 mm，疏花；花序梗长约 1 cm，其上着生 3-5 枚正常叶；花序轴密生灰白色柔毛；雄蕊 3-6，花丝基部具短柔毛，花药卵球形，黄色；苞片卵形或倒卵形，长为雄蕊的 1/3，两面基部及边缘有柔毛；腺体 2，等长或背腺稍长；雌花序较短，长约 4 cm；花序梗上着生 3-6 叶，花序轴密生短柔毛；子房狭卵形至披针形，具长柄，花柱极短，柱头 2 裂；苞片与子房柄等长；仅具腹腺，不分裂或 3 裂，约为苞片长的 1/3。果序长可达 6.5 cm。花期 4 月，果期 5 月。

分布于福建、广东、江西及浙江等省，生于溪流旁。

图 177　长梗柳

8. 崖柳

Salix floderusii Nakai, Fl. Sylv. Kor. 18: 123. 1930.

灌木，稀小乔木。分枝幼时被白色柔毛，芽被疏柔毛。托叶小，早落；叶柄 4-10 mm；叶片长圆形、披针形或倒卵状椭圆形，长 4-7 cm，宽 1.5-2.5 cm，背面淡绿色，上面暗绿色，两面被绵毛，边缘近无齿。花先叶或与叶同时开放；雄花序无柄，长 2.5-2.7 cm，苞片棕色，卵状椭圆形，先端黑棕色，被茸毛；雄花具 1 腺体，雄蕊 2，花药黄色；雌花序 3.5（-6）cm，果期伸长，子房卵状圆柱形，长 4-7 mm，被绢毛，子房柄约 5.5 mm，长为腺体 6-10 倍，花柱明显，柱头 2 深裂。蒴果卵状圆锥形，被绢毛。花期 5 月，果期 6 月。

分布于东北和华北，生于沼泽、湿润山坡。

9. 细柱柳

Salix gracilistyla Miq., Ann. Mus. Bot. Lugduno-Batavi 3: 26. 1867.

灌木。小枝黄褐色或红褐色，初有绒毛。叶长圆形，长约 5（-12）cm，宽 1.5-2（-3.5）cm，上面深绿色，无毛，下面灰色，有绢毛，叶脉明显凸起，边缘有锯齿；叶柄明显；托叶大，半心形。花序先叶开花，无花序梗，长 2.5-3.5 cm（果序长可达 8 cm），粗 1-1.5 cm；雄蕊 2，花药红色或红黄色，花丝合生，无毛，长达 6 mm；苞片椭圆状披针形，上部黑色，两面密生长毛；腺体 1，腹生，细长，红黄色；子房椭圆形，被绒毛，花柱细长，柱头 2 裂；苞片和腺体的特征同雄花，但较短小。蒴果被密毛。花期 4 月，果期 5 月上旬。

分布于黑龙江、吉林、辽宁，生于山区溪流旁。俄罗斯东部、朝鲜、日本也有分布。

图 178　细柱柳

10. 杞柳

Salix integra Thunb., Syst. Veg. (ed. 14) 880. 1784.

灌木，高 1-3 m。树皮灰绿色。小枝淡黄色或淡红色，有光泽。叶近对生或对生，萌枝叶有时 3 枚轮生，长圆形，长 2-5 cm，宽 1-2 cm，全缘或上部有尖齿，幼叶带红褐色，成叶上面暗绿色，下面苍白色，中脉褐色，两面无毛；叶柄短或近无柄而抱茎。花先叶开放，花序长 1-2（-2.5）cm，基部有小叶；苞片倒卵形，褐色至近黑色，被柔毛，稀无毛；腺体 1，腹生；雄蕊 2，花丝合生，无毛；子房长卵形，有柔毛，几无柄，花柱短，柱头小，2-4 裂。蒴果长 2-3 mm，有毛。花期 5 月，果期 6 月。

分布于河北、黑龙江、吉林、辽宁，生于山地河边、湿草地。俄罗斯东部、朝鲜、日本也有分布。

11. 朝鲜柳

Salix koreensis Andersson in DC., Prodr. 16 (2): 271. 1868.

乔木，高达 10-20 m，树冠广卵形，树皮暗灰色，较厚，纵裂。一年生小枝灰褐色或绿褐色。叶披针形，长 6-9（-13）cm，宽 1-1.8 cm，上面绿色，有短柔毛或近无毛，下面苍白色，沿中脉有短柔毛，边缘有腺锯齿；叶柄长 0.6-1.3 cm；托叶斜卵形或卵状披针形，先端有长尾尖，边缘有锯齿。花序先叶或与叶近同时开放，近无梗；雄花序狭圆柱形，长 1-3 cm，粗 6-7 mm，基部有 3-5 小叶；雄蕊 2，花丝下部有长柔毛，花药红色；苞片卵状长圆形，淡黄绿色，两面有毛或内面近无毛；腺体 2；雌花序椭圆形至短圆柱形，长 1-2 cm，基部有 3-5 小叶；子房卵圆形，无柄，有柔毛，花柱较长，柱头 2-4 裂，红色；苞片卵形，淡绿色，两面有毛；腺体 2，有时背腺缺。花期 5 月，果期 6 月。

分布于甘肃、河北、黑龙江、吉林、辽宁、陕西、山东，生于河边及山坡上，海拔 50-700 m。朝鲜半岛、日本、俄罗斯也有分布。

图 179　朝鲜柳

12. 筐柳　蒙古柳

Salix linearistipularis K. S. Hao, Repert. Spec. Nov. Regni Veg. Beih. 93: 102. 1936.

灌木或小乔木，高达 8 m，树皮黄灰色至暗灰色。小枝细长。叶披针形或线状披针形，长 8-15 cm，宽 5-10 mm，上面绿色，下面苍白色，边缘有腺锯齿，外卷；叶柄长 8-12 mm；托叶线形或线状披针形，长达 1.2 cm，边缘有腺齿，萌枝上的托叶长达 3 cm。花先叶或与叶近同时开放，无花序梗，基部具 2 枚长圆形全缘鳞片；雄花序长圆柱形，长 3-3.5 cm，粗 2-3 mm；雄蕊 2，花丝合生，最下部有柔毛，花药黄色；苞片倒卵形，先端黑色，有长毛；腺体 1，腹生；雌花序长圆柱形，长 3.5-4 cm，粗约 5 mm；子房卵状圆锥形，有短柔毛，无柄，花柱短，柱头 2 裂；苞片卵圆形，先端黑色，有长毛。花期 5 月上旬，果期 5 月。

分布于甘肃、河北、河南、陕西、山西等省，生于平原低湿地、河湖岸边等，常见栽培。

图 180　筐柳

13. 丝毛柳
Salix luctuosa H. Lév., Repert. Spec. Nov. Regni Veg.13: 342. 1914.

灌木，高 1.5-3 m，枝条直立。小枝初有丝状绒毛，老枝无毛或近无毛，绿褐色或黑褐色，有光泽。叶椭圆形或狭椭圆形，长 1-4 cm，宽 5-15 mm，上面绿色，无毛或仅中脉有毛，下面初有绢毛，后近无毛，中脉有毛，全缘；叶柄长 1-3 mm，有疏柔毛。雄花序长 3-4.5 cm，粗 6-9 mm，花序梗基部有 3-4 小叶，花密生；雄蕊 2，花丝中部以下有长柔毛，花药黄色，宽椭圆形；苞片宽卵形，黄绿色或上部褐色，具长缘毛；腹腺 1，背腺有或无；雌花序长 3 cm，粗约 6 mm，花序梗基部有 3 小叶；子房卵形，花柱先端 2 裂，柱头小；苞片卵形，有长柔毛；仅 1 腹腺。果序长可达 5 cm，蒴果长约 3 mm。花期 4 月，果期 4-5 月。

分布于陕西（太白山）、四川、西藏东部、云南等地，生于海拔 1 500-3 200 m 的河边、山沟及山坡等处。

图 181 丝毛柳

14. 粤柳
Salix mesnyi Hance, J. Bot. 20 (2): 38. 1882.

小乔木。树皮淡黄灰色，片状剥落，幼枝褐色，有锈色柔毛；芽圆锥形，大，被柔毛。叶柄 1-1.5cm；叶长圆形或长圆状披针形，长 7-11cm，宽 3-14cm，革质，上面淡绿色，下面亮绿色，边缘有腺齿，幼叶两面被锈色柔毛。雄花序 4-5cm，花序轴被柔毛，苞片宽卵形，被柔毛；雄蕊 5-6，花丝基部被疏柔毛，花药卵形，黄色；腺体常分裂；雌花序 3-6.5cm，苞片同雄花；子房卵状椭圆形，约 4mm，花柱短，柱头 2 凹缺；腺体宽大而抱子房柄。蒴果卵形，无毛。花期 3 月，果期 4 月。

分布于安徽南部、福建、广东、广西、江苏南部、江西、浙江，生于溪边。

15. 小穗柳
Salix microstachya Turcz. ex Trautv., Mém.Acad. Imp. Sci. St.-Pétersbourg Divers Savans 3: 628. 1837.

灌木，高达 2m。小枝黄色或黄褐色。叶线形或线状倒披针形，或镰刀状披针形，长 1.5-4cm，宽 2-4mm，下面中脉明显，边缘有不明显的细齿或近全缘；托叶无或特小，卵状披针形，早落。花先叶开放或近同时开放，花序圆柱形，长 1-1.5（-2）cm，近无花序梗，基部具 1-2 鳞片状小叶，花序轴有毛；雄蕊 2；花药黄色；苞片长圆形，淡褐色或黄绿色，先端褐色，边缘有疏长毛，腹腺 1，小；子房卵状圆锥形，绿褐色，花柱短而明显，柱头 2 浅裂；苞片同雄花；腹腺 1。花期 5 月，果期 6 月。

分布于黑龙江、吉林、辽宁、内蒙古，生于沙丘间湿地、河湖边低湿地。

16. 越桔柳
Salix myrtilloides L., Sp. Pl. 2: 1019. 1753.

灌木，高 30-80 cm。枝粗 2-3 cm，树皮灰色，一年生萌发枝黄色或赤褐色。叶椭圆形或长椭圆形，长 1-3.5 cm，宽 0.7-1.5 cm，无毛，上面暗绿色或稍带紫色，下面带白色，叶干后变黑色，全缘，稀有齿；叶柄短，长 2-4 mm；托叶小，披针形或卵形，有时无托叶。花序与叶同时开放，雄花序圆柱状，基部有数小叶；雄蕊 2；苞片椭圆形，绿色或黄绿色，先端带紫色，两面有疏长毛；腹腺 1，较发达，长约为苞片的 1/2；雌花序卵形，基部有小叶；子房长圆形，有柄，柄长约为子房的 1/3，花柱短，柱头 2 裂；苞片椭圆形，两面有疏毛；腹腺 1。花期 5 月，果期 6 月。

分布于黑龙江、吉林、辽宁，常生于海拔 300-500 m 的林区沼泽化草甸。也分布于欧洲、俄罗斯。

17. 三蕊柳　毛柳
Salix nipponica Franch. & Sav., Enum. Pl. Jap. 1: 495. 1875.——*S. triandra* L. var. *nipponica* (Franch. & Sav.) Seemen.

灌木或乔木，高达 6-10 m。树皮暗褐色，有沟裂；小枝褐色或灰绿褐色，幼枝稍有短柔毛。叶披针形至倒披针形，长 7-10 cm，宽 1.5-3 cm，上面深绿色有光泽，下面苍白色，边缘锯齿有腺点；叶柄长 5-6（-10）mm，其上部常有 2 腺点；托叶斜卵形或卵状披针形，边缘有齿，上面常密被黄色腺点；萌发枝的叶披针形，长达 15 cm，宽 2 cm；托叶肾形至卵形。花序与叶同时开放，花序梗基部具 2-3 叶；雄花序长 3（-5）cm；雄蕊通常 3；苞片长圆形或卵形，长 1.5-3 mm，黄绿色；腺体 2，有时 2 裂或 4-5 裂；雌花序长 3.5（-6）cm，花序梗具叶；子房卵状圆锥形，长 4-5 mm，子房柄长 1-2 mm，花柱短，柱头 2 裂；苞片长圆形，为子房的 1/2；腺体 2，一般背腺较小，常比子房柄短。花期 4 月，果期 5 月。

分布于河北、黑龙江、吉林、辽宁、山东，生于林区河边，海拔 500 m 以下。欧洲及俄罗斯、蒙古、日本也有分布。

18. 五蕊柳
Salix pentandra L., Sp. Pl. 2: 1016. 1753.

灌木或小乔木，高 1-5 m。树皮灰色或灰褐色，一年生枝褐绿色、灰绿色或灰棕色，有光泽。叶革质，宽披针形、卵状长圆形或椭圆状披针形，长 3-13 cm，宽 2-4 cm，上面深绿色，有光泽，下面淡绿色，边缘有腺齿；叶柄长 0.2-1.4 cm，上端具腺点；托叶长圆形或宽卵形。雄花序长 2-4（-7）cm，粗 1-1.2 cm，密花；雄蕊（5-）6-9（-12）；花丝长约 4.5 mm，不等长，中部有毛；苞片绿色，长约 2.5 mm，边缘具腺齿，稀全缘，具 2-3 脉；雄花有背腺和腹腺；雌花序长 2-6 cm，粗 8 mm；子房卵状圆锥形；花柱和柱头明显，2 裂；苞片常于花后渐落；腹腺 1 或 2 裂，或全裂为 2。蒴果卵状圆锥形，长达 9 mm，有短柄，有光泽。花期 6 月，果期 8-9 月。

分布于河北、黑龙江、吉林、辽宁、内蒙古东部、陕西、山西、新疆等省区，生于海拔 600-1 200 m 的山坡路旁、山谷林缘、河边或山地林间的水甸子及草甸子中。朝鲜、蒙古、俄罗斯及欧洲等地也有分布。

图 182 五蕊柳

19. 白皮柳
Salix pierotii Miq., Ann. Mus. Bot. Lugduno-Batavi 3: 37. 1867.

乔木或灌木，高 3-8m。树皮暗灰黄色或灰褐色，小枝褐色、灰绿色或灰黄色，幼时有白色疏柔毛。叶披针形，长 8-12cm，宽 2-3cm，上面绿色，下面苍白色，幼时密生柔毛，边缘有细锯齿；叶柄长 2-5mm，有柔毛；托叶小，披针形，边缘有腺锯齿。花序先叶或同时开放，无花序梗，具小叶；雄花序长 2.5cm，粗 5mm，雄蕊 2，花丝合生，下部有短柔毛，长约为苞片 2 倍，花药短，紫色；苞片倒卵形或长卵形，有毛；腹腺 1；雌花序椭圆状长圆形，长 1-1.8cm，粗 5-7mm；子房无柄，广卵形或近圆形，长 1-1.5mm，宽 1mm，有绒毛，花柱短，柱头 4 裂；苞片同雄花，较子房短，常褐色，有短柔毛；腺体 1，腹生，长 0.1-0.3mm。花期 4 月，果期 5 月。

分布于黑龙江、吉林、辽宁，沿河岸生长，海拔 200-500m。日本、俄罗斯远东地区也有分布。

20. 细叶沼柳
Salix rosmarinifolia L., Sp. Pl. 2: 1020. 1753.

20a. 细叶沼柳（原变种）
Salix rosmarinifolia L. var. *rosmarinifolia*

灌木，高 0.5-1m。树皮褐色。小枝纤细，褐色或带黄色，无毛，幼枝有白绒毛或长柔毛。叶线状披针形或披针形，长 2-6 cm，宽 3-10 mm，上面常暗绿色，下面苍白，有白色毛，嫩叶两面有丝状长柔毛或白绒毛，侧脉 10-12 对；叶柄短；托叶狭披针形或披针形，早落，有时无托叶。花序先叶开放或与叶同时开放；雄花序近无花序梗，长 1.5-2 cm，雄蕊 2，花丝离生，花药黄色或暗红色；苞片倒卵形，先端暗褐色，有毛；腺体 1，腹生；雌花序初生时近圆形，后为短圆柱形，近无花序梗；子房为卵状短圆锥形，有长柔毛，柄较长，花柱短，柱头全缘或浅裂；苞片同雄花；腺体 1，腹生。花期 5 月，果期 6 月。

分布于黑龙江、吉林、辽宁、内蒙古（海拉尔）、新疆，生于海拔 600 m 以下林区沼泽化草甸内。俄罗斯、欧洲也有分布。

本种耐水湿，又能适应湿沙地生长，用种子和插条繁殖，为固沙树种。

20b. 沼柳（变种）

Salix rosmarinifolia L. var. ***brachypoda*** (Trautv. & C. A. Mey.) Y. L. Chou, Fl. Reipubl. Popularis Sin. 20 (2): 331. 1984.——*S. repens* L. var. *brachypoda* Trautv. & C. A. Mey.

与原变种的主要区别为全株或幼枝和叶密生黄褐色绒毛，干后不变黑色。

分布于甘肃、黑龙江、吉林、辽宁，多生于海拔 300-600 m 的沼泽化草甸。朝鲜、俄罗斯也有分布。

本变种与原变种一样耐水湿。

图 183　沼柳

21. 龙江柳

Salix sachalinensis F. Schmidt, Mém. Acad. Imp. Sci. Saint Pétersbourg, Sér. 7, 7 (12): 173. 1868.

灌木或乔木，高 5-8 m，最高可达 20 m。树皮黄褐色，有光泽。叶宽披针形或长圆状披针形，长6-15cm，宽1.5-3.5cm，近全缘，上面深绿色，有细丝状毛，下面苍白，有短柔毛；叶柄长0.3-0.8cm，有白毛；托叶披针形或狭卵圆形，边缘有齿，长不及叶柄一半。花序先叶或与叶同时开放；雄花序圆柱形，无梗，花序轴有长柔毛；雄蕊2，花丝离生，花药卵形，黄色；苞片狭卵形，先端深褐色或近黑色，有长毛；腺体1，腹生，长约1mm；雌花序圆柱形，长3-3.5cm，粗0.7-1cm，近无梗，花序轴有长柔毛；子房卵状圆锥形，长1.6-1.9mm，有短柄，有丝状长柔毛，花柱长1-1.2mm，柱头2裂；苞片同雄花；腺体1，腹生。花期5月，果期6月。

分布于黑龙江、吉林、辽宁，沿河生长。朝鲜、日本、俄罗斯也有分布。

22. 红皮柳

Salix sinopurpurea C. Wang & Chang Y. Yang, Bull. Bot. Lab. N.-E. Forest. Inst., Harbin 9: 98. 1980.

灌木，高3-4m。小枝淡绿或淡黄色，当年枝初有短绒毛，后无毛。叶对生或斜对生，披针形，长5-10cm，宽1-1.2cm；萌枝叶长至11cm，宽2-3cm，边缘有腺锯齿，上面淡绿色，下面苍白色，中脉淡黄色，幼时有短绒毛，脉上尤密，成叶两面无毛；叶柄长3-10mm，上面有绒毛；托叶卵状披针形或斜卵形，几等长于叶柄，边缘有凹缺腺齿。花先叶开放，花序圆柱形，长2-3cm，粗5-6mm，无花序梗，基部具2-3枚下面密被长毛的鳞片；苞片卵形，黑色，两面有长柔毛；腹腺1；雄蕊2，花丝合生，纤细，花药黄色或淡红色；子房卵形，密被灰绒毛，花柱长0.1-0.2mm，柱头头状。花期4月，果期5月。

分布于甘肃、河北、河南、湖北、陕西、山西等省，生于海拔1 000-1 600 m的山地灌木丛中或沿河生长。

图184 红皮柳

23. 秋华柳
Salix variegata Franch., Nouv. Arch. Mus. Hist. Nat., sér. 2, 2 (10): 82. 1887.

灌木，通常高约 1m。幼枝粉紫色，有绒毛，后无毛。叶通常为长圆状倒披针形或倒卵状长圆形，形状多变，长 1.5cm，宽约 4mm，上面散生柔毛，下面有伏生绢毛，稀近无毛，全缘或有锯齿。花叶后开放，稀同时开放；花序长 1.5-2.5cm，粗 3-4mm，花序梗着生 1-2 小叶；雄蕊 2，花丝合生，花药黄色；苞片椭圆状披针形，外面有长柔毛，长为花丝一半，腺体 1，圆柱形，长达 1mm；雌花序较粗，直径约 7-8mm，受粉后伸长增粗，果序长达 4cm，花序梗也伸长；子房卵形，无柄，有密柔毛，花柱无或近无，柱头 2 裂；苞片同雄花；仅 1 腹腺。蒴果狭卵形，长达 4mm。通常在秋季开花。

分布于甘肃东南部、贵州、河南、湖北西部、陕西南部、四川、西藏东部、云南北部等地，生于山谷河边。

图 185　秋华柳

24. 皂柳
Salix wallichiana Andersson, Kongl. Svenska Vetenskapsakad. Handl., n.s. 1850: 477. 1851.

灌木或乔木，小枝红褐色至黑褐色。叶披针形至狭椭圆形，长 4-10cm，宽 1-3cm，上面初有毛，全缘，幼叶带红色，萌枝叶常有细锯齿；叶柄长约 1cm；托叶比叶柄短，边缘有齿。花序先叶或近同时开放；雄花序长 1.5-3cm，粗 1-1.5cm；雄蕊 2，花药长 0.8-1mm，黄色，花丝离生，长 5-6mm；苞片褐色，长圆形或倒卵形，两面有白色长毛；腺体 1；雌花序圆柱形，长 2.5-4cm，粗 1-1.2cm，果序伸长至 12cm；子房狭圆锥形，长 3-4mm，密被短柔毛，子房柄短或受粉后逐渐伸长，花柱短，柱头 2-4 裂；苞片长圆形，褐色，有长毛；腺体同雄花。蒴果长达 9mm，开裂后果瓣向外反卷。花期 4-5 月，果期 5 月。

分布于甘肃东南部、贵州、河北、湖北、湖南、内蒙古、青海南部、陕西、山西、四川、西藏、云南、浙江（天目山），生于山谷溪流旁、林缘或山坡。也分布于印度、不丹、尼泊尔。

图186 皂柳

25. 紫柳
Salix wilsonii Seemen, Bot. Jahrb. Syst. 36 (5, Beibl. 82): 28. 1905.

乔木，高达13m，一年生枝暗褐色。叶椭圆形或长圆形，稀椭圆状披针形，长4-6cm，宽2-3cm，上面绿色，下面苍白，幼叶常带红色，边缘有圆齿；叶柄长7-10mm，通常无腺点；萌枝上托叶发达，肾形，长1cm以上，有腺齿。花与叶同时开放，花序梗长1-2cm，有3（5）小叶；雄花序长（2.5-）6cm，粗6-7mm，疏花，雄蕊3-5（6）；苞片椭圆形，长约1mm；有背腺和腹腺，常分裂；雌花序长2-4cm（果期达6-8cm），粗约5mm，疏花；子房狭卵形或卵形，有长柄，无花柱，柱头短，2裂；苞片同雄花；腹腺宽厚，两侧常有2小裂片，背腺小。蒴果卵状长圆形。花期3-4月，果期5月。

分布于安徽、湖北、湖南、江西、江苏、浙江等省，生于平原及低山地区的水边堤岸上。

桦木科　Betulaceae

落叶乔木或灌木。单叶互生，叶缘具齿，少具浅裂或全缘。花单性，雌雄同株，风媒；雄花序顶生或侧生，春季或秋季开放；雄花具苞鳞，有花被或无；雄蕊（1-）2-20

枚插生在苞鳞内，花丝短，花药 2 室；雌花序为球果状、穗状、总状或头状，直立或下垂，具多数苞鳞，每苞鳞内有雌花 2-3 朵，每朵雌花下部又具 1 枚苞片和 1-2 枚小苞片，无花被或具花被；子房 2 室或不完全 2 室，每室具 1 个倒生胚珠或 2 个而其中 1 个败育；花柱 2，分离。果苞由雌花下部的苞片和小苞片连合而成，宿存或脱落。果为小坚果或坚果。

全科共有 6 属，100 余种，主要分布于北温带。我国 6 属均有分布，共有约 70 种。

分属检索表

1. 果苞木质，宿存，5 裂，每果苞内具 2 枚小坚果；果序球果状；雄蕊 4 枚··············1. 桤木属 Alnus
1. 果苞革质，成熟后脱落，3 裂，每果苞内具 3 枚小坚果；果序穗状；雄蕊 2 枚··············2. 桦木属 Betula

1. 桤木属 *Alnus* Mill.

落叶乔木或灌木，树皮光滑。单叶互生。雄花序圆柱形，每苞鳞内有 3 朵雄花；小苞片多为 4，较少为 3 或 5；花被 4，基部连合或分离；雄蕊多为 4，与花被对生，稀 1 或 3，花丝甚短，花药卵圆形；雌花序单生或呈总状或圆锥状，每苞鳞内具 2 朵雌花；雌花无花被；子房 2 室，每室具 1 枚倒生胚珠；花柱短，柱头 2。果序球果状，果苞木质宿存，由 3 枚苞片和 2 枚小苞片愈合而成，顶端具 5 浅裂，每果苞内具 2 枚小坚果。小坚果小，扁平，具或宽或窄的翅。种子单生，具膜质种皮。

本属共有 40 余种，分布于亚洲、非洲、欧洲及美洲。我国产 7 种 1 变种，多数种类见于东部及北部的阳光充足、土壤湿润肥沃的地带及水边，少数种类见于西南的中海拔山地。

分种检索表

1. 果序单生，果序梗通常较长，长 4-8 cm，细瘦而下垂；枝、叶柄、叶的下面、果序梗等幼时无毛，很少疏被白色短柔毛···1. 桤木 *A. cremastogyne*
1. 果序两至多枚排列为总状或圆锥状，果序梗通常较短或几无梗，较少长及 1-3 cm。
   2. 芽无柄或几无柄，顶端尖，芽鳞（2）3-6 枚；小坚果的翅膜质，与果近等宽···············
      ···3. 东北桤木 *A. mandshurica*
   2. 芽有柄，顶端钝，芽鳞 2 枚，很少 4 枚，有脊棱。
      3. 果序多枚排列为圆锥状；雄花序多数，排成顶生的圆锥状，开放时长达 15 cm；小坚果的翅膜质，宽为果的 1/2 或与果等宽；叶全缘或具不明显的细齿···············4. 尼泊尔桤木 *A. nepalensis*
      3. 果序 2-13 枚排列为总状或圆锥状；雄花序也排成顶生的总状或圆锥状，不长于 10 cm；小坚果的翅厚纸质，较狭，宽为果的 1/4-1/3；叶通常具明显的锯齿。
         4. 叶近圆形，顶端圆，有时锐尖，基部圆形或宽楔形，边缘具波状缺刻，下面被或疏或密的褐色短柔毛，很少无毛，侧脉直伸至齿···································5. 辽东桤木 *A. sibirica*

4. 叶长圆形、倒卵状长圆形、长卵形至宽披针形，稀宽卵形，顶端渐尖或骤尖，基部楔形、宽楔形、圆形或近心形，边缘具细齿，两面均无毛或仅幼时疏被毛，侧脉弯曲至边缘与网脉环结。

5. 叶较狭窄，椭圆形至长圆状披针形，很少卵状长圆形；果序具不明显的梗，梗长仅 3-5 mm ·· 2. 台湾桤木 *A. formosana*

5. 叶较宽，一般倒卵状长圆形或长圆形，顶端短尾状或骤尖；果序通常具明显的梗，梗长 10-20 mm ·· 6. 江南桤木 *A. trabeculosa*

1. 桤木

Alnus cremastogyne Burkill, J. Linn. Soc., Bot. 26 (178): 499. 1899.

乔木，高达 30-40 m；树皮灰色，平滑；枝条灰色或灰褐色，小枝褐色，无毛或幼时被淡褐色短柔毛。叶倒卵形至倒披针形或长圆形，长 4-14 cm，宽 2.5-8 cm，边缘具不明显而稀疏的钝齿，上面疏生腺点，幼时疏被长柔毛，下面密生腺点，很少于幼时密被淡黄色短柔毛，脉腋间有时具簇生的髯毛；叶柄长 1-2 cm，很少于幼时具淡黄色短柔毛。雄花序单生，长 3-4 cm。果序单生于叶腋，长圆形，长 1-3.5 cm，直径 5-20 mm；序梗细瘦，柔软下垂，长 4-8 cm，很少于幼时被短柔毛；果苞木质，长 4-5 mm，顶端 5 浅裂。小坚果卵形，长约 3 mm，膜质翅宽仅为果的 1/2。

我国特有种，分布于甘肃东南部、贵州北部、陕西南部、四川，生于海拔 500-3000 m 的山坡或岸边林中。

图 187 桤木

2. 台湾桤木

Alnus formosana (Burkill) Makino, Bot. Mag. (Tokyo) 26 (312): 390. 1912.——*A. maritima* (Marsh.) Nutt. var. *formosana* Burkill.

大乔木，高达20 m。树皮暗灰褐色，枝条紫褐色，小枝疏被短柔毛。叶椭圆形至长圆披针形，稀卵状长圆形，长 6-12 cm，宽 2-5 cm，边缘具不规则的细锯齿，两面均近无毛，有时下面脉腋间具稀疏髯毛；叶柄细瘦，长 1.2-2.2 cm，沿沟槽密被褐色短柔毛。雄花序春季开放，3-4 枚并生，长约 7 cm，苞鳞无毛。果序 1-4 枚，排成总状，椭圆形，长 1.5-2.5 cm；总梗长约 1.5 cm；序梗长 3-5 mm，均较粗壮；果苞长 3-4 mm，顶端 5 浅裂。小坚果倒卵形，长 2-3 mm，具厚纸质的翅，翅宽及果的 1/4-1/3。

我国台湾特有种，在省内分布普遍，常生于河岸两旁，有时成纯林。

图 188　台湾桤木

3. 东北桤木　东北赤杨

Alnus mandshurica (Callier ex C. K. Schneid.) Hand.-Mazz., Oesterr. Bot. Z. 81: 306. 1932.——*Alnus frruticosa* Rupr. var. *mandshurica* Callier ex C. K. Schneid.

灌木或小乔木，高 3-8 (-10) m；树皮暗灰色，平滑；枝条灰褐色，小枝紫褐色。叶宽卵形、卵形、椭圆形或宽椭圆形，长 4-10 cm，宽 2.5-8 cm，边缘具细而密的重锯齿或单锯齿，除下面脉腋间具簇生髯毛外，两面几无毛；叶柄粗壮，长 5-20 mm，有时具腺点。果序 3-5 枚呈总状排列，长圆形或近球形，长 1-2 cm；序梗纤细下垂，长 5-20 (-30) mm；果苞木质，长 3-4 mm，顶端 5 浅裂。小坚果卵形，长约 2 mm，膜质翅与果近等宽。

分布于黑龙江、吉林，生于海拔 100-1 700 m 的林边、河岸或山坡林中。俄罗斯远东地区、朝鲜北部也有分布。

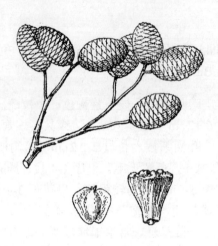

图 189　东北桤木

4. 尼泊尔桤木　旱冬瓜
Alnus nepalensis D. Don, Prodr. Fl. Nepal. 58. 1825.

乔木，高达 15 m。树皮灰色或暗灰色，平滑；枝条暗褐色，幼枝褐色，疏被黄色短柔毛或近无毛。叶厚纸质，倒卵状披针形、倒卵形、椭圆形或倒卵状长圆形，长 4-16 cm，宽 2.5-10 cm，全缘或具疏细齿，上面绿色，微光亮，下面粉绿色，密生腺点，幼时疏被长柔毛，后沿脉被黄色短柔毛，脉腋间具簇生髯毛；叶柄粗壮，长 1-2.5 cm。雄花序多数，排成圆锥状，下垂。果序多数，呈圆锥状排列，长圆形，长约 2 cm，直径 7-8 mm；序梗长 2-3 mm；果苞木质，宿存，长约 4 mm，顶端 5 浅裂；小坚果长圆形，长约 2 mm，膜质翅宽为果的 1/2，较少与之等宽。

分布于贵州、广西、四川西南部、西藏、云南，生于海拔 700-3 600 m 的山坡林中、河岸阶地及村落中。印度、不丹、尼泊尔也有分布。

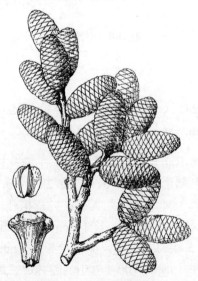

图 190　尼泊尔桤木

5. 辽东桤木 毛赤杨、水冬瓜

Alnus sibirica Turcz. ex Rupr., Bull. Cl. Phys.-Math. Acad. Imp. Sci. Saint-Pétersbourg 15: 376. 1857.

乔木，高 6-15（-20）m。树皮灰褐色，光滑；小枝褐色，密被灰色短柔毛。叶近圆形，稀近卵形，长 4-9 cm，宽 2.5-9 cm，边缘具波状缺刻，缺刻间具不规则粗锯齿，上面疏被长柔毛，下面淡绿色或粉绿色，密被褐色短粗毛至无毛；叶柄长 1.5-5.5 cm，密被短柔毛。果序 2-8 枚呈总状或圆锥状排列，近球形或长圆形，长 1-2 cm；序梗长 2-3 mm，或几无梗；果苞木质，长 3-4 mm，顶端 5 浅裂。小坚果宽卵形，长约 3 mm，果翅厚纸质，极狭，宽及果的 1/4。

分布于黑龙江、吉林、辽宁、山东，生于海拔 700-1 500 m 的山坡林中、岸边或潮湿地，也有栽培。俄罗斯（西伯利亚和远东地区）、朝鲜、日本也有分布。

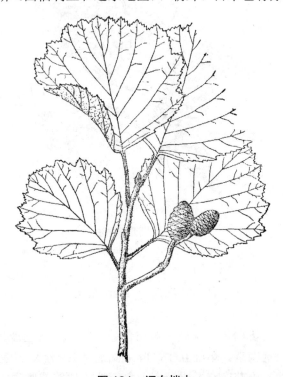

图 191 辽东桤木

6. 江南桤木

Alnus trabeculosa Hand.-Mazz., Akad. Wiss. Wien, Math.-Naturwiss. Kl., Anz. 59: 51. 1922.

乔木，高约 10 m。树皮灰色或灰褐色，平滑；枝条暗灰褐色，小枝黄褐色或褐色，无毛或被黄褐色短柔毛。短枝和长枝上的叶大多数为倒卵状长圆形、倒披针状长圆形或长圆形，有时长枝上的叶为披针形或椭圆形，长 6-16 cm，宽 2.5-7 cm，边缘具不规则疏细齿，下面具腺点，脉腋间具簇生髯毛；叶柄细瘦，长 2-3 cm，无或多少具腺点。果序长圆形，长 1-2.5 cm，直径 1-1.5 cm，2-4 枚呈总状排列；序梗长 1-2 cm；果苞木质，长 5-7 mm，顶端5浅裂。小坚果宽卵形，长3-4mm，宽2-2.5mm，果翅厚纸质，极狭，宽及果的1/4。

分布于安徽、福建、广东、河南南部、湖北、湖南、江苏、江西、浙江，生于海拔200-1 000m的山谷或河谷林中、岸边或村落附近。日本也有分布。

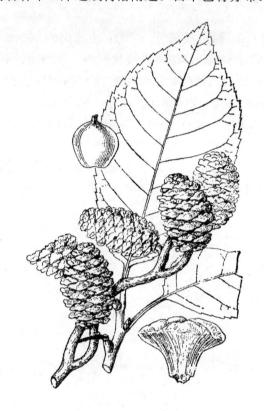

图192 江南桤木

2. 桦木属 *Betula* L.

落叶乔木或灌木。树皮白色、灰色、黄白色、红褐色、褐色或黑褐色，光滑、横裂、纵裂、薄层状剥裂或块状剥裂。单叶互生，叶下面通常具腺点，边缘具重锯齿，稀为单锯齿。花单性，雌雄同株；雄花序2-4枚簇生于去年枝条顶端或侧生；苞鳞覆瓦状排列，每苞鳞内具2枚小苞片及3朵雄花；花被膜质，基部连合；雄蕊通常2枚，花丝短，花药具2个完全分离的药室；雌花序单一或2-5生于短枝顶，圆柱状、长圆状或近球形，直立或下垂；苞鳞覆瓦状排列，每苞鳞内有3朵雌花；雌花无花被，子房扁平，2室，每室有1个倒生胚珠，花柱2。果苞革质，脱落，由3枚苞片愈合而成，具3裂片，内有3枚小坚果。小坚果小，扁平，具或宽或窄的膜质翅，顶端具2枚宿存的柱头。种子单生，具膜质种皮。

本属有50-60种，主要分布于北温带，少数种类分布至北极区内。我国产32种，全国均有分布。

分种检索表

1. 乔木，树皮灰白色；叶三角状卵形、三角状菱形、三角形，稀宽卵形；小坚果的翅与果近等宽；果苞的侧裂片斜展至向下弯，较少微开展至近直立··3. 白桦 *B. platyphylla*
1. 灌木，树皮白色或灰褐色；叶卵形、宽卵形、菱状卵形、菱状椭圆形、宽椭圆形、椭圆形或倒卵形；小坚果的翅宽及果的 1/2；果苞的侧裂片直立或微开展至横展。
   2. 树皮白色；幼枝微粗糙；叶卵形或长卵形，有时宽卵形，两面密生小腺点，幼时两面无毛；果苞的侧裂片微开展至横展，很少近直立··1. 柴桦 *B. fruticosa*
   2. 树皮灰褐色；幼枝密被长柔毛和短柔毛；叶菱状卵形、菱状椭圆形、椭圆形、宽椭圆形或倒卵形，幼时两面密被白色长柔毛；果苞的侧裂片直立或微开展··················2. 油桦 *B. ovalifolia*

1. 柴桦

Betula fruticosa Pall., Reise Russ. Reich. 3 (2): 758. 1776.

灌木，高 0.5-2.5m。树皮白色；枝条暗紫褐色或灰黑色，小枝褐色，密被树脂腺体。叶卵形、长卵形或宽卵形，长 1.5-3（-4.5）cm，宽 1-2（-3.5）cm，边缘具细而密的不规则单锯齿，两面皆无毛或沿脉疏被短柔毛，下面密生小腺点，侧脉 5-8 对；叶柄长 2-10mm。果序单生，长圆形或短圆柱形，长 1-2cm，直径 5-8mm；序梗长 2-5mm，密被极短的柔毛；果苞长 4-7mm，边缘具短纤毛，上部 3 裂片均近长圆形，侧裂片稍短于中裂片。小坚果椭圆形，长约 1.5mm，宽约 1mm，膜质翅宽及果的 1/3-1/2。

分布于黑龙江北部，生于海拔 600-1 100m 的林区沼泽地中或溪流旁。俄罗斯远东地区及东西伯利亚、朝鲜北部也有分布。

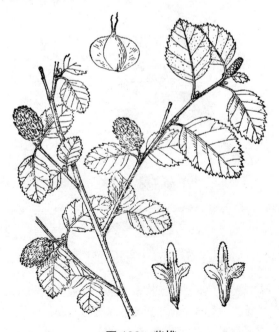

图 193 柴桦

2. 油桦

Betula ovalifolia Rupr., Bull. Cl. Phys.-Math. Acad. Imp. Sci. Saint-Pétersbourg 15: 378. 1857.

灌木，高 1-2 m。树皮灰褐色；枝条暗褐色，疏生树脂腺体；小枝褐色，密被黄色柔毛，被或疏或密的树脂腺体。叶椭圆形、菱状椭圆形、菱状卵形或倒卵形，长 3-5.5 cm，宽 2-4 cm，边缘具细而密的单锯齿；上面绿色，下面粉绿色，幼时两面密被白色长柔毛，后渐无毛或疏被毛或仅沿脉疏被毛，下面密被腺点，侧脉 5-7 对；叶柄长 3-7 mm，幼时密被白色长柔毛；果序直立，单生，长圆形，稀近圆球形，长 1.5-3 cm，直径 7-12 mm；序梗长 2-6 mm，疏被短柔毛；果苞长 5-8 mm，仅边缘具纤毛，上部具 3 枚裂片，中裂片长圆形，侧裂片卵形或长圆形，稍短于中裂片。小坚果椭圆形，长约 3 mm，宽约 1.5 mm，顶端疏被毛，膜质翅宽为果的 1/2-1/3。

分布于黑龙江南部及东南部和吉林长白山，生于海拔 500-1 200 m 的潮湿地区、苔鲜沼泽以及沿河湿地。俄罗斯远东地区、朝鲜北部也有分布。

图 194 油桦

3. 白桦

Betula platyphylla Sukaczev, Trudy Bot. Muz. Imp. Akad. Nauk 8: 220, t. 3. 1911.

乔木，高达 27 m。树皮灰白色，成层剥裂；枝条暗灰色或暗褐色，小枝暗灰色或褐色。叶三角状卵形、三角状菱形、三角形，稀宽卵形，长 3-9 cm，宽 2-7.5 cm，边缘具重锯齿，上面幼时疏被毛和腺点，下面无毛，密生腺点，侧脉 5-7 (-8) 对；叶柄细瘦，长 1-2.5 cm。果序单生，圆柱形，通常下垂，长 2-5 cm，直径 6-14 mm；序梗细瘦，长 1-2.5 cm，密被短柔毛，成熟后近无毛，无或具树脂腺体；果苞长 5-7 mm，边缘具短纤毛，中裂片三角状卵形，侧裂片卵形或近圆形。小坚果长 1.5-3 mm，宽 1-1.5 mm，背面疏被短柔毛，膜质翅较果长 1/3，较少与之等长，与果等宽或较果稍宽。

分布于东北、华北及甘肃、河南、宁夏、青海、陕西、四川、西藏东南部、云南，生于海拔 400-4 100 m 的山坡或林中。俄罗斯远东地区及东西伯利亚、蒙古东部、朝鲜北部、日本也有分布。

白桦适应性强，尤喜湿润土壤，为次生林的先锋树种。本种易栽培，可作庭园树种。

图 195　白桦

胡桃科　Juglandaceae

落叶或半常绿乔木或小乔木，具树脂，有芳香，有橙黄色圆形腺体。芽裸出或具芽鳞，常 2-3 枚重叠生于叶腋。叶互生，稀对生，奇数稀偶数羽状复叶。花单性，雌雄同株，风媒；雄花序常为葇荑花序，单独或数条成束；雄花生于苞片腋内，小苞片 2，花被片 1-4，或无小苞片及花被片，雄蕊 3-40 枚，花丝极短或不存在，花药 2 室；雌花序穗状，顶生，直立或下垂成葇荑花序；雌花生于苞片腋内，花被片 2-4，雌蕊由 2 心皮合生，子房下位，花柱极短，柱头 2 裂或稀 4 裂。果实核果状或坚果状，外果皮肉质、革质或膜质，内果皮坚硬，骨质。种子大形，完全填满果室，胚根向上，子叶肥大肉质，常 2 裂。

本科有 8 属约 60 种，大多数分布在北半球热带到温带。我国产 7 属 27 种 1 变种，主要分布在长江以南，少数种类分布到北方。

1. 枫杨属 *Pterocarya* Kunth

落叶乔木，芽具 2-4 枚芽鳞或裸出。叶互生，常集生于小枝顶端，奇数或偶数羽状复叶，小叶的侧脉在近叶缘处相互联结成环，边缘有细锯齿或细牙齿。葇荑花序单性；雄花序长，花多数，下垂，单生于小枝上端的叶丛下方；雄花的 4 枚花被片 1-3 枚发育，雄蕊 9-15；雌花序单生于小枝顶端，花极多，下垂；雌花花被片 4 枚，贴生于子房，子房下位，花柱短，柱头 2 裂，裂片羽状。果实为干的坚果，基部具 1 宿存的鳞状苞片及 2 革质翅，翅向果实两侧或向斜上方伸展，外果皮薄革质，内果皮木质。子叶 4 深裂。

本属约有 8 种，我国产 7 种，其中 5 种为我国特有。

1. 枫杨

Pterocarya stenoptera C. DC., Ann. Sci. Nat., Bot., sér. 4, 18: 34. 1862.

乔木，高达 30 m。叶多为偶数稀奇数羽状复叶，长 8-16（-25）cm，叶柄长 2-5 cm，叶轴具翅至翅不甚发达，被短毛；小叶（6-）10-16（-25）枚，长椭圆形至长椭圆状披针形，长 8-12 cm，宽 2-3 cm，基部歪斜，边缘有细锯齿，上面有细小的浅色疣状凸起，沿脉被极短的星状毛，下面幼时被散生短柔毛。雄性葇荑花序长 6-10 cm；雄花具雄蕊 5-12 枚；雌性葇荑花序长约 10-15 cm，具 2 枚不孕苞片。果序长 20-45 cm；果实长椭圆形，长 6-7 mm；果翅条形，长 12-20 mm，宽 3-6 mm，具近于平行的脉。花期 4-5 月，果期 8-9 月。

分布于河南、陕西和山东以南，生于海拔 1 500 m 以下的河滩、阴湿山坡。日本、朝鲜也有分布。

图 196　枫杨

桑科 Moraceae

灌木或乔木，有时为藤本，稀草本，常具乳汁。托叶早落；叶互生，稀对生，单叶全缘或掌状分裂。花小，单性，雌雄同株或异株，常聚集成头状、穗状或葇荑花序，或生于中空的花托内壁（隐头花序），单被，(1-) 2-4 (-8) 裂；雄花：雄蕊与花被片同数而对生，花药 1-2 室，不育雌蕊常残存；雌花：花被 4 片，子房上位、半上位或下位，1 (-2) 室，每室含胚珠 1 枚，花柱 1-2，柱头丝状。果由多数多少合生的心皮组成，每心皮由肉质增厚的花被包围，或瘦果包藏于肉质的花托内。种子 1。

本科有 40 余属，1 000 余种，分布于热带和亚热带。我国有 9 属 144 种，本书收录 3 属。

分属检索表

1. 草本，无乳汁；花序为疏松的聚伞花序···2. 水蛇麻属 *Fatoua*
1. 乔木或灌木，具乳汁；隐头花序，或雄花为葇荑花序，雌花为头状花序。
   2. 穗状花序或头状花序···1. 构属 *Broussonetia*
   2. 隐头花序，多数成熟花完全包于膨大的花托内·································3. 榕属 *Ficus*

1. 构属 *Broussonetia* L'Hèr. ex Vent.

落叶乔木、灌木或攀缘植物，具乳汁，冬芽小。托叶早落；叶互生，常掌状分裂，边缘具齿。花单性异株；雄花序为下垂的葇荑花序，雄花花被 (3-) 4 裂，雄蕊 4；雌花序为头状花序，雌花花被合生呈管状，子房内藏。小核果聚集成圆头状肉质的聚花果。

本属有 4 种，分布于东亚和太平洋岛屿。我国 4 种均产。

1. 构树

Broussonetia papyrifera (L.) L'Hèr. ex Vent., Tabl. Rég. Vèg. 3: 547. 1799.——*Morus papyrifera* L.

乔木，高 10-20 m，有乳汁，分枝密生柔毛。叶片宽卵形至长圆状卵形，长 6-18 cm，宽 5-9 cm，不分裂或 3-5 深裂，背面密生柔毛，上面有糙毛，基部不对称心形，边缘具粗齿，先端渐尖。花单性，雌雄异株；雄花序葇荑状，长 6-8 cm，苞片宽披针形，被柔毛；雌花序球形，直径 1.2-1.8 cm；雄花花被 4，雄蕊 4；雌花苞片棒状，顶端有毛，花被管状，花柱侧生，柱头丝状。聚花果球形，直径 1.5-3 cm，肉质，成熟时红色。花期 4-5 月，果期 6-7 月。

分布于华北及以南省区。亚洲其他国家及太平洋岛屿也有分布。

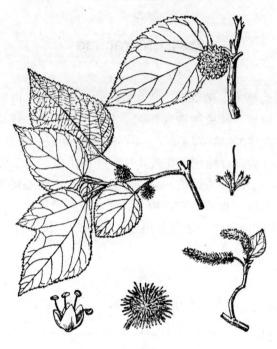

图 197　构树

2. 水蛇麻属　*Fatoua* Gaud.-Beaupre.

一年生或多年生草本，无乳汁。托叶早落，叶互生，叶缘具齿。花单性，雌雄同株，由头状花序组成总状或穗状复花序；雄花花被钟状，4 裂，雄蕊在芽中内弯；雌花无柄，花被 4-6 裂，船型，子房上位，花柱侧生，柱头丝状，2 裂。瘦果小，斜球形，扁，包于扩大的花被内。种子具膜质外皮，无胚乳，胚弯。

本属有 2 种，分布于亚洲、大洋洲及太平洋岛屿。我国 2 种均产。

1. 水蛇麻

Fatoua villosa (Thunb.) Nakai, Bot. Mag. (Tokyo) 41: 516. 1927.——*Urtica villosa* Thunb.

一年生草本，高 30 cm。茎直立，分枝少或不分枝，被微柔毛。叶卵形至宽卵形，长 5-10 cm，宽 3-5 cm，膜质，被贴生长硬毛，基部心形至截形，边缘有圆齿，先端急尖。雄花花被约 1 mm，雄蕊外露；雌花子房扁球形，花柱 1-1.5 mm，2 倍于子房长。瘦果具三棱，约 1 mm。花期 5-8 月。

分布于华南及安徽、福建、贵州、河北、湖北、湖南、江苏、江西、台湾，生于灌丛、草坡、路边。朝鲜半岛、日本、马来西亚、印度尼西亚、菲律宾、巴布亚新几内亚、澳大利亚也有分布。

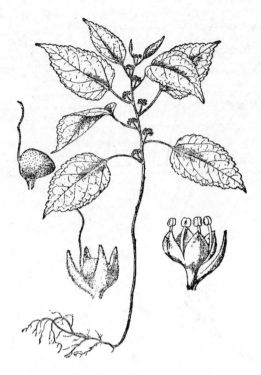

图 198 水蛇麻

3. 榕属 *Ficus* L.

乔木或灌木，有时为藤本，多乳汁。叶互生或对生，全缘或具缺刻或分裂。花极小，多数，生于肉质壶形的花序托内成隐头花序；雄花花被片 2-6，雄蕊 1-3；雌花花被片与雄花同数或不完全或缺，子房偏斜，具 1 下垂胚珠；瘿花类似雌花，但不产生种子，内有昆虫栖息。瘦果常于肉质膨大的花序托内形成合心皮果。种子下垂，胚乳稀少。

本属约有 100 种，主要分布于热带及亚热带。我国有 99 种。

1. 竹叶榕

Ficus stenophylla Hemsl., Hooker's Icon. Pl. 26: t. 2536. 1897.

灌木，高 1-3 m，小枝节间短，散生灰色刺毛。托叶红色，披针形，长约 8 mm，无毛；叶柄 3-7 mm，叶片披针形至倒披针形，长 5-20 cm，宽 2-3 cm，背面具小瘤状凸起，基部楔形或圆形，全缘并外卷，先端渐尖，中脉两侧各具 7-17 次级脉。隐头花序成熟后暗红色，椭圆球形，直径 7-8 mm，散生柔毛，先端脐状突出；花序梗 2-5 cm，总苞宿存；雄花花被片 3-4，红色，卵状披针形，雄蕊 2-3，花丝短；瘿花具柄，花被片 3-4，倒披针形，内弯；雌花几无柄，花被片 4，线形，先端钝，花柱宿存，侧生。瘦果凸透镜状，一侧微凹，先端具脊。花期 5-7 月。

分布于华南及福建、贵州、湖北西部、湖南西部、江西、云南东南及浙江南部，生于溪流或河边。老挝、泰国、越南也有分布。

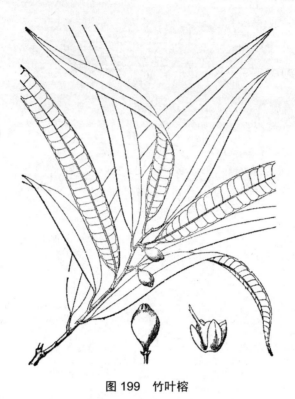

图 199　竹叶榕

大麻科　Cannabinaceae

一年生或多年生直立或藤本植物，雌雄异株。叶互生或对生，全缘或掌状分裂。雄花序为腋生圆锥花序，雌花序聚生，下垂；雄花具花梗，花萼 5，雄蕊 5，与花萼对生，花丝短，花药 2 室，纵裂；雌花无梗，花萼膜质，紧抱子房，子房 1 室，1 胚珠，花柱 2 深裂，丝状。瘦果包于宿存花萼中，胚乳肉质，胚弯或螺旋状内卷。

本科有 2 属 4 种，分布于北温带。我国均产。

1. 葎草属　*Humulus* L.

一年生或多年生草质藤本，茎粗糙，被硬刺毛，雌雄异株。茎具脊或翅。叶对生，3-7 裂，叶背具淡黄棕色树脂状腺体及斑点。雄花聚生成圆锥花序状的穗状花序，萼片 5，雄蕊 5；雌花每 2 朵生于覆瓦状排列的苞片内，形成假葇荑花序，果序球果状，每花具 1 全缘萼片包裹子房，花柱 2。瘦果宽卵球形，萼宿存，果皮坚脆。胚螺旋状内卷。

本属有 3 种，分布于欧洲、亚洲及北美洲。我国均产。

1. 葎草

Humulus scandens (Lour.) Merr., Trans. Amer. Philos. Soc., n. s., 24 (2): 138. 1935.——*Antidesma scandens* Lour.

一年生或多年生缠绕草本，茎、枝和叶柄具倒刺。叶对生，叶柄长 4-20 cm，叶片五角形，纸质，直径 7-10 cm，掌状深裂，裂片 5-7，边缘具粗齿，两面被粗糙刺毛，背面具黄色腺点。花单性，雌雄异株；雄花序圆锥状，长 15-25 cm；雄花小，淡黄色，花被 5，雄蕊 5；雌花排成近圆形的穗状花序，直径约 0.5 cm，每 2 朵花外有 1 卵形并具白色刺毛和腺体的苞片，苞片长 7-10 mm，花被膜质。瘦果扁圆形。花期春季至夏季，秋季果成熟。

除青海、新疆以外，全国各地均有分布，生于溪边、野地及林缘。日本、朝鲜、越南、欧洲及北美南部也有分布。

图 200　葎草

荨麻科　Urticaceae

草本、亚灌木或灌木，稀乔木，有时茎、叶具蛰毛。单叶互生或对生。花小，两性或单性，(1-) 4-5 数；花序聚伞圆锥状、总状、穗状或头状；雄花的雄蕊与花被同数且与之对生，花药 2 室，纵裂，常有不育心皮；雌花花被管状或 3-5 裂，果期扩大并宿存，不育雄蕊干膜质或缺，子房一室，一直立胚珠，柱头各异。瘦果常包于扩大宿存的花被中。

本科约有 47 属 1 300 余种，主要分布于潮湿的温带地区。我国有 25 属 340 多种，本书收入 4 属。

分属检索表

1. 植株被蛰毛；叶对生；雌花无退化雄蕊，柱头大，帚状···4. 荨麻属 *Urtica*
1. 植株无蛰毛；叶对生或互生；雌花有或无退化雄蕊，柱头丝状或笔状。
   2. 叶对生；雌花具退化雄蕊，无花柱，柱头笔状···3. 冷水花属 *Pilea*
   2. 叶对生或互生；雌花无退化雄蕊，具花柱，柱头丝状或笔状。
      3. 叶对生或互生，柱头丝状···1. 苎麻属 *Boehmera*
      3. 叶互生，柱头笔状···2. 水麻属 *Debregeasia*

1. 苎麻属 *Boehmeria* Jacq.

灌木或亚灌木。叶对生或互生，具 3 脉，边缘具齿，稀 2-3 裂。花单性，雌雄异株；花序腋生，穗状或圆锥状，具苞片和小苞片；雄花花被（3-）4-5 裂，雄蕊与花被裂片同数，不育子房棍棒状或近球形；雌花花被管状，先端 2-4 裂，果期膨大成两急尖角或翅，无退化雄蕊，子房内藏，柱头丝状，一侧为刷状。瘦果无光泽。种子具胚乳。

本属约有 65 种，主产于热带及亚热带地区，温带地区较少。我国有 25 种。

1. 北苎麻

Boehmeria macrophylla Horn., Hort. Bot. Hafn. 2: 890. 1815.

亚灌木或多年生草本，高 1-2（3.5）m，上部茎粗糙。雌雄同株或异株。叶对生，叶柄长 0.8-8 cm，叶片卵形至披针形，长 6-18 cm，宽 3-12 cm，两面粗糙，先端渐尖，基部圆形，边缘有锯齿。团伞花序组成间断穗状圆锥花序，雌花序生远端，长 7-20 cm；雄花 4 数，无柄，花被长约 1.5 mm，不育子房长约 0.4 mm。瘦果扁，长约 1 mm，平滑，先端具 2 齿。花期 6-9 月，果期 9 月至翌年 1 月。

分布于广东、广西、贵州、西藏、云南、浙江，生于海拔 100-3000 m 的林缘、灌丛、溪边及路旁。不丹、印度尼西亚、老挝、缅甸、尼泊尔、斯里兰卡、泰国、越南也有分布。

图 201 北苎麻

2. 水麻属 *Debregeasia* Gaud.-Beaup.

灌木或小乔木。叶互生，具柄，质薄，具3基脉，叶背常被白色或银色绵毛，边缘具细齿；托叶薄，2裂，早落。团伞花序腋生；雄花花被（3-）4（-5），不育子房倒卵形，基部被绵毛；雌花花被管状，倒卵形或壶形，口收缩，具极细3-4齿，果期扩大，肉质并附着于子房，稀膜质或分离，无退化雄蕊，花柱短，柱头点状，有长毛束，胚珠直。果由多数含1种子瘦果组成头状，浆果状。

本属约有6种，主要分布于亚洲热带和亚热带地区，非洲及大洋洲各1种。我国6种均产。

分种检索表

1. 叶片长圆形至倒卵状披针形，宽1.5-5(-6.5) cm，具5-8(-10)次级脉，叶柄长1-4cm···1. 长叶水麻 *D. longifolia*
1. 叶片长圆形至线状披针形，宽1-2.5(-3) cm，具3-5次级脉，叶柄长0.3-1cm········ 2.水麻 *D. orientalis*

1. 长叶水麻

Debregeasia longifolia (N. L. Burm.) Weddll in DC, Prodr. 16 (1): 235. 1869.——*Urtica longifolia* N. L. Burm.

灌木或小乔木，高3-5 m，雌雄同株或异株。分枝纤细，淡红色或淡紫棕色，散生微硬毛。托叶长圆状披针形，长6-10 mm，2浅裂；叶柄长1-4 cm；叶片长圆形或倒卵状披针形，长7-18(-23) cm，宽1.5-5(-6.5) cnm，纸质，叶背暗绿色，两侧各具5-8(-10)次级脉，叶缘具细齿，先端渐尖。花序长1-2.5 cm，总花梗长0.3-3 cm，花束直径3-4 mm；雄花花被4，背面被毛，合生达中部，不育子房无柄，倒卵形；雌花无柄，花被管膜质，先端具4齿。瘦果淡红色或橙色，长1-1.5 mm。花期8-12月，果期9月至翌年2月。

分布于甘肃、广东、广西、贵州、湖北、陕西、四川、西藏、云南，生于海拔500-3 200 m的溪流、潮湿处及山谷林中。南亚和东南亚也有分布。

图202 长叶水麻

2. 水麻

Debregeasia orientalis C. J. Chen, Novon 1: 56. 1991.

灌木，高 1-4 m，常雌雄异株。分枝纤细，暗红色。托叶长 6-8 mm，先端 2 浅裂；叶柄长 0.3-1 cm；叶片长圆形至线状披针形或线形，长 5-18（-25）cm，宽 1-2.5（-3.5）cm，次级脉 3-5。花先于叶开放，总花梗长 0-1.5 cm，球形花束直径 3-5 mm，苞片倒卵形，长约 2 mm；雄花在芽中扁球形，直径 1.2-1.5 mm，花被片（3-）4，背面散生柔毛，基部合生，花柄短，不育子房无柄，长约 0.5 mm；雌花无柄，长约 0.7 mm，花被管膜质，先端有 4 齿。瘦果橙色，长约 1 mm。花期 2-4 月，果期 4-9 月。

分布于甘肃、广西、贵州、湖北、湖南、陕西、四川、台湾、西藏、云南，生于海拔 300-2 800 m 的溪边潮湿处、深谷。不丹、印度、日本、尼泊尔也有分布。

图 203　水麻

3. 冷水花属　*Pilea* Lindl.

草本或亚灌木，无蛰毛，多汁，雌雄同株或异株。叶对生，稀互生，具柄，有托叶。聚伞花序或圆锥花序腋生，苞片小；雄花花被片（2-）4-5，雄蕊（2-）4-5，不育子房小或不明显；雌花花被片（2-）3（-5），大小不均，果时扩大，背片常浅囊状或舟状，退化雄蕊常鳞片状，与花被片对生，子房直，柱头笔状。瘦果斜卵形，扁，先端无冠状突。

本属约有 400 种，热带、亚热带广布，温带地区较少。我国有 80 余种。

分种检索表

1. 一年生直立草本；叶两面疏生柔毛；瘦果三角状卵形，长 1.2-1.8 cm ·················· 1. 透茎冷水花 *P. pumila*

1. 柔弱丛生小草本；叶两面被淡紫色斑，叶背尤甚；瘦果卵球形，直径约 0.5 mm ··· 2. 苔水花 *P. peploides*

1. 透茎冷水花

Pilea pumila (L.) A. Gray, Manual 437. 1848.——*Urtica pumila* L.

一年生草本，高 5-50 cm，茎直，多汁，雌雄同株。托叶长 2-3 mm，早落；叶柄长 0.4-4.5 cm，疏生柔毛，叶菱状卵形或宽卵形，长 1-9 cm，宽 0.6-5 cm，两面疏生柔毛，基部宽楔形，边缘具齿，先端短渐尖或尾状急尖。几乎每节有花，雄花成蝎尾状聚伞花序，雌花序较大，但常短于叶柄；雄花在芽中倒卵形，长约 1.8 mm，花被片 2（-4），舟状，雄蕊 2（-4）；雌花侧裂片常较大，长圆状舟形，果时与瘦果等大。瘦果常具浅棕色斑，三角状卵形，长 1.2-1.8 mm，扁，平滑。花期 6-8 月，果期 8-11 月。

几乎遍布全国，生于海拔 300-2 200 m 的林中潮湿地、峡谷、稻田边、村旁。日本、朝鲜半岛、蒙古、俄罗斯（西伯利亚）及北美也有分布。

图 204 透茎冷水花

2. 苔水花

Pilea peploides (Gaud.-Beaup.) W. J. Hook. & Arnott, Bot. Beachey Voy. 96. 1832.——*Dubrueilia peploides* Gaud.-Beaup.

柔弱丛生小草本，雌雄同株。茎淡红色，纤细，高 3-20 cm，直径 1-2 mm，多汁。托叶三角形，长约 0.5 mm，早落；叶柄纤细，长 3-20 mm；叶片近圆形、菱状圆形或三角状卵形，长 3.5-21 mm，宽 3-23 mm，两面有淡紫色斑，叶背更甚。聚伞状头状花序近球形，雄花序长 3-10 mm，花序梗 1.5-7 mm；雌花序长 2-6 mm，花序梗长 1-4 mm；雄花长约 0.8 mm，花被片卵形，1/2 合生，先端急尖，雄蕊 4，不育雌蕊细小；雌花淡绿色，具花梗，花被片 2，极不等，背片舟形，与果等长，果期增厚，前片为背片 1/5，三角状卵形，不育雄蕊长圆形，长为果的 1/2。瘦果淡棕色，卵球形，直径约 0.5 mm，略扁，先端具细刺瘤。花期 4-5 月，果期 6-8 月。

分布于安徽、福建、广东、广西、贵州、河北、河南、湖南、江西、辽宁、内蒙古、台湾、浙江，生于海拔 1 000-1 200 m 的林中阴湿处、泥炭沼泽、溪流附近。不丹、印度、印度尼西亚、日本、朝鲜、俄罗斯（西伯利亚）、斯里兰卡、泰国、越南以及夏威夷群岛也有分布。

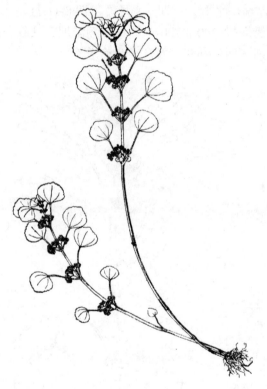

图 205　苔水花

4. 荨麻属　*Urtica* L.

一年生或多年生草本，稀亚灌木，具蛰毛。茎常四棱。托叶常宿存；叶对生，具柄，叶片常具 3-5 (-7) 脉，边缘具齿或分裂。花序穗状、总状或圆锥状，稀头状；雄花花被片 4，雄蕊 4，不育雌蕊杯状；雌花花被片 4，果期扩大，包围瘦果，子房 1 室，1 胚珠，柱头大，毛帚状。瘦果直，侧扁。种子直。

本属约有 30 种，主要分布于南北温带，热带高山地区也有分布。我国有 14 种。

分种检索表

1. 雌雄同株；叶片五角形，宽 3.5-10cm，叶柄长 2-8cm；瘦果长 2-3mm ············1. 麻叶荨麻 *U. cannabina*
1. 雌雄异株；叶片长圆状披针形至卵状披针形，宽 1-3.5(-5.5)cm，叶柄长 0.5-2cm；瘦果长 0.8-1mm ···2. 狭叶荨麻 *U. angustifolia*

1. 麻叶荨麻
Urtica cannabina L., Sp. Pl. 2: 984. 1753.

多年生草本，雌雄同株。根状茎木质；茎具分枝，高 50-150cm，被微柔毛，散生螫毛。托叶线形，长 5-15mm，两面被毛；叶柄长 2-8cm；叶片五角形，长 7-15cm，宽 3.5-10 cm，掌状 3 浅裂或深裂，裂片不规则分裂或具深锯齿，叶柄及叶背有螫毛。雄花序圆锥状，长 5-8cm，雌花序穗状，长 2-7cm；雄花花被 1/2 合生，被柔毛；雌花花被片基部 1/3 合生，背腹裂片椭圆状卵形，长 2-4mm，具刚毛及 1-4 螫毛，侧裂片长为背裂片 1/4-1/3，具单一螫毛。瘦果灰棕色，卵球形，扁，长 2-3mm，多疣突。花期 7-8 月，果期 8-10 月。

分布于东北、西北及河北、四川，生于海拔 800-1 800m 的灌丛、草坡、河岸、路边杂草丛中。蒙古、俄罗斯（西伯利亚）、亚洲中部和西南部、欧洲也有分布。

图 206 麻叶荨麻

2. 狭叶荨麻
Urtica angustifolia Fisch. ex Hornem., Suppl. Hort. Bot. Hafn. 107. 1819.

多年生草本，高 40-150cm，植株散生刚毛和螫毛，雌雄异株。根状茎木质，具匍匐茎。托叶线形，长 6-12mm；叶柄长 0.5-2cm；叶片长圆状披针形至卵状披针形，长 4-15cm，宽

1-3.5（-5.5）cm，具 3 脉，每侧次级脉 2-3，上面粗糙，基部圆，边缘有疏齿或锯齿，齿端渐尖，内弯，具睫毛。圆锥花序长 2-8cm；雄花长约 2mm，花被 1/2 合生，被柔毛；雌花花被基部合生，背腹片椭圆状卵形，长约 1mm，有时散生刚毛，侧片狭披针形，长为背片的 1/2。瘦果浅棕色，卵形或宽卵形，略扁，长 0.8-1mm。花期 6-8 月，果期 8-10 月。

分布于东北及河北、山东、山西，生于海拔 800-2 200m 的林中潮湿处、溪边。日本、朝鲜、蒙古、俄罗斯远东地区及西伯利亚也有分布。

图 207　狭叶荨麻

檀香科　Santalaceae

草本或灌木，稀乔木，常寄生于其他植物根上，偶寄生树上。单叶互生，具 3-9 掌状脉，全缘，有时退化呈鳞片状，无托叶。花序腋生，偶顶生，聚伞状、伞房状、圆锥状、总状、穗状或簇生，有时只 1 花；苞片小，鳞片状；小苞片成对，宿存；花极小，两性或单性，辐射对称，3-6（-8）数，略肉质；雄花在芽中花被片内弯，开花时展开，疏生毛状或舌状附属物，具上位或周位花盘或无，雄蕊与花被片同数，在裂片基部与之对生，花药 2 室，纵裂；雌花和两性花花被管状，较雄花花被长，子房下位或半下位，(1-) 5-12 室，胚珠 1-3（-5），倒生或半倒生，无珠被，花柱 1，柱头小，头状。核果或坚果，外果皮常肉质，内果皮骨质。种子 1。

本科约有 36 属 500 余种，广布于热带及温带地区。我国有 7 属 33 种。

1. 百蕊草属　*Thesium* L.

多年生或一年生纤细草本，有时亚灌木状，常寄生于其他植物根上。茎绿色。叶互生，常无柄，叶片线形或鳞片状，具1-3脉。花序顶生，常呈总状、圆锥状或数花二歧分枝；苞片叶状，有时部分与花柄合生，小苞片1-2，稀4或无，对生；花两性，白色或淡黄绿色，花被片与子房合生，檐部钟状、漏斗状或管状，常（4-）5裂，雄蕊（4-）5，不外露，花盘上位，子房下位，胚珠2-3，下垂，具花柱，柱头头状或略3浅裂。小坚果先端具宿存花被片。

本属有240余种，主要分布于非洲和亚洲热带，南美洲有数种。我国有16种。

1. 百蕊草

Thesium chinense Turcz., Bull. Soc. Imp. Naturalistes Moscou 10: 157. 1837.

多年生寄生草本，纤细，无毛。茎簇生，具棱，高15-40 cm。叶线形，长15-35 mm，宽0.5-1.5 mm，具1脉，边缘有时具疏乳突状纤毛，先端急尖或渐尖。花小，绿白色，腋生，基部有3枚叶状小苞片，花被片5，淡绿白色，长2.5-3 mm，管状，裂片急尖，先端内弯，雄蕊2枚内藏，子房下位无柄。小坚果淡绿色，近球形，长2-2.5 mm，具明显雕纹，宿存花被长约2 mm。花期4-5月，果期6-7月。

全国各省区广布，生于海拔500-2 700 m的溪边、田野、草地。日本、朝鲜、蒙古亦有分布。

图208　百蕊草

川苔草科　Podostemonaceae

一年生或多年生沉水草本，喜生湍流石上，状似苔藓。花小，两性，单花或排成聚伞花序，初常包于佛焰苞内；花被片2-3，雄蕊1-4，花药2-4室，纵裂或不规则开裂，子房上位，2-3室，胚珠多数，中轴胎座，花柱2-3。蒴果，室间开裂。种子细小，多数，无胚乳。

本科约有 40 属 200 种，热带地区广布，温带地区较少。我国有 3 属 4 种，本书收入 2 属 2 种。

分属检索表

1. 花单生枝顶，具佛焰苞，花被片 2 枚，雄蕊 1 枚（稀 2 枚） ·················· 1. 川苔草属 *Cladopus*
1. 1-2 花腋生，无佛焰苞，花被片 3 枚，雄蕊 2-3 枚 ·························· 2. 川藻属 *Dalzellia*

1. 川苔草属　*Cladopus* H. Möller

多年生草本。根扁平。茎单一。不育茎上的叶莲座状，3-9 掌状分裂，能育茎高达 1 cm，叶密集，掌状。单花顶生，具花梗，前期包于佛焰苞内，花被片 2，雄蕊 1，稀 2，花丝弯曲，花药基着，2 室，子房 2 室，花柱 2。蒴果 2 瓣裂。

本属有 5 种，分布于亚洲东部和东南部。我国有 2 种。

1. 飞瀑草

Cladopus nymanii H. Möller, Ann. Jard. Bot. Buitenzorg. 16: 115. 1899.

茎扁平，暗绿色，后变淡红色，高 1-3 mm；不育茎上的叶掌状，裂片线形，长 2-4 mm；繁殖茎高 5-6 mm，叶裂片 3-7（9）枚，长 1-2 mm，宽 1-3 mm；佛焰苞约 2 mm，不规则开裂；花被片线形，约 1 mm，雄蕊 1-2，若雄蕊 2 枚，则基部合生，花丝约 1.8 mm，花药约 1 mm；子房多少球形，约 1.5 mm，柱头线形，0.5-0.7 mm。蒴果近球形，长 1.5-2 mm，果柄长 1.5-3 mm。花果期 9 月至翌年 2 月。

分布于福建、广东、海南，生于海拔 600 m 以下湍流溪中或瀑布下。印度尼西亚、日本、泰国亦有分布。

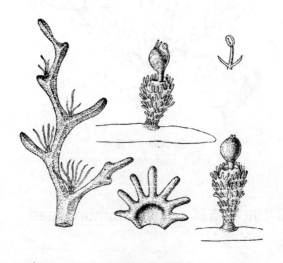

图 209　飞瀑草

2. 川藻属 *Dalzellia* Wight

多年生草本。叶小，椭圆形，扁，无柄，3 枚覆瓦状排列。1-2 花腋生，无柄，无佛焰苞，苞片 2 枚，对生；花被片 3 枚，基部合生，雄蕊 2-3，花丝分离，花药基着，4 室，子房 3 室，柱头 3。蒴果 3 瓣裂。

本属有 4 种，分布于亚洲南部。我国仅有 1 种。

1. 川藻

Dalzellia sessilis (H. C. Chao) C. Cusset & G. Cusset, Bull. Mus. Natl, Hist Nat., B. Adansonia 10: 173. 1988.——*Terniopsis sessilis* H. C. Chao.

根淡粉色至紫红色，宽 1-1.5mm。茎高 7-9mm。叶 5-10 枚，椭圆形，长 0.5-1mm，宽 0.4-0.5mm。苞片卵形，凹，长约 1mm；花被片紫色，长约 2.5mm，雄蕊长 1-2.5mm，子房椭圆形，长约 0.7mm，柱头三角形。蒴果椭圆形，长约 1.5mm，果柄长约 1mm。种子卵球形，长约 0.2mm。花果期 11 月至翌年 12 月。

分布于福建，生于海拔 100-400 m 湍急河流中岩石上。

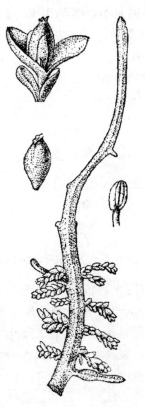

图 210 川藻

马兜铃科 Aristolochiaceae

草本或藤状灌木，植株具油细胞。单叶互生，具柄，无托叶，脉常羽状或具3-5掌状脉，全缘，稀3-5裂。花序总状、聚伞状或伞房花序，或单花，顶生或腋生；花两性，左右对称或辐射对称，花被片花瓣状，常管状，冠檐圆筒形或舌形，1-3浅裂；雄蕊6-12成1-2列，花药与花柱完全合生形成合蕊柱，花药2室，纵裂；子房下位至上位，4-6室，胚珠多数，1-2列，倒生，中轴胎座。果为肉质或干蒴果，稀为长角果或膏葖果。种子多数，胚乳丰富肉质，胚小。

本科有8属450-600种，主要分布于热带和亚热带地区。我国有4属86种。

1. 细辛属 *Asarum* L.

多年生草本。根茎纤细，具辛香气。叶心形或肾形，具长柄，全缘。花单一或成双腋生，辐射对称，紫色或褐色，花被单1，管状、坛状、钟状、漏斗状或圆筒状，冠檐3裂，裂片全缘，略不等；雄蕊12枚，有时具不育雄蕊3枚；子房下位或半下位，6室，心皮连合，花柱6，先端全缘或2浅裂，柱头顶生或侧生。果为肉质或海绵质蒴果，不规则分裂。种子背面凸，腹面平或具沟，珠柄肉质。

本属约有90种，主要分布于亚洲东南，北美有数种，欧洲有1种。我国有39种，本书收入2种。

分种检索表

1. 叶单一；花梗上升；花丝远较花药短，药隔圆，子房半下位·····················1. 杜衡 *A. forbesii*
1. 叶2枚对生；花梗下弯；花丝远较花药长，药隔锥形，子房上位·················2. 汉城细辛 *A. sieboldii*

1. 杜衡

Asarum foubesii Maxim., Bull. Acad. Imp. Sci. Saint-Pétersbourg 31: 92. 1887.

根茎粗1-2mm。叶单一，叶柄长3-15cm，叶片无毛，宽心形至肾心，长3-8cm，宽3-8cm，上面沿脉有短柔毛，背面暗绿色，沿脉有白斑，基部心形，先端钝至圆。花梗上升，长1-2cm；花暗紫色，圆筒形至钟形，长1.5-2.5cm，宽约1cm，花被合抱子房，长1-1.5cm，宽0.8-1cm，喉部不缢缩，裂片宽卵形，长5-7mm，宽5-7mm；雄蕊12枚；子房半下位，花柱先端2浅裂，柱头侧出。花期4-5月。

分布于安徽、河南、湖北、江苏、江西、四川、浙江，生于海拔800m以下的林中、沟边湿地。

本种可药用，又称"土细辛"。

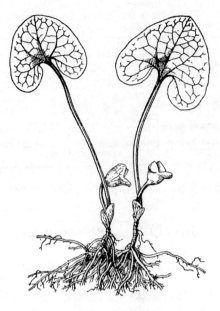

图 211 杜衡

2. 汉城细辛

Asarum sieboldii Miq., Ann. Mus. Bot. Lugduno-Batavi 2: 134. 1865.

根状茎平展，直径 2-3 mm。叶 2 枚，对生，叶柄 8-18 cm，叶片两面同色，心形或卵形，长 4-11 cm，宽 4.5-13.5 cm，背面沿脉生柔毛，基部心形，先端短渐尖或急尖。花梗下弯，长 2-4 cm；花暗紫色，坛状或钟状，长 1-1.5 cm，宽 1.5 cm，背面无毛；雄蕊 12 枚，花丝远长于花药，药隔锥状，超出花药；花柱先端浅 2 裂，柱头侧出。花期 4-5 月。

分布于辽宁，生于林下及山沟湿地。朝鲜半岛也有分布。

蓼科 Polygonaceae

草本、灌木或木质藤本。单叶互生，稀对生或轮生，具柄或近无柄；托叶膜质，常合生成托叶鞘。花序顶生或腋生，花梗偶有关节；花小，两性稀单性，辐射对称；花被片 3-6 枚成 1-2 轮，革质，果期常延长或内轮花被延长，具翅，具小疣突或刺，雄蕊（3-）6-9，稀更多，花药 2 室，纵裂，花盘环状，常浅裂，子房 1 室，上位，花柱 2-3（-4），分离或下部合生。瘦果具 1 种子，凸三棱形或双凸镜形或双凹状，胚乳丰富。

本科约有 50 属 1 000 余种，世界广布，主产于北温带，热带地区有少数种。我国有 13 属 238 种，本书收入 6 属 43 种。

分属检索表

1. 花被片 3 枚 ·· 4. 冰岛蓼属 *Koenigia*

1. 花被片（4-）5-6枚。
　　2. 柱头画笔状··6. 酸模属 Rumex
　　2. 柱头头状或流苏状。
　　　　3. 花柱2，宿存，果时延长并变硬，先端具钩·····················1. 金钱草属 Antenoron
　　　　3. 花柱3，稀2，早落，先端无钩。
　　　　　　4. 茎缠绕；果期外轮花被片延长，柱头头状·····················3. 首乌属 Fallopia
　　　　　　4. 茎直立；果期花被不延长，但变肉质。
　　　　　　　　5. 瘦果凸三棱形，远长于宿存花被或与之等长·········2. 荞麦属 Fagopyrum
　　　　　　　　5. 瘦果凸三棱形或双凸镜形，远较宿存花被短，稀等长······5. 蓼属 Polygonum

1. 金钱草属 *Antenoron* Rafin.

多年生草本。根茎粗壮，茎直立或上部具分枝。单叶互生，具柄，叶片椭圆形或倒卵形，全缘，托叶鞘膜质。雌雄同株，总状或穗状花序，顶生或腋生；花梗具关节，略叉开；花两性，花被宿存，4深裂，雄蕊5，花柱2，宿存，成熟时延长并变硬，先端具钩。瘦果卵球形，双凸状。

本属有3种，产于亚洲及北美。我国仅有1种。

1. 金钱草

Antenoron filiforme (Thunb.) Roberty & Vautier, Boissiera 10: 35. 1964.——*Polygonum filiforme* Thunb.

1a. 金钱草（原变种）

Antenoron filiforme (Thunb.) Roberty & Vautier var. ***filiforme***

多年生草本。根茎粗壮；茎直立，高50-80cm，具条纹，贴生糙硬毛，节膨大。叶柄被糙硬毛，长1-1.5cm，叶宽椭圆形至卵形，长6-15cm，宽4-8cm，两面贴生糙硬毛，全缘，基部楔形，先端急尖或短渐尖；托叶鞘管状，膜质，长5-10mm，具短缘毛。花序纤细，长15-35cm，花稀疏，苞片漏斗形，长2-3mm，具缘毛，有1-3花，花梗3-4mm；花被4深裂，玫瑰红色，卵形，长约3mm，花后膨大；雄蕊通常5，内藏；花柱2，宿存，果熟时扩大并变硬，长3.5-4mm，先端反折，具钩，伸出花被。瘦果包于宿存花被中，暗棕色，具光泽，卵球形，双凸状，平滑。花期8-10月，果期9-11月。

分布于华东、华南、华中及甘肃、贵州、陕西、四川、台湾、云南，生于海拔100-2 500m的深谷、山坡林下。日本、朝鲜、缅甸、俄罗斯（远东地区）也有分布。

1b. 毛叶红珠七（变种）

Antenoron filiforme (Thunb.) Roberty & Vautier var. ***kachinum*** (Nieuwland) H. Hara, J. Jap. Bot. 40: 192. 1965.——*Tovara virginiana* (L.) Rafin. var. *kachinum* Nieunland.

叶两面贴生糙硬毛，基部近楔形，先端长渐尖。花期8-10月，果期9-11月。

仅分布于云南南部，生于海拔500-1 300m的沟谷灌丛、山坡混交林。缅甸也有分布。

1c. 短毛金钱草（变种）

Antenoron filiforme (Thunb.) Roberty & Vautier var. ***neofiliforme*** (Nakai) A. J. Li, Fl. Reipubl. Popularis Sin. 25 (1): 108. 1998.——*Polygonum neofiliforme* Nakai.

叶长圆形，狭，两面贴生短糙硬毛，先端长渐尖。花期 8-10 月，果期 9-11 月。分布及生境与金钱草近似。

2. 荞麦属 *Fagopyrum* Mill.

一年生或多年生草本，稀亚灌木状。茎直立。单叶互生，具柄，叶三角形、心形、宽卵形、箭头形或线形；托叶鞘全缘，斜，先端急尖或截形。花序总状或伞房状，花两性，花被 5 深裂，宿存，花后不膨大，雌蕊 3，花柱 3，伸长，柱头头状。瘦果凸三棱形，无翅，基部具角。

本属约有 15 种，分布于亚洲和欧洲。我国有 10 种。

1. 金荞 野荞麦

Fagopyrum dibotrys (D. Don) H. Hara, Fl. E. Himalaya 69. 1966.——*Polygonum dibotrys* D. Don.

多年生草本。根茎黑棕色，木质，粗壮；茎绿色或淡棕色，高 40-100 cm，多分枝，具条纹。叶柄 2-10 cm，叶片三角形，长 4-12 cm，宽 3-11 cm，两面有乳突，基部近截形，全缘，先端渐尖；托叶鞘棕色，长 5-10 mm，无缘毛。花序伞房状，顶生或腋生，苞片卵状披针形，长约 3 mm，膜质，先端急尖，每苞片 4 (-6) 花；花梗与苞片等长，中部具关节；花被白色，花被片狭椭圆形，长约 2.5 mm；雄蕊内藏；花柱分离。瘦果黑棕色，宽卵形，长 6-8 mm，具三棱，有时翅状，棱平滑至微波状，先端急尖。花期 4-6 月，果期 5-11 月。

分布于安徽、福建、甘肃、江西、陕西、四川、西藏、云南、浙江，生于海拔 300-3 200 m 的草坡、湿地、沟谷。不丹、印度、克什米尔地区、缅甸、尼泊尔、越南也有分布。

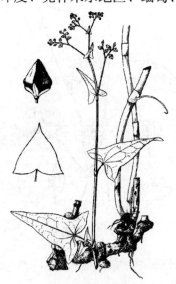

图 212 金荞

3. 首乌属 *Fallopia* Adans.

一年生草本,稀亚灌木。茎具翅。单叶互生,有叶柄,叶片宽卵形至心形,全缘;托叶鞘管状,先端呈不等截形。花两性,总状或圆锥花序,花被 5 深裂,宿存,外 3 片较大,龙骨状或翅状,稀无龙骨或翅,雄蕊 8,花柱极短,柱头头状。瘦果卵球形,具三棱。

本属约有 7-9 种,北温带广布。我国有 8 种。

1. 蔓首乌 卷茎蓼

Fallopia convolvulus (L.) A. Löve, Taxon 19: 300. 1970.——*Polygonum convolvulus* L.

一年生草本。茎具翅,高 1-1.5 m,有条纹及乳头状凸起,基部具分枝。叶柄 1.5-5 cm,叶片背面有小乳突,基部心形,全缘,先端渐尖;托叶鞘短,斜,无缘毛。花序腋生,间断总状;苞片狭卵形,每苞片 2-4 花;花梗纤细,白色,较苞片长;花被片狭椭圆形,大小不均,外轮 3 枚较大,背面具龙骨或狭翅,果期略膨大;雄蕊 8;花柱 3,极短,具柄。瘦果黑色椭圆形,具三棱,长 3-4 mm。花期 5-8 月,果期 7-9 月。

分布于东北、西北、西南及河北、河南、湖南、江苏、山东、山西、台湾,生于海拔 100-3 600 m 的沟谷、丛林、溪边。亚洲温带、欧洲、北美洲均有分布。

图 213 蔓首乌

4. 冰岛蓼属 *Koenigia* L.

一年生草本。茎纤细，具分枝。叶具柄，近对生，托叶鞘膜质。花两性，圆锥花序，花被3（-5）深裂，雄蕊3，与花被片互生，退化雄蕊3枚，子房卵形，侧扁，花柱2，宿存，极短，柱头头状。瘦果狭卵形，双凸状。

本属约有3种，分布于北极地区、亚洲、欧洲和北美洲。我国有1种。

1. 冰岛蓼

Koenigia islandica L., Syst. Nat., ed. 12, 2: 104. 1747.

一年生矮小草本，高3-8cm。茎常簇生，淡红色，无毛，分枝伸展。叶互生，上端稀对生，叶柄1-3 mm，叶片宽椭圆形、倒卵形至近圆形，长3-5 mm，宽2-4 mm，两面无毛，基部宽楔形，全缘，先端钝；托叶鞘棕色，长1.5-2 mm。花簇生叶腋，花被淡绿色，3深裂，花被片宽椭圆形，长约1 mm，雄蕊3，较花被短，花柱2（-3），柱头2（-3），头状。瘦果棕色，长1.2-1.5 mm。花期7-8月，果期8-9月。

分布于甘肃、青海、山西、四川、新疆、西藏、云南，生于海拔2 000-4 900 m的高山草甸、沟谷、湿草地。亚洲温带、欧洲北部、北极地区及北美洲也有分布。

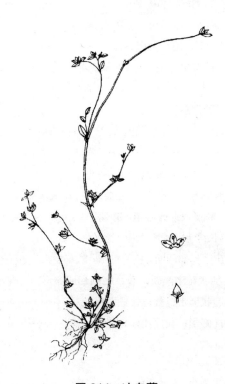

图214 冰岛蓼

5. 蓼属 *Polygonum* L.

草本，稀亚灌木或小灌木。茎常具明显膨大的节，无毛或稀被毛或皮刺。单叶互生，几无柄，全缘；托叶鞘管状，全缘或撕裂，先端斜或截形。花序顶生或腋生，或花簇生叶腋，花梗常具关节；花两性，稀单性，苞片和小苞片膜质；花被 5（4）深裂，宿存，雄蕊 7-8，稀 4，花柱 2-3，常延长。瘦果凸三棱形或双凸状，稀双凹状。

本属约有 230 种，世界广布，北温带为主产区。我国有 113 种，本书选入 29 种 4 变种。

分种检索表

1. 花簇生叶腋，或为具叶片的穗状花序；叶柄基部具关节，托叶鞘 2 浅裂或撕裂；花丝基部膨大。
  2. 花梗关节在顶端；瘦果密生粒状条纹，不透明 ··· 2. 萹蓄 *P. aviculare*
  2. 花梗中部具关节；瘦果平滑，具光泽 ······································· 20. 铁马鞭 *P. plebeium*
1. 花序穗状、头状或圆锥状；托叶鞘既不浅裂也不撕裂，叶柄无关节；花丝基部不膨大。
  3. 茎及叶柄生倒皮刺。
    4. 托叶鞘先端扩大成绿色草质翅。
      5. 叶三角状盾形；花被果期膨大并肉质 ······································· 18. 杠板归 *P. perfoliatum*
      5. 叶不为三角状盾形；果期花被不膨大亦不肉质。
        6. 叶狭戟形，密生星状毛，托叶鞘翅具齿 ·································· 16. 长戟叶蓼 *P. maackianum*
        6. 叶戟形，疏生刚毛，稀有星状毛，托叶鞘翅全缘或具圆齿 ················ 28. 戟叶蓼 *P. thunbergii*
    4. 托叶鞘先端不扩大成翅。
      7. 托叶鞘先端斜，无缘毛或缘毛短。
        8. 托叶鞘先端无缘毛，下部撕裂；花序梗无毛或略有纤毛，苞片卵圆形 ··································· 25. 箭头蓼 *P. sagittatum*
        8. 托叶鞘具短缘毛；花序梗具腺毛，苞片舟形。
          9. 叶披针形或狭长圆形，基部箭形，先端急尖；花被 4 深裂 ········ 22. 疏蓼 *P. practermissum*
          9. 叶卵状椭圆形，基部戟形或心形，先端渐尖；花被 5 深裂 ········ 7. 稀花蓼 *P. dissitiflorum*
      7. 托叶鞘先端截形，具长缘毛。
        10. 叶基楔形；穗状花序基部间断，苞片舟形，总花梗密生腺毛 ········ 4. 柳叶刺蓼 *P. bungeanum*
        10. 叶基不为楔形；穗状花序间断，苞片椭圆形或卵形，总花梗密生柔毛，疏具腺毛。
          11. 叶卵形或长圆状卵形；数穗排成圆锥花序 ························ 17. 小蓼花 *P. mucricatum*
          11. 叶披针形或椭圆形；花序不呈圆锥状 ···················· 10. 长箭叶蓼 *P. hastatosagittatum*
  3. 茎及叶柄无倒皮刺。
    12. 头状花序或圆锥花序。
      13. 多年生草本，叶鞘先端斜，无毛，长 1.5-3 cm；花被果期膨大，肉质 ······ 5. 火炭母 *P. chinense*
      13. 一年生草本。
        14. 茎平卧，丛生，叶狭披针形或披针形，长 1-3 cm，宽 3-8 mm，基部狭楔形 ··· 6. 蓼子草 *P. criopolitanum*

14. 茎直立或外倾，叶狭椭圆形、披针形至线形，长 3-10cm，宽 0.15-1.5cm，基部戟形或楔形···26. 西伯利亚神血宁 *P. sibericum*
12. 穗状花序。
　15. 多年生草本。
　　16. 两栖植物，水生叶长圆形，基部近心形，陆生叶披针形，基部圆·········1. 两栖蓼 *P. amphibium*
　　16. 陆生植物，叶披针形，基部楔形，稀近圆形。
　　　17. 叶两面被绢毛，基部狭楔形，叶鞘缘毛 4-6mm··························24. 丽蓼 *P. pulchrum*
　　　17. 叶两面贴生糙硬毛或软毛，叶鞘缘毛 1-2cm。
　　　　18. 叶鞘缘毛 1-1.2 cm，茎无毛或疏生糙硬毛，叶两面疏被贴生糙硬毛；瘦果 2.5-3 mm···12. 蚕茧蓼 *P. japonicum*
　　　　18. 叶鞘缘毛 1.5-2cm，茎及叶两面均被柔毛；瘦果 1.5-2mm··3. 毛蓼 *P. barbatum*
　15. 一年生草本。
　　19. 植株通体无毛···9. 光蓼 *P. glabrum*
　　19. 植株通体被毛。
　　　20. 总花梗被腺毛或具腺体。
　　　　21. 总花梗被腺毛或具腺体··19. 蓼 *P. persicaria*
　　　　21. 总花梗具腺体。
　　　　　22. 总花梗具黏汁腺，花被（4-）5 深裂；瘦果卵球形，有三棱···29. 粘蓼 *P. viscoferum*
　　　　　22. 总花梗无毛，花被 4（-5）深裂；瘦果宽卵形，双凸状···14. 马蓼 *P. lapathifolium*
　　　20. 总花梗既无腺毛也无腺体。
　　　　23. 花被有斑点。
　　　　　24. 茎无毛；花被上端白色或粉色；叶有辛辣味。···········11. 辣蓼 *P. hydropiper*
　　　　　24. 茎疏生糙硬毛；花被上部红色；叶无味·················23. 伏毛蓼 *P. pubescens*
　　　　23. 花被无斑点。
　　　　　25. 穗状花序密，不间断，叶长 6-10cm，基部楔形；总花梗长 7-8mm··13. 愉悦蓼 *P. jucundum*
　　　　　25. 穗状花序疏松，纤细，间断。
　　　　　　26. 托叶鞘缘毛 6-8mm；瘦果三棱形。
　　　　　　　27. 叶卵状披针形或卵形，先端尾状渐尖，基部宽楔形··21. 丛枝蓼 *P. posumbu*
　　　　　　　27. 叶披针形或宽披针形，先端急尖或渐尖，基部楔形或圆形··15. 长鬃蓼 *P. longisetum*
　　　　　　26. 托叶鞘缘毛 0.5-5mm；瘦果双凸镜状，稀三棱形。
　　　　　　　28. 穗状花序长达 10cm，下垂，间断，托叶鞘缘毛 3-5mm···27. 细叶蓼 *P. taquatii*

28. 穗状花序长 3-5 cm，直立，下部间断；托叶鞘缘毛 0.5-5 mm············
·· 8. 多叶蓼 *P. foliosum*

1. 两栖蓼

Polygonum amphibium L., Sp. Pl. 1: 361. 1753.

多年生水陆两栖草本。水生型：茎漂浮，无毛，节上生根；叶漂浮，长圆形或椭圆形，长 5-12 cm，宽 2.5-4 cm，基部近心形，全缘，叶柄长；托叶鞘先端截形，无缘毛。陆生形：茎直立，高 40-60 cm；叶披针形或长圆状披针形，长 6-14 cm，宽 1.5-2 cm，全缘，具缘毛，基部圆形，两面贴生短硬毛，叶柄短，长 3-5 mm；托叶鞘 1.5-2 cm，疏生长硬毛，先端截形，具短缘毛。穗状花序 2-4 cm，顶生或腋生；苞片宽漏斗形；花被粉色或白色，5 深裂，裂片长圆形，长 3-4 mm；雄蕊 5 枚，内藏；花柱 2，外露，柱头头状。瘦果包于宿存花被中，黑色，具光泽，圆形，双凸状，直径 2.5-3 mm。花期 7-8 月，果期 8-9 月。

分布于东北、华北、华东、华中、西北和西南，生于海拔 3 700 m 以下湖泊、河边、田野湿地。亚洲、欧洲和北美均有分布。

图 215 两栖蓼

2. 萹蓄

Polygonum aviculare L., Sp. Pl. 1: 362. 1753.

一年生草本。茎高 10-40 cm，基部多分枝。叶柄短或几无，基部具关节，叶披针形或狭椭圆形，长 1-4 mm，宽 3-12 mm，两面无毛，基部楔形，全缘，托叶鞘棕色或上部白色。

花梗纤细，先端具关节；花被绿色、绿白色或粉色，深 5 裂，裂片椭圆形，长 2-2.5 mm；雄蕊 8，花丝基部膨大；花柱 3，柱头头状。瘦果内藏或略伸出宿存花被，黑棕色，卵形，具三棱，长 2.5-3 mm，成熟后有腺状条纹。花期 5-7 月，果期 7-8 月。

全国各地均分布，生于海拔 4 200 m 以下的田边、路旁、沟渠湿处。全球温带地区广布。

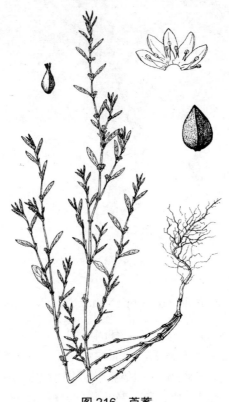

图 216　萹蓄

3. 毛蓼

Polygonum barbatum L., Sp. Pl. 1: 362. 1753, nom. cons.

多年生草本，具根茎。茎高 40-90 cm，粗壮，被柔毛。叶柄 5-8 mm，密生短硬毛，叶披针形或椭圆状披针形，长 7-15 cm，宽 1.5-4 cm，两面被柔毛，基部楔形，具缘毛，先端渐尖；托叶鞘管 1.5-2 cm。穗状花序直立，顶生，长 4-8 cm，常集呈圆锥状；苞片漏斗形，具缘毛，每苞片 3-5 花，花梗短；花被白色或淡绿色，5 深裂，裂片椭圆形，长 1.5-2 mm；雄蕊 5-8，内藏；花柱 3，柱头头状。瘦果包于宿存花被中，黑色，具光泽，卵形，具三棱，长 1.5-2 mm。花期 8-9 月，果期 9-10 月。

分布于华南、华中及贵州、四川、台湾、云南，生于海拔 1 300 m 以下的流水边、潮湿处及水边。亚洲热带广泛分布。

图 217 毛蓼

4. 柳叶刺蓼

Polygonum bungeanum Turcz., Bull. Soc. Imp. Naturalistes Moscou 13: 77. 1840.

一年生草本。茎高 30-80cm，具分枝，有倒皮刺。叶柄 5-10mm，叶片披针形或狭椭圆形，长 4-13cm，宽 1-3cm，背面被毛，上面绿色无毛，基部楔形，具缘毛，先端急尖或近渐尖；托叶鞘 1-1.5cm，先端截形，具长缘毛。穗状花序顶生或腋生，长 5-10mm，常具分枝，基部间断，密生腺毛；苞片绿色，漏斗状，无缘毛而被稀疏腺毛，花梗短于苞片；花被白色或浅粉色，5 深裂，裂片椭圆形，长 3-4mm；雄蕊 8 枚，2 轮，内藏；花柱 2，中部以下合生，柱头头状。瘦果暗黑色，圆形，具双棱，长约 3mm。花期 7-8 月，果期 8-9 月。

分布于东北及甘肃、河北、江苏、宁夏、山东、山西，生于海拔 1700m 以下的田边、路旁、荒坡。日本、朝鲜、俄罗斯远东地区也有分布。

5. 火炭母

Polygonum chinense L., Sp. Pl. 1: 363. 1753.

多年生草本。根茎粗壮；茎高 70-100cm，多分枝，具条纹，无毛或有倒糙硬毛。叶柄 1-2cm，基部常耳状，上部叶几无柄；叶卵形、椭圆形或披针形，长 4-16cm，宽 1.5-8cm，两面无毛或具糙硬毛，基部楔形或宽楔形，全缘，先端渐尖；托叶鞘管 1.5-2.5cm，无毛，先端斜。头状花序顶生或腋生，长 3-5mm，常排成圆锥花序，花序梗密生腺毛；苞片宽卵形，含 1-3 花；花被白色或浅粉色，5 深裂，裂片卵形，果期膨大，呈蓝黑色，肉质；雄蕊 8 枚，花柱 3，中部以下合生。瘦果黑色，宽卵形，具三棱，长 3-4mm。花期 6-11 月，果期 7-12 月。

分布于安徽、福建、甘肃、广东、广西、海南、湖北、湖南、江苏、江西、陕西、四川、台湾、西藏、云南、浙江，生于海拔 2400 m 以下潮湿沟谷草坡。亚洲温带至热带地区均有分布。

6. 蓼子草

Polygonum criopolitanum Hance, Ann. Sci. Nat. Bot., Sér. 5, 5: 238. 1866.

一年生草本。茎丛生，高 10-15 cm，节上生根，基部铺散分枝，被长糙伏毛，疏生腺毛。叶几无柄，狭披针形至披针形，长 1-3 cm，宽 3-8 mm，两面被糙伏毛，基部狭楔形，边缘具腺状缘毛，先端急尖；托叶鞘管密生糙伏毛，先端截形，具长缘毛。头状花序顶生，花序梗密生腺毛，苞片卵形，长 2-2.5 mm，被密糙伏毛，边缘具长纤毛，每苞片 1 花，花梗长于苞片，密生腺毛，先端具关节；花被淡紫色，5 深裂，裂片卵形，长 3-4 mm；雄蕊 5，花药紫色；花柱 2，中部以下合生。瘦果光亮，椭圆球形，具双棱，长约 2.5 mm。花期 7-11 月。果期 8-12 月。

分布于安徽、福建、广东、广西、河南、湖北、江苏、江西、陕西、浙江，生于海拔 900 m 以下的河边沙地、湖旁湿地。

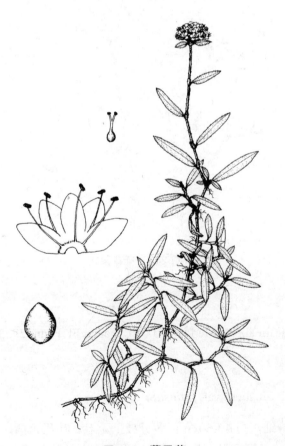

图 218 蓼子草

7. 稀花蓼

Polygonum dissitiflorum Hemsl., J. Linn. Soc., Bot. 26: 338. 1891.

一年生草本。茎高 70-100 cm，具分枝，茎及叶疏生倒皮刺，常被星状毛。叶卵状椭圆形，长 4-15 cm，宽 3-7 cm，上面绿色，背面亮绿色，基部心形或戟形，边缘生短纤毛，先端渐尖；托叶鞘管 0.6-1.5 cm，具短缘毛。圆锥花序顶生或腋生，纤细，具淡紫色腺毛，苞片绿色，漏斗形，长 2.5-3 mm，具密缘毛，每苞片 1-2 花，花梗 2-3 mm；花被粉色，5深裂，裂片椭圆形，长约 3 mm；雄蕊 7-8 枚成两轮；花柱 3，中部以下合生。瘦果暗棕色，球形，先端略三棱，长约 3 mm。花期 6-8 月，果期 7-9 月。

分布于东北、华东、华中及甘肃、贵州、河北、陕西、山西、四川，生于海拔 100-1 500 m的溪流岸边、山坡草地。朝鲜、俄罗斯远东地区也有分布。

图 219　稀花蓼

8. 多叶蓼

Polygonum foliosum H. Linaberg, Meddeland. Soc. Fauna Fl. Fenn. 27: 3. 1900.

8a. 多叶蓼（原变种）

Polygonum foliosum H. Linaberg var. ***foliosum***

一年生草本。茎纤细，高 40-60 cm，多分枝，无毛。叶几无柄，狭披针形，长 3-6 cm，宽 3-5 mm，被疏柔毛，基部楔形，先端急尖，无缘毛；托叶鞘管 8-10 mm，疏被贴生糙硬毛，先端截形，缘毛长 0.5-1 mm。穗状花序疏松，顶生或腋生，纤细，长 3-5 cm，间断，苞片漏斗形，具缘毛，每苞片 1-2 花；花被淡红色，5 深裂，裂片狭椭圆形，长 1.5-2 mm；

雄蕊 5；花柱 2。瘦果与宿存花被等长，黑色，平滑，有光泽，卵球形，具双棱，长 1.2-2 mm。

分布于东北及安徽，生于海拔 700 m 以下的溪流、水边。日本、朝鲜、俄罗斯也有分布。

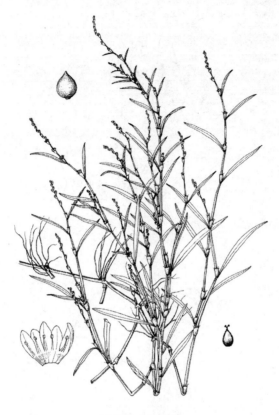

图 220　多叶蓼

8b. 宽基多叶蓼（变种）

Polygonum foliosum H. Linaberg var. ***paludicola*** (Makino) Kitamura, Acta Phytotax, Geobot. 20: 207. 1962.——*Polygonum paludicola* Makino.

叶基宽楔形或圆形，托叶鞘缘毛长 2-3 mm。

分布于东北及安徽、江苏，生于海拔 300 m 以下沟渠旁、水边。日本、俄罗斯（远东地区）也有分布。

9. 光蓼

Polygonum glabrum Willd., Sp. Pl. 2: 447. 1799.

一年生草本，通体无毛。茎高 70-100 cm，节膨大，分枝少。叶柄粗壮，长 8-10 mm，叶披针形或长圆状披针形，长 8-18 cm，宽 1.5-3 cm，基部狭楔形，无缘毛，先端渐尖；托叶鞘 1-3 cm。穗状花序顶生，长 4-12 cm；苞片漏斗形，无缘毛，每苞片 3-4 花，花梗较苞片长，先端具关节；花被白色或淡粉色，5 深裂，裂片椭圆形，长 3-4 mm；雄蕊 6-8 枚；花柱 2，中部以下合生。瘦果黑棕色，具光泽，卵球形，具双棱，长 2.5-3 mm。花期 6-8

月，果期 7-9 月。

分布于华南及福建、湖北、湖南、台湾，生于海拔 100 m 以下河岸、溪边、沼泽。亚洲、大洋洲和美洲均有分布。

图 221 光蓼

10. 长箭叶蓼

Polygorum hastatosagittatum Makino, Bot. Mag. (Tokyo) 17: 119. 1903.

一年生草本，高 40-90 cm，具分枝，多棱，沿棱有 0.3-1 mm 倒皮刺。叶柄 1-2.5 cm，具倒皮刺，叶披针形或椭圆形，长 3-7（-10）cm，宽 1-3 cm，背面沿中脉有倒皮刺，上面有时被星状柔毛，基部箭形或近戟形；托叶鞘 1.5-2 cm，先端截形，具长缘毛。穗状花序顶生或生于上部叶腋，二歧分叉，密被柔毛，有疏腺毛；苞片宽椭圆形或卵形，长 2.5-3 mm，具缘毛，每苞片通常 2 花，花梗较苞片长，4-6 mm，有腺毛；花被淡粉色，5 深裂，裂片宽椭圆形，长 3-4 mm；雄蕊 7-8 枚；花柱 3，中下部合生，柱头头状。瘦果暗棕色，具光泽，卵球形，具三棱，长 3-4 mm。花期 8-9 月，果期 9-10 月。

分布于东北、华东、华南、华中及贵州、河北、台湾、西藏、云南，生于海拔 3 200 m 以下的溪边、潮湿地。俄罗斯（远东地区）亦有分布。

11. 辣蓼

Polygonum hydropiper L., Sp. Pl. 1: 361. 1753.

一年生草本。茎多分枝，无毛，节膨大，高 40-70 cm。叶具辛辣味，叶柄 4-8 mm，叶片披针形或椭圆状披针形，长 4-8 cm，宽 0.5-2.5 cm，两面无毛而密被棕色斑点，中脉偶有糙硬毛；托叶鞘管 1-1.5 cm，有贴生糙硬毛，先端截形，具短缘毛。穗状花序下垂，顶生或腋生，纤细，长 3-8 cm；苞片绿色，漏斗状，长 2-3 mm，每苞片 2-3 花，花梗较苞片长；花被淡绿色，上部白色或粉色，(4-) 5 深裂，裂片椭圆形，长 3-3.5 mm，有淡棕色透明腺斑；雄蕊 6 (-8) 枚；花柱 2 (-3)。瘦果黑棕色，卵球形，有 2-3 棱，长 2-3 mm，密被小洼点。花期 5-9 月，果期 6-10 月。

广布于我国南北各地，生于海拔 3500 m 以下河岸、溪边、山谷湿地。孟加拉国亦有分布。

全草有消肿解毒、利尿功能。

图 222　辣蓼

12. 蚕茧蓼

Polygonum japonicum Meisner in DC., Prodr. 14 (1): 112. 1856.

12a. 蚕茧蓼（原变种）

Polygonum japonicum Meisner var. *japonicum*

多年生草本，茎高 50-100 cm，有时被疏糙硬毛。叶披针形，几无柄，长 7-15 cm，宽 1-2 cm，有细斑，两面有疏糙硬毛，基部楔形，全缘，先端渐尖；托叶鞘管 1.5-2 cm，有贴生刚毛，先端截形，缘毛长 1-1.2 cm。苞片绿色漏斗形，具缘毛，每苞片有 3-6 花；花小，花被白色或淡粉色，长 3-4 mm，5 深裂，裂片椭圆形，具细斑，无腺点；雄蕊 8；花柱 2-3，中部以下合生，柱头头状。瘦果黑色，具光泽，卵球形，有凸三棱或双凸棱，长 2.5-3 mm。

分布于安徽、福建、广东、广西、贵州、海南、湖北、湖南、陕西、山东、四川、台湾、西藏、云南、浙江，生于海拔 1 700 m 以下沼泽、沟渠、溪边。日本、朝鲜亦有分布。

图 223　蚕茧蓼

12b. 显花蓼（变种）

Polygonum japonicum Meisner var. ***conspicuum*** Nakai, J. Coll. Sai. Imp. Univ. Tokyo 23: 10. 1908.

花大，花被长 5-6 mm，具腺点。瘦果暗淡。

分布于安徽、福建、江苏、台湾、浙江，生于海拔 1 500 m 以下的河流、岸边。日本、朝鲜亦有分布。

13. 愉悦蓼

Polygonum jucundum Meisner, Monogr. Polyg. 71. 1826.

一年生草本，高 60-90 cm。茎直立，无毛，多分枝。叶柄 3-6 mm，叶椭圆状披针形，长 6-10 cm，宽 1.5-2.5 cm，两面疏具贴生糙毛或几无毛，全缘具短缘毛；托叶棕色，鞘管 5-10 mm，疏生糙硬毛，先端截形，缘毛 6-11 mm。穗状花序密，顶生或腋生，长 3-6 cm；苞片绿色，漏斗状，缘毛 1.5-2 mm，每苞片 3-5 花，花梗较苞片长，长 7-8 mm；花被淡粉色或白色，5 深裂，裂片长圆形，长 2-3 mm；雄蕊 7-8 枚，较花被短；花柱 3，中下部合生，柱头头状。瘦果黑色，具光泽，卵球形，具三棱，长约 2.5 mm。花期 8-9 月，果期 9-11 月。

分布于华南、华中及安徽、福建、甘肃、贵州、江苏、江西、陕西、四川、云南、浙江，生于海拔 2 000 m 以下草地、潮湿沟谷、沟渠边。

14. 马蓼

Polygonum lapathifolium L., Sp. Pl. 1: 360. 1753.

一年生草本。茎高 40-90 cm，具分枝，无毛或具绵毛，节膨大。叶柄 2-5 mm，有贴生糙硬毛，叶披针形，长 5-15 cm，宽 1-3 cm，几无毛或背面密被绵毛，上面有淡黑色大斑，基部楔形，具缘毛；托叶淡棕色，鞘管 1.5-3 cm，无毛，先端截形，无缘毛或缘毛短。穗状花序花密，顶生或腋生，长 3-8 cm，集成圆锥花序状；苞片漏斗状，疏生短缘毛；花被粉色或白色，4（-5）深裂，裂片 2.5-3 mm；雄蕊 6 枚；花柱 2，基部合生。瘦果暗棕色，具光泽，宽卵形，具双棱，长 2-3 mm。花期 5-7 月，果期 6-10 月。

我国广布，生于海拔 3 900 m 以下田地、沟渠、湿地。世界各地亦有分布。

图 224 马蓼

15. 长鬃蓼

Polygonum longisetum Bruijn in Miq., Pl. Jungh. 3: 307. 1854.

一年生草本。茎高 30-60 cm，无毛，基部分枝，节膨大。叶近无柄，披针形或宽披针形，长 5-13 cm，宽 1-2 cm，沿背脉贴生糙硬毛，基部楔形至圆形，具缘毛；托叶鞘 7-8 mm，疏生毛，先端截形，缘毛长 4-7 mm。穗状花序间断，顶生或腋生，长 2-4 cm；苞片漏斗状，具长缘毛，每苞片 5-6 花，花梗与苞片等长；雄蕊 6-8；花柱 3，中下部合生，柱头头状。瘦果黑色，具光泽，宽卵球形，有三棱，长约 2 mm。花期 5-6 月，果期 6-8 月。

分布于东北、华北、华东、华南、华中及贵州、陕西、四川、云南，生于海拔 3 000 m 以下的潮湿谷地、溪流或湿地。

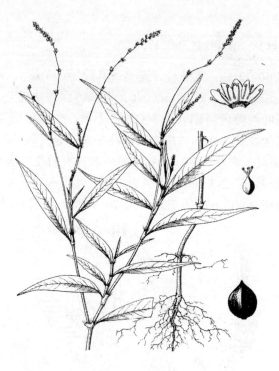

图 225　长鬃蓼

16. 长戟叶蓼

Polygonum maackianum Regel, Mém.Acad. Imp. Sci. Saimt Pétersbourg, Sér. 7. 4 (4): 127. 1861.

一年生草本，高 30-80 cm，有棱，多分枝，植株具倒皮刺及星状毛。叶柄 1-5 cm，叶窄戟形，长 3-8 cm，宽 2-4 cm，基部心形，先端急尖；托叶鞘管先端具草质翅，翅圆，边缘齿钝。头状花序顶生或腋生，花梗分枝，疏生毛；苞片披针形，每苞片 2 花，花梗较苞片短；花被粉色，深 5 裂，裂片宽椭圆形，长约 4 mm；雄蕊 8 枚成 2 轮；花柱 3，中部以下合生。瘦果深棕色，具光泽，卵球形，有三棱，长约 3.5 mm。花期 6-9 月，果期 7-10 月。

分布于东北、华北、华东及广东、江西、四川、台湾，生于海拔 100-1 600 m 的山谷水边、山坡湿地。日本、朝鲜、俄罗斯（远东地区）亦有分布。

17. 小蓼花

Polygonum muricatum Meisner, Monogr. Polyg. 74. 1826.

一年生草本。茎高 80-100 cm，多分枝，具棱，沿棱有 0.5-1 mm 倒皮刺。叶柄 0.7-2 cm，疏生倒皮刺，叶卵形或长圆状卵形，长 2.5-6 cm，宽 1.5-3 cm，背面疏生星状毛及短柔毛，沿脉具倒皮刺，基部宽截形或近心形，具缘毛；托叶鞘 1-2 cm，无毛，先端截形有长缘毛。穗状花序圆锥状，密生柔毛及疏腺毛；苞片宽椭圆形或卵形，长 2.5-3 mm，具缘毛，每苞片常有 2 花，花梗较苞片短，长约 2 mm；花被白色或淡粉色，5 深裂，裂片宽椭圆形，长 2-3 mm；雄蕊 6-8 枚成 2 轮；花柱 3，分离，柱头头状。瘦果棕色，具光泽，卵球形，有三棱,长 2-2.5 mm。花期 7-8 月,果期 9-10 月。

分布于东北、华东、华南、华中及贵州、陕西、四川、云南,生于海拔 3 000 m 以下的山谷水边、田边湿地。日本、朝鲜、俄罗斯(远东地区)、尼泊尔、印度、泰国亦有分布。

图 226　小蓼花

18. 杠板归

Polygonum perfoliatum L., Syst. Nat., ed . 10, 2: 1006. 1759.

一年生草本。茎蔓生,红棕色,长 0.8-2 m,具棱,沿棱生倒皮刺。叶柄 3-8 cm,疏生倒皮刺,叶三角状盾形,长 4-6 cm,宽 5-8 cm,沿背脉常疏生倒皮刺,基部截形或近心形;托叶鞘先端有绿色草质圆翅,翅直径 1.5-3 cm。穗状花序 1-3 cm,顶生或腋生;苞片卵状圆形,每苞片 2-4 花;花被白色或淡粉色,5 深裂,裂片椭圆形,约 3 mm,果时暗黑色,肉质增大;雄蕊 8 枚成 2 轮;花柱 3,中部以下合生。瘦果黑色,具光泽,球形,直径 3-4 mm。花期 6-8 月,果期 7-10 月。

几乎遍布全国,生于海拔 100-2 300 m 的田边、路旁、山谷湿地。亚洲至北美均有分布。

19. 蓼

Polygonum persicaria L., Sp. Pl. 1: 361. 1753.

19a. 蓼(原变种)

Polygonum persicaria L. var. ***persicaria***

一年生草本。茎高 40-80 cm。叶柄 5-8 mm,贴生糙硬毛,叶披针形或椭圆形,两面贴生糙硬毛，沿中脉更密，基部狭楔形；托叶鞘 1-2 cm，疏生柔毛，先端截形，缘毛 1-3 mm。穗状花序 2-6 cm，顶生或腋生，常排成圆锥状；苞片漏斗形，被缘毛，每苞片 5-7 花，花梗 2.5-3 mm；花被淡红色或深紫色，常 5 深裂，裂片长圆形，长 2.5-3 mm；雄蕊 6-7 枚；花柱 2 (-3)，中下部合生。瘦果黑棕色，近球形或宽卵形，具双棱，稀三棱，长 2-2.5 mm，平滑，具光泽。花期 6-7 月，果期 7-9 月。

分布于东北、华北、华东、西北及四川、台湾、云南，生于海拔 100-1800 m 的溪边、田野湿地。亚洲、非洲、欧洲和北美均有分布。

19b. 暗果蓼（变种）

Polygonum persicaria L. var. ***opacum*** (Samuelsson) A. J. Li, Fl. Reipubl. Popularis Sin. 25 (1): 23. 1998.——*Polygonum opacum* Samuelsson.

托叶鞘纤毛短，长 0.4-1 mm。果无光泽。

分布于福建、浙江，生于海拔 100-200 m 的溪边、田野。

20. 铁马鞭

Polygorum plebeium R. Br., Prodr. 420. 1810.

一年生草本。高 10-40 cm，基部多分枝。叶几无柄，椭圆形或斜披针形，长 5-15 mm，宽 2-4 mm，基部狭楔形，全缘，先端钝或急尖；托叶鞘白色，长 2.5-3 mm，先端撕裂。3-6 簇生花叶腋，苞片膜质；花梗较苞片短，具关节；花被绿色、绿白色或淡粉色，5 深裂，裂片狭椭圆形，长 1-1.5 mm；雄蕊 5，花丝基部略膨大；花柱（2-）3，柱头头状。瘦果暗棕色，具光泽，宽卵球形，具三棱或双棱，长 1.5-2 mm。花期 5-8 月，果期 6-9 月。

除西藏外全国各地均有分布，生于海拔 2200 m 以下田边、湿地。日本、俄罗斯、哈萨克斯坦、缅甸、尼泊尔、印度、泰国、菲律宾、印度尼西亚也有分布。

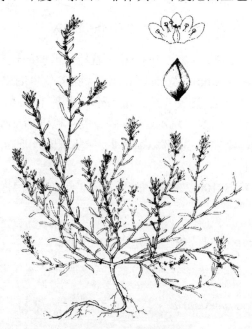

图 227　铁马鞭

21. 丛枝蓼

Polygonum posumbu Buch.-Ham. ex D. Don, Prodr. Fl. Nepal. 71. 1825.

一年生草本。茎纤细，高 30-70 cm，基部具分枝。叶柄 5-7 mm，贴生糙硬毛，叶卵状披针形或卵形，长 3-6（-8）cm，宽 1-3 cm，两面疏生糙硬毛或无毛，具缘毛，基部宽楔形，先端尾状渐尖；托叶鞘 4-6 mm，贴生糙硬毛，先端截形，缘毛粗，长 7-8 mm。穗状花序疏松，顶生或腋生，长 5-10 cm，间断；苞片淡绿色，漏斗状，具缘毛，每苞片有 3-4 花；花被淡粉色，5 深裂，裂片椭圆形，长 2-2.5 mm；雄蕊 8；花柱 3，基部合生，柱头头状。瘦果淡棕色，具光泽，卵球形，有三棱，长 2-2.5 mm。花期 6-9 月，果期 7-10 月。

分布于东北、华东、华南、华中、西南及甘肃、陕西，生于海拔 100-3 000 m 的山坡林下、山谷水边。朝鲜、日本、缅甸、尼泊尔、印度、泰国、印度尼西亚、菲律宾也有分布。

图 228　丛枝蓼

22. 疏蓼

Polygonum practermissum Hook. f., Fl. Brit. India, 5: 47. 1886.

一年生草本，高 30-90 cm，沿棱生倒皮刺。叶柄 5-10 mm，有皮刺，叶披针形或窄长圆形，长 4-8 cm，宽 0.5-1.5 cm，沿背面中脉疏生皮刺，具缘毛，基部箭形，先端急尖；托叶鞘 1-1.5mm，基部有倒皮刺，先端常有短缘毛。穗状花序疏松，顶生或生于上部叶腋，花序梗二叉分枝，上部有腺毛；苞片漏斗形，每苞片 2-4 花，花梗较苞片长，长 3-4mm；花被淡粉色，4 深裂，裂片宽椭圆形，长 3-4mm；雄蕊 4-5，花柱 3，中部以下合生。瘦果暗棕色，近球形，先端微具三棱，长约 3mm。花期 6-8 月，果期 7-9 月。

分布于华东、华南及贵州、西藏、云南，生于海拔 1 400-1 800m 的沼泽、溪边。日本、朝鲜、不丹、尼泊尔、印度、斯里兰卡、菲律宾及澳大利亚也有分布。

23. 伏毛蓼

Polygonum pubescens Blume, Bijdr. Fl. Ned. Ind. 532, 1826.

一年生草本。茎常淡红色，高 60-90cm，疏生短硬毛，上部分枝，节膨大。叶柄 4-7mm，密生短硬毛；叶片卵状披针形或宽披叶形，长 5-10cm，宽 1-2.5cm，两面密生短硬毛，基部宽楔形；托叶鞘 1-1.5cm，被糙硬毛，先端截形，具粗长缘毛。穗状花序疏松，下垂，顶生或腋生，长 7-15cm，下部间断，苞片绿色，漏斗状，具缘毛，每苞片 3-4 花，花梗较苞片长，纤细；花被绿色，上部红色，5 深裂，裂片椭圆形，长 3-4mm，密被紫色腺斑；雄蕊 8；花柱 3，中部以下合生。瘦果暗黑色，卵球形，具三棱，长 2.5-3mm，有密洼点。花期 8-9 月，果期 9-10 月。

分布于华东、华中、西南及甘肃、辽宁、陕西，生于海拔 2 700m 以下的沟边、水旁、田边湿地。朝鲜、日本、不丹、印度、印度尼西亚也有分布。

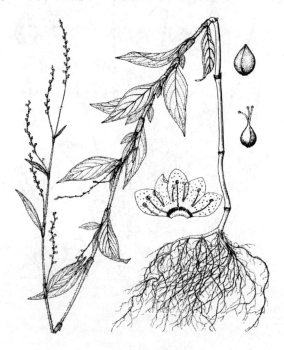

图 229　伏毛蓼

24. 丽蓼

Polygonum pulchrum Blume, Bijdr. Fl. Ned. Ind. 530. 1826.

多年生草本，具根茎。茎粗壮，高 80-100cm，疏生柔毛，后无毛。叶柄 1-2cm，叶宽披针形，长 10-15cm，宽 1.5-3cm，两面密生绢毛，基部狭楔形，全缘，有缘毛，先端长渐尖；托叶鞘 1.5-2cm，密生柔毛，先端截形，缘毛 4-6mm。圆锥状穗状花序顶生，长 3-6cm，直立；苞片卵形，贴生短硬毛，每苞片有 3-4 花，花梗较苞片长；花被白色，5 深裂，裂片椭圆形，长 3-3.5mm；雄蕊 7-8；花柱 2，柱头头状。瘦果黑色，具光泽，圆形，具双凸棱，直径 3-4mm。花期 9-10 月，果期 10-11 月。

分布于广东、广西、台湾，生于海拔 100-300m 的水边湿地、池塘边。缅甸、印度、泰国、斯里兰卡、菲律宾、马来西亚、印度尼西亚及大洋洲亦有分布。

图 230 丽蓼

25. 箭头蓼

Polygonum sagittatum L., Sp. Pl. 1: 363. 1753.

一年生草本，攀缘，高 0.3-2m，茎成熟后淡红色，沿棱生倒皮刺，下部节上生纤维状根。叶柄 0.5-4cm，具倒皮刺，叶宽披针形至长圆形，长 2-8.5cm，宽 1-3cm，背面中脉近基部生倒皮刺，基部箭形至深心形，先端急尖至钝；托叶鞘 0.5-1.3cm，顶端略带纤毛，下部撕裂。花序 3-15cm，纤细，常分枝，下部常有倒皮刺，花序密集呈头状，每束有 2-3 花紧密排列；花梗短，花被白色、淡绿白色或淡红色，5 深裂，裂片宽椭圆形，长 3-4mm；雄蕊 8，2 轮，内轮 3 枚约 2mm，外轮 5 枚 1-1.5mm；花柱 3 裂至中部，约 0.5mm，柱头 3。瘦果暗棕色至黑色，长 3-4mm，卵球形，具锐三棱，先端急尖。

分布于东北、华北及安徽、福建、湖北、湖南、江苏、江西、四川、台湾、云南，生于海拔 100-2 200 m 的潮湿草地、牧场、沼泽、池塘、溪边。日本、朝鲜、蒙古、俄罗斯（远东地区）、印度及北美东部亦有分布。

26. 西伯利神血宁
Polygonum sibericum Laxman, Nov. Com. Acad. Sci. Petrop. 18: 531. 1773.

26a. 西伯利亚神血宁（原变种）
Polygonum sibericum Laxman var. *sibiricum*

多年生草本。根茎纤细；茎高 10-25（-34）cm，基部分枝。叶柄 0.8-1.5 cm，叶狭椭圆形或披针形，长 3-10 cm，宽 5-15 mm，基部戟形或楔形，全缘，先端急尖或钝；托叶鞘先端斜，无缘毛。圆锥花序疏松，顶生；苞片漏斗形，无毛，每苞片有 4-6 花，花梗短，中部以上有关节；花被黄绿色，5 深裂，裂片长圆形，约 3 mm；雄蕊 7-8 枚，花丝基部膨大；花柱 3，柱头头状。瘦果外露于宿存花被，黑色，具光泽，卵球形，有三棱。花果期 7-9 月。

分布于东北、华北、西北、西南及安徽、湖北、江苏，生于海拔 5 000 m 以下的路边、盐碱荒地、河边。克什米尔地区、哈萨克斯坦、蒙古、俄罗斯（远东及西伯利亚）、印度也有分布。

图 231　西伯利神血宁

26b. 细西伯利亚神血宁（变种）
Polygonum sibericum Laxman var. *thomsonii* Meisner, Ann. Sci. Nat., Bot. Sér. 6: 351. 1866.

茎高 2-5（-8）cm。叶线形，宽 1.5-2.5 mm。花序较小。花果期 6-9 月。

分布于青海、西藏，生于海拔 3 200-5 100 m 的盐湖附近湿地、河边、盐碱地。阿富汗、克什米尔地区、吉尔吉斯斯坦、尼泊尔、巴基斯坦、俄罗斯、塔吉克斯坦也有分布。

27. 细叶蓼

Polygorum taquatii H. Lév., Repert. Spec. Nov. Regni Veg. 8: 258. 1910.

一年生草本。茎高 30-50 cm，纤细，无毛，多分枝，下部节上生根。叶几无柄，狭披针形，长 2-4 cm，宽 3-6 mm，两面疏生柔毛，基部狭楔形，全缘，先端急尖；托叶鞘缘毛 3-5 mm。穗状花序纤细，下垂，顶生或腋生，长达 10 cm，间断，常集呈圆锥状；苞片绿色，漏斗形，长约 2 mm，边缘具长纤毛，每苞片 3-5 花，花梗较苞片长；花被粉色，5 深裂，裂片椭圆形，长 1.5-1.7 mm；雄蕊 7；花柱 2-3，中下部合生。瘦果棕色，具光泽，卵球形，双凸或具三棱，长 1.2-1.5 mm。花期 8-9 月，果期 9-10 月。

分布于安徽、福建、广东、湖北、湖南、江苏、江西、浙江，生于海拔 400 m 以下的溪边及山谷湿地。朝鲜、日本也有分布。

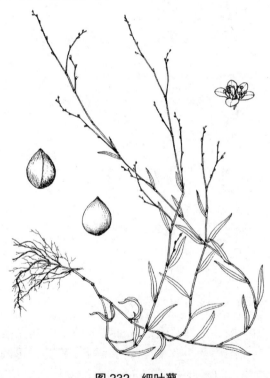

图 232　细叶蓼

28. 戟叶蓼

Polygonum thunbergii Siebold. & Zucc., Abh, Math. Phys. Cl. Königl. Bayer. Akad. Wiss. 4 (3): 208. 1846.

一年生草本。茎高 30-90 cm，具棱，茎及叶柄有倒皮刺，节上生根。叶柄 2-5 cm，叶戟形，两面疏生刚毛，稀有星状毛，基部近心形或截形；托叶鞘先端绿色翅状，全缘或具圆齿，有短纤毛。头状花序多分枝，下部被柔毛，上部有腺毛；苞片披针形，具缘毛，每苞片有 3-4 花，花梗较苞片短；花被淡粉色或白色，5 深裂，裂片椭圆形，长 3-4mm；雄蕊 8，2 轮；花柱 3，中部以下合生，柱头头状。瘦果黄棕色，宽卵球形，具三棱，长 3-3.5mm。花期 7-9 月，果期 8-10 月。

分布于东北、华北、华中、华东、华南以及贵州、四川、云南，生于海拔 100-2 400 m 的山谷湿地或草坡。朝鲜、日本、俄罗斯（远东地区）也有分布。

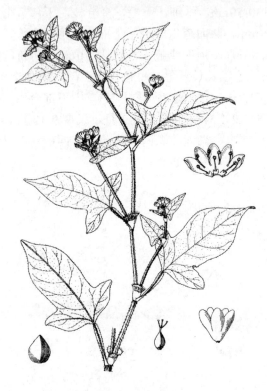

图 233　戟叶蓼

29. 粘蓼

Polygonum viscoferum Makino, Bot. Mag. (Tokyo) 17: 115. 1903.

一年生草本。茎高 30-70 cm，具柔毛，上部常分枝。叶几无柄，披针形或宽披针形，长 4-10 cm，两面生糙硬毛，沿中脉更甚，边缘有长纤毛，基部圆形或楔形；托叶鞘 6-12 mm，具长糙硬毛。穗状花序疏松，间断，长 4-7 cm，常集成圆锥状，花序梗无毛而疏生黏质腺；苞片绿色，漏斗状，有时有缘毛，每苞片 2-5 花，花梗较苞片长；花被淡绿色，（4-）5 深裂，裂片椭圆形，长 1-1.5 mm；雄蕊 7-8 枚；花柱 3，中部以下合生。瘦果黑棕色，具光泽，卵球形，具三棱，长约 1.5 mm。花期 7-9 月，果期 8-10 月。

分布于东北、华东、华中及贵州、河北、四川，生于海拔 500-1 800 m 的路旁湿地、山谷水边、山坡阴处。朝鲜、日本、俄罗斯（远东地区）也有分布。

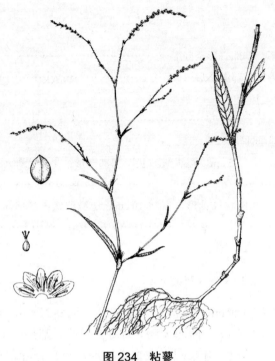

图 234 粘蓼

6. 酸模属 *Rumex* L.

多年生及一年生草本，稀灌木，稀雌雄异株。根粗，具根茎，茎具分枝。叶互生，全缘或波状，叶鞘全缘。总状或圆锥花序，顶生或腋生，花梗具关节；花两性或单性，花被宿存，6 枚，果时内 3 枚扩大呈翅状，外 3 枚小而内弯，翅外面偶被小瘤体，雄蕊 6 枚，花柱 3，伸长，柱头毛刷状。瘦果三棱形，椭圆形至卵形。

本属约有 200 种，广布南北温带。我国有 27 种，本书收录 10 种。

分种检索表

1. 一年生草本。
    2. 仅 1 果翅具小瘤···8. 单瘤酸模 *R. marschallianus*
    2. 所有果翅均有小瘤。
        3. 只有 1 果翅具 2 对齿，余均为细齿，齿 3.5-4 mm，先端略弯············2. 黑龙酸模 *R. amurensis*
        3. 果翅均有齿或细齿，齿 2-4 mm，先端直。
            4. 茎基部具分枝；果翅三角形，长 4-5 mm，先端急尖，边缘齿 2-3 mm，粗···················
            ··4. 齿果酸模 *R. dentatus*
            4. 茎上部分枝；果翅窄三角形，边缘齿长。
                5. 果翅边缘约有 3 对长 2.5-3 mm 的齿·································7. 刺酸模 *R. maritimus*
                5. 果翅边缘有 1 对长 3-4 mm 的齿·····························10. 长刺酸模 *R. trisetifer*

1. 多年生草本。
    6. 果芍无小瘤。
        7. 基生叶长圆状卵形，基部心形至截形···1. 水生酸模 R. aquaticus
        7. 基生叶三角状卵形，基部深心形···5. 毛脉酸模 R. gmelinii
    6. 果芍有小瘤。
        8. 果芍边缘啮蚀状，具齿或细齿···6. 羊蹄 R. japonicus
        8. 果芍全缘或不明显啮蚀状。
            9. 基生叶披针形，宽 2-5 cm，边缘皱波状，基部楔形；果芍宽卵形至卵状三角形，基部近截形···3. 皱叶酸模 R. crispus
            9. 基生叶长圆形，长圆状披针形，宽 5-10 cm，边缘波状，基部圆形；果芍心形，基部深心形···9. 巴天酸模 R. patientia

1. 水生酸模

Rumex aquaticus L., Sp. Pl. 1: 336. 1753.

多年生草本。茎高 30-120 cm，具沟槽。基生叶叶柄 9-28 cm，叶片长圆状卵形至卵状披针形，长 10-30 cm，宽 4-13 cm，两面无毛，背脉具乳突，基部心形至近截形，边缘波形，先端急尖至钝；茎生叶叶柄短，叶长圆形或宽披针形，小；托叶鞘早落。圆锥花序窄，顶生，分枝直；花两性，花梗丝状，关节不明显，果期不膨大；内层花被片扩大，卵形，长 5-8 mm，宽 4-6 mm，无小瘤突，基部近截形。瘦果棕色，具光泽，椭圆形，具三棱，长 3-4.5 mm，基部窄，先端急尖。花期 5-6 月。果期 6-7 月。

分布于西北及黑龙江、湖北、吉林、山西、四川，生于海拔 200-3 600 m 的山谷水边、沟边湿地。日本、哈萨克斯坦、吉尔吉斯斯坦、蒙古、俄罗斯及欧洲和北美也有分布。

图 235 水生酸模

2. 黑龙酸模
Rumex amurensis F. Schmidt ex Maxim., Prim. Fl. Amur. 228. 1859.

一年生草本。茎高 10-30cm，基部具分枝。基生叶叶柄 1-2.5cm，叶倒披针形或长圆形，长 2-7cm，宽 0.3-1.2cm，基部窄楔形，边缘略皱波状；茎生叶叶柄短，2-5mm，叶线状披针形，托叶早落。总状花序圆锥状排列，多叶，花两性，花梗基部具关节；外层花被小，椭圆形，内层花被果期扩大，三角状卵形，均具小瘤突，其中 1 片具 2 对窄齿，齿长 3.5-4mm，先端直或略弯，其余具短细齿。瘦果淡棕色，具光泽，椭圆形，有锐三棱，基部窄，先端急尖。花期 5-6 月，果期 6-7 月。

分布于东北及安徽、河北、河南、湖北、江苏、山东，生于海拔 300m 以下的溪边、沟渠、湿地。俄罗斯（远东地区）也有分布。

3. 皱叶酸模
Rumex crispus L., Sp. Pl. 1: 335. 1753.

多年生草本。茎高 50-150cm，具沟槽。基生叶叶柄短，叶披针形或窄披针形，长 10-25cm，宽 2-5cm，基部楔形至截形，边缘明显皱波状，先端急尖；茎生叶小，窄。花两性，花梗纤细，内层花被果期扩大，宽卵形，长 3.5-6mm，宽 3-5mm，均被小瘤突，基部近截形，全缘，先端近急尖，小瘤卵状，长 1.5-2mm。瘦果暗棕色，具光泽，卵球形，具三棱，长约 2mm，先端急尖。花期 5-6 月，果期 6-7 月。

分布于东北、华北、西北及贵州、河南、湖北、山东、四川、云南，生于海拔 2 500m 以下的田边、溪边湿地。日本、哈萨克斯坦、朝鲜、吉尔吉斯斯坦、蒙古、缅甸、俄罗斯、泰国及欧洲和北美也有分布。

图 236　皱叶酸模

4. 齿果酸模

Rumex dentatus L., Mont. Pl. 2: 226. 1771.

一年生，稀二年生草本。茎高 30-70 cm，基部具分枝。下部叶叶柄 3-5 cm，叶长圆形至窄椭圆形，长 4-12 cm，宽 1.5-3 cm，基部圆截形或近心形，边缘微波状；茎生叶较小；托叶早落。总状花序排成圆锥状，花两性；外层花被片椭圆形，约 2 mm，内层花被果期扩大，三角状卵形，长 4-5 mm，宽 2.5-3 mm，均有小瘤突，基部圆，每侧具 2-4 齿，先端急尖，齿长 1.5-2 mm。瘦果黄棕色，具光泽，卵球形，具锐三棱，长 2-2.5 mm，基部窄，先端急尖。花期 5-6 月，果期 6-7 月。

分布于华北、华东、华中、西北及贵州、四川、云南，生于海拔 2 500 m 以下的潮湿沟谷、山坡。尼泊尔、印度、阿富汗、哈萨克斯坦、吉尔吉斯斯坦、俄罗斯及非洲和欧洲东南也有分布。

图 237　齿果酸模

5. 毛脉酸模

Rumex gmelinii Turcz. ex Ledeb., Fl. Ross. 3: 508. 1850.

多年生草本。高 40-100 cm，粗壮，具沟槽。基生叶柄长达 30 cm，叶宽三角状卵形，长 8-25 cm，宽 5-20 cm，沿背脉密被乳突，基部深心形，全缘或微波状，先端钝；茎生叶柄短，叶小，长圆状卵形，基部心形，先端钝；托叶鞘早落。圆锥花序，花两性，花梗纤细，基部具关节；外层花被约 2 mm，内层花被果期扩大，椭圆形，长 5-6 mm，具小瘤突，基部圆，先端钝。瘦果暗棕色，具光泽，卵球形，有三棱，长 2.5-3 mm。花期 5-6 月，果期 6-7 月。

分布于东北、西北及河北，生于海拔 400-2 800 m 的潮湿沟谷及溪边。日本、朝鲜、俄罗斯也有分布。

6. 羊蹄
Rumex japonicus Houtt., Nat. Hist. 2 (8): 394. 1777.

多年生草本。茎高 50-100 cm，上部具分枝。基生叶叶柄 6-15 cm，叶长圆形或披针状长圆形，长 8-25 cm，宽 3-8 cm，沿背脉有细小乳突，基部圆形、心形或宽楔形，边缘微波状；茎生叶小，柄短，窄长圆形；托叶鞘早落，白色。圆锥花序，花两性，花梗纤细，中部以下具关节；内层花被果期扩大，宽心形，长 4-5 mm，宽 5-6 mm，有狭卵形小瘤突，基部心形。瘦果暗棕色，具光泽，宽卵球形，具锐三棱，长约 2.5 mm，基部窄，先端急尖。花期 5-6 月，果期 6-7 月。

分布于东北、华北、华南、华中及贵州、陕西、四川，生于海拔 3400 m 以下的溪流边、田边湿地。日本、朝鲜、俄罗斯（远东地区）也有分布。

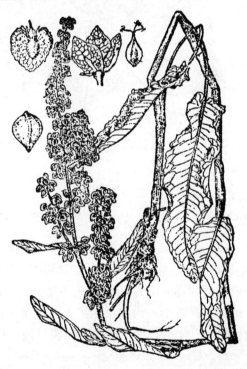

图 238　羊蹄

7. 刺酸模
Rumex maritimus L., Sp. Pl. 1: 335. 1753.

一年生草本，高 15-60 cm，中下部分枝，具沟槽，微生短乳突。下部叶柄 1-2.5 cm，叶披针形或披针状长圆形，长 4-15 (-20) cm，宽 1-3 (-4) cm，基部窄楔形，全缘或微波状，先端急尖；茎生叶几无柄，较基生叶小，托叶鞘早落。圆锥花序，花两性，花梗丝状，关节在基部或近基部；外层花被椭圆形，约 2mm，内层窄三角形，长 2.5-3.5mm，宽 0.8-1.5 mm，均被小瘤突，基部截形，每侧有 2-3（-4）齿，齿 2.5-3mm，先端急尖，小瘤突长圆形。瘦果黄棕色，具光泽，椭圆球形，具锐三棱，长 1.5-2mm。花期 5-6 月，果期 6-7 月。

分布于东北、华北及陕西、新疆，生于海拔 1 800m 以下的河边、田边湿处。哈萨克斯坦、蒙古、缅甸、俄罗斯及欧洲和北美也有分布。

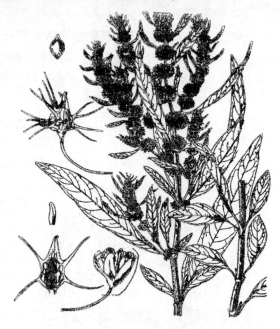

图 239　刺酸模

8. 单瘤酸模

Rumex marschallianus Raichenbach, Iconogr. Bot. Pl. Crit. 4: 58. 1826.

一年生草本。茎高 10-30cm，基部分枝。基生叶叶柄 1-2.5cm，纤细，叶倒披针形或窄长圆形，长 2-7cm，宽 3-12mm，基部窄楔形，边缘略皱，先端钝或急尖；茎生叶柄 2-5mm，叶线状披针形；托叶鞘早落。花序由总状花序排列成圆锥花序，多叶，花两性，花梗基部具关节；外层花被小，椭圆形，内层果期扩大，三角状卵形，均生小瘤突，先端直或弯，具短齿。瘦果淡棕色，具光泽，椭圆球形，具锐三棱，长约 1.5mm，基部窄，先端急尖。花期 5-6 月，果期 6-7 月。

分布于东北及安徽、河北、河南、湖北、江苏、山东，生于海拔 300m 以下的溪边、沟渠旁或湿地。俄罗斯（远东地区）也有分布。

9. 巴天酸模

Rumex patientia L., Sp. Pl. 1: 333. 1753.

多年生草本。根直径约 3cm。茎高 80-150（-200）cm，粗壮，上部具分枝，有沟槽。基生叶叶柄 5-15cm，叶长圆形或长圆状披针形，长 15-30cm，宽 5-10cm，基部圆形、宽楔形或近心形，边缘波状，先端急尖；茎生叶几无柄，较小，托叶鞘早落。圆锥花序大，花两性，花梗纤细，中下部具关节，果期关节膨大略内折；外层花被长圆形，约 1.5mm，内层花被果期扩大，宽心形，长 6-7mm，具狭卵形小瘤突，基部深心形，全缘或不明显啮蚀状，先端钝。瘦果棕色，具光泽，卵球形，具三棱，长 2.5-3mm。花期 5-6 月，果期 6-7 月。

分布于东北、华北、西北及河南、湖北、四川、山东，生于海拔 4 000m 以下的沟边、水旁潮湿处。哈萨克斯坦、吉尔吉斯斯坦、蒙古、俄罗斯、塔吉克斯坦及欧洲和北美也有分布。

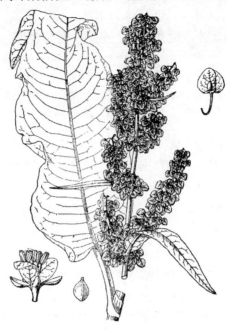

图 240 巴天酸模

10. 长刺酸模

Rumex trisetifer Stokes, Bot. Mat. Med. 2: 305. 1812.

一年生草本。茎高 30-80cm，有沟槽，分枝平展。下部叶柄 3-5cm，叶长圆形或披针状长圆形，长 8-20cm，宽 2-5cm，两面无毛，基部楔形，边缘波状，先端急尖；茎生叶柄短，叶片窄披针形，较小；托叶鞘早落。总状花序排列成大型圆锥状花序，顶生或腋生，花两性，花梗纤细，基部附近具关节；外层花被片披针形，内层果期扩大，窄三角状卵形，长 3-4mm，宽 1.5-2mm，被小瘤突，基部截形，边缘具 1 对窄齿，齿 3-4mm。瘦果黄棕色，具光泽，椭圆球形，具锐三棱，长 1.5-2mm，基部窄。花期 5-6 月，果期 6-7 月。

分布于华东、华南及贵州、湖北、湖南、四川、台湾、云南，生于海拔 1 300m 以下的田边、潮湿谷地的水边。不丹、印度、老挝、缅甸、泰国、越南也有分布。

藜科 Chenopodiaceae

一年生草本、亚灌木或灌木，稀多年生或小乔木。茎及分枝具关节，植株被粉质、软鳞片层、分枝毛或星状毛，稀被腺毛或无毛。叶互生或对生，扁、圆柱形或半圆柱形，有时退化成鳞片，无托叶。花单被，两性或单性，有时有 1-2 披针形苞片，苞片舟形或鳞片状，3-5 深裂，果期扩大并变硬，背具小瘤状附属物，稀不变硬；雄蕊与花被等长或较短，并与之对生，花丝线形或近钻形，基部合生并形成下位花盘，花药背着，2 室，纵裂，先端钝或具附属物；子房上位，卵球形或球形，2-5 心皮，1 室 1 弯生胚珠，花柱顶生，短，柱头 2 (-5)，丝状或钻形，稀头状或乳突状，1 侧或通体呈毛状。胞果，稀蒴果。种子扁球形、双凸镜形、肾形或斜卵球形，胚环形、半环形或螺旋状。

本科约有 100 属 1 400 余种，世界广布，多生于海边盐碱地。我国有 42 属 200 余种。本书收录 9 属 26 种。

分属检索表

1. 胚螺旋状，无胚乳或胚乳被胚分成 2 块。
   2. 小苞片草质或肉质，舟状或叶状，围绕花被；柱头仅内侧具乳突；胚圆锥状螺旋形···8. 猪毛菜属 *Salsola*
   2. 小苞片膜质，鳞片状，位于花被下；柱头周围乳头状或毛状凸起；胚平旋·········9. 碱蓬属 *Suaeda*
1. 胚环形或半环形，居胚乳中。
   3. 花不嵌入花序，叶发达。
      4. 单性花，雌雄同株；植株被粉···1. 滨藜属 *Atriplex*
      4. 花两性，有时杂性。
         5. 植株被柔毛；花被片上有针状附属物···2. 雾冰藜属 *Bassia*
         5. 植株具软鳞片层或无毛；花被片上无附属物··3. 藜属 *Cheropodium*
   3. 花生于肉质苞片腋内，似陷入花序轴中；叶退化成鳞片或肉瘤状，若为圆柱形则下延。
      6. 一年生草本；枝、叶对生···7. 盐角草属 *Salicornia*
      6. 灌木或亚灌木。
         7. 叶互生，分枝无关节···6. 盐爪爪属 *Kalidium*
         7. 枝及叶对生，分枝具关节。
            8. 亚灌木，穗状花序无总梗···4. 盐节木属 *Halocnemum*
            8. 灌木，穗状花序具总梗··5. 盐穗木属 *Halostachys*

1. 滨藜属 *Atriplex* L.

一年或多年生草本。亚灌木或灌木，有软鳞片层。叶互生，稀对生，几无柄，叶扁，略肉质，形状多样，边缘具齿，稀全缘。花单性，雌雄同株或异株，腋生团伞花序排成圆锥状或多叶穗状花序；雄花无苞片，花被（3-）5 深裂，裂片长圆形或倒卵形，先端钝，雄蕊 3-5，生于花被基部，残留子房锥形或圆柱形，稀消失；雌花苞片 2 枚，果时扩大包围果，多型，两面常有附属物，花被和花盘均无，子房卵球形或球形，花柱短，柱头 2，钻形或丝状，胞果包于果苞中。种子侧扁，胚环形。

本属约有 250 种，分布于温带及亚热带地区。我国有 17 种。

分种检索表

1. 灌木；叶全缘；穗状花序多叶，短 ··· 4. 匍匐滨藜 A. repens
1. 一年生草本；叶全缘或有锯齿。
   2. 果苞圆形，全缘（雌雄同株者，果苞不等大）······························ 2. 异苞滨藜 A. micrantna
   2. 果苞不为圆形，边缘多少具锯齿。
      3. 叶灰绿色 ··· 5. 西伯利亚滨藜 A. sibirica
      3. 叶绿色。
         4. 叶长为宽的 2 倍 ··· 1. 野滨藜 A. fera
         4. 叶长为宽的 2 倍以上 ·· 3. 滨藜 A. patens

1. 野滨藜

Atriplex fera (L.) Bunge, Ném. Acad. Imp. Sci. Saint-Pétersbonrg, Sér. 7, 27 (8): 6. 1880.——*Spinacia fera* L.

一年生草本，高 20-80 cm。茎下部四棱或圆柱形，常分枝，有肋及绿色条纹，略被软鳞片层。叶柄 6-12 mm，叶卵状长圆形至卵状披针形，长 2-4 cm，宽 0.8-2 cm，两面灰绿色，基部楔形或宽楔形，全缘，稀波状有钝齿，先端钝或短渐尖。团伞花序腋生，雄花 4 数，雌花每团有 3-4 花，果期苞片连合，扁，卵形或圆柱形，坚硬，有明显脉网，两侧有 1-2 不规则棘突，先端有 3 短齿；花梗 3-4 mm。胞果扁球形，果皮白色，膜质，贴附于种子。种子棕色，直径 1.5-2 mm，胚根上位。花果期 7-9 月。

分布于东北、华北、西北，生于海拔 500-1 400 m 的湖边、河滩、盐碱湿地。蒙古、俄罗斯（西伯利亚）也有分布。

图 241 野滨藜

2. 异苞滨藜

Atriplex micrantha C. A. Mey. in Ledeb., Icon . Pl. 1: 11. 1829.

一年生草本，高 50-120 cm。茎具肋，略被软鳞片层，中上部分枝。叶柄 0.5-1.5 cm，叶三角形至戟形，长 2-6 cm，宽 1.5-5 cm，背面软鳞片深灰色或两面同色，基部楔形至宽楔形，全缘或具粗齿，先端钝或急尖。圆锥花序顶生；雄花花被 5 深裂，雄蕊 5；果期苞片基部合生，圆形或近圆形，幼时被软鳞片，全缘。果苞二型，小果苞 1.5-2 mm，种子双凸，直径约 0.5 mm，种皮黑色，皮质，有光泽；大果苞，直径 3-4.5 mm，种子扁球形，直径 2-3 mm，种皮黄棕色，无光泽。花期 6-8 月，果期 8-9 月。

分布于新疆北部，生于潮湿盐碱地、湖边、沼泽、荒漠。哈萨克斯坦、俄罗斯（西伯利亚）、亚洲西南及欧洲西南也有分布。

图 242　异苞滨藜

3. 滨藜

Atriplex patens (Litvinov) Iljin, Iiv. Glavn. Bct sada. SSSR 26: 415. 1927.

一年生草本。茎高 20-60 cm，上部具分枝，有肋及条级，略被软鳞毛层，叶互生或基部近对生，披针形至线形，长 2-6 cm，宽 0.5-1 cm，两面绿色，略被软鳞毛层，基部渐窄，缘齿不规则，有时近全缘，先端钝或渐尖。穗状花序顶生，具短分枝，有时圆锥状；雄花花被 4-5 深裂，雄蕊 4-5；果期苞片中部以下合生，菱形至卵状菱形，长约 3-2.5 mm，有软鳞毛层，有时有明显的瘤突，边缘锯齿明显，先端钝或短渐尖。种子 2 型，黑色或红棕色，凹球形或双凸镜形，直径 1-2 mm，有细斑。花果期 8-10 月。

分布于东北、西北及河北、陕西，生于盐碱沼泽、河滩、沙丘。俄罗斯、亚洲中部及西南部、欧洲东南部也有分布。

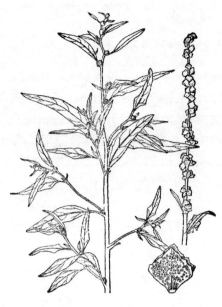

图 243　滨藜

4. 匍匐滨藜

Atriplex repens Roth, Nov. Pl. Sp. 377, 1821.

小灌木，高 20-50 cm，分枝互生，淡绿或淡红紫色。叶互生，叶柄 1-3 mm，叶片倒卵形至卵形，长 1-2 cm，宽 0.8-1.5 cm，肉质，两面密生灰绿色软鳞片，基部宽楔形至圆形，全缘，先端圆或钝。穗状花序短多叶；雄花花被钻形，4-5 深裂，裂片倒卵形，先端膨大，雄蕊 4-5，花丝扁，基部合生，无退化子房；果期苞片基部合生，三角形至卵状菱形，基部中央黄白色，膨大，木栓质，各侧中部有 2 凸起。胞果扁，卵球形，果皮膜质。种子红棕色至黑色，长约 1.5 mm。果期 12 月至翌年 1 月。

分布于福建、广东、海南东部，生于海滨湿沙地。阿富汗、印度及亚洲东南也有分布。

图 244　匍匐滨藜

5. 西伯利亚滨藜
Atriplex sibirica L., Sp. Pl. ed. 2, 2: 1493. 1763.

一年生草本，高 20-50 cm，基部分枝，茎钝 4 棱形，有条纹，有软鳞麸层。叶柄 3-6 mm，叶卵状三角形至菱状卵形，长 3-5 cm，宽 1.5-3 cm，背面有密灰白色软鳞麸层，基部圆或宽楔形，边缘有疏锯齿，基部附近齿大。团伞花序腋生，雄花被 5 深裂，裂片卵形至宽卵形，雄蕊 5，花丝扁，基部合生，花药宽卵形至短长圆形，约 0.4 mm，果期苞片膨大，近倒卵形，长 5-6 mm，宽约 4 mm，木质，两面有不规则瘤突，基部膨大，楔形，边缘有锯齿。胞果卵球形或近球形，侧扁，果皮白色，贴生种子，种子红棕色或黄棕色，直径 2-2.5 mm。花期 6-7 月，果期 8-9 月。

分布于东北、西北，生于盐碱荒漠、湖岸、峡谷边。哈萨克斯坦、蒙古、俄罗斯（西伯利亚）也有分布。

图 245 西伯利亚滨藜

2. 雾冰藜属 *Bassia* All.

一年生草本。叶互生，无柄，线形至披针形，扁、半圆柱形或圆柱形，膜质或肉质，密生毛。单花或穗状花序，无梗，无大小苞片；花两性，花被盘状，5 浅裂，被毛，裂片等大，背附属物具钩，果期钻形或三角形，雄蕊 5，子房倒卵形，花柱短，柱头 2-3。胞果凹卵形，果皮膜质，与种子离生。种子凹球形，胚环形。

本属有 10 余种，分布于非洲和亚洲暖温带及亚热带地区。我国有 3 种。

1. 雾冰藜

Bassia dasyphylla (Fisch. & C. A. Mey.) Kurtze, Revis. Gen. Pl. 2: 546. 1891.

植株具极多分枝，呈球形，密生茸毛，高 20-50 cm。叶互生，圆柱形或半圆柱形，长 0.3-1.5 mm，宽 1-1.5 mm，肉质，基部窄，先端钝。花两性，单生或成对，花被 5 浅裂，有茸毛，果期背面附属物钻形，雄蕊 5，花丝丝状，子房卵球形，花柱短，柱头 2-3。种子扁球形，平滑。花果期 7-9 月。

分布于东北及甘肃、河北、青海、山东、山西、新疆、西藏，生于戈壁沙漠盐碱地、河边、荒地。蒙古、俄罗斯（西伯利亚南）、亚洲中部及西南也有分布。

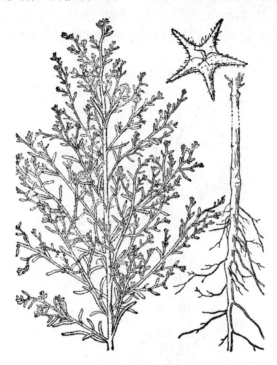

图 246 雾冰藜

3. 藜属 *Chenopodium* L.

一年或多年生草本，稀灌木。有软鳞片状毛，干后粉状，稀无毛。叶互生，有柄，叶扁，全缘或具不规则锯齿或裂片。团伞花序常于茎顶或叶腋排成穗状、圆锥状或二歧花序，无苞片和小苞片，花两性或杂性，花被绿色，球形，5 深裂或（2-）3-4 深裂，裂片背部中央肉质或纵脊龙骨突，无花盘；雄蕊 5 或更少，花丝丝状，花药长圆形，无附属物；子房球形，略凹，稀卵球形，花柱不明显，柱头 2 (-5)。胞果果皮膜质，附贴种子上或与之分离。种子卵球形，不裂，种皮具光泽，胚环形、半环形或马蹄形，外胚乳丰富，粉质。

本属约有 170 种，世界广布，以热带、亚热带为主产区。我国有 15 种。

1. 灰绿藜

Chenopodium glaucum L., Sp. Pl. 1: 220. 1753.

一年生草本，高 20-40 cm。茎具绿色或紫红色条纹，有肋。叶柄 5-10 mm，叶片长圆状卵形至披针形，长 2-4 cm，宽 0.6-2 cm，肉质，背有灰白粉，有时略带淡红紫色，上面无毛，基部变窄，边缘不规则啮蚀状至具齿，先端急尖或钝，中脉突出，黄绿色。花两性或杂性，团伞花序排列成穗状或圆锥状，间断；花被片 3-4，淡绿色，窄长圆形或倒卵状披针形，约 1 mm；雄蕊 1-2，花药球形；柱头 2。胞果突出花被，果皮黄白色，膜质。种子暗棕色或红棕色，扁球形，直径约 0.75 mm，具凹点。花果期 5-10 月。

分布于东北、华北及河南、江苏、山东、四川西北、西藏、云南、浙江，生于海拔 4 600 m 以下田边、渠旁、盐碱化湿地。南北温带地区均有分布。

图 247　灰绿藜

4. 盐节木属　***Halocnemum*** M. Bieb.

亚灌木，多分枝，小枝对生，具关节。叶对生，鳞片状。穗状花序无柄，苞片盾状对生，无小苞片；每苞片（2-）3 花，花两性，花被 3 深裂，裂片宽卵形，先端钝，雄蕊 1，子房扁卵球形，倒生胚珠，柱头 2，钻形，乳突状。胞果，胚半环形，具外胚乳。

本属有 1 种，产于非洲北部、亚洲、欧洲南部。

1. 盐节木

Halocnemum strobilaceum (Pall.) M. Bieb., Fl. Taur.-Caucas. 3: 3. 1819.——*Salicornia strobilacea* Pall.

株高 20-40 cm，茎基具分枝，老枝近互生，木质，棕绿色，并有对生短缩芽状小分枝；幼枝对生，灰绿色，无毛，具关节。叶对生，连合。穗状花序交互对生，长 5-15 mm，宽 2-3 mm；花被有 2 侧生内弯裂片，倒三角形。种子棕色，卵球形或球形，直径 0.5-0.75 mm，密生细乳突。花果期 8-10 月。

分布于西北，生于盐湖边或湿盐碱地。阿富汗、哈萨克斯坦、蒙古、俄罗斯、亚洲西南部、非洲北部、欧洲东南部也有分布。

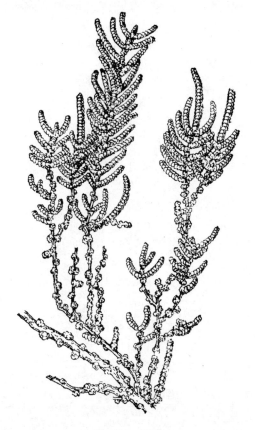

图 248　盐节木

5. 盐穗木属　*Halostachys* C. A. Mey. ex Schrenk.

灌木，茎具分枝，分枝对生，当年枝肉质，具关节，密生乳突。叶对生，鳞片状。穗状花序对生，具总花梗；苞片对生，鳞片状，无小苞片；每苞片 3 花，花两性，花被 3 浅裂，裂片弯曲，雄蕊 1，子房扁卵球形，柱头 2，钻形，具乳突。胞果。种子直，卵球形，胚半环形，有外胚乳。

本属有 1 种，产于亚洲和欧洲东南部。

1. 盐穗木

Halostachys caspica C. A. Mey. ex Schrenk., Bull Cl. Phys.-Math. Acad. Imp. Sci. Saint-Péterbourg, Sér. 2, 1: 361. 1843.

植株高 15-200 cm，茎多分枝，老枝常无叶，当年生枝蓝绿色，肉质，具关节，密生细乳突。叶对生，鳞片状，基部合生，先端急尖。穗状花序交互对生，圆柱形，长 15-30 mm，宽 2-3 mm，花梗具关节；花被倒卵形，先端 3 浅裂，裂片弯曲，子房卵球形，柱头 2，钻形，具乳突。胞果卵球形，外果皮膜质。种子红棕色，卵球形或圆柱状卵球形，直径 6-7 mm。花果期 7-9 月。

产于甘肃、新疆，生于盐碱滩、河谷。阿富汗、蒙古、俄罗斯、巴基斯坦及亚洲西南部也有分布。

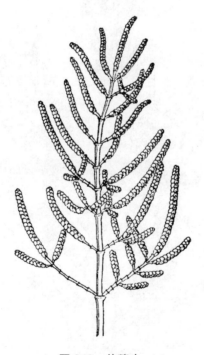

图 249　盐穗木

6. 盐爪爪属　*Kalidium* Moq.

小灌木，多分枝，分枝无关节。叶互生，肉质，圆柱形，不发达，基部下延。穗状花序具花序梗，花螺旋排列，每（1-）3 花嵌于肉质苞片中，无小苞片；花两性，花被 4-5 浅裂，果期海绵状，雄蕊 2，子房卵球形，柱头 2，具乳突。胞果。种子直，扁，种皮近革质，胚半环形，具外果皮。

本属有 5 种，分布于亚洲中部及西南部、欧洲西南。我国 5 种均产，本书选入 3 种。

分种检索表

1. 叶长 4-10mm；穗状花序直径 3-4mm ·· 1. 尖叶盐爪爪 K. cuspidatum
1. 叶短于 3mm 或不发育；穗状花序直径 1.5-3mm。
   2. 分枝粗壮；每苞片 3 花 ··· 2. 盐爪爪 K. foliatum
   2. 分枝纤细；每苞片 1 花 ·· 3. 细枝盐爪爪 K. gracile

1. 尖叶盐爪爪

Kalidium cuspidatum (Ung.-Sternb.) Grubov, Bot. Mater. Gerb. Bot. Inst. Komarova Acad. Nauk SSSR 19: 103. 1959.——*K. arabicum* Moq. var. *cuspidatum* Ung.-Sternb.

株高 20-40cm，茎基部具分枝，分枝灰棕色，当年生枝黄绿色。叶卵形，上面略弯，长 1.5-3mm，宽 1-1.5mm，基部下延并半抱茎，先端急尖。穗状花序生枝顶，长 5-15mm，宽 2-3mm，花紧密排列，每苞片 3 花，果期花被顶面呈五角形，边缘具窄翅。胞果近球形，直径约 1mm，具乳突。花果期 7-9 月。

分布于西北及河北、内蒙古，生于冲积扇边缘、盐湖岸边、盐碱地。蒙古也有分布。

2. 盐爪爪

Kalidium foliatum (Pall.) Moq. in DC., Prodr. 13 (2): 147. 1849.——*Salicornia foliata* Pall.

株高 20-50cm，多分枝，分枝灰棕色，当年生枝黄绿色，近草质。叶灰绿色，圆柱形，略背弯，长 4-10mm，宽 2-3mm，基部下延，半抱茎，先端钝。穗状花序无柄，长 8-15mm，宽 3-4mm，苞片鳞片状，每苞片有 3 花，花被顶面呈五角形，边缘具窄翅；雄蕊 2。种子球形，直径约 1mm，密生乳突。花果期 7-8 月。

分布于西北及河北、黑龙江、内蒙古，生于盐湖岸边、盐碱地。蒙古、俄罗斯（西伯利亚）、亚洲中部及西南部、欧洲东南部也有分布。

图 250　盐爪爪

3. 细枝盐爪爪

Kalidium gracile Fenzl in Ledeb., Fl. Ross. 3 (2): 769. 1851.

株高 20-50 cm，茎多分枝，老枝灰棕色，皮裂，当年生枝黄棕色，纤细，易折。叶黄绿色，小瘤状，基部窄，下延，先端钝。穗状花序圆柱形，纤细，长 10-30 mm，宽约 1.5 mm，每苞片 1 花；果时花被顶面扁平，五角形，有 4 膜质齿。种子淡红棕色，卵球形，直径 0.7-1 mm，密生乳突。花果期 7-9 月。

分布于内蒙古、新疆，生于盐湖岸盐碱地。蒙古也有分布。

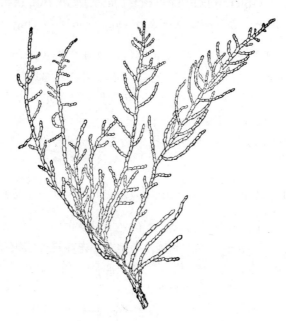

图 251　细枝盐爪爪

7. 盐角草属　*Salicornia* L.

草本或小灌木，无毛，分枝对生，肉质，具关节。叶对生，鳞片状。穗状花序顶生，具花序梗，肉质苞片腋内嵌生 1-3 花，无小苞片；花两性，花被 4-5 浅裂，海绵状，果期先端扁平，顶面近菱形，雄蕊 1-2，柱头 2，钻形。胞果。种子侧扁，胚环形，无外胚乳。

本属有 20 余种，分布于非洲、亚洲、欧洲及美洲。我国仅有 1 种。

1. 盐角草

Salicornia europaea L., Sp. Pl. 1: 3. 1753.

一年生草本，高 10-35 cm。茎多分枝，分枝肉质，绿色。叶鳞片状，长达 1.5 mm，基部合生成鞘，边缘膜质，先端急尖。穗状花序总花梗长 1-5 cm，每苞片腋有 3 花，中间花大；花被肉质，倒锥形，雄蕊外伸，花药长圆形，子房卵球形，柱头具乳突。外果皮膜质。种子圆柱状卵形，直径约 1.5 mm，外种皮近革质，具钩状糙硬毛。花果期 6-8 月。

分布于华北、西北及江苏、辽宁、山东、浙江，生于海拔 700m 以下的盐碱湿地、海滩及盐湖边。

图 252　盐角草

8. 猪毛菜属　*Salsola* L.

一年生草本，亚灌木或灌木，无毛或具疏柔毛、糙硬毛或乳突。叶互生，稀对生，无柄，圆柱形或半圆柱形，基部常扩大，有时下延，先端钝或具针芒。花两性，单生或团伞状生苞片腋，于分枝上端形成穗状或圆锥状花序，苞片卵形或宽披针形，小苞片 2；花被 5 深裂，裂片卵状披针形或长圆形，上面凹，膜质，后变坚硬，背面中部附近有翅状附属物，裂片远端内弯，先端常靠合，包围胞果而呈圆锥形，背附属物平展，果时膜质或不发达，附属物冠状或小瘤状；雄蕊 5，花丝扁，钻形或窄线形，花药长圆形，先端有附属物，附属物急尖或钝，极小，形态各异；子房宽卵球形或球形，扁，柱头 2，具乳突。胞果球形，外果皮膜质或肉质。胚螺旋形，无外胚乳。

本属约有 130 种，主要分布在非洲、亚洲及欧洲，少数种分布于北美洲。我国有 36 种。

1. 无翅猪毛菜
Salsola komarovii Iljin, Bot. Zhurn. SSSR 18: 276. 1933.

一年生草本，高 20-50cm，茎基部分枝，分枝互生，黄绿色，有时具紫红色条纹，无毛。叶互生，半圆形，长 2-5cm，宽 2-3mm，基部扩大，略下延，边缘膜质，先端具短尖。穗状花序顶生，苞片线形，较小苞片长，先端具短尖，小苞片窄卵形，较花被长，果期加厚并紧贴花被，花被裂片卵状长圆形，果期变硬，背面中部有篦齿状突起，无毛，裂片上部凸起内折成截形；柱头丝状，长为花柱 3-4 倍。胞果倒卵球形，直径 2-2.5mm。花期 7-8 月，果期 8-9 月。

分布于东北及河北、江苏、山东、浙江，生于海拔 150m 以下海滨、海岸湿地。朝鲜、日本、俄罗斯（远东地区）也有分布。

图 253　无翅猪毛菜

9. 碱蓬属　*Suaeda* Forssk. ex J. F. Gmel.

一年生草本，亚灌木或灌木，无毛，有时被白粉。叶常无柄，线形，圆柱形或半圆柱形，稀棒状或略扁，肉质，全缘。花两性，小，有时具雌花，常 3 至数朵形成团伞花序，腋生；每花有 2 小苞片，小苞片白色，鳞片状，膜质；花被近球形、半球形或壶形，5 深裂或浅裂，略肉质或草质，裂片背面加厚变成翅状或角状，上面凹或钩状；雄蕊 5，花丝扁平，花药圆柱形，椭圆形或近球形，无附属物；子房卵球形或球形，柱头 2（-3-5），内弯，有乳突。胞果，果皮膜质。种子双凸状，肾形、卵球形或球形，胚绿色或苍白色，旋转，纤细。

本属约有 100 种，分布于世界各地海岸或盐碱滩。我国有 20 种。

分种检索表

1. 团伞花序生腋生短枝上，短枝基部与叶柄融合 ·· 3. 盐蓬 *S. glauca*
1. 团伞花序生叶腋或腋生短枝上，短枝基部不与叶柄融合。
　　2. 叶多汁，倒卵形，先端圆或钝；团伞花序多数生腋生短枝上 ············· 5. 肥叶碱蓬 *S. kossinskyi*
　　2. 叶不为上述情形，先端略钝或急尖；团伞花序腋生。

3. 种子无明显洼点；花药长 0.3-0.5 mm
    4. 小灌木；叶基具关节；柱头直，钻形·····················1. 南方碱蓬 *S. australis*
    4. 一年生草本；叶基无关节；柱头丝形·····················7. 盐地碱蓬 *S. salsa*
3. 种子有明显洼点；花药长约 0.2 mm。
    5. 花被裂片附属物为不均匀角状·····························2. 角果碱蓬 *S. corniculata*
    5. 花被裂片附属物不呈上述形状。
        6. 叶先端无短尖；植株常平卧·······························6. 平卧碱蓬 *S. prostrata*
        6. 叶先端有明显短尖；植株直立。
            7. 花被裂片均有发达横翅，翅合生成盘，直径 2.5-3.5 mm·········4. 盘果碱蓬 *S. heterophylla*
            7. 花被裂片呈三角形，短，翅合成星状，直径不过 2 mm···········8. 星花碱蓬 *S. stellatiflora*

1. 南方碱蓬

Suaeda australis (R. Br.) Moq., Ann. Su. Nat. (Paris) 23: 318. 1831.——*Chenopodium australe* R. Br.

小灌木，高 20-50 cm。茎多分枝，下面常生不定根，灰棕色至淡黄色。叶灰绿色或淡红紫色，线形，半圆形，长 1-2.5 cm，宽 2-3 mm，基部渐狭，具关节，先端急尖或钝，上部叶较短，窄卵形或椭圆形，背面凹，上面平。团伞花序腋生，1-5 花，花两性，花被绿色或淡红紫色，略凹，5 深裂，肉质，裂片卵状长圆形，果期增厚；花药宽卵形，长约 0.5 mm；花柱明显，柱头 2，直，黄棕色至黑棕色，近钻形，具乳突。胞果扁球形，外果皮膜质，与种子分离。种子黑棕色，双凸镜状，直径 0.8-1 mm，略具洼点。花果期 7-11 月。

分布于福建、广东、广西、江苏、台湾、浙江，生于海滩湿地、红树林边。

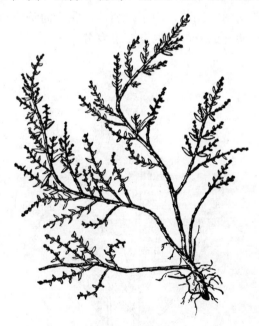

图 254　南方碱蓬

2. 角果碱蓬

Suaeda corniculata (C. A. Mey.) Bunge, Trudy Imp. S.-Petersburgsk, Bot. Sada 6: 429. 1880.

一年生草本，高达 60 cm，无毛。茎淡绿色，多少弯曲，分枝纤细，略弯。叶无柄，线形，下部叶略弯，半圆柱形或扁，长 0.3-2 cm，宽 0.5-2 mm，基部多少收缩，先端钝或急尖。团伞花序于上部分枝排成穗状，常有 3-6 花，花两性或兼有雌花；花被扁，5 深裂，裂片不等，背面外突并加厚，成不等角，先端钝；花丝短，花药黄白色，近球形，长 0.15-0.2 mm；柱头 2。胞果扁球形。种子双凸状，直径 1-1.5 mm，种皮黑色，具明显洼点。花果期 8-9 月。

分布于东北、西北及河北、西藏，生于盐碱荒漠、湖岸、河边湿地。蒙古、俄罗斯、乌克兰及亚洲中部也有分布。

3. 盐蓬

Suaoda glauca (Bunge) Bunge, Bull. Acad. Imp. Sci. Saint-Pétersbourg 25: 362. 1879.—— *Schoberia glauca* Bunge.

一年生草本，高达 1 m。茎上部分枝，粗壮，浅绿色，纤细，具肋。叶灰绿色，丝状线形，略上弯，半圆柱形，长 1.5-5 cm，宽约 1.5 mm，基部紧缩，先端近急尖。团伞花序多生叶基附近，1-5 花，花两性，有时具数雌花；花被黄绿色，杯状，长 1-1.5 mm，或灰绿色，近球形，直径约 0.7 mm，雌花肉质，花被裂片卵状三角形，果期扩大，干后变黑并呈星形，先端钝；雄蕊 5，花药倒卵形至长圆形，长约 0.9 mm；柱头 2，黑棕色，略弯。胞果，外果皮膜质。种子黑色，具光泽，双凸，直径约 2 mm，有粒状洼点。花果期 7-9 月。

分布于华北、西北及河南、江苏、山东、浙江，生于海拔 2 600 m 以下海滨、沟边、田边含盐碱地上。日本、朝鲜、蒙古、俄罗斯也有分布。

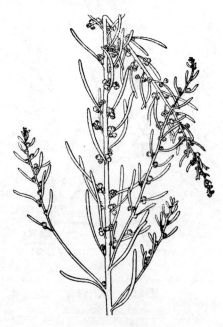

图 255　盐蓬

4. 盘果碱蓬

Suaeda heterophylla (Kar. & Kir.) Bunge, Trudy Imp. S.-Petersbourgsk. Bot. Sada 6: 429. 1880. ——*Schoberia heterophylla* Kar. & Kir.

一年生草本，高 20-50 cm，茎多分枝，圆柱形。叶蓝绿色，略被白粉，线形至丝状线形，圆柱形，长 1-2 cm，宽 1-1.5 mm，基部渐窄，先端具芒。团伞花序腋生，有 3-5 花，花无柄，两性；花被绿色，扁，5 深裂，裂片三角形，基部延展成三角翅，翅圆，结合成盘状，直径 2.5-3.5 mm；花药近球形，直径约 0.2 mm；花柱不显，柱头 2。种子黑色或红棕色，具光泽，扁球形或双凸镜形，直径约 1 mm，有明显洼点。花果期 7-9 月。

分布于西北及西藏，生于戈壁及盐碱地、河边、湖岸、田野湿地。亚洲中部及西南部和欧洲东南也有分布。

5. 肥叶碱蓬

Suaeda kossinskyi Iljin, Izv. Glavn. Bot. Sada SSSR 25: 201. 1926.

一年生草本，高 10-20 cm。根黑棕色，圆柱形。茎直立，多分枝，黄白色，圆柱形，具肋，无毛。叶近无柄，肉质，基部宽楔形，先端圆，茎及主枝的叶线形，半圆柱形，长达 1.5 cm，宽 2 mm，侧枝上叶窄卵形至倒卵形，略扁，长 3-4 mm，宽 2-3 mm。团伞花序腋生，有花 2-5，花两性或兼有雌花；花被扁，5 深裂，裂片三角形，果期基部扩展成不规则横翅；雄蕊 1-2，花丝扁，线形，花药长 0.3 mm；花柱不显，柱头 2。种子扁球形或双凸镜形，直径 0.8-1.2 mm，外种皮红棕色至黑色，具光泽，具不明显网纹。花果期 8-10 月。

分布于新疆北部，生于潮湿盐碱地。亚洲中部、欧洲东南部也有分布。

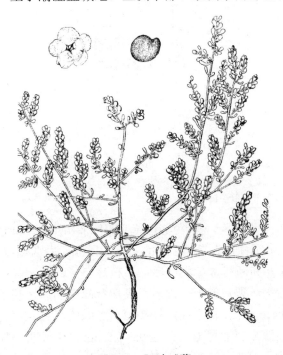

图 256　肥叶碱蓬

6. 平卧碱蓬

Suaeda prostrata Pall., Ill. Pl. 55. 1803.

一年生草本，高 20-50 cm，无毛，具肋，茎基部具分枝并木质化。叶灰绿色，线形，半圆柱形，略扁，长 0.5-1.5 cm，宽 1-1.5 mm，基部略紧缩，先端近钝或急尖，侧枝生叶较短。团伞花序腋生，有 2 至数花；花两性，花被绿色，5 深裂，肉质，裂片果期加厚呈勺状，基部扩大成不规则翅或舌状凸起；花药近球形，约 0.2 mm；柱头 2，黑棕色。胞果扁，外果皮浅黄棕色。种子黑色，具光泽，扁卵球形或凸形，直径 1.2-1.5 mm，有洼点。花果期 7-10 月。

分布于甘肃、河北、江苏、内蒙古、宁夏、陕西、山西、新疆，生于盐碱地。俄罗斯、亚洲中部及西南、欧洲东南也有分布。

图 257 平卧碱蓬

7. 盐地碱蓬

Suaeda salsa (L.) Pall., Ill. Pl. 46. 1803.

一年生草本，绿色或紫红色，高 20-80 cm。茎上部多分枝，圆柱形，黄棕色，具肋，无毛。叶无柄，线形，半圆柱形，长 1-2.5 cm，宽 1-2 mm，先端钝或急尖，茎上部叶较短。团伞花序腋生，常 3-5 花间断排成穗状花序；小苞片卵形，近全缘；花两性，有时兼备雌花，花被半圆形，背面平，裂片卵形，肉质，果期背部略加厚，基部扩大成三角形或窄翅状凸起；花药长 0.3-0.4 mm；花柱不显，柱头 2，黑棕色，具乳突。胞果成熟后爆裂。种子黑色，具光泽，双凸镜或斜卵球形，直径 0.8-1.5 mm。花果期 7-10 月。

分布于东北、西北及河北、江苏、山东、浙江，生于沟渠旁盐碱地及湖岸。亚洲、欧洲均有分布。

图 258　盐地碱蓬

8. 星花碱蓬

Suaeda stellatiflora G. L. Chu, Acta Phytotax, Sin. 16 (1): 122. 1978.

一年生草本，高 20-80 cm。茎多分枝，具肋。叶几无柄，线形，略弯，半圆形，长 0.5-1 cm，宽约 1 mm，基部扁，先端具芒，茎上部及分枝上叶披针形至卵形，较短，背面凹，下面平。团伞花序腋生，常 2-5 花，花两性；花被扁，5 深裂；雄蕊 5，花丝丝状，花药卵形，直径约 0.5 mm；柱头 2。外果皮与种子分离。种子双凸镜形，直径 0.9-1 mm，外种皮红棕色至黑色，洼点明显。花果期 7-9 月。

分布于甘肃、新疆，生于海拔 900-2 200 m 的盐碱荒地、湖岸、沟渠边。

苋科　Amaranthaceae

草本或攀缘亚灌木、灌木或藤本。叶互生或对生，无托叶。花小，两性或单性，或有不育花，常包于膜质苞片及 2 小苞片中，单生或排成伞房状，或伸长成穗状或紧缩成头状、总状或各种复杂聚伞圆锥花序，小苞片膜质或干膜质；花被片 3-5 枚，具 1、3、5 或 7 (-23) 脉；雄蕊与花被同数，并与之对生，稀较少，花丝基部合生呈杯状，花药 (1-) 2 室，背着，内向开裂；子房上位，1 室，胚珠 1 至数枚，花柱宿存，短或纤细；柱头头状、帚状或形成 2 丝状分枝。干胞果或肉质蒴果，不裂或不规则爆裂或周裂。种子双凸镜状，近球形或短圆柱形，平滑或具小瘤。

本科约有 70 属 900 种，世界广布。我国有 15 属 44 种。

1. 莲子草属 *Alternanthera* Forssk.

一年生或多年生草本，上升或匍匐，多分枝。叶对生，全缘。花序无柄，腋生，头状，或单花，苞片及小苞片宿存，膜质；花被片 5，等大，膜质；雄蕊 2-5，花丝基部合生成杯状、管状，花药 1 室，假雄蕊全缘，具齿或条裂；子房球形或卵球形，胚珠 1，下垂，花柱或长或短，柱头头状。胞果球形或卵球形，不开裂，与花被同时脱落，种子双凸镜状，直立。

本属约有 200 种，主产于南美洲、北美洲，其他地区也有分布。我国有 5 种。

分种检索表

1. 头状花序球形，直径 8-15 mm；雄蕊花丝长 2.5-3 mm；假雄蕊长圆状线形，与雄蕊等长 ··· 1. 喜旱莲子草 *A. philoxeroides*
1. 头状花序球形，后变圆柱形，直径 3-6 mm；雄蕊花丝长约 0.3 mm；假雄蕊钻形，较雄蕊短 ··· 2. 莲子草 *A. sessilis*

1. 喜旱莲子草

Alternanthera philoxeroides (Mart.) Griseb., Abk. Königl. Ges. Wiss. Göttingen 24: 36, 1879.——*Bucholzia philoxeroides* Mart.

多年生草本。茎从匍匐枝上升，长 55-120 cm，具分枝，幼茎及叶腋被白毛，老茎无毛。叶柄 3-10 mm，略带毛；叶宽长圆形、长圆状倒卵形或卵状披针形，长 2.5-5 cm，宽 0.7-2 cm，具缘毛，上面粗糙，基部变窄，全缘，具短尖。头状花序球形，单个腋生，直径 0.8-1.5 cm，苞片和小苞片白色，具 1 脉，先端渐尖，苞片卵形，长 2-2.5 mm，小苞片披针形，长约 2 mm；花被片白色，具光泽，长圆形，长 5-6 mm，无毛，先端急尖；花丝 2.5-3 mm，基部合生成杯状，假雄蕊长圆状线形，约与雄蕊等长；子房倒卵形，扁，具短梗。花期 5-10 月。

分布于华东、华南、华中及贵州、河北、四川，生于海拔 1 300 m 以下的池沼浅水中及水边湿地。原产于巴西。

图 259　喜旱莲子草

2. 莲子草

Alternanthera sessilis (L.) R. Br. ex DC., Cat. Pl. Horti Monsp. 77. 1813.——*Gomphrena sessilis* L.

多年生草本，高 10-45 cm。茎上升或匍匐，绿色或深紫色，具条纹及毛，在节处有 1 行横生柔毛。叶对生，叶柄 1-4 mm，无毛或被疏柔毛，叶片披针形，长 1-8 cm，宽 0.2-2 cm，基部窄，全缘或略具齿，先端急尖或钝。头状花序腋生，无柄，初时球形，后变圆柱形，直径 3-6 mm，花密，花序轴密生白毛；苞片及小苞片白色，无毛，先端渐尖，苞片卵状披针形，长约 1 mm，小苞片船形，长 1-1.5 mm；花被片白色，宽披针形，长 2-3 mm，无毛；雄蕊 3，花丝约 0.3 mm，基部合生成杯状，假雄蕊钻形，较雄蕊短。胞果暗棕色，长 2-2.5 mm，两侧具窄翅。花期 5-7 月，果期 7-9 月。

分布于华东、华南、西南，生于海拔 1 800 m 以下的田边、水边湿地。不丹、柬埔寨、印度、印度尼西亚、老挝、马来西亚、缅甸、尼泊尔、菲律宾、泰国、越南也有分布。

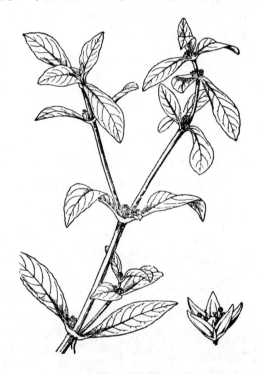

图 260 莲子草

使君子科　Combretaceae

乔木、灌木或木质藤本，常绿或落叶，稀近草本，被毛或鳞片状附属物。单叶对生、轮生或螺旋状互生，有柄，无托叶，柄有时刺状；叶全缘或微有齿，具腺体。穗状花序、总状花序或圆锥花序，有时头状，有苞片；花整齐，稀两侧对称，两性或有时两性花与雄花共存同一花序；花托绕子房合生；萼管 4-5（-8）裂，在芽中镊合状；花瓣 4-5，着生萼管上，在芽中覆瓦状或镊合状；雄蕊 2 倍于萼裂片，两轮，着生于膨大萼管上，花丝在芽期弯曲，花药背着，纵裂；子房下位，1 室，2 (-6) 胚珠；胚珠下垂，倒生，通常 1 枚发育；花柱 1，钻形至丝形，柱头头状或不明显。果革质或核果状，有 2-5 纵翅或肋或角，内果皮至少部分加厚。种子 1 枚，子叶拳卷、折叠或螺旋状，无胚乳。

本科约有 20 属 500 种，分布于热带和亚热带地区。我国有 6 属 20 种，本书收录 1 属 2 种。

1. 榄李属 *Lumnitzera* Willd.

常绿小乔木或灌木。叶螺旋状密集枝顶，匙形至披针形，基部渐狭成短柄，稍肉质，长成后无毛而光亮。花序短，腋生或顶生，圆锥花序或总状花序，花少；萼管圆柱形或圆柱状椭圆形，具 2 枚三角形小苞片；萼裂片 5，宿存，近三角形至宽三角形，边缘有腺点；花瓣 5，红色或白色，稀粉色或黄色；雄蕊 5-10；花柱宿存。果纺锤形或椭圆形，有钝角，多少木质化，平滑或有纵皱折，先端有宿存萼裂片及花柱。

本属有 2 种，分布于亚洲热带和亚热带地区、非洲南部（包括马达加斯加）、大洋洲北部、太平洋岛屿。我国 2 种均产。

分种检索表

1. 花瓣亮红色；花序顶生；雄蕊长为花瓣的 2 倍；果纺锤形，果柄约 5 mm················1. 红榄李 *L. littorea*
1. 花瓣白色；花序腋生；雄蕊与花瓣等长或较短；果椭圆形或卵球形，果柄约 1 mm··2. 榄李 *L. racemosa*

1. 红榄李

Lumnitzera littorea (Jack) Voigt, Hort. Suburb. Calcutt. 39. 1845.——*Pyrrhanthus littorea* Jack.

乔木，高 7 (-25) m。树皮暗棕色，深纵裂；幼枝淡红色或绿色，无毛。叶背面暗绿色，长（2-）4-8 cm，宽 1-3 cm，侧脉 4-5 对。花序顶生，长 3-4.5 cm；萼管 12-18 mm，萼裂片宽三角形，长 1-1.5 mm；花瓣亮红色，长 5-6 mm；雄蕊 5-10（常 7 枚），长约 10 mm，约为花瓣长的 2 倍；花柱约 10 mm。果成熟后暗棕色，纺锤形，长 1.6-2 cm，宽 4-5 mm，有纵条纹，果柄约 5 mm。花期 11-12 月或 5 月，果期 6-8 月。

分布于海南，生于沿海岸开阔的红树林。亚洲热带地区、大洋洲北部、太平洋岛屿也有分布。

2. 榄李

Lumnitzera racemosa Willd., Ges. Naturf. Freunde Berlin Neue Schriften 4: 187. 1803.

灌木或小乔木，高 8 m。树皮棕色或灰棕色，幼枝红色或浅灰黑色。叶长 3.5-7 cm，宽 1-2.5 cm，侧脉 3-4 对，叶背淡绿色。花序腋生，长 2-6 cm，花芳香；萼管约 9 mm，萼裂片三角形，长 1-2 mm；花瓣白色，长 4.5-5 mm；雄蕊 5-10，长 4-5 mm，与花瓣等长或较短；花柱约4mm。果熟时暗棕色，椭圆形或卵球形，一侧略扁，长1-2cm，宽5-8mm，有2-3肋，果柄约1mm。花果期12月至翌年3月。

分布于广东、广西、海南、台湾，生于沿海红树林、港湾、环礁、盐碱沼泽、沼泽。亚洲热带和亚热带沿海地区、非洲东部（包括马达加斯加）、大洋洲北部、太平洋岛屿也有分布。

图261 榄李

红树科　Rhizophoraceae

常绿乔木或灌木，无刺，常具气生根，茎节膨大。顶芽鞘状，早落。托叶生叶柄间；单叶互生，叶片革质，无毛。聚伞花序腋生，密集；花两性，辐射对称；萼片4-16，镊合状，果期宿存；花瓣与萼片同数，早落；雄蕊为萼长的2倍；子房下位或半下位，心皮2-5(-20)，2-8室，每心皮通常具2枚下垂胚珠；柱头全缘，头状或分裂。果肉质或革质，不裂。种子一至数枚，在植株上萌发，脱落时繁殖体（苗）高7-80cm（竹节树属和山红树属例外）。

本科约有17属120种，分布于热带和亚热带。我国有6属13种，本书选录4属6种。

分属检索表

1. 萼裂片4；花瓣全缘，披针形···4. 红树属 *Rhizophora*

1. 萼裂片 5-16；花瓣 2 浅裂，顶端具附属物。
  2. 萼裂片 8-16；花瓣 2 浅裂或凹陷⋯⋯⋯⋯⋯⋯⋯⋯⋯⋯⋯⋯⋯⋯⋯⋯⋯⋯⋯⋯⋯⋯⋯ 1. 木榄属 *Bruguiera*
  2. 萼裂片 5-6，花瓣先端附属物流苏状或多半裂。
    3. 萼裂片卵形；花期花瓣开展；雄蕊 10-12；下胚轴隆起⋯⋯⋯⋯⋯⋯⋯⋯⋯ 2. 角果木属 *Ceriops*
    3. 萼裂片线状长圆形；花期花瓣反折；雄蕊无定数；下胚轴平滑⋯⋯⋯⋯⋯ 3. 秋茄树属 *Kandelia*

1. 木榄属 *Bruguiera* Lam.

乔木，有膝状通气根，树干基部具板根，支柱根基部常有锥形物，叶痕处有 3 个明显维管束痕。叶全缘。聚伞花序有 1-5 花，有总花梗，花下垂；萼管花后膨大，沿子房外扩，萼裂片 8-14（-16），钻状披针形；花瓣与萼片同数，2 裂，有流苏状毛或刚毛；雄蕊 2 倍于花瓣，不对等地与花瓣对生，并被卷曲花瓣抱裹；子房下位，2-4 室，每室 2 胚珠；花柱 2-4 裂。果钟形，具 1 粒种子。种子在植株上萌发，下胚轴圆柱形，肋不明显。

本属有 6 种，分布于南非、亚洲东南部、澳大利亚北部、印度洋岛屿、太平洋岛屿。我国有 3 种，本书选入 2 种。

分种检索表

1. 花瓣裂片急尖，平展至上升，每裂片有 3-4 刚毛，长 2-3 mm，超出瓣片；成熟萼红色或淡粉红色，仅先端有肋突⋯⋯⋯⋯⋯⋯⋯⋯⋯⋯⋯⋯⋯⋯⋯⋯⋯⋯⋯⋯⋯⋯⋯⋯⋯⋯⋯⋯⋯⋯⋯⋯ 1. 木榄 *B. gymnorhiza*
1. 花瓣裂片钝，反折，每裂片有 1-2（-3）刚毛，长 0.5-1.2 mm，不超出瓣片或微露出；成熟萼黄色，基部肋突明显⋯⋯⋯⋯⋯⋯⋯⋯⋯⋯⋯⋯⋯⋯⋯⋯⋯⋯⋯⋯⋯⋯⋯⋯⋯⋯⋯⋯⋯⋯⋯⋯ 2. 海莲 *B. sexangula*

1. 木榄

Bruguiera gymnorhiza (L.) Savigny in Desrousseaux & al., Encycl. 4 (2): 696. 1798.——*Rhizophora gymnothiza* L.

乔木，高 6-20 m。树皮灰色，深龟裂。托叶淡红色，长约 4 cm，早落；叶片长 8-21 cm，宽 4-7（-9）cm，叶柄 2-4.5 cm。单花生上端叶腋，红色或淡粉红色，长约 3 cm，花梗 1-2.5 cm；萼裂片 10-14，线形，长 1.5-2 cm；花瓣 12-14，长 1.3-1.5 cm，边缘流苏状具白色丝状毛，每花瓣有 3-4 弯曲刚毛，刚毛明显长过瓣片，长 2-3 mm；雄蕊为花瓣 2 倍，长 8-11 mm，花药线形至披针形，长 4-5 mm；花盘杯状；子房下位，3 室，花柱丝状，长约 1.5 cm，柱头 2-4 裂。果与萼管合生，长约 2.5 mm。种子 1 枚，株上萌发；下胚轴雪茄形，有角，长 15-25 cm，粗 1.5-2 cm。花期 5-6 月。

分布于福建、广东、广西南部、海南、台湾西南，生于海岸红树林。亚洲、非洲、大洋洲热带地区以及印度洋岛屿和太平洋岛屿均有分布。

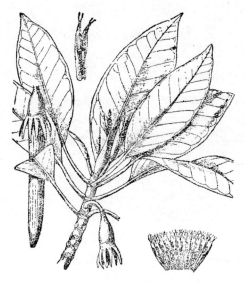

图 262　木榄

2. 海莲

Bruguiera sexangula (Lour.) Poir., Encycl., Suppl. 4: 262. 1816.——*Rhizophora sexangula* Lour.

乔木，高 6-8（-15）m。树皮灰色至浅棕色，平滑。托叶绿色或黄色，长 3.5-4cm；叶柄 1.5-3.5cm；叶片长 8-13（-16）cm，宽 3-6cm。单花，黄色，直径 2.7-4cm，花梗 6-12mm；萼管 1-1.5cm，萼裂片 9-13，长约 2cm；花瓣长 1-1.5cm，边缘有簇毛，先端 2 裂，裂片钝，具 1-2 枚长 1.5mm 以下的刚毛，较裂片短；雄蕊 0.7-1.4cm；花柱 1.5-2.2cm。果 1.5-1.8cm，果期萼管有明显肋。下胚轴雪茄形，有角，长 6-8mm。花期秋季，果期翌年春季。

分布于海南，生于海边红树林。亚洲热带及太平洋岛屿也有分布。

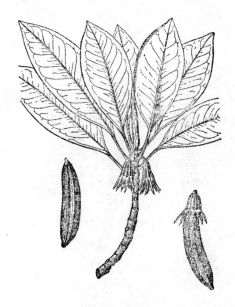

图 263　海莲

2. 角果木属 *Ceriops* Arn.

灌木或小乔木，树干基部常绕以升高根。托叶披针形；叶聚生枝顶，叶脉不显。聚伞花序或圆锥花序，紧缩，有两至多花；小苞片 2 枚，部分连合；萼 5-6 深裂；花瓣 5-6，白色，每瓣抱有 2 枚雄蕊，基部相连，边缘具棒状刺毛；雄蕊 10-12；花盘杯状，微裂；子房下位，3 室，每室有胚珠 2 枚，花柱短，柱头全缘或浅裂。果卵球形。下胚轴棍棒状，有脊和沟，前部渐狭。

本属有 2 种，分布于非洲、亚洲、大洋洲热带地区以及印度洋岛屿和太平洋岛屿。我国仅有 1 种。

1. 角果木

Ceriops tagal (Perr.) C. B. Rob., Philipp. J. Sci. 3: 306. 1908.——*Rhizophora tagal* Perr.

灌木或乔木，高 2-5 m。树干有板根及小支柱根，树皮淡棕色。托叶披针形，长 1-2 cm；叶片长 4-9 cm，宽 2-5 cm，叶柄 1-3 cm。花序有 4-10 朵花，花序梗 1-2 cm，花柄 2 mm；萼 6-7 mm，花期直立或微展，果期扩展或反折；花瓣约 4 mm，边缘流苏状，具毛并稍连合，前端有 3 棍棒状附属物；雄蕊 3-5 mm，短于萼片，花丝短于 1 mm。下胚轴 15-30 cm，先端锐尖。花果期秋冬季。

分布于广东南部、海南、台湾西南，生于海边红树林。非洲、亚洲、大洋洲热带地区以及印度洋岛屿和太平洋岛屿均有分布。

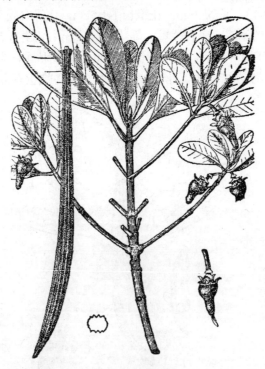

图 264　角果木

3. 秋茄树属 *Kandelia* (DC) Wight & Arn.

乔木。叶全缘。腋生聚伞花序有花4-9朵,有总花梗;萼5深裂,被杯状小总苞环抱;花瓣5,具弯曲长刚毛,花瓣2裂,裂片先端流苏状;雄蕊多数,着生花盘上,花药4室,纵向开裂;子房下位,1室,胚珠6枚;花柱丝形,柱头3裂。果具宿存萼。种子1,株上萌发,下胚轴圆柱状、纺锤状或棍棒状,先端尖。

本属有1种,分布于亚洲东部或东南部,我国也有分布。

1. 秋茄树

Kandelia obovata Sheue & al., Taxon 52: 291. 2003.

乔木,高1-3 (-8) m。树皮淡灰色至棕色,平滑。托叶线形,长2-3 cm;叶片宽椭圆形、长圆形至倒卵状长圆形,长4-12 cm,宽2-5 cm,叶柄1-1.8 cm。花序2-3次二歧分枝,花序梗长1-3 cm;花梗长3-6 mm,有2-4枚小苞片;萼乳白色,5-6裂,裂片长1.3-1.9 cm,花后反折;花瓣5 (-6),白色,长1-1.5 cm,2裂,裂片凹处有刺,刺长7-10 mm;雄蕊多数,长6-13 mm,花药披针形,长约1 mm;2室,纵裂;花盘杯状;子房下位,1室,6胚珠,花柱丝形,柱头3裂。果卵球形,长1.5-2.6 cm,宽约1 cm,不裂,萼宿存。种子1,株上萌发,下胚轴棍棒状,长15-23 cm。花果期全年。

分布于福建东部、广东南部、广西南部、海南、台湾,生于红树林沼泽、泥泞海滩、河流出口冲积带的盐滩。日本南部也有分布。

图265 秋茄树

4. 红树属　*Rhizophora* L.

乔木或灌木，具气生根。托叶叶状，无柄，微红，披针形；叶互生或二列，叶片无毛，全缘或近前端细齿状。花序腋生，密集的聚伞花序；萼管与子房合生，宿存，萼裂片 5-8；花瓣 4，披针形；雄蕊 8-12，花药内向，多室；子房下位，2 室，前端被花盘环绕，离生部分花后伸长，花柱 1，柱头 4。果棕色，卵球形或卵球状钻形或梨形，能育种子 1 枚。种子在植株上萌发，脱落前下胚轴伸长。

本属有 9 种，分布于热带和亚热带。我国有 3 种，本书选录 2 种。

分种检索表

1. 花序梗粗，较叶柄短，着生于无叶的茎上；每花序有 2 朵花；小苞片连合，杯状；花瓣无毛 ·· 1. 红树　*R. apiculata*
1. 花序梗纤细，通常与叶柄等长，腋生；每花序有花 2 朵以上；小苞片仅基部连合；花瓣被毛 ·· 2. 红海兰　*R. stylosa*

1. 红树

Rhizophora apiculata Blume, Enum. Pl. Javae 1: 91. 1827.

乔木或灌木，高 3-6（-10）m。树皮灰色，具纵裂痕。托叶 4-8 cm；叶柄 1.5-3 cm，淡红色，叶片长 7-16 cm，宽 3-6 cm，背面中脉淡红色。聚伞花序具 2 花，花序梗 0.7-10 mm，花无柄；萼裂片卵形，下凹，长 1-1.4 cm；花瓣披针形，长 6-8 mm，白色；雄蕊常 12 枚，4 枚的基部与花瓣连合，8 枚与萼连合，长 6-7.5 mm，花药先端细尖；子房大部分被花盘包围，离生部分长 1.5-2.5 mm，花柱约 1 mm。果长约 2.5 cm，宽 1.5 cm，前端狭。下胚轴棍棒形，长约 3.8 cm，宽 1.2 cm。花果期全年。

分布于广西、海南，生于海岸红树林。亚洲热带、大洋洲北部、太平洋岛屿也有分布。

图 266　红树

2. 红海兰

Rhizophora stylosa Griff., Not. Pl. Asiat. 4: 665. 1854.

乔木，高不足 8 m。树皮粗糙，微红或灰白色。叶倒卵形，长 6.5-11 cm，宽 3-4 (-5.5) cm，叶柄 2-3 cm。花序有两至多朵花，花序梗 1-5 cm，花梗 5-10 mm，小苞片棕色，合生；萼裂片长 9-12 mm，宽 3-5 mm；花瓣长达 1.2 cm，内卷，边缘密被茸毛；雄蕊 8，有明显花丝，花药 5-6 mm；子房锥形，小于 1.5 mm，花柱 4-6 mm，柱头 2 裂。果绿色，锥形，长 2.5-3 cm，宽约 2 cm。下胚轴圆柱形，30-40 cm，先端急尖。花果期秋季至冬季。

分布于广东南部、广西南部、海南北部，生于海边红树林。柬埔寨、印度尼西亚、日本（鹿儿岛）、马来西亚、菲律宾、越南、澳大利亚北部、太平洋岛屿也有分布。

番杏科 Aizoaceae

草本或亚灌木，常肉质，单叶互生、对生或近轮生，全缘。花两性，稀杂性，辐射对称，单生、簇生或呈聚伞花序；花单被或具花萼和花瓣，花被片（3-）5（-8），稀花瓣多数，离生或基部连合；雄蕊 3-5 或多数，离生或基部连合成束，花药 2 室，纵裂；子房上位或下位，心皮 2-5 或多数，合生成 2 至多室，胚珠一至多数，中轴或侧膜胎座，花柱离生。蒴果、坚果或瘦果，花被宿存，包被果实。

本科约有 135 属 1 800 种，分布于热带及亚热带地区。我国有 3 属 3 种。

分属检索表

1. 子房上位，3-5 室；蒴果；叶对生 ··· 1. 海马齿属 *Sesuvium*
1. 子房下位，3-8 室；坚果；叶互生 ··· 2. 番杏属 *Tetragonia*

1. 海马齿属 *Sesuvium* L.

草本，稀亚灌木。茎匍匐，分枝。叶对生，肉质。花单生或簇生叶腋，稀呈聚伞花序；花无梗或具梗；花被 5 深裂，裂片长圆形，内面带有色泽，边缘稍膜质，花被筒倒圆锥形；雄蕊 5，与花被裂片互生，或多数；子房上位，3-5 室，每室胚珠多数；花柱 3-5，线形。蒴果椭圆形，果皮膜质，近中部环裂，花被宿存。

本属约有 17 种，广布于热带及亚热带，为盐生植物。我国有 1 种。

1. 海马齿

Sesuvium portulacastrum (L.) L., Syst. Nat. ed. 10, 2: 1058. 1759.——*Portulaca portulacastrum* L.

多年生肉质草本。茎平卧或匍匐，长达 50 cm，绿色或红色，被白色瘤点，多分枝，节上生根。叶肉质，线状倒披针形，长 1.5-5 cm，宽 0.2-1 cm，先端钝。花单生叶腋；花梗长 0.5-1 cm；花被长 6-8 mm，筒长约 2 mm，裂片 5，卵状披针形，绿色，内面红色，边缘膜质；雄蕊 15-40，花丝离生或中部以下连合；花柱 3（4-5）。蒴果卵球形，长不超过花被，中部以下环裂。花期 4-7 月。

分布于福建、广东、广西南部、海南、台湾，生于近海岸沙滩。广布全球热带及亚热带海滨。

图 267　海马齿

2. 番杏属　*Tetragonia* L.

肉质草本或亚灌木，无毛、被毛或具白亮颗粒状针晶体。茎直立、斜升或平卧。叶互生，全缘或浅波状。花单生或数个簇生叶腋，绿色或淡黄绿色；花被 3-5 裂；雄蕊 4 或多数，花丝分离或成束；子房下位，3-8 室，每室 1 胚珠，花柱线形，与室同数。坚果陀螺形，顶端常凸起或具小角。

本属约有 60 种，分布于非洲、东亚、澳大利亚、新西兰和南美。我国有 1 种。

1. 番杏

Tetragonia tetragonioides (Pall.) Kuntze, Revis. Gen. Pl. 1: 264. 1891.——*Demidovia tetragonioides* Pall.

一年生肉质草本，高达 60 cm，无毛，表皮细胞内有针状晶体，呈颗粒状凸起。茎初直立，后平卧，基部分枝，肉质，淡绿色。叶卵状菱形或卵状三角形，长 4-10 cm，边缘波状；叶柄肉质，长 0.5-2.5 cm。花单生或 2-3 朵簇生叶腋；花梗长 2 mm；花被筒长 2-3 mm，裂片（3）4（5），内面黄绿色；雄蕊 4-13。坚果陀螺形，长约 5 mm，具钝棱和 4-5 角，花被宿存。花果期 8-10 月。

分布于福建、广东、江苏、台湾、云南、浙江，生于海岸沙滩。东亚、澳大利亚和南美均有分布。

可作蔬菜，也可药用。

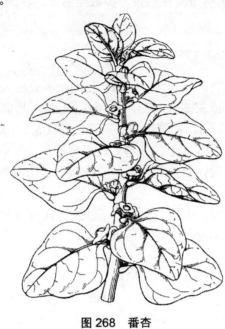

图 268　番杏

粟米草科　Molluginaceae

草本，单叶对生、互生或轮生。花两性，辐射对称，单生、簇生或呈聚伞或伞形花序；单被花，花被片 5，分离，宿存；雄蕊（2）3-5-10（20），花丝离生或基部连合，花药 2 室，纵裂；花盘无或环状；子房上位，心皮 3-5，连合或离生，花柱、柱头与心皮同数，中轴胎座，胚珠多数，弯生或倒生。蒴果室背开裂或环裂，花被宿存。种子多数，胚环状，包被胚乳。

本科约有 14 属，120 种，分布于热带和亚热带地区。我国有 3 属 8 种。

分属检索表

1. 种子具环形种阜及假种皮；花具退化雄蕊 ·· 1. 星粟草属 *Glinus*
1. 种子无种阜及假种皮；花无退化雄蕊 ·· 2. 粟米草属 *Mollugo*

1. 星粟草属　*Glinus* L.

一年生匍匐草本，多分枝，密被星状柔毛或无毛。单叶互生、对生或近轮生，全缘或具微齿。花簇生叶腋，花被片 5，离生，边缘膜质，宿存；雄蕊（3-）5（-20），离生或成束，花丝丝状，具退化雄蕊；心皮 3（-5），连合，子房 3（-5）室，胚珠多数，花柱宿存。

蒴果球形，3（-5）瓣裂。种子肾形，多数，具环形种阜及假种皮，胚弯曲。

本属约有10种，分布于热带及亚热带，少数至温带。我国有2种。

1. 星粟草

Glinus lotoides L., Sp. Pl. 1: 463. 1753.

草本，全株密被星状柔毛。茎长达40 cm，外倾，多分枝。基生叶莲座状，早落；茎生叶近轮生或对生，倒卵形或长圆状匙形，长0.6-2.4 cm，基部下延；叶柄极短。花数朵簇生，无梗或近无梗；花被片5，椭圆形或长圆形，长4-6（-10）mm；雄蕊5（-15），离生，花丝线形；子房5室，花柱线形，外弯。蒴果卵球形，与宿存花被近等长，5裂。种子多数，肾形，暗褐色，具颗粒状凸起，假种皮囊状，长约为种子2/3，全包种柄，种阜线形，白色。花果期春夏。

分布于广东、海南、台湾、云南南部，生于沙滩、河边沙地或稻田中。也分布于中南半岛、菲律宾、马来西亚、印度尼西亚、斯里兰卡、非洲、欧洲、大洋洲及热带美洲。

图269　星粟草

附：长梗星粟草

Glinus oppositifolius (L.) A. DC. in Bull. Boiss. Ser. 2. 1: 552. 1901.——*Mollugo oppositifolia* L.

与星粟草的区别在于：植株近无毛或被微柔毛；叶匙状倒披针形或椭圆形，中部以上疏生细齿；花梗长0.5-1.4 cm；假种皮棒状。

分布于福建（厦门）、广东（西沙群岛）、海南、台湾，生于溪边、海岸沙地、稻田。也分布于亚洲、澳大利亚及非洲热带。

被子植物 ANGIOSPERMAE *315*

图 270 长梗星粟草

2. 粟米草属 *Mollugo* L.

一年生草本。茎铺散，斜生或直立，多分枝，无毛。叶近对生或近轮生，全缘。花簇生或呈聚伞或伞形花序；花被片 5，草质，边缘膜质；雄蕊 3（4-5），稀 6-10，无退化雄蕊；心皮 3（-5），连合，3（-5）室，胚珠多数，中轴胎座，花柱 3（-5），线形。蒴果球形，果皮膜质，室背 3（-5）瓣裂，花被宿存。种子多数，肾形，无种阜及假种皮，胚环形。

约 35 种，分布于热带及亚热带地区，少数至温带。我国有 4 种。

1. 粟米草

Mollugo stricta L., Sp. Pl. ed. 2, 131. 1762.

铺散草本，高 30 cm。茎纤细，多分枝，具棱，无毛。叶 3-5，近轮生或对生，茎生叶披针形或线状披针形，长 1.5-4 cm，基部窄楔形，全缘，中脉明显；叶柄短或近无柄。花小，聚伞花序梗细长，顶生或与叶对生；花梗长 1.5-6 mm；花被片 5，椭圆形或近圆形，长 1.5-2 mm，淡绿色；雄蕊 3；子房 3 室，花柱短线形。蒴果近球形，与宿存花被片等长，3 瓣裂。种子具颗粒状凸起。花期 6-8 月，果期 8-10 月。

分布于华中、华南、华东、西南及陕西、台湾，生于海岸沙滩、农耕地和荒地。亚洲热带和亚热带均有分布。

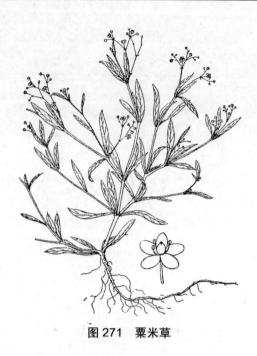

图 271 粟米草

石竹科 Caryophyllaceae

一年生或多年生草本，稀亚灌木。茎和分枝通常在节处膨大。叶对生，少互生或轮生，全缘，通常基部合生；托叶膜质或缺。聚伞或聚伞状圆锥花序，少数花单生或呈总状、头状或假轮伞状或伞形花序。花两性，少单性，辐射对称，花萼 4-5，分离，覆瓦状或合生成管，有时萼下有苞片；花瓣 4-5，稀缺，具爪和冠檐，冠檐全缘或分裂，通常在爪和冠檐连合处有冠状鳞片；雄蕊（2）5-10，形成 1 或 2 组；雌蕊 1，子房 2-5 心皮合生，上位，1 室或稀 2-5 室，有或无雌蕊柄，特立中央胎座，少为基生胎座，弯生胚珠（1 或）少数或多数，花柱（1 或）2-5，有时基部合生。蒴果，稀为浆果。

本科有 75-80 属约 2 000 种，在北半球温带和暖温带广泛分布，主要分布在地中海地区和亚洲西部到我国西部和喜马拉雅山地区，少数种分布在非洲撒哈拉南部、美洲和大洋洲。我国有 30 属 390 种。

分属检索表

1. 有托叶，稀托叶不明显；具花瓣，花柱分离；蒴果···5. 拟漆姑属 *Spergularia*
1. 无托叶。
    2. 萼片合生成明显的萼管；花瓣通常具爪；雄蕊下位。
        3. 蒴果室间开裂，具 5 齿；花柱基部弯转，宿存··2. 剪秋罗属 *Lychnis*
        3. 果实浆果状，成熟后干瘪，具 6-10 齿；果期花柱不宿存·······························4. 蝇子草属 *Silene*
    2. 萼片分离，很少基部合生；花瓣几无爪；雄蕊常周位。

4. 蒴果具齿，其数与花柱同···6. 繁缕属 Stellaria
4. 蒴果具齿，其数为花柱的 2 倍。
　　5. 花柱 2 或 3（4）；花瓣全缘，稀微缺，具齿，或 2 裂，裂片具齿············1. 无心菜属 Arenaria
　　5. 花柱 4 或 5，花瓣深 2 裂；蒴果卵球形，比花萼略长，5 裂至中部·········3. 鹅肠菜属 Myasoton

1. 无心菜属 *Arenaria* L.

一年生或多年生草本。茎直立，常丛生。叶对生，叶片线形至椭圆形、卵形或圆形，全缘。花白色，排成顶生的聚伞花序，稀单生于叶腋；萼片 4 或 5，先端全缘；花瓣 4 或 5，有时缺，先端全缘至有齿，2 裂或流苏状；雄蕊（2-5 或 8）10；子房 1 室，胚珠多数，花柱 2 或 3 (-5)。蒴果卵球形、长圆形或球形，通常比宿存萼片短，很少等于或长于萼，3-6 片裂。种子肾形或近卵球状，扁平，光滑，有小凸起或狭翅。

本属全世界有 300 余种，我国有 102 种。

1. 甘肃雪灵芝

Arenaria kansuensis Maxim., Bull. Acad. Imp. Sci. Saint-Pétersbourg, sér. 3, 26: 428. 1880.

多年生草本。主根粗壮，木质。茎高 4-5cm。叶密集，叶片带线状刺，横切面三角形，长 1-2cm，宽 1mm，坚硬，基部稍加宽，抱茎，边缘略反卷，近基部有小齿，先端急尖，具芒。花单生枝顶，苞片披针形，长 3-5cm，宽 1-1.5mm，基部短鞘状，边缘宽膜质，先端急尖；花梗 2.5-4mm，具腺毛；萼片 5，披针形，长 5-6mm，无毛，单脉，基部加宽，边缘宽膜质；花瓣 5，白色，倒卵圆形，长 4-5mm，基部楔形，先端钝；花盘杯状，具 5 腺体；雄蕊 10，花丝约 4mm，花药棕色；子房球形，1 室，胚珠多数，花柱 3，线形，长约 3mm。花期 7 月。

分布于甘肃南部、青海、四川西部、西藏东部、云南西北部，生于海拔 3 500-5 300 m 的高山草地、草地和砾石带。

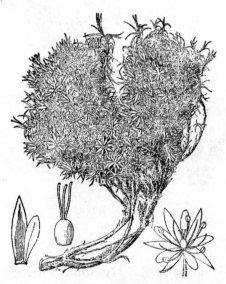

图 272　甘肃雪灵芝

2. 剪秋罗属 *Lychnis* L.

两年生或多年生草本。茎直立。叶对生，披针形到卵状披针形，先端急尖。二歧聚伞花序或花单生；花萼管状、狭漏斗状或窄钟状，通常不膨大，基部无苞片，先端5齿裂；花瓣5，具长爪，白色、粉红色或红色，全缘、2裂、4裂或撕裂状，有花冠鳞片；雌雄蕊柄有时明显，无毛；雄蕊10；子房1室或不完全数室，花柱5，果期宿存。蒴果5齿裂或5片裂，裂齿或裂片与花柱同数。种子多数，具疣突或狭翅。

全属约有25种，分布于非洲、亚洲和欧洲温带地区。我国有6种，大部分可供观赏。

1. 剪秋罗

Lychnis fulgens Fisch. ex Spreng., Novi Provent. 26. 1818.

多年生草本，高50-85 cm。根丛生，纺锤形，略肉质。叶长3.5-10 cm，宽2-4 cm，先端急尖。二歧聚伞花序具数花；花梗3-12 cm；苞片披针形，密生柔毛，具缘毛；花直径3.5-5 cm；萼窄钟状，长1.5-2.8 cm，宽4-8 mm，被长柔毛；花瓣深红色，2裂至1/2处，裂片线形，先端钝，每个裂片有钻状侧齿；爪狭披针形；冠鳞深红色，狭椭圆形；雌雄蕊柄约5 mm。蒴果狭椭圆形，长1.2-1.4 cm。花期6-7月，果期8-9月。

分布于东北、华北及贵州、河南、湖北、四川、云南等省，生于低山林地、阴湿的灌丛草地。朝鲜、日本、俄罗斯（西伯利亚和远东地区）也有分布。

图273 剪秋罗

3. 鹅肠菜属 *Myosoton* Moench

多年生草本。茎基部匍匐，上部渐上升。叶对生，卵形或长圆状卵形，无托叶。花排成聚伞花序；萼片5；花瓣5，白色，先端2深裂；雄蕊10；子房长圆形，1室，花柱5。蒴果卵圆形，5爿裂，每爿先端2深裂。种子肾形，表面具刺状凸起。

本属仅有1种，分布于亚洲和欧洲温带地区。

1. 鹅肠菜

Myosoton aquaticum (L.) Moench., Methodus 225. 1794.——*Cerastium aquaticum* L.

多年生草本，高20-80 cm，多分枝，被腺毛。叶膜质，叶片卵形至宽卵形，长2.5-5.5 cm，宽1-3 cm，疏生柔毛，叶柄5-10 mm，上部叶几无柄。花顶生或腋生，花梗1-2 cm，密生腺毛；萼片5，基部稍合生，被短柔毛；花瓣5，白色，2裂至基部，裂片披针形，长3-3.5 mm；雄蕊10，比花瓣短；子房卵形，花柱5，线形。蒴果下垂，5爿裂。种子锈褐色，球状，长约1 mm，具乳突。花期5-6月，果期6-8月。

分布于东北、华北、华东、华南，生于海拔300-2 700 m的山坡、谷地、林区、冲积地、田边。世界各地广为分布。

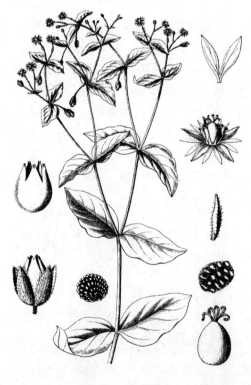

图274 鹅肠菜

4. 蝇子草属 *Silene* L.

一年生、二年生或多年生草本。茎直立、上升或匍匐。叶钻形、线形、椭圆形或披针形至卵状披针形。花两性或单性，单生或排成聚伞花序，白色、红色或粉红色；花萼管状、漏斗状或钟状，通常有10脉，具缘毛状的5齿，边缘膜质；花瓣5，有时具耳状爪，全缘，

2裂、4裂或丝裂，基部具鳞片；雌雄蕊柄有时明显；雄蕊10；子房不完全3-5室，花柱3-5，胚珠多数。蒴果顶部（3-）6（10）齿裂。种子肾形，具小疣突，有时具翅。

全属约有600种，主要分布在北温带，非洲和南美也有分布。我国约有110种，本书收录3种。

分种检索表

1. 一年生或两年生，花萼无腺毛··1. 女娄菜 *S. aprica*
1. 多年生，小聚伞花序疏散，聚伞圆锥花序呈圆锥状或总状。
   2. 小聚伞花序柄长，聚伞圆锥花序呈圆锥状，花瓣通常粉色················2. 鹤草 *S. fortunei*
   2. 小聚伞花序柄短，聚伞圆锥花序呈总状花序样，花瓣白色或黄白色·········3. 蔓茎蝇子草 *S. repens*

1. 女娄菜

Silene aprica Turcz. ex Fisch. & C. A. Mey., Ind. Sem. Hort. Petrop. 38. 1835.

一年生或两年生草本，高30-70 cm，全株密被灰白色柔毛。主根粗壮，稍木质化。茎直立。基生叶倒披针形或窄匙形，长4-7 cm，宽4-8 mm；茎生叶比基生叶小。聚伞花序具柄；花梗直立，长5-20（-40）mm；苞片披针形，具缘毛；萼卵状钟形，长6-8 mm，果期长达1.2 cm，密被柔毛，萼齿三角状披针形，边缘膜质，具缘毛；雌雄蕊柄很短或萎缩，被柔毛；花瓣具爪，有缘毛，白色或粉色，倒披针形，长1-5 mm，2裂；冠鳞舌状；雄蕊和花柱合生，花丝基部有纤毛；花柱3，基部有短毛。蒴果卵球形，长8-9 mm。种子灰棕色，球状肾形，长0.6-0.7 mm，具疣状凸起。花期5-6月，果期6-8月。

分布于全国各地，生于高原、丘陵和山地。日本、朝鲜、蒙古和俄罗斯也有分布。

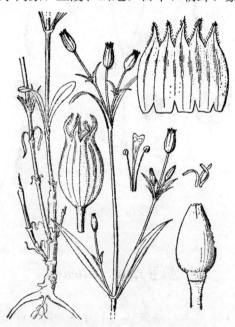

图275 女娄菜

2. 鹤草

Silene fortunei Visiani, Linnaea 24: 181. 1851.

多年生草本，高 50-80（-100）cm。根粗壮，木质化。茎丛生，直立，多分枝，有黏性物质。基生叶倒披针形或披针形，花时枯萎，长 3-8 cm，宽 7-12（-15）mm，有缘毛；茎生叶向上逐渐变小。花直径 2（-2.5）cm，呈稀疏少花的聚伞圆锥花序；花梗 3-12（-15）mm；苞片线形，长 5-10 mm，具缘毛；花萼窄管状，长（2.2-）2.5-3 cm，宽 3 mm，上部膨大；果期雌雄蕊柱长 1-1.5（-1.7）mm；花瓣淡红色，具爪，稍伸出花萼，倒披针形，长 1-1.5 cm，深 2 裂，裂片条状；冠鳞舌状，小；雄蕊和花柱外伸；花丝无毛；花柱 3。蒴果长 1.2-1.5 cm，宽 4 mm。种子深棕色，圆肾形，略扁，约 1 mm。花期 6-8 月，果期 7-9 月。

分布于安徽、福建、甘肃、河北、江西、陕西南部、山东、山西、四川、台湾等地，生长于灌丛、高原、低山灌丛草地。

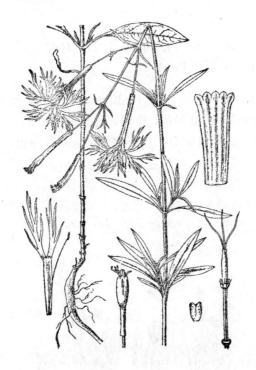

图 276　鹤草

3. 蔓茎蝇子草

Silene repens Patrin in Pers., Syn. Pl. 1: 500. 1805.

多年生草本，高 15-50 cm。根状茎纤细，有分枝。叶线状披针形、披针形、倒披针形或长圆状披针形，长（1.5-）2-7 cm，宽（1-）3-10（-12）mm，散生短柔毛，有缘毛。聚伞花序总状，小聚伞花序通常有花 3-7 朵，常对生；花梗 1-8 mm，苞片披针形；花萼常紫色或淡紫色，管状至纺锤状，长 1-1.5 cm，宽 3-5 mm，被短柔毛；雌雄蕊柄 4-6（-8）mm；

花瓣白色，具爪，无耳；雄蕊和花柱略伸出，花丝无毛；花柱3。蒴果卵球形，长6-8mm。种子黑棕色，肾形，约1mm。花期6-8月，果期7-9月。

分布于甘肃西北部、河北、吉林、内蒙古、陕西北部、四川、西藏等地，生于海拔1 500-3 500 m的森林、草地、溪边、干草原、沙丘、山顶草原。日本、朝鲜、蒙古、俄罗斯及北美西北部也有分布。

5. 拟漆姑属 *Spergularia* (Pers.) J. & C. Presl

一年生或多年生草本。茎直立，节膨大。叶线形，交互对生，托叶小，干膜质，绕节连合，在茎两侧形成三角形状。聚伞花序总状；萼片5，分离，绿色，边缘干膜质；花瓣5，白色或粉色，全缘；雄蕊2-5或10枚；子房1室，胚珠多数，生于特立中央胎座上，花柱3。蒴果卵球形，3瓣裂。种子多数，扁平，具翅或无，胚弧形。

全属约有40种，广布于北温带地区。我国有4种，产于北部或东北部，常见于盐碱滩上。

1. 拟漆姑

Spergularia marina (L.) Griseb., Spic. Fl. Rumel. 1: 213. 1843.——*Arenaria rubra* L. var. *marina* L.; *Spergularia salina* J. & C. Presl.

一年生或二年生草本，稀多年生。茎10-30 cm，多分枝，密被柔毛。叶长5-30 mm，宽1-1.5 mm，肉质，顶端突尖；托叶膜质，透明。花顶生或腋生；萼片卵圆形，长约3.5 mm，宽1.5-1.8 mm，背面具腺毛，边缘膜质；花瓣粉色，近基部白色，比萼片短；雄蕊2-5。蒴果5-6 mm，卵球形，比萼长。种子淡棕色，长0.5-0.7 mm。花期4-7月，果期5-9月。

分布于东北、华北、西北及河南、江苏、山东、四川、云南、浙江等地，生于海拔200-2 800 m的盐碱地、盐碱草甸、河边、湖边、田边。阿富汗、日本、哈萨克斯坦、朝鲜、蒙古、巴基斯坦、俄罗斯及北非、欧洲和北美也有分布。

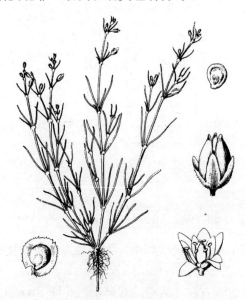

图277 拟漆姑

6. 繁缕属 *Stellaria* L.

一年生、二年生或多年生草本。根或根状茎丝状，纤细，根有时粗壮，肉质。茎直立，上升或平卧。叶对生，形状各异，无托叶。花小，白色，排成顶生聚伞花序，稀单生叶腋；萼片 5（4）；花瓣与萼片同数，通常 2 裂至基部，或有时缺，白色，很少绿色；雄蕊 2-5 或 10 枚；子房 1 室，少数幼时 3 室，花柱 3，很少 2-5。蒴果球形或长椭圆形，裂至中部以下或裂至基部，裂片与花柱同数，先端常再 2 裂。种子多数，肾形，略扁，具小瘤或光滑，胚弯曲。

全属约有 190 种，主要分布在温带或寒冷地区。我国有 64 种，各省均产。

分种检索表

1. 花单生顶端或叶腋，苞片草质，无膜质边缘，花梗丝状，开花后弯曲，雄蕊无毛，较花瓣短···2. 叶苞繁缕 *S. crassifolia*
1. 花成聚伞或二歧聚伞花序，很少单生。
    2. 叶披针形至狭卵形，基部抱茎。
        3. 叶边缘坚韧，皱波状；雄蕊 5（10）·······························1. 雀舌草 *S. alsine*
        3. 叶披针形，边缘草质；雄蕊 10·····························3. 翻白繁缕 *S. discolor*
    2. 叶较窄，线形或线状披针形，基部半抱茎或不抱茎。
        4. 茎光滑；叶边缘常有缘毛，特别是近叶片基部···············4. 细叶繁缕 *S. filicaulis*
        4. 茎粗糙；叶边缘有粗糙小突起，稀有稀疏缘毛···············5. 沼生繁缕 *S. palustris*

1. 雀舌草

Stellaria alsine Grimm, Acta Phys.-Med. Acad. Caes. Leop.-Carol. Nat. Cur. 3 (app.): 313. 1767. ——*S. uliginosa* Murray.

一年生草本，无毛。茎丛生，铺散，高 15-25（-35）cm，多分枝。叶无柄，披针形至长圆状披针形，长（0.2-）0.5-2 cm，宽 1-4 mm，基部散生纤毛，基部楔形，半抱茎，边缘骨质，稍呈波状，先端渐尖。花 3-5 呈聚伞花序或单生，花梗 0.5-2 cm，果期下弯；萼片 5，披针形，长 2-4 mm，宽约 1 mm，边缘膜质，先端渐尖；花瓣 5，短于或几等长于萼片，2 裂至近基部，裂片线形；雄蕊 5(-10)，稍短于花瓣；子房卵球形，花柱 3，有时 2。蒴果卵球形，与宿存萼片近等长。种子多数，棕色，肾形，略扁，有细皱纹。花期 5-6 月，果期 7-8 月。

分布于安徽、福建、甘肃、广东、广西、贵州、河南、湖南、江苏、江西、内蒙古、四川、台湾、西藏、云南、浙江等，生于海拔 500-4 000 m 的田野、溪边、湿地。不丹、印度、日本、克什米尔地区、朝鲜、尼泊尔、巴基斯坦、越南及欧洲等地也有分布。

图 278　雀舌草

2. 叶苞繁缕

Stellaria crassifolia Ehrh., Hannover. Mag. 8: 116. 1784.

多年生草本，无毛。茎直立，高 5-14 cm，四棱形，纤细，具分枝。叶无柄，卵圆状披针形或披针形，长 0.5-1.6（-2）cm，宽 1-4 mm。单花腋生或顶生；苞片叶状，花梗 1-2 cm，果期达 3.5 cm；萼片 5，卵状披针形，长 3.5-4 mm，宽约 2 mm，边缘宽膜质，先端渐尖；花瓣 5，几与萼等长，2 裂至近基部，裂片线形；雄蕊 10，较花瓣短；子房近圆形，花柱 3。蒴果椭圆形，宽 1.2-2 mm，与宿存萼片近等长，6 瓣裂。种子棕色，扁球形，直径约 1 mm。花期 5-7 月，果期 6-8 月。

分布于内蒙古、新疆，生于河边、草甸、田野。日本、哈萨克斯坦、蒙古、俄罗斯及欧洲和北美也有分布。

3. 翻白繁缕

Stellaria discolor Turcz., Bull. Soc. Imp. Naturalistes Moscow 15: 601. 1842.

多年生草本，无毛。茎直立，四棱形，高 10-40 cm，具分枝。叶无柄，披针形，长 3-4（-5）cm，宽 3-6 mm，两面无毛，叶基部圆形或楔形，先端渐尖。聚伞花序，苞片白色，卵状披针形，长 2-3（-6）mm，膜质，先端长渐尖；花梗 1-1.5 cm；萼片 5，披针形，长约 5 mm，3 脉，边缘膜质；花瓣 5，比萼片短或稍长，2 裂至近基部；雄蕊 10 枚，比花瓣短；子房卵状球形；花柱 3，线形。蒴果比宿存萼片稍短。种子棕褐色，卵球形，稍扁，有小凸起。花期 4-7 月，果期 6-8 月。

分布于东北及河北、内蒙古、陕西，生于海拔近 3 000 m 的高山草地、林缘、林中湿地。日本、蒙古、俄罗斯也有分布。

图 279　翻白繁缕

4. 细叶繁缕

Stellaria filicaulis Makino, Bot. Mag. (Tokyo) 15: 113. 1901.

多年生草本，无毛。茎丛生，四棱，高 30-50 cm。叶线形，长 2-3 cm，宽 1-3 mm，具疏缘毛。花单生或呈聚伞花序；苞片披针形，长 1-2 mm，边缘膜质；花梗丝状，长 2-5 cm；萼片 5，披针形或狭披针形，长 4-5 mm，边缘膜质；花瓣 5，白色，线状披针形，较萼片长 1.5 倍，2 裂至近基部；雄蕊 10，比萼片短；花柱 3。蒴果黄色，圆柱状卵圆形，长为宿存萼片的 1.5 倍，6 爿裂。种子多数，棕色，椭圆形，长 0.7-1 mm，有细皱折。花期 5-7 月，果期 6-8 月。

分布于东北和华北，生于海拔 500-700 m 的湿草地、河岸。日本、朝鲜也有分布。

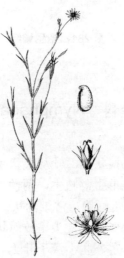

图 280　细叶繁缕

5. 沼生繁缕

Stellaria palustris Retz., Fl. Scand. Prodr., ed. 2, 106. 1795.

多年生草本，灰绿色，无毛。茎丛生，直立，四棱形，高10-35 cm。叶线形至线状披针形，长2-4.5 cm，宽2-4 mm，无毛，中脉明显，先端急尖。二歧聚伞花序，花序梗7-10 cm；苞片白色，披针形至卵状披针形，长3-7 mm，边缘膜质；萼片5，卵状披针形，长4-7 mm，具3条脉；花瓣5，白色，长4-7 mm，几等于或稍长于萼片；雄蕊10，比萼片稍短；子房卵球形，花柱3。蒴果卵球状圆柱形，与宿存萼片几等长或稍长。种子多数，黑棕色，近圆形，有明显细皱纹。

分布于东北、华北及甘肃、河南、山东、陕西、四川、云南，生于海拔1 000-3 600 m的山坡草地或山谷疏林地，喜湿润。阿富汗、日本、哈萨克斯坦、蒙古、俄罗斯、亚洲西南部、欧洲等地也有分布。

图281 沼生繁缕

睡莲科 Nymphaeaceae

多年生稀一年生水生草本，具根状茎。叶从根状茎生出，单叶，互生，漂浮、沉水或半沉水，叶片不分裂，常盾状。花单生，腋生，两性，辐射对称；萼片4-7，通常绿色，有时花瓣状；花瓣多数，稀缺，通常鲜艳，常雄蕊状；雄蕊多数；雌蕊1，心皮5至多数，部分或完全合生；子房多室，胚珠多数，柱头呈放射状。浆果，种子多数，不规则开裂。种子有假种皮，胚乳小，外胚乳丰富，胚小，子叶2，肉质。

本科有6属约70种，广布于温带和热带地区，中国有3属8种。

分属检索表

1. 叶脉羽状；萼黄色或橙色，花瓣状；子房上位，种子无假种皮·················2. 萍蓬草属 Nuphar
1. 叶脉掌状；萼淡绿色，不呈花瓣状；子房半下位或下位，种子具假种皮。
　2. 叶和果实具刺，叶片盾状，基部微凹，子房下位····························1. 芡属 Euryale
　2. 叶和果实无刺，叶片顶生，圆形，深裂至中部叶柄着生处，子房半下位··········3. 睡莲属 Nymphaea

1. 芡属 *Euryale* Salisb.

一年生或多年生水生草本。根状茎直立，不分枝。叶沉水或浮水，花茎和叶有刺，叶宽椭圆形至圆形，全缘，盾形。花上位，浮水或常部分或全部沉水；萼片 4，淡绿色，密生小刺，宿存；花瓣多数，紫色，3-5 列，逐渐变成雄蕊；雄蕊多数，成 8 束；心皮 7-16，完全合生，无花柱，边缘无附属物。浆果海绵状。种子 8-20 粒，光滑，具假种皮。

本属仅有 1 种，分布于东亚。

1. 芡实

Euryale ferox Salisb. ex K. D. Koenig & Sims, Ann. Bot. 2: 74. 1850.

一年生水生植物，多刺。叶革质，漂浮，圆形或近心形；浮水叶在叶柄及沿叶脉处均有皮刺，叶片远轴面深紫色，近轴面绿色，直径 1.3 (-2.7) m，基部微缺或具深弯。花直径 5 cm；花梗粗壮，具密皮刺；萼片 4，披针形，长 1-1.5 (-3) cm，密被钩刺；外层花瓣紫色，长圆状披针形，长 1 (-2.5) cm；雄蕊多数；子房下位，7-16 室。浆果深紫色，球形，直径 5-10 cm，海绵质，密生刺。种子黑色，8 至多数，球形，直径 6-10 mm，种皮厚，质硬。花期 6-8 月。

分布于我国大部分省区，生于湖泊、池塘。孟加拉国、印度、日本、克什米尔地区、朝鲜、俄罗斯（远东地区）也有分布。

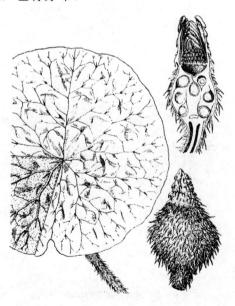

图 282　芡实

2. 萍蓬草属 *Nuphar* Sm.

多年生草本。根状茎匍匐，分枝。叶二型，浮水叶革质，沉水叶纸质；叶片卵圆形至椭圆形，侧脉羽状，数次二歧分叉，基部心形。花下位；萼片（4-）5（-7），黄色或橙色，花瓣状，长圆形至倒卵形，宿存；花瓣多数，黄色，小，雄蕊状；雄蕊与萼片等长，生于子房基部，花丝舌状，花药黄色，药隔无附属物；心皮完全合生，无花柱，柱头盘状，放射状浅裂。果实卵球形到坛状，不规则开裂。种子光滑，无假种皮。

本属约有 10 种，在北温带地区广布。我国有 1 种 2 亚种。

1. 萍蓬草
Nuphar pumila (Timm) DC., Syst. Nat. 2: 61. 1821.——*Nymphaea lutea* L. var. *pumila* Timm.

1a. 萍蓬草（原亚种）
Nuphar pumila (Timm) DC. subsp. ***pumila***

根状茎粗 2-3 cm。叶柄 20-50 cm，被短柔毛；叶漂浮，宽卵形至卵形，背面无毛至密被短柔毛，上面光滑，基部心形。花直径 1-2.5 cm；萼片黄色，花瓣状，长 1-2 cm；花瓣狭楔形，长 5-7 mm；子房上位，柱头盘状，深裂。果实直径 1-2 cm。种子棕色，长约 5 mm。花果期 5-9 月。

分布于安徽、贵州、河北、河南、黑龙江、湖北、江苏、江西、吉林、内蒙古、新疆、浙江等地，生于湖泊、池塘。日本北部、朝鲜、蒙古、俄罗斯及欧洲北部也有分布。

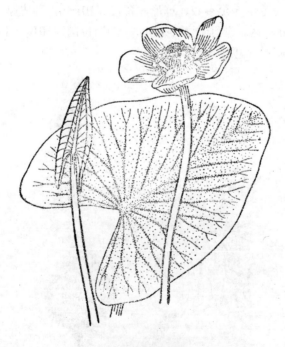

图 283　萍蓬草

1b. 中华萍蓬草（亚种）

Nuphar pumila (Timm) DC. subsp. ***sinensis*** (Hand.-Mazz.) Padgett, Sida 18: 825. 1999.——*Nuphar simensis* Hand.-Mazz.

根状茎直径 1-3cm。叶柄被短柔毛，叶漂浮，卵形，背面边缘密被短柔毛，基部心形。花直径 2-4.5（-6）cm；萼片黄色，长圆形至倒卵形，长 2.5cm；花瓣狭楔形至宽线形，长约 7mm，先端微缺；柱头盘状。果实直径 1.5-2mm。种子棕色，卵球形，长约 3mm。花果期 5-9 月。

分布于安徽、福建、广东、广西、贵州、湖南、江西、浙江等省区，生于池塘中。

3. 睡莲属 *Nymphaea* L.

多年生水生草本。根状茎上升或匍匐。叶漂浮水面，脉掌状，全缘或具齿，有时稍呈盾状。花浮水或突出水面，花被展开；萼片 4，绿色；花瓣 8 至多数，大而艳丽；雄蕊多数，短于萼片和花瓣，生于子房侧面，花丝线形至卵形或倒卵形；心皮部分或全部愈合成 1 室，花柱无或变成心皮附属物，柱头盘状。浆果海绵质，水中成熟，果实不规则开裂。种子球形、卵球形或椭圆形，平滑或纵脊有毛，具假种皮。

全属约有 50 种，广布于温带和热带地区，很多种被栽培作观赏植物。

分种检索表

1. 花瓣白色，带有紫、蓝或紫红色调；花药药隔顶端有附属物；叶片近全缘或具深圆齿；萼片宿存···2. 延药睡莲 *N. nouchali*
1. 花瓣白色；花药药隔顶端无附属物；叶片全缘；萼片开花后早落或分解。
   2. 花盛开时直径大于 6cm；成熟叶片多大于 10cm；心皮附属物三角形··············1. 白睡莲 *N. alba*
   2. 花盛开时直径 3-6cm；成熟叶片多小于 10cm；心皮附属物卵圆形··············3. 睡莲 *N. tetragona*

1. 白睡莲

Nymphaea alba L., Sp. Pl. 1: 510. 1753.

根状茎匍匐。叶近圆形，直径 10-25cm，纸质，基部深心形，全缘或波状。花直径（7-）10-20cm；萼片披针形，长 3-5（-8）cm；花瓣（12-）20-25（-33），白色，卵状长圆形，长 3-5.5(-8) cm，逐渐变成雄蕊；药隔顶端无附属物；心皮完全合生，柱头射线（8-）14-20(-25)。浆果扁平至半球形，直径 2.5-3cm。种子椭圆形，长 2-3（-5）mm，光滑。花期 6-8 月。

分布于河北、陕西、山东、浙江等地，栽培或自然生长在池塘中。克什米尔地区、俄罗斯（高加索）、亚洲西南、非洲、欧洲也有分布。

2. 延药睡莲

Nymphaea nouchali Burm. f., Fl. Indica 120. 1768.——*Nymphaea stellata* Willd.

根状茎直立，不分枝。叶椭圆形或圆形，直径 7-15（-45）cm，无毛，基部心形，边缘近全缘到深圆齿状。花直径 3-15cm，微香；萼片披针形或长圆披针形，长 2.5-8cm，宿存；花瓣 10-30，白色带紫色、蓝色或紫红色，长 4.5-5 cm，内轮渐变成雄蕊；内圈雄蕊花丝与花药几等宽，药隔顶端有长附属物，心皮部分合生，柱头具放射线（8-）10-30。浆果球形，直径 1.5-4.5 cm。种子椭圆球形，长 0.5-1.3 mm，有纵列的毛。花果期 7-12 月。

分布于安徽、广东、海南、湖北、台湾、云南等地，生于池塘中。亚洲和大洋洲均有分布。

3. 睡莲

Nymphaea tetragona Georgi, Bermerk Reise Russ. Reich. 1: 220. 1775.

根状茎短粗。叶心形或卵状椭圆形，长 5-12 cm，宽 3.5-9 cm，基部深心形，全缘。花直径 3-6 cm；萼片 4，宽披针形至狭卵形，长 2-3.5 cm，宿存；花瓣 8-15（-17），白色，宽披针形、长圆形至倒卵形，长 2-2.5 cm，内轮不变成雄蕊；雄蕊较花瓣短，药隔顶端无附属物；心皮完全合生，子房半下位，5-8 室，柱头具 5-8（-10）放射线。浆果球形，直径 2-2.5 cm，包于宿存花萼内。种子 2-3（-4）mm，黑色，光滑。花期 6-8 月。

广泛分布于我国南北各地，生于从近海平面至海拔 4 000 m 以下的池塘、湖泊。亚洲、北美、欧洲均有分布。

图 284　睡莲

莼菜科　Cabombaceae

多年生水生草本。茎纤细，分枝，根状茎匍匐。叶二型，沉水叶对生，有时轮生，掌状细裂；浮水叶互生，盾状，全缘。单花腋生，辐射对称；萼片 3，分离或近分离；花瓣 3，离生，与萼片互生；雄蕊 3-36（-51）；雌蕊 3-18，子房 1 室，胚珠 1-3，下垂，花柱短，柱头短，头状或线状下延。果实瘦果状或蓇葖果状，革质不开裂。种子胚乳少，外胚乳丰富；胚小，子叶 2，肉质。

本科共有2属，6种，分布于热带和温带地区。我国有2属2种。

分属检索表

1. 花瓣狭长圆形，基部无耳；雄蕊12-36（-51）；种子无疣状凸起··················1. 莼菜属 *Brasenia*
1. 花瓣宽椭圆形，基部耳状；雄蕊3-6；种子具疣状凸起····························2. 水盾草属 *Cabomba*

1. 莼菜属 *Brasenia* Schreber

多年生水生草本，有匍匐根状茎。茎纤细，分枝，并具黏液汁。叶浮水，具长柄，互生，全缘，盾状或宽椭圆形，脉序放射状。花小，紫色，腋生，花梗长；萼片3-4，线状长圆形至狭卵圆形；花瓣3-4，狭长圆形，基部无耳；雄蕊12-36（-51），与萼片和花瓣对生；雌蕊6-18，胚珠（1-）2，柱头线状下延。果实纺锤形，革质，不开裂。种子卵球形，无疣状凸起。

本属仅有1种，除欧洲和西亚外广布世界其他地区，主要分布在北半球，我国亦产。

1. 莼菜

Brasenia schreberi J. F. Gmel., Syst. Veg. 1: 853. 1791.

茎1-2m，无毛，基部有匍匐根状茎。叶柄25-40cm；叶片长5-10cm，宽3.5-6cm，无毛。花直径1-2cm，花梗6-10cm；花被暗紫色，长10-15（-20）mm，宽2-7mm；花瓣比萼片长且窄，先端钝；雄蕊长为花瓣的1/2，花药线状，长约4mm。果6-10mm。种子1-2，长2.5-4mm，宽2-3mm。花期6月，果期10月。

分布于安徽、湖南、江苏、江西、四川、台湾、云南、浙江等地，生于池塘、湖泊或沼泽湿地。亚洲、非洲、大洋洲、北美及南美均有分布。

本种植物在我国用嫩茎叶作汤菜，柔滑可口，为浙江西湖名产。

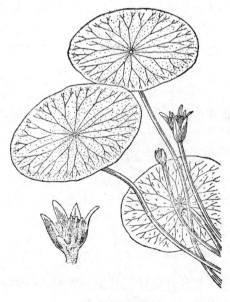

图285 莼菜

2. 水盾草属 *Cabomba* Aublet

植株的幼小营养体常具锈色短柔毛，有黏液。叶二型，具柄；沉水叶轮廓呈心形，掌状分裂，裂片二歧（三歧）分叉；浮水叶互生，在开花时生于茎先端，叶片线状椭圆形或稀戟形，盾状，基部全缘或有缺刻。萼片花瓣状，倒卵形；花瓣宽椭圆形，基部耳状；雄蕊3-6，与花瓣对生；雌蕊（1）2-4；胚珠（1-）3（-5），柱头头状。果实长梨形，先端变狭。种子卵球形至近球形，具疣状凸起。

全属有5种，分布于美洲。我国仅有1种。

1. 竹节水松

Cabomba caroliniana A. Gray, Ann. Lyceum Nat. Hist. New York 4: 47. 1837.

茎长1-2m，具根状茎，几无毛，仅顶部被锈色短柔毛。沉水叶柄长0.3-1.5cm，叶片掌状分裂，直径达2-7cm，末回裂片线形或略匙形，宽1.8mm。浮水叶柄长1.5-2cm，叶片长1.4-2cm，宽约3mm。花直径0.6-1.5cm；萼片白色，边缘有紫色或黄色，稀淡紫色，长5-12mm，宽2-7mm，先端钝；花瓣与萼片同色，长4-12mm，宽2-5mm，基部具爪，先端钝或微缺；具密腺，黄色；雄蕊（3-）6，长约3.5mm；雌蕊（2-）3，长3.5-4mm，具短柔毛。果4-7mm。种子1-3，长1.5-3mm，宽1-1.5mm。花果期夏季至秋季。

分布于江苏，生于河道中。本种原生于北美东南部和南美南部。

莲科 Nelumbonaceae

多年生草本。根状茎分枝，匍匐，形成膨大的贮藏块茎。叶从根状茎上升，互生，沉水或浮水，具长柄；叶片盾状，叶脉放射状。花单生叶腋，有长花梗，两性，下位花，辐射对称，虫媒，生在水面之上；花被片多数，分离，最外层退化，内层花被片较大成花瓣状；雄蕊多数，花药纵向开裂；雌蕊多数，单独嵌在花托顶部空腔内；子房1室，胚珠1，下垂；花柱很短，柱头头状。果实坚果状，不开裂。种子无胚乳和外胚乳，胚大，子叶2，肉质。

本科共1属2种，分布在东南亚和大洋洲北部以及中美洲和北美洲。我国仅有1种。

1. 莲属 *Nelumbo* Adanson

本属形态特征和地理分布与科的记载相同。

1. 莲

Nelumbo nucifera Gaertner, Fruct. Sem. Pl. 1: 73. 1788.

水生草本，有乳状汁液。根状茎横伸。叶柄常有刺；叶圆形，盾状，直径25-90cm，无毛，全缘。花大，单生，直径10-23cm，花梗较叶柄长，无毛或有散生小刺；花被片早落，粉色或白色，长椭圆形至倒卵形，长 5-10 cm，宽 3-5 cm；雄蕊略长于花托，花丝纤细，花药线状，长 1-2 mm；花托花后膨大，陀螺状，直径 5-10 cm；心皮 9-17 或更多，埋藏于海绵质花托内，每心皮顶有一孔。坚果椭圆形或卵形。种子卵形或椭圆形，长 1.2-1.7 cm。花期 6-8 月。

我国各地湖泊和池塘广泛栽培。亚洲和大洋洲均有分布。

本种除可供观赏外，地下茎（莲藕）、种子和嫩叶均供食用及入药。

图 286　莲

金鱼藻科　Ceratophyllaceae

多年生沉水草本，雌雄同株。茎纤细，分枝。无托叶，叶 3-11 枚轮生，叶片两歧分裂成丝状裂片，裂片有 2 列小齿。花序退化，单生或具极小分枝，在节上 1 至数个，无梗或在果期花序梗伸长；8-15 个叶状苞片形成小总苞，苞片 1.5-2 mm，先端有 2 小齿，中间具 1 个多细胞附属物；无花被，几无花柄；雄花有雄蕊 3-50，螺旋排列，花丝短，花药 2 室；雌花有 1 雌蕊，子房 1 室，胚珠 1，下垂，花柱宿存，柱头下延。瘦果不开裂，椭圆形，光滑或有疣状凸起，基部具 0-2 刺，上部具 0-2 刺，边缘有或无翅，边缘有 1-8 刺，先端有长刺状宿存花柱。种子无胚乳或外胚乳，子叶肉质。

本科共有 1 属 6 种，世界广布。

1. 金鱼藻属 *Ceratophyllum* L.

形态特征和地理分布等与科相同。

分种检索表

1. 叶 3 或 4 ·· 2. 粗糙金鱼藻 *C. muricatum subsp. kossinskyi*
1. 叶 1 或 2。
 2. 瘦果表面无刺 ·· 1. 金鱼藻 *C. demersum*
 2. 瘦果表面有刺 ·· 3. 五刺金鱼藻 *C. platyacanthum subsp. oryzetorum*

1. 金鱼藻

Ceratophyllum demersum L., Sp. Pl. 2: 992. 1735.

多年生沉水草本。茎长 3 m，具分枝。叶 2 歧分裂，轮生，每轮直径 1.5-6 cm，裂片线形，长 1.5-2 cm，宽 1-5 mm，顶端白色软骨质。花直径 1-3 mm，紫色；雄蕊 10-16；子房卵形，1 室，柱头钻形。瘦果长 3.5-6 mm，宽 2-4 mm，光滑或稍有疣状凸起，边缘无翅，基部有 2 刺或小瘤，刺长 0.1-12 mm，宿存花柱刺状，长 0.5-14 mm。花果期为 6-9 月。

分布于全国大部分省区，生于河流、池塘、湖泊中。世界广布。

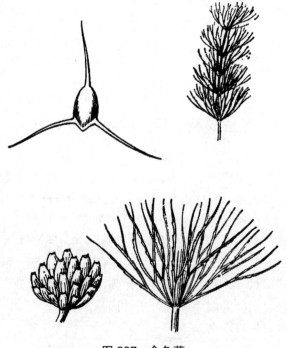

图 287 金鱼藻

2. 粗糙金鱼藻

Ceratophyllum muricatum Cham. subsp. ***kossinskyi*** (Kuzen.) Les, Syst. Bot. 13: 85. 1988.——
C. kossinskyi Kuren., *C. manshuricum* (Miki) Kitag., *C. submersum* L.

茎长 1m。叶淡黄绿色，2 歧分裂，轮生，每轮直径 2.5-6 cm；裂片线形至丝状，长 1-1.2 cm，宽 0.2-2 mm，基部有时膨大。瘦果棕色或深绿色，长 3.5-4 mm，宽 2-2.5 mm，表面具疣状凸起或乳突，有板块状脊，有时变成刺，边缘有翅或无翅，有时有 1-8 细刺，刺长 0.1-2.5 mm；基部具 2 刺，刺长 1.5-6 mm，先端刺（宿存花柱）长 1-1.5 cm。花果期 7-10 月。

分布于东北及福建、河北、湖北、江苏、内蒙古、宁夏、台湾、云南等地，生于湖泊、池塘、河流或沼泽。哈萨克斯坦、俄罗斯（西伯利亚）及东欧也有分布。

3. 五刺金鱼藻

Ceratophyllum platyacanthum Cham. subsp. ***oryzetorum*** (Kom.) Les, Syst. Bot. 13: 517. 1988.
——*C. oryzetorum* Kom.

多年生沉水草本。多分枝。叶 10 枚轮生，2 歧分裂，裂片线形，长 1-2 cm，宽 3-5 mm。瘦果棕色或暗绿色，长 4-5 mm，宽 2-3 mm，光滑或稍有疣状凸起，边缘无翅，顶部刺 2 枚，长 0.5-9.5 mm，不下延，基部刺 2 枚，长 1.5-2.5 mm，先端刺（宿存花柱）长 2-12.5 mm。花果期 6-9 月。

分布于东北及安徽、广西、河北、湖北、内蒙古、宁夏、山东、台湾、浙江等地，生于池塘、河流。日本、朝鲜、俄罗斯（远东地区）也有分布。

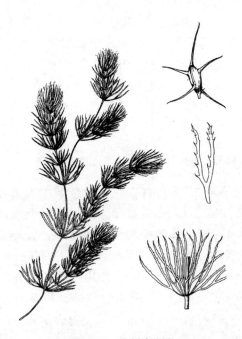

图 288　五刺金鱼藻

藤黄科 Clusiaceae (Guttiferae)

灌木、乔木或草本。单叶对生或轮生，全缘，稀具腺状流苏，无托叶。花两性或单性，下位，单生或呈聚伞花序或聚伞圆锥花序；萼片（2-）4-5（-6），芽中覆瓦状或交互对生，内层萼片有时花瓣状；花瓣（3-）4-5（-6），分离，芽中覆瓦状或旋转；雄蕊 9 至多数，（3-）5 束与花瓣对生，或不同程度连合，有时不育，花药纵裂，不育雄蕊 3-5 束或无；子房上位，2-5（-12）心皮连合，1-12 室，中轴胎座、侧膜胎座或基生胎座，有胚珠 1 至多数，直立或下垂，花柱（0-）1-5（-12）分离或连合，柱头 1-12，点状或盾状，表面具乳突或平滑。蒴果、浆果或核果。种子 1 至多数，几无胚乳，有时具假种皮。

本科约有 40 属 1 200 余种，主产于热带。我国有 8 属 95 种，本书选入 2 属 3 种。

分属检索表

1. 花瓣黄色，雄蕊（4-）5 束 ·· 1. 金丝桃属 *Hypericum*
1. 花瓣粉红色或白色，雄蕊 9 枚，3 束 ·· 2. 三脉金丝桃属 *Triadenum*

1. 金丝桃属 *Hypericum* L.

草本或灌木。叶对生或轮生，无柄或具短柄。聚伞花序，花两性；萼片 5 枚，覆瓦状，或稀 4 枚交互对生；花冠金黄色至柠檬黄色，稀白色，背脉红色，（4-）5 枚，芽中旋转；雄蕊（4-）5 束，与花瓣对生，每束雄蕊达 70-120 枚，花丝分离或基部 2/3 合生，花药小，纵裂，药隔有腺点，无不育雄蕊；子房 3-5 室，中轴胎座，或 1 室而为侧膜胎座，胚珠少至多数，花柱纤细，柱头小。蒴果开裂或不开裂，裂片常有油道和泡束。种子小，常具龙骨或单侧具翅，外种皮有各式雕纹，无假种皮，胚纤细，直。

本属约有 460 种，广布于温带及亚热带。我国有 64 种，本书只选入 1 种。

1. 黄海棠

Hypericum ascyron L., Sp. Pl. 2: 783. 1753.

多年生草本，高 0.5-1.3（-2）m，直立，不分枝或上部分枝。叶无柄，狭卵形、长圆形、椭圆形或倒披针形，长 3-12 cm，宽 0.4-4 cm，厚纸质，背面色淡，密生片状腺体、斑点或短条斑，侧脉 4-7 对，基部楔形至心形抱茎，先端急尖至渐尖或钝。顶生聚伞花序，具叶状苞片和小苞片；苞片小，早落；花直径 3-8 cm；萼片长圆形至椭圆形或卵形至卵状披针形或倒卵形，7（-10）mm，具片状腺体；花瓣亮黄色；雄蕊 5 束，每束约 30 枚；花柱中上部分离，柱头宽头形至漏斗形。蒴果圆锥形，长 0.9-2.2（-3）cm，宽 5-13 mm。种子暗红色至黄棕色，1-1.5 mm，具龙骨或狭翅。花期 6-9 月，果期 8-10 月。

分布于东北、黄河及长江流域，生于海拔 2 800 m 以下潮湿多雨处或干草甸、林中或灌丛中以及溪流沿岸。日本、朝鲜、蒙古、俄罗斯、越南以及北美也有分布。

图 289 黄海棠

2. 三脉金丝桃属 *Triadenum* Raf.

多年生草本。具根茎，无毛，具半透明腺体。叶对生，全缘，无柄或柄短，具羽状脉及腺点。花两性，5 数，花瓣覆瓦状排列，肉红色或白色，早落；雄蕊 9 枚，3 束，花药背着，纵裂，不育雄蕊 3 束，黄色至橙色；子房 3 室，中轴胎座，胚珠多数，花柱 3，柱头头状。蒴果开裂。种子小，具龙骨，种皮蜂巢状，无假种皮。

本属有 6 种，分布于亚洲和北美。我国有 2 种。

分种检索表

1. 花瓣白色；叶狭椭圆形至长圆形，基部渐狭 ················· 1. 三腺金丝桃 *T. breviflorum*
1. 花瓣肉色；叶卵形、长圆形至长圆状披针形，基部心形抱茎 ········· 2. 红花金丝桃 *T. japonicum*

1. 三腺金丝桃

Triadenum breviflorum (Wall. ex Dyer) Y. Kimara in Nakai & Honda, Nov. Fl. Jap. 10: 79. 1951.——*Hypericum breviflorum* Wall. ex Dyer.

草本，高（15-）30-55 cm，上升，一至数茎，中上部分枝或不分枝。叶无柄或柄短（2 mm），狭椭圆形至长圆形，长 2-5.5 (-7) cm，宽 0.6-1.3 (-1.5) cm，厚纸质，背面色淡，分散有片状腺体，主脉 5-6 对，基部狭，边缘反卷，先端钝至圆。顶生花序圆锥状至穗状，苞片和小苞片卵形至三角状卵形；花直径 5-6 mm，萼片长圆形，长 3.5-5 mm，宽 1.5-2mm，7 脉；花瓣白色，长 4-6mm，宽 2-3mm；雄蕊 3 束，2-4mm，花丝 2/3 合生；子房长 2.5-3 mm，宽 1.5-2mm，花柱约 1mm。蒴果卵球形，长 6-8 mm，宽 3-4mm。种子暗红色，约 1mm，种皮细蜂巢状。花期 7-6 月，果期 8-9 月。

分布于安徽、湖北、湖南、江苏、江西、台湾、云南、浙江，生于海拔 600m 以下的潮湿草地、沟渠、稻田。

2．红花金丝桃

Triadenum japonicum (Blume) Makino, Nippon Shokobutsu-Zukrvan: 329. 1925.——*Elodes japonicum* Blume.

直立草本，高 15-50（-90）cm，花序以下不分枝。叶无柄，长圆状披针形至卵状长圆形，长（1-）2-5（-8）cm，宽（0.5-）1-1.7cm，厚纸质，背色淡，主脉 4 对，基部浅心形抱茎，边缘反卷，先端钝至下凹。花序 1-3 花顶生，形成狭圆锥状至狭椭圆球形；苞片和小苞片线状披针形，宿存。花直径约 1cm，弯漏斗形。萼片卵状披针形，长 3-4 mm，宽约 2mm，7 脉；花瓣肉红色，长 6-7mm，宽 2-3mm；雄蕊橙色，4mm，花丝 1/3 合生；子房 3 室；蒴果长圆锥形，长 7-10mm，宽 5-6mm，3 片裂；种子深棕色，约 1mm，种皮蜂巢状。花期 7-8 月，果期 8-9 月。

分布于我国东北，生于潮湿草甸、山坡、沼泽。日本、朝鲜、俄罗斯（远东地区）也有分布。

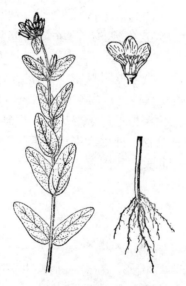

图 290 红花金丝桃

毛茛科　Ranunculaceae

多年生或一年生草本，有时为亚灌木、草质或木质藤本。通常具基生及茎生二型叶，茎生叶常互生，稀对生或轮生，单叶或各式复叶；叶脉掌状，少为羽状。花序单一或复合，或花单生；花两性，有时单性，辐射对称，稀两侧对称；花萼裂片5或更多，少为2-3枚，分离；花瓣有或缺，分离，常（2-）5-8枚或更多，通常具蜜腺；雄蕊多数且分离；心皮多数，偶为少数，稀为1枚，离生，偶为不同程度合生；子房具一至多数胚珠。蓇葖果或瘦果，少为蒴果或浆果。种子小，胚小，胚乳丰富。

本科约有60属2500余种，广布世界，尤以北温带为多。我国有38属，920余种，遍布全国。

分属检索表

1. 蓇葖果，稀蒴果或浆果；每心皮具数枚至多数胚珠。
   2. 肉质草本；单叶，不分裂，叶片心形或肾形；花亮丽，一至数朵生茎顶；萼片花瓣状；花瓣缺；心皮12枚以上 ···4. 驴蹄草属 Caltha
   2. 多年生或一年生，非肉质草本；叶掌状分裂。
      3. 花辐射对称，大，单花顶生，具5-15枚花瓣状萼片，花瓣小，雄蕊状，基部具蜜腺···9. 金莲花属 Trollius
      3. 花两侧对称。
         4. 萼片5枚，花瓣状，且上萼片呈船形，盔形或圆筒形；花瓣2-5，小·········1. 乌头属 Aconitum
         4. 萼片5枚，后1枚萼片延伸成距；花瓣4枚，上面一对有距，且伸入萼距内···5. 翠雀属 Delphinium
1. 瘦果；每心皮具1枚胚珠。
   5. 叶全部基生；花葶下有2-3枚叶状总苞；无花瓣，萼片4-20，各色，瓣状··········2. 银莲花属 Anemone
   5. 叶基生或茎生；花序无上述总苞。
      6. 茎、叶通常沉水；萼4-5，早落；花瓣4-5，白色稀黄色；瘦果具横纹··········3. 水毛茛属 Batrachium
      6. 茎、叶不沉水；叶二型或基生。
         7. 具匍匐茎；叶全部基生；萼5枚，早落；花瓣5-12，黄色，基部具爪，爪上有蜜腺；瘦果具纵肋···6. 碱毛茛属 Halerpestes
         7. 无匍匐茎。
            8. 萼片5或更少，早落；花瓣5至多数，黄色，稀白色或红色，基部爪状，爪上有凹陷蜜腺；瘦果在花托上聚合呈头状··7. 毛茛属 Ranunculus
            8. 萼片4-5，早落；无花瓣；花序总状或圆锥状；雄蕊花丝丝形至棍棒形膨大；瘦果聚合但不呈头状，宿存花柱直或拳卷成弯喙·······································8. 唐松草属 Thalictrus

1. 乌头属 *Aconitum* L.

多年生稀一年生草本。茎直立或缠绕。单叶或复叶，有时全为基生叶，茎生叶互生，掌状分裂，少不裂。总状花序，具2苞片；花两性，左右对称；萼片5，花瓣状，紫色、蓝色或黄色，下面2萼片狭披针形或长圆形，小，上萼片镰刀形、船形、盔形至圆筒形；花瓣2，具爪，常具唇及距，蜜腺组织常着生花瓣顶，稀在基部；雄蕊多数，花药椭圆状球形；心皮3-5（-13），花柱短，宿存。蓇葖果。

本属有 400 余种，分布在北温带。我国有 200 余种，其中 160 余种为特有。常见于我国东北及西南。

分种检索表

1. 小草本，高 8-50cm；花萼蓝色，上萼船型；花瓣极小，长 0.6-1.5mm，距短而直；心皮 5 ··1. 甘青乌头 *A. tanguticum*
1. 多年生草本，高 70-100cm；花萼黄色或淡黄色，上萼圆筒形；花瓣线形，长约 3mm，距拳卷，较唇长；心皮 3 ··2. 草地乌头 *A. umbrosum*

1. 甘青乌头

Aconitum tanguticum (Maxim.) Stapf., Ann. Roy. Bot. Gard (Calcuta) 10: 151. 1905.——*A. rotondifolium* Kar. & Kir. var. *tanguticum* Maxim.

小草本。根状茎纺锤形或倒圆锥形，长约 2cm。茎高 8-50cm。基生叶 7-9，叶柄长 3.5-14cm，基部鞘状；叶片圆形或圆肾形，长 1.1-3cm，宽 2-6.8cm，3 裂至中部，裂片具小裂片，边缘有圆齿；茎生叶 1-2 (-4)，具短柄，较基生叶小。花序顶生，具 3-5 花；苞片线形或基部苞片 3 浅裂；萼蓝紫色，稀淡绿色，下萼片宽椭圆形或椭圆卵形，侧萼片长 1.1-2.1cm，上萼片船形，宽 6-8mm，下缘微凹或近直，高 1.4-2.2cm；花瓣略弯，瓣片极小，长 0.6-1.5mm，唇瓣不明显，距短而直；雄蕊散生柔毛，花丝具 2 齿；心皮 5。蓇葖果长约 1cm。种子倒卵形，长 2-2.5mm。花期 7-8 月。

分布于甘肃南部、青海东部、陕西、四川西部、西藏东部、云南西北，生于海拔 3 200-4 800m 的草坡、湿地和高山草甸。

图 291 甘青乌头

2. 草地乌头

Aconitum umbrosum (Korsh.) Kom., Trudy Imp. S.-Peterburgsk. Bot. Sada 22: 250. 1903.——*A. lycoctonum* f. *umbrosum* Korsh.

多年生草本。根状茎圆柱形，长 10 cm 以上，直径约 1 cm。茎高 70-100 cm，上部具数分枝。基生叶 3，与茎生叶均具长柄，柄长 28-50 cm；叶片肾状五角形，长 7-12 cm，宽 10-20 cm，3 深裂，中央裂片菱形，侧裂片斜扇形，不等 2-3 裂。花序长 10-13 cm，有 7-20 朵花，花序轴及花柄密被反卷柔毛；基部苞片 3 裂，余为线形，长 4-7.5 mm；花梗 0.8-2.5 cm，上基部具 2 小苞片，小苞片线状钻形；萼黄色或淡黄色，背面被毛，下萼片 0.9 cm；侧萼片 0.8 cm，上萼片近圆筒形，高 1.5-1.9 cm，直径 3.5-6 mm，具短喙；花瓣无毛，约 3 mm，距拳卷，较唇长；雄蕊无毛；心皮 3，子房无毛。花期 7 月。

分布于河北北部、黑龙江、吉林，生于林中湿地。朝鲜北部、俄罗斯（远东地区）也有分布。

2. 银莲花属 *Anemone* L.

多年生草本，具根状茎。叶全部基生，叶片为掌状、三出或羽状复叶，有时退化呈鳞片状。花葶直立，上升，聚伞花序或伞形花序，具（2-）3 或更多叶状总苞；花辐射对称，花萼（4-）5 或更多，花瓣状，白色、黄色、蓝色或紫色；无花瓣；雄蕊多数；雌蕊数枚至多数，子房具 1 下垂胚珠，花柱有或无。瘦果卵形或近球形。

本属约有 150 种，世界广布，以北温带为主。我国有 53 种，主要分布在东北、西北及西南地区。

分种检索表

1. 叶片卵形，长 2-5 cm，宽 2-3 cm，基部近圆形或截形；叶柄长 3-15 cm；雄蕊花丝线状披针形，宽 0.5-1 mm··2. 路边青银莲花 *A. geum*
1. 叶片匙形、卵状菱形、倒卵形或线形至倒披针形，长 2-8 cm，宽 1-5 cm，基部渐狭呈楔形；叶柄远较上种短，长 1-4(-5) cm；雄蕊花丝狭卵形或线形。
   2. 叶柄长 1-4 cm，宽约 1 cm；花葶具 1 花；雄蕊花丝线形··················1. 蓝匙叶银莲花 *A. coelestina*
   2. 叶柄长 1-3(-5) cm，宽 3-5 mm；花葶具 1-2(-3) 花；雄蕊花丝狭卵形······3. 匙叶银莲花 *A. trullifolia*

1. 蓝匙叶银莲花

Anemone coelestina Franch., Bull. Soc. Bot. France 32: 4. 1885.

植株密被柔毛。叶 5-10，线形至倒披针形或卵状长圆形，长 2-8 cm，宽 1-3 cm，基部楔形渐狭，边缘有钝或尖齿。花葶 2-8，长 3-10 cm，被毛，聚伞花序，有花 1 朵；总苞片不分裂、线状披针形，长 1-3 cm，被毛；花梗 1-3 cm；花萼 5-6，淡蓝白色、黄色、淡红橙色、红紫色或蓝紫色，宽椭圆形，长 8-14 mm，宽 7-12 mm；雄蕊长 2.5-3 mm，花丝线形，有时有退化雄蕊；雌蕊卵形，长 3-4 mm。瘦果卵形，无喙，被糙毛，毛长约 1 mm。

分布于甘肃、青海、四川、西藏、云南，生于海拔 3 500-5 000 m 的杜鹃林、灌丛、高山牧场。不丹、印度也有分布。

2. 路边青银莲花
Anemone geum H. Lév., Bull. Acad. Inn. Gèogr. Bot. 24: 25. 1915.

植株被毛。叶 5-15 枚，叶片卵形，3 浅裂至深裂，长 2-5 cm，宽 2-3 cm，基部近心形或截形。花葶 2-5，长 5-25 cm；聚伞花序，总苞片长 1-2 cm，不分裂或 3 浅裂；萼片 5（-8），白色、淡黄色、紫红色或蓝色；雄蕊花丝线状披针形；雌蕊狭卵形。瘦果卵形，无喙。花果期 5-9 月。

分布于甘肃、河北、宁夏、青海、山西、四川、西藏、新疆、云南，生于海拔 1 900-5 000 m 的灌丛、高山草甸。印度、尼泊尔也有分布。

3. 匙叶银莲花
Anemone trullifolia Hook. f. & Thomson., Fl. Ind. 22. 1855.

植株被柔毛。叶 4-10 枚，叶片 3 裂，匙形、菱形、卵状菱形或倒卵形，长 2-7 cm，宽 3-15（-20）cm；叶柄扁平，长 1-3（-5）cm，宽 3-5 mm。花葶 2-7，长 3-15（-20）cm；聚伞花序有花 1-2（-3）朵；总苞片 3 浅裂或 3 齿状或全缘，狭倒卵形或披针形；花梗长 1-5（-8）cm；萼片 5-6（-15），白色、黄色、淡粉色、淡紫色至蓝色，长 5-12（-15）mm，宽 4-8（-10）mm；雄蕊花丝狭卵形，宽 0.5-0.7 mm；雌蕊圆锥状卵形，长 2-4 mm。瘦果椭圆状卵形或纺锤形，无喙。花期 5-8 月。

分布于甘肃、青海、四川、西藏、云南，生于海拔 2 500-4 500 m 的高山草甸或林缘溪边。不丹、尼泊尔、印度也有分布。

3. 水毛茛属 *Batrachium* (DC.) Gray

多年生或一年生草本，茎叶通常沉水。叶互生，几无柄或具长柄。叶片 2-5 次丝状分裂，末回裂片毛发状、丝状或狭线形。花小与叶对生，两性，辐射对称；花托圆锥形或锥形；萼片（4-）5，早落；花瓣（4-）5，白色，基部带黄色，少见全黄色，倒卵形，基部变窄成短爪，爪上着生蜜腺；雄蕊少数或多数；心皮多数，每心皮具 1 胚珠。聚合果卵球形或球形，瘦果倒卵形，略侧扁，具横皱纹。

本属约有 20 种，分布于全球。我国有 8 种，本书记述 4 种。

分种检索表

1. 植株矮小，高 3-6 cm；叶二型，浮水叶末回裂片短而宽，线形或披针形，沉水叶裂片丝状；花小，直径不过 1 cm ·· 3. 小水毛茛 *B. eradicatum*
1. 植株高大，高 30 cm 以上；叶全部沉水；花大，直径超过 1 cm。
    2. 叶柄明显，且基部扩大成鞘而抱茎，鞘基部被毛 ·· 2. 歧裂水毛茛 *B. divaricatum*
    2. 叶柄长不过 1 cm 或几无柄。

3. 叶柄长 0.5-1 cm，有鞘，鞘无毛；叶片长 4-5 cm，叶质软，出水即收拢……… 1. 水毛茛 B. bungei
　　3. 叶无柄，有鞘，鞘被粗毛；叶片小，直径 1-2 cm，叶质硬，在水外叉状展开………………
　　…………………………………………………………………………4. 毛柄水毛茛 B. trichophyllum

1. 水毛茛　扇叶水毛茛

Batrachium bungei (Steud.) L. Liou in W. T. Wang, Fl. Republ. Popularis Sin. 28: 241.1980.——
——*Rannunculus bungei* Steud.

　　多年生沉水植物，具分枝，高约 30 cm 或更高。叶片在水中呈扇形或半圆形，长 1-2.5 cm，宽 1.8-3.5 cm，丝状分裂，质软，出水则折叠。花直径 0.5-1.8 cm，花梗长 2.2-3.5 cm；萼片 4-5；花瓣 4-5，白色，基部黄色；雄蕊 5-20；花托被毛。聚合果球形，直径 4-5 mm；瘦果斜倒卵形，直径约 1 mm，有 6 条横皱纹，花柱宿存。花期 5-8 月。

　　分布于甘肃、河北、江苏、江西、辽宁、青海、山西、四川、西藏、云南等，生于山谷、溪流、河滩积水地、湖泊、水塘中，以海拔 1 900-3 000 m 处较常见。

　　其变种黄花水毛茛 *B. bungei* var. *flavidum*（Hand.-Mazz.）L. Liou 花瓣黄色而不同，分布于甘肃、四川西部、西藏，生于海拔 3 400-5 300 m 的山地溪流、沼泽、湖边、小沟旁。克什米尔地区也有分布。

图 292　水毛茛

2. 歧裂水毛茛

Batrachium divaricatum (Schrank.) Schur., Enum. Pl. Transsilv. 12. 1866.

　　多年生沉水植物。茎高约 40 cm，无毛。叶片长约 1.5 cm，宽 2.8 cm，裂片丝状，水面叶质硬，多少折叠，水中呈扇形；叶柄长 0.8-1.2 cm，基部有鞘。花直径约 1.2 cm，花梗长 2.5-3 cm，无毛；萼片 5，椭圆形；花瓣 5，白色，基部黄色；雄蕊约 12 枚。聚合果球形，直径约5mm；瘦果长1.2-1.8mm，宽1-1.2mm，具5-7条横皱纹。花期5-6月。

分布于新疆，生于湖泊、水中。亚洲北部、欧洲及北美洲也有分布。

3. 小水毛茛

Batrachium eradicatum (Laest.) Fr., Bot. Not. 1843: 114. 1843.——*Rannunculus aquatilis* L. var. *eradicatus* Laest.

多年生陆生或浅水生小草本，茎高1.5-8（-14）cm，无毛。叶片扇形，长4-13mm，宽7-25mm，3-4次丝状分裂，质硬，在水面仍保持分叉状。花直径0.6-1.2cm，花梗1-2cm，无毛；萼片5，椭圆形；花瓣5，白色，基部黄色，基部爪状，爪上着生蜜槽；雄蕊4-12；花托被短毛。聚合果宽卵形，长约2.5mm，宽4mm；瘦果斜倒卵形，长1.2-1.5mm，宽0.8-1mm，有横纹，沿肋被毛。花期5-7月。

分布于黑龙江、新疆，生于浅水中或潮湿岸边。亚洲北部及欧洲也有分布。

4. 毛柄水毛茛

Batrachium trichophyllum (Chaix ex Vill.) Bosch, Prodr. Fl. Bot. 2. 1850.——*Rannunculus trichophyllum* Chaix ex Vill.

多年生沉水植物。茎长达40cm。叶片丝状分裂，水中呈半圆形，长0.5-1.5cm，宽1.4-3.5cm，质硬，水面仍可叉状展开，无毛，几无柄。花白色，下部黄色，直径0.4-1.5cm，花瓣基部爪状，爪上着生蜜腺；雄蕊6-25枚；花托被毛。聚合果卵球形，长2-3mm，宽2.5-4mm；瘦果斜倒卵形，长1-1.5mm，宽0.7-1mm，有横皱纹。花期6-7月。

分布于黑龙江，生于海拔580-700m的河边水中或沼泽中。亚洲北部、欧洲及北美洲有分布。

4. 驴蹄草属 *Caltha* L.

多年生肉质草本，无毛，具须根。叶基生或基生和茎生；叶片圆形、肾形或卵形，基部心形，全缘或具细齿；叶柄基部扩大成鞘。花黄色、白色或粉色，单生枝顶或2至数朵组成单一或复合聚伞花序；萼片5或多数，花瓣状，倒卵形或椭圆形，早落；无花瓣；雄蕊多数，花药椭圆形或长圆形；心皮多数，无柄或具短柄，胚珠多数排列于腹缝线两侧。蓇葖果5-40，无柄或有时具柄，具分枝横脉。种子数粒，椭圆球形，平滑。

本属约有15种，分布于南、北半球温带及寒温带。我国有4种，喜生湿地。

分种检索表

1. 种子短于1mm；花萼白色或浅粉色，长约3mm；蓇葖果（10-）20-30··········1. 白花驴蹄草 *C. natans*
1. 种子长1-2.5mm；花萼黄色，稀红色，长超过7mm；蓇葖果5-12粒。
   2. 蓇葖果具短柄···3. 花葶驴蹄草 *C. scaposa*
   2. 蓇葖果无柄。
      3. 具基生叶和茎生叶；花通常（2-）3-5朵或更多组成复合单歧聚伞花序·········2. 驴蹄草 *C. palustris*

3. 无茎生叶；花单生枝顶 ···································· 4. 细茎驴蹄草 *C. sinogracilis*

1. 白花驴蹄草

Caltha natans Pallas, Reise Russ. Reich. 3: 284. 1799.

植株沉水或匍匐。茎高 20-50 cm，粗 2-4 mm，具分枝。茎生叶具叶柄，柄长 2.5-7 cm，基部具鞘；叶片心形或心状肾形，长 1-2 cm，宽 1.5-2.4 cm，基部心形，全缘或波状。单歧聚伞花序顶生，有花（2-）3-5，花梗长 2-4 cm，花小，直径约 5 mm；萼片 5，白色或带粉色，倒卵形，长约 3 mm，先端圆；雄蕊长约 2 mm。蓇葖果（10-）20-30 枚，长约 5 mm，无柄。种子黑色，椭圆球形，长不足 1 mm。花期 7 月。

分布于黑龙江、内蒙古东北部，生于潮湿草甸、沼泽或水中。蒙古、俄罗斯西伯利亚、北美也有分布。

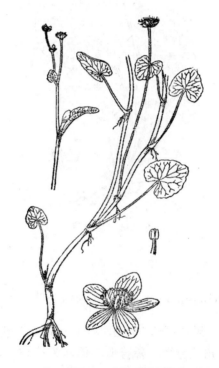

图 293　白花驴蹄草

2. 驴蹄草

Caltha palustris L., Sp. Pl. 1: 558. 1753.

多年生草本。具多数肉质根。果期茎高 10-120 cm，直径（1.5-）3-12 mm。基生叶圆形、圆肾形或心形，长（1.2-）2.5-5 cm，宽（2-）3-9 cm，基部深心形，叶柄长（4-）7-24 cm；茎生叶圆肾形或三角状心形，向上逐渐变小，柄短或几无柄。单歧聚伞花序，有花（2-）3-5 朵；果期花梗长 1.5 cm 以上，花直径 2-3 cm；萼片 5，黄色，倒卵形或狭倒卵形；雄蕊 4.5-7（-9）mm。蓇葖果（5-）7-25 枚，宿存花柱 1-3 mm。种子黑色，稀淡绿棕色，狭卵形，长 1.5-2 mm。花期 5-9 月。

分布于东北、广西、贵州、河北、河南西部、内蒙古、陕西、四川、西藏东部及东南部、新疆、云南西部及西北部、浙江等，生于海拔600-1 000 m的山区、草坡、草甸溪边、水中。广布于北半球温带地区。

根据茎高等性状，本种可分为多个变种。

图294　驴蹄草

3. 花葶驴蹄草

Caltha scaposa Hook. f. & Thomson, Fl. Ind. 1: 40. 1855.

植株矮小，高约3.5 cm，果期可达24 cm，粗1-2 mm。基生叶3-10枚，具长柄，柄基部具膜质鞘；叶片心形或三角状卵形，稀肾形，长1-3(-3.7) cm，宽1.2-2.8(-4) cm，基部心形；茎生叶柄短或无。单花顶生或2朵构成单歧聚伞花序；花梗长3 cm以上，果期可达20 cm；萼片5(-7)，黄色，倒卵形、椭圆形或卵形，长0.9-1.9 cm，宽0.7-1.4 cm；雄蕊3.5-7(-10) mm。蓇葖果(5-)6-8(-11)，具短柄，宿存花柱长约1 mm。种子黑色。花果期6-9月。

分布于甘肃南部、青海南部、四川西部、西藏东南、云南西北，生于海拔2 800-4 100 m的高山草甸、沟谷湿地。不丹、印度北部、尼泊尔也有分布。

图 295　花葶驴蹄草

4. 细茎驴蹄草

Caltha sinogracilis W. T. Wang & P. K. Hsiao, Acta Phytotax. Sin. Addit. 1: 50. 1965.

植株矮小，高约 4 cm，果期可达 10 cm，粗约 1 mm。全为基生叶，具长柄，柄长 3-5 cm，叶片圆肾形或肾状心形，长 1-1.7 cm，宽 1.2-3.5 cm，草质，基部深心形，边缘有圆齿或基部有齿。单花顶生，直径约 2 cm，花柄 3-4 cm；萼片 5，黄色，稀红色，狭椭圆形；雄蕊长约 3 mm。蓇葖果 5-10 枚，无柄；宿存花柱约 0.8 mm。种子深棕色，狭椭圆球形，长约 1.5 mm。

我国特有，分布于西藏东南、云南西北，生于海拔 3 200-4 100 m 的溪边草地。

5. 翠雀属　*Delphinium* L.

多年生草本，稀两年生或一年生。茎直立或缠绕或退化。具基生及茎生叶，叶片掌状分裂。花序总状或伞房状，有时仅 1 花，花梗通常具 2 枚小苞片；花两性，左右对称；花萼片 5，花瓣状，多色，上萼片延伸成距；花瓣 2，分离，无柄，具距，并伸入萼距内，距上有蜜腺；退化雄蕊 2，且每个退化雄蕊具纤细爪及扩展的瓣片；雄蕊多数，花丝披针状线形；心皮 3 或 4-10；子房具多数胚珠，花柱柱头不明显。蓇葖果狭长圆形。种子倒锥形、四面体形或倒卵形，沿具狭翅及横皱纹或具凹陷网纹。

本属约有 350 种，分布于北半球，在非洲赤道地区有数种。我国有 173 种，主产于西南及西北地区。

分种检索表

1. 植株不分枝，高约30cm；总状花序长约5cm，有花4朵左右；苞片叶状；子房密被柔毛··2. 毓泉翠雀花 *D. yuchunanii*
1. 植株单一或分枝，高55-90cm；总状花序长13-22cm，有花（12-）18-25朵；苞片披针状线形；子房无毛··1. 东北高翠雀花 *D. korshinskyanum*

1. 东北高翠雀花

Delphinium korshinskyanum Nevski in Kom., Fl. URSS. 7: 724. 1937.

茎高55-90cm，单一或具分枝。叶片宽7-13cm，基部心形；初回裂片至少裂至叶片60%，中央裂片菱状楔形或菱形，3浅裂，先端尖；末回裂片披针形。总状花序长13-22cm，具花（12-）18-25朵，苞片披针状线形；花梗长0.8-3.5cm，小苞片披针形或披针状线形，长4-5mm；花萼蓝紫色，无毛或被疏睫毛；距圆筒状钻形，长1.3-1.9cm，基部直径2.5-3mm；其余萼片1-1.5cm；花瓣2浅裂，无毛；退化雄蕊片状卵形，2浅裂，被黄色髯毛，花丝无毛；心皮3，无毛。花期7-8月。

分布于黑龙江北部及西部，生于海拔400-800m的林中草地、湿润草场。俄罗斯（远东及西伯利亚中部）也有分布。

图296　东北高翠雀花

2. 毓泉翠雀花

Delphinium yuchuanii Y. Z. Zhao, Acta Sci. Nat. Univ. Intramongol. 20: 248. 1989.

茎高约30cm，无毛，不分枝。叶片宽4-6cm，基部心形；初回裂片裂至叶片60%，中央裂片菱形，3浅裂；末回裂片狭卵形。总状花序长约5cm，约有4朵花，苞片叶状，花梗长1-2cm；小苞片披针状线形，长约5mm；花萼蓝色，距圆筒状钻形，长约2cm，基部直径约3mm；其余萼片长1.5-1.8cm；花瓣不分裂；退化雄蕊翅瓣宽椭圆形，被淡黄色髯毛；心皮3，子房密被柔毛。花期8月。

分布于内蒙古西南部，生于溪边草地。

6. 碱毛茛属　*Halerpestes* E. L. Greene

多年生小草本，具匍匐茎。叶全部基生或着生于匍匐茎节上，不分裂，仅在前缘具齿或 3 浅裂。由（1-）2-3 花组成顶生单歧聚伞花序；花两性，辐射对称；萼片 5，早落；花瓣 5-12，黄色，狭倒卵形，基部具短爪，爪上着生蜜腺；雄蕊多数，稀少数；心皮多数，螺旋状排列于圆锥形花托上，每心皮 1 胚珠。聚合果球形或卵形；瘦果侧扁，每侧具 2-3 条细纵肋，具宿存花柱。

本属约有 10 种，分布于亚洲温带及南、北美洲。我国 5 种，其中 1 种为特有。

分种检索表

1. 基生叶倒披针形、长椭圆形或线形，不分裂，仅在前缘具 3 齿或全缘·········1. 狭叶碱毛茛 *H. lancifolia*
1. 基生叶全部或部分菱形、宽楔形或五角形，3 浅裂至 3 分裂················2. 三裂碱毛茛 *H. tricuspis*

1. 狭叶碱毛茛

Halerpestes lancifolia (Bert.) Hand.-Mazz., Acta Horti Gothob. 13: 136. 1939.——*Ranunculus lancifolius* Bert.

匍匐茎 3-10 cm。基生叶 7，线形、披针形或狭卵形，长 3-12 mm，宽 1-2 mm，基部楔形或宽楔形，近顶端具 2-3 齿或全缘；叶柄长 1.8-2.2 cm。花葶 1.2-2.5 cm；花单生，直径 8-9 mm；萼片 5，卵形，长 4-5 mm；花瓣 5，长圆形。聚合果球形，直径约 5 mm；瘦果斜卵形，长 1.8-2 mm，宽 1.1-1.5 mm，宿存花柱 0.6-0.8 mm，先端弯。花期 6-7 月，果期 7-8 月。

分布于西藏，生于海拔 3 700-5 100 m 的河流、湖泊旁以及潮湿高山草甸。哈萨克斯坦、尼泊尔也有分布。

2. 三裂碱毛茛

Halerpestes tricuspis (Max.) Hand.-Mazz., Acta Horti Gothob. 13: 135. 1939.——*Ranunculus tricuspis* Max.

匍匐茎（2-）7-35 cm。基生叶 5-16，叶柄长（0.6-）1-6.5 cm；叶片菱形、宽楔形或五角形，长 0.3-2.6 cm，宽 0.5-2.5 cm，3 裂。花葶（0.3-）1-13 cm；常为单花或 2 花组成单歧聚伞花序；花直径 6-12 mm，具线形苞片，苞片长 3-5 mm，花梗 0.3-1.9 cm；萼片 4-5，狭倒卵形或椭圆形，长（3.5-）5 mm；花瓣 5 (-6)，狭倒卵形或长圆形；雄蕊 13-36。聚合果球形，直径 3-5.5 mm；瘦果斜狭倒卵形，无毛，宿存花柱 0.3-5 mm。花期 5-8 月。

分布于甘肃西南、宁夏、青海、四川西部、西藏、新疆南部，生于海拔 1 700-5 100 m 的沼泽、湿地、河边。不丹、印度北部、蒙古、尼泊尔、巴基斯坦也有分布。

本种依据叶形、叶片凹缺或分裂程度以及花葶长度分为 4 个变种。

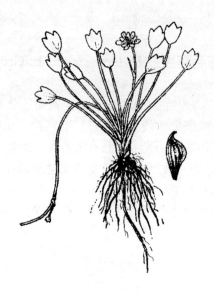

图 297 三裂碱毛茛

7. 毛茛属 *Ranunculus* L.

多年生或一年生草本，陆生或少数水生。具基生叶及茎生叶；下面叶具叶柄，叶柄基部扩大成鞘；单叶、掌状分裂或 1-2 回三出复叶，稀羽状分裂。花单个顶生或与叶对生，或呈简单或复杂的单歧聚伞花序；花两性，辐射对称；花托凸起或形成合蕊柱；萼片（3-）5（-7），通常绿色，偶暗红色或紫色，早落；花瓣（3-）5（-10），黄色，稀白色，罕见红色，基部具爪，爪底部形成凹陷的蜜腺点，其上有时覆盖小鳞片；雄蕊多数，偶为少数；心皮多数，无柄或具柄；每心皮具 1 基生胚珠；花柱宿存。聚合果球形、卵形或圆柱形；瘦果多数，卵形、倒卵形，或多或少两侧扁压。

本属有 550 余种，除南极洲外，广布各大陆，以北温带地区为主。我国有 120 余种，本书收录 21 种。

分种检索表

1. 水生草本。
    2. 叶掌状深裂，裂片楔形，再次分裂形成锐齿；聚合果直径 2-3 mm ············6. 小掌叶毛茛 *R. gmelinii*
    2. 叶阔卵形，浅裂或凹缺，边缘齿钝；聚合果直径 5-6 mm。
        3. 基生叶 3-5，叶片 3 浅裂，中央裂片宽楔形或宽卵形，侧裂片不裂或不等二浅裂；茎生叶小，且向上渐退化；花瓣倒卵形，长 2.5-4.2mm，宽 2-3.2mm ············9. 浮毛茛 *R. natans*
        3. 基生叶不详；茎生叶片 3 深裂，中央裂片肾状圆形，侧裂片斜扇形，不等 2 裂近中部；花瓣长圆状倒卵形，长约 2.7mm，宽 1.5mm ············12. 沼地毛茛 *R. radicans*
1. 陆生或沼泽生草本。
    4. 三出复叶或二回三出复叶。

5. 二回三出复叶，长约 12cm，宽 16cm，中央小叶宽菱形，长约 5cm，宽 4.5cm，具小叶柄，3 深裂，第 3 级裂片楔形，2-3 浅裂并具细齿，侧生小叶几无柄，小而斜；上部茎生叶具柄，3 出或单一，3 浅裂···19. 长嘴毛茛 *R. tachiroei*
5. 三出复叶。
 6. 块根卵球形或纺锤形；花瓣蜜腺无鳞片··21. 猫爪草 *R. ternatus*
 6. 无上述块根；花瓣蜜腺具鳞片。
  7. 具匍匐茎；植株无毛或被伸展柔毛；花 2 数，顶生单歧聚伞花序······13. 匍枝毛茛 *R. repens*
  7. 无匍匐茎；植株被糙硬毛；单花与叶对生或顶生复单歧聚伞花序。
   8. 茎上升或平卧，被长硬毛或糙伏毛；单花与叶对生···············17. 扬子毛茛 *R. sieboldii*
   8. 茎直立，被淡黄色糙毛；复单歧聚伞花序顶生。
    9. 花序有花 4-10 朵；聚合果近球形，直径 7-9mm················3. 禺毛茛 *R. cantoniensis*
    9. 花序有花 3 至数朵；聚合果卵状圆柱形或卵球形，长 6-10mm，宽 4-6mm··4. 茴茴蒜 *R. chinensis*
4. 单叶。
 10. 叶不分裂。
  11. 茎被糙伏毛；基生叶花后枯萎；茎生叶小，披针状线形，长 7-15mm，宽 0.3-0.7mm，无柄，基部窄或抱茎···1. 长叶毛茛 *R. amurensis*
  11. 茎无毛或被柔毛；基生叶大，不枯萎。
   12. 基生叶 4-9 枚，叶柄长 1.2-10cm，叶片披针形、椭圆形或卵形至长圆形，长 0.9-3.5cm，宽 0.4-1.4cm，有时不规则 3 浅裂，基部楔形·······················10. 云生毛茛 *R. nephelogens*
   12. 基生叶约 6 枚，几无柄，叶片线形或线状披针形或狭匙形，长 3.5-5.5cm，宽 1-2mm，基部宽···14. 松叶毛茛 *R. reptans*
 10. 叶呈各式分裂。
  13. 叶掌状分裂或 3 全裂。
   14. 基生叶 3 枚，无毛，掌状 7-8 裂，裂片倒披针形，有时再不规则 3 浅裂，叶片轮廓呈圆心形或心状五角形，长 1-2cm，宽 1.4-3cm··················15. 掌裂毛茛 *R. rigescens*
   14. 基生叶 5-10 或更多，被柔毛，叶片 3 全裂，中央裂片宽菱形，侧裂片斜扇形，叶片轮廓五角形或宽卵形，长 0.8-1.5(-2.6)cm，宽 1-2(-3.4)cm·········20. 高原毛茛 *R. tanguticus*
  13. 叶 3 深裂或浅裂，达叶片的 1/2。
   15. 小草本，株高 1.2-4cm；基生叶 2 枚，长 4-13mm，宽 4-9mm，叶柄长 0.5-1.5cm，叶片偶尔 3 裂至中部，菱状倒卵形或宽菱形，裂片狭卵形；单花顶生，花直径 0.8-1.6cm··2. 班戈毛茛 *R. banguoensis*
   15. 株高（4-）10cm 以上；叶片均大于 1cm；单花顶生或复单歧聚伞花序。
    16. 单花顶生。
     17. 茎高 14-45cm，无毛或上部散生柔毛；基生叶 1(-3)枚，长 1.2-3.6cm，宽 2-5cm，叶柄长 5-14cm，叶片肾形或圆卵形····················8. 单叶毛茛 *R. monophyllus*
     17. 茎高 4-16cm，贴生长柔毛；基生叶 4 枚，长 0.9-1.8cm，宽 0.8-2cm，叶柄长 2-4cm，叶片五角形、宽卵形或菱形，3 浅裂·················11. 天山毛茛 *R. popovii*
    16. 复单歧聚伞花序顶生。

18. 植株无毛或散生柔毛；基生叶 5-13 枚，叶柄长 1.2-1.5 cm，叶片五角形、肾形或宽卵形，3 深裂，中央裂片楔形或肾形，再 3 浅裂；花瓣蜜腺无鳞片···16. 石龙芮 *R. sceleratus*

18. 植株被糙毛或伸展的长硬毛；基生叶不等，叶柄长 3 cm 以上；花瓣蜜腺有鳞片覆盖。

19. 全株被伸展长硬毛；基生叶约 10 枚，叶柄长 10-20 cm；叶片心状五角形，长 5-10 cm，宽 7-13 cm，3 浅裂，中央裂片菱形或宽菱形，具缺刻状齿···18. 兴安毛茛 *R. smirnovii*

19. 全株被糙毛或糙硬毛；基生叶 3 (-6) 枚，叶柄长 3-25 cm，叶片心状五角形或宽菱形，3 深裂。

20. 基生叶 3 枚，叶柄长 3.5-25 cm，叶片宽菱形，长约 3-8 cm，宽 3.8 cm，3 深裂，中央裂片披针形，具 2-10 细齿·········5. 楔叶毛茛 *R. cuneifolius*

20. 基生叶 3-6 枚，叶柄长 3-25 cm，叶片心状五角形，长 1.2-6.5 (-10) cm，宽 2-10 (-16) cm，3 深裂，中央裂片楔状菱形至宽菱形，具不等齿···7. 毛茛 *R. japonicus*

1. 长叶毛茛

Ranunculus amurensis Kom., Trudy Imp. S.-Peterburgsk. Bot. Sada 22: 294. 1903.

多年生草本。茎高 28-60 cm，粗 4-5 mm。基生叶花时枯萎，叶片披针状线形；茎生叶无柄，抱茎，披针状线形，长 7-15 cm，宽 0.3-0.7 mm，基部渐狭，全缘，先端渐尖。花常单生枝顶，直径 1.7-2.5 cm，花托无毛；萼片 5，椭圆形，长 4-7 mm；花瓣 5，倒卵形，长 8-12 mm，宽 5-8 mm，蜜腺无鳞片；雄蕊多数；聚合果近球形，直径 5 mm；瘦果斜倒卵形，长约 1.8 mm，宽 1 mm，宿存花柱 0.4 mm。花期 7-9 月。

分布于黑龙江、内蒙古，生于湿润草甸。俄罗斯远东地区也有分布。

图 298 长叶毛茛

被子植物 ANGIOSPERMAE 353

2. 班戈毛茛
Ranunculus banguoensis L. Liou., Fl. Republ. Popularis Sin. 28: 362. 1980.

多年生小草本，高 1.2-4 cm。基生叶约 2 枚，菱状倒卵形或宽卵形，革质；茎生叶具短柄或无柄。单花顶生，花直径 0.8-1.6 cm，花托无毛；萼片 5，椭圆形或卵形，长 3-6 mm；花瓣 5 枚，长 4.5-9 mm，宽 2.5-6.5 mm，蜜腺无鳞片；雄蕊 6-14 或更多；心皮多数，子房长于花柱，无毛。花期 6-7 月。

分布于青海西南及西藏，生于海拔 4 900-5 200 m 的草坡及湿润草甸。

3. 禺毛茛
Ranunculus cantoniensis DC., Prodr. 1: 43. 1824.

多年生草本，茎高 20-65 cm，植株被长硬毛或糙伏毛。基生叶及下部茎生叶柄长 4.5-20 cm，3 出复叶。单歧聚伞花序顶生，有花 4-10 朵，苞片叶状，花直径 0.9-1.3 cm；萼片 5 枚，长 3-4 mm；花瓣 5 枚，长 4-7.5 mm，宽 2-3.8 mm，蜜腺被鳞；雄蕊多数。聚合果近球形，直径 7-9 mm；瘦果扁平，花柱宿存，三角形。花期 3-9 月，果期 4-11 月。

分布于安徽、福建、广东、广西、河南、湖北西部、湖南、江苏西部、江西、陕西南部、四川、台湾、云南东南以及浙江，生于海拔 100-1 700 m 的溪边、草坡及林缘。

图 299 禺毛茛

4. 茴茴蒜
Ranunculus chinensis Bunge, Enum. Pl. China Bor. 3. 1833.

多年生或一年生草本，高 10-50 cm，植株被糙硬毛。基生叶柄长 4-20 cm；3 出复叶，长 4-8 cm，宽 4-10.5 cm，中央小叶具柄，菱形或宽菱形，3 深裂，裂片再 2-3 裂；侧生小叶小，具短柄，斜扇形，不等 2 裂；上部茎生叶小，具短柄，3 裂。复单歧聚伞花序顶生，花三至数朵，苞片叶状，花直径 0.7-1.2 cm；萼片 5，长 3-5 mm；花瓣 5，长 5-6 mm，宽 2.8-3 mm，蜜腺被鳞片；雄蕊多数。聚合果卵状圆柱形或卵形，长 6-10 mm，宽 4-6 mm；瘦果侧扁，长 2-2.5 mm，宽 1.6-2 mm，宿存花柱约 0.2 mm。花期 4-9 月。

除福建、广东、广西、海南外我国各省区均有分布，生于海拔 700-2 500 m 的平原、丘陵、溪边、田埂、湿草地。印度、朝鲜、日本、俄罗斯（西伯利亚及远东地区）也有分布。

为有毒植物。

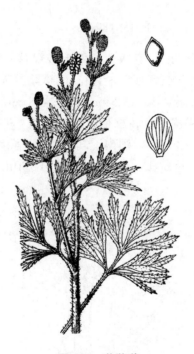

图 300　茴茴蒜

5. 楔叶毛茛

Ranunculus cuneifolius Maxim., Bull. Acad. Imp. Sci. Saint-Petersbourg 23 (2): 306. 1877.

多年生草本，高 12-60 cm。基生叶 3，叶柄长 3.5-25 cm，叶片 3 深裂，长 3-8 cm，宽 3-8 cm，中央裂片线形至楔形，具 2-10 钝齿，侧裂片线形，具 1-2 齿或全缘；上面茎生叶无柄。顶生单歧聚伞花序有花 2 至数朵，苞片叶状；萼片 5 枚，长 5-6 mm；花瓣 5 枚，长 6-11 mm，宽 4-9 mm，蜜腺被鳞片；雄蕊多数。聚合果近球形，直径约 5 mm，瘦果侧扁，宿存花柱约 0.3 mm。花期 7-9 月。

分布于黑龙江、辽宁、内蒙古，生于海拔 1 300 m 以下的湿润草甸、溪边湿润处。

被子植物 ANGIOSPERMAE 355

图 301　楔叶毛茛

6. 小掌叶毛茛

Ranunculus gmelinii DC., Syst. Nat. 1: 308. 1817.

多年生半水生草本。茎伸长，节上常生根。叶圆肾形或心状五角形，长 0.4-1 cm，宽 0.6-1.7 cm，3 深裂几近基部，叶柄长 0.5-2 cm。顶生单歧聚伞花序，有 1-4 花；花直径 0.4-0.9 mm，花梗长约 3.5 cm；萼片 5 枚，长 2.2-3 mm；花瓣 5，长 2.2-4 mm，宽 1.5-2.5 mm，蜜腺无鳞片；雄蕊 12 至多数。聚合果近球形，直径 3-4 mm，瘦果长 1-1.3 mm，宽 0.8-1 mm，边缘木栓质加厚，宿存花柱约 0.3 mm。花期 6-8 月，果期 9 月。

分布于黑龙江、吉林、内蒙古，生于溪流边湿润处及草甸。日本、蒙古、俄罗斯（西伯利亚）及北欧也有分布。

图 302　小掌叶毛茛

7. 毛茛

Ranunculus japonicus Thunb., Trans. Linn. Soc. London 2: 337. 1794.

多年生草本，植株被糙硬毛或糙伏毛，高 12-65cm。根茎短。基生叶 3-6，叶柄长 3-25 cm，叶片心状五角形，长 1.2-6.5 (-10) cm，宽 2-10 (-16) cm，3 深裂，中央裂片楔状菱形至宽菱形，侧裂片斜扇形；茎生叶小，几无柄。单歧聚伞花序顶生，有 (1-) 3-15 花，花直径 1.4-2.4cm；萼片 5 枚，卵形，长约 5mm；花瓣 5，卵形，长 7-12mm，宽 6.5-8.5mm，蜜腺被鳞片；雄蕊多数。聚合果近球形，直径 4-6mm，瘦果长 1.8-2.8mm，宽 1.5-2mm，宿存花柱三角形，长 0.2-0.4mm。

广布全国，生于海拔 100-3 500m 的草坡、草甸、溪边、林下。日本、蒙古、俄罗斯（远东地区）也有分布。

图 303 毛茛

8. 单叶毛茛

Ranunculus monophyllus Ovcz., Bot. Mater. Gerb. Glavn. Bot. Sada RSFSR 3: 54. 1922.

多年生草本，茎高 14-45cm。基生叶 1 (-3)，叶柄长 5-14cm；叶片肾形或圆卵形，长 1.2-3.6cm，宽 2-5cm，3 裂，基部心形，稀近截形；茎生叶 2，无柄，3-7 裂，裂片狭披针形或线形，全缘。单花顶生，直径 1.2-1.8cm；萼片 4-5mm；花瓣长 5.5-8.5mm，宽 4-8mm；雄蕊多数。聚合果卵形，长约 6mm，宽 5mm；瘦果稍侧扁，长 2-2.8mm，宽 1.8-2 mm，被柔毛；宿存花柱 0.6-1mm。花期 4-6 月。

分布于河北北部、黑龙江、内蒙古、山西、新疆，生于海拔 2 000m 以下的草甸、林地、溪边。哈萨克斯坦、蒙古、俄罗斯也有分布。

图 304 单叶毛茛

9. 浮毛茛

Ranunculus natans C. A. Mey. in Ledeb., Fl. Altaic. 2: 315. 1830.

多年生水生草本。茎高 10-40 cm，具分枝，节上常生根。基生叶 3-5，心状五角形或圆形，长 0.7-2.1 cm，宽 1.1-3.7 cm，3 浅裂，基部心形，叶柄长 2.5-11 cm；茎生叶较小，向上渐退化。花与叶对生或顶生，或 2 朵呈单歧聚伞花序；花托散生柔毛；萼片 5，长 2.3-3 mm；花瓣 5，长 2.5-4.2 mm，宽 2-3.2 mm，蜜腺无鳞片；雄蕊多数。聚合果宽椭圆形或宽卵形，直径 5-6 mm；瘦果微侧扁，长 1.3-3.6 mm，宽 1-1.2 mm，边缘木栓质加厚。花期 6-8 月，果期 7-8 月。

分布于黑龙江、吉林、内蒙古、青海、西藏、新疆，生于山谷、溪沟浅水中或沼泽湿地。俄罗斯（西伯利亚）、哈萨克斯坦、蒙古也有分布。

图 305 浮毛茛

10. 云生毛茛

Ranunculus nephelogenes Edgew., Trans. Linn. Soc. London 20: 28. 1846.

多年生草本，高（2-）10-25（-52）cm。基生叶 4-9 枚，椭圆形、披针形或披针状线形，长 0.9-3.7cm，宽 0.4-1.4cm，有时 3 裂，几全缘，叶柄长 1.2-10cm；茎生叶披针形或披针状线形。单花顶生，直径 0.8-1.6（-2.3）cm；萼片 5，宽卵形；花瓣 5-7，长（4.5-）6-8（-9.5）cm，宽（3-）4-6（-9）mm，蜜腺无鳞片；雄蕊多数。聚合果卵形或狭卵形，长 2-7mm，宽 3-5mm；瘦果狭倒卵形，长 1.2-1.5（-2）mm，宽 1-1.2mm，无毛，宿存花柱约 0.6mm。

分布于甘肃、青海、四川、陕西、西藏、新疆、云南西北，生于海拔 1 700-5 000 m 的高山草甸、溪边、沼泽。哈萨克斯坦、蒙古、尼泊尔、巴基斯坦、俄罗斯（西伯利亚）也有分布。

本种根据花瓣与萼片等长或略长、茎直立或平卧而分成 3 个变种。

图 306　云生毛茛

11. 天山毛茛

Ranunculus popovii Ovcz. in Kom., Fl. URSS. 7: 741. 1937.

11a. 天山毛茛（原变种）

Ranunculus popovii Ovcz. var. *popovii*

多年生草本，植株被柔毛。茎高 4-16cm，密生黄色柔毛。基生叶 4 枚，叶柄长 2-4cm，五角形、宽卵形或菱形，长 0.9-1.8cm，宽 0.8-2cm，3 裂，中央裂片狭卵形或长椭圆形，再3浅裂或不裂，侧裂片斜倒卵形或斜扇形，再不等2浅裂；茎生叶几无柄，掌状分裂，裂片线形。单花顶生，直径0.9-1.5cm。萼片5，长3-5mm；花瓣5，长5-9mm，宽2-5.5mm，蜜腺无鳞。聚合果卵球形，直径约5mm；瘦果微侧扁，长1.2-2mm，宽约1mm，花柱宿存，长0.7-1mm。

分布于新疆中部，生于3 100-3 700 m 的低洼草地、草坡及溪边。哈萨克斯坦也有分布。

11b. 深齿毛茛（变种）
Ranunculus popovii Ovcz. var. ***stracheyanus*** (Maxim.) W. T. Wang, Bull. Bot. Res., Harbin 15 (2): 180. 1995.

茎疏生白色柔毛。花托及瘦果无毛。花期5-8月，果期7-10月。

分布于甘肃、青海、四川西南部、新疆西部及南部、西藏西部及北部、云南西北部，生于海拔2 300-4 500 m的高山低洼地、草坡及溪边。不丹、印度北部、尼泊尔也有分布。

12. 沾地毛茛
Ranunculus radicans C. A. Mey. in Ledeb., Fl. Altaic. 2: 316. 1830.

多年生半水生草本。茎匍匐，节上生根。茎生叶圆肾形或心状五角形，长0.5-1 (-1.6) cm，宽0.7-1.7 (-2.6) cm，基部心形或心状截形，叶柄长2-3 (-8) cm。花顶生或与叶对生，直径0.6-0.7 (-1.3) cm，花柄长1-5cm；花托散生柔毛；萼片5，长1.8-2.5mm；花瓣5，长约2.5mm，宽1.5mm，蜜腺无鳞片；雄蕊约13枚。聚合果直径3-5mm；瘦果倒卵形，边缘木栓质加厚，宿存花柱0.3mm。花期6-7月。

分布于黑龙江、内蒙古、新疆北部，生于河岸及沼泽地。蒙古、俄罗斯（西伯利亚）也有分布。

13. 匍枝毛茛
Ranunculus repens L., Sp. Pl. 1: 554. 1753.

多年生草本，具匍匐茎。茎10-60cm。基生叶3出，3深裂，稀浅裂，中央裂片宽菱形，长2-4.5cm，宽1.8-3.8cm，再二次深裂，裂片再不等2-3裂；叶柄长7-20cm。顶生单歧聚伞花序有2至数花，苞片3裂或不裂，披针状线形；花直径1.5-2.2cm，花柄长1-8cm，花托被柔毛；萼片5，长5-7mm；花瓣5，长7-10mm，宽5-7mm，蜜腺被鳞片；雄蕊多数。聚合果卵形，直径5-7mm；瘦果侧扁，长2.2-3mm，宽1.8-2.1mm，宿存花柱0.5-0.8mm。花期4-5月，果期5-8月。

分布于东北及内蒙古、陕西、新疆、云南西北部，生于海拔300-3 300 m 的草甸、湿润处、溪边。日本、哈萨克斯坦、蒙古、巴基斯坦、俄罗斯（西伯利亚）、欧洲、北美也有分布。

图 307　匐枝毛茛

14. 松叶毛茛

Ranunculus reptans L., Sp. Pl. 1: 549. 1753.

多年生草本。茎丝状，匍匐，长达 25 cm，无毛或散生柔毛，节上生根。基生叶约 6 枚，狭线形、线状倒披针形或窄匙形，长 3.5-5.5 cm，宽 1-2 mm，几无柄；茎生叶生节上，较小。单花顶生或腋生，直径 0.6-0.9 cm，花柄长 3-8 cm，被柔毛，花托无毛；萼片 5，长 2-3 mm；花瓣 5-7，长 3-4.5 mm，宽 2-2.5 mm，蜜腺无鳞片。聚合果球形，直径 2.5-5 mm；瘦果长 1-1.5 mm，宽 0.8-1 mm，宿存花柱约 0.2 mm。花期 7-9 月。

分布于黑龙江、内蒙古东北部、新疆北部，生于海拔 200-1 500 m 的河流或湖泊岸边。日本北部、哈萨克斯坦、蒙古、俄罗斯、西欧、北美也有分布。

图 308　松叶毛茛

15. 掌裂毛茛

Ranunculus rigescens Turcz. ex Ovcz. in Kom., Fl. URSS. 7: 389. 1937.——*R. manshuricus* S. H. Li; *R. rigescens* Turcz. ex Ovcz. var. *leiocarpus* Kitag.

多年生草本，高 15-22 cm，无毛。基生叶约 3 枚，叶片轮廓心状圆形或心状五角形，长 1-2 cm，宽 1.4-3 cm，掌状 7-9 裂，裂片倒披针形，有时再 3 浅裂，具三角状粗齿；下部茎生叶较小，具短柄，上部茎生叶无柄，掌状分裂，裂片狭线形。单花顶生，直径约 2 cm，花托被毛；萼片 5，长 3.5-5 mm，被黄色柔毛；花瓣 5，长约 1 cm，宽 8 mm，蜜腺无鳞。聚合果卵球形，长 6-9 mm；瘦果稍侧扁，长 1.5-2 mm，宽 1-1.4 mm。花期 5-7 月。

分布于内蒙古、新疆，生于海拔约 700 m 的牧场、溪边。蒙古、俄罗斯（西伯利亚）也有分布。

16. 石龙芮

Ranunculus sceleratus L., Sp. Pl. 1: 551. 1753.

一年生草本，高 10-75 cm。基生叶 5-13，叶柄长 1.2-15 cm，叶片五角形、肾形或宽卵形，长 1-4 cm，宽 1.5-5 cm，3 深裂，中间裂片楔形或菱形，再 3 深裂，小裂片具 1-2 齿或全缘，侧裂片斜楔形或斜宽倒卵形，再 2 次分裂或凹缺至中部；上部茎生叶无柄，3 浅裂，裂片倒披针形。顶生单歧聚伞花序，花直径 0.4-0.8 cm，花柄 0.5-1.5 cm；萼片 5，长 2-3 mm；花瓣 5，长 2.2-4.5 mm，宽 1.4-2.4 mm，蜜腺无鳞片；雄蕊 10-19。聚合果圆柱形，长 3-11 mm，宽 1.5-4 mm；瘦果稍侧扁，长 1-1.1 mm，宽 0.8-1 mm，有时具 2-3 横皱折。花期 6-7 月。

除湖北、西藏、海南无记录外，其余省区均有分布，生于海拔 50-2 300 m 的溪流、湖泊或稻田边。亚洲、欧洲和北美均有分布。

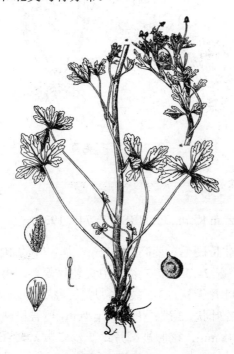

图 309　石龙芮

17. 扬子毛茛

Ranunculus sieboldii Miq., Ann. Mus. Bot. Lugduno-Batavi 3: 5. 1876.

多年生草本，长 8-50 cm，植株被硬毛或糙伏毛。基生叶 3-7，柄长 2.5-14 cm，三出复叶，叶片卵形，长 1.5-5.4 mm，宽 2.6-7 cm，中央小叶具柄，宽菱形或宽菱状卵形，边缘 3 凹缺达中部，侧生小叶具柄，斜宽倒卵形，不等 2 裂。花直径 0.9-1.8 cm，花柄 0.7-4.6 cm，密被糙伏毛，花托被柔毛；萼片 5，长 4-6 mm；花瓣 5，长 5-9 mm，宽 2.5-4 mm，蜜腺被鳞片；雄蕊多数。聚合果近球形，直径 8-10 mm；瘦果扁，长 3-4 mm，宽 2.2-3 mm，具宽边，宿存花柱约 1 mm，先端弯。花期 5-10 月。

分布于安徽南部、福建、甘肃南部、广西西部及南部、贵州、河南南部、湖北、江苏南部、江西、陕西南部、山东北部、四川、台湾、云南东北部、浙江，生于海拔 50-2 500 m 的草地、灌丛和河流边。日本也有分布。

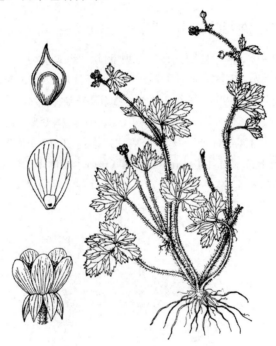

图 310 扬子毛茛

18. 兴安毛茛

Ranunculus smirnovii Ovcz. in Kom., Fl. URSS. 7: 745. 1937.

多年生草本，植株密被长硬毛。茎高约 50 cm。基生叶约 10 枚，叶柄 10-20 cm，叶片心状五角形，长 5-10 cm，宽 7-13 cm，3 裂，中央裂片菱形，再 3 浅裂，侧裂片斜扇形，具不等 2 凹缺；上部茎生叶几无柄，3-5 裂，裂片长圆状菱形。顶生单歧聚伞花序约有 10 花，花直径 1.6-1.8 cm；苞片叶状，3 裂；花柄长 1-4 cm，密被贴生柔毛；萼片 5，长 4-5 mm；花瓣 5，长 8-10 mm，宽 7-8 mm，蜜腺被鳞片；雄蕊多数。聚合果近球形，直径约 5 mm；瘦果斜倒卵形，长约 2 mm，宽 1.8 mm，宿存花柱约 0.3 mm。花期 7-8 月。

分布于内蒙古东北部，生于牧场或林中。俄罗斯（西伯利亚东部）也有分布。

19. 长嘴毛茛
Ranunculus tachiroei Franch. & Sav., Enum. Pl. Jap. 2: 267. 1876.

多年生草本。70-80cm 高，植株散生糙硬毛或硬毛。基生叶及下部茎生叶为二回三出复叶，长约 12cm，宽 16cm，叶柄长 7-18cm，中间小叶具柄，宽菱形，长约 5cm，3 深裂，第 3 级裂片楔形，再 2 或 3 裂，侧生小叶几无柄，较小；上部茎生叶柄短，三出或为单叶。顶生单歧聚伞花序疏松，花直径 1.1-1.8cm，苞片裂片披针状线形，花柄长 1.1-1.2cm；萼片 5，长约 4mm；花瓣 5 (-6)，长 5-7 (-9) mm，宽 2-5 (-6.2) mm，蜜腺被鳞片；雄蕊多数。聚合果近球形，直径 8-9mm；瘦果侧扁，长约 3mm，宽 2.6mm；宿存花柱 1.2-1.6mm。花期 7 月。

分布于吉林东部、辽宁东南部，生于潮湿草地。日本、朝鲜也有分布。

图 311　长嘴毛茛

20. 高原毛茛
Ranunculus tanguticus (Maxim.) Ovcz. in Kom., Fl. URSS. 7: 392. 1937.——*R. affinis* R. Br. var. *tanguticus* Maxim.

多年生草本。茎高 6-25 (-30) cm。基生叶 5-10 或更多，叶柄长 1.5-5.5cm，叶片五角形或宽卵形，长 0.8-1.5 (-2.6) cm，宽 1-2.4cm，3 浅裂，中央裂片宽菱形或楔状菱形，侧裂片斜扇形，再 2 次分裂，末回裂片线披针形或线形；茎生叶无柄或具短柄，3-5 掌状浅裂，裂片窄线形。单歧聚伞花序顶生，有 2-3 花；花直径 0.8-1.9 cm，花柄长 1-6 cm，密被毛；萼片 5，长 3-4 mm，散生黄色柔毛；花瓣 5，长 4.5-8.5 mm，宽 2-6.5 mm，蜜腺无鳞；雄蕊多数。聚合果狭卵形，长 3-6.5 mm，宽 3-4 mm；瘦果侧扁，长 1-1.5 mm，宽 0.8-1.1 mm。花期 6-10 月。

分布于甘肃、内蒙古西南部、宁夏、青海东部、陕西太白山、山西中部及西部、四川西部、西藏东部及南部、云南西北部，生于海拔 2 200-4 200 m 的草坡、溪边、草甸。

图 312　高原毛茛

21. 猫爪草

Ranunculus ternatus Thunb., Fl. Jap. 241. 1784.

21a. 猫爪草（原变种）

Ranunculus ternatus Thunb. var. ***ternatus***

多年生草本。块根卵球形或纺锤形，长 3-5 mm。茎高 5-18 cm，散生柔毛或下部无毛，具分枝。基生叶 5-10，叶柄 2-6 cm，三出复叶（有时单叶），五角形或宽卵形，长 0.6-1.5 cm，宽 1-2.4 cm，小叶具柄，菱形，2-3 裂，有时再 1-2 次 3 裂，末次裂片披针状线形，中央裂片菱状卵形；茎生叶小，无柄，3 裂，末次裂片线形，宽 1-3 mm。单花顶生，直径 1-1.6 cm；萼片 5，长 3-4 mm；花瓣 5，长 5.5-7 mm，宽 4-5 mm，蜜腺无鳞片；雄蕊多数。聚合果卵球形，长 2-4 mm，宽 2-3 mm；瘦果卵球形，长 1-1.2 mm，宽 0.7-1 mm。花期 3-5 月。

分布于安徽、福建、广西北部、河南南部、湖北、湖南、江苏南部、江西、台湾、浙江，生于海拔500m以下的田野、草坡、林下。日本也有分布。

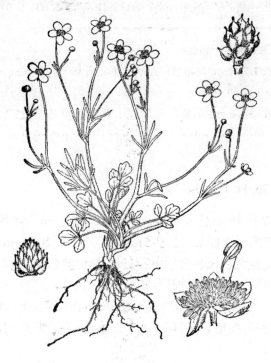

图313 猫爪草

21b. 细裂猫爪草

Ranunculus ternatus Thunb. var. ***dissectissimus*** (Migo) Hand.-Mazz., Acta Horti Gothob. 13 (4): 167. 1939.

基生叶全部为三出复叶，小叶1-2次分裂，末回裂片披针状线形。

分布于江苏东南部的苏州市及上海，生于草地。

8. 唐松草属 *Thalictrum* L.

多年生草本，具木质根状茎或者块根。具基生叶及茎生叶，茎生叶互生，叶为1-4回三出复叶或羽状复叶，小叶心状肾形、倒卵形、披针形或线形，全缘或具钝齿。花序顶生，有时腋生，单歧聚伞花序、总状花序或圆锥花序，具1至多花，总苞片叶状或缺，常由2-9枚苞片组成1轮；花通常两性，辐射对称；萼片4-10枚，白色至淡黄绿色或淡紫色，披针形、肾形或匙形，平展，果时脱落；无花瓣；雄蕊7-70，花丝丝形至棒状，上部膨大；心皮1-50（-70），1室1胚珠；花柱常宿存。瘦果常聚合，纺锤形、卵形、倒卵形、镰形或盘状，两侧具肋。

本属约有150种，世界广布，主产于北温带。我国有70余种。

分种检索表

1. 茎高 50-150 cm；花期基生叶及下部茎生叶枯萎；圆锥花序，花梗纤细，长 0.4-1.4 cm ·· 2. 高原唐松草 *T. cultratum*
1. 茎高 5-40 cm；叶全部基生，花期不枯萎。
    2. 叶羽状，二回三出，长 1.5-4 cm，薄革质；总状花序，花少；萼淡紫色；心皮（2-）3-5（-6）；宿存花柱宽三角形 ··· 1. 高山唐松草 *T. alpinum*
    2. 三回三出复叶，叶片 3-6 cm，纸质；单歧聚伞花序；萼片白色；心皮 30-50；宿存花柱拳卷 ··· 3. 淡红唐松草 *T. rubescens*

1. 高山唐松草

Thalictrum alpinum L., Sp. Pl. 1: 545. 1753.

植株高 5-40 cm。基生叶 4 枚或更多，叶柄长 1.5-3 cm；叶片羽状，二回三出，长 1.5-4 cm，小叶楔状倒卵形至圆卵形，长 3-5 mm，宽 3-5（-20）mm。穗状花序，花少，果期花梗弯曲；花萼早落，淡紫色；雄蕊 7-10（-15），花丝淡紫色，丝状；心皮（2-）3-5（-6），柱头紫色，窄三角形。瘦果狭卵形至披针状倒卵形，宿存花柱宽三角形。花期 6-8 月。

分布于甘肃、河北、宁夏、青海、陕西、山西、四川、西藏、新疆、云南，生于海拔 2 400-5 300 m 的潮湿沟谷、坡地、湿润草甸。亚洲、欧洲、北美均有分布。

图 314　高山唐松草

2. 高原唐松草

Thalictrum cultratum Wall., Pl. Asiat. Rar. 2: 26. 1831.

株高 50-150cm。基生叶及茎下部叶花时枯萎，茎中部叶具柄，柄长 1-4cm，叶片 3 或 4 回羽状分裂，长 9-20cm；小叶菱状倒卵形、宽菱形或圆形，长 0.5-1（-1.4）cm，宽 0.3-1（-1.4）cm，3 裂，裂片全缘或具 2 齿。圆锥花序，花梗纤细，长 4-14mm；花萼早落，绿白色，长 3-4mm；雄蕊多数，长 6-8mm；心皮 4-9。瘦果无柄，半倒卵形，长约 3.5mm。花期 6-7 月。

分布于甘肃、四川、西藏、云南西北部，生于海拔 1 700-3 800m 的灌丛、湿草甸、潮湿沟谷。不丹、克什米尔地区、尼泊尔、印度也有分布。

3. 淡红唐松草

Thalictrum rubescens Ohwi, Acta Phytotax. Geobot. 2: 156. 1933.

株高 10-20cm，无毛。叶基生，托叶狭，叶柄长 2-6cm，三回三出复叶，长 3-6cm，纸质，基部圆或钝，先端 3 裂，裂片全缘。单歧聚伞花序，有花 1-2，花梗 2-5cm；花萼白色，狭椭圆形，长 5-6mm；心皮 30-50，花柱拳卷。瘦果纺锤形，侧扁，长约 5mm，果柄长 0.3-0.5mm。花期 6-7 月。

分布于台湾北部，生于高海拔湿地。

9. 金莲花属 *Trollius* L.

多年生草本，无毛，具纤维状根。叶基生或兼茎生，单叶，掌状全裂或掌状分裂。花单生枝顶或数花形成聚伞花序；萼片 5 至多数，黄色，稀紫色，倒卵形，花瓣状；花瓣 5 至多数，线形，具短爪，爪上具蜜腺；雄蕊多数，花丝狭线形。蓇葖果 5 至多数，具分枝状脉纹，花柱宿存。种子近球形，平滑。

本属约有 30 种，分布于北半球温带至寒带地区。我国有 16 种。

分种检索表

1. 花紫色或橙红色；萼片 10-15（-20）枚。
　2. 花紫色，干后不变绿；花瓣线形，较雄蕊短；蓇葖果 16 枚··············1. 阿尔泰金莲花 *T. altaicus*
　2. 花橙红色，干后变暗黄；花瓣匙状线形，较雄蕊长，比花萼短；蓇葖果 30 枚···············
　　···2. 宽瓣金莲花 *T. asiaticus*
1. 花黄色或金黄色；萼片 5-8 枚。
　3. 萼片金黄色，干后橙黄色···4. 长瓣金莲花 *T. macropetalus*
　3. 萼片黄色，干后变绿或不变色。
　　4. 萼片干后不变绿；花瓣较雄蕊长，但较萼短·····························3. 短瓣金莲花 *T. ledebourii*
　　4. 萼片干后变绿；花瓣线形，较雄蕊短·······························5. 云南金莲花 *T. yunnanensis*

1. 阿尔泰金莲花
Trollius altaicus C. A. Mey., Verz. Pflanz. Caucas. 200. 1831.

茎高 26-70cm。茎生叶 2-5；叶柄长 7-36cm，基部成狭鞘；叶片五角形，长 3.5-6cm，宽 6.5-11cm，基部心形，3 浅裂；中央裂片菱形，3 浅裂，末回裂片具钝齿；侧裂片斜扇形，2 裂几至基部。花单生，直径 3-5cm；萼片（10-）15-18，橙色，干时不变绿，倒卵形或宽倒卵形，长 1.6-2.5cm，宽 0.9-2cm，先端圆；花瓣线形，较雄蕊短或与之近等长，长 6-13mm，宽 1mm；雄蕊 0.7-1.3cm；花柱暗紫色或黑色。蓇葖果 16，长约 1cm，宽 0.5cm，宿存花柱约 1mm。种子椭圆状球形，长约 1.2mm。花期 5-7 月，果期 8 月。

分布于内蒙古西部、新疆北部，生于海拔 1 200-2 700m 的草坡、沟谷湿地。中亚、蒙古、俄罗斯（西伯利亚）也有分布。

2. 宽瓣金莲花
Trollius asiaticus L., Sp. Pl. 1: 557. 1753.

茎高 20cm 以上，果期达 80cm，单一或中上部具分枝。基生叶约 3 枚，柄长 7-31cm；叶片五角形，长 4.5cm，宽 8.5cm，基部心形，3 浅裂；中央裂片菱形，3 裂，边缘有锐齿；侧裂片斜扇形，不等 2 裂至近基部。花单一顶生，直径（2-）3.4-4.5cm；萼片 10-15 (-20)，橙红色或橙色、稀暗黄色，宽椭圆形或倒卵形，长（0.7）1.5-2.3cn，宽（0.5-）1.2-1.7cm，全缘或先端具不规则钝齿；花瓣匙状线形，较雄蕊长，而短于萼片，长（4-）16mm，宽 2-3.5mm；雄蕊约 1cm。蓇葖果约 30，宿存花柱 0.5-1 (-1.5) mm。花期 7 月。

分布于黑龙江（尚志）、新疆（阿勒泰、哈密），生于草地潮湿处、林中。哈萨克斯坦东部、蒙古、俄罗斯（西伯利亚）也有分布。

3. 短瓣金莲花
Trollius ledebourii Rchb., Iconogr. Pl. Crit. 3: 63. 1825.

茎高 40-100cm。基生叶 2-3，叶柄长 9-29cm，基部成狭鞘；叶片五角形，长 4.5-6.5cm，宽 8.5-12.5cm，基部心形，3 浅裂，中央裂片菱形，3 裂；侧裂片斜扇形，不等 2 裂至基部；茎生叶 3-4，较基生叶小，叶柄长 5.5-15cm。花单生或 2-3 朵在枝顶成聚伞花序，直径 3.2-4.8cm；萼片 5-8，黄色，干后不变绿，椭圆形至狭椭圆形，长 1.3-2.8cm，宽 1-1.5cm，先端圆；花瓣 10-22，线形，较雄蕊长，但短于花萼，长 1.3-1.6cm，宽 1mm；雄蕊长 0.9 cm。蓇葖果 20-28，长约 7mm，宿存花柱长约 1mm。花果期 6-7 月。

分布于黑龙江、辽宁、内蒙古东北部，生于海拔 100-900m 的湿草地、溪边。蒙古、俄罗斯（远东地区及西伯利亚）也有分布。

4. 长瓣金莲花
Trollius macropetalus (Regel) F. Schmidt, Mém. Acad. Imp. Sci. Saint Pétersbourg, Sér. 7, 12 (2): 88. 1868.——*T. Ledebourii* Rchb. var. *macropetalus* Regel.

茎高 40cm 以上，果期达 100cm，单一不分枝。基生叶 2-4，柄长 10-28cm，基部狭鞘状；叶片五角形，长 5.5-9.2cm，宽 11-16cm，3 裂，中央裂片菱形，3 裂，末回裂片具齿；侧裂片斜扇形，不等 2 裂；茎生叶 3-4，与基生叶相似。单花，直径 3.5-4.5cm；萼片 5-7，金黄色，干时橙黄色，宽卵形或倒卵形，长 1.5-2.5cm，宽 1.2-1.5cm，先端圆；花瓣 14-22，狭线形，较萼片长或等长，长 1.8-2.6cm，宽 0.1cm；雄蕊 1-2cm。蓇葖果 20-40，长约 1.3cm，宽 0.4cm；宿存花柱长 3.5-4mm。种子黑色，狭倒卵球形，长约 1.5mm。花果期 7-9 月。

分布于东北，生于海拔 400-600m 的草地。朝鲜北部、俄罗斯（远东地区）也有分布。

5. 云南金莲花

Trollius yunnanensis (Franch.) Ulbr., Repert. Spec. Nov. Regni Veg. Beih. 12: 368. 1922.
——*T. pumilus* D. Don var. *yunnanensis* Franch.

茎高 20cm 以上，果期达 80cm，单一或中部以上具分枝。基生叶 2-3；柄长 7-20cm，基部成狭鞘；叶片干时变暗绿，五角形，长 2.6-5.5cm，宽 4.8-11cm，3 深裂，基部深心形；中央裂片菱状卵形或菱形，3 浅裂；侧裂片斜扇形，不等 2 裂。单花顶生或 2-3 花成聚伞花序，花直径（3.2-）4-5.5cm，花梗 4cm，果时达 9.5cm；萼片 5（-7），黄色，干时多少变绿，宽倒卵形或倒卵形，长 1.7-3cm，宽 1.2-2.8cm；花瓣线形，较雄蕊短，先端稍加宽呈近匙形；雄蕊长约 1cm。蓇葖果 7-25；宿存花柱直立，长约 1mm。种子狭卵形，长约 1.5mm，光滑。花期 6-9 月，果期 9-10 月。

分布于甘肃南部、四川、云南西部，生于海拔 1 900-3 000m 的草坡、山坡湿地。

根据叶形和花瓣的性状变异，本种可分为 4 个变种。

图 315　云南金莲花

十字花科　Cruciferae

一年生、二年生或多年生草本，少有亚灌木状，带辛辣味，有水汁。茎直立或铺散或极度缩短。叶基生及茎生，茎生叶通常互生，全缘、具齿或呈各式羽状分裂至羽状复叶；无托叶。花两性，常多花聚集呈顶生或腋生总状花序；萼片 4 枚，2 轮，基部常囊状；花瓣 4 枚，分离，呈十字形排列，白、黄、粉、淡紫或紫色，多具爪，稀无花瓣；雄蕊 6 枚，内 4 外 2 排成 2 轮，一般内轮花丝长，成对连合，且向基部逐渐加宽；雌蕊 1，子房上位，2 室或 1 室，胚珠 1 至多数，柱头头状或 2 裂。长角果或短角果。种子细小。

本科共有 330 余属 3 500 余种，主产于北温带，尤以地中海区域为盛。我国有 102 属，400 余种，遍布全国。本科植物极具经济价值，是菜蔬及油料作物的主要来源。

分属检索表

1. 多年生水生植物；茎平卧或匍匐向上，中空；叶全部茎生，羽状复叶，生水下的则为单叶；花白色，花瓣较萼片长···4. 豆瓣菜属 *Nasturtium*
1. 一年生、二年生或多年生草本；叶基生和茎生；花黄色，稀白色、粉色或紫色。
    2. 叶羽状半裂至全裂；花黄色、稀白色或粉色；花瓣较萼片短；长角果自下向上开裂；子叶缘倚胚根··5. 蔊菜属 *Rorippa*
    2. 叶全缘或有锯齿；花白色、粉色或紫色。
        4. 一年生或二年生草本；叶波状，有锯齿；长角果线形，2 室，开裂·············1. 碎米荠属 *Cardamine*
        4. 多年生草本；叶全缘或羽状或掌状分裂；短角果开裂或于种子间缢缩。
            5. 茎直立，矮小，多分枝呈丛生状；短角果开裂；种子 2 列，有网纹，子叶缘倚式着生···2. 葶苈属 *Draba*
            5. 茎直立或攀缘或匍匐向上，无分枝或仅上部有分枝；短角果或长角果；种子 1 列，无明显网纹，子叶背倚式着生···3. 山萮菜属 *Eutrema*

1. 碎米荠属　*Cardamine* L.

一年生或二年生草本。茎直立。单叶，基生叶具柄，有锯齿或 1-3 次羽状分裂或掌状分裂；茎生叶互生，基部楔形、有耳或箭状，全缘、具钝齿或各式分裂。总状花序无苞片；萼片卵形或长圆形，侧萼片基部常囊状；花瓣白色、粉色、紫红色或紫色，倒卵形、匙形或倒披针形，先端钝或微凹，有时有爪，较萼片长；雄蕊 6，4 强；蜜腺环状或半环状抱于雄蕊基部；每心皮具 4-50 枚胚珠。长角果线形，扁，或细念珠状，果瓣膜质，无脉，自下向顶开裂或螺旋式拳卷成盘；柱头头状。种子 1 行，种皮平滑、略具网纹或小突起，子叶缘倚胚根，少为背倚式。

本属全世界约有 200 种，我国有 48 种，本书收入 9 种。

分种检索表

1. 一年或二年生草本；花白色；每心皮一般有 20-50 粒胚珠；角果线形，细念珠状。
   2. 中部茎生叶侧裂片丝状、线形或狭长圆形，宽 0.3-3 mm；花瓣倒披针形，宽不过 2.5 mm；果直径小于 0.9 mm ························ 7. 小花碎米荠 *C. parviflora*
   2. 茎生叶裂片多型，宽 3 mm 以上；花瓣匙形；角果线形，直径 1-1.5 mm。
     3. 植株至少叶柄基部被糙毛；雄蕊 4；果梗直，且紧贴花序轴 ··············· 3. 碎米荠 *C. hirsuta*
     3. 植株不被上述毛；雄蕊 6；花梗平展，不紧贴花序轴。
       4. 中上部茎生叶顶裂片与侧裂片几相等；茎及总花序轴常"之"字形弯曲 ························ 1. 弯曲碎米荠 *C. flexuosa*
       4. 中上部茎生叶顶裂片明显大于侧裂片；茎及花梗挺直 ··············· 11. 圆叶碎米荠 *C. scutata*
1. 多年生草本；花淡紫色或白色；每心皮一般有 10-14 粒胚珠；角果线形，直径约 2 mm。
   5. 叶无柄，最下 1 对侧生小叶耳状抱茎。
     6. 侧生小叶线形或狭长圆形，叶缘具 1-2（-3）齿，基部斜；萼 3-4 mm，花柱 4-6 mm；种子有翅 ························ 2. 纤细碎米荠 *C. gracilis*
     6. 侧生小叶卵形至卵状长圆形，全缘或波状，基部钝；萼 2.5-3 mm，花柱 2-4 mm；种子无翅 ························ 6. 多裂碎米荠 *C. multijuga*
   5. 叶柄明显，小叶无耳，不抱茎。
     7. 上部茎生叶之顶生小叶或末端裂片丝形、线形、线状披针形或狭倒披针形，宽约 2 mm ························ 12. 单茎碎米荠 *C. simplex*
     7. 叶裂片绝无上述形状，宽大于 2 mm。
       8. 根状茎块状，无匍匐枝；花紫色 ··············· 8. 草甸碎米荠 *C. pratensis*
       8. 根状茎匍匐延伸；花白色或紫色。
         9. 基生叶莲座状，顶生小叶 3-5 掌状浅裂；花白色 ··············· 5. 小叶碎米荠 *C. microzyga*
         9. 基生叶不呈莲座状；花白色或紫色。
           10. 花紫色；小叶披针形或倒卵形 ··············· 4. 大叶碎米荠 *C. macrophylla*
           10. 花白色；小叶卵形或近圆形。
             11. 基生叶具小叶 8-11 对；茎生叶具小叶 7-9 对，两面被毛 ························ 9. 浮水碎米荠 *C. prorepens*
             11. 基生叶具小叶 3-4 对；茎生叶具小叶 2-4 对，两面均无毛 ························ 10. 鞭枝碎米荠 *C. rockii*

1. 弯曲碎米荠

Cardamine flexuosa With., Arr. Brit. Pl. (ed. 3) 3: 578-579. 1796.

一年生或二年生草本。茎高 6-50 cm，曲折或直立。基生叶早枯，叶片琴状，长 2-14 cm，边缘波状或 3-5 浅裂；茎生叶 3-15，与叶柄共长 2-7 cm，基部无耳，前端 3-5 浅裂，两侧裂片各 2-7。总状花序多花，花梗纤细，扭曲；萼长 1.5-2.5 mm，宽 0.7-1 mm；花瓣白色，匙形，长 2.5-5 mm，宽 1-1.7 mm；雄蕊 6 枚，稀 4 枚；每心皮胚珠 18-40 枚。角果线形，长 8-28mm，宽 1-1.5mm，无毛，细念珠状。种子棕色，长 0.9-1.5mm，宽 0.6-1mm。花期 2-5 月，果期 4-7 月。

全国广布，生于海拔 3 600m 以下的田边、草地、沟渠、溪边、空地或潮湿林地。亚洲、欧洲、大洋洲、美洲广泛分布。

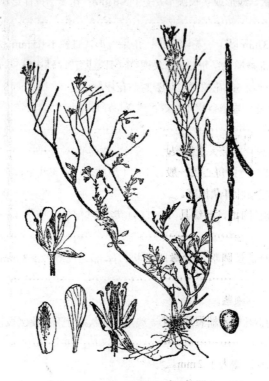

图 316　弯曲碎米荠

2. 纤细碎米荠

Cardamine gracilis (O. E. Schulz) T. Y. Cheo & R. C. Fang., Bull. Bot. Lab. N.-E. Forest. Inst., Harbin 1980 (6): 27. 1980.——*C. multijuga* Franch. var. *gracilis* O. E. Schulz.

多年生水生草本。茎高 10-35 (-50) cm，具细棱，节上生根。茎生叶 10-20，长 1.5-9cm，宽 0.2-1.7cm，几无柄，顶生小叶 1.5-7mm，小叶柄 0.5-2mm，边缘具不明显 1-3 齿；侧生小叶（6-）7-12（-15）对，较小。总状花序顶生，具 10-20 花，花萼长 3-4mm，宽 1.2-2mm，侧萼片基部近囊状；花瓣匙形，淡紫色，长 6-8mm，宽 2-3mm；2 对花丝近等长，基部膨大；每心皮 10-14 粒胚珠。角果线形，长 2-4cm，宽约 1.5mm，平滑，无毛。种子长 1.7-2mm，宽约 1.3mm，具宽约 0.4mm 的翅。花期 6-8 月，果期 7-10 月。

分布于云南，生于海拔 2 400-3 300m 的草甸、湖边、池塘、沟渠以及牧场。

被子植物 ANGIOSPERMAE 373

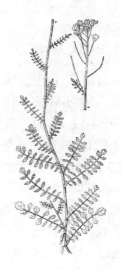

图 317　纤细碎米荠

3. 碎米荠
Cardamine hirsuta L., Sp. Pl. 2: 655. 1753.

一年生草本，高（3-）10-35（-40）cm。基生叶柄长 0.5-5 cm，被糙毛，叶片琴状羽裂，长（1.5-）2.5-10（-13）cm。顶裂片肾形或圆形，长 0.4-2 cm，宽 0.6-3 cm，侧裂片（1-）3-7（-11）对，较顶裂片小；茎生叶 1-4 (-6)，柄短，基部耳状。萼片长圆形，长 1.5-2.5 mm，宽 0.3-0.7 mm；花瓣匙形，白色，长 2.5-5 mm，宽 0.5-1.1 mm，有时无瓣；雄蕊 4 枚，稀 5 或 6 枚；每心皮有胚珠 14-40 粒。果线形，念珠状，无毛。花期 2-5 月，果期 4-7 月。

我国各地常见，生于海拔 3 000 m 以下的山坡、路边、田野、荒地、沼泽、草地以及林中。亚洲、欧洲、非洲南部、澳大利亚、南美洲、北美洲也有分布。

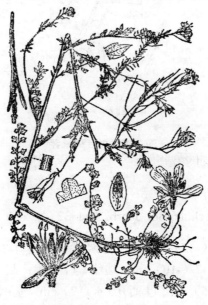

图 318　碎米荠

4. 大叶碎米荠

Cardamine macrophylla Willd., Sp. Pl. 3: 484. 1800.

多年生草本。高 20-115 cm，具块根，直径 2-10（-30）mm。基生叶长（4-）10-40（-50）cm，柄长（1-）3-20（-25）cm；顶生小叶长 1-15（-25），宽 0.5-5 cm；侧生小叶（1-）2-6 对，形似顶生小叶而较小；茎生叶 3-12（-18），柄长（1-）2-5（-6.5）cm，基部无耳，具 2-7（-11）对侧生小叶。总状花序有 10-30 花；花萼长 3.5-6.5（-8）mm，宽 1.5-3 mm；花瓣紫色或淡紫色，长 8-17 mm，宽 3.5-8 mm；花丝近等长；每心皮有胚珠 8-12（-16）粒。角果线形，长（22-）25-60（-70）mm，宽 1.5-3 mm，无毛。花期 3-10 月，果期 5-10 月。

分布于安徽、甘肃、贵州、河北、河南、湖北、湖南、吉林、江西、辽宁、内蒙古、青海、陕西、山西、四川、西藏、新疆、云南、浙江，生于海拔 500-4 200 m 的沼泽、河岸。不丹、印度、日本、克什米尔地区、哈萨克斯坦、蒙古、尼泊尔、巴基斯坦、俄罗斯也有分布。

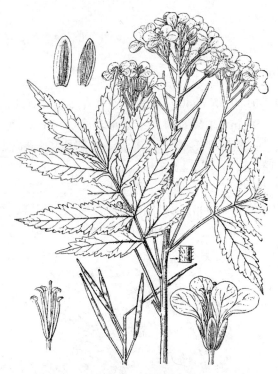

图 319　大叶碎米荠

5. 小叶碎米荠

Cardamine microzyga O. E. Schulz, Bot. Jahrb. Syst. 32 (4): 545. 1903.

多年生草本，高 10-30（-45）cm，植株被柔毛。基生叶 2-11 cm，叶柄 0.5-5 cm，顶生小叶长 2-8（-13）cm，宽 2-7（-10）cm，边缘具 1-3 齿；侧生小叶 5-11 对，不对称；茎生叶 1-3，长（2-）4-10（-25）cm，叶柄 0.5-4（-9）cm，基部无耳，形似基生叶。总状花序顶生，有 10-20 花；花萼长 2.5-4 mm，宽 1-1.7 mm，侧萼片基部囊状；花瓣紫色，稀白色，长 6.5-10 mm，宽 3-6 mm，基部爪长约 2 mm；中间雄蕊 3.5-5 mm，外雄蕊 2.5-3.5 mm；每心皮有胚珠 10-14 粒。角果线形，长 25-40 mm，宽 1.5-2 mm。种子长 1.8-2.1 mm，宽 1-1.3 mm，无翅。花期 4-9 月，果期 7-10 月。

分布于四川、西藏，生于海拔 2 600-4 600 m 的潮湿高山草场。

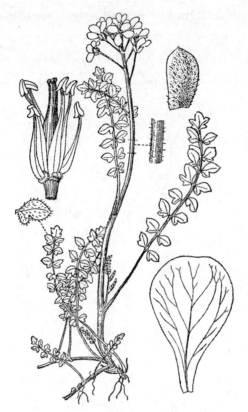

图 320　小叶碎米荠

6. 多裂碎米荠

Cardamine multijuga Franch., Bull. Soc. Bot. France 33: 399. 1886.

多年生草本，高（20-）40-100（-160）cm，植株通体无毛。具匍匐状根茎，茎具棱角。羽状叶无柄，11-25 枚；侧生小叶 8-11（-15）对，略小于顶生小叶，基部有小耳，抱茎。花萼长 2.5-3 mm，宽 1.5-2 mm；花瓣紫色或淡紫色，长 7-9 mm，宽 3-4 mm；花丝近等长，4-5 mm；每心皮胚珠 10-16 枚。幼果无毛。种子无翅。花期 6-7 月。

分布于云南，生于海拔 200-2 800 m 的河边、草甸。

7. 小花碎米荠

Cardamine parviflora L., Sp. Pl. 2: 656. 1753.

一年生草本，高 7-30（-40）cm。基生叶花后枯萎，长 1.5-5 cm，羽状分裂，侧裂片 3-5，几与顶裂片相等，全缘或具 3-5 齿；茎生叶长 2-6 cm，宽 0.8-2.2 cm，羽状，基部无耳，侧裂片 4-7 对，丝状、线状或窄长圆形，长 3-10（-16）mm，宽 0.3-3 mm，顶生的较大。花萼长 1-2 mm，宽 0.3-0.5 mm；花瓣白色，长 1.5-3 mm，宽 0.4-0.8 mm；雄蕊 6，长 1.4-2.5 mm；每心皮胚珠 20-50 枚。角果线形，长 5-25 mm，宽 0.6-0.9 mm，细念珠状。种子淡棕色，长 0.6-0.9 mm，宽 0.4-0.6 mm。花期 5-6 月，果期 6-7 月。

分布于安徽、广西、河北、黑龙江、江苏、辽宁、内蒙古、山东、陕西、山西、台湾、新疆、浙江等地，生于海拔 2 500 m 以下的河边、沟渠、路边、草场。欧亚大陆、非洲北部及北美也有分布。

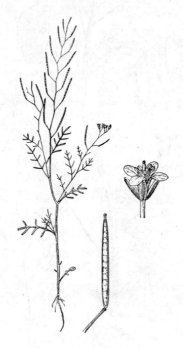

图 321　小花碎米荠

8. 草甸碎米荠

Cardamine pratensis L., Sp. Pl. 2: 656. 1753.

多年生草本。根状茎块状，直径约 5 mm；茎高 8-55（-80）cm，具 2-12（-18）枚叶。基生叶长达 30 cm，柄长 10 cm，顶生小叶直径 0.3-2 cm，小叶柄达 1.5 cm，侧生小叶 2-8（-15），略小；茎生叶羽状分裂，基部无耳，顶裂片长 10-35 mm，宽 5-10 mm，侧裂片 4-13 对。总状花序有 10 花，花萼长 2.5-6 mm，宽 1-2 mm，基部囊状；花瓣紫色或淡紫色，稀白色，长 6-18 mm，宽 3-10 mm，具爪；中部雄蕊长 5-10 mm，两侧雄蕊长 3-6 mm；每心皮有胚珠 20-30 枚。角果线形，长 16-50 mm，宽 1.2-2.3 mm，无毛；花柱长 0.5-2.7 mm，粗壮。种子亮棕色，长 1.2-2 mm，宽 1-1.4 mm。花期 5-7 月，果期 6-8 月。

分布于黑龙江、内蒙古、西藏西部、新疆，生于潮湿草地、河流或溪边。日本、哈萨克斯坦、朝鲜、蒙古、俄罗斯、欧洲及北美也有分布。

图 322　草甸碎米荠

9. 浮水碎米荠
Cardamine prorepens Fisch. ex DC., Syst. Nat. 2: 256. 1821.

多年生草本，高 15-60 cm，具匍匐枝。茎粗壮，有 2-5（-8）叶。基生叶羽状，长 2-12 cm，柄长（0.5-）1.5-10 cm，顶生小叶长 5-20(-30) mm，宽 4-13(-20) mm，小叶柄长 2-10 mm，边缘具齿或波状，侧生小叶 1-5 对，较小，无柄；茎生叶柄长 7 cm，基部无耳，顶生小叶长 1-3.5(-5) cm，宽 0.5-1.8(-2.5) cm，小叶柄约 2.5 cm，边缘具齿或波状。总状花序有花 5-15；花萼长 3-4.5 mm，宽 1-2 mm；花瓣白色，长 9-15 mm，宽 5-7 mm；中部花丝较侧面花丝长约 2 mm；每心皮有胚珠 12-16 枚。角果线形，长 15-40 mm，宽 1.5-2 mm。种子无翅。花期 5-7 月，果期 7-8 月。

分布于黑龙江、吉林、内蒙古，生于海拔 1 000-1 700 m 的河流、溪边或草甸。朝鲜、蒙古、俄罗斯也有分布。

图 323　浮水碎米荠

10. 鞭枝碎米荠

Cardamine rockii O. E. Schulz, Notizbl. Bot. Gart. Berlin-Dahlem 9 (87): 473. 1926.

多年生草本，植株被毛，高（9-）15-45（-55）cm。茎匍匐，具4-10枚叶。基生叶形与茎生叶相似，长（1.5-）3-12（-15）cm，叶柄长0.5-4cm，基部无耳；顶生小叶长（3-）5-12（-15）mm，宽（2-）4-8（-10）mm，柄长1-3mm，边缘有2-4齿；侧生小叶6-12枚，具（2-）3-5（-6）齿。总状花序顶生，多花；花萼长2.5-4mm，宽1-1.6mm，侧萼片基部囊状；花瓣白色，长7-9mm，宽2.5-4mm，基部爪状，爪约2mm；中间花丝较两侧花丝长约1.5mm；每心皮胚珠10-14枚。花期5-7月。

分布于四川西南、云南，生于海拔3 100-4 700 m的潮湿草原、溪边、沼泽以及高山牧场。

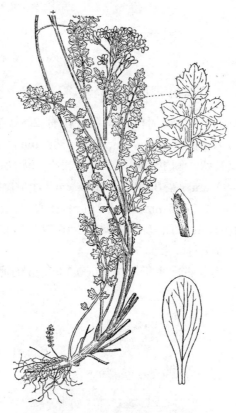

图324 鞭枝碎米荠

11. 圆叶碎米荠

Cardamine scutata Thunb., Trans. Linn. Soc. London 2: 339. 1794.

一年生或二年生草本。茎高（5-）15-50（-70）cm。基生叶羽状分裂，花后枯萎，顶裂片长1-2.5 cm，宽0.7-2cm，边缘波状具齿或3-5浅裂；茎生叶较小，柄长约3cm，基部无耳，有1-5对小叶，顶裂片长0.7-6.5cm，宽0.5-5cm。总状花序；花萼长1.5-3mm，宽0.7-1.4mm，基部有囊；花瓣白色，匙形，长2.5-6mm，宽1-2.5mm；雄蕊6；每心皮有 20-40 粒胚珠。角果线形, 长 9-35 mm, 宽 0.8-1.4 mm, 细念珠状。种子长 0.9-1.5 mm, 宽 0.6-0.9 mm。花期 4-7 月, 果期 5-8 月。

分布于安徽、广东、贵州、吉林、江苏、四川、台湾、浙江, 生于海拔 2 100 m 以下的溪谷、潮湿地、沟边、路旁。日本、朝鲜、俄罗斯（远东地区）也有分布。

12. 单茎碎米荠

Cardamine simplex Hand.-Mazz., Symb. Sin. 7: 361. 1931.

多年生草本。茎直立, 高 8-35 cm。基生叶 1-3, 有小叶 3-5 (-7), 柄长 1.3-8 cm; 顶生小叶长 3-12 mm, 宽 5-13 mm, 小叶柄长 1-8 mm; 侧生小叶 1-3 对, 较小而近无柄; 茎生叶 2-5 (-7), 具小叶 3-5 对, 柄长 0.8-3 cm, 基部无耳, 茎上部的顶生小叶线形, 长 5-20 mm, 宽 (0.3-) 1-2 mm。总状花序疏松, 有花 (2-) 5-16 朵, 总花梗常弯曲; 萼片长 2.5-3.5 mm, 宽 1.3-1.8 mm, 侧萼片基部囊状; 花瓣白色, 长 6.5-9 mm, 宽 3.5-8 mm, 无爪; 中间花丝长 4-5 mm, 外面 1 对花丝长 3-3.5 mm; 每心皮有 8-14 枚胚珠。角果线形, 长 10-28 mm, 宽 1-1.2 mm。种子长 1.2-1.6 mm, 宽 0.8-1.2 mm, 无翅。花期 5-7 月, 果期 6-8 月。

分布于四川、云南, 生于海拔 2 500-3 800 m 的牧场、沼泽或沟渠边。

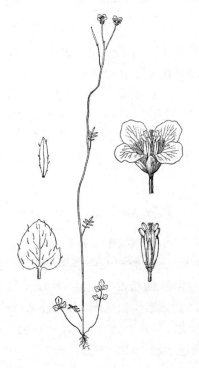

图 325　单茎碎米荠

2. 葶苈属 *Draba* L.

多年生草本，植株矮小，具分枝或丛生，常被毛。基生叶莲座状，有或无柄，茎生叶无柄。总状花序有或无苞片；萼片长圆形或椭圆形，基部两侧囊不明显，边缘膜质；花瓣黄色、白色、紫色、橙色（偶尔红色），倒卵形或匙形，先端凹，基部爪状；雄蕊6，4强；花丝细，基部有时膨大，具蜜腺；每心皮具4至多数胚珠；柱头头状或2裂。角果开裂。种子卵形，2行，子叶缘倚胚根。

本属约有300种，主要分布在北半球北部高山地区。我国有50余种，主要分布在西南和西北高山地区。

分种检索表

1. 总状花序，花梗长 6-13（-17）cm，花瓣具爪；每室胚珠 16-20 粒·················1. 高茎葶苈 *D. elata*
1. 总状花序，花梗长 2-7，花瓣无爪；每室胚珠（4-）6-12 粒·················2. 喜山葶苈 *D. oreades*

1. 高茎葶苈

Draba elata Hook. f. & Thomson, J. Proc. Linn. Soc., Bot. 5: 150. 1861.

多年生草本，高 20-45（-60）cm。茎直立，被毛。基生叶莲座状，匙形，长 0.7-3(-4) mm，宽 2-4mm，先端尖；茎生叶 3-6(-9) 枚，无柄，长圆形，长 0.8-3(-4) cm，宽 3-9mm，边缘具齿，被毛。总状花序有 10-25 花，花梗成熟时急剧伸长，长 6-13(-17) cm，下部花具苞片；萼片卵形，开展，先端圆；花瓣黄色，倒卵形，长约 5mm，先端凹，基部爪长约 1mm；每心皮有 16-20 粒胚珠。短角果卵形至近披针形，长 7-11mm，宽 3-4mm。种子棕色，卵球形，长 1.2-1.5mm，宽 0.8-1mm。花果期 6-8 月。

分布于西藏，生于海拔 3 400-4 900 m 的山坡、路边、湿草地。印度北部也有分布。

2. 喜山葶苈

Draba oreades Schrenk in Fisch. & C. A. Mey., Enum. Pl. Nov. 2: 56. 1842.

多年生草本，茎高（0.5-）1.5-14（-20）cm。叶薄革质，基生叶莲座状，倒卵状楔形或匙形，长 0.3-3 cm，宽 1-8 mm，密被毛；茎生叶卵形，无柄，密生灰白色长柔毛。总状花序有 10-15 花，具苞片，花梗长 2-7 mm；萼片长圆形或卵形，长 1.5-3 mm，宽 0.8-1.8 mm，早落；花瓣黄色，倒卵形至狭匙形，长 2.5-6mm，宽 1-3 mm，无爪；子房有胚珠（4-）6-12 粒。角果卵形或近圆形，长（3-）4-9（-12）mm，宽 1.5-4.5（-6）mm，先端尖；花柱约 1mm。种子黑色至暗棕色，卵形，长 3-9（-12）mm，宽 1.5-4.5（-6）mm。花果期 6-8 月。

分布于甘肃、内蒙古、青海、陕西、四川、西藏、新疆、云南，生于海拔 2 300-5 500 m 的高山牧场、草坡、沼泽。

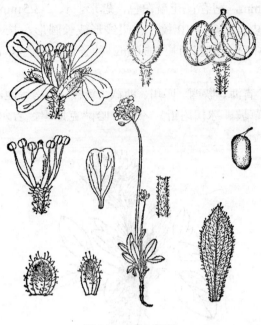

图 326 喜山葶苈

3. 山嵛菜属 Eutrema R. Br.

多年生草本，具根状茎。茎直立或攀缘向上。基生叶具柄，全缘或掌状分裂；茎生叶具柄或无柄，楔形或耳状，全缘或具齿。总状花序无苞片或少有具苞片；萼片卵形或长圆形，基部无囊；花瓣白色或粉色，匙形，稀倒卵形，先端钝，无爪；雄蕊 6，花丝基部稍膨大，花药卵形或长圆形；蜜腺抱于雄蕊基部；每心皮具 2-10 枚胚珠。角果开裂，线形或长圆形，无柄或柄极短；花柱 3 mm，柱头头状，全缘。种子 1 行，长圆形，无翅，子叶背倚胚根。

本属有 9 种，分布于亚洲中部及东部和喜马拉雅山地区，1 种分布至北美。我国有 7 种。

分种检索表

1. 花序紧密，萼片宿存，花瓣长 2-3.5 mm，宽 1-1.7 mm；角果 4-12 mm ·········· 1. 密序山嵛菜 *E. heterophyllum*
1. 花序疏松，萼片早落，花瓣长 4-5 mm，宽 2.5-3 mm；角果 1-2.5 mm ·········· 2. 川滇山嵛菜 *E. himalaicum*

1. 密序山嵛菜

Eutrema heterophyllum (W. W. Sm.) H. Hara., J. Jap. Bot. 48 (4): 97. 1973.——*Braya heterophylla* W. W. Sm.

多年生草本，高 2-15（-25）cm，无毛。根粗大。茎直立。基生叶稍肉质，柄长 0.5-7.5 cm，叶片卵形、近圆形、披针形或菱形，长 0.3-2.5 cm，宽 0.2-1.5 cm，全缘；中部茎生叶披针形、卵形或线状披针形，长 0.7-3 cm，宽 2-9 mm，无柄，全缘。花序紧密，果期略伸长；

萼片长 1.5-2 mm，宽 1 mm，宿存；花瓣白色，匙形，长 2-3.5 mm，宽 1-1.7 mm；花丝白色，基部稍膨大；每心皮有胚珠 4-10 枚。角果线形或长圆形，长 4-12 mm，宽 1.5-2 mm，略四棱形，果瓣具明显中脉；雌蕊柄长 0.5 mm。种子长圆形，长 1.5-2 mm。花期 6-7 月，果期 7-8 月。

分布于甘肃、河北、青海、陕西、四川、西藏、新疆、云南等地，生于海拔 2 500-5 400 m 的高山草甸、乱石中、草坡、冰川附近。不丹、哈萨克斯坦、吉尔吉斯斯坦、尼泊尔、塔吉克斯坦也有分布。

图 327　密序山萮菜

2. 川滇山萮菜

Eutrema himalaicum Hook. f. & Thomson., J. Proc. Linn. Soc., Bot. 5: 164. 1861.

多年生草本，高 30-80（-110）cm，至少沿叶缘或中脉散生卷曲柔毛。茎直立，上部具分枝。基生叶多少肉质，叶柄长（2.5-）4-12（-17）cm；叶片卵形、长圆形或披针形，长（1-）2-6（-8）cm，宽（0.7-）1.5-4（-5）cm，全缘；中部茎生叶披针形、长圆状披针形或卵形，长 3-6（-8）cm，宽 0.7-2（-3）cm，无柄。总状花序为疏松，长 10-25（-40）cm；萼片长 2-2.5 mm，宽 1-1.5 mm，早落；花瓣白色，匙形，长 4-5 mm，宽 2.5-3 mm；花丝白色，基部稍膨大；每心皮具胚珠 4-8。角果线形，稀长圆形，长 1-2.5 mm，略四棱形，近念珠状，果瓣具明显中脉。种子长圆形，长 2-3 mm。花期 5-8 月，果期 7-9 月。

分布于四川、西藏、云南，生于 3 300-4 400 m 的高山草甸、溪边、沼泽地。不丹、印度也有分布。

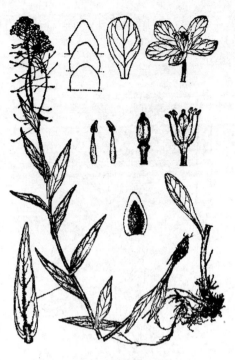

图 328　川滇山萮菜

4. 豆瓣菜属　*Nasturtium* W. T. Aiton

多年生水生植物，具根状茎。羽状复叶茎生（生水下的常为单叶），叶柄基部耳状，侧生小叶 1-6（-12）对，全缘、波状或稀有齿。总状花序多花，果时花梗常疏展；萼片卵形或长圆形，侧萼片基部囊不明显或无；花瓣白色，少粉色，较萼长，倒卵形或狭匙形，先端钝，无爪；雄蕊 6，花药长圆形，先端钝，侧蜜腺 2，环状或半环形；子房具 25-50 胚珠；花柱不明显，长约 2mm；柱头头状，不分叉。长角果不裂，线形、窄长圆形或圆柱形，无柄。种子单列或双列，无翅，长圆形或卵球形，子叶缘倚胚根。

全属 5 种，分布于非洲西北、亚洲、欧洲和北美。

1. 豆瓣菜

Nasturtium officinale W. T. Aiton, Hortus Kew. 4: 110. 1812.

多年生水生草本，具根茎，通体无毛或散生单毛。茎匍匐或水下生，长 10-70（-200）cm，上部具分枝，节上生根。叶茎生，羽状复叶有 3-9（-13）小叶，叶柄基部耳状，顶生小叶近圆形或长圆形，长 1-4cm，全缘或波状，侧生小叶小，常无柄。萼片长圆形，长 2-3.5mm，侧对稍囊状；花瓣白色或粉色，匙形或倒卵形，长 2.8-4.5（-6）mm，宽 1.5-2.5mm，爪约 1mm；花丝白色，长 2-3.5mm，花药长圆形，约 0.6mm。果圆柱形，长 1-1.5（-2）cm，直径 1.8-3mm；花柱 0.5-1.5mm。种子双列，卵球形，直径约 1mm，红棕色，具粗糙网，每边具 25-50（-60）小气囊。花期 4-9 月，果期 5-9 月。

分布于安徽、广东、广西、河北、黑龙江、河南、湖北、江苏、江西、陕西、山东、山西、四川、台湾、西藏、新疆、云南，生于溪流、沟渠、湖泊、沼泽、草甸，海拔850-3 700 m。欧洲、亚洲及北美均有分布。

常栽培作蔬菜，也可药用。

图329 豆瓣菜

5. 葶菜属 *Rorippa* Scopoli

一年、二年或多年生草本，常生湿润处或水中。茎直立或平卧，有分枝。基生叶有柄，全缘、具锯齿或羽状分裂。总状花序无总苞片；萼片基部无囊或稀有囊，边缘膜质；花瓣黄色，稀为白色或粉色，具明显爪，爪较萼片短；雄蕊6，4强；蜜腺融合，抱于雄蕊基部；柱头头状，全缘或略2裂。角果开裂或四瓣裂，线形、长圆形、椭圆形或球形。种子2列，少单列，具网纹、小瘤突或窝孔，子叶缘倚胚根。

本属约有75种，广布于全世界。我国有9种，本书收录3种。

分种检索表

1. 总状花序无苞片；种子20-90粒，棕色或淡黄棕色····················3. 沼生葶菜 *R. palustris*
1. 总状花序具苞片；种子100-230粒，红棕色。
    2. 果线形，直或弯，长7-17(-21)mm，宽1.2-1.6mm；种子具小瘤突········1. 孟加拉葶菜 *R. benghalensis*
    2. 果长圆形，长(3-)4.5-8.5(-10)mm，宽1.5-2.5mm；种子具小孔············2. 广州葶菜 *R. cantoniensis*

1. 孟加拉蔊菜

Rorippa benghalensis (DC.) H. Hara, J. Jap. Bot. 49: 132. 1974.——*Nasturtium benghalense* DC.

一年生草本，高 15-65（-85）cm。基生叶枯萎；茎生叶柄长达 3 cm，耳状，叶片长圆形、长圆状倒卵形，大头状羽裂，长（1.5-）2.5-12（-15）cm，宽（0.5-）1-4（-6）cm，顶端裂片宽卵形或长圆形，有 1-2 侧裂片。总状花序具苞片，苞片披针状线形或长圆状线形，基部耳状或楔形；萼片椭圆形或长圆形，长 1.5-2 mm，宽 0.5-0.8 mm；花瓣淡黄色，匙形或倒披针形，长 2-2.5 mm，宽 0.5-0.9 mm，花丝长 2-2.5 mm；子房含胚珠 100-170 粒。果线形，直或弯，长 7-17（-21）mm，宽 1.2-1.6 mm；花柱长 0.3-0.8 mm。种子红棕色，近球形，2 行，具微小突起。花果期 3-6 月。

分布于云南南部，生于海拔 1 500 m 附近的溪流、湿地、沼泽边缘。不丹、印度、马来西亚、尼泊尔、泰国、越南也有分布。

2. 广州蔊菜

Rorippa cantoniensis (Lour.) Ohwi., Acta Phytotax. Geobot. 6: 55. 1937.——*Ricotia cantoniensis* Lour.

一年生草本，高（5-）10-35（-45）cm。茎直立或匍匐向上。基生叶有柄，早枯，羽状分裂，长 10 cm，宽 3 cm；茎生叶小，基部耳状或箭形。总状花序具叶状苞片，花腋生；萼片长圆形或近椭圆形，长 1.5-2（-2.5）mm，宽 0.5-0.8（-3）mm；花瓣淡黄色，倒卵形或狭匙形，长 2-3.5 mm，宽 0.5-1 mm；子房具 100-230 粒胚珠。角果长圆形，长（3-）4.5-8.5（-10）mm，宽 1.5-2.5 mm。种子红棕色，卵形或卵状肾形，具小孔窝，2 行。花果期 2-11 月。

分布于安徽、福建、广东、广西、贵州、河北、河南、湖北、湖南、江苏、江西、辽宁、陕西、山东、四川、台湾、云南、浙江等地，生于海拔 1 800 m 以下的田野、路边、沟谷、河岸、荒坡、潮湿地。日本、朝鲜、俄罗斯（远东地区）、越南也有分布。

图 330　广州蔊菜

3. 沼生蔊菜

Rorippa palustris (L.) Bess., Enum. Pl. 27. 1822.——*Sisymbrium amphibium* L. var. *palustre* L.

一年生或多年生植物。茎直立。基生叶早枯，琴状羽裂，长（4-）6-20（-30）cm，宽1-5（-8）cm；茎生叶有柄或近无柄，琴状羽裂，基部耳状，长（1.5-）2.5-8（-12）cm，宽（0.5-）0.8-2.5（-3）cm。总状花序无苞片；萼片长圆形，长 1.5-2.4（-2.6）mm，宽 0.5-0.8 mm；花瓣黄色或淡黄色，匙形，长 1.5-3 mm，宽 0.5-1.5 mm。子房有胚珠 20-90 粒。角果长圆形、椭圆形或长圆状卵形，常微弯曲，长（2.5-）4-10（-14）mm，宽 1.5-3.5 mm。种子棕色至淡黄棕色，卵球形或近球形，2 行，具小突起。花果期 3-10 月。

分布于我国大部分省区，生于草甸、牧场、草地、溪流、湖泊、池塘，海拔达 4 000 m。亚洲、欧洲、北美均有分布。

图 331 沼生蔊菜

茅膏菜科　Droseraceae

食虫植物，多年生或一年生，陆生或水生。茎的地下部位具不定根，常具退化叶。叶互生，稀轮生，基生叶常莲座状，被黏腺毛，幼嫩叶片拳卷。花通常多朵排成顶生或腋生的聚伞花序，稀单生于叶腋，两性，辐射对称，萼片 4-5（或 6-8），宿存；花瓣与萼片同数或更多；雄蕊 4-5，下位，与花瓣互生，花药 2 室，纵向开裂；子房上位，球形或卵球形，心皮 2-5 枚，1-3 室，侧膜胎座或基生胎座，花柱（2-）3-5（-6），分枝或不分枝，柱头单一或多裂。蒴果开裂或不裂。种子少数至多数，胚乳丰富，胚直。

本科有 4 属 100 余种，分布在温带、亚热带和热带地区。我国有 2 属 7 种。

分属检索表

1. 水生草本；叶轮生；子房 5 心皮；蒴果不裂 ································· 1. 貉藻属 *Aldrovanda*
1. 陆生草本；叶基生或互生；子房 2-5 心皮；蒴果开裂 ························ 2. 茅膏菜属 *Drosera*

1. 貉藻属 *Aldrovanda* L.

多年生水生食虫植物，漂浮，无明显的根。茎具毛和腺体。叶轮生，无托叶；叶柄有 4-8 条刚毛；叶片末端呈可折合的 2 片以捕食水中小昆虫。花腋生，单生在短花葶上；萼片 5，基部连合；花瓣 5，白色或淡绿白色；雄蕊 5，花丝锥形；子房上位，近球形，心皮 5，花柱 5，柱头多裂。蒴果近球形，不裂。种子 5-8 或更少，卵球形。

本属为单种属，分布于非洲、亚洲和欧洲。

1. 貉藻

Aldrovanda vesiculosa L., Sp. Pl. 1: 281. 1753.

茎 6-15 cm。叶 6-9 片轮生，直径 1-2 cm，淡黄绿色至绿色，柄长 3-6 mm，先端有 4-8 条刚毛，毛长 5-7 mm，超出叶片；叶片裂片肾状圆形，凹陷，长 2-6 mm，宽 6-10 mm，2 裂片形成捕虫器，当受刺激时关闭在一起，呈椭圆形或椭圆状长圆形。花瓣长 3-4 mm，宽 2.5 mm；子房直径 2-2.5 mm，侧膜胎座 5，胚珠 2。种子 6-8，黑色。

分布于黑龙江、内蒙古，生于湖泊、沼泽、河流、沟渠。非洲、亚洲、欧洲均有分布。

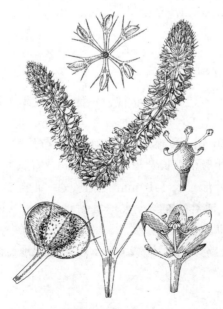

图 332 貉藻

2. 茅膏菜属 *Drosera* L.

草本，通常多年生。根状茎短，具不定根，退化叶常具根功能，有时具球茎。叶互生或基生而莲座状，被头状黏腺毛，幼叶常拳卷；托叶膜质，常条裂。聚伞花序顶生或腋生，幼时弯卷；花萼5裂，稀4-8裂，基部多少合生，宿存；花瓣5，分离，花时开展，花后聚集扭转，宿存于顶部；雄蕊与花瓣同数，互生；子房上位，1室，侧膜胎座2-5，胚珠多数，稀少数；花柱3-5，稀2-6。蒴果室背开裂。种子小，多数，具网纹。

本属约有100种，分布于世界各地，以大洋洲最为集中。我国有6种。

分种检索表

1. 茎伸长；叶互生，无托叶；花序腋生或顶生。
　　2. 叶线形；无地下块茎 ··· 1. 长叶茅膏菜 *D. indica*
　　2. 叶盾形；具地下块茎 ··· 3. 茅膏菜 *D. peltata*
1. 茎短；叶密集于基部，莲座状，有托叶；花序由基部抽出花葶。
　　3. 叶片圆形或略肾形，宽略大于长；外种皮囊状，末端伸出 ············ 4. 圆叶茅膏菜 *D. rotundifolia*
　　3. 叶片倒卵形、匙形或倒披针形至线形，长大于宽；种子有网纹。
　　　　4. 上部叶片倒披针形、椭圆形或线形，长15-46mm，宽2-4mm；花葶及萼片无毛 ··· 2. 长柱茅膏菜 *D. oblanceolata*
　　　　4. 叶片匙形、倒卵形或楔形，长9-28mm，宽2-5mm；花葶及萼片具腺毛 ··· 5. 匙叶茅膏菜 *D. spathulata*

1. 长叶茅膏菜　捕蝇草

Drosera indica L., Sp. Pl. 1: 282. 1753.

一年生或多年生湿生草本，具纤维状根。茎伸长，无地下块茎，被短柔毛和腺毛。茎生叶互生，叶柄5-10mm，无毛；叶片线形，长2-12cm，宽1-3mm，先端急尖。总状花序腋生或与叶对生，长6-50cm，被腺毛，有1-30花；苞片线形，花梗0.6-1.5cm；萼片5，基部连合，淡黄绿色，披针形至窄长圆形，长3-5mm，有腺体；花瓣白色、淡红色、橙色或紫红色，倒卵形至倒披针形，长5-10mm，具脉纹；雄蕊5；子房长1-2mm，胎座3，花柱3，2深裂几至基部，通常弯曲。蒴果球状倒卵形，长4-6mm，3瓣裂。种子黑色，细小，有明显网纹。花果期全年。

分布于华南及福建、台湾，生于海拔600m以下的湿地、潮湿处。非洲、亚洲及大洋洲均有分布。

图 333　长叶茅膏菜

2. 长柱茅膏菜

Drosera oblanceolata Y. Z. Ruan, Acta Phytotax. Sin. 19: 340. 1981.

多年生湿生草本。基生叶具柄，幼时拳卷，托叶淡红色，3 深裂，中间裂片再 2-3 裂，叶柄长 3-7mm；叶片长 15-46mm，宽 1-4mm，具腺毛和睫毛。花序长 5-9mm，无毛，蝎尾状聚伞花序有 8-10 花；苞片线形，长约 2mm，花柄长 3-5mm；花萼片 5，基部连合，绿色，宿存，长约 4mm；花瓣粉色，雄蕊 5；子房约 2mm，胎座 3，花柱 3，柱头多数。蒴果 3 瓣裂。种子黑色，长约 0.3mm，有网纹。花果期 5-10 月。

分布于广东西南部及其沿海岛屿和广西东南部，生于草甸和沼泽。

3. 茅膏菜

Drosera peltata Sm. ex Willd., Sp. Pl. 1: 1546. 1797.

多年生草本。茎直立或攀缘，长 9-32cm，地下块茎直径 8mm。基生叶密集，叶柄长 2-8mm，叶片盾形、圆形或近圆形，长 2-4mm，宽 6-8mm，有时叶退化呈线形；茎生叶互生，无托叶，叶柄 0.8-1.3cm，叶片盾形或半月形至近圆形，长 2-3mm，宽 4-5mm，边缘被腺毛。花序顶生，长 2-6cm，有 3-22 花，花梗 0.6-2cm；萼片 5-7，基部连合，长 2-4mm，宽 1.5mm，先端 5-7 裂；花瓣通常白色，少有粉色或红色，长 4-6mm，宽 2-3mm；胎座 3，花柱 3，2-5 深裂，柱头 2 或 3 裂。蒴果近球形，直径 2-4mm，瓣裂。种子约 0.4mm，有网纹。花果期 6-9 月。

分布于安徽、广东、广西、贵州西部、湖北、湖南、江西、四川西南、台湾、西藏、云南、浙江等地，生于林中、灌丛、沼泽、溪边、路边，海拔达 3 700m。亚洲东部及东南部及大洋洲也有分布。

4. 圆叶茅膏菜
Drosera rotundifolia L., Sp. Pl. 1: 281. 1753.

多年生湿生草本。茎短，不分枝。基生叶柄长 1-7 cm，托叶 6-8 mm，5-7 裂；叶片黄绿色至红色，长 3-10 mm，宽 5-20 mm，具红色黏腺毛。花序蝎尾状，有 3-30 花，苞片小，花梗 1-3 mm；萼片 5，基部连合，长 4 mm，宽 1.5 mm；花瓣白色或带粉色，匙形，长 5-6 mm，宽 3 mm；雄蕊 5；子房长约 3 mm，胎座 3，花柱 3 或 4，深裂达基部或全裂，棍棒状。蒴果 3-4 裂。种子椭圆球形，外种皮囊状，疏松，两端延伸成渐尖。

分布于福建、广东、黑龙江、湖南、吉林、江西、浙江，生于海拔 1 500 m 以下的林中、沼泽、潮湿处。亚洲、欧洲和北美洲均有分布。

图 334 圆叶茅膏菜

5. 匙叶茅膏菜　小毛毡苔
Drosera spathulata Labill., Nov. Holl. Pl. 1: 79, pl. 106, f. 1. 1804.

多年生湿生草本，全株被腺毛。茎短，无地下块茎。叶基生，莲座状，幼时拳卷，托叶亮红色，叶柄长 8-10 mm；叶片长 9-28 mm，宽 2-5 mm。花序轴密被腺毛，总状花序不分枝，有 10-20 花；苞片长 2 mm 或更长，3 深裂；花梗 0.5-3 mm；萼片 5，基部连合，长 1.5-4 mm；花瓣白色、粉色至淡紫红色，长 2-6 mm 或更长；雄蕊 5，长 2.5-6 mm，花丝扁，约 5 mm；子房 3 或 4 胎座，花柱 3（4），2 深裂至基部，柱头单 1，宿存。蒴果 3（4）瓣裂，长约 1.5 mm。种子黑色，细小，具明显网纹。花果期 3-9 月。

分布于福建中部及西部、广东、广西南部、台湾等地，生于路边、潮湿处、多水处。亚洲东南部和大洋洲也有分布。

景天科　Crassulaceae

草本、亚灌木或灌木。茎肉质。单叶互生、对生或轮生，叶片全缘或具齿，稀分裂或奇数羽状复叶。花序顶生或腋生，聚伞花序、总状花序、圆锥花序或单花；花两性，稀单性，辐射对称；萼片基部连合，宿存；花瓣分离或连合；雄蕊与花瓣同数或 2 倍，1 轮或 2 轮；心皮基部有蜜腺。蓇葖果分离或基部连合，含 1 至数枚种子。种子小，胚乳稀少或不发育。

本科约有 25 属 1 500 余种，分布于非洲、亚洲、欧洲和美洲。我国有 13 属 230 余种，仅少数种生于潮湿环境。

分属检索表

1. 具肉质根茎···1. 红景天属 Rhodiola
1. 植株无肉质根茎···2. 景天属 Sedum

1. 红景天属　*Rhodiola* L.

多年生草本。具肉质根茎及退化成鳞片的叶。茎生叶互生、轮生或对生，肉质。花葶 1 至多枝由叶腋抽出形成顶生复合伞房状或聚伞花序，稀单花，有苞片及花梗；花两性；花萼（3-）4-5（-6）片；花瓣多少分离，与花萼同数；雄蕊 2 轮，通常为花瓣数 2 倍，与花瓣对生；花药受粉前紫色，后变黄，基部着生，少背腹着生，2 室；蜜腺鳞片线形、长圆形、近圆形或四边形；子房上位，心皮与花瓣同数。蓇葖果。种子数枚至多数。

本属约有 90 种，分布于北半球高海拔和高纬度地区。我国有 55 种。

分种检索表

1. 下部茎生叶鳞片状,长约 5 mm,宽 6-8 mm,全缘；伞房花序,花少············ 1. 圆丛红景天 *R. coccinea*
1. 下部茎生叶长 0.7-3.5 cm, 宽 0.5-1.8 cm, 前缘有齿；伞房花序, 花多··············2. 红景天 *R. rosea*

1. 圆丛红景天

Rhodiola coccinea (Royle) Boriss. in Kom., Fl. URSS 9: 41. 1939.

主根 10-30 cm 或更长。茎粗壮，具宿存花葶。茎基部叶片棕色，鳞片状，圆三角形，长约 5 mm，宽 6-8 mm；茎生叶互生，无柄，线状披针形至披针形，长（3-）5-7 mm，宽 0.6-1.5 mm，全缘。伞房花序直径 0.8-1 cm，花少，单性，4-5 数；萼片红色，长 1.5-4 mm；花瓣红色或黄色，长 1.5-4 mm；雄蕊（8-）10，长 3-4 cm。蓇葖果成熟时红色，先端喙反折，极短。种子棕色，长圆形，具翅。花期 6-7 月，果期 7-9 月。

分布于甘肃、青海、四川、西藏、新疆、云南西北部，生于海拔 2 200-5 300 m 的高山地带。阿富汗、巴基斯坦、印度西北、克什米尔地区、尼泊尔也有分布。

2. 红景天
Rhodiola rosea L., Sp. Pl. 2: 1035. 1753.

根粗壮，直立。根茎短；茎基部叶鳞片状。下部茎生叶无柄，长 0.7-3.5cm，宽 0.5-1.8cm，略抱茎，前缘有齿。花葶 10-30cm，花序伞房状或头状，长 2-3cm，宽 6cm，多花；花单性；萼片约 1mm，先端钝；花瓣淡绿黄色或黄色，长约 3mm，先端钝；雄蕊 8，较花瓣长；蜜腺鳞片长圆形，长 1-1.5mm，宽约 0.6mm，先端凹。子房直，花柱弯。蓇葖果披针形至线披针形，长 6-8mm，先端喙约 1mm。种子披针形，长约 2mm，一侧具翅。花期 4-8 月，果期 7-9 月。

分布于甘肃中部、河北、吉林、山西、新疆，生于海拔 1 800-2 700m 的林中、草地、岩坡。亚洲北部、欧洲、北美也有分布。

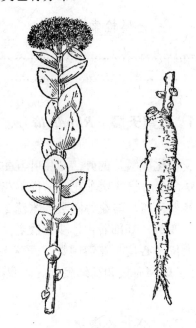

图 335 红景天

2. 景天属 *Sedum* L.

一年生、二年生或多年生草本或亚灌木。根茎不发达；茎直立或匍匐向上、有时簇生，肉质，基部常木质化。叶互生、对生或轮生，基部常具短距，全缘或有齿。花序顶生或腋生，聚伞花序伞房状，1 至多花；花两性，少单性；萼片与花瓣同数，分离或基部连合；花瓣多黄色，稀白色或淡红色；雄蕊 2 轮，2 倍于花瓣，与花瓣对生；蜜腺鳞片全缘，先端钝或凹；心皮与花瓣同数或较少，分离或基部扩大而连合。蓇葖果。种子平滑或具乳突，稀具细槽。

本属有 400 余种，主要分布在北半球温带及热带高山，在非洲及南美洲延伸至南半球。

我国有 120 余种，其中 91 种为特有。

分种检索表

1. 叶腋基部有白色、球形珠芽··1. 珠芽景天 *S. bulbiferum*
1. 叶基部无珠芽，有距。
   2. 叶对生，叶片匙状倒卵形至宽倒卵形，先端圆或凹陷；萼片基部有短距；蜜腺鳞片长圆形，先端钝··2. 凹叶景天 *S. emarginatum*
   2. 叶 3 片轮生，倒披针状长圆形，先端近锐尖；萼片基部无距；蜜腺鳞片楔状四方形，先端微凹··3. 垂盆草 *S. sarmentosum*

1. 珠芽景天

Sedum bulbiferum Makino, Ill. Fl. Jap. 1 (10): 2. 1891.

    多年生草本。茎高 7-22 cm。叶基部有球形、白色珠芽，茎生叶下部对生，叶片倒卵状匙形，上部互生，叶片匙状倒披针形，长 10-15 mm，宽 2-4 mm。伞房状花序多花；萼片分离，长 3-4 mm，宽约 1 mm，基部有短距；花瓣分离，黄色，长 4.5-5 mm，宽 1.2 mm；雄蕊 10，长约 3 mm；蜜腺鳞片倒卵形，长约 0.6 mm；心皮基部连合，长约 1 mm，顶部分叉；花柱约 1 mm。花期 4-7 月。

    分布于安徽、福建、广东、湖南、江苏、江西、四川、台湾、浙江等地，生于海拔 1 000 m 以下阴处。

图 336　珠芽景天

2. 凹叶景天
Sedum emarginatum Migo, J. Shanghai Sci. Inst., Sect. 3, 3: 224. 1937.

多年生草本。茎纤细，长 10-15 cm。叶对生，叶片匙状倒卵形至宽倒卵形，长 10-20 mm，宽 5-10 mm，基部渐狭成短距，先端圆或凹陷。伞房状花序多花，花无柄；萼片长 2-5 mm，宽 0.7-2 mm，基部有短距，先端钝；花瓣黄色，线状披针形至披针形，长 6-8 mm，宽 1.5-2 mm；蜜腺鳞片长圆形，长约 0.6 mm，先端钝；心皮长圆形，长 4-5 mm，基部连合。蓇葖果分叉。种子棕色，细小。花期 5-6 月，果期 7 月。

分布于安徽、甘肃、湖北、湖南、江苏、江西、山西、四川、云南、浙江等地，生于海拔 600-1 800 m 的潮湿阴坡。

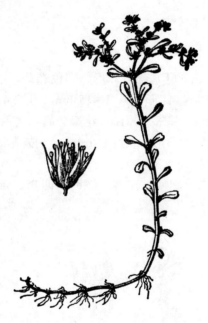

图 337　凹叶景天

3. 垂盆草
Sedum sarmentosum Bunge, Enum. Pl. China Bor. 30. 1833.

多年生草本。茎匍匐，纤细，长 10-25 cm。叶 3 片轮生，长 15-28 mm，宽 3-7 mm，基部骤狭成距。聚伞花序伞房状，直径 5-6 cm，少花，花无柄；萼片 3.5-5 mm，基部无距；花瓣黄色，长 5-8 mm，先端长渐尖；雄蕊 10，较花瓣短；蜜腺鳞片楔状四方形，长约 0.5 mm，先端微凹；心皮分叉，长圆形，长 5-6 mm；花柱长。种子卵球形，长约 0.5 mm。花期 5-7 月，果期 8 月。

分布于安徽、福建、甘肃、贵州、吉林、江苏、江西、河北、河南、湖北、湖南、辽宁、山东、陕西、山西、四川、浙江，生于海拔 1 600 m 以下的阴处或坡面岩石上。日本、朝鲜和泰国北部也有分布。

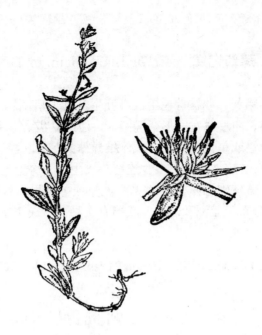

图 338 垂盆草

虎耳草科 Saxifragaceae

草本或灌木，稀乔木或藤本。单叶或复叶，互生或对生。花序为聚伞状、圆锥状或总状，稀单花；花两性，稀单性，辐射对称，4-5（-10）数，花萼有时花瓣状；花瓣分离或缺失；雄蕊（4-）5-10 或更多，花丝分离，常具退化雄蕊；心皮 2，稀 3-5（-10），基部连合，（2-）3-5（-10）室，中轴胎座，或 1 室而为侧膜胎座，少有顶生胎座；胚珠多数；花柱离生或连合。蒴果、浆果，少为蓇葖果或核果。

本科有 80 余属 1 200 余种，世界广布。我国有 29 属 540 余种。

分属检索表

1. 亚灌木、灌木或小乔木，直立或攀缘；单叶对生；有不育花 ························· 3. 绣球花属 *Hydrangea*
1. 多年生草本；单叶互生或对生；无不育花。
　　2. 单花，退化雄蕊 5 枚，扩展成花瓣状，与花瓣对生，子房 1 室 ················ 4. 梅花草属 *Parnassia*
　　2. 聚伞花序、圆锥花序，极少为单花，无退化雄蕊，心皮 2 室以上。
　　　　3. 聚伞花序蝎尾状；子房 5-8 室 ························· 5. 扯根菜属 *Penthorum*
　　　　3. 聚伞花序伞房状或圆锥花序；子房 2 室。
　　　　　　4. 2-4 回三出复叶，稀单叶；顶生圆锥花序具苞片 ················ 1. 落新妇属 *Astille*
　　　　　　4. 单叶互生或对生；聚伞花序。
　　　　　　　　5. 花基数为 4，稀 5，无花瓣，侧膜胎座 ················ 2. 金腰属 *Chrysosplenium*

5. 花基数为 5，花瓣黄色、橙色、白色、红色至紫色，中轴胎座⋯⋯⋯⋯⋯6. 虎耳草属 *Saxifraga*

1. 落新妇属　*Astilbe* Buch.-Ham. ex D. Don

多年生草本，根茎粗壮。茎被棕色毛。叶互生，具长柄，2-4 回三出复叶，稀单叶，托叶膜质，小叶披针形、卵形或宽卵形至椭圆形，边缘具齿。顶生圆锥花序具苞片；花白色、淡紫色或紫色，两性或单性，稀杂性或雌雄异株；花萼（4-）5；花瓣 1-5，有时更多或无；雄蕊（5-）8-10；心皮 2 (-3)，多少连合或离生；子房近上位或半下位，中轴胎座，2-（3）室，或为 1 室，侧膜胎座，胚珠多数。蒴果或蓇葖果。种子细小。

本属约有 18 种，分布于亚洲和北美。我国有 7 种，含 3 个特有种。

1. 落新妇

Astilbe chinensis (Maxim.) Franch. & Sav., Enum. Pl. Jap. 1 (1): 144.1873.——*Hoteia chinensis* Maxim.

草本，高 50-100 cm，无毛。基生叶为 2-3 回三出复叶，叶柄基部被棕色柔毛；小叶菱状椭圆形或倒卵状椭圆形，长 1.8-8 cm，宽 1.1-4 cm，边缘具重锯齿；茎生叶 2-3，形似基生叶但较小。圆锥花序长 8-37 cm，宽 3-4 (-12) cm，花密，被棕色长卷毛，苞片卵形，花萼片 5，卵形，长 1-1.5 mm，宽 0.7 mm；花瓣 5，淡紫色至紫色，线形，长 4.5-5 mm，宽 0.1-1 mm；雄蕊 10，长 2-2.5 mm；心皮 2，基部连合。蒴果约 3 mm。种子棕色，约 1.5 mm。花果期 6-9 月。

分布于东北、华北及安徽、甘肃、贵州、河南、湖北、江西、青海、陕西、山东、四川、云南、浙江等地，生于海拔 400-3 600 m 的林内、山谷、河岸、草甸。日本、朝鲜、俄罗斯也有分布。

图 339　落新妇

2. 金腰属 *Chrysosplenium* L.

多年生小草本，具匍匐茎、鳞茎或珠芽。叶互生或对生，有柄，无托叶。聚伞花序围以叶状苞片，稀单花；萼片 4 (-5)，无花瓣，花盘不明显或无，或明显（4-）8 裂，或为棕色乳突围绕；雄蕊 4-8 (-10)，花药 2 室侧裂；心皮 2，基部连合，子房上位、半下位或近下位，1 室，侧膜胎座；胚珠多数；花柱 2，柱头具斑点。蒴果。种子多数。

本属约有 65 种，分布在非洲、美洲、亚洲及欧洲。我国 35 种，其中 20 种为特有。

分种检索表

1. 丛生小草本，有鳞茎和珠芽；种子被柔毛。
   3. 植株无毛或仅叶背被柔毛；聚伞花序花稀疏，分枝无毛；萼平展，雄蕊 8 枚··1. 蔓金腰 *C. flagelliferum*
   3. 除叶状总苞及花萼外，植株被柔毛；聚伞花序花密，分枝被柔毛；萼直立，雄蕊通常 4 枚··2. 日本金腰 *C. japonicum*
1. 直立小草本，无鳞茎和珠芽；茎生叶对生；种子无毛。
   2. 植株多少被棕色柔毛；花盘明显且 8 裂；心皮水平展开，近等长；种子黑色，光滑，无毛··3. 多枝金腰 *C. ramosum*
   2. 植株无毛或叶腋处有棕色乳突；无花盘；心皮分叉，不等长；种子暗棕色，有小乳突··4. 中华金腰 *C. sinicum*

1. 蔓金腰

Chrysosplenium flagelliferum F. Schmidt, Reis. Amur-Land., Bot. 44, 134. 1868.

丛生草本。匍匐茎由基生叶腋抽出，茎无毛。基生叶肾形至圆肾形，长 1.2-3.8 cm，宽 1.5-5.3 cm，背面被柔毛；茎生叶 3-4，互生，叶柄 0.6-1 cm，叶片近圆形，长 4-8 mm，宽 5-10 mm，边缘有 5 钝齿。聚伞花序长 3.5-6.3 cm，花疏松，分枝无毛；叶状苞片被柔毛，长 2-7 mm，宽 1.8-8.3 mm，柄长 1.6-3 mm，边缘有 3-5 钝齿；花直径约 4.6 mm，花梗无毛；萼开展，卵形至菱形，长 1.9-2 mm，宽 1.2-2 mm；雄蕊 8；子房半下位，花柱约 0.7 mm；花盘明显。蒴果约 3 mm。种子暗棕色有光泽，椭圆形，长 0.7-0.8 mm，散生小柔毛。花果期 5-7 月。

分布于东北，生于海拔 400-500 m 的河边、林下潮湿地或荫处。日本、朝鲜、蒙古、俄罗斯也有分布。

2. 日本金腰

Chrysosplenium japonicum (Maxim.) Makino, Bot. Mag. (Tokyo) 23 (267): 71. 1909.——*C. alternifolium* L. var. *japonicum* Maxim.

丛生草本，高 8.5-15.5 cm。茎被柔毛，基部附近有或无珠芽。基生叶肾形，长 0.6-1.6 cm，宽 0.9-2.5 cm，边缘浅裂，叶柄 1.5-8 cm；茎生叶互生，较小。聚伞花序长 1.5-4 cm，花密，分枝被毛；叶状苞片卵形至近扇形，长 5-12mm，宽 5-14mm，柄长 0.5-6mm，边缘具齿；花绿色，直径约 3mm；萼片长 0.6-1.4mm，宽 1-1.4mm；雄蕊通常 4 枚；子房近下位，花柱 0.2-0.3mm；花盘 4 裂。蒴果 4-5mm。种子暗棕色，椭圆形，长 0.6-0.7mm，被小柔毛。花果期 3-6 月。

分布于安徽、吉林、江西、辽宁、浙江，生于海拔 500m 左右的林中、溪谷潮湿处。日本、朝鲜也有分布。

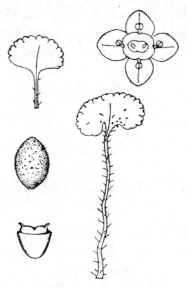

图 340　日本金腰

3. 多枝金腰

Chrysosplenium ramosum Maxim., Prim. Fl. Amur. 121. 1859.

草本，高 12.5-22cm，有发达不育枝，被棕色柔毛。茎生叶对生，宽卵形，长约 6mm，宽 6.5mm，叶柄约 5mm。聚伞花序约 3.6cm，约有 14 花，叶状苞片腋部有棕色小乳突，无毛，柄 0.7-2mm，边缘有不明显 4-8 齿；花直径约 3.4mm；萼片凹陷处有棕色乳突；雄蕊 8；心皮近下位，花柱约 0.4mm；花盘明显 8 裂。蒴果先端近截形，微凹。种子黑色，狭卵形，约 1mm，光滑，无毛。花果期 5-8 月。

分布于黑龙江、吉林，生于海拔 900-1 000m 的林下潮湿地。日本、俄罗斯也有分布。

4. 中华金腰

Chrysosplenium sinicum Maxim., Bull. Acad. Imp. Sci. Saint-Pétersbourg 23 (2): 348. 1877.

草本，高（3-）10-20（-33）cm，具发达不育枝，无毛。叶对生，叶柄 6-10mm，叶腋处有棕色乳突；叶片长 6-10.5mm，宽 7.5-11.5mm，边缘有 12-16 钝齿。聚伞花序 2.2-3.8cm，具 4-10 花，叶状苞片腋部有棕色乳突，柄长 1-7mm，边缘具 5-16 钝齿；花黄绿色，花萼长 0.8-2.1mm，宽 1-2.4mm；雄蕊 8，长约 0.4mm；无花盘。蒴果 7-10mm。种子暗棕色，光亮，长 0.6-0.9mm，有小乳突。花果期 4-8 月。

分布于东北及安徽、甘肃、河北、河南、湖北、江西、青海、陕西、山西、四川，生于海拔 500-3 600m 的林中、溪谷阴湿处。朝鲜、蒙古、俄罗斯也有分布。

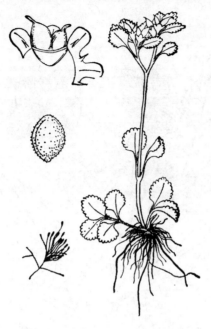

图 341　中华金腰

3. 绣球花属　*Hydrangea* L.

亚灌木、灌木或小乔木，直立或攀缘，被各式毛。单叶对生，稀轮生，稀羽状分裂。花序顶生，偶腋生，聚伞花序排成伞形、伞房状或圆锥状，不育花生于花序边缘，萼片大，2-5，花瓣状；两性花小，多数，花梗短；花萼管宿存，4-5 齿；花冠裂片 4-5，离生，很少连合，卵形或匙形；雄蕊（8-）10（-25），列于花盘上，花药长圆形至近球形；子房下位或 2/3 上位，2-4（-5）室，侧膜或中轴胎座，胚珠多数；花柱 2-4（-5），离生或基部连合，柱头顶生或下弯。蒴果。种子细小，多数，具翅或无翅，有网纹。

本属约有 73 种，主要分布在亚洲东部，少数分布于美洲。我国有 33 种，其中 25 种为特有。

1. 中国绣球

Hydrangea chinensis Maxim., Mém. Acad. Imp. Sci. Saint Pétersbourg, Sér. 7, 10 (16): 7. 1867.

灌木，高 0.5-4m。一、二年枝红棕色至棕色。叶片披针形或倒卵形，长 5-12cm，宽 1.5-4cm，背面脉腋常被束毛，先端尾状渐尖，柄长 0.5-2cm。伞形或伞房状聚伞花序，直径 3-7cm，果时直径 10-14cm，被柔毛；不育花萼 3-4，果期长 1.1-3cm，宽 1-3cm，全缘、波状或具齿；两性花具杯状或钟状萼管，长 0.5-1.5mm，宽 1.2-2mm，裂片长 0.5-2mm；花瓣黄色，长 2.5-3.5mm，宽 1-1.2mm，基部有爪；雄蕊 8-11，长 2-4.5mm；子房约半下位，花柱 3-4，果期长 1-2mm，柱头沿花柱两侧扩大。蒴果长 3.5-5mm，宽 2.4-3.5mm。种子淡棕色，略扁，长 0.5-1mm，宽 0.4-0.5mm，无翅，具网纹。花期 3-8 月，果期 5-19 月。

分布于安徽、福建、湖南、江西、台湾、浙江，生于山坡林中或溪谷中，海拔 300-2 000 m。日本也有分布。

图 342　中国绣球

4. 梅花草属　*Parnassia* L.

多年生草本，无毛。根茎粗壮；有 1 至数茎。基生叶两至数枚，具长柄，全缘；茎生叶 1 至数枚或缺，基部半抱茎而无柄。单花顶生，萼片 5，花瓣 5，白色或淡黄色，具缘毛；雄蕊 5，与萼对生，退化雄蕊 5 与花瓣对生，圆柱形或扁而分裂成片或丝状射线，先端多少具球形腺体；雌蕊 1，子房上位或半上位，1 室，侧膜胎座，胚珠多数。蒴果，沿轴缝线裂成 3-4 瓣。种子多数，棕色，长 1-2 mm。

本属约有 70 种，分布于北半球温带地区。我国有 63 种，49 种为特有。

分种检索表

1. 退化雄蕊长达 1 cm，具 7-21 分枝，分枝顶部具球形腺体……………………………3. 梅花草 *P. palustris*
1. 退化雄蕊长不过 0.5 cm，3 裂。
    2. 叶肾形，长 1.5-5 cm，宽 2.4-7 cm，基部心形；退化雄蕊 3，丝状分裂，长 4-5 mm………………………………………………………………………………………………1. 白耳草 *P. foliosa*
    2. 叶卵状长圆形或三角状卵形，基部截形或近心形，长 2-3.5 cm，宽 1-1.8 cm；退化雄蕊扁平，分裂至 1/3-1/2，裂片线形，长约 2 mm……………………………………………2. 细叉梅花草 *P. oreophila*

1. 白耳草
Parnassia foliosa Hook. f. & Thomson, J. Linn. Soc., Bot. 2: 79.1858.

基生叶 3-6，肾形，长 1.5-5 cm，宽 2.4-7 cm，基部心形，先端圆，叶柄 5-8 cm。花直径 2-3 cm，白色，花瓣边缘被长睫毛；退化雄蕊 5，分裂成丝状，顶端具球形腺体，长 4-5 mm；子房上位，扁卵形或卵状球形；花柱 2 mm，柱头 3 裂。蒴果扁球形，3-4 瓣裂。种子长圆形，光滑。花期 8-9 月，果期 9 月。

分布于安徽南部、江西北部及西部、浙江西北部，生于海拔 1 100-2 000 m 的坡地、溪边、潮湿处。

图 343 白耳草

2. 细叉梅花草
Parnassia oreophila Hance, J. Bot. 16: 106. 1878.

基生叶 2-8，卵状长圆形或三角状卵形，长 2-3.5 cm，宽 1-1.8 cm，基部截形或近心形，叶柄长 2-5（-10）cm。花白色，退化雄蕊扁平，3 裂达 1/2-2/3，裂片线形，长约 2 mm；子房上位，长卵形，花柱约 1 mm，柱头 3 裂。蒴果长圆形。种子光滑。花期 7-8 月，果期 9 月。

分布于甘肃、河北、宁夏、青海、四川、陕西、山西，生于林缘、高山沼泽、潮湿山坡、路边。

图 344 细叉梅花草

3. 梅花草
Parnassia palustris L., Sp. Pl. 1: 273. 1753.

3a. 梅花草（原变种）
Parnassia palustris L. var. *palustris*

基生叶 3 至多枚，卵形或长圆形，长 1.5-3 cm，宽 1-2.5 cm，叶柄长 3-6（-8）cm；茎生叶无柄，半抱茎。花白色，直径 2.2-3（-3.5）cm；退化雄蕊长达 1 cm，7-13 丝状分裂，顶端具球形腺体；子房上位，花柱极短，柱头 4 裂。蒴果卵形。种子光滑，长圆形。花期 7-9 月，果期 10 月。

分布于新疆北部，生于海拔 1 600-2 000 m 的潮湿草坡、溪边、溪谷阴湿处。哈萨克斯坦、俄罗斯、欧洲、北美也有分布。

图 345 梅花草

3b. 多枝梅花草（变种）
Parnassia palustris L.var. ***multiseta*** Ledeb., Fl. Ross. 1 (2): 263. 1842.

退化雄蕊分枝 13-21。

分布于东北、华北及宁夏，生于海拔 1 200-2 200 m 的溪谷阴处、溪边、草原。朝鲜、日本、俄罗斯也有分布。

5. 扯根菜属 *Penthorum* L.

多年生直立草本，具须根。茎圆柱形，无毛或有细毛，末端具分枝。叶互生，披针形或狭披针形，叶柄短。花多数，在顶端或叶腋排列成蝎尾状聚伞花序，花小，两性，黄绿色；花萼 5 (-8)；花瓣 5 (-8) 或无；雄蕊 10 (-16)，2 轮；心皮 5 (-8)，近基部连合，胚珠多数，花柱短。蒴果 5 (-8) 室，先端具喙，于喙下开裂。种子细小，多数。

本属有 2 种，分别分布于亚洲东部及北美东部。我国有 1 种。

1. 扯根菜
Penthorum chinensis Pursh., Fl. Amer. Sept. 1: 323. 1814.

多年生草本，高 40-65 (-90) cm。茎单一，散生棕色腺毛。叶几无柄，长 4-10 cm，宽 0.4-1.2 cm。聚伞花序长 1.5-4 cm，被棕色腺毛；苞片小，卵形至狭卵形；花梗 1-2.2 mm，被棕色腺毛；花小，淡黄色；萼片 5，三角形，长约 1.5 mm，宽 1-1.1 mm；花瓣 5 或缺；雄蕊 10，长约 2.5 mm；雌蕊长约 3.1 mm，心皮 5 (-6)，基部连合，5 (-6) 室，花柱 5 (-6)。蒴果红紫色，直径 4-5 mm。种子卵状长圆形，具小瘤状突起。花果期 7-8 月。

分布于东北、华中及广东、广西、贵州、河北、江苏、江西、陕西、四川、云南，生于海拔 100-2200 m 的林中、牧场、沿河低洼湿地、水旁。日本、朝鲜、老挝、泰国、越南、蒙古也有分布。

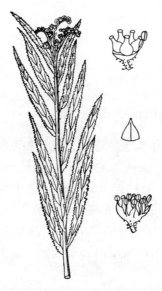

图 346 扯根菜

6. 虎耳草属 *Saxifraga* L.

多年生草本，稀1年或2年生。单叶全缘、有齿或分裂，茎生叶常互生，稀对生。一至数花形成聚伞花序，花两性，有时单性，辐射对称，少左右对称，花托杯状或扁平；萼片（4-）5(-7-8)；花瓣（4-）5，黄色、橙色、白色或红色至紫色，有或无胼胝体，具脉纹，通常全缘；雄蕊（8-）10，花丝锥形或棒形；心皮2，子房上位或半下位，2室，中轴胎座，胚珠多数，蜜腺隐藏在子房基部或花盘周围。蒴果。种子多数。

本属约有450种，主要分布在亚洲、欧洲、北美洲、南美洲的高山地区。我国有200余种，其中约140种为特有。

分种检索表

1. 植株被腺毛···1. 密叶虎耳草 *S. densifoliota*
1. 植株被卷曲毛。
 2. 萼片具3-5脉；花柱分叉，长2-2.7mm··2. 沼地虎耳草 *S. heleonastes*
 2. 萼片具3-11（-13）条脉；花柱不分叉，长1-1.8mm·····················3. 山羊臭虎耳草 *S. hirculus*

1. 密叶虎耳草
Saxifraga densifoliata Engl. & Irmsch., Bot. Jahrb. Syst. 48: 569. 1912.

多年生草本，高4.5-10cm，茎被暗棕色腺毛。下部叶近匙形，长3-4.5mm，宽1-1.5mm，肉质，两面无毛，边缘生刚毛状睫毛；中部叶聚生，狭长圆形，长约8mm，宽1.7mm。聚伞花序2-7花，花梗纤细被暗棕色腺毛；萼片长1.5-2.5mm，宽1-1.3mm，被腺毛，具3脉，脉先端不融合；花瓣黄色，有橙色斑，长6-6.5mm，宽1.5-2mm，有4胼胝体或无，具3脉，爪约0.5mm；雄蕊4-4.5mm；子房半上位，约2mm，花柱约1.1mm。花期6-8月。

分布于四川（康定、理县、茂汶）、云南（香格里拉），生于海拔4100-4500m的高山牧场、石隙。

2. 沼地虎耳草
Saxifraga heleonastes Harry Sm., Acta Horti Gothob. 1 (1): 5. 1924.

多年生草本，高4-28cm，植株被棕色卷曲毛。根茎短。基生叶柄长1-4cm，叶长圆形至披针形，长12-37mm，宽2-9mm；茎生叶披针形或倒披针形，长8-22mm，宽4.5-7mm。聚伞花序2-4花，长3.3-4.3cm，萼片长1.5-6mm，宽0.9-4mm，具3脉，脉先端不融合；花瓣黄色，长4-12mm，宽2-7mm，有2胼胝体，脉5-11，爪0.2-1mm；雄蕊4.5-5mm；子房近上位，长2-4mm，花柱分叉，长2-2.7mm。花果期7-10月。

分布于陕西（太白山）、四川、西藏南部及云南，生于海拔3 600-4 800m的林缘、灌丛、高山牧场、草甸。

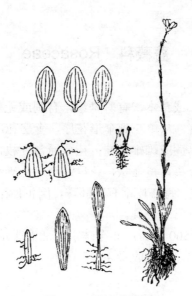

图 347　沼地虎耳草

3. 山羊臭虎耳草

Saxifraga hirculus L., Sp. Pl. 1: 402. 1753.

多年生草本，高 6.5-21 cm，被棕色卷曲绒毛。基生叶柄长 1.2-2.2 cm，叶片披针形、长圆形至线状长圆形，长 11-22 mm，宽 3-10 mm；茎生叶披针状长圆形，长 4-22 mm，宽 1-6 mm。单花或 2-4 花呈聚伞花序，花梗 0.9-1.3 cm；萼片椭圆形、卵形至狭卵形，长 3-6 mm，宽 1.5-3.5 mm，有脉 3-11（-13），脉端不融合；花瓣黄色，长 8-10 mm，宽 3-7 mm，胼胝体 2，脉 7-11（-17），爪 0.3-0.5 mm；雄蕊 4-5.5 mm；子房近上位，卵形，长 2-5 mm，花柱 1-1.8 mm。花果期 6-9 月。

分布于西藏西南部，生于海拔 4 500-5 000 m 的高山湿地牧场。克什米尔地区、俄罗斯、印度、欧洲北部也有分布。

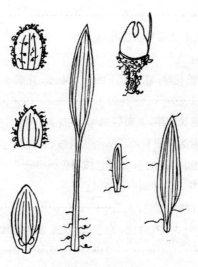

图 348　山羊臭虎耳草

蔷薇科 Rosaceae

　　落叶或常绿乔木或灌木，或草本，有时攀缘，有刺或无刺。单叶或复叶，互生，稀对生；托叶常成对，宿存或早落。从单花到伞形花序、伞房花序、总状花序或聚伞状圆锥花序；花辐射对称，两性，稀单性或雌雄异株；花萼通常 5 枚，覆瓦状，常有副萼；花瓣与萼同数或缺，生花盘下沿，分离，覆瓦状，花盘常全缘；雄蕊多数，稀少数；心皮一至多数，子房下位、半下位或上位，每心皮常有 2 胚珠，倒生；花柱与心皮同数，分离或连合。种子直立或下垂，有时具翅，常无胚乳。

　　本科约有 100 属 2 800-3 500 种，广布全球，以北温带地区为主。我国有 55 属（2 属特有）950 余种（546 种特有）。本书收录 11 属 19 种。

分属检索表

1. 灌木或乔木。
　　2. 无托叶；蓇葖果···10. 绣线菊属 *Spiraea*
　　2. 有托叶；梨果或浆果状聚合果。
　　　　3. 雄蕊多数，心皮数枚至多数；浆果状聚合果··8. 悬钩子属 *Rubus*
　　　　3. 雄蕊 5-25 枚，心皮 1-5 枚；梨果。
　　　　　　4. 常绿灌木或乔木；花聚生枝顶，雄蕊 20，雌蕊 1··························11. 红果树属 *Stravaesia*
　　　　　　4. 落叶灌木或乔木；伞房花序顶生，雄蕊 5-25，雌蕊 1-5················3. 山楂属 *Crataegus*
1. 草本稀灌木。
　　5. 托叶革质，不与叶柄合生，叶为间断羽状复叶。
　　　　6. 穗状花序，花小，黄色；瘦果藏于萼管内，膨大花托有钩状皮刺··············1. 龙牙草属 *Agrimonia*
　　　　6. 顶生伞房花序或圆锥花序，花小、白色、粉色或红色；瘦果侧扁，无上述皮刺··5. 蚊子草属 *Filipendula*
　　5. 托叶多少与叶柄合生，叶为羽状或掌状复叶。
　　　　7. 奇数羽状复叶或掌状复叶。
　　　　　　8. 聚伞花序或聚伞状圆锥花序，花萼管下凹而不缢缩，花瓣 5，常黄色，少为白色或紫色··7. 委陵菜属 *Potentilla*
　　　　　　8. 花密集，形成头状或穗状花序，花萼管缢缩，花无瓣，萼片花瓣状·········9. 地榆属 *Sanguisorba*
　　　　7. 叶二型，基生或茎生，常为三出复叶、稀羽状或假羽状。
　　　　　　9. 茎直立或上升；三出复叶；花红色、暗紫色或白色································2. 沼委陵菜属 *Comarum*
　　　　　　9. 根茎短、具匍匐茎；花黄色（或白色或红色）。
　　　　　　　　10. 三出复叶；花黄色；瘦果红色，无毛··4. 蛇莓属 *Duchesnea*
　　　　　　　　10. 羽状复叶，顶生小叶大。花黄色、白色或红色；瘦果被硬毛，宿存花柱反折或钩状··6. 路边青属 *Geum*

1. 龙牙草属 *Agrimonia* L.

多年生草本。根状茎倾斜，常有地下芽。奇数羽状复叶，有托叶。花小，两性，呈顶生总状花序；萼筒陀螺状，有棱，顶端有数层钩刺；萼片 5，覆瓦状排列；花瓣 5，黄色，较萼片大；花盘边缘增厚，环绕萼筒口部；雄蕊 5-15 或更多，成 1 轮生于花盘外面；雌蕊通常 2 枚，包藏在萼筒内，花柱顶生，丝状，伸出萼筒外，柱头微扩大；每心皮胚珠 1 枚，下垂。瘦果 1-2，包藏在具钩刺的萼筒内。种子 1 枚。

本属约有 10 种，分布于北温带及热带山区。我国有 4 种。

1. 龙牙草

Agrimonia pillosa Ledeb., Index Seminum Hort. Dorpat., Suppl. 1. 1823.

草本，高 20-30 cm。根茎短，常块状；茎被柔毛或硬毛。托叶绿色，叶柄生柔毛；间断奇数羽状复叶有小叶（2-）3-4 对，茎上部叶退化成 3 小叶；小叶倒卵形、倒卵状椭圆形或倒卵状披针形，长 1.5-5 cm，宽 1-2.5 cm，两面被毛，稀变无毛，背面腺点明显。总状花序顶生，具分枝或不分枝，花序轴被疏柔毛；花直径 6-9 mm，花梗 1-5 mm，被疏柔毛；苞片常 3 深裂，小苞片 1 对，卵形；萼片 5，三角状卵形；花瓣黄色，长圆形；雄蕊（5-）8-15；花柱丝形，柱头头状。果实倒卵状圆锥形，长 7-8 mm，外面具肋，被疏柔毛，顶端有数层钩刺，幼时直立，成熟时靠合。花果期 5-12 月。

全国均有分布，生于海拔 100-3 800 m 的疏林、林缘、灌丛、草甸、溪流岸边。亚洲北部、东部和南部以及欧洲东部也有分布。

图 349　龙牙草

2. 沼委陵菜属 *Comarum* L.

多年生草本或亚灌木。根茎匍匐；茎直立。叶互生，为间断羽状复叶。花两性，中等大，呈聚伞花序；副萼和萼片各 5，宿存；花托平坦或浅碟状，果期膨大，呈半球形，海绵质；花瓣 5，红色、紫色或白色；雄蕊 15-25，花丝丝状，宿存，花药扁球形，侧面裂开；心皮多数，花柱侧生，丝状。瘦果无毛或有毛。

本属约有 5 种，分布北半球温带地区。我国有 2 种。

1. 沼委陵菜

Comarum palustre L., Sp. Pl. 1: 502. 1753.

多年生草本，高 20-30 cm。根茎暗棕色，具分枝，木质化。茎直立，淡红棕色，中空，上部被硬毛。基生叶长 6-16 cm（叶片 2.5-12 cm），奇数羽状复叶，有 5-7 小叶，托叶几与叶柄合生；茎生叶为 3 出复叶，背面被茸毛，上面绿色，无毛或被疏柔毛。聚伞花序顶生或腋生，有 1 至数花，花序梗及花梗被疏柔毛和腺毛；花直径 1-1.5 cm，花梗 1-1.5 cm；萼管浅碟形，被疏柔毛，萼片伸展，暗紫色，三角状卵形，长 0.7-1.8 cm，两面被疏毛；副萼片披针形至线形，长 4-9 mm，背面被疏毛；花瓣暗紫色，卵状披针形，长 3-8 mm；雄蕊 15-25，较花瓣短，花丝和花药暗紫色；子房暗紫色，卵球形，花柱丝状。瘦果多数，黄棕色，扁卵球形，直径约 1 mm。花期 5-8 月，果期 7-10 月。

分布于东北及河北、内蒙古，生于沼泽。

图 350　沼委陵菜

3. 山楂属 *Crataegus* L.

落叶灌木或小乔木，稀常绿，具刺，稀无刺。芽卵球形或近球形。有托叶；单叶互生，侧脉直，边缘具齿、浅裂或重深裂，稀全缘。伞房花序，有时单花；萼管钟状，萼片 5；花瓣 5，白色，稀淡粉色；雄蕊 5-25；心皮 1-5，子房下位或半下位，每室胚珠 2，只 1 枚发育。梨果，具宿存花萼，每室 1 种子。种子直立；子叶平凸。

本属有 1 000 种以上，产于北温带地区，北美洲最多。我国有 18 种。

1. 毛山楂

Crataegus maximowiczii C. K. Schneid., Ill. Handb. Laubholzk. 1: 771. 1906.

灌木或小乔木，高达 3 m。分枝淡紫棕色，初被白色柔毛，后变无毛。托叶镰状，膜质，早落；叶柄 1.5-2.5 cm，散生柔毛；叶宽卵形至菱状卵形，长 4-6 cm，宽 3.5 cm，背面密被茸毛，上面散生柔毛，边缘有稀疏双锯齿和 3-5 裂片。伞房花序多花，花序梗被茸毛；花梗 3-8 mm，被白色茸毛；花直径约 1.2 cm，萼管钟形，背面有白色柔毛，花萼三角状卵形或三角状披针形，长 3-4 mm；花瓣白色，近圆形，长约 5 mm；雄蕊 20；花柱（2-）3-5，基部被柔毛。梨果淡紫棕色或红色，球形，直径约 8 mm，初被柔毛，后无毛；果梗 4-9 mm，初密被白色茸毛，后无毛，宿存萼反折。花期 5-6 月，果期 8-9 月。

分布于东北，生于海拔 200-1 000 m 的河岸、路边、林中。日本、朝鲜、蒙古、俄罗斯（西伯利亚）也有分布。

图 351 毛山楂

4. 蛇莓属 *Duchesnea* Sm.

多年生草本。根茎短，茎平卧，节上生不定根及幼株。基生叶数枚；茎生叶互生，具长柄，三出复叶，小叶边缘具齿，托叶成对，与叶柄基部合生。单花腋生，无苞片；萼片5，宿存；副萼片5，较大，与萼互生，边缘具缺刻；花瓣5，黄色，倒卵形；雄蕊多数，花药近球形；心皮多数，分离，着生于凸起花托上，花柱基生或顶生，柱头全缘。聚合果由扩大花托形成，半球形或陀螺状，肉质；瘦果着生于聚合果表面，扁卵球形。种子肾形。

本属有2种，分布于亚洲、非洲、欧洲、北美。我国2种均有。

分种检索表

1. 叶片、花朵和果实较小；聚合果粉红色，直径8-12mm，无光泽；瘦果具显明皱纹··1. 皱果蛇莓 *D. chrysantha*
1. 叶片、花朵和果实较大；聚合果鲜红色，直径10-20mm，有光泽；瘦果光滑或具不显明突起··2. 蛇莓 *D. indica*

1. 皱果蛇莓

Duchesnea chrysantha (Zoll. & Moritzi) Miq., Fl. Ned. 1: 372. 1855.——*Fragaria chrysantha* Zoll. & Moritzi.

多年生草本。茎30-50cm。托叶及叶柄均被疏柔毛，小叶菱形、倒卵形或卵形，长1.5-2.5cm，宽1-2cm，背面散生柔毛，边缘有锯齿，侧生小叶有时2-3裂。花直径0.5-1.5cm，花梗2-3cm；萼片卵形或卵状披针形，长3-5mm，背面被柔毛，具缘毛；副萼片三角状倒卵形，长3-7mm，背面散生茸毛，先端具3-5齿；花瓣2.5-5mm，无毛。聚合果淡粉色，无光泽，直径0.8-1.2cm；瘦果红色，卵球形，长4-6mm，有皱折。花期5-7月，果期6-9月。

分布于福建、广东、广西、陕西、四川、台湾、云南，生于草甸。印度、印度尼西亚、日本、朝鲜、马来西亚也有分布。

2. 蛇莓

Duchesnea indica (Andrews) Focke, Nat. Pflanzenfam. 3 (3): 33. 1888.——*Fragaria indica* Andrews.

多年生草本。根茎粗短；茎30-100cm。叶柄被毛，托叶狭卵形至宽披针形；小叶具柄，倒卵形至菱状倒卵形，长2-3.5（-5）cm，宽1-3cm，两面被毛或上面无毛，边缘有钝齿，先端圆。花直径1.5-2.5cm，花梗3-6cm，被毛；萼片卵形，先端急尖；副萼片倒卵形，较萼长，先端有3-5齿；花瓣先端圆；雄蕊20-30；心皮多数，分离。聚合果红色，光亮，直径1-2cm，海绵状；瘦果卵球形，长约1.5mm，无毛或有不明显乳突。花期6-8月，果期8-10月。

分布于辽宁以南各省区,生于海拔 1 800 m 以下的山坡、河岸、草地、潮湿的地方。亚洲、欧洲及美洲均有分布。

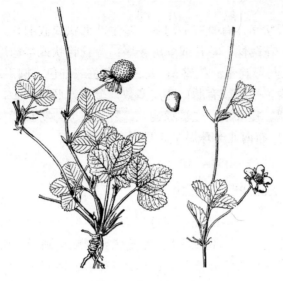

图 352　蛇莓

5. 蚊子草属　*Filipendula* Mill.

多年生草本。根状茎短,不均匀加粗形成块状,生纤维状根。叶羽状,小叶再羽状或掌状浅裂。聚伞花序或圆锥状花序,花两性,稀单性;花萼片 5,花后反折;花瓣 5,覆瓦状,白色、粉色或红色,基部爪状;雄蕊 20-40;心皮 5-15,分离,着生于花托上,胚珠 1-2,花柱顶生,柱头头状。瘦果分离,侧扁,副萼宿存于花柱基部。种子下垂,圆柱形,胚乳少。

本属有 10 余种,主产于北温带地区。我国有 7 种。

1. 翻白蚊子草

Filipendula intermedia (Glehn.) Juz. in Kom., Fl. URSS. 10: 284. 1941.——*Spiraea digitata* Willd. var. *intermedia* Glehn.

植株高 80 cm,茎无毛,具槽。托叶半心形,革质;叶柄几无毛;叶羽状,有 2-5 对小叶,背面被白色绵毛,沿脉有疏柔毛,上面无毛,顶生小叶常 7-9 浅裂,与侧生小叶等大或稍大,裂片线形或披针形,边缘常有整齐锯齿,侧生小叶与顶生小叶形似,但向叶基部渐变小。顶生圆锥花序,花两性,花梗常被柔毛;萼片卵形,背面密被柔毛;花瓣白色,倒卵形。瘦果直,具短柄,沿背腹线被长硬毛。花果期 6-8 月。

分布于黑龙江、吉林,生于高山灌丛、草甸、河岸边。蒙古、俄罗斯也有分布。

6. 路边青属 *Geum* L.

多年生草本，具根状茎，有时有匍匐茎。基生叶羽状或假羽状，顶生小叶大；茎生叶少，小叶3，苞片状。花两性，单花或伞房花序；萼管管状或半球形，萼片5，镊合状，宿存；副萼片5，小，与萼互生；花瓣5，黄色、白色或红色，圆形或倒卵形；雄蕊多数，密集；花盘藏于萼管内，平滑或有肋；心皮多数，分离，胚珠向上，花柱丝形，具关节，成熟时柱头反折成钩状。瘦果小，先端喙钩状。种子直立，种皮膜质，子叶长圆形。

本属约有70种，广布南北半球温带。我国有3种。

1. 路边青 水杨梅
Geum aleppicum Jacq., Icon. Pl. Rar. 1: 10. 1781.

根纤维状。茎直立，高30-100 cm。基生叶琴状羽裂，全长5-15 cm，常有裂片2-6对，两面被硬毛，小叶不等大，顶生小叶最大，宽菱状卵形或扁圆形，长4-15 cm，宽5-15 cm，边缘有不规则锯齿；茎生叶羽状分裂，顶生小叶披针形或倒卵状披针形。花序疏松，顶生；花直径1-1.7 cm，花梗具柔毛或微硬毛；萼片卵状三角形，副萼片披针形，长约为萼片1/2，背面被柔毛；花瓣黄色，近圆形，较萼长；花柱顶生，先端1/4处开始曲扭连合。聚合果卵球形，果时花托被短硬毛，毛长约1 mm，瘦果被微硬毛，宿存花柱无毛，钩状。花果期9-10月。

分布于东北、华北、西南以及甘肃、山东、陕西、新疆，生于海拔200-3 500 m的田边、河岸、溪边、草坡及疏林中。北温带广布。

7. 委陵菜属 *Potentilla* L.

多年生草本，稀二年、一年生，或灌木；若为多年生，则常具束生鳞状主根。茎直立、匍匐或平卧。羽状或掌状复叶；托叶与叶柄合生。聚伞花序或聚伞状圆锥花序，或单花，花两性，萼管下凹，半球形。萼片5，镊合状；副萼片5，与萼互生；花瓣5，常黄色、稀白色或紫色；雄蕊常约20枚，成10、5、5三组，稀11-30枚，花药2室；心皮多数，分离，着生于微凸花托上，胚珠上升、下垂、倒生、横生或近直立，花柱近顶生、侧生或基生。瘦果多数，着生于宿存花萼的花托上。种子种皮膜质。

本属约有500种，主产于温带。我国有88种，本书收录6种。

分种检索表

1. 具匍匐茎。
  2. 有纺锤形或椭圆形块茎根；托叶耳状；花瓣先端圆，花柱侧生················2. 蕨麻 *P. anserina*
  2. 根纤细无块根；托叶不为耳状；花瓣先端凹或圆，花柱近顶生··············4. 匍枝委陵菜 *P. flagellaris*
1. 无明显匍匐茎；根粗状或纤细，具分枝；托叶棕色、膜质。

3. 有明显匍匐茎；宿存花柱无小乳突，基部纤细，上部粗；根粗壮，多分枝；花茎纤细，高 8-25 cm ·· 5. 三叶委陵菜 *P. freyniana*
3. 无匍匐茎；宿存花柱具小乳突。
  4. 根圆柱形；花茎丛生，高 2-15 cm；全株被星状毛或散生硬毛················ 1. 星毛委陵菜 *P. acaulis*
  4. 根纤细或粗壮；花茎二歧分枝或不分枝，但不丛生；植株无上述毛，高 20-50（-70）cm。
    5. 根稍木质化，粗壮；花茎不分枝；羽状复叶有小叶 5-15 对；瘦果卵球形······ 3. 委陵菜 *P. chinensis*
    5. 根纤细；花茎二歧分枝；3 出复叶或有小叶 2-4 对；瘦果圆柱形············ 6. 朝天委陵菜 *P. supina*

1. 星毛委陵菜
Potentilla acaulis L., Sp. Pl. 1: 500. 1753.

  多年生草本，植株淡灰绿色，被星状毛及硬毛。根圆柱形，多分枝。茎丛生，高 2-15 cm。基生叶长 15-70 cm，具 3 小叶，托叶棕色；小叶无柄或具短柄，倒卵状椭圆形或菱状倒卵形，长 0.8-3 cm，宽 0.4-1.5 cm，每边有 4-6 钝齿；茎生叶 1-3，托叶灰绿色。聚伞花序顶生，有 1-5 花，花直径约 1.5 cm，花梗 1-2 cm；萼片三角状卵形，先端急尖；副萼片椭圆形，先端钝，稀 2 裂；花瓣黄色，倒卵形，长约为萼 2 倍，先端凹或钝；花柱近顶生，基部有乳突，柱头稍膨大。瘦果近肾形，直径约 1 mm，皱纹不明显。花果期 4-8 月。

  分布于华北及甘肃、黑龙江、青海、陕西、新疆，生于海拔 600-3 000 m 的山坡草甸及坡地。蒙古、俄罗斯也有分布。

2. 蕨麻　人参果
Potentilla anserina L., Sp. Pl. 1: 495. 1753.

  多年生草本。具纺锤形或椭圆形块根及匍匐茎；茎平卧或上升，被疏柔毛；节上生根。基生叶长 2-20 cm，托叶耳状并连合成环；叶为间断羽状，有小叶 5-11 对，顶生小叶椭圆形、倒卵状椭圆形或长椭圆形，长 1-2.5 cm，宽 0.5-1 cm，背面有紧贴的银色绢毛，边缘有锯齿；茎生叶托叶耳状。单花，直径 1.5-2.5 cm，花梗 2.5-8 cm，被疏柔毛；副萼片椭圆形或椭圆状披针形，2-3 裂，稀全缘；花瓣黄色，倒卵形；花柱侧生。花果期 6-8 月。

  分布于东北、华北、西北以及四川、西藏、云南，生于海拔 500-4 100 m 的草甸、山坡草地、河边、沟渠旁湿地及路边。主要分布于北温带，向南可达智利和新西兰。

3. 委陵菜
Potentilla chinensis Ser. in DC., Prodr. 2: 581. 1825.

  多年生草本。根粗壮，稍木质化。茎直立或上升，高 20-70 cm，散生柔毛或绢毛。基生叶长 4-25 cm，托叶棕色，羽状，有 5-15 对小叶，小叶无柄，长圆形、倒卵形或长圆状披针形，长 1-5 cm，宽 0.5-1.5 cm，被毛，边缘外卷，羽状分裂至近中脉；茎生叶与基生叶同形，但小叶数较少，托叶绿色。聚伞花序，花直径 0.8-1.3 cm，花梗 0.5-1.5 cm，密被柔毛，基部有披针形苞片；萼片三角状卵形，副萼披针形，长约为萼片 1/2；花瓣黄色，宽倒卵形，稍长于萼；花柱近顶生，基部稍粗，略具小乳突，柱头膨大。瘦果暗棕色，卵球形，皱褶明显。花果期 4-10 月。

除福建、宁夏、青海、新疆、浙江外，其他省区均有分布，生于海拔 400-3 200 m 的山坡草地、草甸、灌丛、林缘、山谷。朝鲜、日本、蒙古、俄罗斯（远东地区）也有分布。

4. 匍枝委陵菜
Potentilla flagellaris Willd. ex Schltdl., Ges. Naturf. Freunde Berlin Mag. Neuesten Entdeck. Gesammten Naturk. 7: 291. 1816.

多年生草本。根细长。匍匐茎长 8-60 cm，被柔毛。基生叶长 4-10 cm，托叶棕色，背有毛；叶掌状，具 5 小叶，小叶无柄，披针形、卵状披针形或长圆状椭圆形，长 1.5-3 cm，宽 0.7-1.5 cm，散生柔毛，后变无毛，边缘具 3-6 缺刻状锐齿；茎生叶似基生叶，托叶绿色。单花与叶对生，花直径 1-1.5 cm，花梗 1.5-4 cm，被柔毛；萼片卵状长圆形，副萼稍长于萼，背面有柔毛；花瓣黄色，较萼长；花柱近顶生，基部粗，柱头略膨大。瘦果圆柱状卵球形，有泡状隆起。花果期 5-9 月。

分布于东北以及甘肃、河北、山东、山西，生于海拔 300-2 100 m 的密林、沼泽草甸、河湖边。朝鲜、蒙古、俄罗斯也有分布。

5. 三叶委陵菜
Potentilla freyniana Bornm., Mitth. Thüring. Bot. Vereins 20: 12. 1904.

多年生草本。根粗壮，多分枝。匍匐茎纤细，茎纤细，直立，高 8-25 cm，有毛。基生叶长 4-30 cm，托叶棕色，被茸毛；叶三出，小叶被疏柔毛，背面毛较密，长圆形、椭圆形、卵形、宽卵形或菱状卵形，边缘具齿；茎生叶 1-2，形似基生叶，但叶柄极短，托叶绿色，散生茸毛。顶生疏松聚伞花序，花直径 0.8-1 cm，花梗 1-1.5 cm，被疏柔毛；萼片三角状卵形，副萼披针形，几与萼等长，背面被疏柔毛；花瓣淡黄色，长圆状倒卵形；花柱近顶生，基部细，上端变粗。瘦果卵球形，直径 0.5-1 mm，皱褶明显。花果期 3-6 月。

分布于东北、华北、华东以及陕西、四川、云南，生于海拔 300-2 100 m 的林中草地、沼泽、山坡草甸、溪边。日本、朝鲜、俄罗斯也有分布。

6. 朝天委陵菜
Potentilla supina L., Sp. Pl. 1: 497. 1753.

一年或二年生草本。根纤细。茎高 20-50 cm，初被柔毛。基生叶长 4-15 cm，托叶棕色；3 出复叶或羽状复叶具 2-5 对小叶，小叶长圆形、倒卵状长圆形，长 1-2.5 cm，宽 0.5-1.5 cm，边缘有钝锯齿或 2-3 深裂；茎生叶形似基生叶，但茎上部叶小叶数较少，托叶绿色。聚伞花序顶生，花直径 6-8 mm，花梗 0.8-1.5 cm，密被柔毛；萼片三角状卵形，副萼长圆状椭圆形或椭圆状披针形，与萼等长或稍长；花瓣黄色。倒卵形，稍长于萼片；花柱近顶生，基部粗，有小乳突，柱头膨大。瘦果圆柱形，有皱褶，先端急尖。花果期 3-10 月。

全国大部分地区均有分布，生于海拔 100-2 000 m 的草甸、山坡潮湿处、河岸、田边。广布于北半球温带和亚热带地区。

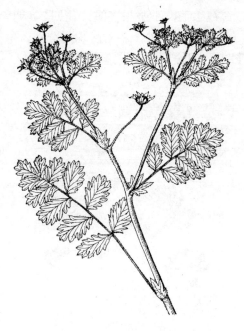

图 353　朝天委陵菜

8. 悬钩子属　*Rubus* L.

　　落叶灌木或亚灌木，稀常绿或半常绿，有时为多年生匍匐矮小草本。茎直立、攀缘或平卧，常有刚毛或皮刺，有时具腺毛，稀无刺。单叶互生，掌状或羽状复叶，分裂或不分裂，被腺毛、皮刺或腺体。花两性，稀单性；圆锥花序、总状花序或伞房花序，或数花密集或单花；花萼膨大，有时成短而宽的管，萼片（4-）5（-8）；花瓣 5 或更多，偶无瓣，白色、粉色或红色；雄蕊多数，稀少数；心皮多数，稀少数，着生凸出花托上，每心皮成 1 核果或核果状瘦果，1 室 2 胚珠，仅 1 枚胚珠发育，花柱丝状，近顶生，柱头头状。核果或核果状瘦果聚合在半球形、圆锥形或圆柱形花托上，成熟时呈浆果状。

　　本属约有 700 种，广布全球，以北温带为主，少数种分布至南半球。我国有 208 种，其中 139 种为特有。

1. 山莓
Rubus corchorifolius L. f., Suppl. Pl. 263. 1782.

　　直立灌木，高 1-3 m。分枝圆柱形，淡棕色至红褐色，具皮刺。单叶，叶柄 1-2 cm，幼时被毛；托叶线状披针形或线形，5-7 mm，被毛；叶卵形至卵状披针形，长 5-12 cm，宽 2.5-5 cm，沿中脉有稀疏小皮刺，背面色暗，幼时被毛，上面苍白色，沿脉被疏柔毛，全缘或 3 浅裂（不育枝上的叶 3 全裂），有不规则锯齿。1 至数花生侧枝顶，花梗（0.6-）1-2 cm，被柔毛；花直径 1.5-2（-3）cm；萼片被毛，卵状或三角状卵形，长 5-8 mm，宽 2.5-4 mm；花瓣白色或淡粉色，长圆形或椭圆形，长 9-12 mm，宽 6-8 mm，基部爪状；雄蕊较花瓣短，花丝短而扁平；雌蕊多数，略短于雄蕊，子房被柔毛。聚合果红色，近球形或卵球形，直径 1-1.2 cm，密被柔毛，小坚果多皱。花期 2-4 月，果期 4-6 月。

除东北、甘肃、青海、西藏、新疆外，各省区均有分布，生于海拔 200-2 600 m 的山坡、溪边、灌丛、湿地。日本、朝鲜、缅甸、越南也有分布。

图 354　山莓

9. 地榆属　*Sanguisorba* L.

多年生草本。根粗壮。托叶具鞘，与叶柄合生；奇数羽状复叶，小叶边缘有齿。花两性，稀单性，密集呈头状或穗状花序，有苞片及小苞片；萼管喉部缢缩，萼片 4（-7），覆瓦状排列，花瓣状，紫色、红色、粉色或白色，稀淡绿色；无花瓣；花盘贴生于萼管喉部；雄蕊 4，稀更多，生于花盘下，花丝分离，稀下部合生；心皮 1（-2），包于萼管内，胚珠下垂，花柱顶生，丝状，柱头毛笔状。瘦果坚硬，子叶平凸。

本属约有 30 种，分布于亚洲、欧洲和北美洲。我国有 7 种，其中 1 种为特有。

分种检索表

3. 花丝丝状与萼片近等长；基生叶小叶卵形或长圆状卵形，基部心形至微心形·········1. 地榆 *S. officinalis*
3 花丝显著扁平，扩大，比萼片长 0.5-2 倍；基生叶小叶条状披针形，基部圆形，微心形至斜宽楔形，边缘有缺刻状急尖锯齿···2. 细叶地榆 *S. tenuifolia*

1. 地榆

Sanguisorba officinalis L., Sp. Pl. 1: 116. 1753.

多年生草本，高 30-120 cm。根棕色或紫棕色，粗壮，常为纺锤形，稀圆柱形，横切面黄白色或紫色。茎直立，有棱。基生叶托叶棕色，叶柄长；小叶 4-6 对，卵形、长圆状卵形、长圆形或披针形，长1-7cm，宽0.5-3cm，无毛或背面被疏柔毛，边缘有疏钝齿或尖齿；茎生叶托叶大，小叶长圆形至长圆状披针形。花序穗状，直立，长1-6cm，宽0.5-1cm，苞片披针形，较萼片短或等长；萼片4，紫色、红色、粉色或白色，椭圆形至宽卵形，背被疏柔毛，先端急尖；雄蕊4，花丝丝状，与萼片近等长；子房无毛或被柔毛，柱头膨大呈盘状，边缘有流苏状小乳突。果时萼管有4条纵肋。花果期7-11月。

除福建、海南和宁夏外，全国各地均有分布，生于海拔3000m以下的密林、灌丛、草地、溪谷潮湿处。亚洲及欧洲也有分布。

2. 细叶地榆

Sanguisorba tenuifolia Fisch. ex Link, Enum. Hort. Berol. Alt. 1: 144. 1821.

2a. 细叶地榆（原变种）

Sanguisorba tenuifolia Fisch. ex Link var. *tenuifolia*

多年生草本，高达1.5m。根粗壮，分出多数细长根。茎有棱，无毛。基生叶托叶棕色，膜质，小叶有7-9对，披针形，长5-7cm，宽1.5-1.7cm；茎生叶托叶绿色，草质，叶片形似基生叶，但上部小叶少而狭。花序穗状，常下垂，长2-7cm，宽5-8mm；苞片披针形，较萼短；萼片红色或淡红色，长椭圆形；雄蕊4，花丝扁而宽，比萼片长0.5-1倍；子房基部被柔毛，柱头膨大成盘。花果期7-9月。

分布于东北以及内蒙古，生于海拔200-1700m的林缘、草甸、草坡、潮湿处。日本、朝鲜、蒙古、俄罗斯也有分布。

2b. 小白花地榆（变种）

Sanguisorba tenuifolia Fisch. ex Link var. *alba* Trautv. & C. A. Mey., Reise Sibir. 1 (3): 35. 1856.

花白色，花丝比萼片长1-2倍。花果期7-9月。

分布于东部以及内蒙古，生于湿地、草甸、林缘及林下，海拔200-1700m。俄罗斯、蒙古、朝鲜和日本也有分布。

10. 绣线菊属 *Spiraea* L.

落叶灌木。单叶互生，边缘有锯齿或缺刻，有时浅裂，稀全缘。伞形花序、伞房花序或圆锥花序；花两性，萼管钟状或杯状，蜜腺盘在萼管内，萼片5，通常短于萼管；花瓣5，长于萼片；雄蕊15-60，着生于花盘与花瓣间；花盘环形，常浅裂；心皮(3-)5(-8)，分离，每心皮有胚珠数枚，柱头头状或盘状。蓇葖果常沿腹线开裂。种子线形或长圆形，种皮膜质。

本属约有90种，分布于北温带，向南扩展到亚热带山区。我国有70种。

1. 柳叶绣线菊

Spiraea salicifolia L., Sp. Pl. 1: 489. 1753.

直立灌木，高2m。分枝淡黄棕色，稍具棱，幼时被柔毛。叶柄1-4mm，叶长圆状披针形至披针形，长4-8cm，宽1-2.5cm，全缘或有齿。圆锥花序长6-13cm，宽3-5cm，花梗 4-7mm；花直径 5-7mm；萼管钟形，背面被柔毛，萼片三角形，长 1-1.5mm，果时上升；花瓣粉色，卵形，长 2-3.5mm，宽 2-3mm；雄蕊约 30，长约为花瓣 2 倍；心皮散生柔毛，花柱短于雄蕊。蓇葖果直立，宿存花柱弯。花期 6-8 月，果期 8-9 月。

分布于东北和华北，生于海拔 200-900m 的潮湿草地、河边、沟谷、草甸。日本、朝鲜、蒙古、俄罗斯、欧洲、北美也有分布。

11. 红果树属 *Stranvaesia* Lindl.

常绿乔木或灌木，冬芽卵球形，小，裸露。叶全缘、波状或有齿。伞房花序近伞形，顶生或腋生，苞片早落；萼管钟形，1/2 与子房基部合生，萼片 5，短而直；花瓣 5，伸展，白色，基部具短爪；雄蕊 20；子房半下位，被柔毛，果时与萼管部分合生，4-5 室，每室 2 胚珠，花柱 4-5，柱头头状。梨果卵球形，肉质，有宿存花萼。种子长圆形侧扁，种皮革质，子叶几扁平。

本属约有 6 种，分布于亚洲热带和亚热带地区。我国有 5 种，其中 2 种为特有。

1. 波叶红果树

Stranvaesia davidiana Decne. var. ***undulata*** (Decne.) Rehder & E. H. Wilson in Sarg., Pl. Wilson. 1: 192. 1912.——*Stranvaesia undulata* Decne.

灌木或小乔木，高 1-10m。分枝密集，淡灰棕色。叶柄 1.2-2cm，叶长圆形或倒披针形，长 3-8（-10）cm，宽 2-4.5cm，侧脉 8-16 对，两面沿中脉被淡灰棕色茸毛，边缘波状。顶生复伞房花序，花稀疏，花序轴及花梗被茸毛，苞片卵状披针形，早落；花直径 1.5-5cm；萼管杯状，长 5-7mm，背面散生茸毛，萼片三角状卵形，长 2-3mm；花瓣近圆形，直径 4-5mm，基部有短爪；雄蕊 20，花药淡紫红色；花柱 5，较雄蕊短，柱头头状，子房先端有绵毛。果橙红色，近球形，直径 7-8mm。种子狭椭圆形。花期 5-6 月，果期 9-10 月。

分布于福建、广西、贵州、湖北、湖南、江西、陕西、四川、云南、浙江，生于海拔 900-3 000m 的坡地、河谷、潮湿冲积沟以及密林中。

图 355 波叶红果树

豆科 Fabaceae (Leguminosae)

乔木、灌木或草本，有时攀缘；根常能集聚根瘤菌固氮。叶互生或对生，羽状或 2 次羽状复叶，少为掌状或 3 出，有或无托叶，托叶有时成刺。花两性，偶单性，辐射或左右对称，多呈总状、伞房状、穗状、头状或圆锥花序；花萼（3-）5（-6），分离或基部连合，有时 2 唇形，偶退化；花瓣与花萼同数，偶较少或无瓣，覆瓦状或镊合状，高度分化成蝶形花冠，旗瓣在上，翼瓣于两侧平展，龙骨瓣居下；雄蕊 10 枚，花丝分离，或成 1 束或为（9+1）2 束，花药 2 室；雌蕊几全为单心皮，2 心皮或多心皮者偶见，子房 1 室，胚珠 1 至多数。荚果沿一侧或两侧开裂，或不开裂，有时具翅，或具关节，并断裂成含 1 枚种子的裂片。种子有时无胚乳，具种阜。

本科约有 650 属，近 2 万种，广泛分布于全世界。我国有 167 属，1 670 余种。本书选入 4 属 6 种。

分属检索表

1. 偶数羽状复叶，有 1-13 对小叶，叶轴顶有卷须 ·· 4. 野豌豆属 *Vicia*
1. 奇数羽状复叶，有 3（-5-7-9）小叶，叶轴无卷须。
   2. 托叶小，分离；雄蕊 10 枚，单束；荚果狭，扁平，开裂 ······························ 1. 大豆属 *Glycine*
   2. 托叶与叶柄合生；雄蕊 9+1 二体；荚果不开裂。
      3. 羽状复叶，小叶 3；荚果旋卷不开裂 ··· 2. 苜蓿属 *Medicago*
      3. 指状复叶，小叶 3（-5-9）；荚果小，不开裂 ·· 3. 车轴草属 *Trifolium*

1. 大豆属 *Glycine* Will.

一年生或多年生草本，缠绕或攀缘。茎匍匐或直立，根草质或几木质，具根瘤。羽状复叶，小叶 3（-7），托叶小，分离，常早落。花序腋生总状，或单花，密集节上，花梗基部有 2 苞片；花萼膜质，钟状，被毛，深 2 唇裂，上萼片连合，下萼片 3 刺状；花冠紫色、淡紫色或白色，略较萼长，无毛，具长爪，旗瓣大，近圆形或长圆形，耳不显，翼瓣狭，与龙骨瓣略连合，龙骨瓣较翼瓣短，钝，先端不扭曲；二体雄蕊，花药连合；子房无柄，胚珠多数，花柱丝形，略内弯，柱头头状。荚果有柄，线形或长圆形，略扁，开裂；种子间有隔膜。种子 1-5，卵状长圆形，扁球形或圆形。

本属约有 9 种，分布于东半球热带、亚热带和温带地区。我国有 6 种。

1. 野大豆

Glycine soja Siebold & Zucc., Abh. Math.-Phys. Cl. Königl. Bayer. Akad. Wiss. 4 (2): 119. 1843.

一年生草本，高 30-90 cm，茎粗壮，直立，有棱，有时先端多少缠绕，密生棕色硬毛。叶常为羽状 3 小叶，托叶宽卵形，3-7 mm，渐尖，密生黄色茸毛，叶柄 2-20 mm，幼时疏生柔毛或硬毛，小托叶披针形，1-2mm，小叶柄 1.5-4mm，被硬毛，小叶纸质，宽卵形，圆形或椭圆状披针形，顶生小叶较大，长 5-12cm，宽 2.5-8cm，基部宽楔形或圆形，先端渐尖或圆，具短尖，侧生小叶较小，斜卵形。总状花序，1-3.5cm，苞片披针形，2-3mm，被糙伏毛，茎下部花序有时单生或在两叶腋间成对；花萼 4-6mm，密生长硬毛或糙伏毛，常 2 唇裂，裂片 5，披针形，上 2 裂片连合达中部，下面 3 裂片分离，密生白色茸毛；花冠紫色、淡紫色或白色，4.5-8（-10）mm，旗瓣倒卵状圆形，具爪，先端微凹，反折，翼瓣圆齿状，基部狭，具爪及耳，龙骨瓣斜倒卵形，爪短；子房基有不发育腺体及毛。荚果肉质，长圆形，微弯，下垂，长 4-7.5cm，宽 0.8-1.5cm，密生绢毛。种子 2-5 粒，椭圆形、卵形至长圆形约长 10mm，宽 5-8mm，多彩，种皮平滑，种阜明显、椭圆形。花期 6-7 月，果期 7-9 月。

几乎遍布全国，生于海拔 150-2 650m 的潮湿田边、沟旁、河岸、湖边、沼泽、草甸、灌木丛、疏林下。朝鲜、日本、俄罗斯也有分布。

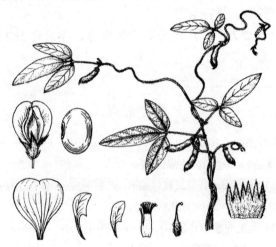

图 356 野大豆

2. 苜蓿属 *Medicago* L.

一年或多年生草本，稀灌木。羽状 3 小叶。托叶与叶柄基部合生，小叶侧脉伸出形成细齿。总状花序腋生，花聚集呈头状，苞片小而早落。花萼 5 齿裂；花瓣与雄蕊管分离，旗瓣长圆形至倒卵形，反折，翼瓣和龙骨瓣有钩状附属物；二体雄蕊，花丝不膨大，雄蕊柱先端弓形，花药单一；子房无柄或柄短，胚珠多数，花柱钻形，柱头斜头状。荚果扁，螺旋状，弯曲或直，表面网状，有时背面有刺。种子小，肾形，平滑或粗糙。

本属约有 85 种，分布于非洲、亚洲中部和西南部、欧洲及地中海地区。我国有 15 种。

1. 天蓝苜蓿

Medicago lupulina L., Sp. Pl. 2: 779. 1753.

一年生或多年生草本，高 15-60cm，无毛至有柔毛，有时有腺体，茎外倾，平卧或上升，多分枝。托叶卵状披针形，达 10mm，基部圆形或戟形，先端渐尖；叶柄 1-2cm，小叶椭圆形、卵形或倒卵形，长 0.5-2 cm，宽 0.4-0.6 cm，纸质，被柔毛，侧脉达 10 对，基部楔形，上缘有不明显锯齿，先端截形或微凹，有短尖。10-20 花形成小头状花序，花序轴纤细、直，长于末端叶，苞片小，刚毛状，花梗不到 1 mm。花萼约 2 mm；花冠黄色，2-2.2 mm，旗瓣近圆形，先端微凹，较翼瓣及龙骨瓣长；子房宽卵形，胚珠 1 枚。荚果肾形，长约 3 mm，宽 2 mm，具同心弧形脉纹，疏生毛，成熟时黑色。种子 1 粒，棕色，卵形，平滑。花期 4-9 月，果期 6-10 月。

遍布全国，生于溪边、路旁、荒地、疏林。亚洲及欧洲均有分布。

图 357　天蓝苜蓿

3. 车轴草属 *Trifolium* L.

一年生或多年生草本，茎直立至上升或平卧。羽状 3 小叶或 5-9 小叶；托叶部分与叶柄合生。花序腋生或顶生，苞片小或缺，常合生成具齿膜质总苞。花萼有 5-10（-30）脉，整齐或唇形，有时花丝明显膨大；花冠宿存，白色、粉色或黄色，有时果期膨大；花丝先端膨大或全部膨大，花药同型；子房有 1-2 胚珠。荚果不开裂，被枯萎花萼及花瓣包围。种子 1-2（-9）粒，卵形至球形或肾形。

本属约有 250 种，分布于非洲、美洲、亚洲和欧洲。我国有 13 种。

分种检索表

1. 托叶大部分与叶柄合生；小叶具侧脉 50 对以上，且直达叶缘呈锯齿⋯⋯⋯⋯⋯⋯1. 野火球 *T. lupinaster*
1. 托叶仅基部与叶柄合生；小叶具侧脉 15 对，叶缘齿不明显⋯⋯⋯⋯⋯⋯⋯⋯2. 红车轴草 *T. pratense*

1. 野火球

Trifolium lupinaster L., Sp. Pl. 2: 766. 1753.

多年生草本，茎直立，30-60 cm，上部具分枝。掌状复叶，小叶（3-）5 (-9)，托叶大部分与叶柄连合，膜质，先端长三角形，小叶柄约 1 mm，小叶披针形至线状长圆形，长 2.5-5 cm，宽 0.5-1.6 cm，侧脉 50 对以上，直达叶缘成锯齿，基部狭楔形，先端急尖或钝。顶生或腋生头状花序，有花 20-50 朵，抱于膜质外膜内，总苞早落，花梗 1-3 (-5) cm。花萼 6-10 mm，被疏柔毛，10 脉，萼齿丝状，为萼管 1-2 倍长；花冠紫色或白色，(10-) 12-20 mm；子房有柄，无毛，胚珠 5-9 枚。荚果灰棕色，长圆形长 6-10 mm，宽 2-3 mm，花柱宿存。种子（2-）3-9 粒，棕色、卵形，1.5-2 mm，平滑。花果期 6-10 月。

分布于东北、华北及新疆，生于林缘、山丘、草地及潮湿低洼处。日本、朝鲜、蒙古、俄罗斯、欧洲东部也有分布。

2. 红车轴草

Trifolium pratense L., Sp. Pl. 2: 768. 1753.

多年生草本，疏生茸毛，后变无毛。茎直立或上升，粗壮，高 20-70 cm，具条纹。掌状 3 小叶，下部叶具长柄，上部叶柄较短，托叶膜质，卵状披针形，基部与叶柄合生，先端渐尖至钻形，小叶卵状椭圆形或倒卵形，稀椭圆形，长 1.5-3.5 (-5) cm，宽 1-2 cm，侧脉 15 对，叶缘齿不明显，基部宽楔形，先端钝，稀凹。30-70 花密集成无柄或具短柄的头状花序，抱于总苞内；花萼被微毛或无毛，脉 10 条，萼齿钻形，下萼齿约为其余齿 2 倍长；花冠紫色，稀粉色或白色，12-14 (-18) mm，旗瓣匙形，先端圆，凹；子房椭圆形。荚果卵形。种子 1 枚，黄色或棕色，卵形。花果期 5-9 月。

原产于欧洲，我国南北各省均有栽培，并见逸生于林缘、草地、路边等湿润处。

图 358 红车轴草

4. 野豌豆属 Vicia L.

一年生或多年生缠绕草本，常有卷须。偶数羽状复叶，叶轴顶有卷须，刚毛或短尖，稀为奇数羽状复叶，托叶全缘或有齿，小叶 1-13 对，全缘。总状花序，花束生或单生，苞片无或早落；花萼多少呈钟状，萼齿相等或不等，常有刚毛，其中 2 齿长不过萼管 2 倍；花冠蓝色、紫色、红色、黄色或白色，旗瓣先端微凹；雄蕊二体，雄蕊管先端斜，花丝丝状；子房几无柄，胚珠 2-8 枚，花柱圆柱形，上端有刚毛围绕。荚果通常扁，纵向开裂。种子 2-8 粒，球形，扁球形或长圆形，有延伸种脐。

本属约有 160 种，从温带地区一直分布至非洲热带及太平洋和南美洲。我国有 40 种。

分种检索表

1. 多年生草本，茎被刚毛；花冠紫色、深紫色至紫红色；子房有柄·····················1. 广布野豌豆 V. cracca
1. 一年生草本，茎无毛；花冠白色至浅紫色，稀粉色；子房无柄·····················2. 小巢菜 V. hirsuta

1. 广布野豌豆

Vicia cracca L., Sp. Pl. 2: 735. 1753.

多年生草本，高 40-150 cm，茎攀缘或缠绕，被刚毛，有时为灰白色茸毛或变无毛。偶数羽状复叶，托叶半戟形，小叶 5-12 对，线形，线状披针形或长圆形，长 11-30 mm，宽 2-4 mm，全缘，先端圆或急尖，具短尖，侧脉疏而不显，有 2-3 卷须。总状花序有 10-40 花；萼钟状；花冠紫色、蓝紫色或紫红色，8-13（-15）mm，旗瓣琴形，与翼瓣等长，而长于龙骨瓣，瓣檐与爪等长；子房有柄，胚珠 4-7 枚。荚果长圆形或长圆状菱形，长 20-25 mm，宽 5 mm，先端有喙。种子 3-6 粒。花期 4-9 月，果期 5-10 月。

几乎遍布全国，生于海拔 4 200 m 以下的林缘、沟谷、草地、草甸、溪边、冲积地、田野、路旁。欧亚大陆广布。

图 359　广布野豌豆

2. 小巢菜

Vicia hirsuta (L.) Gray, Nat. Arr. Pl. 2: 614. 1821.——*Ervum hirsute* L.

一年生草本，高 15-90（-120）cm，茎纤细，无毛，攀缘。偶数羽状复叶，托叶半箭头形或披针形，基部边缘有 2-3 齿，小叶 4-8 对，线形或狭长圆形，长 5-13 mm，宽 1-3 mm，无毛；卷须有分枝。总状花序由 2-4（-7）花密集枝顶。花萼钟状；花冠白色至淡紫色，稀粉色，2-4（-5）mm，旗瓣椭圆形，与翼瓣近等长，较龙骨瓣长；子房无柄，密生硬毛，胚珠 2 枚。荚果长圆状菱形，长 5-10 mm，宽 2-5 mm，被刚毛。种子 2 粒，扁球形。花期 2-6 月，果期 4-8 月。

除东北、华北外广布于各地，海拔 2 900 m 以下。非洲、亚洲、欧洲以及北美洲均有分布。

图 360　小巢菜

酢浆草科　Oxalidaceae

草本，有时为灌木或乔木。叶为掌状或羽状复叶，互生或轮生，当小叶不发育时为单叶。花两性，辐射对称；单花或伞形花序，少为总状或聚伞花序；萼片 5，分离或基部连合；花瓣 5，有时基部稍合生；雄蕊 10，5 枚 1 轮成 2 轮，外轮花丝短，与花瓣对生，近基部连合，花药 2 室，纵裂；子房上位，心皮 5，合生，中轴胎座，每室（1-）2 至数枚胚珠，花柱 5，分离；柱头头状，2 浅裂。蒴果，开裂，或浆果。种子成熟时弹出，胚乳肉质。

本科有 6-8 属约 780 种，主要分布于热带和亚热带，并延伸至温带地区。我国有 3 属 13 种（含 4 个特有种）。

1. 酢浆草属 *Oxalis* L.

一年生或多年生草本。有块茎和根茎，茎直立或匍匐，或无茎而莲座状。无托叶或托叶极小；三出复叶，茎生及茎生。单花或聚伞花序或伞形花序，花梗长，小苞片 2 枚，花萼分离，覆瓦状；花瓣黄色、红色、粉色或白色，有时基部稍连合；花丝基部连合或分离；子房每室胚珠 1 至数枚。蒴果纵裂。种子被肉质假种皮，成熟时弹出。

本属约有 700 种，分布于热带、亚热带，延伸至温带地区。我国有 8 种，其中 2 种为引入种。

1. 酢浆草
Oxalis corniculata L., Sp. Pl. 1: 435. 1753.

茎高达 50 cm，匍匐或半直立。托叶小，长方形至耳形；叶互生或假轮生，叶柄 1-8 (-13) cm，叶片倒心形，长 0.3-1.8 cm，宽 0.2-2.3 cm，绿色或淡紫红色，被柔毛，先端深凹。花单生或数朵呈伞形花序状，苞片线状披针形；萼片长圆状披针形，长 3.5-5 mm，宽 1.2-2 mm，上部边缘有睫毛；花瓣淡黄色，长圆状倒卵形，长 6-8 mm。蒴果长圆柱形，长 8-25 mm，粗 2-3 mm，有 5 棱，被毛。种子棕色至淡红棕色，每室 5-14 枚，卵球状长圆形，长 1-1.5 mm，有横肋。花果期 2-10 月。

广布于我国各地，生于海拔 3 400 m 以下山坡草地、河谷沿岸、路边、田边、荒地或林下阴湿处等。亚洲温带和亚热带、欧洲、地中海地区和北美皆有分布。

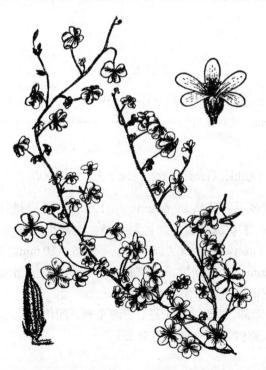

图 361　酢浆草

牻牛儿苗科 Geraniaceae

一年生或多年生草本。有托叶；叶互生或对生，掌状或羽状分裂，具叶柄。聚伞花序、假伞形花序或单花；花两性，辐射对称，稀稍呈左右对称；花萼片 5，覆瓦状排列；花瓣 5，分离；雄蕊 5，或 10 枚成 2 轮，外轮常为退化雄蕊，花丝基部合生或分离，花药 2 室，纵裂；子房上位，心皮 5，合生，每室有 1-2 枚胚珠。蒴果，中轴通常延伸成喙，成熟时果瓣通常爆裂，开裂的果瓣常由基部向上反卷或呈螺旋状卷曲，顶部通常附着于喙顶端，每果瓣具 1 种子。种子具微小胚乳或无胚乳，子叶折叠。

本科有 6 属约 780 种，广布于温带、亚热带及热带高山。我国有 2 属 54 种。

1. 老鹳草属 *Geranium* L.

草本。单叶掌状分裂，基生叶常莲座状，茎生叶对生或互生。聚伞花序顶生或腋生，有小苞片；花辐射对称或略左右对称；萼片 5，先端钝或尾状；花瓣 5，有时基部有爪，先端圆、微凹或凹；雄蕊 10 枚，2 轮，外轮与花瓣对生，内轮与花瓣互生，稀外轮 5 枚成退化雄蕊；蜜腺 5，与花瓣对生，稀连合成环；子房 5 室，每室有 2 胚珠，花柱 5 裂。蒴果有长喙，5 裂。

本属约有 380 种，世界广布，常见于温带及热带高山。我国有 50 种，包括 8 个特有种和 3 个引入种。

分种检索表

1. 托叶披针形。花瓣长 1-1.9 mm，花丝淡紫色·····················1. 毛蕊老鹳草 *G. platyanthum*
1. 托叶钻形。花瓣长 4-7 mm，花丝淡黄色·····························2. 老鹳草 *G. wilfordii*

1. 毛蕊老鹳草

Geranium platyanthum Duthie, Gard. Chron., ser. 3 39: 52. 1906.

多年生草本，植株被毛。茎高 29-66 cm，节上无根。托叶披针形；茎生叶 1 (-2)，与花序对生，长 5-13 cm，掌状深裂至中部，裂片 5，宽菱形。聚伞花序有花 2 朵，总花梗 1.6-5.4 mm，花梗 2.8-17 mm，苞片线状披针形；萼片 6.4-10 mm，短尖 0.4-1.6 mm；花瓣淡紫色或白色，长 1-1.9 mm；花丝淡紫色，披针形，花药蓝色；蜜腺 5，半球形；柱头淡红色至深红色，宿存。花期 6-7 月，果期 8-9 月。

分布于东北及甘肃南部、内蒙古、宁夏、青海东部、四川、山西，生于海拔 1 000-2 700 m 的林中、草甸。朝鲜、蒙古、俄罗斯也有分布。

图 362　毛蕊老鹳草

2. 老鹳草

Geranium wilfordii Maxim., Bull. Acad. Imp. Sci. Saint-Petersbourg 26 (3): 453. 1880.

多年生草本。茎直立，高 24-86 cm，有毛。托叶钻形，叶柄具毛；叶对生，长 4-8 cm，掌状 3 深裂，裂片几达基部，中间裂片狭菱形，上部边缘有齿，侧裂片斜，有缺刻或齿。聚伞花序有花（1-）2 朵，总花梗 1.4-4.7 cm，花梗 0.8-1.9 cm，被毛；苞片线状披针形；萼片 3.5-7.1 mm，先端有 0.8-2 mm 长的短尖头，背面被毛；花瓣淡粉色或白色，长 4-7 mm，两面均被毛，先端圆或凹；花丝淡黄色，披针形，上部突狭而尾状急尖，内轮雄蕊基部常耳状扩展，花药蓝紫色，长 0.7-1 mm；蜜腺 5 枚，半球形；柱头宿存，淡粉色至深红色。

除华南、西北和西南的部分省区以外，全国大部分省区都有分布，生于海拔 1 000-1 800 m 的灌丛、草甸、水边杂草丛中。日本、朝鲜、俄罗斯也有分布。

图 363　老鹳草

大戟科 Euphorbiaceae

草本、灌木或乔木，稀藤本，常有乳汁。单叶互生，稀复叶；叶基部常有腺体。花单性，雌雄同株或异株；萼片（1-）3-6（-8），分离或连合成萼筒；花瓣分离，常退化；有或无花盘，全缘或多裂；雄花雄蕊1至多数，花丝分离或连合，花药2（-4）室，多纵向开裂，稀横裂或孔裂；雌花偶有退化雄蕊，子房上位，（1-）2-5（-20）室，中轴胎座，每室有胚珠1-2，花柱分离或连合，柱头头状、线形、扇形或羽状浅裂。蒴果或浆果，果皮有时肉质呈浆果状。种子偶有种阜和假种皮，胚直或弯或折叠。

本科约有320属8910种，广布全球，以热带和亚热带为主，温带地区较少。我国有75属406种，主要分布于我国南部及西南部。

1. 水柳属 *Homonoia* Lour.

灌木或小乔木。叶互生，背面有腺状鳞片。花序腋生，雌雄异株；雄花花萼3裂，无花瓣及花盘，雄蕊多数，约10枚花丝合生成雄蕊束，花药2室，近球形，无退化雌蕊；雌花萼片5-8，覆瓦状排列，早落，无花瓣和花盘，子房3室，每室有1胚珠，花柱3，不分裂，羽毛状。蒴果被绵毛。种子卵球形。

本属有2种，产亚洲南部和东南部。我国仅有1种。

1. 水柳

Homonoia riparia Lour., Fl, Cochich. 2: 637. 1790.

灌木，高1-3m。分枝被柔毛。托叶钻形，长5-8mm；叶柄5-15mm，叶片线状长圆形，稀狭披针形，长6-20cm，宽1.2-2.5cm，背面密被鳞片及柔毛，全缘或疏生腺齿。花序长5-10cm，被微柔毛，苞片近卵形，长1.5-2mm；雄花花梗约0.2mm，花萼3浅裂，长3-4mm，被柔毛；雌花萼片5，长圆形，渐尖，长1-2mm，被柔毛，子房被微柔毛，花柱4-7mm，基部连合。蒴果近球形，直径3-4mm，被柔毛。花期3-5月，果期4-7月。

图364 水柳

分布于广西、贵州、海南、四川、台湾、云南，生于海拔 1 000m 以下的河边沙地、溪流多石处或山坡灌丛中。亚洲南部和东南部也有分布。

水马齿科 Callitrichaceae

一年生草本，水生、沼生或湿生。茎细弱。叶对生（水生种类在水面上的叶呈莲座状），倒卵形、匙形或线形，全缘，无托叶。花细小，单性同株，腋生，单生或极少雌雄花生于同一个叶腋内；苞片 2，膜质，白色；无花被片；雄花仅 1 个雄蕊，花丝纤细，花药小，2 室，侧向纵裂；雌花具 1 雌蕊，子房上位，4 室，4 浅裂，花柱 2，伸长，具细小乳突，胚珠单生，室顶下垂。果 4 浅裂，边缘具膜质翅，成熟后 4 室分离。种子具膜质种皮，胚圆柱状直立，胚乳肉质。

本科有 1 属约 75 种，世界广布。我国有 8 种，其中 1 种为特有。

1. 水马齿属 *Callitriche* L.

特征及分布同科。

分种检索表

1. 叶一型，花无苞片；果圆形，具宽翅···1. 线叶水马齿 *C. hermaphroditica*
1. 叶二型，花具 2 小苞片；果倒卵状椭圆形，翅仅绕果上缘·····················2. 水马齿 *C. palustris*

1. 线叶水马齿
Callitriche hermaphroditica L., Cent. Pl. 1: 31. 1755.

1a. 线叶水马齿（原亚种）
Callitriche hermaphroditica L. subsp. *hermaphroditica*

水生草本。叶舌状，基部常渐狭，长 5.5-15.3 cm，宽 0.6-2.2 cm，半透明。单花，在同一叶腋生雄花和雌花各 1；无苞片；花柱 0.6-2.5 mm，初直立，后下弯；花丝 0.5-0.9 mm，直，花药长 0.1-0.6 mm，宽 0.2-0.7 mm，肾形，半透明。果暗棕色，长宽各 1.2-1.7 mm，果上部有横纹，翅宽 0.1-0.4 mm。种皮细胞环生形成翅。

分布于内蒙古东北部，生于湖泊、水中。

1b. 大果水马齿（亚种）
Callitriche hermaphroditica L. subsp *macrocarpa* (Hegelm.) Lansdown, Watsonia 26: 106. 2006.——*C. autumnalis* L. f. *macrocarpa* Hegelm.

果长（1.5-）1.6-2.6 mm，宽（1.6-）1.7-2.8（-3）mm，翅宽 0.2-0.7（-0.8）mm。
产于西藏东南部，生于海拔 4 000-5 000 m 的湖泊、水中。

2. 水马齿
Callitriche palustris L., Sp. Pl. 2: 969. 1753.

2a. 水马齿（原变种）
Callitriche palustris L. var. *palustris*

一年生水生草本。茎 30-40 cm，纤细，多分枝。叶二型，沉水叶匙形或线形，长 6-12 mm，宽 2-5 mm；茎端叶浮水面，倒卵形或倒卵状匙形，长 4-6 mm，宽约 3 mm，顶钝圆，两面有褐色斑点。花腋生，单性同株，有 2 小苞片；雄花具雄蕊 1，花药小，心形；雌花具雌蕊 1，子房倒卵形，约 0.5 mm，花柱 2，纤细。果倒卵状椭圆形，浅黑色，长 1-1.5 mm，具翅，翅仅绕果上缘，翅宽小于 0.1 mm，苞片和花柱早落。

分布于安徽、福建、广东、贵州、黑龙江、湖北、吉林东部、江西、辽宁、内蒙古东部、青海、四川、台湾、西藏东南部、云南北部、浙江，生于海拔 700-3 800 m 的水中、沼泽、湿地。

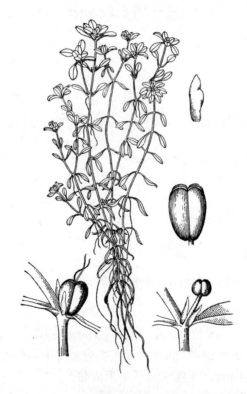

图 365 水马齿

2b. 广东水马齿（变种）
Callitriche palustris L. var. *oryzetorum* (Petrov) Lansdown, Novon 16 (3): 359. 2006.

果上的翅仅绕果上缘，翅宽小于 0.1 mm，果棕色，苞片及花柱宿存。

分布于福建、广东、台湾、云南、浙江，生于海拔 3 300 m 以下的沟渠、草甸、稻田中。日本也有分布。

2c. 东北水马齿（变种）

Callitriche palustris L. var. ***elegans*** (Petrov) Y. L. Chang, Fl. Pl. Herb. Chin. Bor.-Orient. 6: 53. 1977.

果上的翅绕果全周，顶部翅宽大于 0.1 mm。

分布于黑龙江北部、吉林东部、江西、辽宁、内蒙古、香港，生于海拔 500 m 以下的湖泊、池塘、溪流、沟渠、沼泽、草甸。日本和俄罗斯也有分布。

凤仙花科　Balsaminaceae

一年生或多年生草本，稀附生或亚灌木。茎通常肉质。单叶互生、对生或轮生，有时叶柄基部具 1 对托叶状腺体，边缘具齿，齿端具小尖头，齿基部常具腺状小尖。花两性，两侧对称，常呈 180°倒置；萼片 3（5），最下 1 片延长成距，或稀无距；花瓣 5，侧生 2 瓣常相连（翼瓣），上边 1 片常直立（旗瓣）；雄蕊 5；子房 5 室，胚珠多数。果实为假浆果或多少肉质弹裂的蒴果。种子从开裂的裂片中弹出，无胚乳，种皮光滑或具小瘤状突起。

本科有 2 属，分布于亚洲热带和亚热带及非洲，少数种在欧洲、亚洲温带地区及北美洲也有。其中水角属（*Hydrocera*）为单种属，产于印度和东南亚。

1. 凤仙花属　*Impatiens* L.

形态特征与科基本相同，但下面 4 枚侧生的花瓣成对合生成翼瓣，果实为多少肉质弹裂的蒴果，成熟时种子从裂片中弹出。

本属有 900 余种，我国有 220 余种，主要分布于西南部和西北部山区。

分种检索表

1. 蒴果椭圆形···1. 华凤仙花　*I. chinensis*
1. 蒴果线状圆柱形或近圆柱形。
    2. 总花梗具 3-9 朵花，排列成总状···3. 东北凤仙花　*I. furcillata*
    2. 总花梗具 1-4 朵花，不排列成总状。
        3. 总花梗仅具 1 花，花蓝紫色，翼瓣具柄······························2. 鸭跖草状凤仙花　*I. commellinoides*
        3. 总花梗具 2-4 花，花黄色，翼瓣无柄···4. 水金凤　*I. noli-tangere*

1. 华凤仙花

Impatiens chinensis L., Sp. Pl. 1: 937. 1753.

一年生，高 30-60 cm，纤细，下部平卧，生不定根，上部直立。叶对生，无柄或近无柄，线形至倒卵形，长 2-10 cm，宽 5-10 mm，基部近心形或截形，边缘疏生小锯齿，上面被糙伏毛，下面粉绿色。花单生叶腋，少有 2 或 3 朵簇生；花较大，粉红色或白色；萼片 2，线形；旗瓣圆形，背面有狭龙骨凸起，先端小突尖，翼瓣无柄，2 裂，基部裂片长圆形，上部裂片大，宽斧形，背面有小耳，唇瓣舟状，基部延长成内弯或旋卷的长距；花药钝。蒴果椭圆形。种子圆球形。

分布于安徽、福建、广东、广西、江西、云南、浙江，生于池塘、水沟旁、田边、沼泽地，海拔 100-1 200 m。印度、缅甸、越南、泰国、马来西亚也有分布。

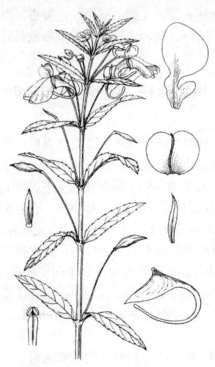

图 366　华凤仙花

2. 鸭跖草状凤仙花
Impatiens commellinoides Hand.-Mazz., Symb. Sin. 7: 657. 1933.

一年生，茎高 20-40 cm，纤细，平卧，有分枝，上部被疏短糙毛。叶互生，卵形或卵状菱形，长 2.5-6 cm，宽 1-3 cm，基部楔形，边缘具疏锯齿，有糙缘毛，上面深绿色，下面灰绿色；叶柄长达 2 cm，被短糙毛。总花梗连同花梗长 2-4 cm，被短糙毛，仅具 1 花，中上部有 1 枚苞片，披针形或线状披针形；花蓝紫色，侧生萼片 2，宽卵形；旗瓣圆形，先端微凹，背面有绿色狭龙骨状突起，顶端具小尖头，翼瓣具柄，2 裂，裂片近圆形，上部裂片较大，外缘无明显的小耳；唇瓣宽漏斗状，基部渐狭成长约 15 mm 内弯或螺旋状卷曲的距；花药卵形。蒴果线状圆柱形。种子长圆状球形。花期 8-10 月，果期 11 月。

分布于福建、广东、湖南、江西、浙江，生于田边或山谷沟边、沟旁，海拔 300-900 m。

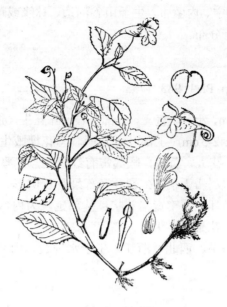

图 367　鸭跖草状凤仙花

3. 东北凤仙花　长距凤仙花
Impatiens furcillata Hemsl., J. Linn. Soc., Bot. 23: 101. 1886.

一年生，茎高 30-70 cm，细弱，直立，上部疏生褐色腺毛或近无毛。叶互生，菱状卵形或菱状披针形，长 5-13 cm，宽 2.5-5 cm，边缘有锐锯齿；叶柄长 1-2.5 cm。总花梗腋生，长 3-5 cm，疏生深褐色腺毛；花 5-9 朵排成总状花序；花梗基部有 1 线形苞片；花小，黄色或淡紫色；侧生萼片 2，卵形，先端突尖；旗瓣圆形，背面有龙骨突，先端有短喙；翼瓣有柄，2 裂，基部裂片近卵形，上部裂片较大，斜卵形；唇瓣漏斗状，基部突然延长成螺旋状卷曲的长距；花药钝。蒴果近圆柱形，先端具短喙。

图 368　东北凤仙花

分布于河北、吉林、辽宁、内蒙古，生于山谷河边、林缘或草丛中，海拔 700-1 050 m。朝鲜、俄罗斯远东地区也有分布。

4. 水金凤

Impatiens noli-tangere L., Sp. Pl. 1: 983. 1753.

一年生，茎高 40-100 cm，粗壮，直立，上部分枝。叶互生，卵形或椭圆形，长 3-10 cm，宽 1.4-5 cm；叶柄纤细，长 2-5 cm，上部叶近无柄。总花梗腋生，花 2-4 朵，花梗纤细，下垂，中部有披针形苞片；花大，黄色，喉部常有红色斑点；萼片 2，宽卵形，先端急尖；旗瓣圆形，背面有龙骨突，翼瓣无柄，2 裂，基部裂片长圆形，上部裂片大，宽斧形，带红色斑点，外缘近基部具小耳；唇瓣宽漏斗状，基部延长为内弯的长距；花药尖。蒴果线状长圆形。种子长圆球形。花果期 7-9 月。

分布于东北、华北、华中、西北及浙江，生于水沟边、山坡林下，海拔 900-2 400 m。

图 369 水金凤

葡萄科 Vitaceae

木质或稀草质藤本，有卷须。单叶、羽状或掌状复叶，互生；托叶通常小而脱落，稀大而宿存。花小，4-5 数，两性或杂性同株或异株，排列成伞房状多歧聚伞花序或圆锥状多歧聚伞花序；花萼碟形或浅杯状，萼片细小；花瓣与萼片同数，分离或黏合呈帽状脱落；雄蕊与花瓣对生，在两性花中发育，在单性雄花中较小或极不发达，分离；花盘环状或分离；子房上位，通常 2 室，每室 2 胚珠，或多室而每室有 1 胚珠。浆果，有 1 至数颗种子。

本科有 14 属约 900 种，全世界均有分布，主要分布在热带和亚热带地区。我国有 8 属 146 种（87 种特有，2 种引种）。

1. 乌蔹莓属 *Cayratia* Juss.

木质或草质藤本。卷须通常 2-3 叉分枝，稀总状多分枝。叶为 3 小叶或鸟足状 5 小叶复叶，互生。花 4 数，两性或杂性同株，伞房状多歧聚伞花序或复二歧聚伞花序，腋生或假腋生，稀与叶对生。花瓣展开，各自分离脱落；雄蕊 5；花盘发达，4 浅裂或波状浅裂；花柱短，柱头不分裂，微扩大或不明显扩大；子房 2 室，每室有 2 个胚珠。浆果球形或近球形，有种子 1-4 颗。

本属约有 60 种，分布于亚洲、非洲和大洋洲。我国有 17 种（9 种特有）。

分种检索表

1. 叶为 3 小叶复叶，中央小叶菱状椭圆形，长 10-18 cm，先端尾尖或渐尖，侧生小叶宽卵形，长 9-17 cm，下面密被短柔毛；叶柄被短柔毛···2. 膝曲乌蔹莓 *C. geniculata*
1. 叶为鸟足状 5 小叶复叶，中央小叶长椭圆状披针形或长椭圆形，长 2.5-9 cm，先端渐尖；叶柄无毛。
    2. 花瓣先端有小角状突起；中央小叶长 3.5-9 cm，每边有 5-7 锯齿············1. 角花乌蔹莓 *C. corniculata*
    2. 花瓣先端无角状突起；中央小叶长 2.5-4.5 cm，每边有 6-15 锯齿···············3. 乌蔹莓 *C. japonica*

1. 角花乌蔹莓

Cayratia corniculata (Benth.) Gagnep., Notul. Syst. (Paris) 1: 347. 1911.——*Vitis corniculata* Benth.

草质藤本。无毛。卷须 2 叉分枝。鸟足状 5 小叶复叶，中央小叶长椭圆披针形，长 3.5-9 cm，先端渐尖，侧生小叶卵状椭圆形，长 2-5 cm，宽 1.5-2.5 cm，先端急尖或钝，基部楔形或圆形，每边有 5-7 个锯齿；叶柄长 2-4.5 cm，小叶有短柄或几无柄。复二歧聚伞花序腋生，花序梗长 3-3.5 cm；花萼碟形，全缘或有三角状浅裂，花瓣三角状宽卵形，先端有小尖，外展，疏被乳突状毛；花盘发达，4 浅裂。果近球形，直径 0.8-1 cm，有种子 2-4 颗。花期 4-5 月，果期 7-9 月。

分布于华南及福建、台湾，生于山谷、溪边、疏林或山坡灌丛中。海拔 200-600 m。越南、马来西亚、菲律宾也有分布。

图 370　角花乌蔹莓

2. 膝曲乌蔹莓

Cayratia geniculata (Blume) Gagnep., Notul. Syst. (Paris) 1: 345. 1911.——*Cissus geniculata* Blume.

本质藤本。小枝圆柱形，被短柔毛。卷须 2 叉分枝。3 小叶复叶，中央小叶菱状椭圆形，长 10-18 cm，先端尾尖或渐尖，侧生小叶宽卵形，长 9-17 cm，下面密被短柔毛。叶柄长 9-18 cm，被短柔毛，小叶几无柄或有短柄。复二歧聚伞花序腋生，花序梗长 3-14 cm；花萼杯状，波状浅裂，外面被乳突状毛；花瓣宽卵形；花盘发达，波状 4 浅裂。果近球形，直径 0.8-1 cm。种子半球形。花期 1-5 月，果期 5-11 月。

分布于华南及西藏、云南，生于山谷溪边林中，海拔 300-1 000 m。越南、老挝、菲律宾、马来西亚、印度尼西亚也有分布。

3. 乌蔹莓

Cayratia japonica (Thunb.) Gagnep., Notul. Syst. (Paris) 1: 349. 1911.——*Vitis japonica* Thunb.

草质藤本。小枝疏被柔毛或近无毛。卷须 2-3 叉分枝。鸟足状 5 小叶复叶，中央小叶长椭圆形，长 2.5-4.5 cm，侧生小叶椭圆形，长 1-7 cm，先端渐尖，基部楔形或宽圆形，每边有 6-15 个锯齿，下面无毛或微被毛；叶柄长 1.5-10 cm，中央小叶柄长 0.5-2.5 cm，侧生小叶几无柄或有短柄。复二歧聚伞花序腋生，花序梗长达 1-2 mm；花盘发达，4 浅裂。果近球形，直径约 1 cm。种子倒三角状卵圆形。花期 3-8 月，果期 8-11 月。

分布于华南、华中、华东、西南及河北、陕西、台湾，生于山谷林中或灌丛，海拔 300-2 500 m。澳大利亚、不丹、朝鲜、菲律宾、老挝、马来西亚、缅甸、日本、泰国、印度、印度尼西亚及越南也有分布。

锦葵科 Malvaceae

草本、灌木至乔木。单叶互生,叶脉常掌状,具托叶。花腋生或顶生,单生、簇生、聚伞花序至圆锥花序;花两性,辐射对称;萼片3-5,分离或合生;其下部副萼3至多数;花瓣5,彼此分离,但与雄蕊管的基部合生;雄蕊多数,连合成1管(雄蕊柱),花药1室,子房上位,2至多室,由2-5枚或更多心皮组成,花柱上部分枝或为棒状,每室胚珠1至多枚,花柱与心皮同数或为其2倍。蒴果,少有浆果状。种子肾形或倒卵形,被毛至无毛。

本科约有100属1 000余种,分布于热带和亚热带地区。我国有19属(4属引种)。

1. 木槿属 *Hibiscus* L.

草本、灌木或乔木。叶互生,掌状分裂或不裂,叶脉掌状,有托叶。花两性,5数,常单生叶腋;小苞片5或多数,分离或基部合生;花萼钟状,少有浅杯状或管状,5齿裂,宿存;花瓣5,基部与雄蕊柱合生;雄蕊柱顶端平截或5齿裂,花药多数;子房5室,每室胚珠3至多数,花柱5裂,柱头头状。蒴果室背开裂。种子肾形,被毛或腺状乳突。

本属有200余种,分布于热带或亚热带地区。我国有25种(12种特有,4种引种)。

1. 野西瓜苗 香铃草、灯笼花、小秋葵
Hibiscus trionum L., Sp. Pl. 697, 1753.

一年生草本,茎高25-70 cm,柔软,具白色星状粗毛。下部叶圆形,不分裂,上部叶掌状3-5全裂,直径3-6 cm;裂片倒卵形,通常羽状分裂,两面有星状粗刺毛;叶柄长2-4 cm。花单生叶腋;花梗果时长达4 cm;小苞片12,线形,长8 mm;萼钟形,淡绿色,长1.5-2 cm,裂片5,膜质,三角形,有紫色条纹;花冠淡黄色,内面基部紫色,直径约2-3 mm。蒴果长圆状球形,直径约1 cm,有粗毛,果瓣5。花果期7-10月。

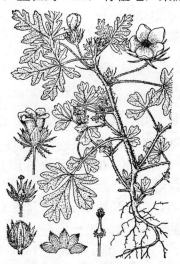

图371 野西瓜苗

遍布全国各地，生于田埂、路旁、荒坡、旷野等处。亚洲、非洲和欧洲均有分布。

山茶科 Theaceae

乔木或灌木。叶革质，常绿或半常绿，互生，全缘或有锯齿，具柄，无托叶。花两性，稀单性并雌雄异株，单生或簇生。苞片2至多数，或与萼片同形而逐渐过渡；萼片5至多数，脱落或宿存，有时向花瓣过渡；花瓣5至多数，基部常连合，白色、红色或黄色；雄蕊多数，多轮，稀4-5数，花丝分离或基部连合，花药2室，纵裂；子房上位，稀半下位，2-10室，每室胚珠2至多数，中轴胎座；花柱分离或连合，柱头与心皮同数。蒴果、核果或浆果状。种子球形、多角形或扁平，有时具翅。

本科约有19属600种，分布于热带和亚热带地区。我国有12属（2属特有）274种（204种特有）。

1. 柃属（柃木属）*Eurya* Thunb.

常绿灌木或乔木。冬芽裸露。叶革质或近膜质，互生，2列，边缘具齿，稀全缘。花单性，雌雄异株，1至多数簇生叶腋或生于无叶小枝叶痕腋；花梗短；雄花小苞片2，生于萼片之下；萼片5，覆瓦状排列，常不等大，宿存；花瓣5，膜质，基部合生，雄蕊5-35，花丝无毛，花药2室；中轴胎座，每室3-60胚珠，花柱5-2，分离或结合，顶端5-2裂，柱头线形。浆果，每室2-60种子，具细蜂窝状网纹。

本属约有130种，分布于亚洲热带和亚热带地区及西南太平洋岛屿。我国有81种（63种特有）。

分种检索表

1. 幼枝具4棱；叶长圆形或椭圆形；果球形···1. 翅柃 *E. alata*
1. 幼枝具2棱；叶窄披针形或窄倒披针形；果长卵形·····························2. 窄叶柃 *E. stemphylla*

1. 翅柃

Eurya alata Kobuski, J. Arnold Arbor. 20: 361. 1939.

灌木，无毛，枝具4棱。叶革质，长圆形或椭圆形，长4-7.5cm，先端短尾尖或偶为长渐尖，基部楔形，边缘密生细锯齿，上面深绿色，有光泽，下面黄绿色，中脉上面凹下，下面凸起，侧脉6-8对；叶柄长约4mm。花1-3朵簇生于叶腋，花梗长2-3mm，无毛；雄花小苞片2，卵圆形，萼片5，近膜质，卵圆形，花瓣5，白色，倒卵状长圆形，雄蕊约15；雌花花瓣长圆形，子房3室，花柱长约15mm，顶端3浅裂。果球形，直径约4mm，蓝黑色。花期10-11月，果期翌年6-8月。

分布于华中及安徽、福建、广东、广西、贵州、江西、陕西、四川、浙江，生于沟谷、溪边、密林中。

图 372　翅柃

2. 窄叶柃

Eurya stenophylla Merr., Philip. J. Sci. Bot. 21: 502. 1922.

灌木，无毛，幼枝具 2 棱。叶革质或薄革质，窄披针形或窄倒披针形，长 3-5 cm，先端渐尖或钝，基部楔形，具钝齿；叶柄长约 1 mm。花 1-3 朵簇生叶腋，花梗长 3-4 mm，无毛；雄花小苞片 2，圆形，萼片 5，近圆形，长约 3 mm，花瓣 5，倒卵形，长 5-6 mm，雄蕊 14-16；雌花萼片卵形，长约 1.5 mm，花瓣白色，卵形，长约 5 mm，花柱长约 2.5 mm，顶端 3 裂。果长卵形，长 5-6 mm，直径 3-4 mm。花期 10-12 月，果期翌年 7-8 月。

分布于广东、广西、贵州、湖北、四川，生于山坡、溪谷、灌丛中，海拔 250-1 500 m。

沟繁缕科　Elatinaceae

一年生或多年生矮小亚灌木，陆生或半水生。叶对生或轮生，有柄及托叶，全缘或具齿。花小，两性，辐射对称，单生叶腋或在叶腋聚集成聚伞花序；萼片 2-5，分离或稍连合，膜质，有透明边缘；花瓣 2-5，分离，膜质；雄蕊分离，1 或 2 倍于花萼数，花药背生，2 室；子房上位，2-5 室，每室胚珠多数，中轴胎座；花柱 2-5，短而分离；柱头头状。蒴果沿隔膜开裂，膜质、革质或硬壳质。种子多数，直或弯曲，小，常有皱折，无胚乳。

本科有 2 属约 50 种，分布于温带及热带地区。我国有 2 属 6 种。

分属检索表

1. 陆生；花 5 数；蒴果 5 瓣裂 ··· 1. 田繁缕属 *Bergia*

1. 水生；花 2-4 数；蒴果 2-4 瓣裂··2. 沟繁缕属 Elatine

1. 田繁缕属 *Bergia* L.

一年生直立或匍匐草本，具分枝。叶对生，有柄，叶缘具齿。花多数在叶腋排列成聚伞花序或簇生，稀单花，花极小；花萼片 5，分离，革质，有明显中肋，边缘膜质，先端长渐尖；花瓣 5，分离，膜质；雄蕊 5-10；子房卵球形或近球形，5 室，胚珠多数；花柱短，柱头头状。蒴果近骨质，5 瓣裂。种子近圆形，稍弯，有椭圆形坑网。

本属约有 25 种，分布于热带和温带地区。我国有 3 种。

分种检索表

1. 植株密被腺毛或柔毛；托叶 2 深裂，裂片披针形；花簇生叶腋················1. 田繁缕 *B. ammannioides*
1. 植株无毛；托叶卵状三角形；花多数，在叶腋形成聚伞花序················2. 大叶田繁缕 *B. capensis*

1. 田繁缕

Bergia ammannioides Roxb. ex Roth., Nov. Pl. Sp. 219. 1821.

一年生草本，高 8-30 cm。茎基部多分枝，直立或倾斜上升，植株密被腺毛和柔毛。托叶约 2 mm，2 深裂，裂片披针形，边缘有撕裂小齿；叶片倒披针形或狭椭圆形，长 0.6-2 cm，宽 2-8 mm。花小，多数簇生叶腋，花梗 1-2 mm；萼片 5，狭卵形，长 1-2 mm；花瓣 5，红色，与萼近等长；雄蕊 5；子房卵形，花柱 5。蒴果近球形，直径约 2 mm，5 瓣裂。种子棕色，狭卵形，长约 0.5 mm，无明显网槽。

分布于华南及湖南、台湾、云南，生于溪边草地、水田边和路边。尼泊尔、塔吉克斯坦以及亚洲热带、非洲热带、澳大利亚也有分布。

图 373 田繁缕

2. 大叶田繁缕

Bergia capensis L., Mant. Pl. 2: 241. 1771

一年生湿生草本，高 15-30 cm。平卧、匍匐根圆柱形，稍肉质，无毛。托叶卵状三角形，边缘有波状齿；叶片长 1-4 cm，宽 0.2-1 cm。花极小，在叶腋排成小聚伞花序，几无梗；萼片狭披针形，长 1-2 mm；花瓣粉色，与萼等长或略长；雄蕊 10；子房近球形，花柱直或弯。蒴果近球形，直径约 1.8 mm，有 5 条纵肋，5 瓣裂。种子极小，长圆形，有纵横槽。

分布于华南及台湾、云南，生于水田或沟渠湿地。非洲、亚洲西南部、欧洲也有分布。

2. 沟繁缕属 *Elatine* L.

一年生水生草本。茎平卧，纤细，节上生根。叶对生或轮生，叶柄短，叶小而全缘。通常每节 1 花，花极小；萼片 2-4，基部连合，膜质，先端具短尖；花瓣 2-4，较萼长，先端钝；雄蕊 1 倍或 2 倍于花瓣数；子房球形，扁平，2-4 室，先端平截；胚珠多数；花柱 2-4，柱头头状。蒴果膜质，2-4 瓣裂。种子直、弯曲或马蹄形，表面有六角形或椭圆形凹网。

本属约有 25 种，分布于热带、亚热带湿地。我国有 3 种。

1. 三蕊沟繁缕

Elatine triandra Schkuhr., Bot. Handb. 1: 345. 1791.

植株高 2-10 cm。茎多分枝，节上生根。叶对生叶，几无柄，卵状长圆形或披针形至线状披针形。长 3-10 mm，宽 1.5-3 mm，全缘；托叶早落。单花腋生，无梗或梗极短；萼片 2-3，卵形，0.5 (-0.7) mm；花瓣 3，白色或淡红色，略长于萼；雄蕊 3，较花瓣短；子房扁球形，花柱 3。蒴果扁球形，直径 1-1.5 mm，3 瓣裂。种子长圆形，微弯，长约 0.5 mm，具细密的六角形网槽。

分布于广东、黑龙江、吉林、台湾，生于池塘、水田、沼泽地。亚洲热带、大洋洲、欧洲、北美也有分布。

本属在我国尚有另外 2 种：

马蹄沟繁缕 *E. hydropiper* L.：花萼及花瓣 4，雄蕊 8；蒴果 4 瓣裂；种子马蹄形。分布于黑龙江、吉林、辽宁，生于池塘、河岸水边，沼泽地。俄罗斯（西伯利亚）和欧洲也有分布。

长梗沟繁缕 *E. ambigua* Wight：花梗明显，长 1.5-2.5 mm，为花瓣的 1-2 倍长。分布于我国云南，生于湖泊、池塘、沼泽地。不丹、印度、印尼、马来西亚、越南、澳大利亚、欧洲、北美（加利福尼亚）也有分布。

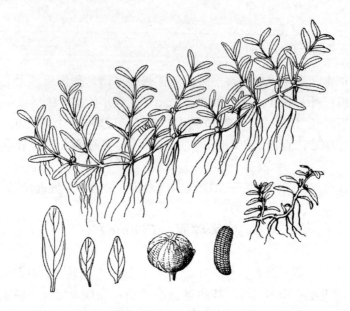

图 374　三蕊沟繁缕

柽柳科　Tamaricaceae

灌木、亚灌木或小乔木。叶互生，小而鳞片状，无柄，无托叶。总状花序或圆锥花序，稀单花；花两性，辐射对称；萼 4-5 深裂，宿存；花瓣 4-5，受粉后早落或宿存；花盘下位，厚，蜜腺状；雄蕊 4-5 或更多，分离或下部连合成束着生于花盘，或连合成管；雌蕊心皮 2-5，子房上位，1 室，侧膜胎座；胚珠多数，稀少数；花柱 2-5，短，分离，有时连合。蒴果圆锥形。种子多数，被毛或先端有柔毛状芒。

本科有 3 属 110 余种，分布于东半球干燥草原或沙漠。我国有 3 属 32 种，其中 12 种为特有种。

1. 柽柳属　*Tamarix* L.

灌木或乔木，多分枝，无毛。叶小而鳞片状，互生，无柄或柄抱茎成鞘状，稀被毛。总状花序或圆锥花序，花两性，稀单性，4-5（-6）数，通常具小花梗，苞片 1；萼 4-5 深裂；花瓣 4-5；花盘 4-5 裂；雄蕊 4-5，与萼片对生，或更多，花丝通常分离；心皮 3-4，子房圆锥形；花柱 3-4，柱头头状。蒴果 3 瓣裂。种子细小，多数，先端有柔毛状芒。

本属约有 90 种，分布于非洲、亚洲和欧洲。我国有 18 种，含 7 特有种。

分种检索表

1. 花 4 数 ···3. 短穗柽柳 *T. laxa*
1. 花 5 数。
   2. 幼枝及叶无毛，分枝纤细，悬垂，红紫色；春季开花···1. 柽柳 *T. chinensis*
   2. 幼枝被刚毛、柔毛或乳突，夏、秋开花。
      3. 幼枝及叶有刚毛或柔毛···2. 刚毛柽柳 *T. hispida*
      3. 幼枝及叶无上述毛，而散生乳突···4. 细穗柽柳 *T. leptostachya*

1. 柽柳

Tamarix chinensis Lour., Fl. Cochinch. 1: 182. 1790.——*T. juniperina* Bunge.

乔木或灌木，高 3-6（-8）m。分枝密而纤细，常悬垂，红紫色。叶长 1-3mm。花 5 数，萼片长 0.8-1.3mm，较花瓣短；花瓣粉色，长约 2mm；花盘紫红色，肉质，5 深裂；雄蕊长于花瓣；子房圆锥形，花柱 3。蒴果圆锥形。花果期 4-9 月。

分布于安徽、河北、河南、江苏、辽宁、山东等地，在我国西南及南方各省广为栽培，生于沿河平原、海滨、潮湿盐碱地。

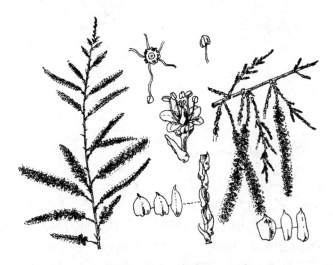

图 375　柽柳

2. 刚毛柽柳

Tamarix hispida Willd., Adh. Königl. Akad. Wiss. Berlin 1812-1813: 77. 1816.

灌木或小乔木，高 1.5-4（-6）m，密被刚毛或柔毛。叶基部耳状，半抱茎。夏、秋季开花，花序为密集的圆锥花序，苞片三角状披针形或狭披针形，长 1-1.5mm，与萼等长或长于萼；花梗 0.5-0.7mm，短于萼或与之等长；花 5 数；花萼 5 深裂，长为花瓣的 1/3；花瓣紫红色或红色，长 1.5-2mm，宽 0.6-1mm，早落；花盘 5 浅裂；雄蕊与萼片对生，花丝基部具蜜腺；子房瓶形；花柱 3 裂，长为子房 1/3。蒴果红色或紫红色，圆锥形。种子 15 枚。花期 7-9 月。

分布于甘肃、内蒙古、宁夏、新疆，生于河边、湖边、低洼沙地、盐碱沼泽。蒙古、亚洲中部及西部也有分布。

图 376　刚毛柽柳

3. 短穗柽柳

Tamarix laxa Willd., Adh. Königl. Akad. Wiss. Berlin 1812-1813: 82. 1816.

灌木，高 1.5（-3）m。树皮灰色，幼枝灰色或棕褐色。叶黄绿色，披针形、卵状长圆形至菱形，长约 1-2 mm，宽约 0.5 mm。总状花序，早春开花，长达 4 cm，粗 5-7（-8）mm，被稀疏棕色鳞被，花稀疏；苞片卵形或长椭圆形，边缘膜质，上部软骨质，常向内弯，淡棕色或淡绿色；花梗长约 2 mm；花 4 数，花萼长约 1 mm，萼片 4，卵形；花瓣 4，粉红色，长约 2 mm，向外反折；花盘 4 裂，肉质，暗红色；雄蕊 4，与花瓣等长或略长，花丝基部变宽，花药红紫色；花柱 3，柱头头状。蒴果长 3-4（-5）mm，草质。花期 4-5 月。偶见秋季二次在当年枝开少量的花，秋季花为 5 数。

产于甘肃、宁夏、青海、陕西、内蒙古、新疆，生于荒漠河流阶地、湖盆和沙丘边缘。俄罗斯（欧洲部分东南部和西伯利亚）、中亚、蒙古也有分布。

分枝多，耐盐性强，为荒漠地区盐碱、沙地的优良固沙造林绿化树种。

被子植物 ANGIOSPERMAE   *445*

图 377　短穗柽柳

4. 细穗柽柳

Tamarix leptostachys Bunge, Mem. Aci. sci. Petersb. Sav. Etr. 7: 293.1854.

灌木，高 1-3（-6）m。叶狭卵形或卵状披针形，长 1-4（-6）mm，宽 0.5-3 mm。总状花序细长，长 4-12 cm，宽 2-3 mm，总花梗长 0.5-2.5 cm，生于当年生幼枝顶端；苞片钻形，长 1.15 mm；花梗与花萼等长或略长；花 5 数，小；萼片卵形，长 0.5-0.6 mm；花瓣倒卵形，长约 1.5 mm，长于花萼约 1 倍，淡紫红色或粉红色；花盘 5 裂；雄蕊 5，花丝细长，较花瓣长 2 倍，基部变宽；子房细圆锥形，花柱 3。蒴果长 1.8 mm，宽 0.5 mm，高出花萼 2 倍以上。花期 6-7 月。

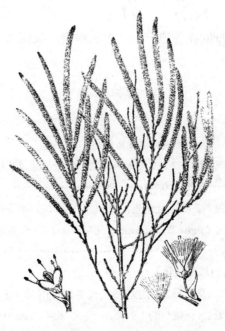

图 378　细穗柽柳

产于新疆、青海、甘肃、宁夏、内蒙古，生于荒漠地区潮湿和松陷盐土上、丘间低地、河湖沿岸、河漫滩。中亚和蒙古也有分布。

本种美丽多花，花色艳丽，是荒漠盐土绿化造林的良好树种。

堇菜科 Violaceae

一年生或多年生草本、灌木或亚灌木，稀乔木。单叶互生或对生，托叶叶状。花两性或单性，稀杂性，辐射对称或左右对称，顶生或单生叶腋，或呈穗状、圆锥状、总状花序，具小苞片2枚；萼片5；花瓣5，下面花瓣常较大，基部囊状或成距；雄蕊5，分离或合生，花丝极短或缺，下面两枚雄蕊基部有距状蜜腺；子房上位，1室，3-5心皮，侧膜胎座，每心皮1至多数倒生胚珠；花柱1，柱头多型。蒴果室背开裂，稀为浆果。种子有种阜，胚乳丰富。

本科有22属1 000种左右，广布世界，以热带地区为多。我国有3属100余种，其中36种为我国特有。

1. 堇菜属 *Viola* L.

多年生或二年生草本，稀亚灌木状，具根茎。单叶互生或基生，托叶叶状，分离或与叶柄合生。单花两性，左右对称，具2枚小苞片；萼片基部常耳状；花瓣不等大，下瓣大，基部成距；花丝分离，极短，花药大部连合成鞘围绕子房，下面2枚距状或瘤状，基部有分泌花蜜的附属体伸入花瓣的距内，先端有膜质附属物；子房3心皮，侧膜胎座，多胚珠；花柱直或弯，柱头多型。蒴果开裂，裂瓣富弹性，具龙骨状突起。种子球状卵形，有或无假种皮，胚乳丰满，胚直；子叶厚。

本属约有550种，遍布世界各地，主产于北温带。我国有96种，其中35种为特有。

分种检索表

1. 托叶1/2-2/3与叶柄合生。
　2. 托叶白色或苍白色；花紫堇色、蓝紫色至深蓝紫色。
　　3. 株高2.5-6cm；托叶苍白色，1/2-2/3与叶柄合生，离生部分线状披针形；花小，深蓝紫色；萼片长3-4mm，宽1-1.5mm；花瓣长0.7-1cm，距极短·····················6. 西藏堇菜 *V. kunawurensis*
　　3. 株高6-14cm；托叶白色，在根茎处密集，1/2与叶柄合生，离生部分卵状披针形；花紫堇色、蓝紫色，具芳香；萼片长5-6mm，宽2-2.5mm；花瓣长1-1.2cm，距囊状，粗，长4-6mm················
　　　　···7. 大距堇菜 *V. macroceras*
　2. 托叶绿色；花白色、淡粉色或蓝紫色。
　　4. 花淡粉或蓝紫色；叶片三角状卵形或狭卵形，长7-15cm，宽4-8cm，先端长渐尖，基部深心形，具长达20cm的柄,柄无翅；花瓣长约1.9cm，距囊状，长4-5mm·········8. 犁头叶堇菜 *V. magnifica*

4. 花白色；叶片长圆形至长圆状披针形，长 1.5-6 cm，宽 0.6-2 cm，先端钝圆，基部下延成翅；花瓣长
　　　　约 1.2 cm，距囊状，长不足 3 mm ·· 9. 白花地丁 *V. partrinii*
1. 托叶与叶柄离生或仅基部合生。
　　5. 花淡紫色或白色。
　　　6. 无基生叶，茎下部叶柄长不过 6 cm，上部叶柄长 1.5-2.5 cm；叶片、托叶及花瓣均有棕色腺点；
　　　　柱头不 2 裂，花柱下弯，具乳突，喙极短 ··· 1. 鸡腿堇菜 *V. acuminata*
　　　6. 基生叶柄长 5-20 cm，具窄翅；叶无毛；柱头 2 裂，粗而直，具短喙 ············ 4. 如意草 *V. arcuata*
　　5. 花黄色或蓝紫色。
　　　7. 托叶大，卵形或长圆形，长 1-2.6 cm，顶裂片长圆状卵形，每侧具 2-3 齿裂；花黄色或蓝紫色，直径
　　　　2-4.5 cm；花萼基部具宽大耳 ··· 3. 阿尔泰堇菜 *V. altaica*
　　　7. 托叶小，长（3-）4-6 mm；花黄色，较上种小；花萼基部的耳极短小。
　　　　8. 花 1-3 朵着生于枝顶叶腋，直径 1-2 cm；花萼长 6-8 mm；花瓣长 1.3-1.5 cm，距短，囊
　　　　　状 ·· 2. 尖叶堇菜 *V. acutifolia*
　　　　8. 花较小；花萼长 3-4 mm；花瓣长 6-8 mm，侧瓣长约 1 cm，距囊状，长 0.5-2.5 mm；花柱 2
　　　　　深裂达 1/2 处 ··· 5. 双花堇菜 *V. biflora*

1. 鸡腿堇菜

Viola acuminata Ledeb., Fl. Ross. 1: 252. 1842.

　　多年生草本，高 10-40 cm。茎生叶心形，长 1.5-5.5 cm，宽 1.5-4.5 cm，两面被棕色腺斑；托叶草质，长 1-3.5 cm，宽 2-8 mm，边缘不整齐撕裂，两面被棕色腺斑。花淡紫色或白色，花梗长而纤细；萼片长 7-12 mm，宽 1.2-2.5 mm，基部耳长 2-3 mm；花瓣侧片髯毛明显。蒴果椭圆形，长约 1 cm，无毛而具黄棕色斑点。花期 5-6 月，果期 6-9 月。

　　分布于东北、华北、西北（除青海、新疆外）以及安徽、湖北、四川、山东、浙江，生于海拔 400-2 500 m 的林缘、林下、草地或山谷湿地。日本、朝鲜、蒙古、俄罗斯也有分布。

图 379　鸡腿堇菜

2. 尖叶堇菜
Viola acutifolia (Kar. & Kir.) W. Becker, Beih. Bot. Centralbl. 34 (2): 263–264. 1916.——*Viola biflora* L. var. *acutifolia* Kar. & Kir.

多年生草本，高 10-25 cm。基生叶 1-2 (-5)，早枯，叶片心形或肾形，长 3-5 cm，宽 3.5-5.5 (-6) cm，基部深心形；茎上部叶轮生，柄短，叶片宽卵形，长 5-7 cm，宽 3-6 cm，两面散生柔毛；托叶仅基部合生，长 4-6 mm，先端急尖。花黄色，直径 1-2 cm，小苞片线形；萼片长 6-8 mm；花瓣倒卵形，长 1.3-1.5 cm；花柱棒状，柱头头状。蒴果长圆形，长 6-12 mm，无毛。花期 5-6 月，果期 6-7 月。

分布于新疆，生于海拔 1 000-2 400 m 的高山、亚高山草甸及山地草坡、林缘。俄罗斯也有分布。

3. 阿尔泰堇菜
Viola altaica Ker Gawl., Bot. Reg. 1: t. 54. 1815.

多年生草本，高 4-15 cm。根茎纤细。叶长圆状卵形，长 1.2-2 cm，宽 1-1.4 cm，基部楔形；托叶卵形或长圆形，长 1-2.6 cm，宽 0.4-1.1 cm，羽状分裂，顶裂片大，两侧各 2-3 齿裂，边缘具疏毛。花大，直径 2-4.5 cm，黄色或蓝紫色，花梗长 5-16 cm；萼片长 8-13 mm，宽 3-4 mm，基部具宽耳，耳及萼缘有明显锯齿；花瓣卵圆形，有髯毛，距长 3-4 mm，略较萼耳长，上弯。蒴果长圆状卵形。花期 6-8 月，果期 9 月。

分布于新疆，生于海拔 1 500-4 000 m 的高山、亚高山草甸、山坡林内、草地或沼泽中。中亚、高加索山脉、欧洲东南也有分布。

4. 如意草
Viola arcuata Blume, Bijdr. 58. 1825.

多年生草本。根茎棕色，匍匐，直径约 2 mm。茎簇生，高 35 cm。基生叶柄长 5-20 cm，具窄翅，茎生叶柄短；叶片深绿色，长 1.5-3 cm，宽 2-5.5 cm，基部宽心形。花淡紫色或白色，小苞片 2，线形；萼片长约 4 mm，耳极短；花瓣长约 7.5 mm，距长约 2 mm；子房无毛，花柱棒状，柱头 2 裂，裂片间为短喙。蒴果长圆形，长 6-8 mm，直径约 3 mm。种子淡黄色，长约 1.5 mm，宽约 1 mm，基部一侧有翅。花期 3-6 月。

分布于东北、华东、华中及广东、广西、甘肃、陕西、四川、台湾、云南，生于海拔 3 000 m 以下的潮湿处、沼泽地。亚洲其他国家也有分布。

5. 双花堇菜
Viola biflora L., Sp. Pl. 2: 936. 1753.

多年生草本。茎丛生，高 10-25 cm。基生叶肾形或宽卵形，长 1-3 cm，宽 1-4.5 cm，柄长 4-8 cm；茎生叶较小，柄短；托叶离生，卵形或卵披针形，长 3-6 mm。花黄色，花梗长 1-6 cm；萼片 3-4 mm，耳短；花瓣 6-8 mm，距圆柱状，长 0.5-2.5 mm；子房无毛，花柱棒状，膝状弯曲，2 深裂至 1/2 处。蒴果长圆状卵形，无毛，长 4-7 mm。花期 5-7 月，果期 7-10 月。

分布于东北、华北、西北、西南及河南、台湾，生于海拔 2 500-4 000 m 的高山、亚高山草甸、灌丛、林缘。亚洲、欧洲、北美均有分布。

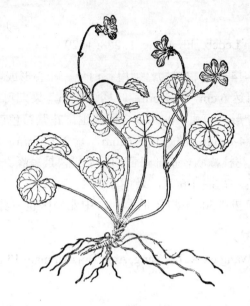

图 380　双花堇菜

6. 西藏堇菜

Viola kunawurensis Royle, Ill. Bot. Himal. Mts. 75, pl. 18, f. 3. 1834.

多年生矮小草本，高 2.5-6 cm。叶片卵形至长圆形，长 0.5-2 cm，宽 2-5 mm；托叶苍白色，1/2-2/3 与柄合生，离生部分披针形，具疏缘毛。花深蓝色，小；小苞片线形或狭披针形；萼片长 3-4 mm，宽 1-1.5 mm，耳极短；花瓣 7-10 mm，侧瓣无毛，距短；子房卵球形，长约 1.5 mm，花柱棒状，膝状弯曲，喙极短。蒴果卵状圆盘形，长 5-7 mm。花期 5-7 月，果期 7-8 月。

图 381　西藏堇菜

分布于甘肃、青海、四川西北、西藏、新疆，生于海拔 2 100-4 800 m 的高山、亚高山草甸、灌丛。中亚和喜马拉雅山地区也有分布。

7. 大距堇菜
Viola macroceras Bunge in Ledeb., Fl. Altaic. 1: 258. 1829.

多年生草本，茎高 5-14 cm。根茎短，须根苍白色。叶心形或卵状心形，长 1.5-4.5 cm，宽 1-3 cm，果时叶片长可达 6 cm，宽 4 cm，叶柄 1-8 cm，果期可达 14 cm；托叶密集于根茎上部，白色，卵状披针形，膜质，约 1/2 与柄合生。花紫堇色或蓝紫色，芳香，花梗长 4-9 cm，小苞片 2 枚，长 4-6 mm；萼片长 5-6 mm，宽 2-2.5 mm，耳短；花瓣 1-1.2 cm，距 4-6 mm，粗；子房无毛，花柱棒状，基部略弯，柱头平，具短喙。蒴果椭圆形，长 7-9 mm，无毛。种子棕色或红棕色。花期 4-6 月，果期 8-9 月。

分布于新疆，生于海拔 1 500 m 以下的草甸。中亚地区也有分布。

8. 犁头叶堇菜
Viola magnifica Ching J. Wang ex X. D. Wang, Acta Bot. Yunnan. 13 (3): 263–264, pl. 2, f. 9–11. 1991.

多年生草本，高约 28 cm。根茎粗壮，直径约 5 mm，生多数圆柱根及须根。基生叶 5-7，三角状卵形或狭卵形，长 7-15 cm，宽 4-8 cm，先端长渐尖，基部深心形，柄长达 20 cm；托叶大，1/2-2/3 与柄合生，离生部分线形或狭披针形，长约 1.2 cm。花大，淡粉色或浅蓝紫色；萼片长 4-7 mm，宽 2-3.2 mm，耳长 3-5 mm；花瓣前瓣长圆形，侧瓣略喙状，距囊状，长 4-5 mm。蒴果椭圆形，长 1.2-2 cm，直径约 5 mm，果梗 4-15 cm。花期 3-4 月，果期 7-8 月。

分布于安徽、贵州西北部、河南、湖北、湖南、江西、四川东部、浙江，生于海拔 800-2 000 m 的河谷或林缘潮湿地。

9. 白花地丁
Viola patrinii DC. ex Ging., Prodr. 1: 293. 1824.

多年生草本，高 7-20 cm。根茎暗棕色，直径 4-10 mm。叶长 1.5-6 cm，宽 0.6-2 cm，基部楔形，下延成翅，叶柄长 2-12 cm；托叶绿色，约 2/3 与叶柄合生，离生部分线状披针形。花白色，小苞片线形；萼片卵状披针形或披针形，基部耳钝，长约 1 mm；花瓣约 1.2 cm，侧瓣有髯毛，距囊状，长约 3 mm 或更短；花柱棒状，柱头平，三角形，喙斜。蒴果约 1 cm，无毛。种子黄棕色至暗棕色，卵球形。花期 5-6 月，果期 6-9 月。

分布于东北及内蒙古，生于海拔 200-1 700 m 的牧场、草甸、河岸湿地或林缘阴湿处。日本、朝鲜、蒙古、俄罗斯也有分布。

海桑科　Sonneratiaceae

乔木或灌木。单叶对生，革质，全缘。花两性，辐射对称，具梗，单生或 2-3 朵聚生于小枝顶部或排列成顶生伞房花序；花萼 4-8 裂，裂片宿存，厚革质，内面常具颜色；花瓣 4-8，与花萼裂片互生，或无花瓣；雄蕊多数，着生于萼筒上部，排列成 1 至多轮，花蕾时内折，花丝分离，花药肾形或长圆形，2 室，纵裂；子房近上位，无柄，花时为花萼基部包围，4 至多室，胚珠多数，中轴胎座，花柱单生，柱头头状。果为浆果或蒴果。种子多数。

本科有 2 属，约 10 种，分布于非洲和亚洲热带。我国有 2 属 4 种。

1. 海桑属 *Sonneratia* L. f.

乔木和灌木。树干基部周围有很多与水面垂直而高出水面的呼吸根。花单生或 2-3 朵聚生于近下垂的小枝顶部；萼筒倒圆锥形、钟形或环形，4-6（-8）裂，裂片卵状三角形，内面常有颜色；花瓣与花萼裂片同数，狭窄，或无瓣，与雄蕊早落；雄蕊极多数，花药肾形；花盘碟状；子房多室，花柱芽时弯曲。浆果扁球形，顶端有宿存的花柱基部。种子外种皮不延长。

本属约有 6 种，分布于非洲东部热带海岸和邻近的岛屿及马来西亚、密克罗尼西亚、澳大利亚和日本。我国有 2 种。

本属植物生于海岸泥滩上，是形成红树林的植物之一，树干周围的呼吸根可以在大气中进行气体交换以维持淹没水中根的生理功能。

分种检索表

1. 萼筒具棱，果实成熟时钟形或倒圆锥形，裂片外翻，内面红色；花瓣线形，白色，与花丝不易区别，花丝白色···1. 杯萼海桑 *S. alba*
1. 萼筒无棱，果实成熟时呈浅碟状，裂片平展，内面绿色或黄白色；花瓣线状披针形，暗红色；花丝上部白色，下部红色···2. 海桑 *S. caseolaris*

1. 杯萼海桑

Sonneratia alba J. Sm. in Rees, Cycl. 33 (I) . No. 2, 1816.

灌木或乔木，高 2-4m，枝和小枝均具隆起的节，近四棱形。叶倒卵形或宽椭圆形，长 4.5-6.5（-8）cm，宽 3-5cm，顶端圆形；叶柄扁，长 5-10mm。花具短而粗壮的梗；萼筒钟形或倒圆锥形，有明显的棱，裂片外翻，内面红色，长 1.5cm，宽约 5mm，常短于萼筒；花瓣形状与花丝不易区分，长 13-20mm，宽 0.5-1.2mm，白色，有时下部浅红色；花丝白色。果实直径 3-4m。花果期秋冬季。

产于海南，生于滨海泥滩和河流两侧潮水到达的红树林群落中。马达加斯加北部和亚洲热带浅海泥滩及日本南部也有分布。

木材可作建筑和造船；树皮含丹宁，可染渔网；果实可食。

2. 海桑

Sonneratia caseolaris (L.) Engl., Nat. Pflanzenfam. 1: 261. 1897.

乔木，高 5-6m，小枝常下垂，有隆起的节，具棱或狭翅。叶形变异大，宽椭圆形至倒卵形，长 4-7cm，宽 2-4cm，顶端钝尖或圆形；叶柄极短。花具短而粗壮的梗；萼筒无棱，浅杯状，果时碟形，裂片常6，平展，内面绿色或黄白色，比萼筒长；花瓣线状披针形，暗红色，长1.8-2cm，宽2.5-3mm；花丝粉红色或上部白色，下部红色，长2.5-3cm，花柱长3-3.5cm，柱头头状。果实直径4-5cm。花期冬季，果期次年春夏季。

产于海南，生于海边泥滩。也分布于东南亚热带至澳大利亚。

嫩果有酸味可食。呼吸根煮沸后可作软木塞代用品。

图382 海桑

玉蕊科　Lecythidaceae

常绿乔木或灌木。单叶互生，常密集枝顶，叶柄短。花两性，艳丽，辐射或左右对称，单生或组成总状或穗状花序；花萼管贴生于子房，裂片4-6；花瓣4-6，稀缺；雄蕊多数，基部合生，成数轮，外轮常不育或呈副花冠状，或单体雄蕊均匀绕花盘排列，或2束雄蕊成2组；花盘整齐或偏斜，有时浅裂；子房下位或半下位，2-6室，每室胚珠1至多数，中轴胎座；花柱1，柱头头状。浆果或蒴果，花萼宿存。种子1至多数，无胚乳。

本科约有20属450种，分布于非洲、亚洲、大洋洲热带，有些分布于太平洋岛屿和南美。我国有1属3种，含1特有种。

1. 玉蕊属　*Barringtonia* J. R. Forst. & G. Forst.

乔木或灌木。托叶小，早落；叶全缘或有齿。总状或穗状花序顶生或侧生，直立或下垂；花托倒圆锥状，有4棱或4翅；花萼4-5或丝状分裂，宿存；花瓣（3-）4（-6）；雄蕊多数，3-8轮，最内1-3轮较短而不育；子房2-4室，每室2-8胚珠；花柱长于雄蕊。果有棱或翅，外果皮肉质，中果皮纤维化，内果皮薄。种子大，1枚，胚纺锤形。

本属约有 56 种，分布从非洲到大洋洲，主产于亚洲。我国有 3 种，含 1 特有种。

1. 玉蕊

Barringtonia racemosa (L.) Spreng., Syst. Veg. 3: 127. 1826.——*Eugenia racemosa* L.

灌木或乔木，高达 27 m。分枝下垂，灰棕色，树皮光滑或开裂。叶柄 2-15 mm，有翅；叶片倒卵状长圆形，长 20-35 cm，宽 6-14 cm，边缘有锯钝齿。总状花序，多花，下垂；苞片三角形，长 5-6 mm，小苞片长 1.5-2 mm，花梗长达 2.5 cm，花直径 5-6 mm；花萼 2-4 裂；花瓣 4，绿色、淡红色或黄色，长圆形，长 1-1.3 cm，宽 5-8 mm；雄蕊 5-6 轮，最内轮不育；子房 2-4 室，每室 2-3 胚珠；花柱 4-6 cm。浆果卵状圆柱形，有 4 棱，长 5-9 cm，宽 3-4 cm，果皮纤维化而稍肉质。种子卵形，长 2-4 cm。花果期全年。

分布于海南、台湾，生于滨海地区林中。广布于非洲、亚洲和大洋洲的热带和亚热带地区。

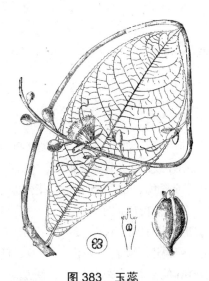

图 383　玉蕊

秋海棠科　Begoniaceae

多年生多汁草本，稀亚灌木。茎直立，稀蔓生或攀缘，有根茎及块根。单叶或掌状复叶，有柄，互生或全部基生；叶片一般不对称，边缘具不规则锯齿或分裂，稀全缘，叶脉掌状。花单性，雌雄同株，稀异株，数花形成二歧聚伞花序或圆锥花序。雄花花被片 2-4 交互对生，外片大，内片小，雄蕊多数，花丝分离或基部合生，花药合生，2 室，药隔在先端伸出；雌花花被片 2-5（-10），分离，少有基部连合，子房下垂或直立，1-3（-4-8）室，中轴或侧膜胎座，花柱 2-3（或更多），一次或数次分叉，柱头膨大。蒴果，有时浆果状，有翅，稀无翅而有 3-4 角。种子极多，细小，种皮淡棕色，具网纹。

本科有 3 属 1 400 余种，全世界热带及亚热带地区广泛分布。我国有 1 属 173 种，其中 141 种为特有。

1. 秋海棠属 *Begonia* L.

多年生肉质草本，稀亚灌木。茎直立，有根状茎。单叶，稀掌状复叶，互生或全部基生；叶片歪斜，边缘有不规则锯齿或分裂，偶全缘；托叶膜质，早落。花两性，雌雄同株，稀异株，数花形成二歧聚伞花序或圆锥花序；雄花花被 2-4，交互对生，雄蕊多数；雌花花被片 2-5 (-10)，雌蕊具 2-5 (-7) 心皮，子房下位，1-3 (-7) 室，中轴胎座或侧膜胎座，花柱 2-3（或更多），分离或基部融合，一次或多次分叉，柱头膨大，螺旋扭曲或"U"形、头状或肾形，具刚毛状乳突。蒴果，有时浆果状，有 3 翅，稀无翅而具 3-4 角。种子极多，淡棕色，长圆形，细小，种皮具网脉。

本属有 1 400 余种，全世界热带、亚热带广泛分布。我国有 173 种，其中 141 种为我国特有。

1. 秋海棠

Begonia grandis Dryand., Trans. Linn. Soc. London, Bot. 1: 163. 1791.

1a. 秋海棠（原亚种）

Begonia grandis Dryand. subsp. *grandis*

草本，多汁。块根近球形。叶互生，托叶早落，叶柄 4-20 厘米，叶片宽卵形，歪斜，长 10-20 cm，宽 7-14 cm，基部斜心形，边缘具不规则锯齿。花序顶生或腋生，长 7-16 cm；雄花花梗 0.8-2.2 cm，花被片 4，白色或粉色，雄蕊 28-140，花药卵球形，长 0.8-1.1 mm，先端凹；雌花花梗 2.5-5 cm，花被片 3，白色至粉色，子房无毛，3 室，花柱基部融合或分离，柱头裂开或"U"形。蒴果下垂，长圆形，长 10-12 mm，宽约 7 mm，有 3 翅。花期 7 月，果期 8 月。

分布于安徽、福建、广西、贵州、河北、河南、湖南、江西、陕西、山东、山西、四川、浙江，生于海拔 100-1 100 m 的溪边、潮湿悬崖、溪边岩石上等阴湿环境。

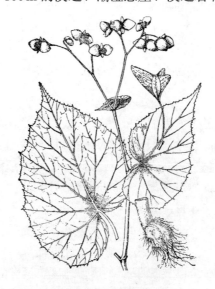

图 384 秋海棠

1b. 全柱秋海棠

Begonia grandis Dryand. subsp. **holostyle** Irmsch., Mitt. Inst. Allg. Bot. Hamburg 10: 498, pl. 14, 15. 1939.

茎纤细。花丝连合不足 1mm；花柱分离，不分枝；柱头头状或肾形。

分布于四川（木里）、云南，生于林中、阴湿岩石、岩石边潮湿处，海拔 2 200-2 800 m。

1c. 中华秋海棠

Begonia grandis Dryand. subsp. ***sinensis*** (A. DC.) Irmsch., Mitt. Inst. Allg. Bot. Hamburg 10: 494, pl. 13. 1939.

茎纤细，叶背白色，偶淡红色。花丝连合部分不足 2mm；花柱合生或基部合生，具分枝，柱头螺旋状弯曲，稀"U"形。

分布于福建、甘肃南部、广西、贵州、河北、河南、江西、陕西、山东、山西、四川东部、云南、浙江，生于海拔 300-3 400 m 的林中、阴湿石灰岩、山坡、山谷。

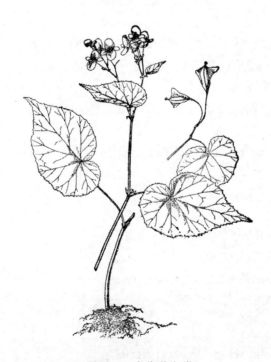

图 385　中华秋海棠

千屈菜科　Lythraceae

草本、灌木或乔木。幼茎常四棱形。单叶对生，稀轮生或互生，全缘，叶脉羽状；托叶细小或缺。聚伞花序或圆锥花序或单花，腋生或顶生；花两性，辐射对称，常 4-8

或多数，有时 3-5 数；花萼管状或钟状，宿存，具 6-12 条肋；副萼有或无；花瓣与萼同数，稀缺；雄蕊常成 2 轮着生于萼管上；子房上位，2-6 室或多室，每室胚珠多数，花柱单一，柱头头状。蒴果革质或膜质，开裂或不开裂。种子多数，无胚乳，胚直，子叶平或拳卷。

本科有 31 属 600 余种，广布热带地区。我国有 10 属 43 种，其中 10 种为特有。

分属检索表

1. 花萼圆筒形，长为宽的 2 倍或更长；蒴果扁圆形，藏于萼管内；多年生植物，高达 1m ·· 2. 千屈菜属 Lythrum
1. 花萼钟形或壶形；蒴果球形或椭圆形；一年生植物，高约 0.5m 或更低。
   2. 蒴果平滑，不规则开裂；花常 3 朵以上密集于叶腋 ························· 1. 水苋菜属 Ammannia
   2. 蒴果有横细条纹，2-4 瓣裂；单花腋生或顶生穗状花序 ··············· 3. 节节菜属 Rotala

1. 水苋菜属 *Ammannia* L.

一年生草本。茎直立，无毛，幼枝常具四棱或有翅。叶对生，几无柄，膜质，早落。花聚生叶腋，苞片白色，膜质；花 4 (-6) 数，萼管钟形或壶形，花后变球形，4 齿裂；副萼小或缺；花瓣 4 或缺或早落；雄蕊 2-8；子房球形，(1-) 2-4 室，胚珠多数；花柱宿存，柱头头状。蒴果球形，平滑，透明，不规则开裂。种子多数，细小，倒卵形，凹凸不平，长约 1mm。

本属约有 25 种，广布热带、亚热带地区，主产于亚洲及非洲。我国有 4 种（1 种引入）。

分种检索表

1. 叶基部楔形；花无瓣，花柱短于子房 ·· 2. 水苋菜 A. baccifera
1. 叶基部多少呈耳状，常抱茎；有花瓣。
   2. 花柱与子房等长或更长；蒴果直径 1.5-3.5mm ····················· 1. 耳基水苋 A. auriculata
   2. 花柱长为子房的 1/2 或更短；蒴果直径 1.5mm ··················· 3. 多花水苋菜 A. multiflora

1. 耳基水苋

Ammannia auriculata Willd., Hort. Berol. 1: 7.1803.

草本。茎高 15-60cm，具分枝。叶披针形至倒卵形，长 1.5-7.5cm，宽 0.3-1.5cm，基部心形，耳状抱茎。聚伞花序腋生，花序柄 3-9mm；花萼钟形至壶形，长 1.5-2mm，萼裂片 4，宽三角形；副萼小而厚；花瓣 4 或缺，紫色，近圆形，直径 1.5mm；雄蕊 4-8；子房球形，花柱较子房长或等长。蒴果球形，直径 1.5-3.5mm，不规则开裂。花果期 8-12 月。

分布于安徽、福建、广东、河北、河南、湖北、江苏、山西、云南、浙江，生于潮湿地及稻田。遍布热带地区。

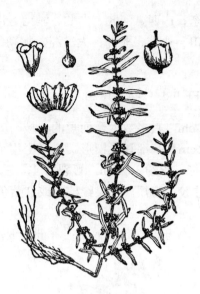

图 386 耳基水苋

2. 水苋菜

Ammannia baccifera L., Sp. Pl. 1: 120. 1753.

一年生草本，高 10-50（-100）cm，茎具多数上升分枝。基部叶对生，上端互生，狭椭圆形、倒披针形至线形，长 0.5-6cm，宽 0.3-1cm。花萼钟形，基部细，长 1-2mm；萼裂片三角形，长 0.5mm；无副萼；无花瓣；雄蕊 4。蒴果直径 1-2mm。花期 8-10 月，果期 9-12 月。

图 387 水苋菜

分布于安徽、福建、广东、广西、河北、湖北、湖南、江苏、江西、山西、台湾、云南、浙江，生于潮湿处或农田。亚洲、非洲、大洋洲、加勒比海地区均有分布。

3. 多花水苋菜

Ammannia multiflora Roxb., Fl. Ind. 1: 447. 1820.

一年生草本。茎高 8-30 cm，具多数上升而短的分枝。叶对生，宽线形至披针状长圆形，长 1-3.5 cm，宽 0.3-1.2 cm，基部耳状楔形。花多密集于叶腋或聚伞花序状，花序梗 1-2 mm，苞片线形；花萼钟形，长约 1.5 mm；萼裂片 4，三角形；花瓣 4，粉白色，倒卵形；雄蕊 4；子房球形，花柱较子房短。蒴果红棕色或红紫色，直径约 1.5 mm，不规则开裂。花期 7-8 月，果期 9 月。

分布于我国南方各省区，生于潮湿地及农田。非洲、亚洲和大洋洲均有分布。

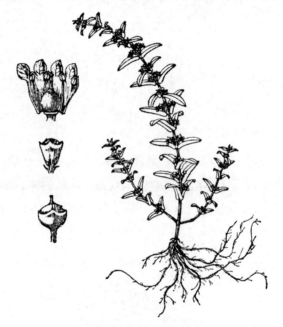

图 388　多花水苋菜

2. 千屈菜属　*Lythrum* L.

一年生或多年生草本或灌木。幼枝具 4 棱。叶对生或 3 枚轮生，几无柄。顶生穗状或总状花序或单花至数花生叶腋，花 6 数，小，花梗短；花萼管延伸成圆筒形，有 6-12 棱或脉纹；顶端具 6 齿；副萼宿存，有时较萼齿长；花瓣无或 6 枚，紫色或白色；雄蕊 4-12，2 轮，长短不一；子房 2 室，花柱长短不一。蒴果藏于萼管内，2 瓣裂，膜瓣间开裂。种子多数，红棕色，侧扁，长约 1 mm。

本属约有 35 种，遍布全球。我国有 2 种。

分种检索表

1. 叶卵状披针形至宽披针形，基部圆或截形或半抱茎；副萼线形，远较萼片长……1. 千屈菜 *L. salicaria*
1. 叶狭披针形至线状披针形，基部楔形；副萼短针形至钻形，与萼等长或短于萼…………………………………………………………………………………………2. 帚枝千屈菜 *L. virgatum*

1. 千屈菜

Lythrum salicaria L., Sp. Pl. 1: 446. 1753.

多年生草本或亚灌木。茎高 0.3-1.5 m，粗糙或被灰色柔毛。叶片 2.5-10 cm，宽 0.5-1.5 cm，基部圆或楔形，或半抱茎。穗状花序顶生，长 15-35 cm，苞片宽披针形或三角形，1 至数花簇生于叶状苞片腋内；萼管筒状，长 5-8 mm，宽 1.5-2 mm，具 12 肋；萼齿三角形，长 0.5-1 mm；副萼直立，线形，长 1.5-2 mm；花瓣 6，紫红色，长 7-10 mm，宽 1.5-3 mm；雄蕊 12，6 长 6 短；子房 2 室，花柱长短不一。蒴果扁圆形。花期 7-9 月，果期 10 月。

几乎分布于全国各地，生于潮湿草地、河岸。广布于北半球。

图 389 千屈菜

2. 帚枝千屈菜

Lythrum virgatum L., Sp. Pl. 1: 446. 1753.

多年生草本。茎高 50-100 cm，通体无毛。叶对生，有时互生，长 3-13 cm，宽 0.3-1.6 cm，基部窄楔形。穗状花序顶生，长 13-25 cm；苞片线状披针形；花聚生于苞片腋；萼管长 4-6 mm，宽 1-1.5 mm，具 12 肋，无毛；萼齿 0.8-1 mm；副萼直，钻形，短于萼裂片或与之等长；花瓣紫色至粉色，椭圆形，长 5.5-7 mm，宽 2.5-4 mm。花期 4-8 月，果期 7-9 月。

分布于河北、新疆，生于潮湿地。欧洲东部至西伯利亚东南部也有分布。

3. 节节菜属 *Rotala* L.

一年生或多年生喜湿草本。茎无毛，单一或具分枝，通常具 4 棱或 4 翅。叶对生或轮生。花腋生或穗状花序顶生；萼管钟形或壶形，后期球形，有 2 小苞片；萼裂片 3-6，长仅为萼管 1/3 或更短，三角形；副萼与萼对生或缺；花瓣 3-6，紫粉色或微白；雄蕊 1-6，与萼对生；子房 2-4 室，花柱长短不一，柱头头状，稀圆盘形。蒴果透明，2-4 瓣裂。种子多数，棕色或红棕色，卵形至椭圆形，凹凸不平。

本属约有 46 种，分布于热带及温带地区。我国有 10 种。

分种检索表

1. 叶 3-5(-8) 枚轮生；单花腋生，有柄，无花瓣，雄蕊(1-)2-3(-4)··················3. 轮叶节节菜 *R. mexicana*
1. 叶对生或互生。
   2. 花 1 至多数成顶生穗状花序；柱头大而圆盘形；叶近圆形或圆形······4. 圆叶节节菜 *R. rotundifolia*
   2. 单花腋生或腋生穗状花序；柱头头状；叶形多变。
      3. 叶缘绿色，膜质；蒴果 3 瓣裂··1. 密花节节菜 *R. densiflora*
      3. 叶缘有半透明或不透明白色软骨质；蒴果 2 瓣裂···················2. 节节菜 *R. indica*

1. 密花节节菜

Rotala densiflora (Roth) Koehne, Bot. Jahrb. Syst. 1: 164. 1880.——*Ammannia densiflora* Roth.

一年生草本。茎高 7-10 (-40) cm，常匍匐，分枝密。叶狭椭圆形至线状披针形，长 (2-) 12-30 mm，宽 1.5-5 mm，基部心形或钝。单花或穗状花序腋生，小苞片粉色，披针形；花萼钟状，具 4-5 齿；副萼为萼长 1/2；花瓣 (4-) 5，淡粉色或白色；雄蕊 (3-) 5；子房球形，花柱较子房短。蒴果近球形，直径约 1.5 mm，3 瓣裂。种子约 0.5 mm。花果期 8 月。

分布于广东、江苏，生于潮湿地。亚洲及大洋洲均有分布。

2. 节节菜

Rotala indica (Willd.) Koehne., Bot. Jahrb. Syst. 1: 172. 1880.——*Peplis indica* Willd.

一年生草本，茎高约 40 cm，具不明显 4 棱。叶倒卵状椭圆形，长 5-17 mm，宽 3-8 mm，基部楔形，边缘具半透明或不透明白色软骨质。穗状花序腋生，苞片叶状，小苞片线形，比萼长，花萼钟状，有 4 齿，粉红色，长 1.5-2.5 mm；无副萼；花瓣 4，粉色，长为花萼的 1/2；雄蕊 4；子房椭圆形，直径约 1 mm；花柱长约 0.5 mm。蒴果椭圆柱形，2 瓣裂。种子约 0.4 mm。花期 9-10 月，果期 10 月至翌年 4 月。

分布于安徽、福建、广东、广西、贵州、湖北、湖南、江苏、江西、山西、四川、台湾、云南、浙江，生于湿地、水田。亚洲、非洲、欧洲和北美均有分布。

图 390　节节菜

3. 轮叶节节菜

Rotala mexicana Schltdl. & Cham., Linnaea 5: 567. 1830.

一年生喜湿草本。茎高 3-10 cm。叶 3-5（-8）枚轮生，狭披针形至宽线形，长 5-10 mm，宽 1.5-2 mm，水中叶线形，长约 15 mm，宽 0.5 mm。单花腋生，花萼管钟状，半透明，具（3-）4（-5）齿；无副萼；无花瓣；雄蕊（1-）2-3（-4），藏于萼内；子房近球形，花柱较子房短。蒴果直径约 1 mm，（2-）3 瓣裂。种子约 0.3 mm。花期 9-12 月。

分布于河南、江苏、江西、台湾（新竹）、浙江，生于稻田及潮湿地。常见于世界热带及暖温带。

图 391　轮叶节节菜

4. 圆叶节节菜

Rotala rotundifolia (Buch.-Ham. ex Roxb.) Koehne, Bot. Jahrb. Syst. 1: 175. 1880.——*Ammannia rotundifolia* Buch.-Ham. ex Roxb.

茎红色，高 30 cm，匍匐或漂浮。叶对生，倒卵状椭圆形，长 5-13 mm，宽 3.5-15 mm。穗状花序顶生，长 1-4（-8）cm，小苞片干膜质；花萼钟状，具 4 齿，长 1-1.5 mm；无副萼；花瓣 4，玫瑰色，较萼长；雄蕊 4；子房近球形，花柱较子房短，柱头盘状，直径约 0.3 mm。蒴果球形，直径约 1.5 mm，有 4 果瓣。种子约 0.5 mm。花果期 11 月至翌年 6 月。

分布于华南以及福建、贵州、湖北、湖南、江西、山东、四川、台湾、云南、浙江，生于海拔 2 700 m 以下的草甸、溪边、稻田。亚洲南部也有分布。

图 392　圆叶节节菜

菱科　Trapaceae

一年生浮水植物。根二型；同化根叶状，绿色，行光合作用。叶二型，沉水叶对生，线形，无柄，早落；浮水叶菱形至三角形，边缘有锯齿，罗旋排列，有柄，柄中上部气囊状膨大。单花腋生，水面开花，4 数，两性，辐射对称；花萼 4 裂，宿存；花瓣 4，白色或带淡紫色，早落；雄蕊 4，与萼片对生，花药内向，丁字着生；子房半下位，埋于冠状花盘内，2 室；倒生胚珠，下垂；中轴胎座。果不开裂，革质，具 2-4 角，陀螺形、杯状或菱角形，有明显脊，冠端具喙或毛。

本科有 1 属 2 种，分布于非洲、亚洲和欧洲的亚热带和温带地区。我国有 2 种。

1. 菱属　*Trapa* L.

特征同科。

分种检索表

1. 植株无毛；花粉色或淡紫色，稀白色，花瓣 5-7 mm；果狭菱形，具 4 角，2 角向下，2 角向上，角端有倒刺···1. 细果野菱 *T. incisa*
1. 植株多少被毛；花白色，花瓣 7-10 mm；果陀螺形至短菱形，具 2-4 角，角平展，向上或弯曲，角端有或无倒刺···2. 欧菱 *T. natans*

1. 细果野菱

Trapa incisa Siebold & Zucc., Abh. Math.-Phys. Cl. Königl. Bayer. Akad. Wiss. 4 (2): 134. 1846.

茎直径 1-2.5 mm。叶柄 5-15 cm；叶片菱状三角形，长 1.5-3 cm，宽 2-4 cm，叶背常为暗棕色或基部有 2 黑点，无毛或仅在叶脉处被疏毛，边缘具粗糙而锐利齿。花瓣粉色至淡紫色或白色。果长 0.8-1.5 cm，宽 1.2-2 cm，高 0.7-1 cm，具 4 角，角长 1-1.5 cm，无脊，2 角向下，2 角向上，角端有倒刺。

分布于东北、华东、华中以及广东、贵州、海南、河北、陕西、四川、台湾、云南等地，生于沼泽、池塘，海拔 2 000 m 以下。非洲、亚洲、欧洲均有分布。

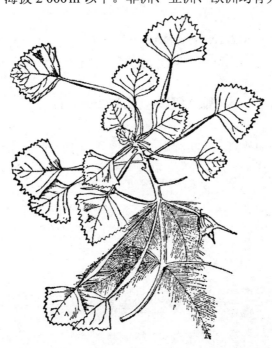

图 393　细果野菱

2. 欧菱

Trapa natans L., Sp. Pl. 1: 120. 1753.

茎直径 2.5-6 mm。叶片长 4-6 cm，宽 4-8 cm，背面被柔毛。花瓣白色，长 7-10 mm。果陀螺形至短菱形，长 1.8-3 cm，宽 2-4.5 cm，高 1-2.8 cm，具 2-4 角。角长 2-3.5 cm，脊明显膨胀形成薄肋。

我国各地广为栽培，生于海拔 2 700 m 以下的河流、湖泊、沼泽、池塘。非洲、亚洲、欧洲均有分布。

柳叶菜科　Onagraceae

一年或多年生草本或灌木，稀乔木。单叶对生或互生，稀轮生，托叶早落或缺。腋生穗状花序或总状花序或单花，偶为圆锥花序；花两性，(2-) 4 (-7) 数；花萼管与子房合生，萼片 4-6；花瓣 4 或与萼同数，稀无，常有爪；雄蕊与萼同数或 2 倍，1 轮或 2 轮，花药丁字着生或基生，2 室，纵裂或十字裂；子房下位，2-4 室，中轴胎座或侧膜胎座，胚珠每室 1 至多数，花柱 1，柱头裂片与萼同数，棒状或球形。蒴果开裂或为不裂坚果或浆果。种子小，平滑或有各种纹饰，具冠毛或翅，胚直立，胚乳缺。

本科有 17 属约 650 种，广布温带及亚热带地区。我国有 6 属 64 种。

分属检索表

1. 种子有冠毛；花粉色、紫红色或白色，绝无黄色··1. 柳叶菜属 *Epilobium*
1. 种子无冠毛；花黄色··2. 丁香蓼属 *Ludwigia*

柳叶菜属　*Epilobium* L.

多年生草本，茎匍匐或直立。叶对生或互生，几无柄。单花或为总状花序、圆锥花序、穗状花序或伞房花序；花 4 数，有花管，花蜜形成于花柱基部；花瓣粉色至紫红色或白色，稀为乳白色或橙红色，倒心形，先端凹；雄蕊 8，不等长，2 轮；花柱直，柱头全缘或 4 浅裂。果为长而细的蒴果，4 室，室背开裂。种子多数，稀仅 4 粒，顶有一束丝状冠毛。

本属约有 165 种，广泛分布于温带地区，常生于低海拔至海拔 5 000 m 的湿润环境。我国有 33 种。

分种检索表

1. 柱头 4 深裂。
    2. 茎被糙伏毛；叶长 0.8-3 cm，先端钝，每侧有不明显 3-7 齿；种子 1.2-1.8 mm···2. 长柱柳叶菜 *E. plinii*
    2. 茎被毛较长或伸展或被短而直的腺毛；叶长 3-12 cm，先端急尖或渐尖，边缘有 (15-) 20-60 对细齿；种子 0.8-1.2 mm。
        3. 叶紧抱；花瓣 (7-) 10-20 mm；花期柱头明显长过花药······5. 柳叶菜 *E. hirsutum*
        3. 叶不紧抱，几无柄；花瓣 5-8 mm；花期柱头被较长的雄蕊环绕·········8. 小花柳叶菜 *E. parviflorum*
1. 柱头全缘。
    4. 柱头头状。

5. 叶长圆状披针形至狭卵形,基部圆或圆楔形,几无柄;花瓣白色,稀粉色或紫红色,长4.5-8(-10)mm···1. 毛脉柳叶菜 *E. amurense*
5. 叶狭披针形至近线形,基部楔形,叶柄3-7(-10)mm;花瓣粉色至紫红色,稀白色,长3.6-7mm··3. 圆柱柳叶菜 *E. cylindrium*
4. 柱头棒状、圆柱形或短圆柱形。
  6. 花瓣粉色至紫红色;种子冠毛红棕色··9. 长籽柳叶菜 *E. pyrricholophum*
  6. 花瓣白色、粉色或玫瑰红色;种子冠毛白色或褐黄色。
    7. 叶卵状披针形至披针形,边缘具明显细齿;花瓣白色,稀粉色;冠毛白色···6. 细籽柳叶菜 *E. minutiflorum*
    7. 叶近线形、狭披针形或披针状椭圆形,近全缘;花瓣白色或粉色;冠毛褐黄色。
      8. 叶披针状椭圆形至披针状长圆形,基部楔形;花白色;柱头近头形···4. 多枝柳叶菜 *E. fastigiatoramosum*
      8. 叶近线形或狭披针形,基部圆形;花瓣白色或粉色;柱头近圆柱形······7. 沼生柳叶菜 *E. palustre*

1. 毛脉柳叶菜

Epilobium amurense Hausskn., Oesterr. Bot. Z. 29 (2): 55. 1879.

1a. 毛脉柳叶菜(原亚种)

Epilobium amurense Hausskn. subsp *amurense*

多年生草本。茎高(10-)20-150cm,密被糙伏毛。叶卵形,长2-7cm,宽0.5-2.5cm,几无柄,先端急尖或渐尖。花序上的糙伏毛间分散有腺点;花萼3.5-6mm;花瓣白色、粉色或紫红色,长4.5-8(-10)mm,柱头大,顶端平。蒴果1.5-7cm,疏生伏毛,果梗0.3-1.3cm。种子0.8-1mm,冠毛暗灰色,种脐短。

几乎遍布全国,生于海拔600-4200m的溪边潮湿处、沟渠、草地。不丹、印度、日本、朝鲜、缅甸、尼泊尔、巴基斯坦、俄罗斯(远东地区及堪察加半岛)也有分布。

图 394 毛脉柳叶菜

1b. 光滑柳叶菜（亚种）

Epilobium amurense Hausskn. subsp. ***cephalostigma*** (Hausskn.) C. J. Chen & al.

茎上糙伏毛不连贯。花序糙伏毛间无腺点。叶长圆状披针形至狭卵形，长 3-9.5 cm，宽 0.8-2.5 cm。柱头小而顶端圆。

分布于全国大部分省区，生于低海拔或海拔 600-2 100 m 的溪边潮湿处、沟渠。日本、朝鲜和俄罗斯（远东地区）也有分布。

图 395　光滑柳叶菜

2. 长柱柳叶菜

Epilobium blinii H. Lév., Repert. Spec. Nov. Regni Veg. 7 (152–156): 338. 1909.

多年生草本。茎高 10-45 cm。植株被糙伏毛。基部叶倒卵状匙形，茎生叶狭椭圆形或宽披针形，长 1-3 cm，宽 4-9 mm，两面被糙伏毛。花萼 5-7.5 mm；花瓣粉红色至紫红褐色，长 1-1.5 cm；柱头 4 裂。蒴果 3-5.5 cm，被糙伏毛及腺体，果梗 1.5-3.5 cm。种子 1.2-1.5 mm，具小乳突，冠毛褐黄色。花期 4-8 月，果期 5-10 月。

分布于四川、云南，生于湿地、沼泽地，海拔 1 500-3 300 m。

图 396　长柱柳叶菜

3. 圆柱柳叶菜

Epilobium cylindricum D. Don, Prodr. Fl. Nepal. 222. 1825.

多年生粗壮草本。茎高 10-110 cm。叶近革质，叶柄 5-7（-10）mm，叶片狭披针形至近线形，长 3-12 cm，宽 0.4-2 cm，基部楔形。花序具腺毛；花萼 3-5 mm；花瓣粉红色至紫红色，稀白色，长 3.6-7 mm；柱头近头状或宽棒状。蒴果 4-8.5 cm，被糙伏毛，果梗 1-2.5 cm。种子有乳突，长 0.8-1 mm，冠毛灰色。花期 6-9 月，果期 7-9 月。

分布于甘肃、贵州、四川、西藏、云南等地，生于海拔（400-）1 300-3 200 m 的河边潮湿地、溪流、湖泊及路边。阿富汗、不丹、印度、克什米尔地区、吉尔吉斯斯坦、尼泊尔、巴基斯坦、俄罗斯也有分布。

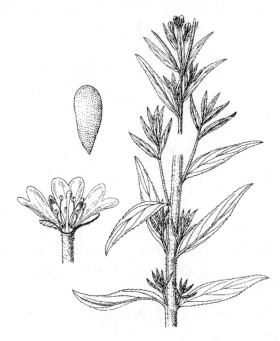

图 397　圆柱柳叶菜

4. 多枝柳叶菜

Epilobium fastigiatoramosum Nakai, Bot. Mag. (Tokyo) 33: 9.1919.

多年生草本。茎高 7-50（-80）cm。植株通体被糙伏毛，有腺毛。叶几无柄，叶片披针状椭圆形至披针状长圆形，长 2-7 cm，宽 0.3-1.7 cm，全缘，基部楔形至近圆形。花萼 2.5-3.3 mm；花瓣白色，长 3-4.7 mm；柱头近头状，全缘。蒴果 1.7-7 cm，被糙伏毛及腺点，果梗 0.9-2.1 cm。种子 0.9-1.3 mm，冠毛褐黄色。花期 7-8 月，果期 8-9 月。

分布于东北、华北以及甘肃、宁夏、青海、陕西、山东、四川，生于海拔 400-2 000（-3 300）m 的溪流湿地、湖泊、沼泽、牧场。日本、朝鲜、蒙古、俄罗斯也有分布。

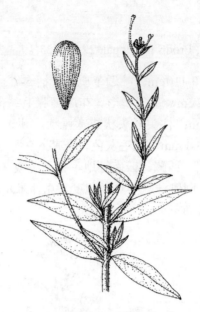

图 398　多枝柳叶菜

5. 柳叶菜

Epilobium hirsutum L., Sp. Pl. 1: 374. 1753.

多年生草本，粗壮而木质化。茎高 25-120（-250）cm，密被白色柔毛并兼有短腺毛。叶无柄而抱茎，披针状椭圆形至狭倒卵形，长 4-12（-23）cm，宽 0.3-4（-5）cm，两面被柔毛，先端急尖至渐尖，基部近楔形。萼片 4，长 6-12 mm；花瓣浅粉色至暗紫色，长 8-20 mm；柱头深 4 裂。蒴果 2.5-9 cm，被柔毛，稀无毛，果梗 0.5-2 cm。种子 0.8-1.2 mm，有粗乳突，冠毛黄褐色。花期 6-8 月，果期 7-9 月。

几乎遍布全国，生于湿地、沼泽、溪流、沟渠等处。亚洲、非洲、欧洲和北美均有分布。

图 399　柳叶菜

6. 细籽柳叶菜

Epilobium minutiforum Hausskn., Oesterr. Bot. Z. 29 (2): 55. 1879.

多年生草本。茎高 15-100 cm，密被糙伏毛。茎生叶长圆状披针形至狭卵形，长 2-7 cm，宽 0.4-1.7 cm，脉被糙毛，边缘具细齿，基部楔形。花萼 2.4-4 mm；花瓣白色，稀粉色至紫红色，长 3-4.3（-5）mm；柱头棒状。蒴果 3-8 cm，被糙伏毛，稀无毛，果梗 0.5-2 cm。种子 0.8-1.2 mm，冠毛白色。花期 7-8 月，果期 8-9 月。

分布于华北及甘肃、辽宁、宁夏、陕西、西藏、新疆等地，生于海拔 500-1 800 m 的溪边、潮湿地、沼泽、沟渠等处。亚洲其他国家也有分布。

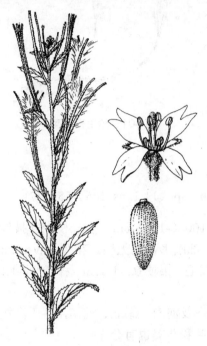

图 400　细籽柳叶菜

7. 沼生柳叶菜

Epilobium palustre L., Sp. Pl. 1: 348. 1753.

多年生草本。茎高（5-）15-70 cm，上部被糙伏毛，下部几无毛。茎生叶近线形、披针形或椭圆形，长 1.2-7 cm，宽 0.3-1.2（-1.9）cm，基部圆形。花萼 4，长 2.5-4.5 mm；花瓣白色或粉色，长 3-7（-9）mm；柱头棒状。蒴果 3-9 cm，被糙伏毛，果梗 1-5 cm。种子 1.1-2.2 mm，冠毛褐黄色。花期 6-8 月，果期 8-9 月。

广布于我国北方及西南，生于海拔 200-5 000 m 的潮湿处、河流、沼泽或牧场。亚洲、欧洲和北美均有分布。

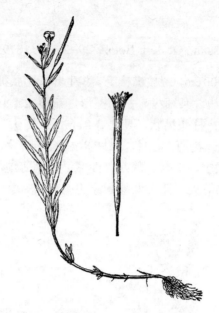

图 401　沼生柳叶菜

8. 小花柳叶菜
Epilobium parviflorum Schreb., Spic. Fl. Lips. 146, 155. 1771.

多年生草本。茎高 18-100（-160）cm，多分枝。叶披针状长圆形，长 3-12 cm，宽 0.5-2.5 cm，两面被柔毛，基部圆形，几无柄。花萼 2.5-6 mm；花瓣浅粉色至暗紫色；柱头深 4 裂。蒴果 3-7 cm，被柔毛，果梗 0.5-1.8 cm。种子 0.8-1.1 mm，冠毛褐黄色或灰白色。花期 6-9 月，果期 7-10 月。

分布于华北、西北、西南及河南、湖北、湖南，生于海拔 300-2 800 m 的河谷、溪边、沼泽地。亚洲、非洲、新西兰和北美也有分布。

图 402　小花柳叶菜

9. 长籽柳叶菜

Epilobium pyrricholophum Franch. & Sav., Enum. Pl. Jap. 2 (2): 370. 1879.

多年生草本，有匍匐茎，其上疏生小叶。茎高 25-80 cm，被短腺毛。叶几无柄，卵形至宽长圆形或卵状披针形，长 2-6 cm，宽 0.5-2 cm，两面被柔毛，基部近圆形。花萼 4-7 mm；花瓣粉色至紫色，长 6-8 mm；柱头棒槌状。蒴果圆柱形，长 3.5-7.5 cm，被短毛，果梗 0.7-1.5 cm。种子 1.5-1.8 mm，冠毛红棕色。花期 7-9 月，果期 8-11 月。

分布于安徽、福建、广东、广西、贵州、海南、河北、河南、江苏、江西、陕西、山东、四川东部、浙江，生于海拔 100-1 800 m 的低洼地、潮湿山地、溪边湿地、沟渠边。日本及俄罗斯（远东地区）也有分布。

图 403　长籽柳叶菜

2. 丁香蓼属　*Ludwigia* L.

湿生草本。水下部分常海绵状膨胀或具白色海绵状气根。叶互生或对生，全缘，托叶退化或早落。穗状花序、总状花序或花簇生；萼管筒状，(3-) 4-5 (-7) 裂，绿色，宿存；花瓣与萼片同数或缺，黄色或白色，早落；雄蕊与萼片同数或 2 倍于萼片，花药丁字着生或基生，蜜腺绕于基部；子房下位，柱头头状或半球形，全缘或分裂。蒴果倒卵形或圆柱形，不规则开裂。种子多数，无冠毛。

本属有 80 余种，遍布世界各地。我国有 9 种，本书收录 7 种。

分种检索表

1. 花萼 5-12 mm；花瓣 6-18 mm。

2. 萼 4 裂；茎密被长柔毛或微柔毛；叶柄 1-10 mm；种子不嵌入内果皮，有与种子等大而明显的种脊⋯⋯⋯3. 毛草龙 *L. octovalvis*
2. 萼 5 裂；茎无毛或疏被柔毛；叶柄 15-65 mm；种子嵌入内果皮，种脊不明显。
　3. 花瓣乳白色，基部黄色；植株短枝密集，其漂浮枝上有纺锤形气囊组织⋯⋯1. 水龙 *L. adscendens*
　3. 花瓣黄色；植株无上述气囊组织⋯⋯⋯⋯⋯⋯⋯⋯⋯⋯⋯⋯5. 黄花水龙 *L. peploides* subsp. *stipulacea*
1. 萼 1-4.5 mm；花瓣 1-3 mm，或无花瓣。
　4. 植株平卧或上升，节上生根，茎高 20-45 cm；无花瓣；蒴果 3-5 cm，近球形；种脐大而三角形⋯⋯4. 卵叶丁香蓼 *L. ovalis*
　4. 植株直立，高 10-300 cm，根生于茎基部；花瓣黄色；蒴果 10-30 mm，圆柱形或披针形；无明显种脐。
　　5. 种子 0.8-1.4 mm，嵌入内果皮⋯⋯⋯⋯⋯⋯⋯⋯⋯⋯⋯⋯⋯⋯⋯⋯2. 假柳叶菜 *L. epilobioides*
　　5. 种子 0.4-0.6 mm，与内果皮分离。
　　　6. 萼 4 或 5 裂；每室胚珠 2 排；蒴果直径 2.5-5 mm；种子 0.3-0.5 mm⋯⋯6. 细花丁香蓼 *L. perennis*
　　　6. 萼 4 裂；每室 1 排胚珠；蒴果窄圆筒形，直径 1-2 mm，具 4 棱；种子 0.5-0.6 mm⋯⋯7. 丁香蓼 *L. prostrata*

1. 水龙

Ludwigia adscendens (L.) H. Hara, J. Jap. Bot. 28: 291. 1953.——*Jussiaea adscendens* L.

多年生浮水草本。浮水茎达 4 m，直立茎 20-60 cm，多分枝，浮水茎节上可见白色直立的气囊。叶长圆形至匙状长圆形，长 0.4-7 cm，宽 0.7-3 cm，先端钝圆，基部狭。萼片 5，披针形，长 5-11 mm，外面被茸毛；花瓣乳白色，基部略带黄色，倒卵形，长 9-18 mm，宽 6-10 mm；雄蕊 10，花丝白色，长 4-10 mm；柱头圆盘形。蒴果圆柱形，长 1.2-2.7 cm，宽 3-4 mm，果梗 1.5-5.5 cm。种子 1.1-1.3 mm，每室 1 排。花期 4-11 月，果期 5-11 月。

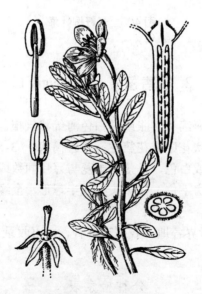

图 404　水龙

分布于华南及福建、湖南、江西、台湾、云南、浙江，生于海拔 100-1 600 m 的沼泽、洪泛区、稻田或水池。非洲、亚洲及大洋洲均有分布。

2. 假柳叶菜

Ludwigia epilobioides Maxim., Mém. Acad. Imp. Sci. St.-Pétersbourg Divers Savans 9: 104. 1859.

一年生草本。茎 15-130 cm，多分枝，具四棱，常紫红色。叶披针形，长 1-10 cm，宽 0.4-2.5 cm，先端渐尖，叶柄 0.3-1.5 cm。萼片 4-5 (-6)，卵状披针形，长 1.5-4.5 mm，被柔毛；花瓣黄色，倒卵形，长 1.8-2 mm，宽 0.7-1.2 mm，较萼片短；雄蕊与萼同数，较萼短；花柱 0.5-1.2 mm，柱头球形。蒴果线状圆柱形，长 1-2.8 cm，直径 1-2 mm，具棱，不规则开裂，每室种子 1-2 排。种子 0.8-1.4 mm。花期 5-8 月，果期 6-10 月。

分布于东北、华北以及长江流域以南各省，生于海拔 1 600 m 以下的低洼潮湿处、田野、沟渠、溪边。日本、朝鲜、俄罗斯（远东地区）、越南也有分布。

图 405　假柳叶菜

3. 毛草龙

Ludwigia octovalvis (Jacq.) P. H. Raven, Kew Bull. 15: 467. 1962.——*Oenothera octovalvis* Jacq.

多年生粗壮草本，基部稍木质化。茎高 25-400 cm，多分枝，被黄褐色毛。叶椭圆形至狭披针形，长 1-14 cm，宽 0.3-4 cm，基部狭，先端渐尖。萼片 4，卵形，长 6-15 mm；花瓣 4，黄色，宽倒卵形，长 6-17 mm，宽 5-17 mm；雄蕊 8；花柱 1.5-3.5 mm，与雄蕊近等长，柱头近球形，4 浅裂。蒴果圆柱形，长 1.7-4.5 cm，宽 2-8 mm，具 8 条暗色的肋，被粗毛，不规则开裂，每室种子2至多排。花果期6-12月。

分布于华南、西南以及福建、江西、台湾，生于海拔 2200m 以下的溪边、潮湿处、池塘、湖泊。世界各大洲均有分布。

图 406　毛草龙

4. 卵叶丁香蓼

Ludwigia ovalis Miq., Ann. Mus. Bot. Lugduno-Batavi 3: 95. 1867.

多年生纤细草本，具匍匐茎，节上生根。叶互生，卵形，长 0.5-2.5cm，宽 0.4-2cm，具短柄。萼片4，卵形，长约 2mm；无花瓣；雄蕊4，花丝半透明，长 0.5-0.8mm，下部膨大；花柱短于雄蕊，柱头头状。蒴果椭圆形，长 3-5mm，每室种子两至多排。种子卵形，长 0.7-0.9mm。花期7-9月，果期7-10月。

分布于安徽、福建、广东、湖南、江苏、台湾、浙江，生于海拔 100-500m 的潮湿地，特别是湖、塘低洼处。日本、朝鲜也有分布。

图 407　卵叶丁香蓼

5. 黄花水龙

Ludwigia peploides (Kunth) P. H. Raven subsp. *stipulaceae* (Ohwi) P. H. Raven, Reinwardtia 6: 397. 1963.——*Jussiaea stipulacea* Ohwi.

多年生草本。具漂浮茎，长达 3 m；陆生茎 10-60 cm。叶长圆形，长 2.5-10 cm，宽 1-3.2 cm，叶柄 0.2-3.5 cm。萼片 5，卵形，长 6-12 mm；花瓣金黄色，倒卵形，基部有暗斑，长 9-17 mm，宽 5-11 mm；雄蕊 10，花丝淡黄色；花柱黄色，下半部分密被长毛，柱头扁球形，深 5 裂。蒴果浅棕色，圆柱形，具 5 棱，基部骤狭，长 1.2-4 cm，直径 2-5 mm，不规则开裂，果梗 2-6.5 cm。种子嵌入内果皮，长 1.1-1.3 mm。

分布于安徽、福建、广东、浙江，生于海拔 300 m 以下的沼泽地以及河、渠、湖边。日本也有分布。

6. 细花丁香蓼

Ludwigia perennis L., Sp. Pl. 1: 119. 1753.

一年生草本，具直根。茎高 20-100 cm，具分枝。叶狭椭圆形至披针形，长 1-11 cm，宽 0.3-2.7 cm，叶柄 0.2-1.5 cm，具翅。萼片 4，稀 5；花瓣黄色；雄蕊与萼同数或更多；花柱 0.7-1.5 mm，柱头球形。蒴果倒披针形，具 4 棱，长 3-19 mm，直径 2.5-5 mm。种子每室 2 至多排。花果期 7-11 月。

分布于华南及江西、台湾、云南等地，生于海拔 1 200 m 以下的洪泛平原、潮湿环境、沟渠、泥泞洼地、弃耕水田等环境。马达加斯加、亚洲西南部、澳大利亚、太平洋岛屿也有分布。

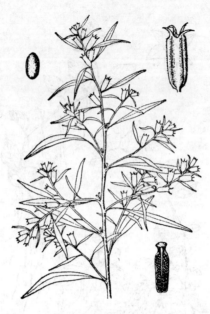

图 408　细花丁香蓼

7. 丁香蓼

Ludwigia prostrata Roxb., Fl. Ind. 1: 441. 1820.

一年生或多年生草本。茎红色，高 10-60 cm，具分枝，几无毛。叶椭圆形至狭椭圆形，长 1-13 cm，宽 0.3-2.7 cm，基部狭楔形，先端急尖，叶柄 0.4-2.5 cm。萼片 4，长 1.3-2.5 mm，无毛；花瓣黄色，狭匙形，长 1.3-2.2 mm，雄蕊 4；花柱 0.8-1 mm，柱头球形。蒴果近圆柱形，略有 4 棱，长 1.2-2.2 cm。种子 1 排，长 0.5-0.6 mm，有细纹或斑点。花果期 6-11 月。

分布于广西、海南、云南，生于海拔 800 m 以下的潮湿环境，如稻田、洪泛平原、溪边等。不丹、印度、印度尼西亚、尼泊尔、菲律宾、斯里兰卡也有分布。

图 409　丁香蓼

小二仙草科　Haloragaceae

多年生水生或陆生草本。叶对生或互生，或 2-4 枚轮生，水生种叶常篦齿状分裂。单花或穗状花序，花小，两性或单性；花萼片（2）-4；花瓣（2-）4 或无，与萼片对生；雄蕊与花萼片同数或 2 倍，花丝细，短，药基着，4 室，纵向裂；子房下位，1-4 室，花柱与花萼片同数，柱头球形或钻形，果时展开，具乳突状毛。坚果或核果不开裂或裂成（2-）4 分果，每果含种子 1 枚，外果皮膜质或海绵状。种子有薄种皮，胚圆柱形，被厚而白的胚乳包围。

本科有 8 属 100 余种，主要分布在南半球。我国有 2 属 13 种。

分属检索表

1. 陆生草本；叶互生或对生，卵形至狭椭圆形；花两性，柱头头状；坚果，种子 1 粒 ·· 1. 小二仙草属 *Gonocarpus*
1. 水生草本；水下叶 3-4 枚轮生，篦齿状分裂；花单性，雌雄同株或异株，无花柱，柱头果时 4 裂，下弯，羽毛状；4 分果，各分果含种子 1 粒 ···························· 2. 狐尾藻属 *Myriophyllum*

1. 小二仙草属　*Gonocarpus* Thunb.

陆生草本。茎平滑或具 4 棱。单叶对生或互生，稀轮生。腋生穗状花序或单花，花两性，(3-) 4 数；萼片 4，三角形，宿存，中下部常有胼胝体；花瓣 4-8，盔状，有龙骨状凸起，常有短爪，早落；雄蕊 2 倍于萼片，花丝短，花药长圆形，4 室，与萼片对生的较长；子房下位，不完全 (3-) 4 室，每室具 1 下垂胚珠，具 (6-) 8 条肋；花柱与花萼片同数，柱头 2 或 4 裂，裂片羽状半裂。坚果，果皮膜质。种子 1 粒。

本属约有 35 种，分布于大洋洲、北美、亚洲和地中海沿岸，主产于大洋洲。我国产 2 种，分布于东部至西部各省区。

1. 小二仙草

Gonocarpus micranthus Thunb., Nov. Gen. Pl. 3: 55, 69. 1783.

多年生草本。茎高 5-15 (-45) cm，无毛，有时红色。叶对生，叶柄 0.5-2 mm，叶片卵状心形或椭圆形，长 0.6-1.7 cm，宽 4-8 mm，边缘具齿；穗状花序，苞片披针形，长 0.5-0.8 mm；小苞片棕色，近圆形，均早落；花下垂，4 数，花梗 0.1-0.3 mm；萼片绿色，三角形，长约 0.5 mm；花瓣红色，长 0.8-1.2 mm；雄蕊 8，长约 1 mm；子房 4 室，花柱棒状，柱头红色，篦齿状。坚果红色至灰色，倒卵球形至扁球形，直径约 1 mm，具 8 肋。

分布于华东、华南以及四川、云南，生于海拔 100-1 800 m 的潮湿处、沼泽、草丛。亚洲和大洋洲均有分布。

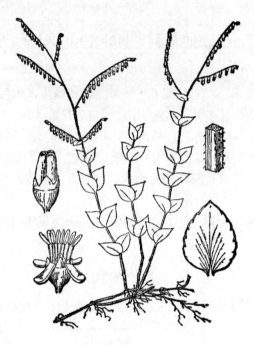

图 410　小二仙草

2. 狐尾藻属　*Myriophyllum* L.

多年生水生草本。多分枝，具根状茎。沉水叶 3-4 枚轮生，篦齿状，轮廓卵状至长圆形，裂片丝状；水面叶较小，最上部叶不分裂而退化呈苞片状。穗状花序顶生或腋生；花单性，雌雄同株或异株，有 1 枚苞片和 2 枚小苞片，无柄，4 数，小；雌花居下，雄花居上，中部偶有两性花；雄花花萼 2-4 深裂，花瓣 2-4，常粉色，雄蕊 2-8；雌花和两性花萼管与子房合生，裂片 4，花瓣小，早落或无花瓣，子房（2-）4 室，柱头 4，下弯，羽毛状，具乳突。果实成熟后裂成（2-）4 果爿，每果爿含种子 1 粒。

本属约有 35 种，广布于全世界。我国有 11 种，产于南北各省区，本书选入 4 种。

分种检索表

1. 雌雄异株；茎高 5-20 cm ··· 3. 乌苏里狐尾藻 *M. ussuriense*
1. 雌雄同株；茎高 50 cm 以上。
    2. 水下叶轮廓卵形至长圆形，长约 4 cm，宽约 10 cm；花瓣淡红色，匙形，长约 1 mm，雄蕊 4 ··· 2. 四蕊狐尾藻 *M. tetranthum*
    2. 水下叶轮廓宽卵形或狭卵形，长 3-3.5（-5）cm，宽 1-2.5 cm；花瓣白色、绿色或淡粉色，卵形或椭圆形，长 1.5-2.5 mm，雄蕊 8 枚。
        3. 水下叶宽卵形，长 3-3.5 cm，宽 1-2.5 cm；花瓣椭圆形，淡粉色，长 1.5-2.5 mm ··· 1. 穗状狐尾藻 *M. spicatum*

3. 水下叶狭卵形，长 3-5 cm，宽 1.5-2.5 cm；花瓣倒卵形，白色或绿色，长 2-2.5 mm ·· 4. 狐尾藻 M. verticillatum

1. 穗状狐尾藻

Myriophyllum spicatum L., Sp. Pl. 2: 992. 1753.

多年生草本。茎 1-2.5 m，多分枝。沉水叶常 4-6 枚轮生，长 3-3.5 cm，宽 1-2.5 cm，羽状深裂，裂片 1-1.5 cm。穗状花序 6-10 cm，苞片肾形或近圆形，小苞片狭长。雌雄同株，常 4 花轮生；雄花花萼深 4 裂；花瓣 4 (-5)，浅粉色，椭圆形，长 1.5-2.5 mm，雄蕊 8；雌花萼裂片短，无花瓣或花瓣小而早落，柱头 4 裂，短。果 4 室，近球形，长约 2 mm，宽 1.5 mm，无毛或散生柔毛。花果期 4-9 月。

广布于全国，生于海拔 4 200 m 以下的湖泊、池塘、沟渠。亚洲及欧洲均有分布。

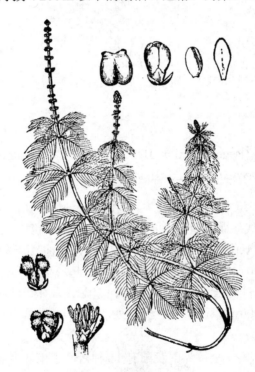

图 411　穗状狐尾藻

2. 四蕊狐尾藻

Myriophyllum tetrandrum Roxb., Fl. Ind. 1: 470. 1820.

多年生草本，分枝少。茎长达 2 m。沉水叶 5 枚轮生，卵形至长圆形，长约 4 cm，宽约 10 cm，裂片丝状，长约 1.3 cm；水面叶狭。穗状花序，5 花轮生，苞片全缘，小苞片边缘指状分裂；花 4 数，萼三角形，长约 1 mm；花瓣匙形，长约 1 mm，早落。果 4 室，近圆柱形，长约 3 mm，被疣状凸起。花果期 3-9 月。

仅见于海南，生于海拔 200 m 以下水域。印度、马来西亚、泰国、越南也有分布。

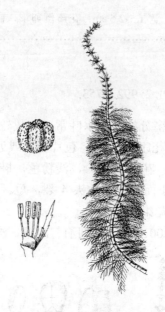

图 412　四蕊狐尾藻

3. 乌苏里狐尾藻

Myriophyllum ussuriense (Regel) Maxim., Bull. Acad. Imp. Sci. Saint-Petersbourg 19: 182. 1873.——*Myriophyllum verticillatum* L. var. *ussuriense* Regel.

茎纤细，高 5-20cm。沉水叶 3-4 枚轮生，宽披针形，长 5-10cm，宽 2.5-5cm，裂片丝状，短而全缘；水上叶 1-2，线形或披针形，小。花腋生，4 数，苞片及小苞片椭圆形；花萼裂片短；花瓣淡红色，倒卵状长圆形，长约 2mm；雄蕊 8；花柱 4，柱头白色。果橄榄棕色，近球形，长约 0.75mm，宽 0.6mm，4 室，表面具疣状凸起。花期 5-6 月，果期 6-8 月。

分布于安徽、广东、广西、河北、黑龙江、湖南、吉林、江西、江苏、台湾、云南、浙江等地，生于海拔 1 800 m 以下水边、泥泞处。

图 413　乌苏里狐尾藻

4. 狐尾藻

Myriophyllum verticillatum L., Sp. Pl. 2: 992. 1753.

多年生草本。茎长 50-150 cm。水下叶 4-6 枚轮生，狭卵形，长 3-5 cm，宽 1.5-2.5 cm，裂片丝状，长 1-2.5 cm。雌雄同株，穗状花序 7-20 cm，花 4 朵轮生，苞片篦齿状或无；雄花小苞片披针形，浅裂，萼 4 裂，长约 1 mm，花瓣白色或绿色，倒卵形，长 2-2.5 mm，雄蕊 8；雌花小苞片篦齿状，萼裂片小，花瓣绿色或白色，小。果 4 室，近球形，长约 3 mm，果爿无毛，边缘疏生疣状物。花果期 4-9 月。

遍布全国，生于海拔 3 500 m 以下的湖泊、沟渠、溪流。亚洲、欧洲和北美均有分布。

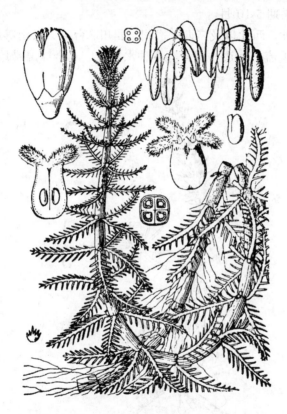

图 414 狐尾藻

杉叶藻科 Hippuridaceae

多年生水生植物，无毛，具匍匐根茎。茎直立，不分枝。叶轮生，线形至卵形，全缘，无托叶。花小，单花腋生，两性或单性，无花被，萼管近圆筒形；雄蕊 1，上位；子房下位，1 室 1 胚珠，胚珠倒生，下垂；花柱丝状，柱头具乳突。瘦果小。

本科有 1 属 2 种，遍布全球温带地区，以北半球为主。我国 2 种均产。

1. 杉叶藻属 *Hippuris* L.

特征与分布同科。

1. 杉叶藻

Hippuris vulgaris L., Sp. Pl. 1: 4. 1753.

茎 10-150 cm。叶（4-）8-12 枚轮生，叶片披针形至线形，长 1.5-6 cm，宽 1-2 mm，水下叶长于水面叶。花紫色，雄蕊约 1.5 mm，子房约 1 mm。瘦果卵状椭圆形，长 1.5-2.5 mm，无毛。花期 4-9 月，果期 5-10 月。

分布于东北、华北、西北以及广西、贵州、四川、台湾、云南等地，生于海拔 5 000 m 以下的湖泊、沼泽、溪流、河边、田野等各种水域。广布全球温带地区。

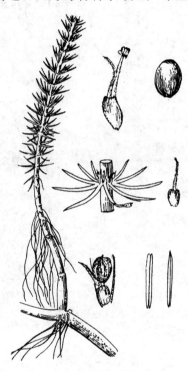

图 415 杉叶藻

附：四叶杉叶藻 *Hippuris tetraphylla* L.

与杉叶藻的区别在于：叶（2）4（-6）枚轮生，叶片卵形或披针形，长 0.4-1.2 cm，宽 5-7 mm，水下叶较水面叶短；雄蕊约 1 mm；瘦果卵形。花果期 8 月。

只见于内蒙古东北部沼泽及盐碱沼泽地。日本、欧洲及北美也有分布。

伞形科 Apiaceae (Umbelliferae)

一年生或多年生草本，稀基部木质化。茎常中空或有髓。叶互生、稀对生或基生；叶柄基部常成鞘，无托叶；叶片通常掌状分裂或 1-4 回羽状分裂，或 1-2 回三出羽状分裂，稀单叶。花小，通常两性，整齐，呈伞形或复伞形花序，常有数枚总苞；花萼贴生于子房，萼片小，齿状或退化；子房下位，2 室，每室有 1 倒生胚珠；花柱 2，基部常膨大形成分泌蜜汁的花柱基。果由 2 分果彼此附着于心皮柄上，称为双悬果，各具 5 条肋，果面肋间有油管。种子 1，成熟时分离，种子表面平、凹或具槽。

本科有 200 余属，3 000 余种，广布温带和热带，主产于欧亚大陆。我国有 100 属，600 余种，其中近半数为我国特有。

分属检索表

1. 茎匍匐；单叶，肾形或圆心形；花序单一；内果皮木质，油层在表皮下，偶成小油管··2. 积雪草属 *Centella*
1. 茎直立；复叶；复伞形花序；内果皮不木质化，油管在肋间或沟槽中。
  2. 种子表面凹或具槽。
    3. 果棍棒状圆柱形，有喙，基部尾状···9. 香根芹属 *Osmorrhiza*
    3. 果圆卵球形或长圆形··12. 窃衣属 *Torilis*
  2. 种子表面平或略凹。
    4. 果侧肋翅状，明显较背肋及中间肋宽，背肋多少压扁。
      5. 成熟果侧翅不分叉，宽不足背翅 2 倍···6. 独活属 *Heracleum*
      5. 成熟果侧翅分叉，宽为背翅 2 倍。
        6. 萼齿小而退化···1. 当归属 *Angelica*
        6. 萼齿三角形或卵形，宿存···10. 山芹属 *Ostericum*
    4. 果各肋相等，横切面圆形或五角形，或略侧扁。
      7. 果肋丝状，介面狭。
        8. 双悬果长圆状椭圆形，基部圆···5. 鸭儿芹属 *Cryptotaenia*
        8. 双悬果卵球形，基部常心形。
          9. 萼齿卵状三角形；每沟有 1 油槽···3. 毒芹属 *Cicuta*
          9. 萼齿退化或小；每沟有 1 至数油槽···11. 泽芹属 *Sium*
      7. 果肋凸出呈翅状，介面中等宽。
        10. 半水生或陆生；伞形花序外轮花呈辐射状；果侧肋木栓质加厚，呈三角形··8. 水芹属 *Oenanthe*
        10. 陆生；伞形花序外轮花不呈辐射状；侧肋不木栓质增厚，或稀加厚。
          11. 双悬果常圆柱形，各肋宽近相等···4. 蛇床属 *Cnidium*
          11. 双悬果长圆形或椭圆形，背扁，侧翅较背肋翅宽·································7. 藁本属 *Ligusticum*

1. 当归属 *Angelica* L.

两年生或多年生草本。根常粗壮，圆锥形或圆柱形。叶具柄，鞘明显膨大；叶 1-4 次羽裂或 1-3 次三出羽裂。复伞形花序顶生和侧生，有苞片，稀无苞片；小伞形花序少数至多数，小苞片多少不定，全缘；萼齿不明显或卵状三角形；花瓣白色，稀粉色或暗紫色，卵形至倒卵形，先端内弯；花柱基短锥形。双悬果卵球形至长圆形，背面平，背肋丝状，侧肋成翅，成熟时分离，每沟有 1-2 油槽，介面有 2-4 油槽；心皮柄 2 浅裂至基部。种子平或略凹。

90 余种，分布于北半球。我国 45 种，其中 32 种为特有种。

分种检索表

1. 叶鞘被柔毛 ·· 2. 狭叶当归 *A. anomala*
1. 叶鞘无毛或偶有微毛。
   2. 主轴及叶柄膝状弯曲 ·· 6. 拐芹 *A. polymorpha*
   2. 主轴及叶柄不呈上述弯曲。
      3. 萼齿三角状钻形 ·· 5. 紫花前胡 *A. decursiva*
      3. 萼齿退化。
         4. 苞片和小苞片有缘毛 ··· 3. 重齿当归 *A. biserrata*
         4. 苞片和小苞片无缘毛。
            5. 总花梗、花序轴、小伞形花序梗及花梗均密被短硬毛 ············ 1. 黑水当归 *A. amurensis*
            5. 植株上述部位均无短硬毛 ························· 4. 白芷 *A. dahurica*

1. 黑水当归

Angelica amurensis Schischk., Fl. URSS 17: 19. 1951.

多年生草本，株高 60-150 cm。根有香气。茎粗壮，淡紫绿色，上部被微柔毛。基生及下部叶具长柄，鞘淡紫色，长圆状卵形；叶宽三角状卵形，长 20-40 cm，宽 20-30 cm，2-3 次三出羽裂，羽片 2-3 对；小羽片卵形至长圆状卵形，长 3-8 cm，边缘白色骨质并具缺刻状短齿，背面被柔毛；花序梗、花序轴、小伞形花序梗和花梗均密被短硬毛；花序梗 6-20 cm，无苞片；小伞形花序 20-45，小苞片 5-7，披针形，被茸毛；伞形花序有 30-45 花；萼齿退化；花瓣白色，宽卵形，长约 1 mm。双悬果椭圆状至近圆形，长 5-7 mm，背肋凸显，侧肋宽翅状，翅与果等宽或较宽；每沟有 1 油槽，介面有（2-3）-4 油槽。花期 7-8 月，果期 8-9 月。

分布于东北，生于海拔 500-1 000 m 的林缘、山坡草地、溪边。日本、朝鲜、俄罗斯（西伯利亚）也有分布。

2. 狭叶当归

Angelica anomala Avé-Lall., Index Sem. (St. Petersburg) 9: 57. 1844.

多年生草本，高 80-150 cm。根粗壮。茎淡紫色，具柔毛。基生叶及茎下部叶柄 5-13 cm，鞘窄长圆形，被柔毛；叶三角状卵形，长 15-30 cm，宽 8-25 cm，2-3 次 3 出羽状，羽片 2-4 对，小叶椭圆形至披针形，长 2-4 cm，宽 0.3-1.5 cm，有时 3 裂，基部稍下延，边缘白色软骨质并具短齿。花序轴、小伞形花序梗和花梗均密被小刺，花序轴 5-20 cm；小伞形花序 20-45，小苞片 3-7，钻形，被柔毛；伞形花序有 20-40 花；萼齿退化；花瓣白色，倒卵形。双悬果椭圆形，长 4-6 mm，宽 3-4 mm，背肋丝状，侧肋成宽翅，每沟有 1 油槽，介面上有 2 油槽。花期 7-8 月，果期 8-9 月。

分布于黑龙江、吉林、内蒙古，生于海拔 500-1 000 m 的林缘、草地或溪边。朝鲜、俄罗斯（西伯利亚）也有分布。

3. 重齿当归

Angelica biserrata (Shan & C. Q. Yuan) C. Q. Yuan & Shan., Bull. Nanjing Bot. Gard. 1983: 9. 1985.——*Angelica pubescens* Maxim. f. *biserrata* Shan & C. Q. Yuan.

多年生草本，高 1-2 m，粗壮。根芳香。茎淡紫绿色，粗达 1.5 cm，上部具糙硬毛。基生叶及茎下部叶具柄，柄长 30-50 cm，鞘长圆形膨大；叶宽卵形，长 20-30（-40）cm，宽 15-25 cm，2 次三出羽状，小叶卵状长椭圆形，长 5.5-18 cm，宽 3-6.5 cm，边缘有不规则齿。花序轴 5-16（-20）cm，密被短硬毛；小伞形花序 10-25，小苞片 5-10，宽披针形；伞形花序有 17-28（-30）花；萼齿退化；花瓣白色，倒卵形；花柱延伸，果期反折。果椭圆柱形，长 6-8 mm，背肋显，侧肋呈宽翅状，每沟有 2-3 油槽，介面上有 2-4（-6）油槽。花期 8-9 月，果期 9-10 月。

分布于安徽、湖北、江西、四川、浙江，生于海拔 1 000-1 700 m 的稀疏灌丛、潮湿坡地。

图 416　重齿当归

4. 白芷

Angelica dahurica (Fisch.) Benth. & Hook. f., Enum. Pl. Jap. 1 (1): 187. 1875.——*Callisace dahurica* Fisch.

多年生草本，高 1-2.5 m。根棕色，具强烈芳香气。茎淡紫绿色，粗 2-5（-7-8）cm。基生及下部叶有长柄，鞘长圆状膨大；叶片三角状卵形，长 30-50 cm，宽 25-40 cm，2-3 次三出羽状，小叶长圆状椭圆形至长圆状披针形，长 4-10 cm，宽 1-4 cm，边缘白色骨质并疏具硬尖齿。伞形花序直径 10-30 cm，花序轴 5-20 cm，粗糙；小伞形花序 18-40（-70），小苞片多数；萼齿退化；花瓣白色，倒卵形。双悬果近球形，直径 4-7 mm，背肋明显，远较沟宽，侧肋宽翅状，每沟有 1 油槽，介面上有 2 油槽。花期 7-8 月，果期 8-9 月。

分布于东北及河北、陕西、台湾北部，生于海拔 500-1 000 m 的林缘、沟谷草地和溪边。日本、朝鲜、俄罗斯（西伯利亚）也有分布。

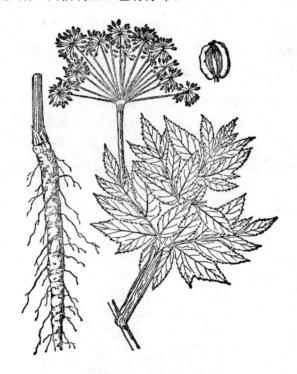

图 417　白芷

5. 紫花前胡

Angelica decursiva (Miq.) Franch. & Sav., Enum. Pl. Jap. 1: 187. 1875.——*Porphyroscias decursiva* Miq.

多年生草本，高 1-2 m。根棕色，粗 1-2 cm，具强烈芳香。茎常紫绿色。叶柄 13-36 cm，鞘紫色，椭圆形；叶片三角形至卵形，长 10-25 cm，1-2 次三出羽状，小叶卵形至长圆状披针形，长 5-15 cm，宽 2-5 cm，边缘白色骨质并具硬齿，中脉常紫绿色，上面沿脉有硬刺。花序轴 3-8 cm，被柔毛；苞片 1-3，淡紫色，卵形，鞘状，反折；小伞形花序 10-22，被柔毛，小苞片 3-8，线形至披针形，绿色或紫色。萼齿三角状钻形；花瓣暗紫色，倒卵形或椭圆状披针形，先端内弯而无缺刻；花药暗紫色。双悬果长圆形至卵球状圆形，长 4-7mm，背肋丝状，侧肋厚，狭翅状，每沟有 1-3 油槽，介面上有 4-6 油槽。花期 8-9 月，果期 9-11 月。

分布于安徽、广东、广西、河北、河南、湖北、江苏、江西、台湾、浙江以及东北地区，生于海拔 200-800m 的林缘、灌丛、溪边。日本、朝鲜、俄罗斯（西伯利亚）、越南也有分布。

图 418 紫花前胡

6. 拐芹

Angelica polymorpha Maxim., Bull. Acad. Imp. Sci. Saint-Petersbourg 19 (2): 185. 1873.

多年生草本，高 0.5-1m。根灰棕色。茎节处淡紫色。叶柄长达 15cm，鞘狭长圆形，叶片三角状卵形，长 15-30cm，宽 15-25cm，2-3 回三出羽状；小叶卵形或菱状长圆形，长 3-5cm，不规则 2-3 裂。花序轴及叶柄膝状弯曲；伞形花序直径 4-10cm，花序轴、小伞形花序梗及花梗均密被短硬毛；小伞形花序 10-20，长 1.5-3cm，小苞片 4-7，狭线形，淡紫色，有缘毛；萼齿退化；花瓣白色，匙形。双悬果长圆状椭圆形，长 6-7mm，背肋明显，翅窄，侧肋翅宽，每沟有 1 油槽，介面上有 2 油槽。花期 8-9 月，果期 9-10 月。

分布于东北以及安徽、河北、湖北、江苏、陕西、山东、浙江，生于海拔 1 000-1 500m 的林中潮湿地、溪边。日本、朝鲜也有分布。

2. 积雪草属 *Centella* L.

多年生草本。茎纤细，匍匐而铺散，节上生根。叶沿匍匐茎形成莲座状，具叶柄，柄基部成鞘；单叶，全缘或浅裂，脉掌状。疏散伞形花序至头状花序，单一，腋生，花序轴极短；苞片 2，膜质；花梗纤细至退化；萼齿退化；花瓣镊合状，先端狭而内弯；花柱短，与花丝等长。双悬果肾形或球形，两侧极度压扁，介面狭而缢缩，初级肋和次级肋凸显，每分果有 7-9 条肋，网脉明显；油层存在于表皮下，偶有小油槽；内果皮木质化。种子横切面狭长圆形，表面平。

本属约有 12 种，主产于热带、亚热带地区以及非洲南部。我国仅有 1 种。

1. 积雪草

Centella asiatica (L.) Urban in Mart., Fl. Bras. 11 (1): 287. 1879.——*Hydrocotyle asiatica* L.

叶柄长 0.5-10（-30）cm；叶圆形或肾形，长 1-4.5 cm，宽 1.5-5 cm，掌状脉 5-7 条，两面无毛或沿背脉散生柔毛，有疏齿，基部宽心形。2-4 花序聚生叶腋，长 0.2-1.5 cm；苞片 2 (-3)，卵形，长 3-4 mm，宽 2.1-3 mm，宿存；伞形花序有 3-4 花，头状，几无梗；花瓣白色或玫瑰色。双悬果长 2.1-3 mm，宽 2.2-3.6 mm。花果期 8-10 月。

分布于安徽、福建、广东、广西、湖北、湖南、江苏南部、江西、陕西南部、四川、台湾、云南、浙江等地，生于海拔 200-1 900 m 的开阔地、潮湿草地、河边。热带、亚热带地区广布。

可作茶饮，有清凉散热功效。

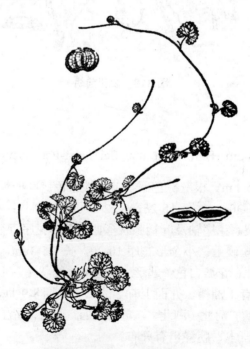

图 419　积雪草

3. 毒芹属 *Cicuta* L.

多年生粗壮草本，无毛。根茎膨胀，具气室。茎直立，中空，上部有分枝。叶具柄，鞘窄，膜质而抱茎。叶（1-）2-3回羽状，末回裂片线状披针形或披针形，有锯齿或钝齿。复伞形花序疏松，顶生或侧生；小伞形花序枝多，长而纤细，小苞片多数；萼齿卵状三角形；花瓣白色或淡绿白色，倒卵形或近圆形，先端窄而内弯；花柱基凹陷，花柱纤细，果熟时反折。双悬果卵球形，侧扁，无毛，有5肋，粗而钩状；每沟有1油槽，介面上有2油槽。心皮柄2浅裂。种子平或稍凹。

本属约有3种，产北温带地区。我国有1种。

1. 毒芹
Cicuta virosa L., Sp. Pl. 1: 255. 1753.

1a. 毒芹（原变种）
Cicuta virosa L. var. *virosa*

株高70-120cm。根茎粗2-4cm，表面茶色，内面黄色，切开后有黄色液体渗出。茎有时淡紫色。基生叶具柄，柄长15-30cm，叶三角形或卵状三角形，长12-30cm，宽10-25cm，3浅裂或羽状浅裂，末回裂片线状披针形，长1.5-6cm，宽0.3-1cm，有齿；上部叶1-2回羽状，末回裂片狭披针形，长1-2.5cm，宽0.2-0.5cm。伞形花序宽5-15cm，花序梗2.5-20cm；小伞形花序6-25，有花15-35朵；花梗4-8mm；萼齿0.3-0.5mm不等；花瓣约1.2mm。双悬果长2-3.5mm，宽1.8-3mm。花果期7-9月。

分布于东北及甘肃、河北、内蒙古、陕西、四川、新疆、云南，生于海拔400-3 300m的林缘、沼泽、溪边以及浅水处。日本、哈萨克斯坦、朝鲜、蒙古、俄罗斯以及欧洲也有分布。

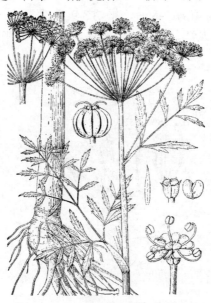

图 420 毒芹

1b. 宽叶毒芹（变种）

Cicuta virosa L.var. ***latisecta*** Celakovsky, Prodr. Fl. Böhmen 3: 563.1875.

末回裂片长椭圆形或椭圆形，长 5-10 mm，宽 2-4 mm，基部楔形，具不规则锯齿，先端渐尖。种子表面平。

分布于吉林、陕西，生于海拔 300-500 m 的沼泽地。日本及俄罗斯东南部也有分布。

4. 蛇床属 *Cnidium* Cusson

多年生或二年生草本，稀 1 年生。基生叶及下部叶 2-3 回羽状，稀 1 回羽状，末回裂片倒卵形、线状披针形或线形；上部叶退化，具鞘。伞形花序顶生或腋生，苞片数枚，常宿存，线形至披针形；小伞形花序 6-15（-20），小苞片数枚，线形；萼齿小；花瓣白色或粉色，裂片窄而内弯；花柱基圆锥形，花柱较花柱基长，花后反折。双悬果长圆状卵球形或近球形，背面平，5 肋，狭木栓质，侧翅较其他翅略宽，或与肋相等；每沟有 1 油槽，介面上 2 油槽；心皮柄 2 深裂。种子表面平，极少微凹。

本属有 6-8 种，分布于亚洲和欧洲。我国有 5 种，其中 1 种为特有。

1. 碱蛇床

Cnidium salinum Turcz., Bull. Soc. Imp. Naturalistes Moscou 17: 733. 1844.

多年生或二年生草本，高 20-50（-70）cm。根茎粗 3-6 mm，节有时膨大。基生叶及下部叶长圆状卵形，长 6-12 cm，宽 3-10 cm，2-3 回羽裂，稀 1 回羽裂，末回裂片线状披针形或镰形，长 5-30 mm，宽 1.5-3 mm，边缘略外卷。伞形花序直径 3-6 cm，苞片早落或偶有 1 枚宿存苞片；小伞形花序（6-）10-15，不等长，小苞片 4-6，线形，较花梗长；花瓣白色或粉色；花柱基矮锥形，花柱长为花柱基 2-3 倍，反折。果长圆状卵球形，长 2.5-3 mm，宽约 1.5 mm。种子表面平或微凹。花期 7-8 月，果期 8-9 月。

分布于甘肃、河北、黑龙江、内蒙古、宁夏、青海，生于潮湿草地或草甸。蒙古和俄罗斯也有分布。

图 421　碱蛇床

5. 鸭儿芹属 *Cryptotaenia* DC.

多年生草本。茎直立，具分枝，淡紫色。叶具柄，鞘长而膜质膨大；叶三角形，三出复叶，小叶菱状卵形或近圆形，基部宽楔形或楔形，边缘有重锯齿。复伞形花序或呈圆锥状，小伞形花序不等长，有数花，花梗亦不等长；萼齿三角形；花瓣白色，倒卵形，先端内弯；花柱基长圆锥形，花柱短而直。双悬果狭长，苍白，长圆形，略侧扁，有5肋凸起；每沟有油槽1-3，介面上有4油槽；心皮柄2裂至基部。

本属有5-6种，分布非洲、亚洲东部和北美洲。我国有1种。

1. 鸭儿芹

Cryptotaenia japonica Hassk., Retzia 1: 113. 1855.

株高20-100cm。基生叶及下部叶具柄，柄长5-20cm，有长圆形鞘；叶三角形至宽卵形，长2-14cm，宽3-7cm，中间小叶菱状倒卵形或心形，长2-9cm，宽1.5-10cm，侧生小叶斜长卵形至倒卵形，长1.5-8cm，宽1-6cm。无苞片或仅1枚苞片，线形；小伞形花序2-3枚，长0.5-3.5cm，极不等长，小苞片1-3，钻形；花梗长1-14mm，极不等长；萼齿0.1-0.3mm，极不等长；花瓣长1-1.2mm，宽0.6-1mm。双悬果长4-6mm，宽1-1.5mm。花果期2-10月。

分布于安徽、福建、甘肃、广东、广西、贵州、河北、湖北、湖南、江苏、江西、陕西、四川、台湾、云南，生于海拔200-2 400m的林中潮湿地、沟渠边。日本、朝鲜也有分布。

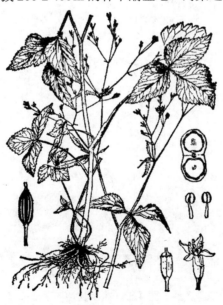

图422 鸭儿芹

6. 独活属 *Heracleum* L.

多年生稀二年生草本。根纺锤状或圆柱形，粗，稀纤维状。基生叶及茎下部叶有柄，柄鞘宽而明显；叶三出或羽状。伞形花序疏松，顶生或侧生，顶生花序具两性花，侧生花序常只有雄蕊；萼齿三角形或披针形或不明显；外轮花常辐射状，花瓣扩大，宽倒卵形，先端深2裂；花柱基锥形，花柱短，直立或反折。双悬果倒卵球形、卵球形、宽卵球形或近圆形，背极扁压，背肋和中肋丝状，有时隆起，侧肋翅状，每沟有1（-2）油槽，介面上有2（-6）油槽或无油槽；心皮柄分裂达基部，常宿存。种子表面平或略凹。

本属约有70种，主要分布于亚洲和欧洲，北美洲有1种，非洲南部有少数种。我国有29种，其中21个为特有种。

1. 短毛独活

Heracleum moellendorffii Hance, J. Bot. 16: 12. 1878.

植株粗壮，高1-2m，通体被短硬毛。基生叶及茎下部叶有柄，并长10-30cm；叶三出或三出羽状，小叶3-5，宽卵形，长10-20cm，宽7-18cm，3-5裂，边缘有锐齿；上部叶无柄，具鞘。花序轴4-15cm，苞片少，线状披针形，早落；小伞形花序12-30，不等长，小苞片5-10，披针形；每伞形花序有花20余朵；萼齿不明；花瓣白色，外轮辐射状扩大，长约7mm。双悬果倒卵形，长6-8mm，宽5-7mm，背肋丝状，侧肋成宽翅，翅较果体宽，每沟有1油槽，介面上有2油槽。种子平。花期7-8月，果期8-9月。

分布于东北及安徽、甘肃、河北、内蒙古、陕西、湖南、山东、江苏、江西、四川、云南、浙江，生于海拔3 200m以下的溪边、高山草甸、沟谷、林缘。日本、朝鲜也有分布。

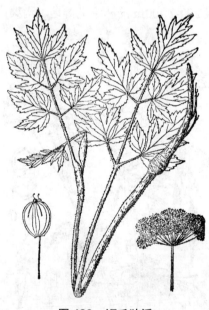

图423 短毛独活

7. 藁本属 *Ligusticum* L.

多年生草本。根圆柱形或纺锤形。茎直立，基部常有纤维状残存叶鞘。基生叶及下部叶具鞘状柄，1-3回羽裂或2-4回三出羽裂；茎生叶向上渐退化或缺。复伞形花序顶生或侧生，苞片常早落或缺；小伞形花序略内弯，小苞片披针形或线形，全缘或先端2-3浅裂；萼齿明显或退化；花瓣白色、紫色、紫堇色或淡粉色，有内弯尖裂片；花柱基圆锥形，花期花柱直，花后反折。双悬果长圆形或长圆状卵球形，背面平，肋明显或侧肋成窄翅；每沟有（1-）2-5油槽，介面有2-10油槽；心皮柄2浅裂达基部。种子平，稀略凹。

本属约有60种，分布于亚洲、欧洲和北美洲。我国有40种，其中35种为我国特有。

1. 藁本
Ligusticum sinense Oliv., Hooker's Icon. Pl. 20 (3): pl. 1958. 1891.

株高0.5-1 m，根茎粗壮，节明显膨大，节间短。基生叶柄长10-20 cm，叶三角状卵形，长15-20 cm，宽10-15 cm，3出或1-2回羽裂，1回羽片4-6对，末回裂片卵形或长圆状卵形，长2-3 cm，宽1-2 cm，边缘有齿；茎生叶与基生叶相似，退化而无柄。伞形花序顶生或侧生，果期直径6-8 cm，苞片5-6 (-10)，线形；小伞形花序15-30，小苞片5-8，线形，较花梗短，反折；萼齿不明显；花瓣白色；花柱约与果等长，反折。双悬果长圆状卵球形，长2-3 mm，宽1.5-2 mm，背肋和中肋明显，丝状，侧肋成侧翅；每沟有1-3 (-4)油槽，介面有4-6油槽。种子平。花期7-8月，果期9-10月。

分布于甘肃、贵州、河南、湖北、江西、内蒙古、陕西、四川、云南，生于海拔500-2 700 m的林中、灌丛、草坡、溪边、潮湿处。

图424　藁本

8. 水芹属　*Oenanthe* L.

多年生草本，无毛。根纤维状。茎具分枝，直立、外倾、微铺散或具匍匐茎，中空，有棱槽，基部节上生根。基生叶及下部叶具柄，完全成鞘，叶1-4回羽状，与茎生叶同型或异型。复伞形花序疏松，无苞片或偶有1枚苞片；小伞形花序4-15 (-30)，有多数小苞片；萼齿披针形；花瓣白色或淡粉色，倒卵形，有小而内弯裂片；花柱基圆锥形，花柱直或分叉，果时反折。双悬果卵球形或近球形，背扁或侧扁，背肋和中间肋略木栓质加厚，侧肋膨大；每沟有 1 油槽，介面上有 2 油槽；子房柄退化。种子表面平。

本属有 25-30 种，分布于亚洲、非洲、欧洲及北美洲。我国有 5 种。

分种检索表

1. 双悬果之背肋及中肋木栓质加厚；叶同型，末回裂片卵形或菱状卵形，长 2-6 cm，宽 1-2 cm ·· 2. 水芹 *O. javanica*
1. 双悬果之背肋及中肋稍加厚，或稍微突出，丝状；叶同型或异型，末回裂片线形、披针形，稀卵形或菱状卵形，较小，长 1-3 cm，宽 0.5-1 cm。
   2. 花序轴长 0.5-1 (-2) cm，或无；叶片末回裂片菱状卵形，稀披针形，长 0.5-5 cm，宽 0.5-2 cm ·· 1. 短辐水芹 *O. benghalensis*
   2. 花序轴长 2-25 cm；叶片末回裂片线形、披针形，稀菱状卵形。
      3. 叶 1-2 回羽状 ·· 3. 线叶水芹 *O. linearis*
      3. 叶 3-4 回羽状 ·· 4. 多裂叶水芹 *O. thomsonii*

1. 短辐水芹

Oenanthe benghalensis (Roxb.) Kurz., J. Asiat. Soc. Bengal 2: 115. 1877.——*Seseli benghalense* Roxb.

株高 15-60 cm。根纤维状。茎常直立，有棱，基部分枝。基生叶柄长 1-4 cm，叶三角状卵形，1-2 回羽裂，末回裂片菱状卵形，稀披针形，长 5-20 mm，宽 1-5 mm；上部叶较小，无柄，1 回羽裂。伞形花序直径 0.5-3.5 cm，花序长 0.5-1 (-2) cm，无苞片；小伞形花序 4-10，长 0.5-1 cm，小苞片多数，线形，与花梗等长；伞形花序有花 8-15 朵，花梗 0.5-2 mm；萼齿约 0.4 mm；花柱 1.4-1.8 mm。双悬果卵球形，长 2.5-3 mm，宽 1.5-2 mm，背肋及中肋稍微木栓质加厚。花期 5-6 月，果期 6-7 月。

图 425　短辐水芹

分布于广东、四川、云南，生于海拔 500-1 500 m 的林缘潮湿处、泥泞地或水渠旁。印度北部也有分布。

2. 水芹

Oenanthe javanica (Blume) DC., Prodr. 4: 138. 1830.——*Sium javanica* Blume.

2a. 水芹（原变种）

Oenanthe javanica (Blume) DC. var. *javanica*

株高 10-80 cm。根纤维状。茎外倾。基生叶柄长 5-10 cm，叶长圆状卵形，1-2 回羽裂，末回裂片卵形或菱状卵形，长 0.5-5 cm，宽 0.5-2 cm，边缘有齿；茎生叶向上渐退化，叶柄鞘状。伞形花序直径 3-5 cm，花序梗 2-16 cm，无苞片或偶有 1 线形苞片；小伞形花序 6-16（-30），近等长，长 1-3 cm，有小苞片 2-8，线形，几与序轴等长；伞形花序有花约 20 朵，花梗 1.5-4 mm；萼齿约 0.5 mm；花柱展开。双悬果近球形，直径约 2.5 mm，背肋及中肋木栓质加厚。花期 6-7 月，果期 8-9 月。

广布全国各地，生于海拔 600-3 000 m 的草甸、湖边、溪边泥泞地。亚洲其他国家也有分布。

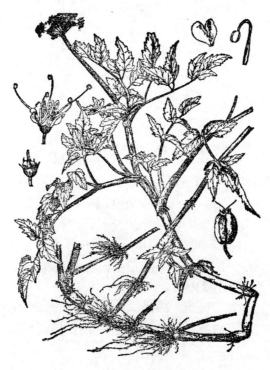

图 426　水芹

2b. 卵叶水芹（变种）

Oenanthe javanica (Blume) DC. var. ***rosthornii*** (Diels) F. T. Pu, Novon 8 (1): 70. 1998.

植株粗壮。伞形花序直径 3-7.6 cm；小伞形花序不等长，长 2-6 cm，小苞片披针形。

果卵球形。花期8-9月，果期10-11月。

分布于福建、广东、广西、贵州、湖南、四川、台湾、云南，生于海拔1 400-4 000 m 的林缘草地、草甸、沼泽、河岸。越南也有分布。

图 427 卵叶水芹

3. 线叶水芹
Oenanthe linearis Wall. ex DC., Prodr. 4: 138. 1830.

株高30-70 cm。根纤维状或纺锤形。茎外倾，下部节上生根。下部叶柄1-10 cm，叶三角状卵形，长3-7 cm，宽2-5 cm，多数1回羽裂，稀2回羽裂，末回裂片线形，长2-4 cm，宽1-2 mm；上部叶无柄，1回羽裂，裂片线形。伞形花序直径2-5 cm，常与叶对生，花序轴2-10 cm，无苞片或仅有1枚线形苞片；小伞形花序3-12，长1.5-3 cm，有8-20花，花梗1.5-4 mm；萼齿约0.5 mm；花柱约2 mm，反折。双悬果卵球形，长约2 mm，宽1.5 mm，背肋及中肋丝状。花期5-7月，果期7-8月。

分布于贵州、湖北、四川、台湾、西藏、云南，生于海拔800-3 000 m的草甸、潮湿多水处。印度、印度尼西亚、缅甸、尼泊尔、越南也有分布。

4. 多裂叶水芹
Oenanthe thomsonii C. B. Clarke in Hook. f., Fl. Brit. India 2: 697.1879.

4a. 多裂叶水芹（原亚种）
Oenanthe thomsonii C. B. Clarke subsp. ***thomsonii***

株高20-50 cm。根纤维状或纺锤状。茎纤细，匍匐，具分枝。叶同型，3-4（-5）回羽状，初回羽片 5-7 对，末回裂片短，线形，长 2-3mm，宽 1-2mm。伞形花序直径 3-8cm，常与叶对生，花序轴长 2.5-10cm，无苞片；小伞形花序 4-12，长 1.5-3.5cm，小苞片 5-7，线形；伞形花序有 15-20 花，花梗 3-5mm；花柱约 1mm，反折。果近球形，直径约 2mm，背肋及中肋突出，丝状。花期 7-8 月，果期 9-10 月。

分布于广东、贵州、湖北、江西、四川、西藏、云南，生于海拔 1 800-3 500m 的草甸沼泽、潮湿地、溪边。不丹、印度、缅甸、尼泊尔也有分布。

4b. 窄叶水芹（亚种）

Oenanthe thomsonii C. B. Clarke subsp. ***stenophylla*** (H. Boissieu) F. T. Pu, Novon 8 (1): 71. 1998.

茎直立。叶 2-3 回羽裂，末回裂片线形，长 5-20mm，宽约 1mm。

分布于四川，生于海拔 1 000-2 500m 的林中或灌丛中潮湿处。

9. 香根芹属 *Osmorhiza* Raf.

多年生草本。茎直立或基部外倾，具分枝。叶柄鞘狭而膜质；叶三角状卵形，2-3 回三出羽状，裂片有锯齿或羽状分裂。复伞形花序疏松，小伞形花序稀疏；萼齿退化；花瓣白色或淡黄绿色，匙形至倒卵形，先端微内折；花柱基圆锥形，花柱细小。双悬果棍棒状圆柱形至略侧扁，先端钝，基部尾状，肋丝状，油槽不明显或无；心皮柄先端 2 裂至 1/2 深度。种子近圆柱形，表面凹。

本属约有 10 种，间断分布于亚洲东部和北美。我国有 1 种。

1. 香根芹

Osmorhiza aristata (Thunb.) Rydb., Bot. Surv. Nebraska 3: 37. 1894.——*Chaerophyllum aristata* Thunb.

1a. 香根芹（原变种）

Osmorhiza aristata (Thunb.) Rydb. var. ***aristata***

植株高 25-70cm。根芳香。茎绿色或淡紫色。基生叶柄 5-26cm，叶片长达 29cm，宽 25cm，有 2-4 对羽叶，最后裂片卵形至卵状披针形，长（0.5）1-6（-9）cm，宽 0.2-5（-8）cm，两面有毛，基部 1 对裂片常深齿状而不再分裂。花序梗 4-22cm，苞片 1-4，钻形至线形，长 0.5-1.2cm，早落；小伞形花序 3-5，长 2-5cm，果期延长至 10cm；花序中有能育花 1-6 朵，花瓣倒卵形，长约 1.2mm，宽约 1mm；子房白色，被柔毛。双悬果长 1-2.2mm，宽约 0.2mm，基部尾状，肋有疏刚毛，向基部渐密。花果期 5-7 月。

从东北至华南均有分布，生于海拔 200-1 200m 的溪边草地、山坡林中。日本、朝鲜、蒙古、俄罗斯（西伯利亚）及北美也有分布。

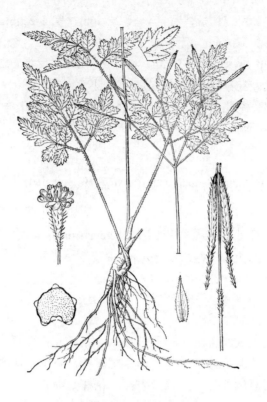

图 428 香根芹

1b. 疏叶香根芹（变种）

Osmorhiza aristata (Thunb.) Rydb. var. ***laxa*** (Royle) Constance & Shan., Univ. Calif. Publ. Bot. 23 (3): 130. 1948.

叶裂片宽卵形或宽长卵形，渐尖，基部1对裂片2浅裂或2-3深裂，锯齿常不整齐。

分布于甘肃南部、贵州、陕西、四川西部、西藏南部、云南西北，生于海拔1 600-3 500 m 的林中、沟谷草地。不丹、印度、克什米尔地区、尼泊尔、巴基斯坦也有分布。

10. 山芹属 *Ostericum* Hoffm.

多年生草本。茎中空具棱。叶柄鞘状膨大，叶2-3回三出羽状。伞形花序顶生或侧生，苞片少，披针形或线状披针形；小苞片数枚，线形至线状披针形；萼齿三角形或卵形。双悬果长圆状卵球形，基部心形，背肋扁平，表面有多数突出的亮点，背肋明显，侧肋成宽而薄的翅，每沟有1-3油槽，介面上有2-8油槽；中果皮薄，果熟时中空；心皮柄2裂至基部。种子表面平。

本属约有10种，分布于亚洲中部和东部。我国有7种，其中3个为特有种。

1. 绿花山芹

Ostericum viridiflorum (Turcz.) Kitag., J. Jap. Bot. 12: 235. 1936.——*Gomphopetalum viridiflorum* Turcz.

株高 0.5-1 m。茎淡紫绿色，具棱，被柔毛。叶柄约 10 cm，叶鞘三角状卵形；叶片三角状卵形，长 10-15 cm，宽 15-20 cm，2 回羽状，羽片有长柄，小叶卵形或长圆形，长 4-7 (-10) cm，边缘有白色骨质锯齿。中心伞形花序 4-9，交叉，花序梗极短，侧伞形花序对列或环列，花序梗较长，苞片 2-3，披针形，长约 1 cm；小伞形花序 10-18，长 1-2 cm，被硬毛，花梗有硬刺毛；萼齿卵形；花瓣绿色或淡绿白色，卵形。双悬果宽椭圆形，长 4-6 mm，背肋凸，侧肋成宽翅，每沟有 1 油槽，介面上有 2 油槽。花期 7-8 月，果期 8-9 月。

分布于东北，生于海拔 800-1 100 m 的潮湿草甸、河岸、溪边。俄罗斯（西伯利亚）也有分布。

图 429 绿花山芹

11. 泽芹属 *Sium* L.

多年生草本，水生或沿水边生长，无毛。茎具分枝，下部节上生根。基生叶具柄及叶鞘，叶 1 回羽状；羽片无柄，稀疏。复伞形花序顶生或侧生；苞片及小苞片宿存，下弯；小伞形花序伸展，上升；萼齿不等；花瓣白色，倒卵形或近圆形，有小而内弯裂片；花柱基短圆锥形，花柱略分叉或反折。双悬果卵球形或椭圆柱形，略侧扁，肋凸起，木栓质加厚或不显；每沟有油槽 1-3，介面有油槽 2-6；心皮柄 2 裂达基部。种子表面平。

本属约有 10 种，分布于非洲、亚洲、欧洲及北美洲。我国有 5 种，含 1 特有种。

分种检索表

1. 萼齿小，长约 0.2mm，三角形 ··· 2. 拟泽芹 S. sisaroideum
1. 萼齿较大，长 0.5-2mm，三角形或三角状披针形。
   2. 小叶披针形或长圆形，长 4-7 (-16) cm，宽 0.8-2cm ·························· 1. 欧泽芹 S. latifolium
   2. 小叶披针形或线形，长 1-4cm，宽 0.3-1.5cm ······································· 3. 泽芹 S. suave

1. 欧泽芹
Sium latifolium L., Sp. Pl. 1: 251. 1753.

株高 70-150cm。根纤维状。水下叶 2-3 回羽状，末回裂片线形；水上叶 1 回羽状，羽片 2-6 对，小叶披针形或长圆形，长 4-7 (-16) cm，宽 0.8-2cm，边缘有锯齿；茎上部叶退化，线状披针形或线形。伞形花序宽 6-12cm，苞片 2-6 枚，线状披针形；小伞形花序 8-10 (-30)，长 1.5-2.5cm，长不等，小苞片数枚，形同苞片；伞形花序有花 15-25 朵，花梗 2-3mm；萼齿约 2mm；花柱约与花柱基等长，反折。双悬果椭圆柱形，长约 3mm，宽 2mm，肋丝状，薄木栓质，每沟有 3 油槽，介面油槽 2-5。花期 7-8 月，果期 9-10 月。

分布于新疆，生于海拔 400-500m 的草甸、溪边。哈萨克斯坦、俄罗斯、中亚、欧洲也有分布。

2. 拟泽芹
Sium sisaroideum DC., Prodr. 4: 124. 1830.

株高 50-100m。根纤维状。茎直立，具匍匐枝。叶 1 回羽状，小叶 2-4 对，卵状披针形，长 2-7cm，宽 1-3cm，边缘具齿，茎上部叶较小，小叶披针形。伞形花序宽 3-5cm，苞片 5-7，披针形线形，边缘白色膜质；小伞形花序 10-15，小苞片较苞片小；伞形花序有花约 20 朵，花梗 2-5mm；萼齿小，三角形，约 0.2mm。双悬果卵球形，长约 4mm，宽 2.5mm。花果期 7-8 月。

分布于新疆，生于海拔 100-1 300m 的林中、沼泽、草甸、河岸、溪边。亚洲中部及西南部也有分布。

3. 泽芹
Sium suave Walter, Fl. Carol. 115. 1788.

株高 60-120cm，粗壮。根纤维状或纺锤形。叶长圆形或卵形，长 6-25cm，宽 7-10cm，有羽片 3-9 对，小叶披针形或线形，长 1-4cm，宽 0.3-1.5cm，边缘有锯齿；上部叶较小，3 裂，鞘扩大而无柄。伞形花序宽 4-8cm，苞片 6-10 枚，披针形或线状披针形，有花 10-25 朵，花梗 3-5mm；萼齿三角状披针形或三角形，长 0.5-2mm。双悬果卵球形，长约 3mm，宽 2mm，肋木栓质加厚成狭翅，每沟有 1-3 油槽，介面有 2-6 油槽。花期 7-8 月，果期 9-10 月。

分布于东北及河北、内蒙古、山东、台湾，生于潮湿草地、草甸、溪边。日本、朝鲜、俄罗斯、北美也有分布。

图 430 泽芹

12. 窃衣属 *Torilis* Adans.

一年生或多年生草本，植株被刚毛、糙硬毛或柔毛。茎直立，多分枝。叶 1-2 回羽状，末回裂片披针形至长圆形，具密锯齿或深裂。伞形花序疏松或头状，顶生或侧生；小伞形花序 2-12，几无柄，小苞片 2-8，线形或钻形；萼齿小，三角形；花瓣白色或淡紫红色，倒卵形，先端内弯，背面贴生糙毛；花柱基粗，圆锥形，花柱短。双悬果圆卵球形或长圆形，侧扁，肋丝状，主肋或次肋交互隆起，向上成钩状刺，油槽 1 个位于次肋下，2 个在介面上；子房柄先端 2 浅裂至 1/3-1/2 深。种子横切面背扁，正面凹。

本属约有 20 种，分布于非洲、亚洲、欧洲、美洲及新西兰。我国有 2 种。

分种检索表

1. 小苞片 5-8 枚，线形或钻形；小伞形花序有花 4-12 朵，花梗 1-4mm；双悬果卵球形，长 1.5-5mm，宽 1-2.5mm ·· 1. 小窃衣 *T. japonica*
1. 小苞片 2-6 枚，钻形；伞形花序有花 2-6 朵，花梗 3-8mm；双悬果长圆形，长 4-7mm，宽 2-3mm ·· 2. 窃衣 *T. scabra*

1. 小窃衣

Torilis japonica (Houtt.) DC., Prodr. 4: 219. 1830.——*Caucalis japonica* Houtt.

高 20-120 cm。基生及茎下部叶有柄，柄长 2-7 cm，叶三角状卵形至卵状披针形，长达 20 cm，宽 17 cm；羽片卵状披针形，长 2-6 cm，宽 1-2.5 cm。花序梗 3-25 cm，有倒生糙硬毛，苞片数枚，线形；小伞形花序 4-12，被伸展刚毛，有小苞片 5-8，线形或钻形，长 1.5-7 mm，宽 0.5-1.5 mm；伞形花序有花 4-12 朵，花梗 1-4 mm；萼齿小，三角形。双悬果黑紫色，球状卵形，长 1.5-5 mm，宽 1-2.5 mm。花果期 4-10 月。

除黑龙江、内蒙古及新疆外，分布全国，生于海拔 100-3 800 m 的沟谷、混交林、草坡及流动水域。

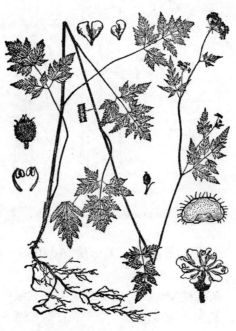

图 431 小窃衣

2. 窃衣

Torilis scabra (Thunb.) DC., Prodr. 4: 219. 1830.——*Chaerophyllum scabra* Thunb.

高 90 cm。基生叶及下部叶有柄，柄长 2-6 cm，叶卵形，长达 15 cm，宽 18 cm，羽片披针形至狭卵形。花序梗长 3-10 cm，小伞形花序 2-4（-5），长 1-5 cm，小苞片 2-6，钻形，与花梗等长或较短；伞形花序有花 2-6 朵，花梗 3-8 mm，被长硬毛。双悬果暗绿色，偶尔呈暗紫色，长圆形，长 4-7 mm，宽 2-3 mm。花果期 4-11 月。

分布于安徽、福建、甘肃、广东、广西、贵州、湖北、湖南、江苏、江西、陕西、四川，生于海拔 200-2 400 m 的山坡混交林或沟谷、路边、流动水域。日本、朝鲜也有分布。

图 432 窃衣

杜鹃花科 Ericaceae

灌木或亚灌木，稀乔木。叶互生，有时对生，边缘常具齿。总状花序，小苞片成对基生；花 4（-5）数；萼覆瓦状；花冠连合，覆瓦状；雄蕊 10，花药有距或芒或均无，纵裂，花粉四分体，稀单一；子房上位或下位，中轴胎座，稀侧膜胎座，每室常有多数胚珠，花柱与花冠等长，纤细。蒴果或浆果，稀核果，花萼宿存。

本科约有 125 属，4 000 余种，广布于温带、亚北极区域及热带高海拔地区。我国有 22 属，826 种，其中 524 种为我国特有。

分属检索表

1. 浆果 ··· 4. 越桔属 *Vaccinium*
1. 蒴果。
  2. 蒴果室背开裂 ·· 1. 地桂属 *Chamaedaphne*
  2. 蒴果室间开裂。
    3. 离瓣花 ··· 2. 杜香属 *Ledum*
    3. 合瓣花 ··· 3. 杜鹃花属 *Rhododendron*

1. 地桂属 *Chamaedaphne* Moench

常绿灌木，被鳞片。叶革质，全缘或具不明显细齿。花序顶生，偏斜，苞片小叶状；花5数；花冠坛状至管状；雄蕊内藏，花丝直，花药钻形，无附属物，顶孔开裂；子房上位，每室有多数胚珠，柱头截形。蒴果室背开裂，外果皮5片裂，与内果皮分离，内果皮10片裂。种子多数，小，无翅。

本属有1种，分布于中国、日本北部、蒙古、俄罗斯（西伯利亚）以及欧洲东北和北美。

1. 地桂

Chamaedaphne calyculata (L.) Moench, Methodus 457. 1794.——*Andromeda calyculata* L.

直立灌木，高0.3-1.5m，分枝黄褐色，密被鳞片和柔毛。叶柄1.5-2.5mm，叶长圆形或椭圆状长圆形，长3-4cm，宽1-1.5cm，两面均有棕色鳞片，背面尤甚，全缘或有不明显细齿，上部叶渐小。总状花序4-12cm，花梗约2mm，密被柔毛；花下垂；萼片卵形，长1.5-3mm，被柔毛和鳞片；花冠白色，管状坛形，长5-6mm，裂片外翻；花丝无毛。蒴果偏球形，直径3-4mm。花期6月，果期7月。

分布于黑龙江、吉林、内蒙古，生于针叶林、泥炭藓沼泽。日本北部、蒙古、俄罗斯（西伯利亚）以及欧洲东北部和北美也有分布。

图433 地桂

2. 杜香属 *Ledum* L.

常绿小灌木，多分枝，有芳香树脂。叶具短柄，叶片线形、线状披针形或狭长圆形，革质，背面有白色或锈棕色斑或绵毛状外被，全缘，外翻。顶生总状花序多花，苞片宿存于花梗，干膜质，后脱落，小苞片无；花萼5裂，小，宿存；花冠白色，分离至基部；雄蕊（5-）8-10，突出于花冠外，花丝线形，花药小，球形；花盘8-10裂；子房球形，5室，被鳞片，花柱线形，柱头钝，5裂。蒴果椭圆状或圆柱形，基部开裂。种子极小。

本属有3-4种，分布于北半球温带及寒带。我国有1种3变种。

1. 杜香
Ledum palustre L., Sp. Pl. 1: 391. 1753.

1a. 杜香（原变种）
Ledum palustre L.var. ***palustre***

直立灌木，高达50cm，分枝纤细，幼枝密被锈色绵毛；顶芽明显，卵球形，芽鳞密被锈色绵毛。叶线形、线状披针形或狭长圆形，长1-3cm，宽1-6mm，背面密被锈色毛，中脉突出，上面暗绿色，皱，边缘强烈外翻。花序多花，花梗细；萼片5裂，卵形，长5-8mm，宿存；花冠乳白色，长5-25mm，密被锈色绵毛；雄蕊10，花丝基部被疏柔毛；花柱宿存，2-4mm。蒴果卵球形，长3.5-4mm。花期6-7月，果期7-8月。

分布于黑龙江、吉林、内蒙古，生于海拔400-1400m的针叶林林缘、草甸、沼泽地。亚洲东北部、欧洲中部和北部以及北美均有分布。

图434 杜香

1b. 小叶杜香（变种）

Ledum palustre L. var. ***decumbens*** Aiton, Hort. Kew. 2: 65. 1789.

匍匐灌木。叶线形，长 1-1.5cm，宽 1-1.5mm，叶背密被锈色毛和白色柔毛。

分布于黑龙江和内蒙古的大兴安岭地区，生境同原变种。欧洲北部、亚洲东北部和美洲北部均有分布。

1c. 宽叶杜香（变种）

Ledum palustre L. var. ***dilatatum*** Wahlenb., Pl. Lapp. 103. 1812.

叶线状披针形或狭长圆形，长 2-8cm，宽 0.4-1.5cm，叶背被锈色毛或白色柔毛，边缘略外翻。

分布于黑龙江（大、小兴安岭）、吉林（长白山）、内蒙古（大兴安岭），生于针叶林下、沼泽或林边、湿草地。俄罗斯、朝鲜北部以及欧洲北部也有分布。

3. 杜鹃花属　*Rhododendron* L.

常绿、落叶或半落叶灌木或乔木，被各式毛或盾状鳞片或无毛。叶互生或聚生茎端，全缘，稀有细圆齿。总状或伞房花序顶生，有时侧生，有时退化为单花；萼宿存，5-8 裂，萼片小或大，三角形；花冠漏斗状、钟状、管状或高脚碟状，5-8 裂，整齐或略两侧对称；雄蕊 5-10（-27），着生花冠基部，常倾斜，花丝线形或丝状，基部被疏柔毛，花药顶孔或斜孔开裂；花盘厚，5-10（-14）裂；子房 5（-18）室，被毛或鳞片，稀无毛，花柱直、斜倾或外弯，宿存，柱头头状、盘状或浅裂。蒴果圆柱形、圆锥形或卵球形，有时弯曲，顶部室间开裂。种子小而多，纺锤形，常有翅或两边有附属物或线状尾。

本属约有 1 000 种，主要分布于亚洲、欧洲和北美，大洋洲有 2 种。我国有 571 种，其中 409 种为特有。

1. 毛蕊杜鹃

Rhododendron websterianum Rehder & E. H. Wilson in Sarg., Pl. Wilson. 1 (3): 511–512. 1913.

1a. 毛蕊杜鹃（原变种）

Rhododendron websterianum Rehder & E. H. Wilson var. ***webstenianum***

直立小灌木，高 0.2-1.5m。叶柄 1-5mm，被鳞片；叶片卵形、长圆形、狭椭圆形至线状披针形，长 0.5-2cm，宽 3-9mm，背面覆盖单层浅黄褐色鳞片，上面淡绿色，被鳞片。花序有 1（-2）花，花梗 1-3cm，被鳞片，花萼淡紫色或浅黄红色，萼片 2.8-5mm，圆形或长圆形，宿存，被鳞片，有缘毛；花冠宽漏斗状，淡紫色至蓝紫色，长 1-1.9cm，花冠管 5-7mm，外面无鳞片，有时被柔毛，喉部有柔毛；雄蕊 10，与花冠几等长，花丝基部被柔毛；子房约 2mm，密被鳞片，花柱长于雄蕊，基部附近有稀疏鳞片，被微柔毛。蒴果卵球形至圆柱形，长 4-7mm，密被鳞片。花期 5-7 月，果期 9-10 月。

分布于四川西北部，生于海拔 3 200-4 900m 的松林、灌丛、沼泽地。

图 435　毛蕊杜鹃

1b. 黄花毛蕊杜鹃（变种）

Rhododendron websterianum Rehder & E. H. Wilson var. ***yulongense*** Plilipson & M. N. Philipson, Notes Roy. Bot. Gard. Edinburgh 34 (1): 23. 1975.

花冠黄色。花期 7 月。

分布于四川西北部，生于海拔 4 300-4 800 m 的高山草甸及草地。

4. 越桔属　*Vaccinium* L.

灌木或小乔木，常绿或落叶。叶全缘或有锯齿。总状花序顶生或腋生，或花簇生或单一；苞片及小苞片宿存或早落，花梗具关节；花（4-）5 数；萼浅裂或齿状；花冠坛状、钟状或管状，浅裂成短齿，多数较花冠管短，稀较长或花瓣明显分离；雄蕊内藏，花药与花丝接合处常有 2 距；花盘环状；子房下位。浆果球形。种子卵球形，小。

本属约有 450 种，分布于北半球温带、亚热带和热带山区，以马来西亚地区最为集中，少数产非洲南部和马达加斯加岛。我国有 92 种，其中 51 个为特有种。

分种检索表

1. 落叶灌木，高 0.5-1 m，直立；花 4-5 数，花冠宽坛状，花药有 2 距················2. 笃斯越桔 *V. uliginosum*
1. 常绿矮灌木，高 5-30 cm，多少平铺或基部平卧；花 4 数，花冠钟状或分裂几达基部；花药无距。
   2. 叶长 2-6 mm，宽 1-2（-3）mm，全缘；苞片宿存；花冠裂片几达基部，裂片约 5 mm；浆果红色··1. 小果红莓苔子 *V. microcarpum*

2. 叶长 7-20mm，宽 4-8mm，边缘具波状圆齿；苞片早落；花冠钟状，长约 5mm，裂片长 2-2.5mm；浆果紫红色··3. 越桔 *V. vitis-idaca*

1. 小果红莓苔子

Vaccinium microcarpum (Turcz. ex Rupr.) Schmalh., Trudy Imp. S.-Peterburgsk. Obsc. Estestvoisp. 2: 149. 1871.——*Oxycocus microcarpus* Turcz. ex Rupr.

常绿矮灌木，高 5-10cm，多少平卧。枝圆柱形，纤细，被微柔毛，后变无毛。叶密集，叶柄不足 1mm，被微柔毛；叶片卵形或椭圆形，长 2-6mm，宽 1-2（-3）mm，革质，无毛，边缘外卷，全缘。花顶生，1-2 朵，苞片约 1mm，卵形，无毛，宿存；花梗丝状，前端下弯，长 1.5-2.5cm，无毛；花 4 数；萼管无毛，裂片近圆形，约 0.5mm；花冠淡粉色，无毛，裂片几达基部，外翻，长圆形，约 5mm；花丝约 2mm，无毛，花药约 2mm，药室无距。浆果红色，直径约 6mm。花期 6-7 月，果期 7-8 月。

分布于黑龙江及吉林长白山、内蒙古的大兴安岭，生于海拔约 900m 的落叶松林、沼泽及湿地。朝鲜、蒙古、日本、俄罗斯东部以及欧洲和北美也有分布。

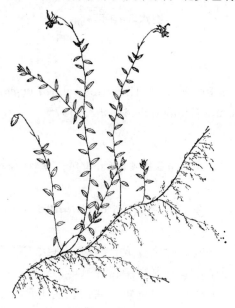

图 436 小果红莓苔子

2. 笃斯越桔

Vaccinium uliginosum L., Sp. Pl. 1: 350. 1753.

落叶灌木，高 0.5-1m，高山种群高 10-15cm。枝圆柱形，被微柔毛至无毛。叶星散分布，叶柄约 2mm，被微柔毛；叶片倒卵形或椭圆形至长圆形，长 1-3cm，宽 0.6-1.5cm，纸质，背面被白霜，上面无毛，全缘，上面基部两侧各有 1 腺点。1-3 花簇生枝端，苞片早落；花梗约 5mm，无毛；花 4-5 数；萼管约 0.8mm，无毛，萼片 4-5，三角状卵形，约 1mm；花冠淡绿白色，宽坛状，约 5mm，无毛，裂片三角形，约 1mm；花丝约 1mm，无毛，花药约 1.5mm，药室有 2 距。浆果蓝紫色，近球形或椭圆球形，被果霜。花期 6 月，果期 7-8 月。

分布于黑龙江及内蒙古大兴安岭、吉林长白山，生于海拔 900-2 300 m 的落叶松林、林缘、沼泽草甸、高山草原。日本、朝鲜、蒙古、俄罗斯以及欧洲和北美也有分布。

3. 越桔

Vaccinium vitis-idaca L., Sp. Pl. 1: 351. 1753.

常绿矮灌木，高 10-30 cm，直立或基部平卧。枝被短柔毛。叶密集，叶柄约 1 mm，被微柔毛，叶片椭圆形或倒卵形，长 0.7-2 cm，宽 4-8 mm，革质，背面贴生腺毛，上面无毛或沿中脉被微柔毛，边缘外翻，具波状圆齿。总状花序顶生，长 1-1.5 cm，被微柔毛，有花 2-8 朵；苞片早落，宽卵形，约 3 mm；花梗约 1 mm，被微柔毛；花 4 数，萼管无毛，萼裂片三角形，约 1 mm；花冠白色或粉色，钟状，约 5 mm，裂片直，三角状卵形，长 2-2.5 mm；花丝约 0.5 mm，被微柔毛，花药约 1.5 mm，无距。浆果紫红色，直径约 5-10 mm。花期 6-7 月，果期 8-9 月。

分布于黑龙江、吉林、内蒙古、山西、新疆，生于海拔 900-3 200 m 的桦木及落叶松林、草甸、高山草地。日本、朝鲜、蒙古、俄罗斯以及欧洲和北美也有分布。

图 437　越桔

报春花科　Primulaceae

多年生或一年生草本，稀半灌木状。叶互生、对生或轮生，或全部基生。单花，或呈圆锥状总状或伞形花序，常具苞片，花两性，(4-) 5 (-9) 数；花萼宿存；花冠合瓣，辐射对称，稀缺；雄蕊与花瓣同数而对生，偶为鳞片状，花丝分离或基部连合成管状；子房上位，稀半下位，1 室，中央特立胎座，花柱 1，柱头头状，不明显。蒴果通常 5 齿裂或瓣裂；稀盖裂。种子数枚至多数，胚小，直，被胚乳环抱。

本科有 22 属，约 1 000 种，主产温带及北半球山区。我国有 12 属 528 种，其中特有种 373 个，遍布全国。本书收入 4 属 16 种。

分属检索表

1. 无花冠；叶在茎上部交互对生···2. 海乳草属 *Glaux*
1. 具各色花冠。
  2. 花柱常有长短二型，稀同型；叶基生，呈莲座状·······························4. 报春花属 *Primula*
  2. 花柱同型；叶基生或茎生。
    3. 花 5 数，在芽中覆瓦状排列；花冠管喉部缢缩·····························1. 点地梅属 *Androsace*
    3. 花 5 (6-9) 数，在芽中旋转排列；花冠管喉部不缢缩·····················3. 珍珠菜属 *Lysimachia*

1. 点地梅属　*Androsace* L.

多年生、一年生或二年生草本，有时垫状。叶莲座状基生，稀互生。伞形花序或单花，有苞片；花 5 数，同型；花萼钟状或近球形，浅裂或深裂；花冠白色、粉色、紫色或暗红色，稀黄色，花冠管常膨大，与萼等长或略短，喉部缢缩，花冠裂片全缘或微凹；雄蕊内藏，花丝极短，花药卵形；花柱较花冠管短。蒴果近球形，开裂几达底部。种子少数至多数。

本属约有 100 种，广布于北半球温带地区。我国有 73 种。

分种检索表

1. 叶长椭圆形至卵状长圆形，长 0.6-2.5 cm，宽 0.5-1.2 cm，无毛或仅有腺毛。花序多花；花萼无毛或仅有腺毛···1. 东北点地梅 *A. filiformis*
1. 叶小，近圆形或肾形，长、宽 4-7 mm，被糙毛。花序仅有 2-3 (-5) 花，密被毛······2. 小点地梅 *A. gmelinii*

1. 东北点地梅

Androsace filiformis Retz., Observ. Bot. 2: 10. 1781.

一年生草本。具多数纤维状根。叶基生，叶柄与叶片等长或略长，叶片椭圆形至卵状长圆形，长 0.6-2.5 cm，宽 0.5-1.2 cm，无毛或有伸展腺毛，边缘具波状齿。花葶 2.5-15 (-20) cm，无毛或有伸展腺毛；伞形花序多花，苞片线状披针形，长约 2 mm；花梗不等长，丝状，长 2-7 cm，花萼杯状，长 2-2.5 mm，深裂至中部，裂片三角形，无毛或有伸展腺毛，边缘透明；花冠白色，直径约 3 mm，裂片长圆形。花期 5 月。

分布于黑龙江、吉林、内蒙古、新疆，生于海拔 1 000-2 000 m 的潮湿草甸、河岸、沼泽、溪谷附近以及开阔疏林。亚洲北部、欧洲、北美也有分布。

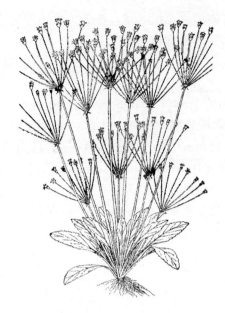

图 438 东北点地梅

2. 小点地梅
Androsace gmelinii (L.) Roem. & Schult., Syst. Veg. 4: 165. 1819.——*Cortusa gmelinii* L.

2a. 小点地梅（原变种）
Androsace gmelinii (L.) Roem. & Schult. var. *gmelinii*

一年生小草本。叶基生，叶柄 2-3 cm，被伸展柔毛，叶片近圆形或肾形，4-7 mm 宽，被糙毛，7-9 浅裂至缘圆齿，基部心形。花葶 3-9 cm，被疏柔毛；伞形花序有 2-3（-5）花，苞片披针形至卵状披针形，长 1-2 mm；花梗 0.3-1.5 cm，远短于花葶，被疏柔毛；花萼钟状，长 2.5-3 mm，密被毛，深裂达中部，裂片伸展，果期反折，卵形至卵状三角形；花冠白色，与萼等长或略长，直径 2-2.5 mm，裂片长圆形，长约 1 mm，宽约 0.5 mm。

分布于内蒙古及四川西北部，生于河岸湿地、沼泽草甸。蒙古及俄罗斯也有分布。

2b. 短葶点地梅（变种）
Androsace gmelinii (L.) Roem. & Schult. var. *geophila* Hand.-Mazz., Acta Horti Gothob. 2 (3): 112. 1926.

花葶长 1 cm，花梗 0.7-2.5 cm，较花葶长。

分布于青海、甘肃、四川西北部，生于海拔 2 600-4 400 m 的草坡、深谷。

2. 海乳草属　*Glaux* L.

多年生草本，无毛。叶在茎上部交互对生或互生，无柄。单花腋生，花梗极短，几无梗。花萼花瓣状，5 深裂至中部附近；无花冠；雄蕊 5，着生于萼基部，与萼裂片互生，花药心状卵形，背着；子房卵形，花柱丝状，柱头头状。蒴果球形，5 瓣裂。

本属仅有 1 种，广布北半球北部地区。

1. 海乳草

Glaux maritima L., Sp. Pl. 1: 207. 1753.

株高 3-25 cm，根状茎具膜质鳞片状叶。茎直立或基部平铺，肉质。叶片线形至狭椭圆状长圆形或近匙形，长 4-15 mm，宽 1.5-3.5（-5）mm，近肉质，全缘。花生于上部叶腋，花梗 0.1-0.7（1.5）mm；花萼白色或粉色，长 3-5 mm，裂片倒卵状长圆形；雄蕊略短于花萼裂片；子房上部有腺点，花柱约与雄蕊等长。蒴果直径 2.5-3 mm。花期 6 月。

分布于东北、华北、西北以及安徽、山东、四川、西藏，生于各种滩地、泥泞浅水处、盐碱滩。亚洲北部和中部、欧洲、北美均有分布。

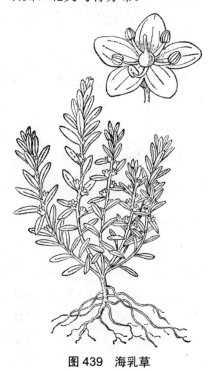

图 439　海乳草

3. 珍珠菜属　*Lysimachia* L.

直立或平卧草本，稀半灌木，无毛或被柔毛，通常有腺点。叶互生、对生或轮生，全缘。单花生上部叶腋或为顶生或腋生圆锥花序或总状花序，或缩短呈头状，有苞片；萼绿色，5（6-9）深裂；花冠白色或黄色，同型稀异型，近轮状或钟状，5（6-9）裂，裂片在芽中旋转；花丝无毛，分离或基部连合成环或管，并多少与花冠合生，花药顶裂或侧裂。蒴果近球形，常瓣裂，稀不裂。

本属约有 180 种，产于北半球温带或亚热带，非洲、澳大利亚和南美有少数种。我国有 138 种，本书收录 6 种。

分种检索表

1. 花 6-7 数，密集呈头状或穗状花序···6. 球尾花 *L. thyrsiflora*
1. 花 5 数，单生或为总状花序。
   2. 花黄色、稀白色，花丝连合成环或管状，贴生于花冠基部。
      3. 单花腋生，或为顶生总状花序··2. 过路黄 *L. christiniae*
      3. 花 3-6 朵聚生分枝顶端，很少为伞形或头状花序而生主枝顶········4. 显苞过路黄 *L. rubiginosa*
   2. 花冠白色，花丝分离，贴生于花冠中部。
      4. 花柱较花冠短，与果等长或较短···3. 红根草 *L. fortunei*
      4. 花柱较花冠长或等长，较蒴果长。
         5. 花药椭圆形或卵形，先端无腺体···1. 泽珍珠菜 *L. candida*
         5. 花药线形，先端深红色或有胼胝体·······································5. 腺药珍珠菜 *L. stenosepala*

1. 泽珍珠菜

Lysimachia candida Lindl., J. Hort. Soc. London 1: 301. 1846.

一年生或二年生草本，高 10-30 cm，无毛。基生叶匙形至倒披针形，长 2.6-6 cm，宽 0.5-2 cm，叶柄有翅；茎生叶互生，稀对生，几无柄，叶片倒卵形至倒披针形或线形，长 1-5 cm，宽 0.2-1.2 cm，有红色或黑色星散腺点。总状花序顶生，果时达 5-10 cm，苞片线形，长 4-6 mm，花梗 0.8-1.2（-1.5）cm；花萼裂片披针形；花冠白色，狭钟状，长 6-12 mm，深裂至中部，裂片长圆形至长圆状披针形；雄蕊略短于花冠裂片，花丝约 1.5 mm，花药近线形，长约 1.5 mm；子房无毛，花柱约 5 mm。蒴果近球形，直径 2-3 mm。花期 3-6 月。

分布于华东、华南、华中及贵州、陕西南部、山东、四川、台湾、云南，生于海拔 100-2 100 m 的农田湿处、沟渠、溪边、路边。日本、缅甸、越南也有分布。

图 440　泽珍珠菜

2. 过路黄

Lysimachia christiniae Hance, Bot. 11 (126): 167. 1873.

多年生草本；茎平铺，无毛或被锈色疏柔毛，幼枝有腺毛。叶对生，叶柄较叶片短或等长，叶片卵形至近圆形或肾形，长（1.5-）6（-8）cm，宽 1-4（-6）cm，具半透明腺条纹，干后腺纹变黑或脱落。单花腋生，花梗 1-5 cm，较苞片短；花萼裂片长 4-7（-10）mm；花冠黄色，花冠管 2-4 mm，裂片狭卵形至近披针形，长 5-11 mm，有黑色长条纹；花丝 6-8 mm，下部 1/2 连合成管，花药卵形，长 1-1.5 mm；子房卵球形，花柱 6-8 mm。蒴果近球形，直径 4-5 mm，有黑色腺纹。花期 5-7 月。

分布于安徽、福建、广东、广西、贵州、河南、湖北、湖南、江苏、江西、陕西南部、四川、云南、浙江，生于海拔 500-2 300 m 的溪流边潮湿处、开阔林中或林缘。

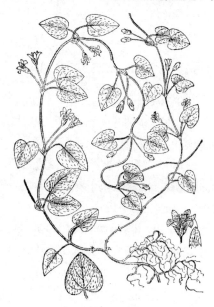

图 441　过路黄

3. 红根草

Lysimachia fortunei Maxim., Bull. Acad. Imp. Sci. Saint-Petersbourg 12 (1): 68. 1868.

多年生草本，高 30-70 cm，无毛。根状茎横走，紫红色；茎直立，有黑色腺点。叶互生，几无柄，叶片长圆状披针形至狭椭圆形，长 4-11 cm，宽 1-2.5 cm，有腺点。总状花序 10-20 cm，苞片披针形，长 2-3 mm；花萼裂片卵状椭圆形，长约 1.5 mm，具缘毛及黑色腺体；花冠白色，长约 3 mm，深裂至中部以下，裂片椭圆形至卵状椭圆形，密被黑色腺点；雄蕊内藏，花药卵形，长约 0.5 mm；子房卵球形，花柱约 1 mm。蒴果球形，直径 2-2.5 mm。花期 6-8 月。

分布于华南及福建、湖南、江苏、江西、台湾、浙江，生于海拔 1 500 m 以下的潮湿地、沟渠、稻田边、路边。朝鲜、日本、越南也有分布。

图 442 红根草

4. 显苞过路黄

Lysimachia rubiginosa Hemsl., J. Linn. Soc., Bot. 26: 56. 1889.

多年生草本，高 30-60（-100）cm；茎直立或下部平卧，多少被锈色长柔毛；分枝常短于茎顶苞叶。叶对生，叶柄具狭翅，叶片卵形至卵状披针形，长 4-9.5 cm，宽 2-3.8 cm，有黑色或棕色条纹。花序近头状，生分枝顶，有 3-5 花，苞片叶状；花萼裂片披针形，长 8-9 mm，有黑色腺条纹；花冠黄色，花冠管 3-4 mm，裂片狭长圆形，长 1-1.1 cm，有黑色或棕色腺条纹；花丝基部连合成约 3 mm 的管，分离部分 3-5 mm，花药长圆形，长约 1.5 mm；子房上部被柔毛，花柱约 7 mm。蒴果近球形，直径约 3 mm。花期 5 月。

分布于广西、贵州、湖北、湖南、四川、云南东北部及东南部、浙江，生于海拔 1 000-1 500 m 的林中潮湿处及溪边。

图 443 显苞过路黄

5. 腺药珍珠菜
Lysimachia stenosepala Hemsl., J. Linn. Soc., Bot. 26: 57. 1889.

多年生草本，无毛，高 30-65cm。茎直立，四棱形。叶对生，茎上部常互生，披针形、椭圆状披针形或椭圆形，长 4-10cm，宽 0.8-4cm。总状花序 5-15cm，苞片线状披针形，长 3-5mm，花梗 2-7mm，果时稍延长，花萼裂片线状披针形，长约 5mm，有透明边；花冠白色，长 4-8mm，深裂至 1/2-2/3，裂片卵状长圆形至匙形或椭圆形；雄蕊内藏，花药线形，长约 1.5mm，先端有红色腺体；子房无毛，花柱长达 5mm。蒴果近球形，直径约 3mm。

分布于贵州、湖北、湖南、陕西、四川南部、云南、浙江，生于海拔 900-2 500m 的潮湿疏林边、溪边、山坡草地、灌丛。

图 444 腺药珍珠菜

6. 球尾花
Lysimachia thyrsiflora L., Sp. Pl. 1: 147. 1753.

多年生草本，高 30-80cm，有横走根状茎。茎直立，有黑色腺点。叶对生，无柄，披针形至椭圆状披针形，长 5-15cm，宽 0.6-2cm，有稀疏黑色腺点。总状花序密集头状或穗状；花梗 1-3mm，花萼 2-3.5mm，深裂几达基部，裂片 6-7 枚，线状披针形，被黑色腺点；花冠乳黄色，深裂几达基部，裂片与萼裂片同数，线形，长 5-6mm，宽 0.5-1mm，有黑色腺斑及条纹；雄蕊与花冠等长或更长，花药长圆形，长约 1mm；子房疏生微柔毛，花柱 4.5-6mm。蒴果近球形，直径约 2.5mm。花期 5-6 月。

分布于黑龙江、吉林、内蒙古、陕西、云南北部山区，生于沼泽、潮湿草甸。

4. 报春花属 *Primula* L.

多年生草本，稀一年生。叶基生，莲座状。花排列成伞形、总状、近头状或穗状花序，稀为单花；有苞片；花萼钟状或圆筒状，有时叶状，5 齿裂；花冠管状，喉部不缢缩，冠檐 5 浅裂，平展或钟状，裂片 2 裂，全缘；雄蕊内藏，花丝极短，花药钝；子房上位，花柱常有长短二型，有时同型。蒴果球形、卵球形或圆柱形，瓣裂，稀盖裂或撕裂。种子多数。

本属约有 500 种，主要分布于北温带地区，非洲和亚洲热带及南美高山有少数种。我国有 300 余种。

分种检索表

1. 植株被黄粉。
    2. 花冠黄色··6. 钟花报春 P. sikkimensis
    2. 花冠淡紫堇色或紫堇色，稀白色，不为黄色。
        3. 花淡紫堇色，稀白色，花冠裂片全缘，长柱花雄蕊生于花冠管基部以上 4-5 mm 处，短柱花花柱约 3 mm··2. 紫花雪山报春 P. chionantha
        3. 花堇色至深紫堇色，花冠裂片顶端凹陷，长柱花雄蕊生于花冠管基部以上约 2 mm 处，短柱花花柱约 2 mm··5. 丽花报春 P. pulchella
1. 植株通体无黄粉。
    4. 叶柄不明显而宽翅状；蒴果卵球形。
        5. 花葶 5-25 cm；苞片卵状披针形至线披针形，长 2-5 mm；花冠紫堇色，花冠管 1.2-1.6 cm，檐宽 0.6-1.8 cm，裂片近方形····································1. 紫晶报春 P. amethystina
        5. 花葶 20-40 (-60) cm；苞片线披针形，长 5-10 mm；花冠深紫红色或玫瑰紫色，花冠管 0.9-1.1 cm，檐宽 1.8-3 cm，裂片倒卵形至近圆形····································4. 海仙花 P. poissonii
    4. 叶柄与叶片等长，或为叶片 1-3 倍长；蒴果圆柱形。
        6. 花萼管钟状，长 5-8 mm，基部微缢缩，具缘毛····································3. 天山报春 P. nutans
        6. 花萼管钟状，长 3-5 mm，基部不缢缩，无缘毛····································7. 西藏报春 P. tibetica

1. 紫晶报春

Primula amethystina Franch., Bull. Soc. Bot. France 32: 268. 1885.

1a. 紫晶报春（原亚种）

Primula amethystina Franch. subsp. *amethystine*

多年生草本。叶柄约 1.5 cm，叶片椭圆状长圆形至倒卵状长圆形，长 2-4.5 cm，宽 1-2 cm，有棕色细斑，边缘具波状细齿。花葶 5-15 cm；伞形花序有 2-6 花；苞片卵状披针形至线披针形，长 2-5 mm；花梗 0.5-1.5 cm，花萼钟状，长 4-6 mm，深裂至中部，裂片卵形至卵状披针形；花冠紫堇色，钟状，长 1.2-1.6 cm，直径 1.2-1.5 cm，裂片近方形，4-5 (-6) mm，先端下凹而具缺刻，基部短圆筒突然膨大；长柱花雄蕊着生于花冠管基部约 2.5 mm 处，花柱约 4.5 mm；短柱花花柱约 1.2 mm。蒴果卵球形，约与萼等长。花期 6-7 月。

分布于云南（苍山），生于海拔约 4 000 m 的山顶湿草甸。

图 445 紫晶报春

1b. 尖齿紫晶报春（亚种）

Primula amethystina Franch. subsp. *argutidens* (Franch.) W. W. Sm. & H. R. Fletcher, Trans. Bot. Soc. Edinburgh 33 (3): 213–214. 1942.——*Primula argutidens* Franch.

叶缘锯齿明显。花葶 5-10（-13）cm；伞形花序有 2-4 花，花梗 1-3（-5）mm；花冠钟状，直径 1-1.5（-1.8）cm，基部短圆筒突然膨大，裂片先端不规则撕裂。花期 6-7 月。分布于四川西部，生于海拔 3 500-5 000 m 的高山草甸。

1c. 短叶紫晶报春（亚种）

Primula amethystina Franch. subsp. *brevifolia* (Forrest) W. W. Sm. & Forrest, Notes Roy. Bot. Gard. Edinburgh 16 (76): 13. 1928.——*Primula brevifolia* Forrest.

叶缘具明显波状细齿。花葶 8-16（-25）cm；伞形花序有 3-30 花，花梗 0.2-2 cm；花冠管状钟形，直径 6-10 mm，基部逐渐膨大，裂片不规则撕裂呈流苏状。花期 6-7 月。分布四川西北部、西藏东部、云南西北部，生于海拔 3400-5000 m 的湿地草甸。

2. 紫花雪山报春

Primula chionantha Balf. f. & Forrest, Notes Roy. Bot. Gard. Edinburgh 9: 11. 1915.

多年生草本，叶丛基部由鳞片、叶柄包叠呈假茎状，高 4-9 cm。叶莲座状，叶柄有宽翅，叶片长圆状卵形至披针形，长 5-20（-25）cm，宽 1-5 cm，背面被淡黄色粉，边缘有细齿至全缘。花葶（15-）20-50（-70）cm，近顶部被黄粉；伞形花序有 3 至多花，苞片披针形至钻形，花梗 1-2.5 cm，果时延长至 6 cm，密被淡黄色粉；花萼管状钟形，长 8-10（-12）mm，深裂过中部，裂片长圆状披针形，密被粉质；花冠淡紫色，稀白色，花冠管 1.1-1.3 cm，檐宽 2-3 cm，裂片宽椭圆形至近倒卵形；长柱花雄蕊生于花冠管基部以上

4-5mm 处，花柱与花冠管等长；短柱花雄蕊生于花冠管顶部，花柱约 3mm。蒴果圆柱形，长约为萼 2 倍。花期 5-7 月。

分布于四川西南、西藏东部、云南北部和西北部，生于海拔 3000-4400m 的湿草甸、林缘、杜鹃花林中。

3. 天山报春

Primula nutans Georgi, Bemerk. Reise Russ. Reich. 1: 200. 1775.

多年生草本，无粉质。叶莲座状，叶片卵形至长圆形或近圆形，长 0.5-3cm，宽 0.4-1.5cm。花葶（2-）10-25cm，光滑；伞形花序有 2-6（-10）花，苞片长圆形，长 5-8mm，边缘具腺毛，基部下延形成 1-1.5mm 钝耳；花梗 5-22（-45）cm；花萼管状钟形，长 5-8mm，常被淡棕色斑，基部微缢缩，深裂达 1/3，有 5 肋，裂片长圆形至三角形，密生短腺毛及缘毛；花冠淡粉紫色，花冠管 6-10mm，檐宽 1-2cm，裂片倒卵形，深凹；长柱花雄蕊生花冠管中部，花柱伸出管外；短柱花雄蕊生花冠管上部，花柱稍超过管中部。蒴果圆柱形，长 7-8mm。花期 5-6 月。

分布于甘肃、内蒙古、青海、四川北部、新疆，生于海拔 600-3 800m 的湿草甸、沼泽。亚洲北部和中部以及北欧和北美西北均有分布。

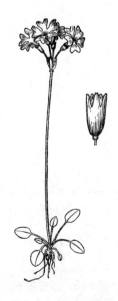

图 446　天山报春

4. 海仙花

Primula poissonii Franch., Bull. Soc. Bot. France 33: 67. 1886.

多年生草本，植株无粉，无毛。叶莲座状，倒卵状椭圆形至倒披针形，长（2.5-）4-10（-13）cm，宽 1.2-5cm，基部极狭，边缘齿规则。花葶 20-45cm，果期伸长达 60cm；伞形花序有 3-10 花，苞片线状披针形，长 5-10mm；花梗 1-2cm；花萼钟状，约 5mm，深裂达 1/3，裂片三角形至长圆形；花冠深紫红色或玫瑰紫色，花冠管 0.9-1.1cm，冠檐伸展，宽 1.8-3 cm，裂片倒卵形至近圆形，长 8-9.5 mm，先端常 2 裂。长柱花雄蕊生冠管基部以上约 2 mm 处，花柱约 6.5 mm。蒴果卵球形，略长于萼。花期 5-7 月。

分布于四川西部、云南中部和北部，生于海拔 2 300-3 100 m 的湿地、沼泽草甸。

5. 丽花报春
Primula pulchella Franch., Bull. Soc. Bot. France 35: 429. 1888.

多年生草本。叶莲座状，披针形、线状披针形或倒披针形，长 3-15 cm，宽 0.5-2 cm，叶背密被黄粉，边缘常稍外翻。花葶 8-30 cm，近顶部被粉；伞形花序有 3-30 花，苞片线形至线状披针形，长 3-8（-10）mm；花梗 0.5-2.5 cm，有黄粉，花萼钟形，长 4-8（-11）mm，深裂至中部上下，被粉，裂片披针形至狭披针形；花冠堇色至深紫堇色，花冠管 0.8-1.2 cm，冠檐宽 1.5-2 cm，裂片倒卵形，深凹。长柱花雄蕊生冠管基部以上约 2 mm 处，花柱与管等长；短柱花雄蕊在冠管口着生，花柱约 2 mm。蒴果长圆形，略长于萼或为其 2 倍。花期 6-7 月。

分布于四川西南部、西藏东部、云南西北部，生于海拔 2 000-4 500 m 的潮湿草甸、疏林边。

图 447　丽花报春

6. 钟花报春
Primula sikkimensis Hook. f., Bot. Mag. 77: t. 4597. 1851.

多年生草本。叶莲座状，椭圆形至长圆形或披针形，长 7-30（-40）cm，宽 2-7 cm，薄纸质或近膜质，边缘具齿。花葶 15-90 cm，近顶部被黄粉；伞形花序具 2 至多花，苞片披针形，长 0.5-2 cm，基部常浅囊状；花梗 1-6（-10）cm，被黄粉；花萼钟状至管状钟形，长 7-10（-12）mm，被大量粉质，深裂达中部，有 5 肋，裂片披针形至三角状披针形，先端微弯；花冠黄色，稀乳白色，干后变暗绿，长 1.5-3 cm，花冠管稍长于萼，裂片倒卵形至倒卵状长圆形；长柱花雄蕊生冠管以上 2-3 mm 处，花柱约与花冠管等长。蒴果长圆形，几与萼等长。花期 6 月，果期 9-10 月。

分布于四川西部、西藏、云南西北，生于海拔 3 200-4 400 m 的湿草甸、沼泽和林缘潮湿处、溪边。不丹、印度、缅甸、尼泊尔也有分布。

图 448　钟花报春

7. 西藏报春
Primula tibetica Watt, J. Linn. Soc., Bot. 20: 6. 1882.

多年生草本。叶莲座状，卵形至椭圆形或匙形，长 0.6-3 cm，宽 0.2-1.6 cm，全缘。伞形花序有花（1-）2-10 朵，苞片狭长圆形至披针形，长 4-10 mm，下延成 1-1.5 mm 钝耳；花梗 2-8 cm；花萼管状钟形，长 3-5 mm，深裂过中部，有 5 肋，裂片披针形至三角形；花冠淡粉紫色或淡紫色，花冠管 4.5-7 mm，较萼略长，檐宽 7-10 mm，裂片宽倒卵形，深凹；长柱花雄蕊生冠管中部，花柱超出。蒴果圆柱形，略较萼长。

分布于西藏，生于海拔 3 200-4 800 m 的湿草甸、沼泽。不丹、印度、尼泊尔也有分布。

白花丹科　Plumbaginaceae

灌木、小乔木或草本。茎具棱。叶片全缘或羽状分裂。花序顶生或腋生，小聚伞花序（本科中称为"小穗"）排列成穗状或圆锥花序，常偏向一侧；每小穗基部有 1 苞片，每花基部有 1-2 小苞片；花两性，辐射对称；萼宿存，管状至漏斗状，具 5 肋，5 浅裂；花冠裂片合生或在基部合生，5 裂，裂片螺旋状；雄蕊与花冠裂片对生，花药 2 室，纵裂；雌蕊 1，子房上位，1 室，胚珠 1，花柱 5，分离或连合，柱头 5。蒴果常藏于萼内。种子 1，胚直。

本科约有 25 属，440 种，世界广布，以亚洲中部和地中海地区为主。我国有 7 属 46 种，其中 11 种为我国特有。

1. 补血草属 *Limonium* Miller

草本或小灌木，茎常短缩而仅存茎基。叶互生，常聚集形成莲座状。花序通常多分枝，平顶，小穗有 1-5 花，苞片明显短于初级小苞片，边缘膜质，小苞片边缘常宽膜质；萼漏斗状、倒锥形或管形，基部直或斜，沿肋略草质，肋间干膜质，檐部干膜质，膨大，展开，先端 5-10 浅裂；花冠基部合生，顶端分离并展开；雄蕊着生于花冠基部；子房倒卵球形，花柱 5，分离，柱头延长，丝状圆柱形。蒴果倒卵球形。

本属约有 300 种，世界广布。我国有 22 种。

1. 补血草

Limonium sinense (Girard) Kuntze, Revis. Gen. Pl. 2: 396. 1891.

多年生草本，高 15-60 cm。主根红棕色。叶基生，倒卵状长圆形、长圆状披针形至披针形，长 4-12（22）cm，宽 0.4-2.5（4）cm，下部渐狭成扁平的柄。花序伞房状或圆锥状；花序轴具 4 棱；穗状花序有柄至无柄，排列于花序分枝的上部至顶端，由 2-6（11）个小穗组成；小穗含 2-3（4）花；萼长 5-6（7）mm，漏斗状，萼檐白色，宽 2-2.5 mm，裂片宽短，常有间生裂片；花冠黄色。花期 6-11 月（长江以北）或 4-12 月（长江以南）。

分布于福建、广东、广西、河北、江苏、辽宁、山东、台湾、浙江等沿海地区，生于潮湿盐碱地和沙地。日本、越南也有分布。

图 449 补血草

马钱科　Loganiaceae

乔木、灌木、木质藤本或草本，有时为附生。叶对生，偶互生，稀轮生或簇生，托叶宿存，常退化成线状与叶柄基部合生，有时与叶鞘合生，叶片通常全缘。聚伞花序常聚集成圆锥状，苞片通常小，花两性；花萼 4-5 浅裂，多数宿存；花冠裂片 4-5（-16）；雄蕊着生花冠上，与花冠裂片同数，并与之互生，或有时较少，花丝分离，花药 2-4 室；花盘环形或无；子房上位，稀半下位，(1-) 2 (-4) 室，中轴或侧膜胎座，每室胚珠 1 至多数，花柱 1，柱头头状，有时 2-4 浅裂。蒴果、浆果或核果。种子 1 至多数，有时具翅，胚乳肉质或角质，胚小，直，子叶小。

本科约有 29 属 500 余种，主要分布于热带和亚热带地区。我国有 8 属 45 种，其中 10 个特有种。

1. 醉鱼草属　*Buddleja* L.

灌木，稀乔木、藤本或半灌木状，分枝有 4 棱或 4 翅。叶对生，稀互生，全缘或具细齿。花序顶生或腋生，通常多花，苞片多数为叶状；花 4 数，两性或单性；萼钟状或近钟状，少为杯状或圆锥形，萼管较裂片长；花冠钟状、杯状、高脚碟状或漏斗状，冠管圆常较裂片长；雄蕊着生花冠管上，与裂片互生，花药内向，2 室，基部常深心形；子房 2 (-4) 室，每室有胚珠数至多粒，花柱或长或短，柱头大，棍棒状、头状或稍 2 裂。蒴果或浆果。种子小而常具翅，胚乳肉质，胚直。

本属约有 100 种，分布于非洲、亚洲及美洲热带和亚热带。我国有 20 余种。

1. 醉鱼草

Buddleja lindleyana Fortune, Edwards's Bot. Reg. 30 (Misc.): 25. 1844.

灌木，高 1-3 m。幼枝、叶背、叶柄及花序密被锈色星状毛和腺毛。叶柄 1-7 mm，叶片卵形至椭圆形或狭椭圆形，长 3-11 cm，宽 1-5 cm，全缘或有疏波状齿。花序顶生，长 4-20 cm，粗 2-4 cm；下面苞片叶状，常线形，长 1-10 mm；花萼钟状至坛状，长 2-4 mm，裂片宽三角形，长 0.2-1 mm，宽 0.5-1 mm，外面密被腺毛和星状毛；花冠紫色，长 1.3-2 cm，花冠管 1.1-1.7 cm，中部以下弯曲，外面被腺毛及星状毛，裂片近圆形，长 2-3.5 mm；雄蕊无毛；子房卵球形，柱头棍棒状。蒴果椭圆柱形，长 4-6 mm，被腺毛，稀无毛。种子淡棕色，斜四面体形，边缘具狭翅。花期 4-10 月，果期翌年 4 月。

分布于安徽、福建、广东、广西、贵州、湖北、湖南、江苏、江西、四川、云南、浙江，生于海拔 200-2 700 m 的路边、溪旁、灌丛、林缘。

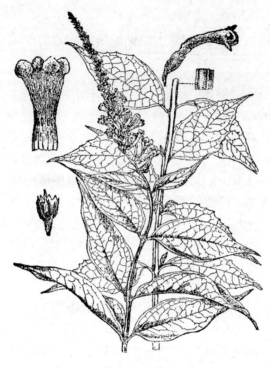

图 450 醉鱼草

龙胆科 Gentianaceae

一年生或多年生草本，稀灌木；茎直立或缠绕。单叶对生，稀互生或轮生。聚伞花序或复聚伞花序，有时减退至顶生的单花；花两性，稀单性，4-5（6-8）数；花萼管状、倒圆锥状、钟状或辐状，裂片基部常合生；花冠管状、倒圆锥状、高脚碟状、漏斗状、钟状或辐状，裂片间皱折有或无；雄蕊与花冠裂片互生，花药2室；子房上位，通常1室。蒴果，2瓣裂，稀为浆果。种子多数或少数，具丰富胚乳。

本科约有80属700余种，世界广布。我国有20属419种，其中特有属2个，特有种251个。

分属检索表

1. 花冠裂片间有皱折···2. 龙胆属 *Gentiana*
1. 花冠裂片间无皱折。
 2. 花药初时直立，后卷作螺旋形···1. 百金花属 *Centaurium*
 2. 花药不呈上型。
  3. 蜜腺无流苏状或管状附属物···3. 扁蕾属 *Gentianopsis*
  3. 蜜腺被流苏状或管状附属物包围···4. 獐牙菜属 *Swertia*

1. 百金花属 *Centaurium* Hill.

一年生草本。茎直立,有不明显 4 棱。叶对生。假二歧聚伞花序,有时穗状花序;花(4-)5 数;萼分裂几达基部;花冠高脚碟状,裂片较冠管短;雄蕊生冠管喉部,花丝短,丝状,花药初时直立,后卷作螺旋形,纵裂;子房部分 2 室,花柱线形,柱头裂片圆形。蒴果 2 瓣裂。种子多数,种皮蜂窝状。

本属有 40-50 种,世界广布。我国有 2 种。

1. 百金花

Centaurium pulchellum (Sw.) Druce var. ***altaicum*** (Griseb.) Kitag. & H. Hara, J. Jap. Bot. 13: 26. 1937.——*Erythraea ramosissima* Pers. var. *altaica* Griseb.

一年生草本,高约 25cm。茎近四棱。叶对生,无柄,叶片椭圆形至椭圆状披针形,先端尖,脉 3 出。二歧聚伞花序疏松;花萼深 5 裂,裂片披针形,长约 8mm;花冠白色或淡粉色,漏斗状,筒部狭长,裂片短,长椭圆形;雄蕊着生冠管喉部,花丝短,花药长圆形,螺旋状扭曲;子房上位,2 室,柱头 2 裂,片状。蒴果椭圆形。种子黑色,球形,小,表面具皱纹。花果期 5-7 月。

分布于东北、华北、华东、华南、西北,生于海拔 50-2 200m 的田野、草地、水边、沙滩等潮湿处,常见于海边。印度、俄罗斯、亚洲中西部、欧洲也有分布。

图 451 百金花

2. 龙胆属 *Gentiana* L.

一年生或多年生草本。茎直立，有棱或角。叶对生，稀轮生，有时基生呈莲座状。聚伞花序具1至数花，顶生或腋生；花（4）5（6-8）数；萼裂片丝状至卵状，中脉突出；花冠筒形、漏斗形或钟形，常浅裂，裂片间具皱折；花丝基部常翅状，花药背着；子房基部有5-10个腺体，雌蕊无柄或具柄；花柱通常短，有时较长呈丝状。蒴果圆柱形至椭圆形而无翅，或狭倒卵球形至倒卵球形而有翅。种子多数，无翅或有翅，种皮具细网纹，粗糙。

本属约有360种，分布于非洲西北部、亚洲、欧洲、美洲及大洋洲。我国有248种。

分种检索表

1. 花冠淡黄色至黄绿色……………………………………………………………………1. 高山龙胆 *G. algida*
1. 花冠深蓝色至蓝紫色。
  2. 多年生草本，株高30-60cm。
    3. 茎无乳突；萼裂齿小，长0.5-1mm……………………………………………6. 秦艽 *G. macrophylla*
    3. 茎上有乳突；萼裂片线形，长8-10mm…………………………………………9. 龙胆 *G. scabra*
  2. 一年生或多年生小草本，株高不足15cm。
    4. 花冠裂片间皱折全缘。
      5. 多年生草本，高6-12cm；叶披针形，长2-3cm，宽1-2mm，边缘粗糙……4. 喜湿龙胆 *G. helophila*
      5. 一年生草本，高3-5cm；叶卵圆形至圆形，长3-6mm，宽3-5mm，边缘骨质具缘毛…………………………………………………………………………………………8. 假水生龙胆 *G. pseudoquatica*
    4. 花冠裂片间皱折不规则条裂或具细齿。
      6. 皱折不规则条裂。
        7. 萼倒圆锥状，长7-10mm，裂片线形，长3-4mm；花冠蓝色至蓝紫色；雄蕊生于冠管中部……………………………………………………………………………………2. 刺芒龙胆 *G. ariscata*
        7. 萼钟状，长4-5mm，裂片三角形，长1.5-2mm；花冠淡蓝色，稀白色；雄蕊着生于花冠管基部……………………………………………………………5. 蓝白龙胆 *G. leucomelaena*
      6. 皱折具细齿或全缘。
        8. 一年生草本，高1.5-3cm；萼管7-9mm，中脉突起并下延成明显的翅…………………………………………………………………………………………3. 西域龙胆 *G. clarkei*
        8. 一年生或多年生草本，高2.5-5(-14)cm；萼倒圆锥形，长5-7(-8)mm，中脉明显，但不成上述翅。
          9. 多年生小草本，高3-5cm；植株各部无乳突；萼裂片线形，长6-13mm，先端渐尖，无明显芒……………………………………………………………7. 山景龙胆 *G. oreodoxa*
          9. 一年生草本，高2.5-14cm；植株、叶柄、叶背具乳突；萼裂片披针形至倒卵形，长2-3mm，先端有长约0.7mm刺芒……………………………………………10. 灰绿龙胆 *G. yokusai*

1. 高山龙胆
Gentiana algida Pall., Fl. Ross. 1 (2): 107. 1789.

多年生草本，高 8-20 cm。茎直立。基生叶莲座状，叶柄 1-3.5 cm，叶片常折叠，线状椭圆形至披针形，长 2-5.5 cm，宽 3-5 mm；茎生叶叶柄 0.5-1 cm，叶片狭椭圆至卵状披针形，长 1.8-2.8 cm，宽 4-8 mm。单花，稀 2-3（-8）花呈聚伞花序；萼长 2-2.2 cm，萼管全缘或一侧微裂；花冠淡黄色至淡黄绿色，有蓝色条纹，檐上常有蓝色斑，管钟形至漏斗形，长 4-5 cm，裂片卵形至三角形，长 5-6 mm，皱折斜截形；花丝 1.5-1.6 mm，花药 2.5-3.2 mm；花柱 4-6 mm，柱头裂片线形。蒴果卵状椭圆形，长 2-3 cm，雌蕊柄达 4.5 cm。种子亮棕色，宽椭圆至球形，长 1.4-1.6 mm。花果期 7-9 月。

分布于西藏、新疆，生于海拔 1 200-4 200 m 的草坡、砾石山坡、高山草甸。不丹、日本、哈萨克斯坦、吉尔吉斯斯坦、朝鲜、蒙古、俄罗斯东部、印度以及北美也有分布。

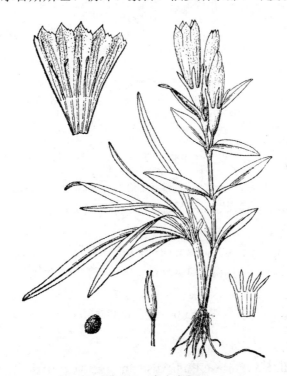

图 452　高山龙胆

2. 刺芒龙胆
Gentiana aristata Maxim., Bull. Acad. Imp. Sci. Saint-Petersbourg 26 (3): 497. 1880.

一年生草本，高 3-10 cm。茎基部分枝。基生叶花时枯萎；茎生叶对折，叶柄 1.5-2.5 mm，叶片线形，长 5-10 mm，宽 1.5-2 mm。花少，花梗 0.5-2 cm；萼狭倒圆锥形，长 7-10 mm，裂片线状披针形，长 3-4 mm，先端具芒；花冠蓝色至淡紫色，基部有黄绿色和蓝灰色纹，倒圆锥形，长 1.5-2 cm，裂片卵状椭圆形至卵形，长 3-4 mm，皱折长圆形；花丝 3-4 mm，花药下弯，长 0.7-1 mm；花柱 1.5-2 mm，柱头裂片狭长圆形。蒴果狭倒卵形，长 5-6 mm，雌蕊柄达 2 cm, 纤细。种子亮棕色, 椭圆形, 长 1-1.2 mm。花果期 6-9 月。

分布于甘肃、青海、四川、西藏, 生于海拔 1 800-4 600 m 的河岸、沼泽草甸、高山草甸、灌丛草甸、草原、林地、沙砾地、深谷。

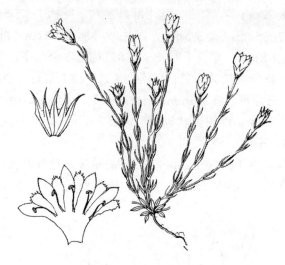

图 453　刺芒龙胆

3. 西域龙胆

Gentiana clarkei Kusn., Trudy Imp. S.-Peterburgsk. Bot. Sada 15 (3): 419. 1904.

一年生小草本, 高 1.5-3 cm; 茎基部分枝; 叶片匙形至倒卵形, 长 2.5-4.5 mm, 宽 1-1.5 mm。花梗 2-6 mm; 萼管状至狭倒圆锥形, 长 7-9 mm, 裂片三角形, 长 1-1.2 mm, 中脉凸起并下延成萼管翅; 花冠蓝色, 管状, 长 1.2-1.5 cm, 裂片卵形, 长 1.5-2 mm, 皱折卵形; 花丝 1-1.5 mm, 花药 0.8-1 mm; 花柱 0.5-0.7 mm, 柱头裂片半圆形。蒴果圆柱形至狭椭圆形, 长 8-10 mm, 雌蕊柄达 1.8 cm。种子亮棕色, 椭圆形, 长 0.8-1 mm。花果期 8-9 月。

分布于青海、西藏, 生于海拔 4 600-5 300 m 的高山草甸。

4. 喜湿龙胆

Gentiana helophila Balf. f. & Forrest, Bull. Misc. Inform. Kew 1928 (2): 60. 1928.

高 6-12 cm, 茎常具短分枝。基生叶不发达; 茎生叶较大, 上部叶密集, 最上部叶基部连合而包围花萼, 下部茎生叶卵状披针形, 长 5-7 mm, 宽 1.5-2 mm, 中上部叶线形至线状披针形。单花顶生; 萼管狭倒圆锥形, 长 1.5-1.8 cm, 裂片绿色, 线形至线状披针形; 花冠蓝紫色, 基部淡黄白色并有蓝色条纹或斑点, 狭倒圆锥形, 长 7-7.5 cm, 裂片卵状三角形, 长 8-9 mm, 皱折三角形; 花丝 1.2-1.4 cm, 花药 3-3.5 mm; 子房卵状椭圆形, 长 1.5-1.7 cm, 雌蕊柄 2.7-3 cm, 花柱 4-5 mm, 柱头裂片长圆形。花期 8-11 月。

分布于云南西北部海拔约 3 100 m 的湿草甸。

5. 蓝白龙胆
Gentiana leucomelaena Maxim. ex Kusn., Bull. Acad. Imp. Sci. St.-Petersbourg, n.s., 2: 505. 1892.

一年生草本，高 2-10 cm。茎基部分枝。基生叶花时枯萎；茎生叶披针形至椭圆形，长 3-9 mm，宽 0.7-2 mm。花少，花梗 0.4-4 cm；萼钟状，长 4-5 mm，裂片三角形，长 1.5-2 mm；花冠淡蓝色，稀白色，有蓝灰色纹，喉部有深蓝色斑，钟状，长 0.8-1.3 cm，裂片卵形，长 2.5-3 mm，皱折长圆形，边缘不规则条裂；花丝 2.5-3.5 mm，花药 0.7-1 mm；花柱 0.5-0.7 mm，柱头裂片长圆形。蒴果倒卵球形，长 3.5-5 cm，雌蕊柄长达 2 cm，粗壮。种子暗棕色，椭圆形，长 0.6-0.8 mm。花果期 5-10 月。

分布于甘肃、青海、四川、西藏、新疆，生于海拔 1 900-5 000 m 的溪流边、沼泽草甸、草甸、高山草甸、灌丛。喜马拉雅山地区及亚洲中部也有分布。

图 454　蓝白龙胆

6. 秦艽
Gentiana macrophylla Pall., Fl. Ross. 1 (2): 109. 1789.

6a. 秦艽（原变种）
Gentiana macrophylla Pall. var. ***macrophylla***

多年生草本，高 30-60 cm。茎直立，粗壮。基生叶柄 3-5 cm，叶片椭圆形状披针形至椭圆状卵形，长 6-28 cm，宽 2.5-6 cm；茎生叶柄达 4 cm，叶片椭圆状披针形至狭椭圆形，长 4.5-15 cm，宽 1.2-3.5 cm。多花聚生枝顶；萼管佛焰苞状，膜质，萼齿 4-5，长约为花冠

1/3；花冠蓝紫色，坛状，长1.8-2cm，基部淡黄色，裂片卵形，长3-4mm；花丝5-7mm，花药2-2.5mm；花柱1.5-2mm，柱头裂片长圆形。蒴果卵球状椭圆形，长1.5-1.7cm，雌蕊柄短。种子淡棕色，椭圆形，长1.2-1.5mm。花果期7-10月。

分布于河北、内蒙古、宁夏、陕西、山东、山西，生于海拔400-2000m的溪流旁、河岸、路边草坡、湿草甸、林缘。蒙古、俄罗斯也有分布。

图455　秦艽

6b. 大花秦艽（变种）

Gentiana macrophylla Pall. var. ***fetisowii*** (Regel & Winkl.) Ma & K. C. Hsia, Acta Phytotax. Sin. 6: 43. 1964.——*Gentiana fetisowii* Regel & Winkl.

萼约为花冠长1/2，花冠管状，长2-2.5（-2.8）cm，裂片3.5-4.5mm。花果期9-10月。

分布于华北及宁夏、陕西、山东，生于海拔600-3 700m的河岸、路边、草地。哈萨克斯坦也有分布。

7. 山景龙胆

Gentiana oreodoxa Harry Sm., Akad. Wiss. Wien, Math.-Naturwiss. Kl., Anz. 63: 99. 1926.

多年生小草本，高3-5cm；茎斜升。基生叶不发达；茎生叶较大，内弯，近顶部密集，最上部叶包围花萼，叶片长0.8-1.5cm，宽1-2mm，基部合生。单花顶生；萼管狭倒圆锥形，长5-7mm，裂片线形，长6-13mm；花冠淡蓝色，基淡黄白色有深蓝色斑纹，倒圆锥形，长3-3.8（-4.5）cm，裂片三角形，长3-4mm，皱折卵形；花丝8-10mm，花药2.5-3mm；花柱2-3.5mm，柱头裂片线形。蒴果卵状椭圆形，长1.5-1.7cm，雌蕊柄达2.5cm。种子椭圆形，长1-1.2mm。花果期8-10月。

分布于西藏东南、云南西北,生于海拔 3 000-4 900 m 的草坡、高山草甸。不丹和缅甸东北部也有分布。

8. 假水生龙胆
Gentiana pseudoaquatica Kusn., Trudy Imp. S.-Peterburgsk. Bot. Sada 13 (1): 63. 1893.

一年生草本,高 3-5 cm。茎基部分枝,密被乳突。基生叶花时枯萎;茎生叶匙形至倒卵形,长 3-5 mm,宽 2-3 mm。花少,花梗 2-13 mm,密被乳突;萼狭倒圆锥形,长 5-6 mm,裂片三角形,长 1.5-2 mm;花冠深蓝色,外面有黄绿色纹,漏斗形,长 0.9-1.4 cm,裂片卵形,长 2-2.5 mm,皱折卵形;花丝 3-4 mm,花药 1-1.5 mm;花柱 1.5-2 mm,柱头裂片线形。蒴果狭倒卵球形至倒卵球形,长 3-4 mm,雌蕊柄达 1.8 cm。种子椭圆形,长 1-1.2 mm。花果期 4-8 月。

分布于华北及宁夏、青海、陕西、山东、西藏,生于海拔 1 100-4 700 m 的高山、溪流旁、河岸、山谷湿地、草坡、沼泽草甸、灌丛草甸、林中。克什米尔地区、朝鲜、蒙古、俄罗斯也有分布。

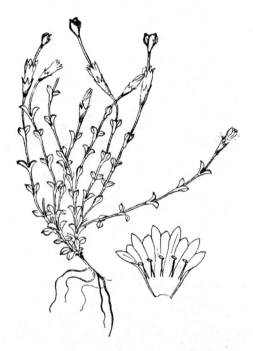

图 456　假水生龙胆

9. 龙胆
Gentiana scabra Bunge, Mém. Acad. Imp. Sci. Saint Pétersbourg, Sér. 7 2: 543. 1835.

多年生草本,高 30-60 cm。茎上部有乳突。茎生叶无柄,最下部叶鳞片状,中部至上部叶线状披针形、卵状披针形或卵形,长 2-7 cm,宽(0.4-)2-3 cm,上部叶较小并包围花基部。花 1 至多数顶生或聚生叶腋,苞片线状披针形至披针形,长 2-2.5 cm;萼管 1-1.2 cm,裂片线形,长 8-10 mm;花冠蓝紫色,有时喉部带黄绿色斑,管状钟形至漏斗形,长 4-5 cm,

裂片卵形至卵圆形，长 7-9 mm，皱折不等长，狭三角形；花丝 0.9-1.2 cm，花药 3.5-4.5 mm；花柱 3-4 mm。蒴果 2-2.5 cm，心皮柄达 1.5 cm。种子 1.8-2.5 mm。花果期 5-8 月。

分布于福建、江苏、浙江，生于海拔 400-1700 m 的河岸、路边草地、潮湿草甸、灌丛、林缘。日本、朝鲜、俄罗斯也有分布。

图 457　龙胆

10. 灰绿龙胆

Gentiana yokusai Burkill, J. Asiat. Soc. Bengal 2 (7): 316. 1906.

一年生草本，高 2.5-14 cm。茎具分枝。叶柄 1.5-2.5 mm，叶上面有时密生细乳突，先端有芒；基生叶披针形至卵状披针形，长 0.7-2.2 cm，宽 4.5-8 mm；茎生叶卵形或心形，长 4-12 mm，宽 3-6 mm。花萼狭倒圆锥形，长 5-8 mm，裂片披针形至卵形，长 2-3 mm，略不等，先端具长达 0.7 mm 的芒；花冠蓝色至蓝紫色，漏斗形，长 7-12 mm，裂片卵形，长 2-2.5 mm，皱折卵形；花丝 2-2.5 mm，花药 0.5-0.8 mm；花柱 1.5-2 mm，柱头裂片线形。蒴果狭倒卵球形至倒卵球形，长 3-6.5 mm，雌蕊柄达 1.3 cm。种子长圆形至椭圆形，长 0.7-1 mm。花果期 3-9 月。

分布于华北及安徽、福建、贵州、湖北、湖南、江苏、江西、陕西、四川、台湾、浙江，生于海拔 50-2 700 m 的水边湿草地、荒地、路旁、农田、山坡、山顶草地、林下及灌丛中。日本、朝鲜也有分布。

被子植物 ANGIOSPERMAE 533

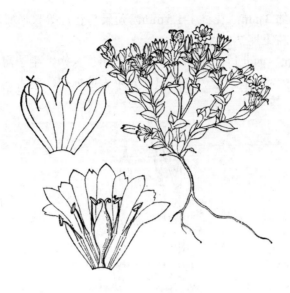

图 458　灰绿龙胆

3. 扁蕾属　*Gentianopsis* Ma

草本。茎直立，多少 4 棱形。叶对生，无柄。单花顶生，花 4 数；花蕾微扁，具 4 棱；萼管状钟形，裂片间有三角形膜质副萼，2 外层萼裂片较狭；花冠管状钟形至漏斗形，裂片常齿状至流苏状，无皱折，蜜腺生冠管上；雄蕊生冠管上，花药黄色。蒴果 2 瓣裂。种子多数，具密的指状凸起。

本属约有 24 种，分布于亚洲、欧洲和北美。我国有 5 种。

分种检索表

1. 茎生叶狭披针形至线形，先端渐尖。花萼裂片极不等长····················1. 扁蕾 *G. barbata*
1. 茎生叶长圆形或倒卵状披针形，先端圆或钝。花萼内外层裂片近等长············2. 湿生扁蕾 *G. paludosa*

1. 扁蕾

Gentianopsis barbata (Froel.) Ma, Acta Phytotax. Sin. 1 (1): 8. 1951.

1a. 扁蕾（原变种）
Gentianopsis barbata (Froel.) Ma var. ***barbata***

一或二年生草本，高 8-40 cm。茎直立。基生叶匙形至倒披针形，长 7-10 mm，宽 4-10 mm；茎生叶线形至狭披针形，长 1.5-8 cm，宽 3-9 mm。花梗果期达 15 cm；萼略短于花冠或近等长，直径 6-10 mm，外层萼片线状披针形，长 7-20 mm，内层萼片卵状披针形，长 6-12 mm；花冠淡蓝色至蓝色，基部淡黄色；花冠管状漏斗形，长 2.5-5 cm，宽约 1.2 cm，裂片椭圆形，长 6-12 mm，宽 6-8 mm，基部边缘撕裂流苏状，先端具细齿或短尖头，蜜腺近圆形；

花丝 0.8-1.2 cm，花药约 3 mm；花柱 1-1.5 mm。蒴果与花冠等长，雌蕊柄短。种子棕色，椭圆形，长约 1 mm。花果期 7-9 月。

分布于东北、华北、西北以及贵州、山东、四川、云南，生于海拔 700-4 400 m 的溪边、草甸、灌丛、林中。日本、哈萨克斯坦、吉尔吉斯斯坦、蒙古、俄罗斯也有分布。

图 459　扁蕾

1b. 细萼扁蕾（变种）

Gentianopsis barbata (Froel.) Ma var. ***stenovcalyx*** H. W. Li, Acta Biol. Plateau Sin. 1: 40. 1982.

萼长为花冠 1/2，直径 3-4 mm，裂片线状钻形；花冠淡蓝色至蓝色、基部淡黄色。

分布于青海、四川西北部、西藏，生于海拔 3 300-4 700 m 的河岸、溪流边、沙坡、林缘。

1c. 黄白扁蕾（变种）

Gentianopsis barbata (Froel.) Ma var. ***albiflavida*** T. N. Ho, Acta Biol. Plateau Sin. 1: 41. 1982.

萼长为花冠 1/2，直径 3-4 mm，裂片线状钻形；花冠淡黄色。

分布于青海，生于海拔 3 200-4 100 m 的沼泽草甸、草甸、松柏林。

2. 湿生扁蕾

Gentianopsis paludosa (Munro ex Hook. f.) Ma, Acta Phytotax. Sin. 1 (1): 11, pl. 3, f. 1. 1951.

——*Gentiana detonsa* Rottb. var. *paludosa* Munro ex Hook. f.

一年生草本，高 3.5-40 cm。基生叶叶柄达 6 mm，叶片匙形，长 0.4-3 cm，宽 2-9 mm；茎生叶，无柄，披针形至长圆形，长 0.5-5.5 cm，宽 0.2-1.4 cm。花梗 1.5-3 cm，果期延长；

萼 1-3.5 cm，裂片近等长，外层裂片狭三角形，长 5-12 mm，内层裂片卵形，长 4-10 mm，中脉龙骨状；花冠蓝色或淡黄白色至黄色，有时基部黄色，宽管状，长 1.6-6.5 cm，裂片宽长圆形，长 1.2-1.7 cm，基部边缘撕裂流苏状，蜜腺近圆形；花丝 1-1.5 cm，花药 2-3 mm；花柱 3-4 mm。蒴果狭椭圆形，与花冠等长或更长，雌蕊柄长。种子黑色，椭圆形至近球形，直径 0.8-1 mm。花果期 7-8 月。

分布于华北以及甘肃、湖北西部、宁夏、青海、陕西、四川、西藏、云南，生于海拔 1 100-4 900 m 的溪边、草甸、湿地、林中。不丹、印度、尼泊尔也有分布。

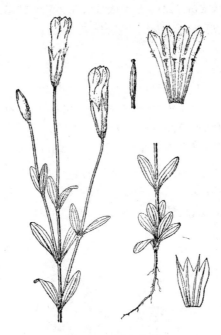

图 460　湿生扁蕾

4. 獐牙菜属　*Swertia* L.

一年生或多年生草本。根草质、木质或肉质，常有明显的主根。无茎或有茎，茎粗壮或纤细。叶对生，稀互生或轮生，多年生种类营养枝的叶常莲座状。复聚伞花序、聚伞花序或为单花；花 4 或 5 数，辐状；花萼深裂至近基部；花冠深裂至近基部，裂片基部或中部具腺窝或腺斑；雄蕊与裂片互生，花丝多为线形，少有下部极度扩大，有时连合成短筒；子房 1 室，花柱短，柱头 2 裂。蒴果常包被于宿存的花被中，2 瓣裂。种子表面平滑、有折皱状凸起或有翅。

本属约有 150 种，主产于亚洲和非洲，北美和欧洲有数种。我国有 75 种，以西南山区最为集中。

分种检索表

1. 一年生草本；花冠黄色，上部具多数紫色小斑点，裂片椭圆状或长圆形，先端渐尖或急尖，中部具 2 个黄绿色、半圆形的大腺斑···1. 獐牙菜 S. bimaculata
1. 多年生草本；花冠淡紫色或蓝紫色，裂片卵状长圆形，先端渐尖，具细斑点，基部具 2 个腺窝，腺窝近圆形，基部浅囊状，边缘具长柔毛状流苏·····················2. 北温带獐芽菜 S. perennis

1. 獐牙菜

Swertia bimaculata (Siebold & Zucc.) Hook. f. & Thomson ex C. B. Clarke, J. Linn. Soc., Bot. 14 (78): 449. 1875.——*Ophelia bimaculata* Siebold & Zucc.

一年生草本，高 30-140（-200）cm。根黄色。茎直立，直径 2-6mm，具分枝。基生叶花期枯萎；茎生叶宽椭圆形至卵状披针形，长 3.5-9cm，宽 1-5cm。聚伞花序圆锥状，疏松，长达 50cm；花 5 数，花梗 0.6-4cm；萼管 1-2mm，裂片狭倒披针形至狭椭圆形，长 3-6mm；花冠黄白色或白色，有紫斑，直径达 2.5cm，冠管 1-2mm，裂片长圆形至椭圆形，长 1-1.5cm，每裂片有 2 黄绿色圆蜜斑；花丝 5-6mm，花药约 2.5mm；花柱不明显，柱头裂片头状。蒴果狭卵球形，达 2.3cm。种子棕色，球形，种皮具瘤。花果期 6-11 月。

分布于华东、华南、西南及甘肃、河北、河南、陕西、山西，生于海拔 200-3 000m 的溪流旁、沼泽地、草甸、灌丛及林中。不丹、印度、日本、马来西亚、缅甸、尼泊尔和越南也有分布。

图 461 獐牙菜

2. 北温带獐牙菜
Swertia perennis L., Sp. Pl. 1: 226. 1753.

多年生草本，高 60-100 cm。茎直立，基部残留有黑色枯叶鞘。下部茎生叶互生，叶柄 8-17 cm，叶片长圆形至椭圆形，长 6-13 cm，宽 3.5-5.5 cm。聚伞花序密而多花；花 5 数，花梗 2-3.5 cm；萼裂片狭披针形，长 8-10 mm；花冠淡紫色至蓝紫色，直径 1.5-2 cm，冠管 1.5-2 mm，裂片狭卵状长圆形，长 1.3-1.6 cm，每裂片有 2 杯状带长流苏的蜜腺；花丝 6-8 mm，有流苏状髯毛，花药蓝色，长 1.5-2 mm；柱头裂片近圆形。蒴果卵球形，与宿存花冠等长。种子亮棕色，侧扁，近圆形，直径 1.5-2 mm，具盘状翅。花果期 9 月。

分布于吉林，生于海拔约 300 m 的阴坡、草甸子。亚洲西南部、欧洲及北美也有分布。

睡菜科　Menyanthaceae

多年生或一年生浮水或沼生草本。叶互生，单叶或具 3 小叶，无托叶。花 (4-) 5 数，萼裂片分离或连合，镊合状排裂；雄蕊 5，分离，与花瓣互生；子房上位，1 室。蒴果开裂或不裂。种子少数至多数，有时具翅，胚乳丰富。

本科有 5 属约 60 种，广布于温带及热带地区。我国有 2 属 7 种。

分属检索表

1. 沼生草本，具 3 小叶；总状花序；蒴果开裂 ·· 1. 睡菜属 *Menyanthes*
1. 浮水生草本，单叶互生；花聚生，无柄；蒴果不开裂 ······························ 2. 荇菜属 *Nymphoides*

1. 睡菜属　*Menyanthes* L.

多年生沼生草本。根茎匍匐，节上生小根及鳞片状叶。叶基生，浮水面，叶柄基部鞘状，具 3 小叶。花葶长，花序穗状；花 5 数；萼深裂；花冠裂片伸展；雄蕊生冠管中部；花柱线形，分长短花柱。蒴果 2 瓣裂。种子平滑。

本属有 1 种，分布于北温带地区。

1. 睡菜
Menyanthes trifoliata L., Sp. Pl. 1: 145. 1753.

根茎生泥中，有时漂浮水中。叶柄 12-20 (-30) cm，柄基鞘状；小叶椭圆形，长 2.5-4 (-8) cm，基部楔形，全缘或具细圆齿。总状花序多花，长 30-35 cm，苞片 5-7 mm；花梗 1-1.8 cm；花萼 4-5 mm，裂片卵形；花冠白色，管状，长 1.4-1.7 cm，内面有流苏状柔毛，裂片椭圆状披针形，长 7.5-10 mm；花丝 5.5-6.5 mm；长花柱 1-1.2 cm，柱头裂片长圆形。蒴果球形，直径 6-7 mm。种子圆形，直径 2-2.5 mm，光滑。花果期 5-7 月。

分布于东北、西南以及河北、浙江东北部，生于海拔 400-3 600 m 的沼泽、泥泞地或开阔水域。亚洲东北部、中部和西南部、非洲北部、欧洲及美洲北部均有分布。

图 462　睡菜

2. 荇菜属　*Nymphoides* Ség.

浮水草本。具多数短而纤细的根及匍匐茎。茎长而漂浮，常节上生小根。叶互生，花下常对生，具掌状脉。花聚生节上，（4-）5 数；萼深裂；花冠辐状，深裂，稀浅裂而花冠钟状，喉部具 5 束长流苏状柔毛；雄蕊生冠管上；花柱线形，不等长或等长；蜜腺 5，附着于子房基部。蒴果不开裂。种子数粒，扁或球形，平滑或有纹饰。

本属约有 40 种，分布于温带和热带。我国有 6 种。

分种检索表

1. 茎不分枝；花冠直径 2.5-3 cm，裂片边缘宽膜质；蒴果 1.7-2.5 cm；种子扁，长 4-5 mm，密生缘毛 ··· 5. 荇菜 *N. pletata*
1. 茎分枝；花冠直径 0.5-1.5 cm，裂片边缘无膜质；蒴果 0.2-0.6 cm；种子不扁，长 1-1.5 mm，无缘毛
    2. 每节生 2 花；花冠黄色；种皮网状 ··· 1. 水金莲花 *N. aurantiaca*
    2. 每节生多花；花冠白色，或中部黄色；种皮平滑或粗糙。
        3. 叶两面光滑；花冠纯白色 ·· 3. 刺种荇菜 *N. hydrophylla*
        3. 叶密被腺体，叶背粗糙；花冠白色，中部黄色。
            4. 花冠内面无毛，有皱折 ··· 2. 水皮莲 *N. cristata*
            4. 花冠内面密生疏长柔毛，无皱折 ··· 4. 金银莲花 *N. indica*

1. 水金莲花
Nymphoides aurantiaca (Dalzell) Kuntze, Revis. Gen. Pl. 2: 429. 1891.——*Limnanthemum aurantiacum* Dalzell.

根茎平展；茎圆柱形，延伸，具分枝，节上有小根，每节有2叶。叶柄3-9cm，叶片圆形，直径约0.5cm，背面紫色，有斑点，基部圆。每节2花，花5数，花梗1.5-4.5cm；萼片3-6mm；花冠黄色，长8-10mm，裂片楔形，边缘撕裂，先端圆至下凹。蒴果球形，直径约6mm。种子10-15粒，球形，直径约1.5mm，种皮网状。

分布于台湾，生于水中。印度和斯里兰卡也有分布。

2. 水皮莲
Nymphoides cristata (Roxb.) Kuntze, Revis. Gen. Pl. 2: 429. 1891.——*Menyanthes cristata* Roxb.

根茎平展；茎圆柱形，不分枝，具顶生叶。叶柄1-3cm，叶片卵圆形至近圆形，长3-10cm，近革质，背面密被腺体，基部圆，全缘。多花聚生节上；花5数；花梗3-4.5cm；花萼3-5mm，深裂达基部，裂片卵状椭圆形至卵形；花冠白色，中部黄色，长4-8mm，裂片卵形，有龙骨状皱折；花丝1-2mm，花药0.8-1mm；花柱短，柱头裂片三角形。蒴果近球形，直径3-5mm。种子少，亮棕色，球形，直径1.3-1.5mm，种皮平滑或粗糙。花果期9月。

分布于福建、广东、海南、江苏、四川、台湾，水生。印度东部也有分布。

3. 刺种荇菜
Nymphoides hydrophylla (Lour.) Kuntze, Revis. Gen. Pl. 2: 429. 1891.——*Menyanthes hydrophylla* Lour.

茎10-30cm，节上生根，每节生数叶。叶柄4-10cm，纤细，叶片心形，长1-6cm，宽1-4(-5)cm，近膜质。每节有花2-10，花5数，花柱同型；花梗2-6cm，纤细；萼4-5mm，深裂至基部，裂片狭长圆形，先端急尖；花冠白色，钟状，长7-8mm，分裂至中部，冠管4-5mm，裂片3-4mm，边缘撕裂，先端下凹；无花丝，花药三角形，约1mm；花柱极短。蒴果球形，直径约3mm。种子6-10粒，棕色，球形，直径约1mm，种皮具刺。花果期8-9月。

分布于华南，生于水中。老挝、泰国、印度、越南也有分布。

4. 金银莲花
Nymphoides indica (L.) Kuntze, Revis. Gen. Pl. 2: 429. 1891.——*Menyanthus indica* L.

根茎平展；茎圆柱形，不分枝。叶柄1-2cm，叶片宽卵形至近圆形，直径3-18cm，近革质，背面密被腺体，基部心形，全缘。多花聚生节上，花5数，花柱二型；花梗3-5cm；花萼3-6mm，深裂达基部，裂片披针形至狭椭圆形；花冠白色，中部黄色，长7-12mm，裂片卵状椭圆形，外面密生流苏状柔毛；花丝扁平，线形，长1.5-1.7mm，花药箭头形，长2-2.2mm；花柱圆柱形，柱头裂片三角形。蒴果椭圆形，长3-5mm。种子少，棕色，球形，直径 1.2-1.5mm，种皮平滑。花果期 8-10 月。

分布于东北、华南以及福建、贵州、河南、湖南、江苏、江西、台湾、云南、浙江，生于海拔 100-1 600m 的水中。朝鲜、日本、亚洲热带地区以及大洋洲和太平洋岛屿也有分布。

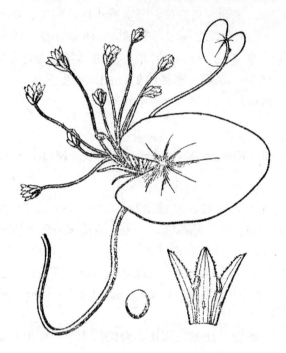

图 463　金银莲花

5. 荇菜

Nymphoides peltata (S. G. Gmel.) Kuntze, Revis. Gen. Pl. 2: 429. 1891.——*Limnanthemum peltatum* S. G. Gmel.

根茎平展；茎圆柱形，不分枝，有时节上生根。叶于茎基部互生，茎上端对生，叶柄 5-10cm，基部抱茎，叶片卵圆形至圆形，直径 1.5-8cm，近革质，背面紫棕色，密生腺体，基部心形，全缘。花密生节上，5 数，花柱二型；花梗 3-7cm；萼 7-9mm，深裂达基部，裂片椭圆状披针形至椭圆形；花冠金黄色，直径 2.5-3cm，辐状，深裂达基部，裂片倒卵形，边缘宽膜质，不规则撕裂；花丝散生疏柔毛；短柱花子房 5-7mm，花柱 1-2mm，柱头小，花丝 3-4mm，花药下弯，箭头形，长 4-6mm；长柱花子房 0.7-1.7cm，花柱长达 1cm，柱头大，2 裂，近圆形，花丝 1-2mm，花药 2-3.5mm。蒴果椭圆形，长 1.7-2.5cm，宽 0.8-1.1cm。种子棕色，椭圆形，长 4-5mm，密生缘毛。花果期 4-10 月。

在我国除海南、青海、西藏外遍布各地，生于海拔 100-1 800m 的水中。日本、朝鲜、蒙古、俄罗斯以及亚洲中西部、欧洲也有分布。